NONGZUOWU ZHONGDA
BINGCHONGHAI FANGKONG
GONGZUO NIANBAO

农作物重大病虫害防控
工作年报

2015

全国农业技术推广服务中心　主编

中国农业出版社

　　2015年农作物病虫害总体中等发生。据统计，2015年全国农作物病虫害发生面积51.69亿亩*次，比上年减少0.57亿亩次，减少1.09%。其中，小麦病虫害发生面积9.65亿亩次，比上年增加0.32亿亩次；水稻病虫害发生面积13.35亿亩次，比上年减少0.7亿亩次；玉米病虫害发生面积11.74亿亩次，比上年增加0.56亿亩次；马铃薯病虫害发生面积0.94亿亩次，比上年减少0.1亿亩次；棉花病虫害发生面积1.72亿亩次，比上年减少0.56亿亩次；油菜病虫害发生面积1.83亿亩次，比上年减少0.55亿亩次。2015年全国农作物病虫害累计防治面积65.73亿亩次，较上年减少1.64亿亩次。其中，蝗虫防治面积3 634万亩次，黏虫防治面积7 909万亩次，小麦病虫害防治面积12.84亿亩次，水稻病虫害防治面积21.9亿亩次，玉米病虫害防治面积10.58亿亩次，马铃薯病虫害防治面积0.947亿亩次，棉花病虫害防治面积2.11亿亩次，油菜病虫害防治面积1.35亿亩次。通过病虫害防治，累计挽回粮食损失10 424.6万吨，较上年增加374.9万吨。重大病虫害防治成效十分显著，促进了重大病虫害可持续治理。蝗虫全面贯彻以生态控制为基础、生物防治为重点、应急化学防治为补充的蝗灾可持续控制策略，蝗虫发生程度明显降低，中哈边境地区连续8年没有发生蝗虫相互迁飞危害现象。小麦条锈病使用"长短结合、标本兼治、分区治理、综合防治"的防控策略，连续11年将条锈病的流行面积控制在5 250万亩以下。大力推广稻田科学安全用药技术，实施南方水稻黑条矮缩病的联防联控。根据水稻"两迁"害虫的发生特点和迁飞规律，实施的"华南稻区加强中、后期防控，减少迁出虫量；长江中下游及江淮稻区压前控后；西南稻区适期防治；北方稻区强化后期防治"分区防控策略取得良好效果，有效减轻了水稻病虫害的发生强度。

　　2015年全国各级农业部门加强病虫害绿色防控工作，绿色防控技术示范推广范围不断扩大，农业部在全国直接支持建立绿色防控示范区330个。其中，绿色防控与统防统治示范区218个，蜜蜂授粉与绿色防控技术集成应用示范区28个，全国农业技术推广服务中心（简称全国农技中心）建立绿色防控示范区84个。带动全国建立各类绿色防控示范区4 097个，核心示范面积达到1.09亿亩次，推动绿色防控技术推广应用面积超过10亿亩次，占农作物病虫害发生面积的21.28%、防治总面积的16.7%。加强病虫害绿色防控与统防统治融合发展，在全国水稻、小麦、花生、蔬菜、水果等10类作物上建立融合示范区218个，大力推广物理防治、生物防治、生态控制以及高效、低毒、低残留科学用药等绿色防控技术，集成了60个病虫害绿色防控技术模式，为农药零增长行动提供了技术支撑，示范区粮食作物普遍减少用药1～2次，经济作物普遍减少用药3～4次，化学农药

---

　　*　亩为非法定计量单位，15亩＝1公顷。全书同。——编者注

用量减少 20%～30%，天敌种群数量明显增多，农田生态环境明显改善，每亩节本增效 150～200 元，带动了一批统防统治组织的发展，推动小麦、水稻、玉米等主要粮食作物重大病虫害统防统治率超过 32.7%。加强蜜蜂授粉与病虫害绿色防控技术集成应用，在全国 13 种作物上建立了 28 个示范基地，示范推广面积 124.87 万亩，形成了不同作物蜜蜂授粉与病虫害绿色防控技术模式，示范区内油菜平均增产 10% 以上，草莓、番茄一般增产 12% 以上，减少化学农药用量约 30%。加强绿色防控新技术、新产品试验示范，建立试验示范区 84 个，开发了一批绿色防控技术，示范展示了一批绿色防控关键技术和产品。2015 年通过绿色防控，推动全国创建绿色生产标准化基地 760 多个，对接龙头企业 2 100 多家，带动农户 1 800 多万户，增加农民收入 11 亿元以上，促进了绿色、可持续农业发展。

党和国家十分重视农业发展和植物保护工作，出台多项政策和措施为农业生产提供政策保障和财政支持。2015 年，中央财政共下拨农作物重大病虫害防治救灾资金 5.5 亿元，其中小麦补助 1.5 亿元，水稻补助 3.5 亿元，农区蝗虫补助 0.5 亿元；小麦"一喷三防"补助覆盖全部小麦产区，补助资金 17.5 亿元。各级农业部门及早制订防控预案和技术方案，组织病虫害防治新技术开发和试验，加强监督指导，强化宣传培训，大力推动重大病虫害防控工作。各级政府和农业部门高度重视、密切配合，按照"稳粮增收调结构、提质增效转方式"的工作主线，加强植物保护工作力度。各级植保机构认真贯彻"科学植保、公共植保、绿色植保"的理念，以开展"到 2020 年农药使用量零增长行动"为抓手，准确掌握重大病虫害发生动态，大力开展病虫害专业化统防统治，积极推进绿色防控工作，不断加强防控新技术推广，增强技术培训力度，努力提升科学用药水平，防治成效十分显著，达到"飞蝗不起飞成灾，土蝗不扩散危害，重大病虫不造成重大损失"的总体目标，取得了显著成效，为实现我国粮食"十二连增"、保护农业生态环境和农产品质量安全做出了积极贡献。

为了认真总结 2015 年农作物病虫害防治工作，总结经验，查找不足，提高今后病虫害防治工作水平，现将 2015 年农作物病虫害发生与防控工作的有关材料汇编成册，以供有关部门和各级植保部门参考。由于水平有限，时间仓促，如有不足之处请各位领导和专家批评指正。

编　者

2016 年 4 月

目 录

第二篇　2015 年农作物病虫害绿色防控工作

第三篇　重大病虫害防控行动

第四篇　2015 年重大病虫害防控技术方案及国内外合作项目总结

第五篇　2015 年全国农业技术推广服务中心病虫害防治处调研报告

第一篇

2015年农作物病虫害发生与防治工作

2015NIAN NONGZUOWU BINGCHONGHAI
FASHENG YU FANGZHI GONGZUO

第一篇 2015 年农作物病虫害发生与防治工作

2015 年农作物病虫害防控工作成效及 "十三五" 时期展望*

2015 年全国各级植保机构认真落实中央农村工作会议和全国农业工作会议精神，贯彻"科学植保、公共植保、绿色植保"的理念，按照"稳粮增收调结构、提质增效转方式"的工作主线，以开展"到2020 年农药使用量零增长行动"为抓手，大力推进绿色防控和统防统治，努力提升科学用药水平，防治成效十分显著，达到"飞蝗不起飞成灾，土蝗不扩散危害，重大病虫不造成重大损失"的总体目标，为全国粮食"十二连增"做出了重要贡献。2016 年是"十三五"开局之年，也是推进农业结构性改革的攻坚之年，农作物病虫害防控工作也应开好局、起好步，主动调整重大病虫害的防控策略，深入贯彻落实"绿色"发展理念，为保障农业生产安全、农产品质量安全和生态环境安全，促进农业可持续发展做出贡献。

一、2015 年病虫害发生概况

据统计，2015 年全国农作物病虫草鼠害发生面积 44 648.95 万公顷次，比上年减少 3 041.52 万公顷次，减少 6.38%。主要农作物病虫害发生情况分别是，蝗虫发生面积 439.55 万公顷次，比上年减少 25.56 万公顷次，其中，东亚飞蝗发生 120.02 万公顷次，亚洲飞蝗发生 2.18 万公顷次，西藏飞蝗发生 8.98 万公顷次，农区土蝗发生 151.48 万公顷次，农牧交错区土蝗发生 156.89 万公顷次。黏虫发生面积 545.76 万公顷次，比上年减少 6.05 万公顷次，其中，小麦黏虫发生 71.86 万公顷次，玉米黏虫发生 415.73 万公顷次。小麦病虫害发生面积 6 435.06 万公顷次，比上年增加 214.35 万公顷次，其中，小麦条锈病发生 193.03 万公顷次，小麦赤霉病发生 610.69 万公顷次，小麦蚜虫发生 1 699.41 万公顷次，小麦吸浆虫发生 160.74 万公顷次。水稻病虫害发生面积 8 899.36 万公顷次，比上年减少 477.60 万公顷次，其中，纹枯病发生 1 754.89 万公顷次，稻瘟病发生 523.45 万公顷次，稻飞虱发生 2 298.95 万公顷次，稻纵卷叶螟发生 1 551.43 万公顷次，二化螟发生 1 375.99 万公顷次，三化螟发生 143.75 万公顷次，大螟发生 184.62 万公顷次。玉米病虫害发生面积 7 831.66 万公顷次，比上年增加 375.58 万公顷次，其中，玉米大斑病和小斑病发生 815.09 万公顷次，玉米螟发生 2 279.53 万公顷次，玉米丝黑穗病发生 130.26 万公顷次。马铃薯病虫害发生面积 626.67 万公顷次，比上年减少 66.67 万公顷次，其中，马铃薯晚疫病发生 181.46 万公顷次，比上年减少 32.29 万公顷次。棉花病虫害发生面积 1 224.05 万公顷次，比上年减少 364.25 万公顷次，其中，棉蚜发生 218.42 万公顷次，棉红蜘蛛发生 152.77 万公顷次，棉盲蝽发生 163.80 万公顷次，棉铃虫发生 284.82 万公顷次。油菜病虫害发生面积 795.84 万公顷次，比上年减少 85.90 万公顷次，其中油菜菌核病发生 315.27 万公顷次，油菜霜霉病发生 144.67 万公顷次，油菜蚜虫发生 214.96 万公顷次。

二、工作成效

（一）重大病虫可持续治理成效显著

1. 蝗虫可持续治理取得积极成效 各级植保机构认真落实《全国蝗虫灾害可持续治理规划（2014—2020 年）》，全面贯彻以生态控制为基础、生物防治为重点、应急化学防治为补充的蝗灾可持续控制策略，积极开展蝗区数字化勘测，大力推广微孢子虫、绿僵菌等生物防治和牧鸡（牧鸭）等天敌保护利用技术，使长期过度依赖农药防治蝗虫的现状得到有效改善，绿色防控技术治理蝗虫的覆盖程度达到 40% 以上，蝗虫发生程度明显降低，中哈边境地区连续 8 年没有发生蝗虫相互迁飞危害现象。

---

* 此文已在《中国植保导刊》2016 年第 4 期发表。

2. 有效控制小麦条锈病　根据小麦条锈病的发生特点，使用"长短结合、标本兼治、分区治理、综合防治"的防控策略，重视小麦抗病品种的合理布局，通过压缩越夏区小麦的种植面积、在秋苗发病区推广拌种技术等措施，截至 2015 年已连续 11 年将条锈病的流行面积控制在 350 万公顷以下。

3. 水稻"两迁"害虫发生强度得到持续控制　在全国范围内通过大力推广稻田科学安全用药技术，实施南方水稻黑条矮缩病的联防联控，根据水稻"两迁"害虫的发生特点和迁飞规律，实施的"华南稻区加强中、后期防控，减少迁出虫量；长江中下游及江淮稻区压前控后；西南稻区适期防治；北方稻区强化后期防治"分区防控策略取得良好效果，有效减轻了水稻病虫害的发生程度。

（二）绿色防控技术示范推广工作成绩明显

从 2007 年开始，全国农业技术推广服务中心组织全国各地植保系统开展绿色防控技术集成与示范工作，经过多年发展，目前绿色防控的理念得到社会各界广泛认可，绿色防控产品质量不断提高，示范面积不断扩大，应用作物不断增多。截至 2015 年，全国建立绿色防控示范区超过 1 200 个，集成农作物病虫害绿色防控技术模式 144 种，核心示范面积达到 733.33 万公顷次。

1. 绿色防控示范应用作物不断增多　最初开展绿色防控示范只在少数蔬菜、水果等经济作物上开展，2015 年以来绿色防控技术推广应用作物已扩大到主要农作物，涵盖了重要的口粮和大多数的特色优势农产品，其中绿色防控与统防统治示范区涉及 10 大作物，蜜蜂授粉涉及 13 种作物。

2. 绿色防控示范应用范围不断扩大　绿色防控示范范围在全国 31 个省份实现了全覆盖，其中，农业部支持的绿色防控与统防统治示范区 218 个，蜜蜂授粉示范区 28 个，全国农业技术推广服务中心建立绿色防控示范区 84 个。到 2015 年年底，全国绿色防控技术应用面积已超过 10 亿亩次，占农作物病虫害发生面积的 21.28%、防治总面积的 16.7%。

3. 绿色防控有效推动了产业发展　2015 年，全国农业技术推广服务中心组织开展全国性的绿色防控技术培训班 5 期，培训技术人员 500 人次，颁发绿色防控高级师资证书 362 人。通过绿色防控示范带动作用，全国新创建绿色生产标准化基地 760 个，总面积达 840 万公顷，对接龙头企业 2 136 家，带动农户 1 804 万个，增加农民收入 11 亿元以上。

（三）专业化统防统治与绿色防控融合亮点突出

2015 年，农业部在各省继续安排建立 218 个示范区，在水稻、小麦、花生、蔬菜、水果等 10 种作物上开展统防统治与绿色防控融合推进试点工作。在全国 15 个省份 13 种作物上，安排建立 28 个示范区，开展蜜蜂授粉与绿色防控集成示范工作。各地植保部门细化实施方案，争取多方支持，强化指导服务，加强技术培训，取得了突出亮点。

1. 集成了绿色防控技术模式　各地通过融合推进试点，综合采取物理防治、生物防治和生态控制等绿色技术，集成了适合当地的 60 个不同作物的病虫害绿色防控技术模式，为农药零增长行动提供了技术支撑。

2. 化学农药使用量显著减少　据统计，在各绿色防控示范区，粮食作物普遍减少用药 1~2 次，经济作物普遍减少用药 3~4 次，化学农药用量减少 20%~30%，示范区天敌种群数量明显增多，农田生态环境明显改善。

3. 节约成本、增加效益　据调查，绿色防控与融合示范区平均每亩增产可达 8% 以上，增加效益 150~200 元。此外，蜜蜂授粉与绿色防控集成示范区油菜平均增产 10% 以上，草莓、番茄一般增产 12% 以上，节约化学农药用量约 30%。通过绿色防控与统防统治融合示范，带动了一批统防统治组织发展，推动了大面积绿色防控技术推广应用，促进了绿色、可持续农业发展。

三、存在问题

尽管目前的农作物病虫防治工作取得了显著成绩，但在全国范围内仍有广大地区的病虫防治工作存在一些问题，需要重视并加以解决。

1. 重大病虫防控能力依然不足　植保队伍不稳、人员减少，长期存在的防控器械落后、一家一户各自防治为主、过度依赖化学农药现象在短时期内难以改变，国家补助防治重大病虫的经费零散化，起不到应有的政策引导作用。

2. 绿色防控缺乏资金支持和扶持政策　绿色防控相对于化学农药，存在成本较高、技术难度大、防治效果低、作用时间慢等特点，国家没有出台专门扶持绿色防控的政策，财政也没有实施绿色防控补贴和专门经费支持，普通农户主动采用绿色防控技术的动力不足，大面积推广应用还存在难度。

3. 统防统治与绿色防控融合推进存在困难　普通农户一般只关心防治效果和防治成本，专业化防治组织怕承担风险，主动采用绿色防控技术的动力不足，推进的力度不够。

4. 新技术研发与推广不足　新病虫、新情况不断出现，生产上新出现的病虫害不能及时有效地解决，科研与生产脱节，成果转化与推广应用脱节等现象仍然存在。

四、"十三五"时期病虫害防控工作着力点

2016 年中央农村工作会议提出："十三五"时期，仍要继续坚持把解决好"三农"问题作为全党工作重中之重，牢固树立和切实贯彻创新、协调、绿色、开放、共享的发展理念，调整优化结构，提升发展质量。各级植保部门应紧紧围绕中央要求，坚持"预防为主、综合防治"的方针，树立"科学植保、公共植保、绿色植保"的理念，以绿色防控、科技成果转化、大力扶持专业化统防统治为着力点，做好"十三五"时期的病虫害防控工作。

（一）继续推进绿色防控工作

绿色防控符合国家提出的"绿色"发展理念，是病虫害防控工作的发展方向，也是实现到 2020 年农药使用量零增长行动的重要措施。"十二五"时期，绿色防控在技术研发、模式集成、示范区建设和技术推广等方面都取得了很大进展，为"十三五"时期大力推进绿色防控工作奠定了良好的基础。下一步，要继续在绿色防控示范区建设上下工夫，注重绿色防控与统防统治的融合发展，加强绿色防控技术的研发、推广和应用，形成更多适合不同区域、不同作物的全生育期绿色防控技术模式，同时加强绿色防控技术培训，充分发挥市场机制，探索建立市场与品牌对接、企业和基地联合的绿色防控推广新机制，不断提高绿色防控产品质量、技术水平和应用比例。

（二）更加注重病虫防控科技成果转化

在"十三五"时期，加快病虫害防控科技成果转移转化，打通科技与防控技术发展结合的通道，对于病虫害防控工作再上新台阶，具有重要意义。近期，国务院常务会议确定了支持科技成果转移转化的政策措施，各级植保部门要积极响应、乘势而为，加强与科研院所、大专院校的合作，主动引导科研工作者和企业相互对接，推动病虫害防控科技成果转移转化，加快推广防控新理念、新产品和新技术，不断提高病虫害防控技术水平和科技含量，为发展现代植保注入强大动力。

（三）加快推进专业化统防统治工作

专业化统防统治能够有效提高病虫害防治组织化和科学化水平，减少化学农药使用量，是植保防病治虫服务方式的重大创新和发展方向。"十三五"时期，要以拓展专业化统防统治服务内容、扩大服务范围、提高服务质量为重点，大力扶持病虫害专业化统防统治组织发展。要提升专业化统防统治组织植保装备水平，积极争取各级财政支持，加大高效大中型植保机械购置补贴力度，要扩大政府购买病虫害统防统治服务，鼓励发展全程承包防治的服务方式，加强对病虫防治专业化服务组织的技术培训力度，提升技术水平，加强统防统治组织规范管理和规范服务，组织病虫防治专业化服务组织与植保生产经营企业对接，建立直供直销模式，降低统防统治防治成本，提高服务质量，不断扩大统防统治范围，使之成为病虫害防控工作的主力军。

（执笔人：任彬元　杨普云　朱景全）

各地农作物病虫害防控工作总结

◻ 北 京 市

全市粮食作物病虫害总体偏轻发生，发生面积为751.2万亩次，其中小麦病虫发生面积为81万亩次，杂草发生面积为24.5万亩，玉米病虫发生面积为532.2万亩次，杂草发生面积为113.5万亩。为确保全市小麦、玉米等粮食作物丰收增产、降低化学农药在粮田中的应用，北京市积极推广了小麦"一喷三防"、赤眼蜂防治玉米螟等病虫害绿色防控技术，通过全市植保部门的共同努力，农作物病虫草害得到了有效控制，化学农药使用量显著下降，为北京都市型现代农业的发展做出了贡献。现将以上工作总结如下。

一、2015年农作物主要病虫草害发生及防治情况

（一）小麦病虫草害

2015年，冬小麦种植面积35.4万亩，比上年减少4.6万亩。小麦蚜虫偏重发生，发生面积约35.4万亩，发生期比常年偏早近两周。杂草中等程度发生，发生面积24.51万亩，防治面积24.9万亩次。小麦吸浆虫总体偏轻发生，大兴、房山等区县局部中等至偏重发生，发生面积约16万亩，防治面积约19.5万亩次。地下害虫大部偏轻发生，发生面积约7.6万亩，防治面积17.5万亩次。小麦白粉病偏轻发生，发生面积17万亩，防治面积20.5万亩次。小麦散黑穗病轻发生，发生面积1.9万亩，防治面积9.9万亩次。小麦叶锈病轻发生，发生面积6.1万亩，防治面积12.1万亩次。赤霉病、纹枯病零星发生，发生面积各0.5万亩。

（二）玉米病虫草害

2015年北京市玉米种植面积进一步缩减，共播种115.1万亩，比2014减少10.4万亩。其中，春玉米播种面积为75.3万亩，夏玉米播种面积为39.8万亩。玉米病虫害以玉米螟、黏虫、大斑病、小斑病、褐斑病、纹枯病等为主。

玉米螟偏轻发生，发生面积125.5万亩次，防治面积88.1万亩次。二代黏虫轻发生，发生面积31万亩，防治面积23.7万亩次。三代黏虫大部偏轻发生，发生面积22.8万亩，防治面积4.3万亩。二点委夜蛾轻发生，发生面积0.8万亩。地下害虫偏轻发生，发生面积26.4万亩，防治面积49.4万亩次。蓟马轻发生，发生面积9.2万亩。玉米蚜轻发生，发生面积约26.7万亩。叶螨轻发生，发生面积1.9万亩。双斑萤叶甲在北部山区呈加重发生趋势，发生面积15.1万亩。玉米大斑病、小斑病偏轻发生，发生面积87.7万亩，防治面积38.4万亩次。褐斑病大部地区偏轻发生，发生面积47.1万亩，防治面积21.1万亩。纹枯病偏轻发生，发生面积28.7万亩，防治面积18万亩次。杂草中等程度发生，发生面积113.5万亩，防治面积109.8万亩次。

二、北京市农作物病虫草害防治工作主要措施

（一）认真做好病虫测报，从源头控制病虫发生

在全市9个国家级病虫监测区域站，对8种农作物重大病虫及时开展了系统监测和大范围普查。全年发布病虫情报23期，电视预报11期，上报农作物重大病虫周报27期、草地螟发生动态模式报表21

期、其他报表 21 期，中期预报准确率达 95%，短期预报准确率达 100%。北京植保信息网全年发送信息 110 条，组织技术培训 4 期近 400 人次。

（二）积极落实绿色防控技术，科学开展病虫防控

北京市植物保护站依托中央、市级财政支持，不断加强绿色防控技术的推广力度，尤其是通过推广小麦中后期"一喷三防"、赤眼蜂防治玉米螟等技术，在防控病虫害发生、降低化学农药使用中发挥了重要作用。

1. 小麦病虫害防治技术　2015 年，根据全市小麦病虫草害发生情况，北京市植物保护站在全市重点推广了小麦拌种、小麦春季"一喷三防"、小麦中后期"一喷三防"等技术，极大地推动了本市小麦病虫草害防治工作的开展。

2. 玉米病虫害防治技术　2015 年，北京市以提高防效、减少化学农药用量为目的，在玉米生产中，重点推广了赤眼蜂防治玉米螟、玉米"一封两杀"等技术，在确保粮食生产、保护生态环境安全等方面发挥了重要作用。

（三）着眼未来农业发展需求，提前布局试验示范

北京市植物保护站结合全市农作物病虫害防控的现实需求，围绕化学农药减量控害，有针对性地开展了水药一体化施药模式、农艺与施药机械配套技术、旱作玉米田机械化茎叶除草、新型种子包衣剂防治病虫效果等试验，从而为今后开展防治技术示范和推广提供了技术支持。

依托项目支持，在昌平、房山、平谷、顺义、大兴、通州共建设 9 个小麦、玉米绿色防控示范基地，在延庆建设了 2 个春玉米绿色防控示范基地，7 个区县共建粮田绿色防控示范基地 11 个，共计 22 万亩，在基地展示、示范、推广、应用了小麦"一喷三防"技术、赤眼蜂防治玉米螟技术、玉米田化学除草减量技术、小麦吸浆虫综合防控技术、黏虫综合防控技术等粮田绿色防控技术，不但实现了 22 万亩示范区绿色防控比率达到 100%，而且带动了示范区周边粮田采用绿色防控技术，使辐射区绿色防控技术覆盖率达到 80% 以上。

（四）着力提高宣传培训力度，不断提升防治效果

北京市坚持通过宣传培训来提升农作物病虫草害防治工作的社会认知度、农民认可度、基层植保技术人员的工作热情及业务能力，从而带动农作物病虫害防治各项工作质量的不断提高。今年，北京市植物保护站针对农作物病虫害防治工作共发布技术宣传信息 417 次，其中报纸 87 次，北京植保信息网 251 次，植保信息 16 次，北京市农业局信息网 23 次，市农业局信息 12 次，电视、电台 12 次，核心期刊 10 次，其他 6 次。在发布技术指导意见的同时，还组织召开了小麦中后期"一喷三防"、粮经作物主要病虫害防治技术等培训班 4 次，培训人员 210 人次。全市各区县仅针对小麦中后期"一喷三防"、赤眼蜂防治玉米螟等两项主推技术即开展培训 22 次，培训人员 4 875 人次，发放材料 10.3 万余份。同时，市、区两级植保站在重要防治时期，还积极组织技术人员深入田间地头，现场指导农民开展防治，确保了各项技术的落实到位。

天 津 市

一、农作物病虫害发生防治概况

全年全市农作物病虫害总体呈中等程度发生，各别病虫害局部偏重发生。农作物病虫害总发生 1 703.78 万亩次，总防治 1 702 万亩次。其中小麦病虫害发生 329.35 万亩次，防治 310.45 万亩次；玉米病虫害发生 676.65 万亩次，防治 483.18 万亩次；水稻病虫害发生 89.71 万亩次，防治 120.31 万亩次；棉花病虫害发生 204.35 万亩次，防治 231.91 万亩次；蔬菜病虫害发生 244.54 万亩次，防治 363.49 万亩次；果树病虫害发生 79.18 万亩次，防治 118.66 万亩次；蝗虫发生 80 万亩，防治 74 万亩

次。除小麦蚜虫、黏虫、稻飞虱、棉蚜、棉盲蝽、棉铃虫、甜菜叶蛾、蔬菜灰霉病、蔬菜白粉病呈中等程度发生外，其他病虫均呈偏轻程度发生。黏虫、小地老虎两种害虫在静海区和宁河区部分地块偏重发生。水稻恶苗病和稻瘟病在津稻 800 和津稻 18 部分水稻品种上偏重发生。东亚飞蝗呈中等发生，北大港水库秋蝗偏重发生，最高密度每平方米达 100 头，高密度面积达 7 万亩。

二、主要工作成效

（一）小麦重大病虫害统防统治工作成效显著

在农业部"重大农作物病虫害统防统治项目"经费的支持下，完成了 30 万亩次的小麦重大病虫害统防统治任务。小麦统防统治防治效果达 90% 以上，挽回小麦损失 6 000 吨。

主要措施与经验：一是天津市农业局成立了由主管局长挂帅的领导小组，在项目实施过程中进行实地督导、实时查看。二是上报下发各种政策性、技术性文件，指导统防统治工作的开展。三是以工作会议的形式推动统防统治工作开展，3 月 13 日在武清区召开了由三个区县农业局局长参加的2015 年小麦病虫害统防统治部署动员座谈会，全面部署今年统防统治任务。四是实时督导检查，天津市植保植检站督导组分别到三个区县统防统治实施现场督导检查专业化统防组织落实情况、统防地块落实情况、统防补助资金兑现情况，到统防统治地块检查防控效果。五是总结验收，6 月底召开了项目总结验收会，全面总结项目执行情况、总结经验、查找不足。六是区县工作积极性高、组织落实效率高、创新意识强。

（二）圆满完成蝗虫防治工作

在中央财政 370 万元和市财政 120 万元蝗虫统防统治项目经费支持下，全市共完成蝗虫防治面积74 万亩，其中夏蝗 40 万亩次，秋蝗 34 万亩次。其中生物防治 22 万亩次，化学防治 52 万亩次。喷施蝗虫微孢子虫生物防治 16 万亩次，其中夏蝗 8 万亩次，秋蝗 8 万亩次。

天津市做了大量的准备工作及组织落实工作。一是严密监测、切实掌握蝗情。二是上报下发各种政策性、技术性文件，指导蝗虫统防统治工作的开展。三是领导重视，以实地督导和工作会议的形式推动统防统治工作开展。四是加大生物防治力度，扩大生防面积，逐步实现蝗害可持续治理。五是保障措施到位。中央支农防蝗资金 370 万元和市财政 120 万元防蝗资金为今年蝗虫防治提供了充足的资金保障。六是制定了《天津市蝗虫灾害可持续治理规划（2015—2020 年）》，科学指导未来 5 年蝗虫治理工作朝着绿色、可持续治理方向发展。

（三）玉米螟生物防治效果明显

2015 年，天津市实施玉米螟生物防治面积 2 万亩，其中春玉米和夏玉米各 1 万亩，主要示范赤眼蜂寄生玉米螟卵和性诱剂诱捕玉米螟成虫两种绿控技术。玉米螟被寄生率达 77.8%，示范区花叶率为2%，对照区花叶率为 11%，较对照降低 81.8%。

（四）蔬菜病虫害绿色防控与统防统治融合示范效果明显

2015 年天津市新建了六个绿色防控示范基地，带动普及绿色防控技术应用。示范效果总体非常理想。一是减少化学农药施药次数 3～4 次，用药量减少 20% 以上；二是全程承包专业化统防统治、实施绿色防控形式广泛被种植户接受，值得推广；三是切实保证了示范基地生产的蔬菜绿色无公害；四是减少了用工，解决了农村劳动力不足的问题；五是为专业化合作社摸索出一套全程承包防治服务模式，扶持推动了专业化合作社的发展；六是减少了亩投入，节约了成本。

（五）黏虫应急防控措施得力，成效显著

三代黏虫在天津市多个秋粮主产区县偏重发生，三代黏虫发生 38.5 万亩，达到防治指标面积3.76 万亩，重发 0.79 万亩。在应急防治工作中，天津市植保植检站反应快速、动员积极，全面部署

了全市三代黏虫监测及应急防控工作，黏虫发生期间，静海县、武清区、北辰区植保站积极指导种植户开展防控工作，并在黏虫重发地块开展了专业化统防统治，面积达 2.55 万亩次，全市防治面积 5 万亩次。

河 北 省

一、小麦病虫害防控工作深得民心，成效显著

（一）总体概况

2015 年冬小麦种植面积 3 552.36 万亩，比去年减少 17.64 万亩。据初步统计，今年全省小麦主要病虫害发生 8 744.9 万亩次，防治 7 309.8 万亩次。在农业部、省委、省政府的正确领导下，全省植保机构共同努力，圆满完成了今年的小麦病虫防控任务，为保障小麦生产安全做出了应有的贡献。

（二）全面落实小麦"一喷三防"惠农补助政策

河北省利用中央财政拨付小麦"一喷三防"项目补助资金 1.6 亿元，采购杀虫剂 3 039.82 吨，杀菌剂 1 116.99 吨，叶面肥 2 434.6 吨，对冬小麦主产区 3 552 万亩冬小麦继续实施"一喷三防"物化补助。在具体实施中，突出集中连片种植区域，充分发挥补助政策对社会化服务组织和农民专业合作社、种粮大户、家庭农场等新型农业主体的扶持作用。

（三）强化技术普及，加大宣传力度

小麦病虫发生防控关键期，河北省各级植保机构组织专家、农技人员等分片包干，深入一线开展技术指导和服务。同时加强督导检查，确保政策措施落实到村、到户、到田。继续利用网络、广播、电视、报纸、手机短信、大喇叭、明白纸等多种手段加大宣传力度。

（四）重视督导检查，确保落实到位

5 月 15～17 日，河北省组织 18 个技术指导组，分赴 9 个设区市分片包县巡回指导各地科学开展小麦"一喷三防"工作。5 月 21 日河北省农业厅又成立 7 个督导组，分别对邯郸、邢台、石家庄、衡水、沧州、保定、廊坊、唐山、秦皇岛 9 个设区市辖区以及 8 个省直管县（市）"一喷三防"工作进行全面督导检查，发现问题，及时整改。

二、玉米"一喷多效"工作全面展开，初战告捷

2015 年河北省首次实施玉米中后期"一喷多效"减灾技术集成项目，项目资金共计 200 万元。在保证 11 个设区市每个不少于 1 个项目县（市、区）和部分省直管县的基础上，最终确定了 20 个项目县（市、区）。每个项目县（市、区）实施面积不少于 0.9 万亩，按照每亩 10 元的标准进行补助。

（一）统一部署，最大限度发挥项目实效

4 月 29 日，河北省农业厅、河北省财政厅联合印发了《河北省玉米中后期"一喷多效"减灾技术集成项目实施方案》（冀农计发〔2015〕66 号）。方案明确了项目实施区域、技术内容和资金分配额度、资金使用要求等。各项目县（市、区）农业植保机构负责项目落实，选择有能力的植保专业化服务组织、种植大户等具体实施，并与其签订委托合同。

（二）强化责任，保障项目措施落实到位

河北省植保植检站 5 月 7 日印发《关于推动玉米中后期"一喷多效"减灾技术集成项目实施工作的通知》（冀农植保〔2015〕11 号），明确了项目领导小组和 20 个项目技术指导小组的职责分工。

(三)加强培训，全面提高思想认识

6月6～7日，河北省植保植检站在廊坊市召开了玉米中后期"一喷多效"减灾技术集成项目启动培训会，会议部署了项目工作开展具体安排并强调了有关注意事项。全省共召开现场观摩会 20 余场，组织专业技术培训 40 场次，培训植保技术人员和专业化合作组织人员 1 200 人。

(四)集中作业，发挥专业化统防统治优势

针对当地气候和生产条件、玉米生育进度、病虫害发生情况，各项目县因时、因地制宜，选择适合当地实际情况的农药品种和施药机械开展作业。项目实施期间，各项目县共动用各类植保机械 2 000 多台，其中大型植保机械 260 台，植保无人机 120 台，背负电动喷雾机 1 000 台，烟雾机 1 000 台。

(五)跟踪指导，检查各项工作落实

20 个项目技术指导小组负责本项目县（市、区）项目实施的全程跟踪和指导，关键节点全部在位。全省 20 个项目县在 8 月中旬前全部完成示范区喷施作业，确保了项目顺利实施。

(六)大力宣传，营造良好社会氛围

各项目县通过报纸、电视、网络、短信、广播等多种形式，广泛宣传实行玉米中后期"一喷多效"技术的好处、做法和典型，为推进工作营造良好的社会氛围。

(七)药械试验，摸索科学用药技术

各项目县（市、区）结合当地情况，设计安排了针对不同防治时间、不同防治对象、不同农药品种（包括不同使用剂量）、不同植保机械等的有关项目试验，探索科学用药技术。全省 20 个项目区进行了药剂、药械试验达 80 多个，为以后的工作提供科学的数据支持。

(八)验收考核，评价项目实施效果

9月下旬，河北省植保植检站特邀河北农业大学植物保护学院、河北省农林科学院植物保护研究所有关专家组成项目验收评定组，对石家庄栾城区、衡水景县两个项目县进行项目抽查验收。其余 18 个项目县由所在的设区市植保站按照验收工作通知要求，完成验收工作。栾城区实际测产验收结果表明，"玉米中后期'一喷多效'减灾技术集成项目"在防病治虫增产方面表现突出。每公顷籽粒产量 749.4 千克，比对照田（常规防治）增产 20.2%，玉米病虫害综合防效达到 97.8%。

■ 山 西 省

一、病虫发生与防治概况

受春季气温偏低，夏秋持续干旱气候的影响，2015 年山西省农作物病虫害总体中等，局部偏重发生，发生程度轻于上年。据统计，全年农作物病虫发生面积 1.58 亿亩次，比上年减少 1 500 万亩次。其中小麦病虫发生 2 530 万亩次，玉米病虫 4 359.6 万亩次，马铃薯病虫 514.41 万亩次，蔬菜病虫 1 316 万亩次，果树病虫 1 789.7 万亩次。全年农作物病虫发生呈现四个显著特点：一是喜旱性病虫明显重于喜湿性病虫。二是暴发、突发性病虫总体可控，未对农业生产造成大的损失。三是常发性病虫总体发生平稳。四是一些次要病虫或已被遏制的病虫呈现明显上升势头。

据统计，2015 年全省累计防治农作物病虫 1.2 亿亩次，占病虫发生面积的 96.57%，其中专业化统防统治实施面积 3 595.8 万亩次，达防治面积的 24.1%。全年小麦病虫防治 3 419 万亩次，玉米病虫防治 3 360 万亩次，马铃薯病虫防治 353.7 万亩次，果树病虫防治 2 094.4 万亩次，蔬菜病虫防治 1 540

万亩次。经初步测算，通过防控全年共挽回粮食损失 16.5 亿千克，蔬菜 12.32 亿千克，水果 15.23 亿千克，油料作物 423 万千克，总经济效益 48.32 亿元。

二、采取的主要防治措施

（一）强化组织领导，确保责任落实到位

2015 年春季，山西省小麦主产区风调雨顺，小麦整体长势良好，病虫发生是威胁小麦丰产丰收最主要的因素。山西省各级领导将小麦病虫防控作为春季农业生产的重中之重，作为保夏粮丰收的重要抓手，狠抓落实。随小麦生长进入关键时期，山西省农业厅派出督导组，由厅领导带队赴小麦主产市县开展督查，推动以病虫防控为主要内容的春季管理工作。山西省植保植检站于 5 月初组织小麦主产市、县植保站站长召开小麦穗期病虫防控工作会议，对小麦穗期病虫防控工作进行了安排部署，强调要切实增强穗期病虫防控的紧迫感和责任感，逐级落实病虫防控属地管理和责任追究制度。山西各级小麦主产市、县也结合实际，及时调整完善重大病虫防控指挥结构，充分发挥政府领导在病虫防控中的组织、协调、调动作用。入夏以后，随着大秋作物病虫防控进入关键时期，分管种植业的王高勇巡视员多次深入病虫重发区，督导防控工作开展。7 月 7 日，结合"三严三实"专题教育，王巡视在种植业系统大会上，对大秋作物后期病虫防控进行了再动员、再部署，要求各级农业植保部门一定要坚定信心，把各项工作抓严抓实，攻坚克难，坚决打好病虫防治攻坚战，确保秋粮和全年农业丰收。7 月 20 日山西省农业厅以山西省发电向各市、县农委发出《关于做好大秋作物中后期病虫防控工作的紧急通知》，要求各地把病虫防控各项措施落到实处，严控病虫暴发流行，保障秋粮生产安全。随大秋作物病虫发生陆续进入盛期，各市、县农委按照通知要求积极组织召开秋粮病虫防控会议，安排部署了下阶段病虫防控工作；多个地市分管农业的领导同植保部门同志一起下乡督导工作，尤其是病虫发生重点县的领导，践行"三严三实"，带任务蹲点基层，走村入户，督导病虫防控，切实落实属地管理责任。

（二）强化监测预警，确保信息传递到位

今年以来，山西省植保部门切实加强农作物病虫监测预警工作，各地在认真按照测报调查规范进行系统监测和大田普查的基础上，严格执行农作物病虫周报制度和特殊情况随时上报制度，及时会商发布病虫发生趋势预报。春季小麦生长关键期，山西省植保植检站分别针对吸浆虫、条锈病、白粉病、穗蚜共组织 4 次全省性小麦病虫大范围普查，临汾市 17 个测报点的 138 个监测人员，节假日不休息，坚持"三天一次系统调查，五天一次病虫普查"，严密监视各种病虫发生动态。运城市植物保护站先后 4 次邀请"三农"和气象部门有关专家对小麦红蜘蛛、蚜虫、白粉病、条锈病、赤霉病等重大病虫发生趋势进行分析会商，及时发出了趋势预报和防治警报。入夏以来，针对近年发生逐年趋重的双斑萤叶甲、玉米蓟马等小型害虫，在大同、阳高、介休、原平、长子新建了 5 个玉米虫害系统监测点，各测报站严格按照测报调查规范进行调查，并及时将发生动态通过山西省农作物病虫预警监测系统上报省病虫测报科。为防止黏虫、晚疫病等重大病虫漏查漏报，山西省各地植保部门结合当地实际，调动一切力量密切监测、全面排查。在此基础上，各地严格执行病虫信息报送制度，并及时发布预报、预警，指导群众及时防控。山西省植保植检站于 7 月 10 日、7 月 12 日通过山西农业厅网、山西植保网及时发布了玉米中后期病虫、马铃薯晚疫病趋势预报。各地结合实际，通过电视、网络、手机报、广播等手段将马铃薯晚疫病、玉米大斑病、三代黏虫的预报信息及时传递到了群众手中，有效地指导了防控工作的开展。据统计，截至 11 月底，全省共通过有害生物监测预警数字化平台交流汇总原始报表、模电等 17 580 份，周报表 3 587 份，预报、情报等 635 份。全省共制作电视预报 245 期，手机短信 51 期，发送 351 万条次。为上层决策、基层防控提供了科学依据。

（三）强化宣传培训，确保防控技术到位

各级农业植保部门充分利用网络、电台、报纸、手机短信等媒体以及通过举办培训班、召开现场会、远程教育、专家讲座、科技服务小分队、科技直通车进村入户等方式，强化农作物病虫防控技术宣

传培训。4月，山西省农业厅下发了以病虫防控为主要内容的《2015年冬小麦中后期田间管理意见》；5月4日，山西省植保植检站印发了《关于加强小麦穗期病虫防控的紧急通知》，有针对性地提出不同小麦产区重点防治对象及关键防控技术。为有效指导全省大秋作物病虫防控工作科学开展，针对大秋作物中后期病虫重发的严峻形势，7月17日，山西省植保植检站印发了《2015年山西省大秋作物中后期病虫防控技术方案》。7月19日山西省植保站植检由处级领导带队，分5个防控督导组赴全省病虫重发区开展病虫防控督导检查工作。各地植保部门结合当地实际，制订科学防治技术方案，植保科技人员深入田间地头，包乡抓村开展技术培训和防控指导。同时采取多种形式，加强对农民的宣传和培训。运城市针对二代黏虫防治提出"7个把握好"并分三组深入芮城、平陆、闻喜等3县对防控工作进行了督查指导，发现部分地头、路旁和荒草滩仍有一定数量的虫源，要求相关县立即进行防治，防止转移为害；对部分重发田防治效果进行了检查，发现仍有残虫，要求相关县密切监控，做好查残扫残。忻州市技术人员直接到地头，边走边查边议，开展实用技术培训，动员和组织重点乡村或重点户联片示范、联片防控。临汾市、吕梁市通过召开现场会，开展现场观摩等活动宣传病虫防控技术及科学用药，推进大秋作物病虫防控工作的有效开展。

（四）强化统防统治，确保防治效果到位

对重大病虫防控来说开展专业化统防统治是"抢时间、争速度、提防效、保丰收"的重要举措。针对小麦穗期病虫重发的严峻形势，农业部门依托现有专业防控组织，大力开展穗期病虫统防统治。据统计，在小麦病虫防治中，全省共出动植保专业化防治队423个，出动防治队员6 235人次，动用农用飞机、加农炮、自走式喷雾机、担架式喷雾机等大中型喷药器械5 621台次，以及电动、手动小型喷雾器5 236台次，开展小麦病虫统防统治445.6万亩次，占到全省小麦病虫防治面积的32.55%。其中运城市闻喜县、永济市、夏县、芮城县、绛县等五县（市）运用直升机、多旋翼无人机开展统防统治共计12.5万亩，飞机的使用进一步促进了小麦主产区运城市现代农业发展的步伐，为当地小麦的丰收和粮食安全奠定了坚实的基础。

（五）强化项目管理，确保防控物资到位

为保证病虫防控工作及时开展，山西各级植保部门积极筹备农作物病虫防控物资。山西省财政厅分别于2014年12月5日和2015年6月9日将中央财政小麦、蝗虫防治项目资金1 150万元，分两次全部下达项目区县，补助资金主要对麦田病虫疫情源头区、重发区，蝗虫常发区实施应急防治、统防统治、绿色防控等所需药剂、药械购置和施药作业进行补助。据调查统计，截至11月26日，全省1 150万元项目资金全部兑现完毕，其中小麦病虫防控物化补助156.43万元，蝗虫防控物化补助236.57万元均通过政府招标采购程序，购置防治对路农药，发放至承担项目的植保组织、村组或个人；小麦病虫防控资金补助546.70万元，蝗虫防治资金补助213.2万元，在防治工作结束后，由县级农业部门组织专家，抽查项目区防治效果，验收合格并在当地媒体公示后，对承担项目工作的植保组织或个人进行了资金兑现。在各级领导的重视下，山西省各级财政也加大了农作物病虫防控资金投入力度。省财政为大秋作物后期病虫防控准备预备金300万元，为了确保专款专用，最大限度发挥专项经费作用，省财政要求经费全部留省，并通过政府集中采购程序，进行对路农药械的招标，所购物资结合病虫发生实际，第一时间下达最需要支持的病虫重发区。另外，去年山西省财政下拨2 000万元支持玉米红蜘蛛防控工作开展，但由于经费下达偏晚，大部分项目县专项经费未进行支出，经与相关财政部门沟通，项目经费保留至今年购置玉米红蜘蛛防治用药。

（六）强化绿防与专防融合推进，确保农药减量到位

（1）为探索病虫防控低碳、环保、可持续发展新模式，提高保障农业生产、农产品质量、生态环境安全能力，在农业部指导和安排下，今年山西省继续在小麦、玉米、马铃薯、蔬菜、水果5类作物7个试点，深入推进专业化统防统治和绿色防控融合。3月30日，山西省植保植检站印发了《2015年山西省农作物病虫专业化统防统治与绿色防控融合试点实施方案》[晋农业（保）字〔2015〕12号]，对示

范目标、任务、内容以及工作进度进行了详细安排。示范区依托专业化防治组织，推行统一组织、统一发动、统一时间、统一技术、统一实施"五统一"，并推广灯诱、色诱、性诱以及生物防治、生态控制等绿色防控措施，切实降低化学农药使用量，提高病虫防控的组织化程度和科学化水平。

（2）在做好融合工作的同时，今年继续做好果树蜜蜂授粉与绿色防控示范区的建设工作。2015年山西省运城市万荣县、盐湖区、临猗县分别承担了苹果、梨和枣的蜜蜂授粉与绿色防控技术应用示范项目。其中万荣县、盐湖区为第二年承担项目工作，临猗县为第一年开展枣蜜蜂授粉工作。承担项目工作的3县（区）严格按照农业部办公厅有关通知（农办农〔2015〕6号）精神，结合当地果树生产实际，在示范区选址、制订实施方案、确定蜂源、优化集成病虫绿色防控技术、蜜蜂授粉与绿色防控技术集成试验示范及效果评价方面做了大量扎实细致的工作，取得了显著的经济、社会和生态效益，农药减量使用成效显著。

（3）在全国农技中心的安排下，万荣、临猗、闻喜等县植保站分别针对小麦纹枯病、麦蚜、苹果腐烂病、梨小食心虫、枣树盲蝽等病虫开展了相关新技术、新产品试验示范，承担单位以严谨、科学、求实的态度，认真完成了各项试验示范工作，并于11月中旬提交了有关试验示范工作总结及报告。

（4）为了进一步规范病虫害绿色防控技术的推广应用，优化制订出符合现代农业发展要求的病虫绿色防控技术标准，山西省植保植检站结合近年工作开展和实际生产需要，年初向山西省质量技术监督局、山西省农业厅提出《梨树蜜蜂授粉与病虫绿色防控集成应用技术规程》《桃树病虫绿色防控技术规程》及《鲜食玉米田玉米螟绿色防控技术规程》的制定申请，并列入2015年度山西省地方标准制（修）定项目计划。通过一年时间认真起草、多次征求意见、反复修改，及两次专家审查，现已完成报批稿报省质监局，将于近期正式颁布。这项工作将促进山西省农作物绿色防控工作向标准化迈进，为农药减量使用提供技术支撑。

三、2016年度防治工作计划

2016年全省病虫防控工作要深入贯彻党的十八届五中全会精神，以"公共植保、绿色植保、科学植保"理念为引领，以促进粮食丰收、农业发展、农民增收为目标，以控制迁飞性、流行性、暴发性农作物重大病虫疫情危害为重点，分类指导、分区推进、科学防控，加强病虫监测预警，大力推进统防统治，积极开展绿色防控，有效减轻病虫危害，努力促进山西省粮食稳定增产，全力提升农产品质量安全水平。2016年计划重点抓好以下几项工作。

（一）强化防治物资管理，督导项目落实

2016年中央财政部分资金及省财政病虫防控资金已于2015年年底，结合市县报告和实际需求调查，会同省财政制订切实可行的重大病虫防控项目实施方案，下达了资金使用计划。为保证项目落实，最大限度发挥专项资金作用，避免专项资金挤占、挪用、乱用问题，2016年将切实加大对重大病虫防控补助资金项目落实的监督检查力度，派检查组对承担2015年病虫防控项目县（区）工作开展及资金使用情况进行抽检，发现问题并及时整改落实。同时配合农业部完成重大病虫防控项目信息调度半月报任务。项目结束后，认真完成项目总结。

（二）开展重大病虫防控技术指导

一是从技术层面起草、制订、发布相关防控预案、方案。年初结合2016年重大病虫发生趋势，制订印发《2016年山西省农作物重大病虫害防控方案》，包括小麦、玉米等作物主要病虫，以及蝗虫、草地螟、二点委夜蛾、马铃薯晚疫病等重大病虫的防控方案；在小麦穗期、大秋作物生长中后期结合病虫发生实际，及时以山西省发电或厅文，下发有关病虫防控紧急通知，明确关键防治技术。二是深入实际进行病虫防治调研、指导。分别在小麦、玉米生长的各个时期，小地老虎、蝗虫、草地螟、二点委夜蛾、黏虫、玉米大斑病、马铃薯晚疫病发生时期深入基层进行应急防治组织及技术指导。

（三）及时进行工作总结汇报

向农业部种植业管理司、全国农技中心、山西省农业厅相关处室进行病虫防治情况汇报。配合农业部督导组（小麦穗期病虫防控、大秋作物中后期病虫防控）做好防控进展定期汇报工作。年终完成各项涉及防治工作的总结报告。

（四）加强防控技术宣传培训

计划 2016 年中期，组织全省植保工作重点市县站长及技术骨干召开防控新技术培训班一期，邀请国内知名专家就新发生病虫种类的识别、防控新技术进行技术培训。结合病虫发生实际情况，召开重大病虫防治现场会 1～2 次，组织有关市县植保站技术人员及种粮大户参加。结合山西省农业厅有关处室开展的新型农民职业教育培训、基层农技人员技术培训、12316 热线咨询等项目，对植保技术进行培训宣传，切实提高基层农技人员、种粮大户科学用药等植保技术水平。

（五）完成好绿色防控示范区建设工作

在重点做好农业部安排山西省的 4 个国家级绿色防控示范区（闻喜小麦、定襄玉米、临猗苹果、小店蔬菜），3 个蜜蜂授粉示范区（盐湖梨树、万荣苹果、临猗冬枣）基础上，做好 7 个国家级绿色防控与专业化统防统治融合示范区建设工作，探索融合工作推进机制、措施，同时进一步提升山西省 10 个标准化绿色防控示范区的建设水平，指导各市结合当地特色产业，集中资金打造 2～3 个高标准绿色防控示范区。实现农业部要求的"蔬菜、水果、玉米、小麦等作物主产区病虫绿色防控覆盖率达到 18%、比上年提高 2% 以上，示范区化学农药用量减少 20% 以上"的目标。

（六）完成好有关新技术试验示范及相关标准起草制定工作

2016 年加大病虫防控新技术、新产品试验示范工作，在认真完成好全国农技中心防治处安排山西省的有关试验任务的同时，主动与植保新技术、新产品研发生产企业、厂家合作，引进、筛选适合山西省实际的技术产品。在做好黄蓝板诱杀、性诱剂诱控、果园生草、防虫网阻隔、生物农药科学使用等绿色防控技术推广的同时，明年将指导有关示范区针对不同作物和不同的栽培方式，对经济、实用的绿色防控关键技术产品进行集成配套，形成蔬菜、水果、小麦、玉米等作物绿色防控技术模式，促进病虫绿色防控技术的普及和应用。同时，完成好质量技术监督局及山西省农业厅下达的有关标准编制任务。

▣ 内蒙古自治区

一、2015 年病虫鼠害发生防治情况

全区农作物重大病虫害累计发生 11 087.88 万亩，防治 9 994.21 万亩。其中蝗虫农田及周边草滩发生 843 万亩，防治 379.2 万亩；马铃薯晚疫病发生 70.48 万亩，防治 303.67 万亩；草地螟发生 18.31 万亩，防治 3.4 万亩；玉米螟发生 3 289.45 万亩，防治 2 281.88 万亩；玉米大斑病发生 566.9 万亩，防治 148.4 万亩；黏虫发生 1 129.43 万亩，防治 550 万亩；红蜘蛛发生 486.02 万亩，防治 291.75 万亩；双斑萤叶甲发生面积 936.88 万亩，防治 350.77 万亩。

农区鼠害农田发生 771.58 万亩，防治 282.44 万亩；农户鼠害发生 138 万户，完成灭鼠 110 万户。

二、主要工作完成情况

（一）重大病虫害应急防控

1. 蝗虫　总体轻发生，虫口密度整体低于往年，局部有高密度发生点片。在蝗虫防控的关键时期，蝗虫发生区均成立了防蝗领导小组，安排部署应急防控工作，积极筹措资金，全区完成防治面积 379.2

万亩，有效控制了蝗虫蔓延危害。

2. 玉米主要病虫害　7 月中旬至 8 月中旬，全区普遍降雨偏少，气温偏高，玉米病虫害发生特点是：分布不均，面积大，局部偏重发生。玉米红蜘蛛发生 486.02 万亩，重发生 96 万亩，防治 291.75 万亩。双斑萤叶甲发生 936.88 万亩，防治 350.77 万亩。玉米大斑病发生 566.9 万亩，防治 148.4 万亩。黏虫发生 1 129.43 万亩，防治 550 万亩。

3. 马铃薯主要病虫害　近年来由于马铃薯大面积连片连作，除马铃薯晚疫病外，马铃薯土传病害日趋严重，发生特点是发生普遍，轻重不一，局部地块危害严重。由于今年马铃薯主产区降雨偏少，不利于马铃薯晚疫病的流行扩散，马铃薯晚疫病发生特点是中心病株始见晚、面积小、发生轻。主要分布在锡林郭勒盟、赤峰市、兴安盟、呼伦贝尔市、乌兰察布市和鄂尔多斯市。

（二）示范工作开展情况

1. 绿色防控工作开展情况　全年实施绿色防控面积 3 500 万亩，其中大田玉米、马铃薯、向日葵等优势作物 3 000 万亩，设施农业生产基地绿色防控 500 万亩。

全区共建立 132 个绿色防控示范区，核心示范面积 163 万亩，辐射带动 3 500 万亩。其中分别在玉米、马铃薯、水稻、蔬菜上建立了 4 个国家级绿色防控示范区，开展以绿色防控技术为主的技术集成模式创新，取得了明显的示范效果。示范区内绿色防控主推技术到位率 85％以上，化学农药使用量减少 30％以上，防治效果达到 75％以上。

2. 绿色防控与专业化统防统治融合　按照农业部的部署，内蒙古自治区 5 个旗县承担蔬菜、玉米、马铃薯 3 类作物病虫害统防统治与绿色防控融合示范，核心示范面积 15.6 万亩，辐射带动面积 156 万亩，示范区实行专业化统防统治全覆盖，统防统治区绿色防控关键技术普及率达到 100％，粮食作物病虫危害损失率控制在 5％以下，农产品合格率 95％以上，化学农药使用量减少 20％，杜绝高毒农药使用，保障农业生产、农产品质量、生态环境安全。

三、存在的问题及建议

（一）应急防控能力有待提升

建议农业行政管理部门积极争取资金和政策上的支持，争取把应急防控纳入财政预算，对大面积统防统治和群防群治的农药和药械给予适当补贴，确保病虫害防控措施落到实处，减少虫源。

（二）专业化防治水平有限

应急防控物资储备不足，高效大型施药机械仍不能满足目前应急防控的需要。建议加大投入，充实大型高效施药器械，储备一定量的农药，加强专业化统防统治队伍建设和防治人员素质。

（三）防控资金缺乏

建议各级政府加大对重大病虫防控的投入力度，建立以政府投入为主导、农民自筹为主体的多渠道、多层次、多元化的农作物重大病虫防控投资机制。

◼ 辽　宁　省

2015 年辽宁省气候异常，冬春季降水偏多、阶段性低温频繁，夏季气候异常干旱，全省持续 1 个多月无有效降雨，旱情之重为 64 年来罕见，直至 7 月末 8 月初，旱情才有所缓解。异常气候条件致使前期苗情较弱，致使玉米顶腐病、苗枯病、茎基腐病、地下害虫、苗期害虫等前期病虫害和二代玉米螟、三代黏虫、三代棉铃虫、小地老虎、玉米双斑萤叶甲、水稻穗颈瘟等中后期病虫害偏重甚至大发生。据统计，今年全省农作物病虫害总体中等至中等偏重发生，发生面积约 1.73 亿亩次，防控面积 1.93 亿亩次，挽回粮食损失 300 万吨，水果损失 98 万吨，蔬菜损失 245 万吨。

一、主要农作物病虫害发生情况

（一）水稻病虫害

今年全省水稻种植面积接近 850 万亩，全年水稻病虫害发生 2 500 万亩次，防治 4 000 万亩次。其中，稻瘟病发生 145 万亩次，纹枯病、稻曲病等病害发生 530 万亩。二化螟发生 515 万亩，灰飞虱发生 300 万亩，稻水象甲发生约 300 万亩。

（二）玉米病虫害

受异常气候条件影响，地下害虫、苗期害虫、玉米螟以及玉米大斑病等病虫害发生较重。玉米病虫害发生面积 7 343 万亩次，其中，地下害虫和苗期害虫偏重发生，发生面积 1 366 万亩；一代玉米螟中等发生，发生 1 800 万亩，二代玉米螟偏重至大发生，发生 1 405 万亩；玉米双斑萤叶甲首次在辽阳、鞍山、大连等地区造成严重危害，发生面积 70 万亩次；玉米大斑病等叶部病害偏轻至中等发生，发生面积 800 万亩。

（三）迁飞性害虫

二代黏虫发生 560 万亩，防治 340 万亩；三代黏虫发生 470.5 万亩，防治 145.2 万亩。

（四）蔬菜病虫害

蔬菜病虫害发生 1 300 万亩次，其中，蔬菜灰霉病、叶霉病、疫病以及黄瓜细菌性流胶病、美洲斑潜蝇、烟粉虱、蓟马等局部中等偏重发生，防治面积超过 1 600 万亩次。

（五）果树病虫害

果树病虫害总体中等发生，蚜虫、叶螨、食心虫等害虫中等至偏重发生，总体发生面积 1 312 万亩次，防治面积 1 820 万亩次。

二、防控工作开展情况

面对今年异常特殊气候条件造成的复杂的农作物病虫害发生形势，辽宁省农业部门和植保系统沉着应对，顺利完成玉米螟绿色防控 3 214 万亩，水稻病虫害专业化统防统治面积 80 万亩，设施蔬菜土传病害综合防控技术推广 1 万亩，完成三代黏虫应急防控 320.5 万亩，取得了重大病虫害应急防控和专业化统防统治工作等各项工作的胜利。

（一）继续实施玉米螟绿色防控项目

今年，按照农业部"整建制、全程化、绿色化、标准化和产业化"的要求，全面推进玉米螟绿色防控工作，省财政投入防螟补助资金增加到 9 642 万元，开展玉米螟绿色防控面积 3 214 万亩，全年减少化学农药使用量 260 吨（折百量），虫口夺粮 7 亿千克。今年共举办玉米螟绿色防控技术培训班 3 000 余场次；通过电视、报纸、广播等媒体播出电视预报、防控技术专题等节目 100 余期次；印发技术资料 50 多万份，辐射群众 100 余万人次。

（二）开展设施蔬菜土传病害和病虫害综合防控技术推广

2015 年建设完善土传病害综合防控技术示范区 12 个，在示范区内重点推广了棉隆消毒技术、灰霉病及叶霉病高效低毒低残留药剂防控技术、轨道式喷雾机施药技术、诱虫板诱杀技术等新型土传病害综合防控和绿色防控技术。全年完成设施蔬菜土传病害棉隆土壤消毒技术推广示范 1 300 亩，设施蔬菜地上病虫害物理防控技术和高效低毒低残留药剂防治技术推广示范 8 700 亩，技术辐射 10 万亩。通过项目实施，发病棚土传病害病株率由 40％以上，降低到 5％以内，地上病虫害综合防控效果总体达到 85％以上，单棚挽回损失平均在 2 000 元以上，产生直接经济效益 2 000 万元以上，辐射效益 2 亿元以上。

（三）实施植保能力提升项目

通过连续 3 年（2012—2014 年）实施植保防控能力提升项目，省财政 3 年累计投资 7 200 余万元，采购大型施药机械和专业化防控设备 3 000 余台套，提升玉米、水稻重大病虫害应急防控作业能力 200 万亩以上。在今年的三代黏虫应急防控工作一线，各种大中型高秆作物施药设备发挥高效作用，成为防控主力军，2015 年全省农作物病虫草鼠害防控面积约 1.9 亿亩次，其中，专业化统防统治面积达到 2 530 万亩。

（四）三代黏虫应急防控工作

针对三代黏虫发生的严峻形势，辽宁省高度重视，快速反应，采取多种措施全力打好三代黏虫防控阻击战，全省累计出动机防队 400 多支，各类大型喷雾设备 2 000 余台套，机防手近万人，累计完成防治面积 320.5 万亩次，三代黏虫得到有效控制，为保证大旱之年粮食生产安全，避免旱灾和生物灾害叠加做出重要贡献。

吉 林 省

2015 年吉林省农作物病虫草鼠害发生程度总体为中等发生。为了做好农作物病虫草鼠害的防治工作，全省植保系统在全国农技中心的大力支持和正确指导下，认真贯彻落实"预防为主，综合防治"的植保方针和"科学植保、公共植保、绿色植保"理念，加大了对重大病虫害的监控力度，在重大病虫害统防统治等方面取得了显著成效，为发展吉林省农业和农村经济、夺取粮食丰收、保障农产品质量安全发挥了重要作用。现将全年工作总结如下。

一、2015 年农作物主要病虫害发生防治概况

2015 年，吉林省农作物主要病虫害总体为中等程度发生，全省农作物病虫草鼠害发生面积为 18 191.7 万亩次，防治面积 21 674.38 万亩次，挽回粮食产量约 45.95 亿千克。其中病害发生面积为 2 267.09 万亩次，防治面积 3 611.25 万亩次。虫害发生面积 6 751.119 万亩次，防治面积 8 824.72 万亩次。农田杂草发生 5 288.18 万亩，防除面积 6 889.39 万亩。农田鼠害发生 3 885.22 万亩，防治 2 349.02 万亩。

（一）玉米病虫害

全省玉米播种面积约 6 508.36 万亩，玉米病虫害总计发生 7 684.24 万亩次，其中虫害为 5 904.74 万亩次、病害为 1 779.5 万亩次。防治总面积为 9 844.3 万亩次。挽回粮食产量约 18.59 亿千克。发生的病虫害种类主要有玉米螟、地下害虫、玉米蚜虫、双斑萤叶甲、大斑病、黏虫等。其发生程度为玉米大斑病、玉米螟和黏虫中等偏重发生，其余病虫中等至轻发生。

（二）水稻病虫害

全省水稻种植面积 1 036.15 万亩，水稻病虫害发生面积约 879.99 万亩次，防治面积为 2 018.76 万亩次。共计挽回粮食损失产量约 2.74 亿千克。其中虫害发生 568.5 万亩，防治 1 076.34 万亩次。病害发生 311.49 万亩，防治 942.42 万亩次。发生的病虫种类主要有稻瘟病、纹枯病、稻曲病、恶苗病、赤枯病、二化螟、稻象甲、负泥虫、潜叶蝇、黏虫、中华稻蝗等。

（三）大豆病虫害

全省的大豆播种面积约 239.97 万亩，大豆病虫害发生面积为 86.36 万亩次，防治面积 106.73 万

亩。其中虫害发生 75.13 万亩次，病害发生 11.23 万亩次。发生的病虫害种类主要有大豆食心虫、蚜虫、地下害虫、大豆胞囊线虫、大豆霜霉病、大豆病毒病等。其发生程度以食心虫、蚜虫为中等发生。其余病虫为中等偏轻发生。

（四）蔬菜病虫害

蔬菜病虫害今年总体发生较轻，全省发生面积 12.66 万亩次，防治面积 176.79 万亩次。其中白菜霜霉病、白菜软腐病、瓜类霜霉病、菜蚜、菜青虫、小菜蛾、地下害虫等发生较重。

（五）花生病虫害

花生种植面积约 145.55 万亩，病虫害发生 105.19 万亩，防治面积 110.15 万亩，发生的病虫害主要有花生叶斑病、病毒病和地下害虫。

二、2016 年工作计划

（1）继续抓好农作物重大病虫害的防治工作。要继续做好草地螟、黏虫、蝗虫、地下害虫、稻瘟病、稻水象甲、二化螟、大豆蚜、大豆食心虫、玉米丝黑穗病、玉米大斑病、玉米苗期病害、双斑萤叶甲等重大病虫的监控以及防治技术指导工作。

（2）继续抓好农区鼠害的统防统治和生物防治工作。

（3）继续做好吉林省农作物重大病虫害绿色防控技术的引进、示范和推广应用工作。针对农产品质量安全问题，加强对玉米、水稻、水果、蔬菜等作物重大病虫害绿色防控示范，宣传培训工作。

■ 黑龙江省

2015 年，黑龙江省大力开展稻瘟病和玉米螟等重大病虫统防统治和绿色防控，全面推动减量用药，全年组织防治病虫草鼠害 3.49 亿亩次，农田减施化学农药 3 300 吨，挽回粮食损失 100 多亿千克。同时，成功阻截了马铃薯甲虫、稻水象甲等植物重大疫情发生，为保障黑龙江省粮食生产安全和绿色食品产业发展做出了贡献。

一、病虫草鼠害发生基本情况

2015 年全省农作物病虫草鼠等生物灾害发生面积 3.66 亿亩次，较去年增加了 1 000 万亩次，总体仍为中等偏重发生。玉米病虫继续呈重发态势，其中玉米螟发生面积仍高达 4 066 万亩，但较之去年减少 450 万亩，且玉米螟百秆活虫越冬基数下降到 67.2 头，为 1991 年至今的最轻年份；双斑萤叶甲发生 1 538.7 万亩，比去年增加 675 万亩；蚜虫发生 1 360 万亩，比去年增加 486.2 万亩；玉米大斑病发生 1 859 万亩，较之去年减少 145.6 万亩。水稻病虫害总体中等偏轻发生，发生面积 2 927.7 万亩次，较去年减少 595 万亩。稻瘟病、细菌性褐斑病、鞘腐病、胡麻斑病、纹枯病、青立枯病共发生 1 363.5 万亩，与去年基本持平；水稻负泥虫、水稻二化螟、稻蝗共发生 767 万亩，较去年减少 47 万亩，另外，水稻潜叶蝇发生 633.5 万亩，较去年减少 337 万亩。农作物种植结构的变化及生长中后期部分地区、岗地略显旱象直接导致了病虫害的发生变化。

二、主要做法

（一）全省重大病虫监测能力和水平进一步增强

黑龙江省植检植保站和各级植保站全年分别发布长、中、短期病虫预报 17 期和 1 460 多期，向农业部上报周报、日报信息 60 多次，有力地指导了防控工作。全省已建的 600 个稻瘟病监测网点，全部升级更换了田间调查仪，基本覆盖地方大部分水田，直报信息40余万条，为及时有效控制今年稻瘟病危害提供了基础保障；正在建设旱田监测网点200个，将覆盖4 000万亩旱田。

（二）重大病虫统防统治和绿色防控力度空前

省财政今年共投入绿色植保工程和稻瘟病应急防控资金5 000万元，是历年投入力度最大的一年，加之中央财政补贴的2 200万元水稻重大病虫防控资金，全省大力推动以玉米螟、稻瘟病为重点的重大病虫统防统治。在统防统治中突出飞机防控和绿色防控技术的大面积应用。在组织开展的1 200万亩稻瘟病统防统治中，采用飞机航化作业统防的面积达371万亩，其中第一期常规飞防作业，共动用飞机35架，航化作业130万亩；第二期应急统防，一周内紧急调用飞机38架，作业3 691架次，及时完成了241万亩水稻穗颈瘟应急预防任务，使得呈暴发态势的穗颈瘟被控制在轻发生程度。据统计，今年重大病虫统防统治率达到35.7%，绿色防控占比50.6%，分别比去年增加3.22%和7.56%。

（三）深入推进减量用药工作

一是大力推动绿色防控。今年利用农业部和省政府45万元项目资金，共在12个县设立了专业化统防统治与绿色防控融合试点示范区，在25个县开展水稻和玉米绿色防控示范项目，共示范绿色综合防控技术13项，示范面积6万亩，辐射带动60万亩。二是继续加大农企合作，开展"植保一体化防治服务"示范力度。今年示范县由前两年的4个扩大到7个，示范面积增加到了5.2万亩，项目区内将整体减少农药用量20%以上。三是更新节药设施设备。今年采取省财政补贴50%的方式，更新4万套喷杆喷雾机的喷头和喷头体，示范带动标准喷头的推广应用，提高施药水平，预计可减少农药用量800吨。同时，试点建设4个配药服务站，开展农药科学配制、农药废弃包装物和残液回收处理试点，减少农药面源污染。四是以建设有机水稻基地促进农药施用零投入。在五常建设的有机水稻基地规模增至10 670亩，取得了多项技术突破，今年取得417.9千克的亩产量。五是大力开展绿色植保技术试验示范和科学用药指导。今年继续开展生物、物理等绿色、有机植保技术试验示范40多项，做好技术储备。推广使用环保剂型药剂及高效、低毒、低残留药剂，并做到对症用药和科学轮换用药，减少用药次数和药量。

三、主要建议

（一）建议政府成立重大病虫防治专项基金，确保应急防治需要

建议政府成立重大病虫应急防治专项资金，如果当年重大病虫发生较轻未用完，可转至下一年，不仅有利于重大病虫防治的可持续治理，同时也有利于省千亿斤*粮食工程的实现。

（二）加大新型施药机械投入力度，促进应急施药机械更新换代

为了提高对重大病虫应急防治的效率和效果、减少药害事故、保护生态环境，应不断加大新型药械更新推广应用。同时新型药械使用较复杂，强化培训才能确保施药机械发挥作用。

（三）建议简化重大病虫应急防治资金使用程序，确保统防统治顺利进行

目前防虫资金使用程序较为复杂烦琐，容易错过防治最佳时期。建议简化资金使用程序，确保防控物资及时到位。

（四）建议将重大病虫应急防治纳入各级政府业绩考核范围

建议将重大病虫防治纳入地方政府业绩考核以引起政府领导足够重视，确保防治工作顺利进行。

---

* 斤为非法定计量单位，1斤=0.5千克。

■ 上 海 市

一、主要农作物病虫害发生概况

(一) 水稻病虫害

褐飞虱发生面积为 365 万亩次。白背飞虱中等发生，发生面积 219 万亩次。灰飞虱轻发生，发生面积 261 万亩次。条纹叶枯病只有个别区县有零星病株。稻纵卷叶螟中等发生，局部偏重，总发生面积 380 万亩次。大螟发生面积 256 万亩次。二化螟发生面积 186 万亩次。稻纹枯病整体发生程度为偏重发生 (4 级)，局部大发生，发生面积 145 万亩。稻恶苗病为中等发生。稻瘟病轻发生，稻曲病自然发生中等。

(二) 小麦病虫害

各类主要病虫中等程度发生，局部偏重。赤霉病发生面积 71.23 万亩，白粉病发生面积 51.22 万亩，黏虫发生面积 60 万亩次，麦蚜发生面积 83.34 万亩。

(三) 油菜菌核病

整体为偏轻发生，发生面积 6.54 万亩。今年主要表现为后期茎秆侵染率低。上海市平均病株率 6.61%，病情指数 3.63，发病程度明显低于去年与常年。

二、原因分析

(1) 迁飞性害虫总迁入量少于常年，褐飞虱后期迁入量少。后期天气、农田生态环境有利褐飞虱发生。因此，后期局部田块虫量上升很快。

(2) 天气等条件总体有利于小麦赤霉病、纹枯病重发。小麦抽穗扬花期大部分地区遇连续阴雨天气，不但对病害的侵染非常有利，而且对防治造成很大的影响。

(3) 小麦赤霉病菌菌源基数明显高于常年，子囊孢子释放高峰与小麦抽穗扬花期相吻合。

(4) 防治上的重视、防治措施的加强、药剂的更替和局部区域作物布局调整，对病虫发生产生一定影响。连续多年对夏熟作物灰飞虱的扫残，对压低灰飞虱基数和控制条纹叶枯病的发生起到了很明显的效果。大部分区域在前期狠压基数，使迁入当地的虫源未能大量繁殖。

三、防治措施及效益

(一) 科学组织防治

1. 分阶段组织对水稻病虫开展防治 初步统计，2015 年上海市水稻病虫害适期防治 2 700 多万亩次，其中褐飞虱 365 多万亩次，稻纵卷叶螟 380 多万亩次，纹枯病 488 多万亩次。上海市水稻大田病虫分四个阶段平均进行 3~6 次防治。

第一阶段：防治螟虫、灰飞虱，兼治白背飞虱。主要是 6 月 5 日前移栽的局部稻田，防治面积约 50 万亩。

第二阶段：防治纹枯病、稻飞虱，兼治五 (3) 代稻纵卷叶螟、螟虫。因今年稻纵卷叶螟发生较轻、纹枯病发病早且病情上升快，因此本阶段防治调整为以纹枯病防治为主线。共防治两次，防治时间在 8 月初和 8 月 10 日前后。

第三阶段：水稻破口期前后的穗期病虫防治，共防治两次。第一次防治时间为 9 月 2 日前后。主治纹枯病、稻曲病和穗颈瘟。第二次防治时间在 9 月 10 日前后。主治六 (4) 代褐飞虱、稻纵卷叶螟，兼治纹枯病、稻曲病、穗颈瘟和螟虫。

第四阶段：后期病虫防治。9 月下旬，对部分褐飞虱虫卵量高的区域进行防治，主治褐飞虱，兼治灰飞虱、稻叶蝉和蚜虫。防治面积约 90 万亩。

2. 以赤霉病、白粉病为主开展小麦病虫防治　上海市以小麦赤霉病为主线组织开展 2～3 次防治，其中防治 1 次的占种植面积的 98.82%，防治 2 次的占种植面积的 82.42%，防治 3 次的占种植面积的 8.2%。第一次防治在小麦扬花初期，主治小麦赤霉病、蚜虫，兼治黏虫和白粉病；第二次防治在首次用药后 7 天左右进行，主治小麦赤霉病、黏虫、蚜虫，兼治灰飞虱和白粉病。对长势嫩绿的沿江、沿海地区，以及部分丰产方进行了第三次防治。

（二）防治效益显著

1. 水稻重大病虫　通过控制病虫草每亩挽回稻谷 295 千克，挽回损失占亩总产 563 千克的 52.6%。亩投入防治水稻病虫草农药费用平均为 97.78 元，防治用工 80.00 元，合计每亩费用 177.78 元。以稻谷每千克商品收购价 3.1 元计，折合人民币为 1 745.3 元/亩。投入产出比为 1∶9.82。按上海市 146.2 万亩单季晚稻统计，共挽回稻谷 40.61 万吨，折合 12.59 亿元。取得了明显的社会效益和经济效益。

2. 小麦病虫　全市普查，赤霉病防治两次的田块防治效果均在 90% 以上，防治后，全市平均病穗率 3.12%，毒素控制效果均在 80% 以上，最高达到 95%。白粉病防治效果较差，主要原因包括品种抗性下降、药剂三唑酮防效下降和喷药机械水量不足等。通过全面有效防治，今年的小麦赤霉病病粒比例很低，小麦品质合格。

■ 江 苏 省

2015 年江苏省农作物病虫害总体中等至偏重发生，其中小麦赤霉病、稻瘟病大流行。各级植保部门加强监测预警，科学组织防治，有效控制了重大病虫危害，全年粮食作物病虫危害损失率控制在 2.9%，有力保障了农作物生产安全。

一、主要农作物病虫害发生情况

2015 年江苏省主要农作物种植面积 8 268.5 万亩，其中小麦 3 524 万亩、水稻 3 421.8 万亩、玉米 738 万亩、油菜 472.3 万亩、棉花 112.4 万亩。农作物病虫发生特点表现为：小麦病虫总体偏重发生，发生程度重于去年，累计发生 11 063 万亩次。水稻病虫总体中等至偏重发生，轻于上年，主要病虫害发生 20 707.5 万亩，突出的为稻瘟病及稻纵卷叶螟。玉米病虫总体偏轻发生，累计发生 1 692.2 万亩次，其中锈病在沿淮及淮北偏重发生。油菜病虫中等发生，累计发生 665.2 万亩次，其中油菜菌核病中等发生，沿海局部地区偏重发生。棉花病虫害总体偏轻发生，累计发生 644.7 万亩次。

二、主要防控措施

（一）推广农业防治措施

一是种植抗（耐）病虫品种。在小麦上，积极推广种植宁麦系列、扬麦系列、淮麦 20 等耐病品种，减轻赤霉病发生危害。在水稻上，苏中、苏北推广种植徐稻系列、淮稻 10 号、淮稻 9 号、扬辐粳 8 号、盐稻 8 号、镇稻 99、Ⅱ优系列、连粳 7 号、连粳 11 等，苏南、沿江种植南粳 44、宁粳 3 号等；黑条矮缩病重发区，压缩武运粳 21、华粳 6 号、淮稻 5 号、淮稻 6 号、Ⅱ优系列等高感品种种植面积。

二是合理进行肥水管理。小麦、棉花、玉米生育期做好田间沟渠畅通，创造不利于病虫害流行的环境。水稻在合理施肥的基础上，通过浅水勤灌、干湿交替、适度晒田的管理方法达到前期促进秧苗早发，中期控制无效分蘖，后期改善根系生长环境的目的，培育出健壮的群体，提高水稻抗病害能力。

（二）物理防控技术

秧田覆盖无纺布。秧田覆盖无纺布至移栽前一周，避开一代灰飞虱成虫的迁移高峰和一代二化螟产卵高峰，减轻秧田病虫防治压力。全省机插秧秧苗防虫网覆盖率近100％。

（三）生物防治

一是稻鸭共作。张家港、丹阳、建湖等地积极示范推广稻鸭共作治虫控草，在水稻分蘖期亩放入10～15只苗鸭，在水稻收割前约50天收鸭，利用水稻和鸭之间的共生共长关系构建立体种养生态系统，控制稻田多种病虫草害的发生和危害，减少了农药使用量。

二是使用性诱剂防治水稻二化螟。在3个县示范使用大螟性诱剂防治大螟。

三是应用生物农药。推广应用生物农药防治病虫害。推广应用井冈霉素、井冈·蛇床素防治小麦纹枯病，阿维菌素防治麦蜘蛛。推广应用短稳杆菌、苦参碱、Bt、核型多角体病毒、印楝素、井冈蜡芽菌、井冈·蛇床素、井冈霉素、蜡质芽孢杆菌、低聚糖素以及生物复配剂等防治水稻纹枯病和稻纵卷叶螟。

（四）科学开展化学防治

一是种子处理。小麦种子处理选用戊唑醇、三唑醇、咯菌腈＋精甲霜灵、吡虫啉拌种减轻纹枯病、全蚀病、地下害虫等。水稻种子处理推广咯菌腈、精甲霜灵、甲霜灵、戊唑醇、咪鲜胺等单剂及其相应的复配剂开展药剂拌种，推广氰烯菌酯、咯菌腈、杀螟丹、乙蒜素等浸种，防治恶苗病和干尖线虫病。

二是适时打好防治总体战。坚持达标防治，适期用药，总体防控的防治策略。小麦上分别于3月中下旬开展了以纹枯病，4月中下旬至5月上旬以赤霉病、白粉病为主攻对象，兼治蚜虫、灰飞虱、黏虫等病虫的2次防治总体战。水稻秧田期6月底至7月初开展以灰飞虱及局部地区苗稻瘟为主攻对象，兼治一代二化螟、稻蓟马的防治战役。水稻移栽后，淮南地区分别于7月17日前后开展了以稻瘟病、纹枯病、稻飞虱、稻纵卷叶螟为主，兼治螟虫；8月上旬以纹枯病、"两迁"害虫为主，兼治螟虫、叶稻瘟；8月中旬以"两迁"害虫、纹枯病、稻瘟病、螟虫，兼治白叶枯病为主攻对象；8月下旬至9月上旬水稻破口期，开展了以稻瘟病、稻曲病、纹枯病、稻纵卷叶螟、稻飞虱、螟虫等为主攻对象的穗期病虫防治总体战；9月中旬淮南部分地区对稻纵卷叶螟、褐飞虱开展了1次针对性防治。

三、取得的成效

针对今年小麦、水稻等农作物病虫发生特点，江苏省规范开展测报、精心组织防治，最大限度地控制了农作物病虫危害，为确保粮食生产安全做出了积极贡献。

全省主要农作物病虫累计实施防治63 816.1万亩次，其中，小麦病虫防治19 957.8万亩次，水稻病虫防治39 674.7万亩次，油菜、玉米、棉花病虫分别防治661.3万亩次、2 705.6万亩次、816.7万亩次。初步统计，全省病虫害防控累计挽回粮食损失938万吨，其中挽回小麦386.5万吨、稻谷506.4万吨、玉米36.1万吨、油菜9万吨，挽回皮棉损失2.345 5万吨。

■ 浙 江 省

一、主要成效

（一）保障了粮食产量安全

今年受强厄尔尼诺气候影响，灾害性气候频繁，浙江省主要农作物病虫害发生情况异常复杂。2015

年全省水稻病虫发生面积 0.84 亿亩次，小麦病虫害发生面积为 220 万亩次，油菜病虫发生面积为 412 万亩次。全省植保部门突出重点区域、重点作物、重点病虫，狠抓关键时期，组织分区治理、分类指导、粮食作物病虫防治面积 1.40 亿亩次，水稻病虫危害损失率控制在 2.14％，挽回粮食损失 16.25 亿千克，为保障浙江省粮食生产安全做出了积极贡献。

（二）促进了统防统治与绿色防控融合发展

2015 年，全省植保部门大力推进统防统治与绿色防控融合发展，共建设整建制专业化统防统治与绿色防控融合试点县（市、区）6 个、试点镇（乡）15 个、试点片（区）19 个，试点面积 73.70 万亩。全省实施农作物病虫害统防统治 575.7 万亩，其中水稻 466.3 万亩，经济作物 109.4 万亩；建设绿色防控示范区 590 个，示范面积 64.2 万亩。

（三）减少了化学农药使用量

今年统防统治与绿色防控融合试点区，早稻全季用药 1～2 次，连作晚稻用药 2～3 次，单季晚稻用药 2～4 次，比常规防治区域化学农药使用量下降 30％以上，减少防治次数 1～3 次。截至 10 月底，全省农药使用量比 2012 年减少 3 981 吨，同比下降 6.3％。

（四）保障了农业增效和质量安全

各地多年实践证明，实施专业化统防统治每亩水稻可增产 30～50 千克，平均每亩节本增收 180 元左右。同时，专业化统防统治与绿色防控融合应用，促进了绿色防控技术的推广和农药减量，从源头上保证了农产品质量安全。

二、主要工作措施

（一）大力推进专业化统防统治和绿色防控融合发展

整建制专业化统防统治与绿色防控融合试点作为 2015 年全省植保重点工作。一是强化行政推动。制定《2015 年浙江省农作物病虫害整建制专业化统防统治与绿色防控融合试点方案》，在全省确定 40 个整建制专业化统防统治与绿色防控融合试点，其中整建制试点县（市、区）6 个，落实农作物病虫害专业化统防统治面积 550 万亩。二是建立联系人制度。各级建立试点县联系制度，省局加强与试点县、示范乡镇的联系，发挥年轻干部的作用，掌握试点工作进展情况。三是落实扶持资金。浙江省植物保护检疫局千方百计加大对试点工作的扶持力度。据统计 2015 年中央资金用于试点工作的达 979 万元，地方资金用于试点工作的达 1 700 多万元。四是推进绿色防控。2015 年，在融合试点区共建设绿色防控示范区 172 个，示范面积 21.74 万亩，带动全省建设绿色防控示范区 590 个，示范面积 64.2 万亩，推广应用绿色防控技术 517.7 万亩次。

（二）开展试验研究，集成一批实用技术

针对全省粮食作物主要病虫对主治药剂抗药性增强，对口药剂少。在湖州、海盐安排了防治小麦赤霉病的药剂示范试验；在嘉兴、桐乡进行了防治稻瘟病的示范试验，在海盐、桐乡、湖州、安吉等地进行了防治稻曲病示范试验。在绿色防控示范区开展生态工程控害、性诱、色诱、生物农药等绿色防控技术研究、示范，集成完善绿色防控技术模式。

（三）强化宣传培训，提高技术到位率

据统计，2015 年全省共举办农作物病虫防治技术培训班 900 余期，培训乡镇农技人员、专业化服务组织服务人员、种粮大户等近 8 万人次，印发技术资料 9 万份，发送病虫防控短信 5 万余条次。

（四）探索发展机制

一是加大统防统治扶持力度。从各地出台的扶持政策看，整建制试点县（市、区）对统防统治的扶

持力度均大于去年。二是对绿色防控进行补贴。如天台县对新建粮食作物 500 亩以上（经济作物 100 亩以上）绿色防控示范区应用杀虫灯、黄板、性诱剂等绿色防控设施的，给予设施投资总额 80% 的补助。三是探索多元化服务主体。引导工商企业参与植保社会化服务，加强与科研单位和生产企业合作，在示范区展示绿色防控新技术、新产品，促进绿色防控技术的推广应用。

三、2016 年工作思路

（一）抓好主要农作物重大病虫防控

进一步加强对水稻为主的主要农作物重大病虫害的科学防控，落实防控责任，制订防控方案，掌握病虫发生动态，做好分类指导。开展主要病虫抗药性监测和品种抗病性检测，减轻病虫暴发风险，水稻病虫危害损失率控制在 5% 以内。

（二）推进统防统治与绿色防控融合发展

全省计划建设整建制试点县（市、区）10 个，整建制试点乡镇 28 个。试点工作重点探索适应不同经营模式的统防统治实施方式，促进绿色防控技术的推广应用，减少农药用量。带动全省实施农作物病虫害专业化统防统治 650 万亩，绿色防控示范面积 70 万亩。

■ 安 徽 省

一、主要农作物病虫发生情况

2015 年安徽省主要农作物小麦、水稻、玉米、油菜、棉花种植面积分别为 3 665 万亩、3 323 万亩、1 490 万亩、800 万亩、385 万亩。农作物主要病虫发生特点表现为：全省小麦主要病虫发生总体为偏重至大发生，发生面积 8 556 万亩次，其中小麦赤霉病在沿淮及其以南麦区偏重至大发生，小麦蚜虫在沿淮、淮北麦区偏重至大发生。水稻病虫总体偏重发生，发生面积约 9 097 万亩次，其中纹枯病全省偏重发生，稻瘟病、稻曲病在江淮、沿江和皖南感病品种上偏重发生。玉米病虫总体偏重发生，发生面积 4 027 万亩次，其中玉米叶锈病大流行，玉米螟、棉铃虫等钻蛀性害虫中等发生。油菜病虫总体中等发生，发生面积约 929.5 万亩次，其中油菜菌核病中等至偏重发生。棉花病虫总体中等发生，发生面积 640.8 万亩次，其中棉花枯萎病、黄萎病和棉盲蝽中等至偏重发生。东亚飞蝗总体偏轻发生，全省发生面积 104 万亩次。

二、防治工作开展情况

（一）强化监测预警

2015 年，安徽省进一步健全完善全省病虫测报网络体系，加强对 44 个全国农作物病虫害测报区域站、52 个省级测报站和 500 多个乡级农作物病虫监测点的管理工作。据统计，省级共开展病虫趋势会商会 6 次，全省共 180 多场次，累计发布病虫情报 2 000 多期，预报准确率中长期在 90% 以上，短期在 95% 以上。

（二）及早动员部署

2015 年年初安徽省农委制订了水稻、玉米等作物重大病虫害防控预案，分别召开全省小麦纹枯病、赤霉病防治现场会和全省水稻病虫害防治及绿色防控现场会。病虫害防治关键时期多次召开现场会、下发明电和通知，全力组织动员农民适时开展重大病虫应急防治。

（三）做好宣传指导

今年，安徽省加强农作物重大病虫害防控宣传工作。据统计，全省累计编发手机短信 1 000 多万条，开展科技下乡、科技赶集 700 余场次，培训农民超过 10 万人次，印发主要病虫防治技术明白纸 1 500 多万份，关键防治时期数万名技术人员深入一线开展技术服务。

（四）强化督导检查

省农委先后 10 多次于发生与防治关键时期派出防治工作督查组，深入主产区开展病虫害防治工作督导和检查，协助指导各地开展防控工作，检查小麦"一喷三防"政策、农作物病虫害统防统治补助、病虫鼠害疫情监测与防治等有关项目资金落实情况。

（五）示范绿色防控

据统计，2015 年，全省实施农作物病虫害绿色防控面积 4 560 万亩次，辐射带动面积 8 000 万亩次，占病虫害防治总面积的 22.3%。其中生物农药应用 3 500 多万亩次，杀虫灯 440 万亩，粘虫板 50 万亩，性诱 35 万亩。绿色防控和节药行动示范区化学农药使用量下降 20%～35%。

（六）推进专防与绿防融合

今年安徽省建立了 8 个水稻、3 个小麦、4 个玉米省级病虫害专防与绿防融合推进示范基地，每个基地示范面积 1 万亩以上，辐射带动 10 万亩。初步统计，全省粮食作物实施病虫害统防统治面积 10 337.84 万亩次，覆盖面积 3 491 万亩，统防统治覆盖率较上年提高 1.64%，取得了较好的经济、生态和社会效益。

三、取得的防控成效

全省累计实施农作物病虫防治总面积 3.59 亿亩次。实施小麦病虫害防治面积 1.42 亿亩次，其中，小麦赤霉病、蚜虫防治面积分别为 4 920 万亩次和 3 378 万亩次。实施水稻病虫害防治面积 1.47 亿亩次，其中防治稻飞虱、稻纵卷叶螟、二化螟、稻瘟病、稻曲病、纹枯病分别为 3 303 万亩次、1 957 万亩次、2 040 万亩次、1 698 万亩次、1 900 万亩次、2 776 万亩次。实施玉米病虫害防治 3 016 万亩次。此外，累计实施棉花、油菜病虫害防治面积分别达到 820 万亩次和 942 万亩次。初步统计，全省防治农作物病虫挽回粮食损失 532.8 万吨，其中挽回小麦、稻谷、玉米、油料损失分别为 148.9 万吨、182.4 万吨、30.6 万吨、18.0 万吨。全省实施农作物病虫害绿色防控面积 4 560 万亩次，辐射带动面积 8 000 万亩次，占病虫害防治总面积的 22.3%。主要粮食作物专业化统防统治覆盖面积 3 491 万亩，覆盖率达 35% 以上。

福 建 省

一、农作物病虫害发生防治情况

2015 年福建省农作物病虫害总体是虫害重于病害。全省农作物病虫草鼠害发生面积 8 557.25 万亩次，防治面积 11 001.236 万亩次，挽回损失 174.05 万吨。其中：水稻主要病虫害总体为中等，局部偏重发生，发生面积 2 128.4 万亩次，防治面积 2 957.1 万亩次，发生面积较去年增加 7%，较常年减少 21%，挽回损失 63.15 万吨，同比增 6.9%。蔬菜病虫害发生面积 1 249.41 万亩次，防治面积 1 768.99 万亩次，同比增 0.08%、5.2%，挽回损失 28.59 万吨，与去年相当。果树病虫害发生面积 1 236.91 万亩次，防治面积 1 734.26 万亩次，同比增 6.5%、减 18.15%，挽回损失 25.55 万吨，同比增 25.2%。茶树主要病虫害发生面积 735.39 万亩次，防治面积 931.10 万亩次，分别比去年增加 8.9% 和 2%。

二、应对措施

（一）强化组织领导

鉴于今年受厄尔尼诺的影响，福建省农作物病虫害呈偏重发生的态势，福建省农业厅姜绍丰副厅长多次在农业生产工作会议和农作物病虫害趋势与防控会商会、专业化统防统治专题会议上，强调农作物病虫害监控工作对粮食安全生产的重要性，要切实加强组织领导，强化属地责任制，明确职责，明确目标，严密部署防控，认真落实农作物病虫害防控责任制。福建省植物保护站要求各级植保部门加强水稻重大病虫害监测预警，密切关注病虫害发生动态，突出抓好稻飞虱、稻纵卷叶螟、稻瘟病、南方水稻黑条缩病等致灾性强的病虫害防治工作，确保病虫害损失率控制在5％以内。

（二）强化宣传培训

各地农业植保部门充分利用广播、电视、手机短信等载体及印发挂图、明白纸、召开防治现场会等形式，广泛宣传，普及农作物重大病虫知识和防治技术，确保技术入户率。全省召开水稻重大病虫防治技术和农作物病虫害绿色防控示范现场会5期，举办以南方水稻黑条矮缩病、"两迁"害虫、橘小实蝇为重点的防控技术培训110期，受训7 800多人次，技术咨询1.6万多人次，张贴墙报60期，3 000多份，印发防治技术资料3万多份。编发手机短信20期，500多万人次，覆盖到乡村分管农业领导、农技员和种植大户等。通过宣传、培训，深入基层田头、解答农民防治难题，提高防治病虫科技入户率，增强防治实效。

（三）强化技术服务

一是充分发挥福建省现有562支病虫害专业化统防统治组织的作用，在农作物病虫害防治时期，开展病虫害统防统治跨区作业，作业面积326.48万亩。二是在农作物病虫害防治关键时期，组织600余人次植保技术人员深入田间地头现场指导防治，确保技术到户、到田，不留防治死角，增强防治实效。三是印发《稻飞虱防治技术要点》明白纸和《主要农作物病虫害防治与安全用药》手册。四是推广绿色防控技术，今年全省28个县建立茶树、蔬菜、果树、水稻等作物主要病虫害绿色防控技术示范区，示范面积1.93万亩，辐射面积35.3万亩次，同比增3.6％、4.9％，示范区比农民自防区少用药3次，平均防效89.5％。通过政府号召，农业植保部门坚持不懈的示范带动和技术引导以及市场接纳和消费环境的转变，种植者逐步自觉参与行动，绿色防控面积呈现逐年增长趋势，2015年全省绿色防控覆盖面积910.3万亩次。

（四）强化督导检查

5月下旬，福建省农业厅会同福建省农业科学院植物保护研究所、福建农林大学等单位的有关植保专家组成专家指导组深入龙岩、三明、南平、宁德等市检查督促早季水稻病虫害的防控工作。7月中旬，福建省农业厅抽派4个督导检查组分赴南平、三明、龙岩、宁德等粮食产能县督导病虫防控工作，检查技术措施等落实情况，确保了病虫防控措施落到实处。特别是8月中下旬第五代稻飞虱在福建省中稻区大发生期省厅抽派出专家服务小组深入闽北、闽西北、闽东等受灾稻区，分片包干，组织发动专业化统防统治组织和农民群众开展治虫保产夺丰收行动。

三、存在问题

一是基层植保队伍青黄不接，工作开展不平衡；二是专业化组织作业存在"闲时吃不饱，忙时吃不了"的尴尬状况；三是留守农民技术水平低，防治手段落后，还是按老传统的防治方法打药，防效差；四是病虫绿色防控意识不强，存在"应急防治为重、化学防治为主"的问题；五是绿色防控是一项技术性很强的系统工程，没有一定专业知识的生产者很难达到预期的效果；六是技术人员本身的知识有待更新；七是植保技术与新品种、新技术的推广不配套。

■ 江 西 省

一、主要农作物病虫发生概况

2015 年，江西省农作物主要病虫害偏重发生，明显重于 2014 年，特别是稻瘟病、稻曲病、稻飞虱为近 5 年来发生最重年份。全年农作物主要病虫发生面积 1.51 亿亩次，防治面积 2.51 亿亩次。其中水稻病虫偏重发生，发生面积 1.13 亿亩次，比 2014 年增加 2.4%，防治面积 1.91 亿亩次；棉花病虫中等发生，发生面积 463 万亩次，防治面积 547 万亩次；柑橘病虫中等发生，发生面积 1 057 万亩次，防治面积 1 846 万亩次；蔬菜病虫中等发生，发生面积 1 305 万亩次，防治面积 2 215 万亩次；油菜病虫中等发生，发生面积 935 万亩次，防治面积 1 384 万亩次。

二、主要工作措施

（一）加强监测预警，为病虫防控提供科学依据

全年共发布省级病虫情报 18 期，病虫灾害动态 6 期；可视化发布病虫情报共 8 期次。各地通过电视、手机、网络等媒体可视化发布病虫预报预警和科学防控信息 490 期次，印发纸质病虫情报 2 200 余期 120 万余份，通过 12316 手机短信和"江西微农"微信等平台发布病虫防治信息 60 万余条次，大幅提高了病虫预警防控指导的时效性。

（二）强化技术指导和工作督导，做到指导科学，措施到位

江西省植保植检局分别派出六个组赴全省各地开展病虫监测预警、防治指导、统防统治项目实施、专业防治与绿色防控融合等工作情况督导。全省各级农业部门通过发文件或召开会议等形式，及时部署水稻保苗和保穗"两大"战役，各级植保部门技术人员抓住关键时期、重点环节和重大病虫三个重要节点，深入田间地头，指导专业防治组织、新型农业生产经营主体和广大农户开展科学防控，帮助他们解决病虫防治中的困难和问题。

（三）多措并举，促进病虫统防统治又好又快发展

一是支持标准化专业防治组织做大做强。二是建设病虫害公益性专业防治核心区。三是开展典型示范促发展活动。四是积极推广应用现代高效植保机械。

（四）多管齐下，促进绿色植保农药减量技术推广应用

一是引导农药生产企业登记生产生物农药、低毒低残留农药以及对环境友好的剂型，助力农药使用量零增长。二是成立安全科学用药指南专家组，根据农药田间药效评估效果和农作物病虫害抗药性发展趋势，制订安全科学用药指南和农药品种目录，印发了《江西省主要农作物病虫害防治安全科学用药指南》。三是积极开展农药市场监督抽查和假劣农药依法查处工作。四是实施农药使用量零增长行动，推广应用绿色植保和农药减量技术，开展低毒生物农药补助试点和蜜蜂授粉绿色防控增产技术集成示范。

三、主要工作成效

（一）病虫防治指导科学到位，为农作物丰产丰收提供保障

通过及时下发农作物重大病虫防控技术方案和抓好水稻病虫防控工作等文件，组织召开早稻病虫统防统治现场会、性诱剂诱控水稻害虫技术培训现场会和开展病虫防控督导等多种形式，落实防控措施，部署防控工作，确保病虫防治指导科学到位。

（二）专业防治与绿色防控推进有力，规模化全程化服务能力明显增强

据统计，今年江西省病虫害统防统治服务面积 1 490 万亩，注册登记的专业防治组织 1 350 家，日作业能力突破 96 万亩次。目前全省拥有田间自走式喷杆喷雾机 185 台、无人植保机 176 架，分别比 2014 年底的 84 台、62 架增加 120％和 184％，统防统治覆盖率达到 30％，病虫专业防治规模化发展态势良好。

四、2016 年工作重点

（1）围绕公共植保防灾减灾提升行动，加强病虫监测预警与防治信息系统建设，探索构建基于物联网的农作物重大病虫害监测预警网络平台，建立重大病虫实时远程监控系统；重点突破病虫监测预警防治工具和技术现代化；加强测报标准化区域站建设与管理，进一步提升江西省病虫监测预警能力和水平。

（2）围绕标准化专业防治提升行动，继续以"装备现代化、人员专业化、服务全程化"为突破口，扶持专业防治组织做大做强，促进江西省病虫防治社会化服务的发展，提升病虫规模化防治和应急防控能力。

（3）继续推进病虫专业防治与绿色防控融合，推动病虫防控向高效、经济、生态、环保转型发展。

（4）加强病虫监测预警和防治新技术新产品的试验研究。加强与农科教企等部门的合作，开展病虫性诱监测、数据自动收集处理等测报新技术、新产品以及新型高效施药机械（自走式喷雾机、加农炮、无人机、直升机等）、高效低毒环境友好型农药、生物农药、绿色防控产品的研究、试验和示范，进一步提升病虫预测预报、专业防治与绿色防控的能力和水平。

■ 山 东 省

一、病虫害发生情况

2015 年，全省病虫害综合发生程度为中等，全省农作物累计发生各种病虫害 6.29 亿亩次。发生特点：一是迁飞性、流行性重大病虫重发。条锈病、赤霉病、三代黏虫均为近年发生严重年份。条锈病发生 46.82 万亩次，为 2009 年以来最重年份。二是小麦白粉病发生 2 541.53 万亩次、玉米锈病发生 2 192.62 万亩次，为近年发生最重。三是新发病虫发生范围进一步扩大：主要是白眉野草螟发生范围进一步扩大，继去年在高密发现后，今年又在胶州发现。四是小麦"一喷三防"和玉米"一防双减"以及"统防统治"项目对病虫抑制作用明显。

二、防治工作开展情况

山东省共开展农作物病虫草鼠害防治 6.66 亿亩次。共挽回经济损失：粮食 612 万吨，棉花 9 万吨，油料 33 万吨，果、菜 1 675 万吨。山东省现有各种形式专业防治队伍 2 664 个，其中注册或备案的有 1 523 个，全省专业化统防统治面积 7 336.65 万亩次。2015 年年底全省共建立绿色防控示范区 223 个，绿色防控面积达到 4 823.08 万亩次，其中杀虫灯防控面积 819.89 万亩，性诱剂防控面积 104.79 万亩，黄板等色板防控面积 173.24 万亩，生物农药防控面积 3 586.35 万亩次。

三、采取的工作措施

（一）组织科学防控

一是实行预案制。山东省植物保护总站及时组织制订了《山东省 2015 年东亚飞蝗防控预案的通知》

《山东省 2015 年飞机治蝗工作计划》等重大病虫防控预案。印发各类农作物主要病虫防控指导意见，做到提前安排、提前组织。二是组织科学防控。在病虫发生防治的关键时期，山东省农业厅下发《山东省农业厅关于做好小麦赤霉病防控工作的紧急通知》等，适时组织各地开展科学防控。三是抓好重大病虫防控。在蝗虫、小麦病虫发生防治时期，明确专人负责调度发生防治进展，按时上报适时动态，重大情况随时上报，争取防控工作主动权。

（二）推广绿色控害技术

一是实施农业部"小麦等作物主要病虫专业化统防统治与绿色防控融合试点"，建立 16 个融合试点县，每个试点县依托专业化服务组织落实小麦、玉米示范面积各 4 万亩以上，分别辐射带动 40 万亩；棉花、花生示范面积各 0.5 万亩以上，分别辐射带动 5 万亩；果树示范 0.6 万亩，辐射带动 6 万亩；蔬菜基地示范面积 0.8 万亩以上，分别辐射带动 8 万亩。

二是实施农业部绿色防控推广示范项目，建设 6 个病虫绿色防控示范县，示范区重点推广杀虫灯、性诱剂、诱虫板、黏虫带、生物杀菌剂、杀虫剂等绿色防控新技术，协调运用农业、物理、生物、化学等防治措施，示范区病虫危害损失率控制在 10% 以下，产品品质达绿色农产品标准，带动全省开展绿色防控。

三是召开现场会。8 月 17 日，全国花生棉铃虫食诱技术培训在山东省邹城市举办，食诱技术可有效控制花生、玉米上以棉铃虫为代表的夜蛾科害虫，提高害虫防治效果，降低化学农药使用量。

四是 2015 年开展了大批绿色防控技术试验，有效地促进了植保技术储备与创新。例如在邹城试验了飞机条带撒施食诱剂防治玉米螟试验，在烟台市开展了蜡质芽孢杆菌防治番茄青枯病防效试验、苦参碱防治黄瓜蚜虫等。

（三）推进专业化统防统治

一是以山东省农业厅名义印发《山东省农作物病虫害专业化统防统治管理办法》，加强对山东省农作物病虫害专业化统防统治组织管理，规范其服务行为，提升病虫害防治能力和水平。二是 2015 年省财政投入 2 000 万元，在全省建立 20 个项目示范县，每个示范县补助 100 万元，全部用于购置植保无人飞行喷雾机和单机日作业能力 300 亩以上的大型施药机械和防护装备。同时落实好中央重大病虫防控补助资金。开展小麦病虫害、蝗虫等重大病虫统防统治服务作业 251.1 万亩次。

（四）实施省玉米"一防双减"补助项目

该项目 2013 年以来连续 3 年共投入 6 900 万元，对玉米中后期病虫控制效果显著。2015 年省财政投入 2 400 万元专项资金，支持 24 个项目县，用于采购高效、低毒玉米穗期病虫防治药剂，由各县组织开展 240 万亩示范区统防统治全覆盖。据调查，全省 24 个项目县，示范区平均亩产比不实施项目的高产创建田增产约 7.8%，亩增产 63.7 千克。按玉米市场价 2.20 元/千克计算，扣除防治成本 18 元/亩（药剂费 10 元＋作业费 8 元），亩纯增效益 122.14 元，全省 240 万亩玉米示范区纯增效益 2.93 亿元。

▉ 河 南 省

一、主要农作物重大病虫害发生特点

2015 年河南省农作物主要病虫害总体上偏重发生，发生面积 55 660 万亩次，比去年增加 6 743 万亩次，防治 63 515 万亩次，比去年增加 2 165 万亩次。其中小麦病虫害和玉米病虫害总体偏重发生；水稻病虫害总体中度发生；棉花病虫害总体为偏轻发生；蝗虫总体为中度发生。主要发生特点：一是病虫害整体偏重，发生较重的病虫种类多、危害大。二是夏秋连重，病害重于虫害，部分次要病虫为害较大。三是锈病偏重发生，今年小麦的条锈病、叶锈病和玉米的南方锈病都偏重发生。

二、防治工作成效

针对今年小麦病虫发生特点，通过应急防控、统防统治和群防群治，全省累计防治各种小麦病虫害36 859.6万亩次，是发生面积的132.38％，通过防治使主要病虫得到了及时有效控制，挽回小麦损失达29.3亿千克。蝗虫防治达到了"不起飞、不成灾"的治理目标。秋季粮食作物病虫害的防控工作也取得了显著成绩，棉铃虫、玉米螟、花生叶斑病、二化螟、稻飞虱等重大病虫也得到了有效防控，全省夏秋两季作物病虫害累计防治达6.35亿亩次，占发生面积的114.11％。其中专业化统防统治面积7 484.68万亩次，全省共挽回粮食损失71.2亿千克。

三、主要做法经验

（一）病虫监测及时准确，指导防治科学适时

一是全省各级植保部门普遍加大了测报工作力度，河南省植保植检站根据重大病虫发生动态，先后发出5次明传电报安排部署病虫害防治工作。二是多次组织专家会商，先后4次邀请有关专家对条锈病、赤霉病、蚜虫等重大病虫发生趋势进行分析会商和科学研判。三是适时发布病虫预报和防治警报，先后发出病虫预报和防治警报24期。据不完全统计，全省各级植保部门共编发病虫情报1 862多期，20余万份，中短期预报准确率达到95％以上，长期预报准确率达80％以上。四是河南省农作物病虫害监测预警数字化平台系统在全省投入使用，对试运行中发现的问题及时进行改进，2015年下半年系统正式投入使用，运行情况良好，达到了减少测报人员的劳动强度、节省时间、提高信息传递效率、积累历史资料等目的。

（二）专业化统防统治力度加大

河南省农业厅按照农业部"春季防病治虫夺丰收"行动的安排部署，抓住中央财政对小麦重大病虫害防治补助的契机，继续大力推进专业化统防统治，全省共有4 537个化防治组织参与病虫害防治作业，开展专业化统防统治面积7 484.68万亩次。有40多个县进行了飞防作业示范观摩，防治面积近100万亩，较去年明显增加。

（三）综合防控、绿色防控示范区带动作用明显

在全省建立32个农作物病虫害绿色防控示范区，其中国家级示范区4个，省级示范区28个。绿色防控技术示范5.05万亩，辐射带动推广面积32.9万亩；示范区重点推广了灯光诱杀技术、色板诱杀技术、昆虫性息素诱杀技术、生物导弹技术、稻鸭共养技术、捕食螨防治技术、生物农药防控技术等绿色防控技术，大大提高了农民群众的绿色防控理念。

（四）技术培训与普及工作扎实有效

今年全省植保部门加大了秋作物病虫害综合防治新技术、新农药的宣传推广力度，据不完全统计，在病虫防治过程中，全省共召开现场会860多次，开展技术培训农民骨干614万人次，印发资料1 301万份，取得了明显效果。

▢ 湖 北 省

一、主要农作物病虫害发生情况

2015年，湖北省小麦病虫害发生总面积4 052.1万亩次，其中病害2 980.6万亩次、虫害1 071.4万亩次。水稻病虫害整体中等至偏重发生，发生面积12 807.80万亩次，其中病害发生面积4 206.27万

亩次，轻于去年（4 451.3 万亩次）；虫害发生面积 8 601.53 万亩次。

今年全省小麦病虫防控面积达到了 5 900 万亩，挽回小麦损失 7.7 亿千克，油菜病虫防控面积 2 492 万亩，挽回油菜损失 2.86 亿千克。马铃薯病虫防控面积 376 万亩，挽回损失 0.63 亿千克，水稻病虫防控面积 2.08 亿万亩，挽回损失 25.6 亿千克。

二、抓好重大病虫防控，确保无重大灾害

（一）领导高度重视，及早安排部署

今年，湖北省委、省政府对小麦病虫防控工作高度重视，4 月 8 日，在天门召开全省春季农业生产工作会议，组织全省各级主管农业的政府领导参观小麦病虫防控现场，提高病虫防控意识，提升病虫防控水平。

湖北省农业厅将小麦条锈病防控作为实现 2015 年农业工作"开门红"的头等大事来抓。2 月 5 日召开全省春季田管暨春耕备耕工作视频会，戴贵洲厅长对防控工作进行了专门部署，要求各地实行"带药侦查、打点保面，挑治一次再过年"。同时，湖北省借全国农技中心 3 月 10 日在荆州市召开的全国 2015 年春季农作物病虫害防治工作会议的东风，积极部署小麦病虫防控工作。湖北省同时召开了 2015 年小麦"一喷三防"项目培训现场会，对小麦病虫害防控技术进行培训，对防控工作进行再动员、再部署，进一步推动小麦病虫害防控工作的开展。4 月 13 日，湖北省又借农业部在襄阳召开全国小麦穗期重大病虫防控现场会之机，组织小麦种植面积较大的 20 余个县市区植保站站长参会，学习了解当前小麦病虫发生动态与防控新技术。4 月 15 日，湖北省农作物病虫草鼠害防治指挥部办公室印发了《关于加强小麦病害防控工作的紧急通知》，要求各地切实落实全省农业工作会议精神，务必打赢小麦穗期病害防控攻坚战，确保夏粮增产丰收。各地认真落实部、省级会议精神，将夏粮夏油的病虫防控工作作为农业生产最重要的工作来抓，积极组织防控，确保了夏粮的稳定增长。

（二）加强技术指导，明确防控目标

2015 年，为抓好小麦病虫防控工作，湖北省以农业部小麦"一喷三防"项目为抓手，全面落实小麦重大病虫防控技术措施，具体做到四"早"，即技术指导意见印发早，农药采购准备早，农药下发到位早，防控技术落实早。3 月 18 日，以湖北省农业厅办公室名义印发了《2015 年湖北省小麦"一喷三防"技术指导意见》，从喷施时间、喷施次数、药肥配方等方面提出详细的指导意见。从 3 月下旬开始，全省各地积极开展小麦"一喷三防"工作，基本实现全覆盖。由于小麦"一喷三防"项目的实施，有力推动了全省小麦病虫防控工作，确保小麦的丰产丰收。

在水稻病虫防控的关键时期，各地根据《2015 年全省农作物病虫绿色防控实施方案》《到 2020 年农药使用零增长行动方案》和《防病治虫夺秋粮保丰收行动方案》，并结合当地实际，制订了本地的防病治虫夺秋粮保丰收技术方案和行动方案。各地为确保责任目标的实现，采取各种有效措施，大打水稻病虫防控战役，已经夺取了全面的胜利，确保了水稻生产丰收。

（三）加强技术宣传，营造防控氛围

据统计，全省共播放电视节目 300 余期，出动宣传车 1.2 万余台次，发送手机短信 350 余万条，印发病虫情报及各种技术宣传资料 320 余万份，张贴标语 6 万余条，举办培训班 800 余期，培训人员 8 万余人次等。同时结合病虫绿色防控示范区建设，大力推进专业化统防统治与绿色防控融合，通过示范展示、巡回指导、召开现场会、举办培训班等多种形式，科学指导农户防治。

（四）加强督导落实，确保措施到田

自 2015 年 1 月以来，湖北省农业厅、湖北省植物保护总站，为确保小麦条锈病"带药侦查、打点保面"预防措施落到实处，于 1 月下旬迅速组织两个督导组前往小麦主产区襄阳、随州、宜昌、荆州等

地进行现场调查与督导。春节前，组派由邓干生总农艺师、牛启发副巡视员分别带队的两个督导组前往襄阳、随州、荆州、仙桃等重点地区，实地调查病情，督促指导小麦病虫防控。春节后，湖北省农作物病虫草鼠害防治指挥部办公室印发《关于开展春季粮油作物病虫防控督导工作的通知》，要求各地再战20天，确保小麦条锈病不流行、不成灾，同时湖北省农业厅再次组织10个工作组，由厅领导亲自带队，带领处长和专家，分赴各地检查督导小麦病虫防控工作，确保防控工作有力有序开展。4月6日，湖北省农业厅又派8个督导组，厅领导带队，厅机关有关处室、厅直属有关单位负责人和技术专家组成工作组，分赴近日降水量大的武汉、孝感、黄冈、咸宁、荆州、天门、仙桃、潜江等8个县市开展春季农业抗灾减灾生产督导，了解灾情、苗情、病虫情，帮助市县分析研究抗灾减灾技术措施，帮助组织抗灾减灾工作。

5~6月，湖北省植物保护总站站长多次带队分赴早稻主产区督导一代二化螟等病虫的防控工作。7月24日，湖北省病虫防控指挥部组织15个督导组，由湖北省农业厅及湖北省农业科学院领导带队，分片包干进行水稻两迁害虫、稻瘟病、纹枯病、稻曲病等病虫防控督导，到9月底前督导2次以上，督导内容包括病虫发生、防控工作开展、经费使用、统防统治建设等。各级指挥部按照要求，根据本地实际，组织开展督导，确保防控资金使用到位、防控措施落实到位、防控技术入户到田。7~8月，潜江市农业局组织4个督导组分片开展以水稻病虫为主的防治督导工作。7月27日，市委副书记龚定荣签发《市农村工作领导小组关于迅速抓第三代稻纵卷叶螟防治工作的通知》，要求驻村干部要各负其责，严肃工作纪律，确保防治不漏户、不漏田。8月下旬，咸宁市农办、市农业局组成两个农作物病虫防治指导督办小组分赴各县市区开展了督导工作等。

三、突出绿色防控，确保农产品安全

（一）采取的主要措施

根据年初制订的一系列方案，积极开展绿色防控工作。一是重点抓好小麦、水稻、玉米、蔬菜、柑橘、茶叶等作物绿色防控，为推进病虫害绿色防控，减少农药用量，促进农产品质量安全，湖北省采取"三级联创"方式，在全省建立农作物病虫绿色防控示范区68个，绿色防控面积达到了1 200多万亩；二是积极推进统防统治与绿色防控融合试点工作，建立水稻、柑橘、茶叶、蔬菜示范区共10个，覆盖面积5万亩以上；三是推进农企合作，大力推广绿色防控技术，目前合作企业23家，建立示范点22个，示范面积18.25万亩；四是抓好农业部下达的绿色防控示范项目，包括柑橘、草莓蜜蜂授粉两个项目，柑橘、蔬菜、茶叶、水稻等4个绿色防控示范项目。为抓好以上工作，在小麦、水稻、蔬菜、茶叶、柑橘等作物病虫防治的关键时期，到项目示范区参加绿色防控技术培训和指导。今年分别在襄阳、宜昌市、秭归县、黄陂区、云梦县等地开展柑橘和草莓蜜蜂授粉，小麦病虫、柑橘大实蝇、蔬菜病虫绿色防控培训班4期，培训人数约500人，并多次深入田间指导。

（二）取得的成效

为推进病虫绿色防控来保障生产数量安全、质量安全及农业生态环境安全，实现到2020年农药使用零增长目标，各地根据湖北省植物保护总站统一部署，积极开展绿色防控，加大绿色防控投入，并取得明显成效。如枣阳市建立10 000亩玉米绿色防控示范区，财政投入50万元购买杀虫灯、全能杀虫平台、生物农药等绿色防控物质。枣阳市玉米示范区减少农药使用2~3次，每亩投资减少30元以上，百株天敌在280头以上，比农民自防区155头增加80.65%，确保了玉米防控区的环境安全和食品安全，万亩防控区未出现一起人畜中毒事故。武穴市整合项目资源，依托《农业生产全程社会化服务体系建设试点项目》，投资1 000万元，采取公开招标形式，购买绿色防控物资，开展水稻绿色防控16.29万亩。大冶市从财政预算中列支12万元，专项用于水稻病虫害绿色防控，建立示范片3个，每个350亩。当阳市连续5年建立万亩绿色防控示范区，其水稻示范区全生育期施药次数减少2~4次，化学农药使用量减少20%左右，天敌数量百株虫量达273头，比农民自防区的172头提高62%。荆门市将院士工作站与绿色防控工作有机结合，集成组装绿色防控技术体系，项目区化学农药减量 20%，亩节支 30 余元，收储加工的一级香米价格是普通稻米的 5 倍，企业效益大幅增加，企业纯收益年增加 2 000 万元以上，项目区内农民人均增收达到 1 000 元。宜都市柑橘示范区化学农药使用面积减少 35%，平均每亩减少施药次数 6 次。英山县茶叶核心示范区只用 3 次药，而非示范区平均用药 7 次。

■ 湖 南 省

一、全年主要农作物病虫害发生与防治基本情况

受农作物种植结构改变、栽培方式变化及气候异常等多种条件影响，2015 年全省农作物有害生物总体偏重发生，主要农作物病虫害发生面积 46 854 万亩次，防治面积 59 576 万亩次。重大病虫防控处置率达到 95%，绿色防控应用面积突破 1 000 万亩，专业化统防统治面积 1 800 万亩，分别比上年增加 150 万亩、200 万亩。水稻、玉米、油菜、柑橘、蔬菜等大宗作物病虫发生面积依次为 3.07 亿亩次、1 924.8 万亩次、3 209.4 万亩次、4 460.6 万亩次、5 180.8 万亩次，防治面积依次为 4.06 亿亩次、1 810.6 万亩次、2 982.5 万亩次、5 920.4 万亩次、5 180.8 万亩次。

二、农作物病虫防控工作的主要措施

全省各级农业植保部门始终保持高度的责任感、使命感、紧迫感，积极采取多项措施，充分体现出"早、准、快、强、实"的病虫防控特点。

（一）早部署早行动

新年伊始，湖南省农委和湖南省植保植检站相继以湘农办植〔2015〕35 号、43 号、58 号及湘植保〔2015〕5 号等系列文件下发了水稻、油菜、柑橘病虫防控工作方案、技术要点及工作通知。4 月中旬召开了茶叶病虫培训班。8 月中旬召开了全省中晚稻重大病虫防控工作视频会议。7～9 月，按照农业部的统一部署实施了"防病治虫夺秋粮丰收行动"，全力以赴力争打赢中晚稻病虫防控攻坚战。

（二）找准防治适期

全省分区域设立了 61 个常发性病虫省级监测点，覆盖水稻、棉花、柑橘、蔬菜、油菜、玉米、马铃薯等 7 类农作物的 30 多种重大病虫害。省级召开了两次病虫趋势分析会，发布病虫情报 8 期，在湖南农业情况通报上发布水稻病虫害灾情预警 3 期。市县级共发布病虫情报 1 365 期，近 310 万份，其中病虫情报公告版 60 多万份。在准确预测预报基础上，抓住最佳防治时机迅速开展防治，做到不失时、不失误。

（三）加快信息传递和快速应急防控

一方面加快病虫发生与防治信息的传递。全省层层建立健全病虫发生防治信息传递周报制度和重大情况随时报送制度，中晚稻重大病虫稻飞虱防治关键时期，实行发生防治信息周报由一周一次改为一周两次。另一方面快速开展应急防控。针对中晚稻稻瘟病、稻飞虱极有可能暴发成灾的严峻形势，湖南省农委立即召开中晚稻重大病虫防控紧急视频会议，会议强调各地要立即开展应急防控。会后，各地农业植保部门立即开展应急防控的组织发动、物资准备、人员到位等各项准备工作，及时科学地开展病虫防控。

（四）强化督导检查

湖南省农委成立了分管委领导为总负责人的病虫防控督导组，开展多种形式的督查，并及时通报督查情况。病虫防治关键时期，下发了 3 次情况通报，对相关植保项目完成情况不好、进度缓慢的地区给

予批评。全省各级政府及农业部门病虫防控督查次数 450 次。

（五）扎实推进病虫绿色防控

一是开展水稻病虫专业化统防统治与绿色防控融合推进。2015 年，在 22 个水稻主产县市区推进专业化统防统治与全程绿色防控。按照分类推进、适度补贴和严格管控三个原则，实行融合推进面积 147 万亩，中央财政投入补贴资金 1 480 万元，社会资本投入 5 100 万元，融合推进区从亩平均增产、种豆收入、稻谷优质优价等方面实现经济效益增收达 1.5 亿元。二是开展绿色防控技术示范与推广。开展茶叶病虫绿色防控技术示范，集中展示生态调控、"三诱"技术、生物农药控害技术等。开展柑橘大实蝇绿色防控，推广应用成虫食诱技术与捡拾虫果并无害化处理两个技术。三是开展绿色防控技术研究与集成。在蔬菜上继续加强重大病虫害防治技术研究，从土壤消毒、无毒苗嫁接、"三诱"技术、防虫网技术、科学合理用药等方面集成与配套，初步形成了适应生产实际的绿色防控技术模式。在茶叶上对一些新型药剂及生态调控技术进行了系列研究，基本明确了这些技术的应用效果与应用特点。

三、虫口夺粮减损增产增收成效突出

一是控害效果突出。水稻、柑橘、蔬菜等主要农作物通过防治，挽回稻谷损失 560.1 万吨、棉花 3.5 万吨、柑橘 111.0 万吨、蔬菜 168.4 万吨、油菜 25.5 万吨、玉米 30.2 万吨、马铃薯 3.0 万吨。全省各级绿色防控示范区柑橘大实蝇虫果率普遍在 1% 以下，全省的平均虫果率 7.3%，比 2014 年低 0.3%，比重发年份低了 2.5%。稻谷、蔬菜等主要农产品农残检测合格率都在 97% 以上，农产品质量安全得到保障。二是病虫绿色防控运行机制和模式得到发展与完善。近 3 年的实践证明，病虫专业化统防统治与绿色防控融合推进的模式切合湖南生产实际，针对绿色防控投入品的补贴机制激活了专业化统防统治组织这一主体应用绿色防控技术的积极性，集中连片推进化解了组织的困难，降低运行成本，提高赢利水平，提升了服务组织的影响力和品牌影响度。

■ 广 东 省

一、病虫害发生基本情况

2015 年广东省主要农作物病虫害整体中等、局部偏重发生，发生面积约 3.49 亿亩次。其中水稻病虫中等、局部偏重发生，发生面积 1.15 亿亩次；蔬菜病虫偏重发生，发生面积 6 129 万亩次；果树病虫中等至偏重发生，发生面积 4 940 万亩次。稻飞虱、稻纹枯病、小菜蛾、黄曲条跳甲、橘小实蝇等偏重至重发生，稻纵卷叶螟、稻瘟病、水稻白粉病、柑橘炭疽病等中等发生，局部偏重发生。钻蛀性螟虫、害鼠、水稻细菌性条斑病、水稻白叶枯病在局部地区偏重发生。

二、防控工作开展情况

（一）领导重视，加大资金投入力度

今年农业部下拨广东省 1 400 万元专项经费用于补助开展水稻病虫害专业化统防统治，下拨全省 30 个市、县重点推进统防统治工作。此外，省财政下达省农业植物病虫害防治项目资金 1 000 万元，支持全省建立农作物病虫害绿色防控示范区 44 个。

（二）加强监测，准确发布病虫监测预警

50 个省级监测点的病虫测报人员，认真履行岗位职责，针对农作物不同的生育阶段和病虫对象，定期开展病虫调查，及时、全面掌握病虫发生发展动态。全年报送有害生物发生信息 8 000 多条，发布

有害生物情报 1 000 多期。长、中、短期有害生物预警准确率分别达到 80%、85% 和 90% 以上。

（三）科学指导，确保防控成效

广东省农业厅制订《2015 年广东省农作物重大病虫害防控工作方案》《2015 年广东省晚稻重大病虫防控实施方案》等各类病虫防控文件，对全省农作物重大病虫防控工作进行指导。广东省植保植检总站和广东省预警防控中心联合，先后派出 20 多个督导组前往湛江、韶关、清远、茂名、河源、揭阳等 10 多个市进行农作物病虫防控督导，督导组深入基层，全面做好防控指导工作，要求各地认真落实病虫防控措施，确保病虫防控成效。

（四）突出重点，开展专业化统防统治和绿色防控

一是推进统防统治与绿色防控融合。2015 年全省建立 6 个农作物病虫害专业化统防统治和绿色防控融合试点区，融合试点区实施面积 4 万亩，辐射带动周边 40 万亩，整合投入项目资金 200 多万元。二是利用农业部病虫防治补助资金全面推进统防统治工作开展。三是借助"2015 年世行贷款广东农业面源污染治理项目"以点带面引领全省统防统治。

三、主要工作成效

一是水稻病虫害防控效果显著。今年，全省水稻病虫发生面积约 1.15 亿亩次，防治面积 1.59 亿亩次。经过有效防控，全省"两迁"害虫没有大面积暴发成灾，纹枯病、稻瘟病等流行性病害没有扩散危害，南方水稻黑条矮缩病零星发生，单个病虫危害损失率控制在 3% 以内，整体危害损失率控制在 5% 以内，挽回粮食损失约 375 万吨。二是经济作物病虫害防控成效明显。2015 年广东省在蔬菜、果树等经济作物上大力推广"四诱"防控技术，即光诱、色诱、食诱、性诱，有效控制病虫发生危害，挽回经济作物损失 535 万吨以上。三是蝗虫防控效果较好。在蝗蝻低龄期采取组织防治专业队形式，统一机动喷雾防治，扑灭蝗虫灾害，防治效果达 95%。四是绿色防控、统防统治稳步发展。据初步统计，2015 年广东省农作物病虫绿色防控面积为 4 700 万亩次；统防统治服务组织不断发展壮大，专业化统防统治实施面积 578 万亩次。

四、存在的问题

（一）推动区域性联防联控工作进展较慢

农田害鼠、蝗虫、橘小实蝇等重大农业有害生物对农作物产量和品质构成严重威胁，这些有害生物农户单独防控收效甚微，区域性联防联控工作进展较慢。

（二）推动加强基层植保力量、提高农户防控能力工作效果不理想

一是基层植保力量薄弱。基层植保机构人员流动性大，有害生物防控工作对专业性要求较高，新的技术人员对业务不熟悉，难以有效开展工作。二是农户防治能力薄弱。主要劳动力外出打工，田间管理比较薄弱，有害生物漏治田块时有发生。

（三）推动增加资金投入未达到预期目标

重大农业有害生物防控资金缺乏，省财政每年安排防控资金只有 1 000 万元，部分地区农业有害生物防控资金未纳入政府财政预算，经费得不到保障。

（四）新发病虫不断出现

近年在粤西稻区发生凋萎型白叶枯病，造成植株心叶腐烂，有扩展趋势；水稻瘤矮病在粤西稻区发生有回升的势头；火龙果褐腐病在全省火龙果种植区普遍发生；鹰嘴桃流胶病发病逐年上升。

□ 广西壮族自治区

一、主要农作物病虫害发生情况

2015 年广西主要农作物病虫草鼠总体发生程度为中等偏重，主要农作物病虫草鼠害发生面积 2.75 亿亩次，基本与上年持平。

（一）水稻病虫

全区水稻病虫发生程度总体为中等偏重，基本与上年持平，稻飞虱中等偏重，局部大发生，发生面积 2 300 万亩次，稻纵卷叶螟中等，局部大发生，发生面积 1 500 万亩次，三化螟发生程度为中等偏轻，发生面积 330 万亩次。稻纹枯病中等偏重，局部大发生，发生面积 1 850 万亩次，稻瘟病中等偏轻，局部偏重，发生面积 650 万亩次。

（二）玉米病虫

玉米病虫发生面积 1 157.59 万亩次，其中玉米大斑病发生面积约 90 万亩次，玉米小斑病发生面积约 50 万亩次，玉米纹枯病发生面积约 190 万亩次，玉米蚜虫发生面积约 270 万亩次，玉米铁甲虫发生面积约 20 万亩，玉米螟发生面积约 280 万亩次。

（三）蝗虫

2015 年全区夏季东亚飞蝗总体偏轻发生，发生面积 10.3 万亩，土蝗总体中等发生，发生面积约 200 万亩。

（四）其他

果树病虫总体中等程度发生，发生面积 3 460.84 万亩次，其中柑橘红蜘蛛、柑橘潜叶蛾发生偏重；甘蔗病虫发生略轻于 2014 年，发生面积 2 925.09 万亩次；蔬菜病虫总体中等程度发生，发生面积 2 384.19万亩次。

二、主要防控工作及成效

（一）抓好重大病虫害防控，保障农业生产安全

据不完全统计，全区农作物病虫鼠害累计防治面积 27 471.74 万亩次，占发生面积的 99.84％，经防治后挽回损失约 1 300 万吨，其中全区水稻病虫累计防治面积 8 040.78 万亩次，占发生面积的 102.57％，重大病虫害防治处置率达 90％以上，总体防治效果 84％以上，病虫危害损失率总体控制在 5％以下。

（二）实施农药减量控害行动，推动绿色植保再上新台阶

2015 年，全区植保系统围绕自治区全面启动实施的现代特色农业产业品种品质品牌"10＋3＋2"行动，以"广西到 2020 年农药使用量零增长行动"为抓手，大力宣传、推进"科学植保、公共植保、绿色植保"，深入实施万家灯火、放蜂治螟等项目，大力推广应用环境友好型绿色防控技术和六大作物病虫害绿色防控技术模式，取得较好成效。据不完全统计，全年新增应用频振式杀虫灯 5 055 台（自治区本级）、释放螟黄赤眼蜂统防统治甘蔗螟虫 39.5 万亩次，全区建设绿色防控技术示范样板 300 个以上，带动绿色植保技术应用面积超过 3 486.37 万亩次，比 2014 年减少化学农药 620.66 吨（折百含量）。

（三）积极推进农企合作共建

广西壮族自治区植保总站及时组织植保系统开展调研，按照"自愿参加、双向选择"的原则，积极向现代涉农企业、合作组织、新型农业经营主体宣传政策，搞好对接和服务工作。全区建设农企合作示范基地 57 个，示范面积 14.27 万亩，防控对象覆盖水稻、甘蔗、蔬菜、果树、茶叶主要病虫害。为进一步推动工作，9 月 1 日广西壮族自治区植保总站在贺州市举办 2015 年广西农企合作推进农药使用量零增长绿色防控技术培训班，全区 14 个地市及 38 个县（市、区）植保站负责人、部分专业化统防统治组织负责人及企业代表等 120 多人参加了培训。根据上级工作部署，广西壮族自治区植保总站及时做好农药减量控害行动相关工作的衔接和信息报送工作。

三、存在问题

植保防治面临的新形势、新挑战更加显现：一是病虫害持续趋重增加了植保工作保障生产尤其是粮食安全的压力；二是农药零增长、保障农产品质量安全对植保工作提出了更高的要求；三是促进农民持续增收和建设生态文明拓展了植保工作新的职能。当前植保防治工作存在的主要问题：一是植保队伍老化，人员缺乏，人才断层，植保事业持续发展面临严峻挑战。二是植保基础薄弱，公共植保开展不平衡，转变防治方式难度大。三是对植保新理念认识不足，绿色防控推进缓慢，实施科学植保、依法植保任重道远。

海 南 省

一、主要农作物病虫害发生防治情况

2015 年海南省农作物病虫害总体中等或偏轻发生，部分病虫发生程度重于去年，据不完全统计，2015 年农作物主要病虫害发生面积 3 100 万亩次，防治面积 3 050 万亩次。

水稻病虫害发生面积 736 万亩次，防治面积 789 万亩次，其中稻飞虱发生面积 152.87 万亩次，比去年增加 33.6％；稻纵卷叶螟发生面积 139.51 万亩次，比去年增加 23.3％；稻瘟病 93.7 万亩；纹枯病 95.42 万亩；白叶枯病和细菌性条斑病 133 万亩。发生特点为：一是虫害重于去年。二是稻飞虱和稻纵卷叶螟在西部、南部以及东南部部分田块大发生，出现"冒穿"现象的田块比去年多。晚稻稻纵卷叶螟为害严重。三是"两迁"害虫灯下虫量明显多于去年。四是病害前轻后重，总体和去年持平。

全省蝗虫发生面积 28.28 万亩次，其中：飞蝗发生面积 20.72 万亩次，土蝗发生面积 7.56 万亩次。夏蝗轻发，发生面积小，密度低，以散居型为主；秋蝗局部偏重发生，局部地区东亚飞蝗卵密度高，群居型蝗蝻密度高，主要发生在撂荒地及甘蔗地，世代重叠现象明显，同一世代出土时间差异大。

二、主要防控措施

一是提高认识，落实防治责任。在水稻、果树、冬种瓜菜种植期间，海南省各级农业、农技部门始终坚持"预防为主，综合防治"的方针。加强组织领导，及时组织行动，落实防治责任，加大防治力度，确保了各类农作物防治及时到位，有效控制了农作物主要病虫害。

二是加强技术指导，搞好防治服务。在水稻、果树、蔬菜等病虫害发生期间，海南省农技部门及时制订防治措施，开展技术指导服务，确保防治技术到位。通过多种服务形式的指导、培训和宣传，有效提高了病虫害防治效果。

三是建立植物医院，创新服务体系。目前全省共有植物医院 50 多个，服务人员 240 余人，通过植物医院创新的服务方式，取得显著成效，一是通过宣传，扩大统防统治覆盖率和绿色防控辐射范围；二是组建专业化服务队伍，开展农作物病虫害统防统治；三是设立病虫害防治技术组，提供田间技术指导和咨询服务；四是提供长期的技术培训，提升农户种植水平。

四是加强统防统治，防止病虫迁移传播。在稻纵卷叶螟、豇豆蓟马、豆荚螟等害虫发生严重的市县或乡镇，制订统一防治计划，及时组织行动，广泛发动群众开展统防统治。仅 2015 年海南省统防统治组织防治各类农作物病虫害 50 多万亩次，有效控制冬种瓜菜、水稻、果树等主要暴发性较强的病虫害。

五是科学防治，推广有效防治技术。在各类农作物病虫害防治过程中，大量推广使用光诱技术、色诱技术、性诱技术、生物防治技术和高效低毒化学农药防治各类病虫害。2015 年，海南省共建立 11 个绿色防控示范区，示范区核心面积 2.83 万亩，辐射带动面积 75 万亩。其中带动水稻绿色防控面积 27 万亩，冬种瓜菜 43 万亩，热带水果 5 万亩。在海南省农业厅建立的示范区内，核心区全部采用绿色防控技术防治农作物病虫害，全省全年共推广太阳能灭虫灯 550 台，累计控制面积 4 万亩；推广诱虫色板 200 万张，累计控制面积 3.5 万亩；推广昆虫信息素 2.3 万支，累计防治面积 1.6 万亩；植物诱导免疫技术推广面积 45 万亩；生物农药推广面积 70 万亩。

三、防控成效

一是做好水稻两迁害虫防治，发挥联防联控的作用。海南省是我国南方稻区两迁害虫的主要越冬区和中转站之一，是水稻迁飞性害虫源头的防控主战场。去年两迁害虫主要发生在 7 月下旬至 9 月上旬，通过准确测报，及时发布病虫情报，组织统防统治和农民防治，最大限度防治在海南省中转的两迁害虫。有效发挥了海南省在我国两迁害虫联防联控中的作用，减轻了我国南方稻区两迁害虫的防治压力。

二是做好冬季瓜菜病虫害防治，保障全国人民菜篮子。海南省作为经济作物优势区，全年冬种瓜菜面积近 300 万亩，年出岛 500 多万吨，销往全国 70 个大中城市。在冬种瓜菜病虫害防治中，坚持发展统防统治组织和建立示范区，开展统防统治，推广绿色防控措施，有效保障了全国人民菜篮子。

■ 四 川 省

一、重大病虫发生情况

2015 年四川省农作物重大病虫发生面积 1.40 亿亩次。其中，小麦病虫中等发生，发生面积 1 452.28 万亩。油菜病虫总体偏重发生，发生面积 1 066.63 万亩。水稻病虫总体中等发生，累计发生面积 5 069.14 万亩次，其中水稻虫害发生面积 3 571.48 万亩次，病害发生面积 1 497.66 万亩次。玉米病虫总体中等发生，主要以玉米螟、玉米纹枯病、玉米大斑病、小斑病为主，累计发生面积 1 895.48 万亩次。西藏飞蝗中等发生、局部偏重发生，发生面积 134.23 万亩。马铃薯晚疫病中等偏重发生，发生面积 192.47 万亩。据不完全统计，2015 年全省共防治农作物重大病虫害 2.2 亿亩次，占发生面积的 157.1%，挽回农作物损失 494.0 万吨。

（一）小麦条锈病

中等偏重发生，发生面积 378.47 万亩。发生特点：一是发病范围广、蔓延快。二是嘉陵江、涪江、沱江等流域发病重。三是品种抗病性下降。目前小麦条锈病上的主要流行优势小种贵农 22 致病类群，致使全省一大批小麦主栽品种对条锈病丧失了抗性。

（二）小麦赤霉病

中等偏轻发生，发生面积 111.35 万亩。发生特点：一是田间菌源比较充足，抽穗扬花期部分区域气候条件利于赤霉病的发生。二是小麦抽穗扬花期全省大部地区气候条件不利于赤霉病的发生，小麦生长后期高温天气抑制了赤霉病的再次侵染。三是小麦"一喷三防"技术的推广，有效控制和减轻了小麦赤霉病等病虫。

（三）油菜菌核病

中等发生，局部偏重，发生面积290.69万亩。今年春季气温总体偏高，降水偏少，对菌核病的发生有所抑制，但3月中下旬盆地2～3次较大范围的降水天气过程有利于菌核病的发展流行，初花期和流行期菌核病病情都轻于2014年同期，但盛花期病情略重于2014年。

（四）水稻螟虫

偏重发生，发生面积3 041.29万亩次。其中二化螟发生面积2 690.35万亩次，三化螟发生面积233.69万亩次。发生特点：一是螟虫冬后基数整体高于近年及上年同期。二是越冬代二化螟见蛾早，田间卵量、虫量较大，局部田间危害较重。三是田间一代螟虫卵量低于上年，一、二代螟虫田间发生轻，枯鞘、枯心率低。

（五）稻瘟病

中等发生，局部偏重，发生面积191.01万亩次，主要在川东北、盆地局部深丘山区发生。发生特点：一是水稻感病品种比例高，田间菌源充足。二是苗叶期前期病株率较高，后期降低，整体发生程度较轻。三是穗期发病轻。

二、防治工作开展情况

（一）突出"三早"，落实责任

四川省农业厅1月16日印发《关于加强当前小麦条锈病查治工作的紧急通知》，4月20日印发《关于加强水稻播栽期病虫防治工作的通知》等文件。各市（州）、县（市、区）也通过下发文件、召开现场会等层层落实病虫害防控责任。

（二）实行"三制"，强化监测预警

按照重大病虫害监测预警"汇报制、会商制、预警制"的要求，继续实行小麦条锈病首发报告制度，2014年12月启动全省春季重大病虫值班周报，5月初启动夏季重大病虫害值班周报。据统计，全省共收集病虫信息3 000余期，开展病虫趋势会商100余次，发布小麦条锈病、水稻螟虫等重大病虫情报、警报858期，发布电视预报282期（次），印发技术资料469.5万份，通过短信平台群发手机短信188万条。

（三）政府购买服务，推进统防统治

在45个政府购买植保病虫害防治公共服务试点县，探索建立"政府满意、农民满意、植保社会化服务组织赢利"的三方共赢机制，推出"承包防治、单程防治、代购代治、打亩收费"等菜单式服务，方便农民"点菜下单"。据统计，今年45个试点县利用省财政投入共培育壮大植保社会化服务组织162个，服务种植专合社、家庭农场等新型经营主体638个，购买水稻穗期病虫防治服务105万亩，带动水稻病虫专业化统防统治1 600万亩次，全省病虫统防统治整体覆盖率达32%，首次突破30%大关。

（四）农企共建基地，推进减量控害

以病虫专业化统防统治与绿色防控融合试点为抓手，将"农企合作共建示范基地"工作纳入"四川省到2020年农药减量控害行动"方案，作为重要举措，分阶段稳步推进。据统计，今年全省共有10个市县建立农药零增长示范基地10万余亩，示范区亩平均减少化学农药用量50%以上，节约防治成本80%以上。

◼ 重 庆 市

一、农作物病虫害发生情况

2015 年，全市农作物播种面积 5 415.32 万亩，其中，水稻 1 033.5 万亩，玉米 702.8 万亩，小麦 104.0 万亩，油菜 363.2 万亩，马铃薯 547.0 万亩，蔬菜 1 067.1 万亩，柑橘 297.3 万亩。

全市主要农作物病虫草鼠害呈中等偏重发生，发生面积 9 101.88 万亩次。其中，水稻病虫发生面积 2 268.31 万亩次，玉米病虫发生面积 777.24 万亩次，小麦病虫发生面积 301.01 万亩次，马铃薯病虫发生面积 339.47 万亩次，油菜病虫发生面积 365.48 万亩次，蔬菜病虫发生面积 971.51 万亩次，柑橘病虫发生面积 679.76 万亩次。

二、病虫害监测与防控工作成效

（一）农作物重大病虫危害得到有效控制

全市农作物病虫草鼠防控面积达到 8 050.85 万亩次，其中，水稻病虫防治面积 2 462.25 万亩次，小麦病虫防治面积 236.01 万亩次，玉米病虫防治面积 651.95 万亩次，马铃薯病虫防治面积 274.93 万亩次，油菜病虫防治面积 262.46 万亩次，占发生面积的 71.81%。全市病虫草鼠防治挽回粮食损失 123.12 万吨。

（二）病虫监测预警准确及时

全市设立了 80 个农作物病虫重点区域测报站，对粮油、蔬菜、果树等 7 种作物上的 28 种主要病虫及鼠害进行系统监测和大田普查。通过制订重庆市农作物病虫测报站管理办法、统一灯诱工具、强化技术培训等措施，确保了农作物病虫害长、中、短期预测预报准确率分别达到 85%、90%、95% 左右。

（三）农作物病虫害专业化统防统治与绿色防控融合成效显著

2015 年，全市建立水稻、小麦、玉米、油菜、蔬菜、果树、茶叶等农作物病虫害专业化统防统治与绿色防控融合示范区 248 个，示范面积 22.9 万亩，辐射带动面积 115 万亩。示范区内化学农药使用次数平均减少 1~3 次，化学农药用量减少 20% 以上，节约农药成本及人工 5~30 元，平均每亩增产 57.4 千克，每亩产值平均增加 183.6 元。开展融合示范，避免了农民滥用农药的习惯，有效杜绝了高毒、高残留农药的使用。

（四）农药减量行动初见成效

2015 年，重庆市开展的"更多水稻""稻之道"水稻病虫全程解决方案示范效果显著，示范区较非示范区亩均减少农药用量 62~210 克，产量增加 60~70 千克，每亩总效益增加 90~160 元。2015 年，全市农药使用量为 7 915 吨（折百 3 086.28 吨），较 2014 年农药商品总量降低 6.89%，折百量降低 6.84%；杀虫剂、杀螨剂、杀菌剂、杀鼠剂等使用量均呈下降趋势。

（五）植保社会化服务水平得到提高

2015 年，全市新增各种专业化统防统治服务组织 55 个，达到 1 780 个，全市机动或电动植保器械数量达到 2.67 万台套，日防控能力达到 80 万亩，水稻、玉米、马铃薯、小麦、油菜、柑橘、蔬菜、茶叶等 8 类主要农作物专业化统防统治实施面积达到 1 910.23 万亩，较 2014 年增加 4.6%；统防统治覆盖面积达到 1 090.41 万亩，较 2014 年增加 8.4%；全市主要农作物统防统治覆盖率达到 26.07%，较 2014 年增加 1.93%；专业化统防统治防治效果达到 90% 以上，较农户自防提高 8%~12%。

（六）绿色防控技术得到进一步推广

2015 年，全市以专业化统防统治与绿色防控融合示范、粮油作物万亩高产创建、园艺作物标准园建设、蔬菜基地为平台，开展绿色防控技术示范推广，切实提升绿色防控技术的集成化。2015 年，全市农作物病虫害绿色防控实施面积达到 1 209.61 万亩次，其中，物理防控（灯诱、粘虫板、性诱等）应用面积 438.99 万亩，生物农药应用面积 770.62 万亩。绿色防控覆盖面积达到 697.42 万亩，绿色防控覆盖率为 20.57%，较 2014 年增加 3.31%。

三、存在的主要问题

（一）有害生物应急防控能力有待提高

目前缺乏较完善的有害生物应急防控储备制度，应急防控能力不足。另外，新的耕作制度、新的生态环境使一些老病虫的发生规律也有所改变，同时也出现一些新的病虫害，使防治难度加大，防治技术需要更新。

（二）病虫害专业化统防统治发展不平衡

受规模化种植程度、经济条件和工作认识等因素影响，植保专业化组织和统防统治在各地区发展不平衡，服务组织发展模式、服务模式相对单一，统防统治多集中于水稻、马铃薯、柑橘等作物，全面推行不够。同时，先进植保机械较少，也制约了服务组织的发展。

（三）绿色防控理念认识度不够

绿色防控技术要求高，前期投入大，见效较慢，农民接受较难。开展绿色防控技术示范主要靠政府投入，难以扩大示范规模。同时，病虫害专业化统防统治与绿色防控融合推进力度不够。

◻ 贵 州 省

一、农作物病虫害发生及防治情况

全省农作物主要病虫草鼠害为偏重发生，发生面积 7 582.5 万亩次，成灾 223 万亩，绝收 2.3 万亩。防治面积 6 593.29 万亩次，总体防治效果达 85%，挽回农作物产量损失 92.42 万吨（粮食 69.78 万吨），有效控制了农作物重大病虫灾害，确保了农业生产安全。

（一）水稻

水稻主要病虫害发生面积 2 183.98 万亩次，发生特点：一是"两迁"害虫稻飞虱、稻纵卷叶螟发生范围广，发生面积 1 372.41 万亩次，主要在东南部和南部发生，锦屏、台江、天柱、镇远、荔波、罗甸、三都、独山、都匀等县较重，一般百丛虫量 800 头，高的万头以上，如荔波 15 000 头以上；二是稻瘟病发生 240.82 万亩次，发病的点多面广，局部穗瘟病发生重，以优质稻、超级稻和糯稻以及感病品种发病重；三是 6 月以后，全省出现的大范围持续降雨，利于水稻"两迁"害虫迁入繁殖，不利于迁出，增加病虫防治难度和成本，影响防治效果。

（二）小麦

全省小麦播种面积 400 万亩。小麦主要病虫害偏轻发生，主要有条锈病、白粉病、蚜虫，发生面积 358.5 万亩次。发生特点：一是条锈病发生点较多，发生面积 109.61 万亩，涉及 9 个市（州）的 51 个县（区、市），较 2014 年多 6 个县；二是病害发生重于虫害；三是白粉病发生普遍，西南部、西部麦区重于其他麦区。

（三）马铃薯

马铃薯主要病虫发生面积 728.64 万亩次，防治面积 611.08 万亩次，发生特点：一是病害重于虫害，病虫种类多，范围广，持续时间长；二是晚疫病偏重发生，部分品种流行速度快，局部流行成灾，土壤黏重、地势低洼等地块危害期提前，发病重；三是个别病虫在局部危害成灾。

（四）玉米

玉米主要病虫害中等发生，发生面积 834.53 万亩次。玉米螟偏重发生，纹枯病局部偏重发生。

（五）油菜

油菜重大病虫害中等发生，发生面积 381.26 万亩次。

二、主要成效

（一）监测预报及时准确

以 30 个全国农作物病虫害测报区域站和 33 个省级监测点构建监测网，通过各监测网点及时、准确作出重大病虫发生趋势预报，全省报送重大病虫周报 3 600 期，病虫情报 8 500 余期，长期预报和中短期趋势预报准确率分别达 85％和 90％以上，切实为防控开展提供了科学依据。

（二）防控工作成效显著

全省完成农作物重大病虫综合防治技术推广 1 800 万亩（其中水稻 650 万亩、玉米 500 万亩、小麦 150 万亩、油菜 300 万亩、马铃薯 130 万亩），危害损失率控制在 5％以内，带动全省小麦、油菜、水稻、玉米、马铃薯病虫防治面积 3 600 万亩次，防治率 85％，挽回农作物损失 140 万吨（粮食 100 万吨）。

（三）专业化统防统治效果明显

农作物病虫害专业化统防统治总覆盖面积达 1 015 万亩次，比上年增加 175 万亩次，统防统治区域化学农药用药次数减少 2～3 次，防治成本降低 30％以上，总体防控效果达 85％以上。

（四）植保绿色防控力度加大

全省共建立病虫绿色防控示范区 44 个，其中国家级 3 个、省级 13、地级 28 个，开展核心示范 150 余万亩，辐射面积 874 万亩，应用作物包括水稻、玉米、蔬菜、马铃薯、茶叶、果树等主要粮经作物。防治对象涵盖 30 余种病虫害，占全省主要病虫害种类的 60％以上。全省主要农作物病虫害绿色防控覆盖率 24％，绿色防控示范区关键技术覆盖率达 85％，综合防控效果达 88％，化学农药使用量减少达 30％以上。

（五）农药监管进一步规范

通过农资专项整治、企业及批发市场源头清理，茶树（园）用药专项整治、交叉执法检查、检打联动等使上市农药产品质量、标签合格率逐年稳步上市，较好的规范了市场经营秩序。通过建立农药分类经营、专柜经营、标签审查备案、建立购销台账制度，建立有 8 622 户经营单位档案，设有茶叶用药经营专柜 154 个，蔬菜用药经营专柜 45 个，果树用药经营专柜 18 个，高毒农药经营定点 20 个。

三、2016 年工作打算

（一）强化监测预警

发挥 30 个全国农作物病虫害测报区域站和 33 个省级监测点的作用，重点建设一批自动化、智能化田间监测网点，大力推广应用灯诱、性诱等病虫害自动化、智能化监测设备及马铃薯晚疫病实时监控系统，积极试验应用物联网等先进技术。

（二）推进统防统治和绿色防控融合

推进 30 个融合示范区建设，熟化、优化技术服务模式，逐步实现农作物病虫害全程绿色防控的规模化实施、规范化作业，有效提升病虫害防治组织化程度和科学化水平。

（三）提高农药利用率，有效控制农药用量增长率

通过建立重大病虫害综合防治技术示范区，推广新型高效植保机械，推广高效低毒低残留农药，开展药剂和药械试验示范，普及科学用药知识，实现农药利用率达 36%，农药使用量增长率控制在 1% 以内。

（四）加大农药市场管理及宣传力度，深入开展安全用药技术培训及指导

组织开展专项抽检，完成质量抽检、标签核查任务，对抽检不合格的农药产品进行通报，移交查处，实施检打联动。

云 南 省

一、主要病虫发生防治情况

（一）小麦

小麦病虫害发生面积 602.6 万亩，开展防治面积 887 万亩。其中，小麦蚜虫中等发生，局部偏重发生，发生面积 230.17 万亩；小麦白粉病全省中等发生，发生面积 163.9 万亩；小麦条锈病中等发生，管理粗放的田块发生较重，发生面积 151.9 万亩。

（二）油菜

油菜病虫害发生面积 378.84 万亩，开展防治面积 583.1 万亩。其中，油菜蚜虫中等发生，局部偏重发生，发生面积 192.3 万亩。

（三）水稻

全省累计发生面积 1 740.87 万亩次，防治面积 2 997.4 万亩次。其中，稻飞虱全省中等发生，发生面积 630.6 万亩次；稻瘟病中等发生，发生面积 237.93 万亩；受干旱气候的影响二化螟、三化螟均中等偏轻发生，发生面积分别是 75.7 万亩次和 161.8 万亩次。局部水稻细条病、白叶枯病发生较重。

（四）玉米

累计发生面积 2 403.6 万亩次，防治面积 2 758.7 万亩次。其中，玉米螟中等发生，发生面积 323.8 万亩次；玉米大斑病、小斑病发生面积分别是 242.5 万亩和 192.5 万亩，玉米灰斑病发生面积 190.5 万亩，玉米锈病发生面积 445.5 万亩。

（五）马铃薯晚疫病

马铃薯晚疫病中等发生，局部区域偏重发生。全省累计发生面积 522.21 万亩，防治面积 564.7 万亩。

二、取得的主要成效

今年云南省组织开展综合防治面积 1.93 亿亩次。其中，建立专业化统防统治合作服务组织 921 个，

正式注册登记的植保专业化统防统治组织 673 个，各地主要服务形式有全程承包、阶段承包、代防代治、合作防治等形式，实施专业化统防统治 2 658.25 万亩，主要农作物（水稻、小麦、玉米）统防统治覆盖率达 30.49%；在全省建立了 100 个省级绿色防控技术示范区，示范面积 50 万亩，辐射带动 200万亩，全省农作物绿色防控覆盖率达 22.66%，农药使用量（折百）1.86 万吨，比 2014 年减少 1 300吨，挽回的粮食总量达到 270.46 万吨，比上年多挽回 14.98 万吨，实际损失 55.43 万吨。

三、采取的主要措施

（一）构建病虫监测预警体系

一是全面监测，及时准确发布病虫信息。全省形成病虫害监测简报 10 期，手机短信 5 期，地州级病虫害监测简报 150 多期，县级病虫害监测简报 1 200 多期，科学地指导了全年的病虫害防控工作。二是监测预警测报系统和工具示范工作成绩显著。建成马铃薯晚疫病预警监测系统，累计安装了 12 台马铃薯晚疫病预警监测仪器。积极推广示范运用"闪讯"等新型性诱工具 10 台，为全省推广应用提供了试验依据。三是完成了云南省《南方水稻黑条矮缩病测报调查规范》及《南方水稻黑条矮缩病防控技术标准》。四是积极开展技术培训。针对云南省高原特色经作、测报工具的使用等开展 300 人次以上的测报技术培训。

（二）推进科学用药

重点是"药、械、人"三要素协调提升。一是普及科学用药知识。据统计，全省各级植保部门积极开展安全科学使用农药技术培训 1 350 场次，接受培训人员 6.3 万人次。二是推广高效低毒低残留农药。扩大低毒生物农药补贴项目实施范围，加快高效低毒低残留农药品种的筛选、登记和推广应用，推进小宗作物用药试验、登记，逐步淘汰高毒农药。三是推广新型高效植保机械。因地制宜推广自走式喷杆喷雾机、高效常温烟雾机、固定翼飞机、植保无人机等现代植保机械，提高喷雾对靶性，降低飘移损失，提高农药利用率。

（三）推进绿色防控

2015 年在全省农作物上建立了 100 个省级绿色防控技术示范区，示范面积 50 万亩，辐射带动 200万亩。核心示范区关键技术到位率达到 90%，综合防治效果达到 92.3%，每亩减少化学农药使用 2.24次，减少化学农药使用量 31.23%，亩防治成本平均降低 10%，确保了示范区农产品农药残留不超标，农产品的质量进一步提高。农作物病虫害绿色防控覆盖率 22.65%。

（四）推进统防统治

一方面，积极引进先进的植保机械，如远程风送式喷雾器、自走式旱田喷雾器和无人机等，开展专业化统防统治示范和培训活动。另一方面，大力发展农作物病虫害专业化统防统治组织。初步统计，目前全省正式注册登记的植保专业化统防统治组织 673 个，各地主要服务形式有全程承包、阶段承包、代防代治、合作防治等形式，共防治 2 658.25 万亩，主要农作物（水稻、小麦、玉米）统防统治覆盖率达 30.49%。

（五）落实专业化统防统治和绿色防控有机融合

按照农业部要求，以水稻、马铃薯、蔬菜、茶叶 4 种作物为主，在凤庆县、马龙县、陆良县、禄丰县建立 4 个专业化统防统治与绿色防控融合示范基地，示范面积 1.9 万亩，辐射带动 19 万亩。

西藏自治区

一、病虫草害发生防治情况

2015 年全区农作物病虫害总体呈中等偏轻发生，局部中等偏重发生，虫害重于病害。全区农作物病虫草害发生面积为 182 万亩，其中病害发生面积约 15 万亩，麦类作物条锈病发生面积为 4 万亩，细菌性条斑病发生面积 2 万亩，黑穗病发生面积 4 万亩，青稞黄矮病发生面积 3 万亩。全区虫害发生面积 47 万亩，其中，以蛴螬、地老虎、金针虫等为主的地下害虫发生面积 6 万亩，麦类蚜虫发生面积 23 万亩，蝗虫发生面积达 15 万亩，其他虫害发生面积 3 万亩。另外，全区各农区农田草害发生仍偏重，全年草害发生面积 120 万亩。

全区共防治各类病虫草害 220 万亩次。防治各类病害 18 万亩次，其中防治麦类作物条锈病 7 万亩次，防治细菌性条斑病 3.5 万亩次；防治各类虫害 64 万亩次，其中防治蚜虫 30 万亩次，防治蝗虫 20 万亩次；防治农田草害 138 万亩次。

二、采取的主要措施

（一）加强组织领导

全区各级农牧业行政部门和技术推广部门领导十分重视农作物病虫害防控工作，各地市对农作物病虫害防治实行行政领导挂帅和包片责任制。自治区农业中心成立了包片分区技术指导服务小组，联合地市、县乡技术人员，在病虫害发生防治关键时期，开展巡回技术指导服务，并组织农牧民及时有效开展防控工作。

（二）强化监测预警

2015 年，全区加强了 13 个病虫监测点工作，安排固定人员开展病虫监测。各地市下派农技人员蹲点，协同县乡农技人员，积极开展病虫调查、技术培训，坚持系统观察，及时掌握病虫发生趋势。自治区农业中心年初就下发了《关于做好农作物病虫信息上报及防治工作的通知》，在病虫发生关键季节，又及时下发了《关于做好冬小麦细菌性病害调查与防控的通知》和《强化监测切实做好西藏飞蝗防控工作的通知》。

（三）狠抓统防统治

在加强组织领导和强化监测预警的基础上，在今年农作物病虫害防控工作中，尽早安排部署，大力推进统防统治和大型机械化作业。在统防统治开展区域初步实现了"三个减少、三个提高、三个安全"的病虫害防控目标。即减少农药用量、减少防治成本、减少环境污染，提高防治效率、提高防治效果、提高防治效益，农业生产安全、农产品质量安全、农业生态安全。

（四）做好示范展示

结合自治区粮食生产实际，与四川普兰泰克公司合作，在日喀则市桑珠孜区、拉萨市林周县和山南地区乃东县开展"西藏青稞高产栽培技术"试验示范。针对我区麦类作物种传病害和蚜虫发生危害普遍问题，引进拜耳公司新型种子包衣剂 31.9％奥拜瑞 FS，分别在曲水县、南木林县和乃东县开展麦类作物健身健苗栽培与病害预防试验示范，均取得了较好的效果。

（五）强化技术培训

采取集中培训与田间培训相结合的形式，开展农作物病虫草害防治技术培训。自治区农业中心实施相关技术培训项目，利用农闲季节，联合拉萨、日喀则、山南、林芝等地市农技推广部门技术人员，针对不同病虫，开展农药选择、施药用量、施药技术等植保技术培训。各地市年初也安排技术人员到农区开展使用技术培训。

三、存在问题及建议

一是农作物病虫监测专业人员缺乏、基础设施薄弱、技术手段落后，难以支撑病虫害防治的监测预警基础性工作。二是基层农技推广技术力量严重不足，无法满足基层农业生产的指导服务需求。针对上述主要问题，建议：一是进一步加大农作物病虫害监测预警条件建设的支持力度，尽快构建全区病虫监测预警网络，培养病虫监测专业技术人员，完善病虫情报交流发布信息平台。二是进一步强化技术培训服务支持力度，邀请区外专家与区内专家结合，实施分级培训，建立由自治区农牧部门负责培训全区师资力量、地市农牧部门负责培训区域科技特派员和乡镇综合服务站技术人员、县区农牧部门负责培训辖区农牧民的三级培训机制。充分发挥各级农技推广机构的主力军作用，积极利用科技特派员的终端服务作用，有效借助乡镇综合服务站的服务网络作用，重点培养农技服务技术队伍。

■ 陕 西 省

一、病虫发生概况

2015 年陕西省农作物病虫害总体为中等发生，各类农作物病虫草鼠害累计发生面积 3.3 亿亩次。其中，小麦病虫害发生面积 5 634.89 万亩次，以条锈病、麦穗蚜、麦蜘蛛发生较为普遍，其中小麦条锈病偏重发生，面积 535.7 万亩次，主要集中在陕南和关中中西部，小麦赤霉病发生面积 567 万亩次，小麦吸浆虫全省发生面积 314.6 万亩次。玉米病虫发生面积 3 498.87 万亩次，以关中地区的玉米螟、黏虫、双斑萤叶甲发生较重。水稻病虫发生面积 570.88 万亩次，以水稻纹枯病、稻瘟病等在陕南发生较重。东亚飞蝗中等发生，发生面积 130 万亩次，土蝗局部偏重发生，全省发生面积 185 万亩次。果树病虫害发生面积 4 625.42 万亩次，苹果树腐烂病、早期落叶病连年偏重发生。

二、工作成效

(一) 农作物病虫害防控成效显著

据不完全统计，2015 年全省农作物主要病虫草鼠害防治面积达 3.7 亿多亩次，其中小麦病虫累计防治面积 6 313.15 万亩次，果树病虫防治面积 7 391.99 万亩次。挽回粮食损失 140 多万吨，经济作物挽回产值 40 多亿元。

(二) 统防统治与绿色防控融合工作初显成效

2015 年，在长安区、蓝田县、临渭区、富等县市建立了以小麦、玉米、马铃薯、苹果、蔬菜等 5 类作物为主的 9 个统防统治与绿色防控融合试点基地，开展示范面积近 40 万亩。如临渭区小麦病虫防控示范区，通过深耕、药剂拌种处理技术、释放烟蚜茧蜂和"一喷三防"等集成技术应用，示范区病虫害发生程度明显减轻。

三、主要做法和措施

(一) 精心部署，确保工作顺利开展

陕西省先后召开全省农业工作会议、春季农业工作电视电话会议，安排部署夏粮生产工作。印发《秋作物防病治虫夺丰收行动方案》《马铃薯晚疫病防控工作方案》《农作物病虫害专业化统防统治和绿色防控融合试点实施》方案等。防控关键时期，召开玉米病虫害航化防控示范现场会，马铃薯晚疫病防控工作现场会，带动当地开展防控。

(二) 高度重视，加大资金支持力度

3 月，省财政下拨了小麦病虫害防控专项经费 800 万元，支持防控工作。4 月，中央财政下达小麦"一喷三防"及重大农作物病虫统防统治项目资金共 9 000 万元。陕西省农财两厅积极协作，第一时间下达了实施指导意见。8 月，省财政又下拨了 2 200 万元专项资金，支持各地开展秋作物重大病虫草鼠

害及疫情防控工作。

（三）准确监测预报，科学指导防控

全省植保部门共设置了 80 多个小麦等夏粮病虫监测点，60 多个秋粮监测点，扩大了监测范围，增加了调查频次，重点监测小麦条锈病、小麦赤霉病、马铃薯晚疫病、玉米黏虫等重大病虫发生动态。结合气象信息，组织开展会商，准确发布病虫预报，科学指导防控。据统计，全省共发布农作物病虫情报 600 多期，准确率达 95% 以上。

（四）转变服务方式，积极实施专业化统防统治

今年，陕西省实施了以小麦、马铃薯等作物为主的重大病虫统防统治。在小麦病虫防控关键时期，开展航化作业示范 20 万亩。在 30 个小麦主产区选择 30 个专业化组织，开展统防统治 60 万亩。据统计，全省今年小麦实施专业化统防统治面积 550 万亩，专业化统防统治覆盖率达 33.8%。

（五）建立试验示范，积极开展绿色防控工作

全面推行病虫基数控制、免疫激活提高、部分害虫诱杀、科学药剂防治和高效器械应用五大绿色防控技术，在临渭等 4 个粮食生产县、洛川等 4 个果区县和泾阳等 6 个设施蔬菜示范县，分别建立绿色防控核心示范区，辐射带动 14 个县建立示范点 40 多个，示范面积 40 余万亩。

（六）深入生产一线，开展督导检查

秋播期间组织技术人员和专家深入各地督导检查秋冬种小麦病虫防控工作。3～8 月，组织督导组深入生产一线，对小麦病虫防控、"一喷三防"工作及针对玉米病虫重发区和马铃薯晚疫病重发区开展防控工作督导和技术指导。据统计，全省各级共出动近 5 000 名技术干部深入到田间地头指导群众开展重大病虫害防治。

（七）强化宣传培训，营造良好氛围

据统计，全省各级共开展电视专题宣传 300 期（次），召开各类现场会和技术培训会 280 场次，培训人员 10 多万人（次），印发技术资料 100 多万张。

■ 甘 肃 省

一、农作物主要病虫害防治概况

2015 年，甘肃省累计防治各类病虫草鼠害 16 037.81 万亩次，挽回农作物产量损失 258.16 万吨。其中，防治小麦病虫害 3 100.65 万亩次，挽回损失 20.78 万吨；防治玉米病虫害 2 581.38 万亩次，挽回损失 38.04 万吨；防治马铃薯病虫害 2 142.60 万亩次，挽回损失 19.98 万吨；防除农田杂草 3 048.14 万亩次，挽回损失 41.63 万吨；防治农田鼠害 935.24 万亩次，挽回损失 6.47 万吨；防治其他农作物病虫害 4 229.8 万亩次，挽回损失 131.26 万吨。

二、开展的重点工作

（一）全面落实冬小麦"一喷三防"补助政策

2014 年下达冬小麦"一喷三防"补助资金 3 900 万元，其中物化补贴 3 640 万元，现金补助 260 万元，全省完成冬小麦"一喷三防" 650.75 万亩，占计划的 100.12%，其中统防统治 320 万亩，农户群防群治 174.75 万亩。

(二) 有效实施小麦重大病虫害统防统治项目

今年下达小麦重大病虫害统防统治补助资金 1 400 万元,采购统防统治、绿色防控所需各类杀菌剂 187.66 吨、杀虫剂 96.38 吨,采购各类施药器械 12 281 台,发放燃油、雇工补助 280 万元。全省完成小麦重大病虫田间喷药防治 140 万亩,药剂拌种 700 万亩。

(三) 马铃薯晚疫病防控成效显著

甘肃省马铃薯晚疫病发生 454.71 万亩次,较 2014 年减少 16.7%。防治面积 752.84 万亩次,其中专业化统防统治 241.68 万亩次,占防治面积的 32% 以上。共投入防控农药 608.71 吨,投入防治资金 2 663.17 万元,平均防治效果达 80% 以上,挽回鲜薯产量损失 44.15 万吨。

(四) 专业化统防统治优势显现

甘肃省已组建各类专业化防治组织 920 个,开展农作物重大病虫专业化统防统治 1 398.44 万亩次,其中,小麦病虫害专业化防治 401.23 万亩次,马铃薯晚疫病专业化防治 241.68 万亩次,玉米病虫害专业化防治 420.16 万亩次。

(五) 绿色防控面积逐步扩大

在全省 13 个市（州）的 39 个县（区）建立病虫绿色防控示范区,全省病虫绿色防控面积由 2011 年的 60 多万亩次扩大到 2015 年的 847 万亩次,较去年增加 248.35 万亩次,防治区减少农药使用次数 1～3 次,减少农药用量 15% 以上。

三、主要做法

(一) 加强组织领导,落实防控责任

在年初的全省农村工作会议上,针对农作物重大病虫害防控,甘肃省农牧厅与市（州）农牧（农业）局（委）、甘肃省植保植检站签订了 2015 年重点工作目标管理责任书,实行属地管理,责任到人,把防控工作上升到了政府行为。

(二) 周密谋划部署,实施防控行动

为全面做好农作物病虫害防控工作,甘肃省农牧厅制订下发了《关于印发 2015 年农作物重大病虫疫情防控方案的通知》《甘肃省农牧厅关于印发 2015 年冬小麦"一喷三防"实施方案的通知》和《甘肃省农牧厅关于印发 2015 年小麦重大病虫害统防统治实施方案的通知》,对小麦病虫害防治物化补贴的原则及物资采购、技术服务、防控措施等提出了具体要求。

(三) 加强培训指导,提高防控水平

一是充分利用广播、电视、网络、手机、农民田间学校等媒体,采取专题新闻报道、技术专题讲座、宣传车巡回宣传、召开现场会、发放挂图明白纸等形式发布病虫信息,开展防控技术宣传培训;二是在病虫害防控期间,深入田间地头,指导农民科学防控。据统计,2015 年全省共召开现场培训会 460 余次,举办农民田间学校培训班 68 期次,培训技术干部和农民 43.67 万人次。

(四) 加强督导检查,确保防控质量

为指导好小麦"一喷三防"、小麦秋播药剂拌种、马铃薯晚疫病防控等工作,甘肃省先后 10 多次派出工作组,赴各市、县进行工作督导。市、县两级部门也开展多种形式督导,全省上下共开展工作督导 130 组次,有力推动了各项工作开展。

四、存在问题及建议

(一)专业化统防统治需进一步加强

目前甘肃省专业化统防统治还不能在粮食作物上完全发挥应有作用,专业化统防统治的覆盖率不足20%。建议各级政府和农业部门从政策、技术、资金、物资上加大对专业化防治组织的扶持力度,进一步探索适合当地的专业化组织服务模式,提升专业化防治的组织化程度和防控能力,使其真正成为农作物重大病虫防控的主力军,植保新技术推广的先锋队。

(二)绿色防控需全面推进

实施病虫害绿色防控对保障农产品质量安全、保护农业生态环境安全、促进农业可持续发展意义重大,但不少地方认识还不到位,并没有将绿色防控上升到有关整个社会健康发展的高度去认识,认为绿色防控技术繁杂,是政府的事,又没有项目和经费支撑,缺乏工作主动性。农民应用绿色防控技术,在生产实际中遇到防治成本高、应用要求高、管理复杂等问题感到棘手,多数农户没有真正意识到农药污染、农药残留带来的负面影响。建议增加专项投入,强化示范区建设,以点带面,逐步推进绿色防控有效可持续开展。

◼ 青 海 省

一、病虫害发生防治情况

2015年青海省农作物有害生物平均发生程度2级,与常年相比总体中度偏轻发生,发生面积1 637.54万亩,防治面积1 527.74万亩。其中,病虫害发生面积894.97万亩,防治面积860.75万亩;农田草害发生面积431.63万亩,防治面积455.19万亩;农田鼠害发生面积310.94万亩,防治面积211.80万亩。病虫害中麦类病虫害发生面积263.44万亩次,防治236.78万亩次;油菜病虫害发生面积369.46万亩次,防治410.71万亩次;马铃薯病虫害发生面积148.50万亩次,防治98.54万亩次;蔬菜、果树及其他作物病虫害发生面积113.57万亩,防治面积114.72万亩。共挽回各类农作物损失319 252.72吨,实际损失113 546.66吨。通过病虫害防治共挽回作物产量损失224 156.61吨,实际损失84 618.75吨。

二、统防统治工作开展情况

(一)专业化防治组织建设

全省已组建各类病虫害专业化统防统治组织共50个,已注册登记的7个,全省各类专业化从业人员达589人,共配备各种高效植保机械710台,日防治能力1.5万亩左右。

(二)主要运作模式及防治效果

一是由专业化防治组织与农户签订病虫防治协议,承包防治;二是高产创建示范区,由项目实施单位组织统防统治。专业化统防统治区综合防效达90%以上,防治技术到位率提高10%~20%,病虫危害损失率控制在5%以下,节约用药1~2次,保护了环境,减少了污染。

(三)统防统治情况

从主要作物看,2015年青海省小麦病虫害发生面积235.37万亩次,防治面积217.87万亩次,统防统治面积达28.63万亩次,统防统治覆盖率为13.37%。玉米病虫害发生面积17.25万亩次,防治面积14.02万亩次,统防统治累计实施面积0.58万亩次,统防统治覆盖率为1.26%。

三、绿色防控情况

（一）绿色防控技术示范

在西宁市、乐都区、共和县、贵德县、湟中县、大通县等地利用频振式杀虫灯、黑光灯、黄板、黄盆诱集技术防控油菜跳甲、茎象甲、露尾甲、小菜蛾、角野螟等主要害虫，示范面积 0.6 万亩；在西宁市、乐都区、格尔木市、德令哈市、乌兰县、共和县等地利用各种物理、生物技术产品防控保护地蔬菜害虫，示范面积 0.015 万亩。

（二）绿色防控与统防统治融合示范

利用频振式杀虫灯、黑光灯、黄板、蓝板、性诱剂等诱集防控技术在 21 个县（市、区）对小麦、油菜、蔬菜、果树及经济作物实施农作物病虫害绿色防控和统防统治融合示范点 6 万亩，辐射带动 3.5 万亩。

■ 宁夏回族自治区

一、农作物主要病虫发生情况

2015 年宁夏农作物播种面积 1 803.4 万亩，其中小麦病虫害发生面积 434.24 万亩，玉米病虫害发生面积 1 273.03 万亩次，水稻病虫害发生面积 180.72 万亩次，马铃薯病虫害发生面积 805.14 万亩次，瓜菜病虫害发生面积 382.06 万亩次。

二、病虫害防控情况及成效

一是有效地控制了病虫害的发生。2015 年全区农作物病虫草鼠害防治面积 4 223.42 万亩次，挽回粮食作物损失 77.8 万吨，挽回蔬菜损失 64.19 万吨，挽回其他经济作物损失 4.75 万吨。二是专业化统防统治及绿色防控示范再上新台阶。2015 年建立专业化统防统治与绿色防控融合示范区 96 个，示范面积 54 万亩，完成集成组装技术模式 6 个，带动专业化统防统治 273 万亩，绿色防控示范 88.5 万亩。三是有效地促进了农药减量控害。2015 年开展了"植保服务进百家"活动。全区 400 多位植保技术人员，深入一线服务种植企业、专业合作社 154 家，服务种植大户、家庭农场 205 家，帮助企业和种植大户制订技术方案 22 个，涉及农作物面积 97.4 万亩，送信息服务 2 387 次，指导培训 1 476 场次，发放技术资料 4.2 万份。平均减少农药使用次数 1.3 次，2015 年较上年度农药使用量减少 170 多吨。

三、主要工作措施及经验

（一）加强组织领导与科学防控

自治区各级农业行政部门，多数都成立并完善了重大病虫害防治工作领导小组，组织开展防控工作。及早制订防控方案，部署防控工作，为今年农作物病虫害防治工作的有序开展奠定了基础。

（二）抓好监测预警，为及时防治提供依据

2015 年全区各市县共报送病虫害监测调查资料 1 400 余份，发布《植保情报》265 期，拍摄病虫草鼠图片 1 200 余张，制作播出电视预报节目 76 期。据计算，病虫害长期预报准确率达到 87.53%，短期预报准确率达到 93.5%。

（三）加强测报信息化建设及应用工作，保证测报信息的时效性

2015 年充分利用全国农作物有害生物监控信息系统、宁夏农作物病虫害监控信息系统、宁夏马铃

薯晚疫病监测预警及防治决策系统开展信息报送工作。对 30 套马铃薯晚疫病监测预警与防治决策设备进行了升级改造，开发建设了宁夏农作物病虫害数字化在线监测预警系统，在平罗县等 6 个地区配备了终端信息采集设备。

（四）整合项目资金，保障防控工作

2015 年农业部安排农作物病虫害防治补助资金 200 万元；自治区财政共安排农作物病虫害防控经费 450 万元。项目资金严格按照资金管理办法，专款专用，无挤占、截留、挪用等现象。在项目实施前签订合同，项目实施中监督检查，项目完成后组织财政、监察、审计、农业等部门考核验收。

（五）大力推进专业化统防统治与绿色防控融合示范区建设

2015 年整合农业部、自治区、市县各级资金 1 800 多万元，依托粮油高产创建、蔬菜标准园建设等项目，充分利用专业合作社、种植大户、农业生产企业等新型经营主体，通过物化补贴和资金补助的形式建立专业化统防统治与绿色防控融合示范区。

（六）集成推广绿色防控技术，加强技术储备

今年在专业化统防统治与绿色防控融合示范区建设上重点突出了绿色防控技术的应用与综合防治技术的集成组装。通过示范区建设，初步完成了水稻、西瓜、番茄等作物 6 个病虫害绿色防控技术规范。

（七）开展"植保服务进百家"活动，加强技术指导及培训

今年组织全区 27 个市县区植保专业技术人员开展进专业合作社、家庭农场、种植大户、农药经营门店送信息、送技术、送服务的"植保服务进百家"活动。通过开展技术指导和技术培训等措施，有效地控制了病虫害的发生发展。

四、2016 年工作计划

（一）大力推进农企合作共建专业化统防统治与绿色防控融合示范区

一是组织各市县区建立 30 个专业化统防统治与绿色防控融合示范区，每个县结合当地的作物种类、病虫害发生情况确定 1～3 个示范区（蔬菜不少于 500 亩，粮食作物不少于 5 000 亩）。二是做好农企合作共建示范基地建设，充分利用企业先进的技术与产品做好示范。三是做好绿色防控技术、综合防控技术的优化、配套组合，整理完成主要作物重点病虫害的综合防控技术模式，编制技术规范。

（二）进一步实施"植保服务进百家"活动

在总结今年工作经验的基础上，一方面要继续深入种植企业、专业合作社、种植大户、家庭农场开展技术指导服务；另一方面要加强技术培训与宣传，重点开展绿色防控技术、农药安全使用技术培训与宣传工作。进一步扩大"植保服务进百家"活动的范围和深度，提高服务能力。

（三）继续做好新技术试验示范

继续围绕稻瘟病、玉米大斑病、玉米叶螨、马铃薯晚疫病等重点作物上的关键性病虫害开展防治技术试验，尤其是新器械应用效果、新农药筛选以及绿色防控技术应用等。

新疆维吾尔自治区

一、农作物病虫草鼠害发生防控情况

2015 年，受病虫基数、作物生长情况和气候因素影响，小麦条锈病、玉米螟、双斑萤叶甲、棉花

枯萎病和黄萎病发生危害面积较上年有明显增加，小麦条锈病在伊犁河谷扩散流行，玉米螟、棉花枯萎病和黄萎病呈逐年扩大态势，发生程度重于历年，双斑萤叶甲在博州、昌吉州局部偏重发生；雪腐雪霉病、棉铃虫和草地螟较上年危害减轻，土蝗在伊犁哈萨克自治州（以下简称伊犁州）、博州高密度点片较上年明显增多。据不完全统计，全区农业有害生物发生面积 1.21 亿亩次，其中农作物病虫害发生面积 8 019.81 万亩次，农田鼠害发生面积 890 万亩次，农田杂草发生面积 3 208.57 万亩次。

初步统计，全区实施农作物主要病虫草鼠害防控面积 1.09 亿亩次，其中小麦病虫害防治面积 1 190 万亩次，玉米病虫害防治面积 1 136 万亩次，棉花病虫害防治面积 2 818 万亩次，农田蝗虫防治面积 172 万亩次，鼠害防控面积 540 万亩次，杂草防除面积 3 209 万亩次，其他病虫害防治面积 1 835 万亩次。统防统治面积达 2 920 万亩次，绿色防控面积达 2 300 万亩次，挽回损失 200 余万吨。

二、采取的主要措施

（一）加强组织领导，落实各项防控措施

新疆维吾尔自治区植物保护站争取小麦和农区蝗虫重大病虫害统防统治补助经费 1 250 万元，下发《关于加强春季麦田除草工作的通知》《2015 年新疆防病治虫夺丰收行动实施方案》《2015 年农作物重大病虫害防控技术方案的通知》等文件，及早安排部署农作物病虫草鼠害防控工作。组织专家、技术人员赴各地巡回指导开展重大病虫害防控工作，及时为农民群众提供技术指导和服务。

（二）加强示范区建设，集成绿色防控技术模式

按照全国农技中心相关要求，在 49 个县（市、区）建立了病虫害绿色防控示范区，示范面积 90 万亩，辐射面积 500 万亩。通过大面积试验示范，推广非化学防治技术，将绿色防控技术组装到综合防治技术体系中，逐步加以规范化和标准化，进一步推动了病虫害绿色防治技术推广应用。同时，在开展农作物病虫害绿色防控技术示范区建设的基础上，继续总结经验，组织塔城市、疏附县、奇台县和轮台县等县市集成了可在当地小麦上推广应用的主要病虫害绿色防控技术模式，促进了当地绿色防控技术的标准化。

（三）继续推进农作物病虫害专业化统防统治与绿色防控融合

继续在奇台县和疏附县建立小麦病虫统防统治与绿色防控融合试点示范区，在博乐市和新和县建立棉花病虫专业化统防统治与绿色防控融合试点示范区，示范面积 11 万亩，辐射带动 95 万亩。通过融合试点示范区建设，大力推进了专业化统防统治和绿色防控技术措施，为大面积推广应用积累经验。

（四）认真开展植保新技术、新产品试验示范与推广

一是根据重大病虫防控需求，2015 年在 17 个试验基地开展 10 种药剂的 26 项田间试验示范工作。二是狠抓关键技术。依托示范区建设，在示范区重点采取推广生态工程技术，理化诱控技术，生物防治技术，加大成熟技术和产品的示范推广力度，优化单项绿色防控技术，组合集成适合不同生态种植区的配套防控措施。三是结合棉花绿色防控示范建设，开展了多抗霉素防治黄萎病，芸薹素内酯提高棉花抗逆性，性诱剂和食诱剂诱集棉铃虫试验示范工作，取得了良好效果。

（五）加大宣传力度，强化技术培训

与有关农药和植保机械生产企业合作，举办各类培训 14 期，培训统防统治组织成员、技术人员、种植大户和广大农民 1 600 余人次。结合"蜜蜂授粉与绿色植保技术集成应用示范项目"，举办讲座 2 期，培训广大农民 300 余人。

三、工作亮点和创新点

（1）充分利用中央农作物重大病虫害补助项目，建立小麦各类示范区 26 个，采取合同制方式对示

范区进行管理，各示范区总结了适合本地小麦病虫害绿色防控的技术模式，有条件的县市还开展了小麦"一喷三防"、杂草防除药剂筛选试验示范工作，取得了良好的示范展示效果。

（2）充分利用中央农作物重大病虫害补助项目，集中采购一批蝗虫防控物资，特别是加大了蝗虫生物防控物资采购比例，采取大型药械、飞防等高效防控方式对重点蝗区进行防控，大大提高了防控效率。

（3）优化理化诱控、生物防治、生态调控等绿色防控措施，集成以小麦、棉花等农作物为主线的绿色防控技术模式。

■ 新疆生产建设兵团

一、农作物重大病虫害发生与防治情况

2015 年新疆兵团农作物播种面积 1 700 多万亩，其中棉花 850 万亩、小麦 250 万亩、玉米 140 万亩、水稻 34.2 万亩、油料作物 50 万亩、甜菜 30 万亩、加工番茄 37 万亩。

初步统计，2015 年兵团农作物病虫草鼠害发生面积 2 565.86 万亩次，防治面积 3 086.86 万亩次。其中病害发生面积 440.56 万亩次，防治面积 679.31 万亩次；虫害发生面积 1 531.06 万亩次，防治面积 1 730.41 万亩次；农田草害发生面积 502.7 万亩次，防治面积 608.9 万亩次；农田鼠害发生面积 182.5 万亩次，防治面积 89.6 万亩次。其中棉花病虫害发生面积 1 386.33 万亩次，防治面积 1 471.06 万亩次，挽回损失 105 058 万元；小麦病虫害发生面积 100.89 万亩次，防治面积 180.36 万亩次，挽回损失 2 494 万元；玉米病虫害发生面积 120.30 万亩次，防治面积 212.52 万亩次，挽回损失 6 189 万元。

二、农作物重大病虫害发生特点

2015 年兵团农作物重大病虫害整体为中等发生，其中虫害重于病害，部分病虫害偏重发生。棉花病虫害整体中等发生。其中棉铃虫中等偏轻发生，棉叶螨中等发生，棉蚜中等偏重发生，棉盲蝽及其他棉花害虫中等偏轻发生。棉花苗病偏轻发生，棉花枯萎病和黄萎病中等偏轻发生；粮食作物病虫害整体中等偏轻发生，小麦锈病偏轻发生，玉米螟中等偏轻发生，玉米叶螨中等发生。玉米三点斑叶蝉和双斑萤叶甲在局部垦区偏重发生；农区蝗虫偏轻发生。设施蔬菜病虫害呈加重危害的趋势；葡萄、红枣等果树病虫中等偏轻发生。

三、主要措施和做法

（一）加强重大病虫害防控工作的组织领导

兵团各级领导高度重视重大病虫害防控工作，兵、师、团各级农业部门均成立病虫害防控工作领导小组，对病虫害防控工作提出了明确的目标任务，并列入年度目标考核。

（二）强化病虫害预测预报，科学指导防治

2015 年针对棉铃虫、棉蚜、农田叶螨、小麦锈病、玉米螟、农田蝗虫等重大病虫害，兵团继续加大系统性监测和大田普查工作力度，兵团总站组织 31 个垦区中心测报站开展重大病虫害的系统性监测和大田普查，各站点全年共发布监测预警信息 310 余期，总站全年发布病虫情报 6 期。上报农业部"兵团棉铃虫和蝗虫发生防治信息周报" 36 期；12 个监测点通过"棉花重大病虫害数字化监测预警系统"报送监测数据 5 800 次；7 个蝗虫监测站点上报蝗虫监测数据 40 多条。

（三）加强督导检查，提高各项防治措施的到位率

在重大病虫害发生和防治关键时期，总站先后下派植保技术人员 30 余人次，深入 12 个师开展技术

指导和调研工作，及时解决了防治工作中存在的问题，明显提升了各项防治措施的到位率，为重大病虫害防控工作提供了技术支持和保障。

（四）开展新农药、药械的试验示范

根据兵团农作物病虫害发生特点和现状，2015年与国内外多家企业合作，在兵团12个师开展涉及除草剂、杀虫剂、杀菌剂、调节剂等新农药田间试验示范130多项次。

（五）加强宣传培训，不断提高重大病虫的防控技术水平

2015年年初，结合"2015年度兵团植保暨农药管理工作研讨会"的召开，宣传病虫绿色防控的成效和工作经验，研讨和培训科学用药、植保新技术及农药管理相关要求，对来自兵团各师的110余名植保技术人员进行了培训。6月下旬，与企业合作，在七师召开了"农企共建，推进兵团农药减量控害"技术观摩培训会，普及绿色防控、减药控害技术，交流农企共建，推进农药减量的做法、经验，培训基层植保技术人员80余人。

（六）大力推进绿色防控和统防统治工作

2015年在棉花、玉米、小麦、红枣、葡萄等兵团9大作物上建立了40个绿色防控示范区，示范面积达18.9万亩。通过典型引路和示范带动，推动了兵团绿色防控工作的发展，促进了农药减量控害。2015年病虫害绿色防控比例平均达到65.56%，较去年的40.7%有了极大的提升。初步统计，2015年兵团现有专业化统防统治服务组织900多个，从业人员1.6万多人。兵团主要农作物病虫害统防统治率达到80.43%，较去年的72.6%增加了7.83%。

主要农作物病虫害发生与防治情况

1 水稻

☐ 黑龙江省

2015 年黑龙江水稻病虫害总体中等偏轻发生，水稻病虫发生面积 2 858.05 万亩，比 2014 年减少 664.67 万亩，防治面积 8 167.24 万亩次，比 2014 年减少 968.76 万亩次。其中水稻病害发生面积 1 446.80 万亩，防治面积 5 717.78 万亩次；虫害发生面积 1 411.25 万亩，防治面积 2 449.46 万亩次。

一、主要病虫发生概况

水稻稻叶瘟发生面积 133.97 万亩，防治面积 1 077.93 万亩次。穗颈瘟在个别感病地块、感病品种上发生较重，发生面积 15.2 万亩，防治面积 1 382.9 万亩次。水稻纹枯病呈加重发生趋势，发生面积 407.59 万亩，防治面积 217.67 万亩次。水稻二化螟总体发生程度轻于常年，但局部蛾量较大、落卵量大的地块仍造成较重危害，全省发生面积 319 万亩，防治面积 474.7 万亩次。水稻青枯病、立枯病在个别管理不当的苗床发生较重，发生面积 205.58 万亩。水稻潜叶蝇为中等发生，发生面积 633.48 万亩。水稻负泥虫总体为中等偏轻发生，发生面积 280.97 万亩。另外水稻细菌性褐斑病、鞘腐病、胡麻斑病、恶苗病发生面积分别为 250.96 万亩、166.55 万亩、183.63 万亩、83.32 万亩。

二、防控工作开展情况

（一）及时监测，早期预警

3 月以省农委文件发布了长期趋势预报，指出今年稻瘟病有暴发风险，提前部署防控工作。5 月在全省分区域举办了 30 个培训班，对 600 个乡村监测点调查员手把手轮训一遍。6 月中旬开始，监测网点进入全面监测状态。全省各级植保部门共发布稻瘟病预报、警报 136 期。

（二）领导重视，组织得力

省农委 7 月 14 日召开全省重大病虫绿色防控现场会，水稻主产区的农业局长、农技推广中心主任和植保站站长 130 余人参加了会议，重点部署稻瘟病统防统治工作。7 月 28 日，省农委成立了 9 个督查组分赴各地，深入田间踏查，督查指导前期稻瘟病预防工作和飞机航化作业以及后期应急防控等统防准备工作。

（三）加强宣传，搞好发动

据统计，全省各水稻主产县市电视台共播放稻瘟病防治技术专题讲座 153 期，新闻播报 200 期，滚动字幕 935 条，印发资料 29.95 万份，召开现场会 106 次。

（四）快速反应，统防统治

针对全省水稻大面积连片种植、劳动力缺乏、人工喷药防控困难的实际，今年重点加强稻瘟病的统防统治工作。制订了《黑龙江省飞防水稻稻瘟病通用航空企业备案及作业技术要求》。全省农村共组织了两期稻瘟病统防，动用飞机44架，共在31个水稻主产县航化作业371万亩次。

（五）强化服务，解决难题

除省农委组派工作组对39个重点县（市、区）进行全面督导、服务外，各市、县也派出2 000多名技术人员，因地制宜指导稻农适时开展防治。

三、主要行动及取得效果

2015年黑龙江省统防水稻重大病虫害220万亩次，田间减少化学农药施用330吨，平均防效83.3％。据测算今年黑龙江省稻瘟病统防每亩平均可挽回水稻产量损失60千克，该项目实施共挽回粮食损失1.32亿千克。今年两期统防全部采取飞机航化作业。第一期共动用直升机30架、固定翼飞机5架，航化作业130万亩。第二期共出动飞机38架，飞行作业3 691架次，一周内及时完成了241万亩喷药作业任务。

四、存在问题及2016年防治工作建议

一是预防意识不够。近年水稻面积增加快，部分干部群众对稻瘟病还存在着麻痹思想和侥幸心理，对穗颈瘟主动预防意识不强。建议重大病虫防控纳入政府政绩考核。

二是防病资金紧张。全省耕作面积大，水稻种植面积6 200多万亩，中央财政对水稻重大病虫防控的补助资金仅能完成220万亩统防任务。建议加大补助额度。

三是防控能力不足。水田大型施药机械少，农村水田药械还是以背负式弥雾机为主，面对的是大面积、高强度的喷药任务。黑龙江省地广人稀、劳动力缺乏，短暂的防控适期内难以迅速完成。建议加大飞防补贴力度及相关政策支持。

■ 吉 林 省

一、水稻主要病虫害发生与防治情况

2015年，吉林省水稻种植面积1 036.15万亩，主要分布在吉林、长春、通化、辽源、四平等地。病虫害发生总面积约879.99万亩次，其中病害发生面积311.49万亩次，虫害发生面积568.5万亩次；防治面积2 018.76万亩次，挽回损失274 049.51吨，实际损失28 706.8吨。

稻瘟病发生面积311.49万亩次，纹枯病发生面积64.31万亩次，赤枯病发生29.7万亩次，稻曲病发生面积9.04万亩次，白叶枯病发生面积2.07万亩次，恶苗病发生面积4.54万亩次，其他病害发生面积27.51万亩次。水稻二化螟发生面积237.18万亩次，稻秆潜蝇发生面积91.47万亩次，稻飞虱发生面积0.7万亩次，负泥虫发生面积52.14万亩次，稻象甲发生面积48.9万亩次，黏虫发生面积39.47万亩次。稻蝗发生面积5.92万亩次，防治面积0.95万亩次；稻纵卷叶螟发生面积0.4万亩次；防治面积0.2万亩次，其他虫害发生面积77.55万亩次。

二、水稻重大病虫防治组织措施

（一）加强防治工作的组织领导

各级政府和农业部门加强了对水稻病虫害防治工作的组织领导，抓住关键时期，千方百计把水稻重大病虫危害减少到最低程度。层层落实责任，抓好监督检查，保证各项防治措施及时到位。

（二）密切监测，准确掌握病虫发生动态

各级病虫测报部门密切注视水稻各类病虫害的发生动态，特别是注意稻瘟病和稻水象甲、二化螟等流行性病虫害的发生动态，及时准确地发布主要病虫害发生趋势预报。改善了信息传递手段，加快采用电视可视化预报工作，通过电视、电台、报刊、信息网络等新闻传媒及时向社会发布信息百余条，为广大农民、农药生产企业提供及时、准确的病虫信息。

（三）加大绿色防控力度

1. 生物防治技术应用　采用赤眼蜂防治水稻二化螟等虫害实际推广面积 8.41 万亩；白僵菌封垛 18.8 万亩。

2. 诱控技术应用　性诱剂、食诱剂以及其他性信息素等在水稻上示范面积 5.818 万亩；生态控制示范面积 2.55 万亩；灯光诱杀、色板诱杀等技术在水稻等作物上应用面积 3.39 万亩。

3. 生物农药应用　水稻推广应用枯草芽孢杆菌 10.89 万亩，苏云金杆菌 54.1 万亩，井冈霉素 18 万亩，春雷霉素 33 万亩。

4. 示范区辐射带动　一是昌邑区水稻全程非化防绿色防控示范区，核心区面积 2 000 亩，辐射带动 5 万亩；二是省内各地区争取本地财政支持，共建立绿色防控示范区 7 个，示范区面积 39.52 万亩，辐射带动面积 198.3 万亩；三是按照《吉林省农作物病虫专业化统防统治与绿色防控融合试点实施方案》的要求，建立了专业化统防统治与绿色防控融合示范区，全省水稻示范区建设面积 39.52 万亩，辐射带动面积 198.3 万亩。

（四）示范区示范效果明显，辐射带动能力不断增强

昌邑水稻病虫害绿色防控技术集成创新与示范区，核心区面积 2 000 亩。辐射带动 5 万亩，亩投入 222 元，亩产出 2 570 元，亩纯收益 2 348 元。常规投入 190 元/亩，亩产出 1 820 元，亩纯收益 1 630 元。水稻绿色防控与常规防控相比，亩增加投入 32 元，亩产出增加 750 元，亩纯收益增加 718 元。另外，在辐射区，减少喷施化学农药 4～5 次，其中化学杀虫剂减少 2～3 次，化学杀菌剂减少 2～3 次。除示范区外，各地在充分利用赤眼蜂和白僵菌防治玉米螟建立第一道防线的基础上，采用喷施生物农药辅以杀虫灯诱杀建立第二道防线的技术模式，取得了良好的效果。

三、2016 年工作计划

一是继续加大水稻绿色防控力度和示范区建设力度。2016 年拟在榆树、德惠、永吉等县、市实施开展混合赤眼蜂防治水稻二化螟项目 8 万亩；争取多方面支持，加大开展绿色防控试验示范。

二是加强监测预警，多学科、多部门联合，早预测，早防治。2016 年在做好水稻病虫害长期预报、中短期预报的基础上，争取联合吉林省农业科学院、吉林农业大学等单位，联合会商，联合预测。提高水稻病虫害的预警能力，加快信息传递速度。

三是加大新技术的示范力度和宣传培训力度。2016 年拟在水稻上推广生物农药、物理防治技术和诱导免疫技术等新兴技术，针对基层农技人员专业知识更新速度慢，学习机会少等特点，组织开展防控技术培训会和防控现场示范会等。

■ 上 海 市

一、病虫发生概况

2015 年上海市水稻种植面积为 146.2 万亩，病虫害总体为中等至偏重发生，其中褐飞虱发生面积 365 万亩次，稻纵卷叶螟发生面积 380 万亩次，白背飞虱发生面积 219 万亩次，大螟、二化螟发生面积 441 万亩次，灰飞虱轻发生，纹枯病偏重至大发生，发生面积 145 万亩。稻田草害总体偏重至大发生，

移栽稻田草害偏重发生，直播稻田大发生。

二、主要防治措施

（一）加强组织领导，争取政策支持

市、区农业部门高度重视水稻病虫害的防治，将水稻病虫害防治作为农业生产的重要工作来抓。在年初制订防治预案，召开农业生产工作会议，明确各部门任务和职责，切实加强组织领导。同时，积极争取了各级政府的支持，多渠道增加防治专项经费，确保了各项措施落实到位。

（二）加强预警监测，科学指导防治

各级植保部门，加强了水稻病虫害发生防治动态的监测，及时开展了虫情、病情会商，全面掌握了重大病虫害发生动态，准确预报发生趋势，科学制订防治对策，有效推进了主要病虫害的防治工作。2015 年全市水稻大田病虫分四个阶段进行 5～6 次防治。初步统计，2015 年全市水稻病虫害适期防治 2 700多万亩次，其中褐飞虱 365 多万亩次，稻纵卷叶螟 380 多万亩次，纹枯病 488 多万亩次。

（三）加强宣传培训和督查，确保防治措施落实到位

一是通过专题培训班、告知书、广播、电视、网络、科技下乡等形式，向基层农技工作人员和农民反复宣传重大病虫害的发生症状、发生规律、危害性和防治技术。二是在病虫害防治关键时期，通过手机短信向种植大户等相关人员发送防治信息，提醒病虫害防治，确保防治措施落实到位。三是市、区两级植保部门组织科技人员面对面分类指导农户适时开展防治，切实提高关键防治技术的入户率和到位率，有效控制重大病虫害危害，同时加强了用药安全知识的宣传。四是开展防治工作的跟踪督查，将各项防治措施落到每块田和每家农户，确保各项防治措施落实到位。

（四）积极推进统防统治和绿色防控

全市共建立水稻示范区约 10 万亩，示范区应用农业措施和物理防治相结合防治条纹叶枯病、螟虫，应用杀虫灯、性诱剂防控水稻稻纵卷叶螟、螟虫和稻飞虱，应用全程高效药剂方案减少用药次数和用药量。同时与国内外多家农药、生物科技公司合作，在金山区和浦东新区建立 2 个农企合作组织共同推进农药使用量零增长示范点，示范面积 2 万亩。

三、防治效益

水稻农企合作示范区大田病虫防治比常规田减少 1 次，每亩化学农药用量相比常规防治田减少 44.13%。水稻科学用药和绿色防控示范区病虫害发生基数降低，化学农药使用次数大幅减少。大田病虫防治用药比常规田减少 3 次。水稻病虫全市面上生产防治次数相比上年普遍减少 1 次。

根据初步统计，通过控制病虫草害每亩挽回稻谷 295 千克，挽回损失占亩总产 563 千克（预测值）的 52.6%。亩投入防治水稻病虫草农药费平均为 97.78 元（估算值），防治用工 80.00 元（估算值），合计每亩费用 177.78 元。以稻谷每千克商品收购价 3.1 元计（收购指导价），折合人民币为 1 745.3元/亩。投入产出比为 1：9.82。按全市 146.2 万亩单季晚稻统计，共挽回稻谷 40.61 万吨，折款 12.59亿元。取得了明显的社会效益和经济效益。

■ 江 苏 省

一、病虫发生概况与特点

2015 年江苏省水稻种植 3 421.8 万亩，较去年增加 14.3 万亩，其中粳稻占 90% 左右。全省水稻主

要病虫害发生 20 707.51 万亩次,较去年增加 1 042.03 万亩次。

稻瘟病全省偏重、局部感病品种上大发生,发生面积 1 890 万亩,其中苗、叶瘟发生 640.95 万亩,穗瘟发生 1 249.02 万亩。全省病穗率在 5% 以上的面积 230.33 万亩,病穗率 20% 以上的重发面积 43.47 万亩。稻曲病全省偏轻发生,发生面积 431.72 万亩,病穗率在 3% 以上的发病面积 26.1 万亩,病穗率 10% 以上的重发面积 1.9 万亩。纹枯病偏重发生,全省发生面积 2 853.73 万亩,病株率在 50% 以上、病指 30 以上的严重受害面积 76.1 万亩。黑条矮缩病、条纹叶枯病由于传毒介体灰飞虱虫量及带毒率下降,两种病毒病均为轻发生,其中黑条矮缩病发病面积 3.51 万亩,条纹叶枯病发病面积 4.99 万亩。白叶枯病总体轻发生,全省发生面积 24.2 万亩。

褐飞虱发生面积 2 062.26 万亩次,白背飞虱发生面积 2 442.72 万亩次,稻纵卷叶螟发生面积 4 716.42 万亩次,大螟发生面积 1 275.33 万亩次,二化螟发生面积 1 324.55 万亩次。

二、防控情况

一是种子处理。通过药剂浸种,控制恶苗病、干尖线虫及苗期灰飞虱传毒。二是秧田期开展以灰飞虱及局部地区苗瘟为主攻对象,兼治一代二化螟、稻蓟马的防治战役,全省秧田累计防治 258 万亩次,应治秧田平均每亩防治 4.3 次;6 月底至 7 月初,开展以二代灰飞虱为主,沿江、丘陵及淮北部分地区结合一代二化螟的防治战役。7 月 17 日前后,淮南大部开展了以稻瘟病、纹枯病、稻飞虱、稻纵卷叶螟为主,兼治螟虫、稻蓟马等的大田第一次防治总体战,防治覆盖率 95% 以上;8 月上旬,以纹枯病、"两迁"害虫为主,兼治螟虫、叶瘟及白叶枯病,开展大田第二次防治总体战(淮北局部第一次)。8 月中旬,主攻"两迁"害虫、纹枯病、稻瘟病、螟虫,兼治白叶枯病,开展第三次防治总体战(淮北局部第二次),杂交稻区及早栽早熟品种地区结合破口期防治。8 月下旬至 9 月上旬,水稻破口期,开展了以稻瘟病、稻曲病、纹枯病、稻纵卷叶螟、稻飞虱、螟虫等为主攻对象的穗期病虫防治总体战。9 月中旬淮南部分地区对稻纵卷叶螟、褐飞虱开展了 1 次针对性防治;9 月下旬苏南、沿江部分地区针对褐飞虱开展了复查补治。全省水稻穗期病虫总体防治 7 054 万亩次,平均每亩防治 2.1 次,适期防治覆盖率 95% 以上。

据统计,全省大田期水稻病虫累计防治约 39 416.65 万亩次,较去年减少 1 488.06 万亩次,虫害累计防治 20 493.98 万亩次,其中灰飞虱累计防治 4 347.45 万亩次,全省秧田累计防治 258 万亩次,应治秧田平均每亩防治 4.3 次(含苗稻瘟),大田期防治 4 089.45 万亩次。稻飞虱防治 7 220.39 万亩次,其中褐飞虱防治 3 695.38 万亩次,白背飞虱防治 3 525.01 万亩次;稻纵卷叶螟防治 6 156.56 万亩次;大螟防治 2 769.58 万亩次(含兼治),二化螟防治 2 128.16 万亩次(含兼治)。病害累计防治 18 922.67 万亩次,其中稻瘟病防治 7 686.56 万亩次,稻曲病防治 2 937.31 万亩次,纹枯病防治 8 241.06 万亩次,白叶枯病防治 56.04 万亩次。经过防治,水稻多种病虫危害得到有效控制,其中病害控制效果在 80% 左右,虫害控制效果在 90% 以上。黑条矮缩病、条纹叶枯病危害损失率为 0.004%,稻纵卷叶螟危害损失率控制在 0.04%,全省水稻病虫防治累计挽回损失 506.44 万吨,病虫实际危害损失 22.13 万吨,实际危害损失率 1.38%,经济、社会效益显著。

■ 安 徽 省

一、主要病虫发生情况

2015 年安徽省水稻种植面积 3 323 万亩,其中早稻种植面积 337 万亩,一季稻种植面积 2 700 万亩,双晚稻种植面积 300 万亩。水稻病虫总体为偏重发生,发生面积约 9 097 万亩次,病害重于虫害。

1. 稻瘟病 稻叶瘟发生早、发病普遍,程度为中等,全省发生面积 100 万亩。穗颈瘟在沿淮及以南稻区中、晚稻感病品种上偏重发生,发生面积 476 万亩。

2. 稻曲病 沿淮及以南稻区早中稻偏重发生,发生面积 798 万亩。全省平均病穗率 5.0%、病指

2.5。全省平均病穗率和发生面积比大发生的 2014 年分别下降 23.6％、11％。

3. 纹枯病 单季稻全省偏重发生，发生面积 2 024 万亩，比 2014 年减少 20％。田间表现病情差异大，多数地区病情低于去年同期。

4. 水稻"两迁"害虫 全省水稻"两迁"害虫发生程度和发生面积均超过 2014 年，其中稻飞虱全省中等发生，皖南、沿江稻区和江淮部分稻区偏重发生。全省累计发生面积 2 212 万亩，比 2014 年增加 13％。稻纵卷叶螟全省偏轻发生，累计发生面积 1 232 万亩，比 2014 年增加 20％。

5. 二化螟 全省中等发生，皖南、沿江稻区和江淮部分稻区偏重发生。累计发生面积 1 446 万亩次，比 2014 年减少 14.4％。大螟偏轻发生，发生面积 116 万亩次，比 2014 年减少 7.2％。

二、防治工作开展情况

（一）强化防控工作部署

为切实增强水稻病虫害防治主动性，预见性，早在今年 2 月，江苏省农委就制订了水稻重大病虫害防控预案，提前谋划，扎实开展各项准备工作。

（二）强化病虫监测预警

今年继续强化粮食作物病虫监测预警工作，重点开展水稻主要病虫情系统调查与大田普查，全面了解并掌握病虫发生消长动态；确定了 4 个水稻监测点开展稻纵卷叶螟、二化螟、二点委夜蛾、小地老虎等 6 种害虫性信息素诱集自动计数试验，创新害虫测报新手段。发布了水稻重大病虫发生趋势和防治技术意见共 8 期，指导各地开展水稻病虫害防治工作。

（三）强化宣传指导服务

全省制作播放水稻病虫电视预报 200 多期，召开 80 多次防治现场会，举办 200 多期培训班，发送手机短信 500 多万条，印发明白纸 400 多万份，组织技术人员深入田间地头指导农民防治病虫害近万人次。

（四）强化病虫绿色防控

3 月 16～17 日在蚌埠市召开农作物病虫害专业化统防统治与绿色防控融合推进会。3 月 24 日印发了《2015 年全省农作物病虫害绿色防控技术示范方案》，建立了 62 个水稻绿色防控示范县。全省水稻病虫害绿色防控技术示范面积约 10 万亩，农药减量控害增产助剂"激健"试验示范近 10 万亩。

（五）强化工作督导检查

省农委先后 3 次在水稻病虫害防治关键时期开展防控工作督导，每次派出 3～4 个专项督查组，赴全省 13 个水稻主产市开展重大病虫防控工作督导，特别是高度关注水稻穗期病害的发生发展与预防工作。

三、取得的防控成效

全省累计实施水稻病虫害防治面积 1.47 亿亩次，其中防治稻飞虱、稻纵卷叶螟、二化螟、稻瘟病、稻曲病、纹枯病分别为 3 303 万亩次、1 957 万亩次、2 040 万亩次、1 698 万亩次、1 900 万亩次、2 776 万亩次。由于病虫情预测准确，宣传及时，防治适时，两迁害虫稻飞虱、稻纵卷叶螟虫口大部分被持续控制在防治指标以下，二化螟被害株率控制在 5％以下；水稻稻瘟病、稻曲病平均病穗率、纹枯病平均病株率被控制在经济阈值以内。

初步测算，全省防治水稻病虫害共挽回稻谷损失约 182.4 万吨，平均每亩挽回损失约 54.9 千克；全省因病虫危害实际损失稻谷 37.1 万吨，最大限度地控制了水稻重大病虫，为夺取粮食丰收做出了重要贡献。

◼ 浙 江 省

一、主要病虫发生情况

2015 年浙江省水稻种植面积 1 233.7 万亩，其中早稻 174.9 万亩，单季晚稻 876.3 万亩，连作晚稻 182.5 万亩。水稻主要病虫害为中等偏重发生，发生程度略轻于去年，发生面积约为 8 400 万亩次。水稻主要病虫仍以"三病三虫"为主，其中纹枯病大发生；褐飞虱、稻纵卷叶螟中等偏重发生，稻瘟病、稻曲病在感病品种上偏重发生，局部大发生；白背飞虱、二化螟中等发生；水稻细菌性基腐病和白叶枯病等细菌性病害有蔓延扩展趋势。

二、主要工作措施

（一）大力推进专业化统防统治和绿色防控融合发展

一是强化行政推动。全省建立 37 个水稻整建制专业化统防统治与绿色防控融合试点。以整建制统防统治和绿色防控融合试点为抓手，落实农作物病虫害专业化统防统治面积 550 万亩，分解到市，列入农业厅对各市农业局的考核。二是建立联系人制度。各级建立试点县联系制度，省局加强与试点县、示范乡镇的联系，并将试点联系工作与年轻干部的培养相结合，发挥年轻干部的作用，掌握试点工作进展情况。三是落实扶持资金。2015 年中央财政重大病虫防控专项资金 1 100 万元用于水稻重大病虫防控工作，各地植保部门及时向农业部门领导汇报，向当地政府领导和财政部门做好汇报和沟通，做好补贴标准和补贴办法的争取和落实，确保省级财政 7 200 万元资金用于水稻专业化统防统治的补贴。四是提升应急防控能力。各地以专业化统防统治服务组织为基础，组建应急防控队伍，做好防大灾的准备。大力扶持专业化服务组织，提高服务组织的服务能力和服务规模，提升水稻重大病虫应急防控能力。今年落实省级应急储备防控药剂共 113 吨，储备金额 2 428.6 万元，可防控面积 317.3 万亩次。

（二）开展试验研究，集成一批实用技术

在绿色防控示范区开展生态工程控害、性诱、色诱、生物农药等绿色防控技术研究、示范，集成完善绿色防控技术模式。如金华市、萧山区集成了水稻病虫草害绿色防控技术规程，天台县集成应用田埂种植香根草等水稻螟虫绿色防控技术。

（三）强化宣传培训，提高技术到位率

据统计，2015 年全省共举办农作物病虫防治技术培训班 900 余期，培训乡镇农技人员、专业化服务组织服务人员、种粮大户等近 8 万人次，印发技术资料 9 万份，发送病虫防控短信 5 万余条次。

三、取得成效

（一）保障了粮食产量安全

全省植保部门加强组织领导，落实防控责任，突出重点区域，狠抓关键时期，组织分区治理、分类指导，水稻重大病虫防控工作成效显著，水稻病虫危害损失率控制在 2.14%，挽回粮食损失 16.25 亿千克。

（二）促进了统防统治与绿色防控融合发展

2015 年，建设整建制专业化统防统治与绿色防控融合试点面积 58.9 万亩，示范区安装了杀虫灯 3 089 盏，性诱剂 69 160 套，种植诱虫、显花植物 82 037.8 亩，田埂留草 13.7 万亩，整建制试点带动

全省农作物病虫害统防统治和绿色防控的融合发展，全省实施水稻病虫害统防统治466.3万亩，通过示范区建设带动了面上绿色防控技术的推广应用。

（三）减少了化学农药使用量

今年统防统治与绿色防控融合试点区，早稻全季用药1～2次，连作晚稻用药2～3次，单季晚稻用药2～4次，比常规防治区域化学农药使用量下降30％以上，减少防治次数1～3次，有效控制了农业面源污染，明显改善了农田生态环境。

（四）保障了农业增效和农产品质量安全

各地多年实践证明，实施专业化统防统治每亩水稻可增产30～50千克，平均每亩节本增收180元左右。同时，专业化统防统治与绿色防控融合应用，促进了绿色防控技术的推广和农药减量，从源头上保证了农产品质量安全。

福 建 省

一、水稻病虫发生防控情况

2015年全省水稻播种面积约1 200万亩。水稻病虫害总体为中等、局部偏重发生，发生面积2 128.4万亩次，防治面积2 957.1万亩次，发生面积较去年增加7％，较常年减少21％，挽回损失63.15万吨，同比增加6.9％。稻飞虱在闽西北、闽北局部中稻偏重发生，发生面积641万亩次，防治面积866万亩次。稻纵卷叶螟在中稻局部偏重，发生面积354万亩次，防治面积479万亩次。二化螟中等发生，发生面积294万亩次，防治面积415万亩次；三化螟发生面积35万亩次，防治面积72万亩次。稻瘟病发生面积76万亩次，防治面积195万亩次。稻纹枯病偏重发生，发生面积512万亩次，防治面积634万亩次。南方水稻黑条矮缩病和锯齿叶矮缩病等水稻病毒病发生较轻，发生面积13.3万亩，防治面积25万亩次。

二、防控措施

（一）加强组织领导，狠抓措施落实

5～7月，下发了《关于印发2015年粮食作物重大病虫防控技术方案的通知》《关于切实做好南方水稻黑条矮缩病预防工作的通知》等文件。同时，抽派专业技术人员深入各县（市）检查督导病虫防治工作。组织市、县植保技术人员深入田间地头巡查病虫情，宣传发动、分类指导农民防治稻纵卷叶螟、稻飞虱、稻瘟病、南方水稻黑条矮缩病等重大病虫害。

（二）加强预测预报，指导科学防治

各病虫测报区域站、测报网点坚持5天一调查，做好病虫害系统监测，全面掌握病虫发生发展动态，及时会商和准确发布病虫预警信息及防治意见，为各级政府、农业局领导防治决策和组织防治提供科学依据，并及时将病虫发生和防治技术采用手机短信的形式传递给农民。

（三）强化技术服务，推进综合防治

一是充分发挥全省现有562支病虫害专业化统防统治组织的作用，开展病虫害统防统治跨区作业，作业面积326.48万亩。二是组织600余人次植保技术人员深入田间地头现场指导防治，确保技术到户、到田，不留防治死角，增强防治实效。三是印发《稻飞虱防治技术要点》明白纸和《主要农作物病虫害防治与安全用药》手册。四是推广绿色防控技术，今年全省28个县建立茶树、蔬菜、果树、水稻等作物主要病虫害绿色防控技术示范区，示范面积1.93万亩，辐射面积35.3万亩次，同比增3.6％、4.9％，示范区

比农民自防区少用药 3 次，平均防效 89.5％。2015 年全省绿色防控覆盖面积 910.3 万亩次。

（四）广泛宣传培训，促进技术入户

省、市、县（区）植保部门充分利用手机短信、广播、电视、明白纸、墙报等平台发布病虫信息和宣传稻瘟病、稻飞虱、稻纵卷叶螟、南方水稻黑条矮缩病等灾害性病虫防治的重要性及防治技术要领，充分调动农民群众防治的积极性和主动性，提高防治的科学性。全省植保系统印发南方水稻黑条矮缩病、稻飞虱等主要病虫害防治技术要点宣传明白纸，编印《主要农作物病虫害防治与安全用药》等防治技术资料 3 万册，张贴病虫防治信息墙报 1 000 多期次，编发手机短信 20 期，发送 500 多万人次，覆盖到乡村分管农业领导、农技员和种植大户等。举办水稻病虫害防治技术和新农药安全使用技术培训班 110 期，培训 7 800 多人次，培育农作物病虫害绿色防治技术示范户 150 多户，发放技术指导材料达 5 万多份。

三、2016 年防控工作计划

立足现代植保服务现代农业发展的大局，以"公共植保、绿色植保、科学植保"理念为引领，以转变防灾抗灾（防病治虫）方式为主线，建立了政府主导、部门联动的防控指挥机制，加强农作物病虫防控的组织领导，落实属地管理责任制，严密部署防控，强化督促检查，确保措施落实到位。根据近年来农作物病虫害发生的新情况、新特点，集成病虫害防治新技术和新方法，完善主要农作物病虫害防治预案，提高防治预案的科学性。充分利用电视、网络、报纸、手机短信等宣传平台，做好农作物重大病虫灾害防控的宣传、组织和发动工作，尤其是重点抓好稻飞虱、稻纵卷叶螟、稻瘟病、南方水稻黑条矮缩病为主的水稻迁飞性害虫、流行性病害和突发性病虫害防控工作。关键时期组派技术人员进村入户、包片驻点，深入田间地头指导农民开展防控行动，确保粮食安全生产。防治任务：预计病虫害发生面积 2 500 万亩次，防治面积 4 000 万亩次；防治目标：防治处置率 90％，病虫害损失率控制在 5％以下。

◾ 河 南 省

水稻病虫害总体中度发生，部分病虫害偏重发生。其中水稻二化螟一代、纹枯病偏重发生，二化螟二代、稻叶瘟、稻曲病、稻蓟马中度发生，其他病虫害偏轻至轻发生。总体发生程度轻于去年和常年。全省水稻病虫害共发生 1 692.3 万亩次，比去年减少 183.22 万亩次。防治 1 901.3 万亩次，占发生面积的 112.4％，挽回经济损失 336 785 吨。

一、主要病虫发生概况

2015 年河南省水稻种植面积统计数据为 984 万亩，比去年增加 70 万亩。水稻病虫害总体中度发生，发生特点是病害、虫害发生比较均衡；常规病虫害正常发生；两迁害虫发生较轻；水稻病毒病预防的比较好，发生较轻。

水稻二化螟一代偏重发生、二代中度发生，三代在晚栽籼稻和粳稻田形成集中危害。各代累计发生面积 547.06 万亩次，其中豫南稻区偏重发生，沿黄稻区中度发生。稻飞虱总体轻发生，局部偏轻发生。发生面积 99.01 万亩次，比 2014 年减少 27.92 万亩，是 2002 年以来发生面积最小的年份。稻纵卷叶螟轻发生，局部中度发生。发生面积 121.85 万亩次，比 2014 年增加 29.75 万亩。三化螟轻发生，主要发生在豫南，发生面积 36.5 万亩次。稻蓟马中度发生，主要发生在豫南稻区，共发生 126.5 万亩次，信阳市高峰期百丛虫量 280 多头，最高达 4 000 多头。水稻纹枯病偏重发生，发生面积 407.69 万亩次。稻瘟病总体中度发生，其中叶瘟中度发生，穗颈瘟偏轻发生，总发生面积 183.96 万亩次。稻曲病中度发生，发生面积 111.59 万亩，水稻烂秧、恶苗病、胡麻斑病、白叶枯病、条纹叶枯病、水稻黑条矮缩病、稻螟、稻苞虫等病虫害轻发生，发生面积共 35.81 万亩次。

二、防治概况及成效

据不完全统计，全省在稻区共举办培训班 570 场次，培训农民 36.36 万人，培训干部 6 548 人，印发宣传资料 71.57 万份；开展电视预报的县有 17 个，发布水稻病虫害电视预报 77 期。全省植保部门组建重大病虫害应急防治对 214 个，动用机动药械 1.94 万部，免费为群众防治各种水稻病虫害 62.8 万亩次。全省共出动机动药械 4.63 万部，手动喷雾器 86.71 万台，使用农药 2 348.55 吨，累计防治水稻病虫害面积达 1 901.3 万亩次，占发生面积的 112.4%。其中综合防治面积 444.3 万亩次，统一防治面积 135.1 万亩次，技术承包面积 45.65 万亩，共挽回粮食损失 197 866.8 吨，为今年水稻的丰收做出了突出贡献。

三、存在问题和建议

2015 年水稻病虫害测报防治工作虽然取得了较大的成绩，但也存在一些问题：一是部分县、区测报体系不健全，测报技术人员少，工作量大，致使有些工作不能有效开展；二是测报人员技术培训少，知识较老化，测报手段比较落后，病虫害信息传递速度慢；三是专项经费少，特别是测报、试验、示范经费少，影响了工作的深入开展；四是农村分户经营生产体制和大量劳动力外出务工，病虫害防治基本上以"单打独斗"为主，千家万户治虫防病难问题仍比较突出。

建议进一步加大对水稻等农作物重大病虫监测和防治专项经费的扶持力度；在重大病虫监测和防治专项经费的使用上，充分考虑基层的实际困难，给予一定的灵活性。

■ 湖 北 省

一、水稻病虫发生概况

2015 年湖北省水稻种植面积 3 262.5 万亩，其中早稻 634.5 万亩，中稻 1 889 万亩，晚稻 739 万亩。病虫害整体中等至偏重发生，发生面积 12 807.80 万亩次，其中病害发生面积 4 206.27 万亩次，虫害发生面积 8 601.53 万亩次。今年以"两迁"害虫为主的水稻病虫中等偏重发生。其中，稻飞虱 7 月中旬以后全面超过防治指标，全省发生面积 2 541.92 万亩次；二代二化螟偏重发生，三代二化螟中等发生，全年累计发生面积 3 121.04 万亩次；稻纵卷叶螟中等偏重发生，在鄂东南偏重发生，发生总面积 1 790.24 万亩次；稻瘟病中等发生，发生面积 743.29 万亩次；纹枯病中等偏重发生，发生面积 2 628.5 万亩次。其他病虫害中等偏轻发生，或零星发生。

二、主推技术

（一）推广健身栽培技术，开展农业防治

推广合理配方施肥和科学管水技术。推广抗病虫性高，不利于病虫发生的品种。在灌溉条件较好的地区，实行浅水勤灌、干湿交替、适时晒田。清除田埂杂草，减少稻纵卷叶螟虫源。

（二）生态控制

在田埂上种植显花作物，如芝麻、大豆等，保护天敌。在田埂种植香根草、茭白等，诱集二化螟产卵，集中诱杀。

（三）带药移栽预防病虫害技术

秧苗移栽前 3～5 天施 1 次药，带药移栽，早稻预防螟虫、稻瘟病，单季稻和晚稻预防蓟马、螟虫、

稻飞虱及其传播的病毒病。

（四）推广生物防治和物理防治技术

推广杀虫灯诱杀害虫，每30～50亩稻田安装1盏太阳能杀虫灯，在害虫成虫发生期夜间开灯，可诱杀二化螟、三化螟、稻纵卷叶螟、稻飞虱等多种害虫的成虫。优质稻生产基地全面推广稻鸭共育技术可减轻"两迁"害虫的危害。

（五）应用专用性诱剂诱杀稻纵卷叶螟和二化螟

每亩田用性诱剂诱芯1个，每4～6周更换1次，适时清理诱捕到的死虫，不要随便倒在田间，诱捕器可重复推广使用。

（六）"全能生物杀虫平台"诱杀二化螟、三化螟、稻纵卷叶螟

"全能生物杀虫平台"是以昆虫病毒流行病学理论为基础，以昆虫性激素、病毒、卵寄生蜂为核心，将杀成虫—杀卵—杀幼虫集于一体，构成立体防虫体系，达到可持续控制靶标害虫的目的。

（七）生物农药防治病虫技术

苏云金杆菌（Bt）防治二化螟和稻纵卷叶螟，井·蜡质芽孢杆菌、枯草芽孢杆菌、嘧肽霉素等防治稻瘟病、稻曲病、纹枯病。

三、取得成效

2015年，湖北省水稻病虫发生面积达到了1.28亿亩次，防控面积达到了2.08亿亩次，挽回粮食损失25.6亿千克。水稻绿色防控示范区全生育期施药次数减少2～4次，化学农药使用量减少20％左右，天敌数量百株虫量达273头，比农民自防区的172头提高62％。如荆门市将院士工作站与水稻绿色防控工作有机结合，集成组装绿色防控技术体系，项目区化学农药减量20％，亩节支30余元，收储加工的一级香米价格是普通稻米的5倍，企业效益大幅增加，企业纯收益年增加2 000万元以上，项目区内农民人均增收达到1 000元。

湖 南 省

一、主要病虫发生防治基本情况

湖南省2015年水稻种植面积6 208万亩，其中早稻2 183万亩，中稻1 773万亩，晚稻2 252万亩。全省水稻病虫总体偏重发生，其中纹枯病大发生；稻瘟病重发生；稻飞虱中等发生，在中稻上偏重发生；稻纵卷叶螟中等发生；二化螟中等发生，湘中南偏重到重发生；稻蓟马、稻曲病中等发生，局部偏重发生；大螟、南方水稻黑条矮缩病等病虫偏轻发生。病虫害发生面积3.06亿亩次，防治面积4.06亿亩次，均比去年减少。水稻重大病虫害防控处置率在95％，专业化统防统治面积1 600万亩，绿色防控面积800万亩。通过防治，挽回稻谷损失560.1万吨，实际损失稻谷61.2万吨，实际损失率2.8％，防治贡献率为24％，实现了"虫口夺粮"保丰收的植保中心任务。

二、主要技术措施及成效

针对近年来水稻病虫害新的发生特点及防治现状，制订了切实可行的防控工作方案，发布了相关技术：一是以省农委文件（湘农办植〔2015〕58号）发布了水稻病虫害防治主推药剂，各类政策性采购要优先采用主推药剂品种。二是制订了22个县4万～10万亩专业化统防统治与57个县千亩水稻重大

病虫绿色防控技术方案。各地测算，融合推进区域与普通农民自防田及传统专业化统防统治田比较，减少化学农药施用量 18%～34.8%，平均减少 21.5%，减少农药施用总量达 64 吨。三是南方水稻黑条矮缩病防控技术方案。抓住怀化、邵阳等重点地区的拌种技术、送稼药技术等关键技术的落实。四是重点推广应用田埂种豆蓄养天敌控害、性诱剂诱杀、灯光诱杀等非化防技术，切实降低田间害虫虫口数量。

2015 年全省应用氯虫苯甲酰胺、Bt、氟虫双酰胺、己唑醇、枯草芽孢杆菌等高效低毒环保型药剂的比例明显提升，面积达到上亿亩次，比上年提高了 2 000 万亩次，其中微生物农药应用面积 3 100 万亩。全年二化螟、稻纵卷叶螟性诱技术使用面积 35 万亩次，比上年增加 20%，灯控面积 350 万亩，田埂种豆蓄养天敌控害面积 2 200 万亩。

三、存在的主要问题

2015 年全省水稻病虫防治工作取得较大成效，但出现的问题仍然不少。一是部分地区形成了小范围的病虫灾害。稻瘟病在"低镉"替代品种种植区、部分老病区与丘陵区的感病品种上发生较重，全省成灾面积近 110 万亩，绝收面积 3 万多亩。稻曲病在一季晚稻和中稻上较大面积发生与危害。二化螟在湘南的衡阳、株洲、邵阳等局部地区暴发成灾，部分丘块白穗率（虫伤株率）达到 30%～50%。二是服务与监管不够到位。一些地区基层植保队伍薄弱，有些县市实际从事植保技术推广的人员仅 1～2 人，工作手段落后，难以全面完成本辖区内农作物病虫害监测与预警任务，分类指导难到位，防治效果难保障。一些地区对农药市场监管不够到位，出现各种复配、低含量的对稻飞虱、稻瘟病防效差的药剂，而且湘北区域还较为普遍地出现了"全打药"这一违法且防治效果不能保证的药剂。一些地区对专业化防治服务组织监管不够到位，在防治技术方案、用药品种及用药量等方面疏于管理。三是农药滥用现象时有出现，抗药性水平上升快。在防治病虫害上，一些地方违背科学合理用药原则任意加大用药量或突破安全间隔期用药，这种现象在单家独户农民中有，在专业化统防统治服务组织中也有。农药滥用现象既造成害虫抗药性水平上升快，如吡蚜酮抗性倍数上升到 120 倍，达到高抗水平，也易引起农产品农药残留超标。以上这些问题值得重视，急需找到有效的解决办法。

■ 广 东 省

一、主要病虫发生情况

2015 年广东省水稻播种面积约 2 900 万亩，与常年相近。全省水稻病虫偏重发生，发生面积约 1.2 亿亩次。其中稻飞虱 3 800 万亩次，稻纵卷叶螟 2 900 万亩次，钻蛀性螟虫 1 050 万亩次，稻瘟病 320 万亩次，纹枯病 2 500 万亩次。发生特点为晚稻重于早稻，病虫并重，重于去年；迁飞性害虫稻飞虱、稻纵卷叶螟及纹枯病发生突出，发生较 2014 年早；穗颈瘟点状发生，晚稻个别品种发生较重；南方水稻黑条矮缩病零星发生，发生面积约 20 万亩。

二、工作主要成效

2015 年，全省加强水稻主要病虫监测，及时发布病虫情报，科学制订防治策略，分类指导农民开展病虫防治。一是防控效果显著。今年，全省水稻病虫发生面积约 1.2 亿亩次，防治面积 1.6 亿亩次，挽回粮食损失 270 万吨。经过有效防控，全省"两迁"害虫没有大面积暴发成灾，纹枯病、稻瘟病、病毒病等流行性病害没有扩散危害，确保了粮食生产安全。二是解决群众生产实际问题。今年，广东省突发、新发病虫有所增加，惠东、博罗、高州等地水稻橙叶病突发，及时联合华南农业大学专家到发病稻区进行实地调查、送样检测确定病原，对发病区进行防治技术指导，并提出防治措施。三是初步形成一套绿色防控技术模式。通过示范带动，推广物理防治、生物防治、科学用药等绿色防控技术，减少化学农药使用量，降低农产品农药残留量，提高农产品质量和竞争力，实现病虫害可持续控制，系统集成有效、实用、经济、易行的水稻病虫害全程绿色防控技术模式。四是效益显著。专业化统防统治和绿色防控措施的实施，有效减少了农药使用量，节省了劳动力和农药成本，提高了农药利用率和病虫防治效果，实施专业化统防统治与绿色防控的田块与农户自行防治的田块相比较，平均每季减少用药 1.5 次，每亩每季节省农药及用工费 30 元左右，每亩每季增收稻谷 50 千克。实施专业化统防统治和绿色防控稻区农药包装废弃物基本清理，天敌种群数量明显回升，稻谷农药残留不超标，生态和社会效益显著。

三、存在的问题

（一）地方配套资金不足

开展病虫防控需要资金支持，全省大部分地区未将农作物病虫防控资金纳入政府年度财政预算，防控资金不足，影响各项防控工作的开展。

（二）基层植保力量薄弱

基层植保机构人员流动性强，病虫害防控工作的开展对专业性要求较高，新增技术人员对业务不熟悉，难以有效开展工作。

（三）个别防治不到位

主要劳动力外出打工已是广东省农村的普遍现象，务农成为部分农民的副业，水稻田间管理比较薄弱，病虫漏治田块时有发生，容易成为其他田块的桥梁田。

（四）新发生病虫不断出现

近年在粤西、珠三角等稻区发生水稻橙叶病，造成植株和叶片黄化、干枯、抽穗短小，有扩展趋势；新丰稻瘟病在当地中晚稻上暴发为害，中稻发生面积 66.5 亩，晚稻发生面积 95 亩。

■ 广西壮族自治区

一、水稻病虫发生情况

广西全年水稻种植面积约 2 917.08 万亩，2015 年早春时期大部出现严重干旱天气，早稻生产总体偏迟，但晚稻生产进度及时赶上。全区水稻病虫发生程度总体为中等偏重，基本与上年持平，仍属偏重发生年，其中三化螟、稻瘟病偏轻，发生面积分别是 298.40 万亩次和 620.59 万亩次。稻飞虱、稻纵卷叶螟、纹枯病与 2014 年持平，发生面积为 2 147.15 万亩次、1 458.21 万亩次和 1 886 万亩次。细菌性条斑病、稻曲病、胡麻叶斑病在局部稻区发生较重。

二、防控成效

全区水稻病虫累计防治面积 7 986.74 万亩次，占发生面积的 104.64%，水稻重大病虫害防治处置率达 95% 以上，总体防治效果 84% 以上，水稻病虫危害损失率总体控制在 5% 以下，没有出现因病虫为害造成田间大面积连片成灾现象，确保了水稻生产安全。

三、防控行动

（一）强化预案，开展生物灾害应急演练

9 月 28 日，广西壮族自治区植保总站在贵港市组织举办了晚稻中后期病虫害防治技术暨重大病虫应急演练培训班，14 个市、45 个重点县及当地农技人员、机防队、专业合作社、农民群众等 100 多人

参加了培训。演练现场全程模拟生物灾害的发生发展、灾情确认、各级应急响应,指挥防治程序、相关配套工作以及恢复常态管理等程序,并进一步部署晚稻中后期病虫害防控工作,通过现场演练进一步提高了应对农业生物灾害的快速响应及处置水平。

(二)强化资金,保障落实

年初,以农业厅、财政厅联合文件上报农业部、财政部申请广西2015年水稻病虫害防控补助资金,6月,按照中央2015年财政支农相关项目实施工作的要求及时下拨水稻病虫防控中央财政补贴资金2 600万元,同时下发相关的资金使用方案,支持指导全区水稻重大病虫防控工作。

(三)强化部署属地防灾

年初,自治区农业厅与14个市农业局签订农作物病虫害防控目标责任状,明确了各地的属地防灾责任和目标任务;先后下发《2015年全区水稻重大病虫害防控方案》《2015年广西重大农作物病虫害统防统治项目实施方案》《到2020年农药使用量零增长行动方案、实施方案》《关于做好早稻中后期病虫害防治工作的通知》《关于做好晚稻中后期病虫防控工作的通知》等一系列文件,强化水稻病虫防控技术措施和工作措施的落实部署。

(四)加强样板建设示范带动

按照年初自治区农业厅与14个市农业局签订的防控属地管理责任状,以及全区"到2020年农药使用零增长行动"计划,全区每个市、县各建立水稻病虫绿色防控、综合防治示范样板1~2个,在示范区大力开展各种形式的技术培训,通过示范样板的示范展示,引导、辐射带动面上广大农户科学开展防治。

(五)强化督查指导措施到位

从3月开始,先后派出多个工作组、技术服务小组,分别深入各市、县开展技术服务指导、工作督导,调查面上病虫发生情况,指导、督促、检查各地水稻病虫防治措施落实情况、防治成效。同时,各地也相应成立技术服务小组深入生产一线开展技术指导、宣传和培训,确保防控技术到位。

■ 四 川 省

一、水稻病虫发生情况

2015年四川省水稻栽插面积2 991.7万亩。受夏季气温偏高,降水过程较多影响,水稻螟虫、稻飞虱、稻瘟病、稻曲病等水稻重大病虫害偏重发生。发生特点:一是发生面积低于上年。全省水稻重大病虫害发生5 069.14万亩次,较2014年降低9.2%。其中病害发生面积1 497.66万亩,虫害发生面积3 571.48万亩次。二是局部病虫害发生程度较重。水稻二化螟一代见蛾时间较近年平均提前10天,单灯累计诱蛾比近年同期高6.8%,田间平均亩卵量比近年高14.92%。稻飞虱灯下始见期为4月1日,比2014年提前13天,比历年见虫期早26天,5月下旬田间百丛虫量20~25 040头,平均3 070头,比历年同期高90.81%,比大发生年高5.45%。三是重发区域突出。稻飞虱主要发生在川南稻区,稻叶瘟主要在川东北、盆地局部深丘山区发生。四是品种抗性普遍不高。2015年监测的132个生产品种中,高感叶瘟品种占62.12%,高感穗颈瘟及化苗的品种共占64.4%,2015年51.5%的水稻品种是感病品种,种子带菌率8.88%。

二、防控工作

(一)实行"三制",强化监测预警

按照重大病虫害监测预警"汇报制、会商制、预警制"的要求,5月初,四川省农业厅启动了水稻

重大病虫害值班周报，安排专人值守病虫害信息，确保信息渠道畅通。农业厅植物保护站分别在 5 月中旬和 7 月上旬两次邀请专家对水稻重大病虫害发生趋势进行会商，并及时发布"四川省 2015 年大春农作物主要病虫草害发生趋势"和"2015 年水稻穗期病虫发生趋势"，开通了四川植保短信平台和植保APP。全省共发布水稻螟虫等水稻重大病虫害情报、警报 872 期，发布电视预报 295 期（次），印发技术资料 475.17 万份，通过短信平台群发手机短信 118.60 万条，第一时间将病虫预报和防治警报传递到了水稻种植大户、专业合作社和广大农民手中。

（二）争取三笔资金，加强经费保障

为切实加强经费保障，省农业厅与省财政厅等相关部门多次协商，全力争取水稻重大病虫害监测防控经费。年初，省财政先后安排 1 000 万元资金用于全省 60 个省级病虫重点测报站开展病虫监测预警，4 000 万元在 15 个市（州）、45 个县（市、区）开展政府购买水稻穗期病虫害防治公共服务试点。6 月，省财政又向 60 个现代植保示范县及时拨付了中央财政安排的水稻重大病虫害防治补助资金。中央和省级财政资金有效带动了各地加大投入，为今年水稻重大病虫害防控提供了强有力的资金保障。

（三）政府购买服务，推进统防统治

各地对水稻重大病虫害大力开展专业化统防统治，积极推广高效、低毒、低残留对路农药和高效、先进的植保机械，降低农药使用量。在 45 个政府购买水稻穗期病虫防治服务试点县，探索建立"政府满意、农民满意、植保社会化服务组织赢利"的三方共赢机制，推出"承包防治、单程防治、代购代治、打亩收费"等菜单式服务，方便农民"点菜下单"。据统计，全省购买水稻穗期病虫防治服务 105 万亩，带动水稻病虫专业化统防统治 1 600 万亩次，全省水稻专业化统防统治覆盖面积为 1 376 万亩，覆盖率达 41.82%。

（四）农企共建基地，推进减量控害

以病虫专业化统防统治与绿色防控融合试点为抓手，将"农企合作共建示范基地"工作纳入"四川省到 2020 年农药减量控害行动"方案，作为重要举措，分阶段稳步推进。目前全省中江、三台等 10 余个县积极与有关公司合作，建立了示范基地，通过建立完善"三方合作"机制，即县农业局植保站＋农药生产销售企业＋种植合作社（种植大户）或植保社会化服务组织合作机制，实施"四个统一"，即"方案统制、技术统训、农药统供、病虫统防"，减少化学农药 50% 以上。

（五）强化督查指导

水稻重大病虫防控关键时期，省农业厅多次派出由厅领导带队组成的督导组和专家组，分赴各地开展以水稻穗期病虫害为主的工作督导和技术指导，尤其是针对稻瘟病重发区以及两迁害虫迁入区进行全面督导。各地也派出工作组，对重发区域防控工作进行巡回检查和督导，确保防控工作不漏环节、病虫防控不留死角盲区。

三、2016 年工作打算

（一）打造现代病虫监测预警体系

以推进现代新型测报工具更新换代为重点，进一步健全全省水稻病虫监测预警体系，确保病虫害预报准确率稳定在 90% 以上。

（二）完善病虫应急防控体系

以生物防治等绿色防控为重点，推进新型高效药械示范推广，确保水稻病虫绿色防控覆盖率较2015 年提高 1%。

（三）培育植保社会化服务体系

以政府购买病虫防治公共服务为重点，大力扶持植保社会化服务组织，通过培育植保社会化服务体系来提高水稻病虫专业化统防统治覆盖面。

■ 重 庆 市

一、水稻主要病虫发生情况及特点

2015 年，重庆市水稻种植面积 1 033.5 万亩，全市水稻病虫总体发生程度 3 级，发生面积 2 268.31 万亩次。其中，稻纵卷叶螟显著轻于上年，稻飞虱、二化螟、稻瘟病、稻纹枯病均轻于上年。稻飞虱发生面积 386.21 万亩次，稻纵卷叶螟发生面积 192.13 万亩次，二化螟发生面积 745.64 万亩次，稻瘟病发生面积 169.72 万亩，稻纹枯病发生面积 415.14 万亩，稻赤斑黑沫蝉、稻秆潜蝇、稻苞虫、稻螟、大螟、稻蓟马等病虫在局部地区发生较重，发生面积 211.9 万亩次。

二、监测防治工作开展情况

今年，在市政府、市农委、各区县政府的高度重视下，各地农业植保部门加强对水稻病虫害的监测预警，大力开展水稻病虫害专业化统防统治和绿色防控融合示范，推进农药减量行动；水稻重大病虫防控成效显著。2015 年，全市水稻病虫害防治面积达到 2 462.25 万亩（次），占发生面积的 108.55%；挽回稻谷 66.55 万吨。

（一）及时部署，加强督导

重庆市农委高度重视大春作物病虫害防治工作，3 月下发了重庆市 2015 年植保工作要点（渝农办发〔2015〕14 号），对农作物病虫害防治工作提出了要求。市种子管理站及时转发了全国农技中心《2015 年农作物重大病虫防控技术方案》（渝种发〔2015〕20 号），用于指导全市农作物病虫害防控工作。在病虫发生防治关键时期，市农委领导及各相关处室、市种子站（市植保植检站）领导和植保技术人员深入到秀山、永川、大足、云阳、万州等 20 多个区县督导农作物病虫发生防治情况，及时指导当地开展防治工作。

（二）完善水稻病虫监测预警体系，及时发布监控信息

全市建立了 21 个水稻病虫监测点，对水稻上主要发生的"三虫两病"进行系统监测和大田普查。2015 年，全市共发布水稻病虫植保植检信息 12 期，发布农情周报及各种信息 100 余条，手机短信 1 000 余条；各区县发布大春作物病虫情报及各类信息 220 多期（条），手机短信 25 000 多条。

（三）大力开展水稻病虫害统防统治与绿色防控融合示范

2015 年，重庆市以秀山县全国水稻病虫专业化统防统治与绿色防控融合示范基地、南川等 9 个市级农作物病虫害专业化统防统治和绿色防控融合示范区、万州等 30 多个粮油作物万亩高产创建示范片为平台，带动全市开展专业化统防统治和绿色防控融合工作的开展。全市开展水稻病虫害专业化统防统治与绿色防控融合示范 11.1 万亩，辐射带动示范面积 110 万亩次。通过开展水稻病虫害专业化统防统治与绿色防控融合示范工作，推动了全市水稻病虫专业化防治和绿色防控工作。

（四）加强防控技术培训和宣传

2015 年，市站及各区县农业植保部门积极从多方入手，多层次、多角度地开展水稻病虫害防治技术宣传和培训，不断提升植保技术人员和农民的病虫害防治技术水平。全年共举办各种培训会 540 次、

3.4万人次，发放《科学安全使用农药挂图》《科学安全使用农药技术指南》《绿色防控技术挂图》等技术资料98.3万份；出动宣传车1 356台次。

（五）开展水稻品种抗性鉴定

2015年，继续开展了重庆市稻瘟病菌生理小种监测及水稻品种抗性鉴定。2015年共征集到垫江、云阳、巴南、巫溪、彭水、奉节等13个区县提供的124份穗颈瘟标样，单孢分离110份，获231个单孢菌株，鉴定了其中的158个有效单孢菌株。生理小种监测结果表明，目前重庆市稻瘟病菌生理小种组复杂多样，不同区县小种组成有一定差异，从近几年监测结果看，ZA群呈逐年上升趋势，已成为重庆稻瘟病菌的优势种群。从稻瘟病菌的种群分布看，既有籼型小种也有粳型小种，但仍以籼型小种为主。品种抗性鉴定结果表明，2015年鉴定的124个品种，叶瘟感病的有8个，占6.5%，但颈瘟感病或高感的有79个，占63.7%。与近年鉴定结果相比，品种抗病性改善不明显。

▇ 贵州省

一、水稻主要病虫发生情况

水稻主要病虫害有稻飞虱、稻纵卷叶螟、螟虫、稻瘟病等，发生面积2 183.98万亩次，发生特点：一是"两迁"害虫稻飞虱、稻纵卷叶螟发生范围广，发生面积1 372.41万亩次，主要在东南部和南部发生；二是稻瘟病发生240.82万亩次，发病点多面广，局部穗瘟病发生重，以优质稻、超级稻和糯稻以及感病品种发病重；三是6月以后，全省出现的大范围持续降雨，利于水稻"两迁"害虫迁入繁殖，不利于迁出，增加病虫防治难度和成本，影响防治效果。稻飞虱偏重发生，发生面积849.81万亩，稻纵卷叶螟中等发生，发生面积522.6万亩，稻瘟病中等发生，发生面积240.82万亩，螟虫中等发生，发生面积257.3万亩，稻秆潜蝇偏轻发生，发生面积65.16万亩次，纹枯病偏轻发生，发生面积220.05万亩。

二、主要成效

全省水稻病虫防治1 952万亩次，防治率89.41%。主要开展以下工作：

（一）监测预报及时准确

以30个全国农作物病虫害测报区域站和33个省级监测点构建监测网，通过各监测网点及时、准确做出重大病虫发生趋势预报，全省报送重大病虫周报3 600期，病虫情报8 500余期。

（二）防控工作成效显著

全省完成农作物重大病虫综合防治技术推广1 800万亩（其中水稻650万亩），危害损失率控制在5%以内，带动全省小麦、油菜、水稻、玉米、马铃薯病虫防治面积3 600万亩次，防治率85%，挽回农作物损失140万吨（粮食100万吨）。

（三）专业化统防统治效果明显

农作物病虫害专业化统防统治总覆盖面积达1 015万亩次，比上年增加175万亩次，统防统治区域化学农药用药次数减少2~3次，防治成本降低30%以上，总体防控效果达85%以上。

（四）植保绿色防控力度加大

全省共建立病虫绿色防控示范区44个，其中国家级3个、省级13、地级28个，开展核心示范150余万亩，辐射面积874万亩，应用作物包括水稻、玉米、蔬菜、马铃薯、茶叶、果树等主要粮经作物。

防治对象涵盖 30 余种病虫害，占全省主要病虫害种类的 60％以上。全省主要农作物病虫害绿色防控覆盖率 24％，绿色防控示范区关键技术覆盖率达 85％，综合防控效果达 88％，化学农药使用量减少达 30％以上。

（五）农药监管进一步规范

通过农资专项整治、企业及批发市场源头清理，茶树（园）用药专项整治、交叉执法检查、检打联动等使上市农药产品质量、标签合格率逐年稳步上市，较好的规范了市场经营秩序。通过建立农药分类经营、专柜经营、标签审查备案、建立购销台账制度，建立有 8 622 户经营单位档案，设有茶叶用药经营专柜 154 个，蔬菜用药经营专柜 45 个，果树用药经营专柜 18 个，高毒农药定点经营 20 个。

三、2016 年工作计划

（一）强化监测预警

以完善监测体系、改进测报手段为重点，着力提高病虫监测预警的时效性、准确性。发挥 30 个全国农作物病虫害测报区域站和 33 个省级监测点的骨干作用，重点建设一批自动化、智能化田间监测网点，大力推广应用灯诱、性诱等病虫害自动化、智能化监测设备及实时监控系统，积极试验应用物联网等先进技术。

（二）推进统防统治和绿色防控融合

推进 30 个融合示范区建设，熟化、优化技术服务模式，逐步实现农作物病虫害全程绿色防控的规模化实施、规范化作业，有效提升病虫害防治组织化程度和科学化水平，确保专业化统防统治覆盖率达 33％，实现主要农作物绿色防控技术覆盖率达 24％以上，粮食作物受害损失率控制在 5％以内。

（三）提高农药利用率，有效控制农药用量增长率

通过建立重大病虫害综合防治技术示范区，推广新型高效植保机械，推广高效低毒低残留农药，开展药剂和药械试验示范，普及科学用药知识，实现农药利用率达 36％，农药使用量增长率控制在 1％以内。

（四）加大农药市场管理及宣传力度，深入开展安全用药技术培训及指导

组织开展专项抽检，完成质量抽检、标签核查任务，对抽检不合格的农药产品进行通报，移交查处，实施检打联动。

▌云 南 省

一、水稻主要病虫发生情况

稻飞虱中等发生，局部偏重发生，发生面积 630.6 万亩次，防治面积 859.7 万亩次。稻瘟病中等发生，发生面积 237.93 万亩，防治面积 584.2 万亩次。水稻纹枯病中等发生，局部偏重发生，发生面积 155.13 万亩，防治面积 224.07 万亩次。二化螟、三化螟受干旱气候的影响中等偏轻发生，发生面积分别是 75.7 万亩次和 161.8 万亩次，防治面积 129.4 万亩次和 309.12 万亩次。

二、主要防治做法

2015 年云南省水稻病虫害防治工作以稻飞虱为主展开，在农业部各有关部门的精心指导之下，各级政府高度重视，积极商讨对策，上下联动，取得显著控制效果，确保了水稻安全生产。

（一）准确监测、及时发布预警信息

2015 年全省共建立水稻主要病虫害监测点 235 个。通过监测点监测和大面调查相结合，全省累计发布病虫害预测预报 223 期，发生动态简讯及情况汇报 85 期，全省形成 18 期周报。通过监测明确了防控重点区域、重点时期，安排落实了防控责任。

（二）设立示范样板

省、县、乡、村以稻飞虱、南方水稻黑条矮缩病为主攻对象，全省安排 60 个省级农作物病虫害绿色防控示范县，示范面积 6 万亩，辐射面积 350 万亩。各地层层开展示范样板共计 260 个，中心示范面积达 80.5 万亩，带动全省防控面积 485.5 万亩。通过对农民自防区和示范区调查结果分析，示范区展示了防治核心技术，防治区增产 10%，减少农药使用量 8%左右。

（三）开展技术培训

各地植保部门加大培训力度，积极组织动员农民开展防治，利用观摩会、现场会、农民田间学校等形式进行病虫害识别防治技术、药器械维修、农药安全合理使用等培训，并深入田间地头开展技术指导。省植保站下派 10 个工作组到全省病虫害重点发生区开展防控督导。全省累计已开展技术培训 536 多场次，发放宣传资料 5.45 万多份，培训农民 52.36 万人次。

（四）大力推进专业化防治

各级政府和农业部门充分利用应急防控经费，扶持发展专业化防控组织。截至目前，全省采取统防统治和群防群治相结合的措施，出动专业化防治队 673 个，结合进村入户工作，开展水稻专业化防治指导面积达 1 260.35 万亩次，覆盖面积 425.41 万亩，覆盖率 30.94%，较好地控制了病虫暴发危害。

（五）加大绿色防控力度

全省植保部门重点在高产创建示范片上，专业化统防统治和绿色防控技术逐步实现全覆盖。今年全省累计推广水稻绿色防控 485.5 万亩，主要以大力推广生物农药、仿生物农药和低毒低残留农药为主，结合推广具有除草、防病治虫、中耕、减少农药等优点的稻田养鸭技术，以及水稻二化螟和三化螟性诱剂示范。绿色防控技术的大面积示范推广，取得了较好的经济、社会和生态效益，体现了现代植保的要求，深得群众人心。

2 小麦

2015 年全国小麦病虫害防控工作总结

2015 年全国小麦总播种面积 3.5 亿多亩次，主要种植区包括黄淮、西北、北方、长江中下游和西南等麦区。受气候、品种和防治活动等影响，全年病虫害中等偏重发生，部分病虫局部偏重发生，病害重于虫害。其中，小麦条锈病呈加重发生趋势，叶锈病在各大麦区普遍发生、黄淮麦区重发生，赤霉病在江淮麦区大发生，麦蚜、麦蜘蛛普遍发生。据初步统计，小麦病虫害发生面积 10.3 亿亩次，防治面积 13.3 亿亩次，分别较上年增加 0.8 亿亩次和 0.5 亿亩次。在国家小麦"一喷三防"、重大病虫专项防治补助等项目的支持下，各级政府和农业行政部门、全国植保工作人员和广大农民群众同心协力，加强防治，挽回小麦产量损失 1 803.4 万吨，较上年增加 173.3 万吨，为我国小麦"十三连增"、全国粮食"十二连增"做出了贡献。

一、小麦主要病虫发生概况

2015 年全国小麦病虫害中等偏重发生，部分重大病虫局部重发生。全国大范围或较重发生的主要病虫害种类有：条锈病、叶锈病、赤霉病、白粉病、纹枯病、蚜虫、麦蜘蛛、地下害虫、吸浆虫和黏虫等。主要发生特点：一是发生面积大，病害重于虫害。据全国各省初步统计，小麦病虫害发生面积 10.3 亿亩次，较上年增加 0.8 亿亩次，其中病害发生面积 5.25 亿亩次，虫害发生 5.05 亿亩次，病害略重于虫害。二是小麦锈病、赤霉病和白粉病等呈加重发生态势。2015 年小麦锈病发生面积 9 300 多万亩，其中条锈病发生面积 4 437 万亩，叶锈病发生面积 4 942 万亩，均较上年成倍增加。特别是条锈病菌新生理小种的出现，以及叶锈病的逐年加重，发出了小麦锈病新一轮流行的信号。赤霉病发生面积 10 450 万亩，较上年增加 3 000 多万亩。其中河南、湖北、安徽、江苏 4 省赤霉病发生面积占 70% 以上。白粉病发生面积 12 631 万亩，较上年增加 4 400 多万亩，且全国普遍发生。三是小麦虫害发生与上年相当。蚜虫、麦蜘蛛、吸浆虫等发生面积与上年基本一致，黏虫、地下害虫等发生面积略有减少。2015 年全国小麦病虫种类及发生防治统计详见表 1。

表 1　2015 年小麦病虫害发生防治统计（按行政区）

地区	发生面积（万亩次）	防治面积（万亩次）	挽回损失（万吨）	实际损失（万吨）
北京	82.11	100.78	24 088.85	1 512.23
天津	313.69	295.83	38 461.00	13 316.50
河北	13 670.82	14 524.53	1 871 915.14	370 319.04
山西	3 015.80	3 419.00	223 462.00	72 755.00
内蒙古	154.57	216.55	20 414.91	3 660.05
山东	18 536.13	20 999.07	3 674 332.56	573 011.85
河南	27 842.13	36 859.59	3 821 945.00	1 517 651.00
湖北	4 042.58	5 881.81	763 883.62	163 582.18
安徽	9 730.50	13 263.90	2 025 000.00	425 000.00
江苏	11 062.98	19 957.83	3 862 500.00	367 500.00
上海	286.36	360.30	38 855.75	5 447.80
浙江	222.49	309.69	26 734.55	1 970.42
重庆	301.01	237.82	32 318.42	9 854.26

（续）

地区	发生面积 （万亩次）	防治面积 （万亩次）	挽回损失 （万吨）	实际损失 （万吨）
四川	1 415.98	2 527.63	374 025.75	48 868.62
贵州	358.50	296.00	33 473.06	19 262.34
云南	525.45	836.85	67 058.48	16 293.01
陕西	5 634.89	6 313.15	554 613.75	162 170.27
甘肃	2 818.68	3 100.65	207 797.59	51 931.41
青海	235.37	183.15	32 985.93	10 270.97
宁夏	434.24	415.48	50 862.81	34 610.81
新疆	1 442.21	1 190.35	279 205.46	147 270.39
新疆兵团	100.89	180.36	10 394.53	3 858.78
合计	103 227.38	133 470.32	18 034 329.16	4 020 116.93

二、开展的主要工作

（一）加强技术指导

为指导全国各小麦产区病虫害防治工作，全国农技中心每年组织专家制订技术方案。由于小麦是跨年度栽培作物，2014 年小麦秋播后，全国农技中心与国家小麦产业体系病虫害功能实验室的专家们共同制订了《小麦主要病虫害全程综合防治技术指导意见》（农技植保函〔2014〕399 号），分别就不同麦区主要病虫害防治提出指导意见。各地在此基础上，结合当地生产实际，分别于 2014 年秋季和 2015 年春季制订地方性小麦病虫防治技术方案，加强了病虫害防治的技术指导。如河北、山东、安徽、山西等均在秋播和春季分别印发了技术指导意见，针对当地具体情况，细化了技术方案，提高了技术指导的可操作性。

（二）强化组织发动

农业部以及全国各地十分重视小麦病虫害的预防和防治工作，2014 年 9 月秋播前，全国农技中心在河北石家庄组织召开了《全国小麦秋播药剂拌种工作会》，培训了小麦药剂拌种技术，介绍了拌种机械研究应用进展，部署了 2014 年秋冬种小麦病虫害防治工作，明确了小麦秋播药剂拌种和小麦秋冬季苗期防控总体目标。2015 年 3 月，根据各地小麦病虫发生情况，及时在湖北省荆州市召开了《2015 年全国春季农作物病虫害防治工作会》，分析了小麦主要病虫害发生形势，提出了"四个"强化，强化组织发动、强化扶持力度、强化技术指导、强化督办检查，确保不出现大面积危害成灾。4 月农业部种植业管理司又在湖北襄阳召开了全国小麦穗期重大病虫防治现场会，要求各地以小麦赤霉病、蚜虫防控为重点，全力打好小麦后期病虫防控攻坚战。通过系列的组织发动，强化小麦病虫防治行动的组织发动，为实现"虫口夺粮"，力争夏粮首战告捷奠定了坚实基础。各省也通过印发通知，召开现场会等形式，组织发动防治行动。据初步统计，各省结合"一喷三防"等项目实施，均召开了 1～2 次现场会，发动群众，开展防治行动。

（三）开展督导检查

农业部为加强小麦病虫防治工作，督查各地小麦"一喷三防"、重大病虫防治专项、统防统治与绿色防控融合推进等项目实施情况和防治工作进展，于 3～5 月由种植业管理司组织全国农技中心、中国农业科学院植物保护研究所等单位，分 6 个组分别对西南、西北、黄淮和长江中下游小麦产区的 10 多个主产省和重大病虫源头区进行了督导。督导工作根据实际需要，采取现场与信息通报相结合的方式，及时掌握各地病虫防治工作进展，必要时深入基层一线，实地督导防治工作，有力地促进了防治和项目工作的开展。督导作为小麦病虫防治工作推进的一个重要抓手，全国各省、市都开展了由农业厅（局）

和植保站分别组织的工作督导和技术指导组，深入一线，督促检查防治工作，落实防治行动。据不完全统计，全国各级农业行政和植保技术部门，共组织督导100多次，参加督导的专家和行政人员500多人次，结合督导开展技术指导的技术人员1 000多人次。

（四）加强示范展示

全国农技中心根据种植业管理司关于统防统治与绿色防控融合推进的要求，在原有小麦绿色防控技术示范区的基础上，紧密跟踪绿色防控技术进步，开展了以免疫诱抗、生物防治、诱控技术等为主的绿色防控技术集成示范和新开发的高效低毒低残留农药试验示范。试验示范涉及全国10多个省区50多个试验点。在防治技术试验的同时，注重全程综合防治技术的集成，结合统防统治融合推进项目，建立了河北、河南、陕西等8个国家级绿色防控示范展示区，通过专业化统防统治组织统一作业，集成示范绿色防控技术为主导的全程综合防治，有效提高了防治效率，保证了防治效果，带动了周边防治水平的普遍提升。如河南、四川、云南等省通过层层建立示范区，共建立各级示范区500多个，示范面积近500万亩，有力促进了小麦综合防治技术的推广应用。

（五）注重宣传培训

小麦是我国主要的口粮作物，是重要的夏粮，夺取小麦丰收，对全年粮食生产意义重大。病虫防治作为小麦丰收的重要生产环节和关键保产措施，在提高小麦产量和品质中作用巨大。为增强广大农民群众的病虫防治意识，提高全国小麦产区植保技术人员和广大农民带头人的防治技术水平，全国农技中心十分重视宣传培训工作，除利用秋播拌种会、春季病虫防治工作会等机会进行专家讲座等技术培训外，还通过《农民日报》、农广校等媒体，宣传小麦病虫防治技术，通过开展新技术试验田间活动等进行现场技术培训。在中心举办的绿色防控技术培训班上，也邀请了小麦病虫害防治领域的专家，针对小麦条锈病、赤霉病等重大病虫，讲解技术进展，培训防治技术。通过现场和专业培训，显著提高了全国小麦病虫防治技术水平。通过各种媒体宣传，提高了广大农民群众防治小麦病虫的积极性。安徽省首次由省委宣传部下发通知，省内各级电视、广播媒体主动宣传小麦病虫防治工作，其他各省也利用多种媒体宣传报道防治工作，普及防治知识，指导防治技术。

三、主要成效

（一）夺取了小麦丰收

据全国小麦病虫害产量损失估计试验点结果，全国各地示范区产量因素估测以及全国植保统计的初步统计，2015年小麦产量潜在损失达2 205万吨，占全国小麦产量的16.9%。经大力防治，小麦挽回产量损失1 803.4万吨，占小麦总产的13.8%。实际损失产量402万吨，占小麦总产的3.08%，达到了危害损失率控制在3%的防治目标，为小麦丰收做出了突出贡献。

（二）控制了病虫危害

受多种因素影响，2015年小麦病害较上年明显加重，特别是小麦锈病、赤霉病、白粉病等在较大范围内偏重发生。通过各地防治，有效控制了小麦锈病的流行强度，小麦条锈病未在河南北部、山东、河北等小麦主产区造成严重危害。赤霉病在江淮麦区发生程度明显减轻，病重率、严重度等均得到了有效控制。

（三）减少了农药用量

2015年是农药零增长行动实施的开局之年，各地十分重视。通过统防统治、绿色防控、精准施药等措施，在国家"一喷三防"项目的引领下，减少了农药使用量。据监测，特别是在黄淮和北部麦区，小麦亩用药量均控制在100克制剂用量左右，杜绝了农民随意打药，不按标签规定配药，随意增加用量等行为，为"到2020年农药使用量实现零增长"做出了努力。

（四）促进了绿色防控

根据农业部《到 2020 年农药使用量零增长行动方案》中提出的"精、统、替、控"措施，结合多年来小麦绿色防控技术示范，2015 年在小麦播种期，开展了免疫诱抗剂拌种、生物制剂拌种等控制土传病害和增强植株健康壮苗，春季和穗期蚜茧蜂生物防治蚜虫等，结合使用井冈霉素防治纹枯病，研发枯草芽孢杆菌控制赤霉病等，促进了小麦病虫绿色防控技术的进步。

（五）提高了生产效益

小麦生产比较效益低，种小麦基本不赚钱是普遍现象。通过病虫防治，减少了产量损失，增加了小麦亩产量，实现了增产增收。据试验点产量损失估计试验，防治后平均亩增产 10 千克以上，增收 15 元；通过统防统治，减少农药使用量，减少农民施药用工量，亩平均减药 50 克左右，减少购药投入 3 元左右，减少用工每亩 0.1～0.3 人，按 2015 年雇工工资计，节约人工成本 12～30 元，两项合计节约投入 15～35 元。部分地区由于采用了绿色防控技术，提高了小麦品质，在一定程度上体现了优质优价。三方面综合看，提高了小麦生产效益每亩 30～50 元。

四、主要成功经验

（一）加强监测是基础

监测是掌握病虫发生动态的重要途径，及时准确的病虫情报是防治的基础。各地为做好小麦病虫防治工作，主要从病虫情基数调查、流行性病害秋苗发病考察、冬繁区病虫情调查等入手，通过周报、会商形成，及时掌握病虫情报并进行预报，为争取防治主动，及时开展防治工作奠定了坚实基础。据各地总结，2015 年全国小麦病虫情监测点 3 000 多个，发布监测和病虫情报上万期，有效指导了防治工作的开展。

（二）统防统治是手段

小麦病虫害多具有流行性、迁飞性，统防统治作为一种有效的集中防治方式，具有效率高、控制效果好的优势。近年来在农业部的大力推动下，各地统防统治组织发展快，作用大。据各地统计，在统防统治与绿色防控融合推进项目和小麦"一喷三防"、重大病虫防治专项等的支持下，防治组织的装备水平不断提高，小麦统防统治率进一步提高，统防统治比例超过防治面积的 35％。

（三）技术服务是方向

小麦病虫防治是小麦生产的重要环节，涉及病虫监测、防治技术指导、防治技术示范、防治行动组织等多个方面。植保系统作为病虫防治的主要技术服务机构，不是具体防治作业的主体，也不可能完成此项艰巨任务。但提供病虫监测信息，指导专业化防治组织开展防治，通过开展试验示范，集成示范新的防治技术等技术服务，是新型农业主体条件下的主要方向。

（四）领导重视是保证

技术措施上升为行政行为是近年来做好防治工作的一项宝贵经验。只要领导重视，政府发动，防治工作就会取得显著成效。2015 年河南、江苏等省省长、副省长亲自指导防治工作，有力推动了当地病虫防治工作。针对条锈病、赤霉病等重大病害的防治，许多省农委、农业厅主要领导高度重视，深入基层调研，及时统筹防治物资，指导防治行动，为小麦防治工作提供了根本保证。

五、2016 年重点工作建议

关注小麦锈病、赤霉等重大流行性病害的加重发生趋势，及时提出应对措施。从 2015 年各地情况看，受新生理小种出现、抗性品种布局等的影响，小麦条锈病呈加重发生趋势，发生面积较上年有明显的增加；叶锈病受品种抗性、关键发病期温湿度等气候因素影响，在黄淮、西北等主要麦区普发、重发；白粉病、纹枯病等多年来持续偏重发生，一直未引起足够重视；蚜虫作为一种迁飞性害虫，防治策略上对源头治理力度不足，这些都应成为2016年主要关注和重点加强的工作内容。

技术服务方式需适应形势的变化，技术推广机制要创新发展。随着我国耕地制度三权分离的改革，生产经营的规模和主体发生了很大变化，原有的集体生产模式下的技术服务模式和推广机制越来越不适应形势的变化。农技体系的改革，乡镇及以下的技术服务很难到位。建议2016年开展试点，把技术服务的重点放在对专业化统防统治组织上，通过对其病虫情报服务、技术指导和培训、服务质量监督等，促进防治工作的落实和防治质量的提高。在新技术的推广应用方面，应以大规模生产经营主体为主，通过示范展示，激发其应用新技术的积极性，再辅以适当的新技术补贴，提高整体防治水平。

整合资源，集中优势，在主产区开展农机农艺融合配套试点，有效提高专业化防治组织的装备水平和作业效率。农机农艺融合已提出来多年，但由于我国制度限制了该项目的实施效果，一直没有取得突破性进展。小麦赤霉病是典型的气候型病害，防治最佳时机窗口期很短，需要高效率的作业机械进行防治作业。但由于大型机械不能进地，小型机械作业效率有限，从而成了近年来防治上的老大难问题。建议农业部2016年能整合项目资源，建立整建制示范县，加大扶持力度，提高装备水平，结合高标准农田建设，配套机耕、机防道，提高专业化防治组织防治能力和作业效率。

北 京 市

一、小麦主要病虫草害发生情况

2015年北京市小麦病虫草害总体为中等程度发生。据调查小麦病虫草害发生面积为80多万亩次。总体来看，虫害偏重发生，病害偏轻发生，草害中等发生。

小麦蚜虫偏重发生，在大兴区、顺义区、房山区发生严重，部分地块大发生。大兴区发生严重地块达到7.5万亩，以穗期蚜虫为害为主。小麦吸浆虫大部分地区中等偏轻发生，但大兴区发生程度偏重，发生面积5.6万亩。地下害虫基本偏轻发生，主要种类为蛴螬、金针虫、蝼蛄等。小麦白粉病中等偏轻发生，今年春季温度低、降雨偏少，前期不利于白粉病发生，中后期白粉病发生较常年偏重。小麦锈病轻发生，今年小麦锈病主要为叶锈病，由于小麦品种抗病性提高，2014年大部分小麦田进行秋播药剂拌种，气候条件不利于发病，在防治小麦白粉病时兼治了该病害。小麦散黑穗病、赤霉病部分地块零星发生。麦田杂草中等发生，杂草种类主要为播娘蒿、藜、荠菜、葎草、打碗花、萹蓄、鸭跖草、雀麦等。

二、小麦主要病虫草害防治情况

2015年全市开展小麦病虫草害防治133.2万亩次，其中，小麦病虫防治面积105.8万亩次，杂草防治面积27.4万亩次。

1. 小麦拌种 全市拌种面积32万亩，占总种植面积的95.2%，拌种药剂主要为辛硫磷、吡虫啉、戊唑醇等。

2. 春季"一喷三防" 向各区县推荐了春季小麦病虫草害"一喷三防"技术，结合北京都市型现代农业基础建设及综合开发—控制农药面源污染项目，组织顺义、大兴等8个区县，于3月28日至4月8日集中开展了春季小麦"一喷三防"，防治面积27.4万亩，防治效果达94.6%。

3. 中后期"一喷三防" 5月，向全市发布"适时开展小麦中后期一喷三防"意见，并于5月13日组织召开了全市小麦中后期病虫害防治及新型施药器械展示现场观摩会，各区县自筹资金，集中开展了以"防病、防虫、防早衰"为内容的小麦中后期"一喷三防"，连续第四年实现全覆盖。经初步调查，全市防治面积33.6万亩次，蚜虫、吸浆虫的防治效果分别为96.2%、93.4%，小麦白粉病的防治效果为 93.7%，为小麦增产增收提供了保障。

三、主要措施

（一）认真做好病虫害监测预警，及时指导防治

在 8 个小麦产区（县）设置监测点 40 余个，进行定点、定人、定时观测，要求病害每 10 天调查 1 次，虫害每 5 天调查 1 次。全年发布小麦病虫情报 8 期，发布及时，预报准确率达 90%。与北京市气候中心联合发布农作物病虫电视预报 4 期，受到广大农民好评。共上报小麦重大病虫周报 20 期，及时、准确反映了北京市小麦重大病虫发生防治实况。

（二）组织开展技术培训，掌握技术要领

根据小麦病虫草害发生情况，今年重点推广了小麦拌种技术、小麦春季"一喷三防"技术、小麦中后期"一喷三防"技术等，极大地推动了小麦病虫草防治工作的开展。5 月 13 日北京市植物保护站召开 2015 年冬小麦"一喷三防"工作部署会，下发了"一喷三防"工作方案。市级共开办培训班和现场会 3 期，培训人员 200 余人次；区县级共开展培训 30 余次，培训人员 2 000 余人次，做到了技术要领到人。同时，市、区两级积极组织技术人员深入田间地头，现场指导农民开展小麦拌种早春、中后期"一喷三防"，确保将"防治技术"转化为"防治成效"。

（三）组织专防队，全力推进专业化统防统治

针对小麦病虫害防治工作适合开展专业化统防统治的特点，充分发挥近年建立的 50 支植保专防队的作用，利用配置的 184 台自走式旱田作物喷杆喷雾机，以及新引进的自走式高地隙喷杆喷雾机、植保无人机等大、中型植保器械和专业植保器械 1 900 余台套，积极组织开展统防统治服务。

（四）加大宣传力度，广泛开展动员

5 月 13 日北京市植物保护站组织召开了 2015 年北京市小麦"一喷三防"全覆盖暨现代化施药装备现场观摩会，介绍"一喷三防"效果、技术要领，并利用无人直升机等现代化植保装备进行"一喷三防"作业。同时，在《农民日报》《京郊日报》《科技日报》和北京电视台等媒体上开展小麦技术宣传报道 12 次，调动了基层技术人员的积极性，保障了各项措施及时落实到位。

天 津 市

一、小麦病虫发生防治概况

2015 年天津市小麦种植面积 164.28 万亩，相比去年略有下降。全市小麦病虫发生 313.69 万亩次，总体呈中等偏轻发生。其中小麦蚜虫中等偏重发生，发生 145.93 万亩次，全市平均百株蚜量 1 500~2 000 头，最高 3 300 头。小麦吸浆虫中等偏轻发生，发生 70 万亩次。麦蜘蛛轻发生，发生 2 万亩次，蓟县和武清发生较重，一般每尺*单行虫量 13 头，最高 50 头。地下害虫中等偏轻发生，发生 26.4 万亩次，一般被害株率 2%，最高 12%。小麦白粉病中等偏轻发生，发生 47.36 万亩次，一般病株率 23%，最高 87%。叶锈病轻发生，发生 3.5 万亩次，一般病株率 5%，最高 60%。其他病虫害发生 3.5 万亩次，轻发生。

2015 年全市小麦病虫害防治 295.83 万亩次，其中统防统治 30 万亩次，统防统治与绿色防控融合示范 2 万亩次，带动辐射 10 万亩次。小麦蚜虫防治 145.23 万亩次，小麦吸浆虫防治 70 万亩次，麦叶蜂防治 10.3 万亩次，麦蜘蛛防治 1 万亩次，地下害虫防治 16.2 万亩次，小麦白粉病防治 50.85 万亩次，其他小麦病虫害防治 2.3 万亩次。挽回小麦粮食损失 3 846.1 万千克。

---

* 尺为非法定计量单位，1 尺=33.3 厘米，全书同。

二、防控工作开展情况

1. 上报下发各种政策性、技术性文件，指导统防统治工作的开展　下发了《天津市 2015 年小麦重大病虫害防控技术方案》《天津市 2015 年春季农作物病虫害防控实施指导意见》《天津市 2015 年春季防病治虫夺丰收行动方案》《天津市 2015 年农作物病虫专业化统防统治与绿色防控融合推进试点方案的通知》《天津市 2015 年小麦重大病虫害统防统治实施方案》等相关文件。

2. 检查督导和技术指导及时到位　天津市农业局成立了由主管局长挂帅的领导小组，在项目实施过程中进行实地督导、实时督查。三个区县也均成立了由主管局长挂帅的统防统治领导小组，区县农业局和乡镇政府相配合，促进工作开展。天津市植保植检站也在站领导的带领下多次深入小麦种植区县对不同时期的重大病虫害防治工作进行指导，对统防统治项目落实情况及时掌握、及时汇报、及时监督。

3. 以工作会议的形式推动统防统治工作开展　3 月 13 日在武清区召开了由三个区县农业局局长参加的 2015 年小麦病虫害统防统治部署动员座谈会，全面部署今年统防统治任务。5 月 13 日在武清区召开了小麦重大病虫害统防统治现场会，现场示范无人机和大型施药机械防治效果，取得了理想的示范推动效果。蓟县、宝坻、武清、宁河和静海等区县主管局长、农技中心主任、植保站站长等 100 余人参加了此次现场会。

4. 小麦重大病虫害统防统治工作取得显著成效　在农业部"重大农作物病虫害统防统治项目"经费的支持下，今年小麦重大病虫害统防统治工作取得了显著成绩。完成了 30 万亩次的小麦重大病虫害统防统治任务。今年小麦重大病虫害统防统治主要在蓟县、宝坻、武清三个区县实施，蓟县和宝坻分别完成了 8 万亩次的统防统治任务，武清完成了 14 万亩次。还分别在蓟县和武清两个区县各建立了一个"小麦重大病虫害统防统治与绿色防控融合示范基地"，每个示范基地示范面积 1 万亩，带动辐射 10 万亩次，重点示范枯草芽孢杆菌防治小麦白粉病。小麦统防统治防治效果达 90% 以上，完全控制了小麦重大病虫，挽回小麦粮食损失 6 000 吨。项目共落实中央财政资金 300 万元，资金主要用于基层农技服务组织防治人工作业补助和药械及农药采购。全市扶持专业化合作组织 12 个，并通过专业化合作组织完成统防统治作业。区县农业部门与专业化合作组织签订作业确认单 15 个，专业化合作组织与农户或乡、镇、村签订作业合同 500 多个，统防统治乡镇 15 个。武清区还开辟了通过政府采购的形式招标专业化统防统治组织实施全承包统防统治的先河，蓟县和宝坻区探索无人机防治技术，各买了两架无人机实施无人机作业，作业效果非常理想，值得推广。

河 北 省

一、小麦重大病虫发生情况

2015 年河北省冬小麦种植面积 3 552 万亩，比去年减少 17 万亩。全省小麦主要病虫害发生 8 744.9 万亩次，防治 7 309.8 万亩次。小麦病虫的主要发生特点是，受 4 月下旬温度快速回升影响，麦蚜量快速上升，中南部麦区 5 月初进入发生盛期，明显早于去年；受 5 月前期降水多的影响，小麦白粉病发生较普遍，小麦赤霉病在南部麦区部分地块偏重发生。其中麦蚜发生 3 450.5 万亩次，防治 4 245 万亩次；小麦吸浆虫发生 1 350 万亩，防治 860 万亩次；小麦白粉病发生 1 234.4 万亩次，防治 1 088 万亩次；小麦赤霉病发生 620 万亩次，防治 610 万亩次；小麦条锈病在邯郸市馆陶县和衡水市故城县等地发现，发生 0.1 万亩，防治 0.1 万亩次。

二、小麦病虫防控工作开展情况

（一）领导重视

3 月 15～16 日在沧州召开全省植保工作会议，贯彻落实全省农业工作会议精神，安排部署了 2015

年全省植保工作，尤其对小麦"一喷三防"等重点工作做了具体安排。

（二）方案先行

结合实际情况，制订印发了《河北省小麦重大病虫草害防控技术方案》（冀农植发〔2015〕2 号），要求各地务必高度重视，加强组织领导、加强技术指导、加强宣传发动，最大限度地减轻病虫危害损失，确保夏粮丰产丰收。

（三）重点突出

今年河北省小麦病虫防控突出两个重点工作，一是全力做好小麦后期管理，特别是"一喷三防"工作。利用中央财政拨付河北省小麦"一喷三防"项目补助资金 1.6 亿元，对冬小麦主产区 3 552.362 8 万亩冬小麦继续实施"一喷三防"物化补助。二是依托中央拨付的 1 000 万元小麦病虫专项防治资金，用于小麦条锈病、赤霉病、穗期蚜虫、吸浆虫等重大病虫疫情发生源头区和重发区，在发生关键期实施应急防治、统防统治和绿色防控。通过项目实施，大力推进专业化统防统治，大力推进绿色防控，大力推进联防联控、群防群控，全面提升重大病虫应急防控能力和科学防病治虫水平，让资金发挥最大效力。

（四）阶段清晰

1. 前期做好小麦拌种 2014 年 9 月 22 日下发了《河北省农业厅关于做好冬小麦秋冬季病虫草害防控工作的通知》，并随文印发了《2014 年冬小麦秋冬季病虫草害防控技术建议》，尤其强调了针对小麦全蚀病、根腐病、纹枯病、黑穗病等土传、种传病害以及地下害虫、麦蚜拌种工作的开展，为一个生长季节的冬小麦安全生产奠定基础。

2. 中期做好小麦吸浆虫中蛹期防治 小麦孕穗期吸浆虫进入中蛹期，也是防治吸浆虫的关键时期。以农业厅名义于 4 月 8 日下发了《关于加强小麦吸浆虫防控工作的通知》（冀农植发〔2015〕3 号），要求各地成立领导小组，采取分层逐级包片的办法，明确责任，一旦进入防治适期，立即组织发动农户开展防控工作，确保各项防控措施落实到位。

3. 后期做好"一喷三防" 根据 4 月 30 日河北省人民政府对《河北省农业厅关于以物化补贴方式落实小麦"一喷三防"补助项目的请示》的批复，确定 2015 年小麦"一喷三防"项目继续实行物化补助，并由项目区各设区市和省直管县自行采购。5 月 6 日河北省农业厅召开 2015 年小麦"一喷三防"工作部署视频会议，对小麦"一喷三防"工作做出总体部署，要求各地根据实施方案要求，按照就近、便利、快捷的原则，自行采购补助物资。会后，各地抢抓农时，立即行动，1.6 亿元资金共计采购杀虫剂 3 039.817 617 7 吨，杀菌剂 1 116.993 766 吨，叶面肥 2 434.603 507 吨，合计 6 591.414 890 7 吨，第一时间分发到户，并及时指导了防治，实施面积 3 547.687 万亩。

4. 做好病虫应急防控 同时做好了小麦条锈病、小麦白粉病、小麦赤霉病、麦蚜、麦蜘蛛等暴发流行性病虫和突发新病虫的应急防控，科学指导农民及时进行防控。

（五）督查指导

为保证小麦"一喷三防"物资分发使用落实到位，河北省高度重视检查督导工作。5 月 15～17 日，组织 18 个技术指导组，分赴 9 个设区市分片包县巡回指导各地科学开展小麦"一喷三防"工作。5 月 21 日河北省农业厅又成立 7 个督导组，分别对邯郸、邢台、石家庄、衡水、沧州、保定、廊坊、唐山、秦皇岛 9 个设区市辖区以及 8 个省直管县（市）"一喷三防"工作进行全面督导检查，发现问题，及时整改。

山 西 省

2015 年度山西省冬小麦播种面积 1 015.0 万亩，比上年增加 4.7 万亩，增长 0.5%。其中水地

460.0万亩，旱地555.0万亩。小麦秋播前雨水充沛，底墒、表墒均好，立春后雨水补充及时，气候条件总体有利于对小麦生长发育，小麦长势总体好于上年同期。据统计数据显示，2015年全省冬小麦总产达到27.14亿千克，比上年增产4.8%，小麦单产创历史新高，平均亩产达到268千克。

一、小麦病虫害发生概况

2015年山西省小麦病虫发生重于2014年，病虫种类以麦蜘蛛、麦蚜、麦叶蜂、白粉病、锈病、纹枯病、赤霉病为主。发生特点为病害重于虫害，后期重于前期，南部重于中部。全年小麦病虫累计发生3 015.8万亩次，较2014年同期增加189.2万亩次。

（一）小麦虫害发生概况

2015年小麦虫害总体中等发生，发生面积2 140万亩次，较2014年减少30.7万亩次。其中，麦蜘蛛累计发生510万亩，发生特点为总体发生轻，局部危害重；拔节前以水地麦圆蜘蛛发生为主，拔节后以向阳坡地和地膜覆盖田麦长腿蜘蛛为主；发生高峰持续时间短。麦穗蚜中等发生，运城、临汾部分水地偏重发生，发生面积618万亩。重发区百株虫量为700～1 000头，最高百株有蚜万头以上。

（二）小麦病害发生概况

2015年小麦病害总体偏重发生，程度明显重于常年，全年发生面积875.8万亩次，较上年增加225.7万亩次。其中，小麦白粉病偏重发生，发生面积392万亩，较2014年增加80万亩。小麦纹枯病在运城、临汾水地麦田中等流行，流行面积120万亩。小麦条锈病偏轻流行，流行面积18万亩，较上年增加10万亩，主要发生在南部运城市芮城县、永济市。小麦叶锈病中等发生，运城市沿山河滩地部分麦田偏重发生，全省发生面积149万亩。赤霉病在运城、临汾麦区偏轻发生，全省发生面积65万亩，较2014年同期增加36万亩。

二、采取的主要防控措施

据统计，2015年全省累计防治小麦病虫3 419万亩次，较上年增加258.8万亩次，其中防治小麦红蜘蛛728万亩次，麦蚜853万亩次，白粉病452万亩次，预防赤霉病164万亩次。专业化统防统治面积1 203.5万亩次，占麦田病虫防治面积的35.2%。全省因病虫危害造成实际损失7.28万吨，防治后共挽回小麦损失22.34万吨。

一是强化组织领导，确保责任落实到位。4月15日郭迎光副省长赴临汾调研春耕生产，强调"全力做好病虫防控工作，确保小麦稳产增产"。4月中旬山西省农业厅派出督导组，由厅领导带队赴小麦主产市县开展督查，推动以病虫防控为主要内容的春季管理工作。山西省植保植检站于5月初组织小麦主产市、县植保站站长召开《小麦穗期病虫防控工作会议》，对小麦穗期病虫防控工作进行了安排部署。山西各级小麦主产市、县也结合实际，及时调整完善重大病虫防控指挥结构，充分发挥政府领导在病虫防控中的组织、协调、调动作用。

二是强化监测预警，确保信息传递到位。4月以来山西省植保植检站分别针对吸浆虫、条锈病、白粉病、穗蚜共组织4次全省性小麦病虫大范围普查，临汾市17个测报点的138个监测人员，节假日不休息，坚持"三天一次系统调查，五天一次病虫普查"，严密监视各种病虫发生动态。据统计，2015年全省共通过有害生物监测预警数字化平台交流小麦病虫情报1 569余条，报送小麦病虫周报452期，制作播放小麦病虫电视预报285期，准确掌握了病虫发生发展动态，为及时有效防治和领导决策提供科学依据。

三是强化宣传培训，确保防控技术到位。4月山西省农业厅下发了以病虫防控为主要内容的《2015年冬小麦中后期田间管理意见》，5月4日，山西省植保植检站印发了《关于加强小麦穗期病虫防控的紧急通知》，有针对性提出不同小麦产区重点防治对象及关键防控技术。小麦主产市、县、区也充分利用当地媒体广泛宣传小麦病虫防治技术。据统计，2015 年全省在各级电台制作播发小麦病虫防治专题节目 384 期，举办小麦病虫防治技术培训班 231 期，发送小麦病虫防治技术短信 40 万余条。

四是强化统防统治，确保技术指导到位。进入 5 月以来，以飞机航化作业和地面大型植保机械喷施为重点的大面积穗期统防统治正在紧张有序开展。与此同时，各级农业植保技术人员的技术指导从室内走向田间地头，从借助媒体宣传，改为对专业防治队员、对农民的面对面指导交流。在 2015 年小麦病虫防治中，全省共出动植保专业化防治队 423 个，出动防治队员 6 235 人次，动用农用飞机、加农炮、自走式喷雾机、担架式喷雾机等大中型喷药器械 5 621 台次，以及电动、手动小型喷雾器 5 236 台次，开展小麦病虫统防统治 445.6 万亩次，占到全省小麦病虫防治面积的 32.55%。

五是强化融合推进，确保农药减量到位。2015 年先后在闻喜、永济、万荣、临猗、盐湖等小麦主产县（区），通过建立融合试点，成功进行专业化统防统治与绿色融合 20 万亩次。融合区域，在当地植保技术人员指导下，针对小麦播期药剂拌种、麦田杂草冬前冬后防除，小麦穗期"一喷三防"等防治关键时期，由专业化合作社统一开展配方施肥、秸秆还田、选用抗病品种、播前统一药剂处理、冬前化学除草；在拌种、除草、"一喷三防"等药剂选择上，首选生物农药及低毒、安全化学农药，在防治药械上使用自走式旱田作物喷杆喷雾机、烟雾机、加农炮等新型先进植保机械。通过融合工作的有效开展，不仅提高了防效，且农药用量明显减少，病虫危害得到有效控制。

◻ 内蒙古自治区

一、小麦种植情况

内蒙古自治区是北方优质春小麦的重要生产基地。"河套牌"系列面粉享誉国内。2015 年全区种植面积为 550 万亩，主要分布在巴彦淖尔市、呼伦贝尔市和兴安盟。其中巴彦淖尔市 120 万亩在农区范围，呼伦贝尔 260 万亩和兴安盟 70 万亩在农垦系统农场。随着今年调结构，实行玉米粮改饲，小麦是玉米轮作的重要作物，2016 年小麦面积有增加的趋势。

二、病虫害发生情况

小麦蚜虫主要分布在巴彦淖尔市、兴安盟。2015 年发生面积为 32.4 万亩。总体轻发生，个别地块偏重发生。一般百株虫口密度 150～1 000 头，最高百株虫口密度 3 000 头。

小麦叶锈主要分布在巴彦淖尔市。2013 年、2014 年、2015 年发生面积分别为 3.4 万亩、0.5 万亩、1.4 万亩。地下害虫在小麦产区均有分布。2013 年、2014 年、2015 年全区发生面积分别为 80 万亩、65 万亩和 40 万亩。黏虫主要分布在巴彦淖尔市。2013 年、2014 年、2015 年发生面积分别为 8.44 万亩、1.5 万亩、1 万亩。小麦赤霉病主要分布在呼伦贝市的牙克石市、额尔古纳市和海拉尔区。2013 年、2014 年发生面积分别为 7.6 万亩和 15.9 万亩，2015 年由于气候干旱，发生偏轻。

三、采取的措施

（一）加强监测预警、确保信息传递到位

加强小麦病虫害监测预警工作，准确掌握病虫发生动态，及时发布虫情信息、防治警报，为组织开展防治提供了科学依据。

（二）大力推广"一喷三防"技术措施

积极开展多种形式的技术培训，并组织农技人员进村入户，深入田间地头，面对面指导农民实施"一喷三防"防治技术，即在小麦生长期使用杀虫剂、杀菌剂、植物生长调节剂、叶面肥、微肥等混配

剂喷雾，达到防病虫害、防干热风、防倒伏，增粒增重，确保小麦增产的效果。通过宣传引导使农民认识到"一喷三防"是提高小麦产量的科学、有效的技术措施。

四、存在问题

专业化统防统治有待进一步提高。巴彦淖尔市以农民小型药械自行防治为主，绝大多数为背负式电动喷雾器，主要是针对苗期；少数背负式机动喷雾器，主要针对灌浆期；农场小麦以大型器械预防防控为主。

五、今后工作重点

随着国家实行马铃薯主粮化和玉米粮改饲的政策，农作物种植结构将进一步调整，小麦面积有增加势头。因此，做好小麦病虫害的绿色防控和统防统治是生产的需要，也是为河套牌系列绿色农产品保驾护航。

一是大力宣传"一喷三防"对提高小麦产量的重要作用，让广大农民群众明白"一喷三防"是保证小麦后期产量形成的关键措施，能够达到改善田间小气候、减少干热风危害、延缓衰老、提高粒重等多重效果。

二是推进专业化统防统治。充分发挥各级农业部门机防队、植保合作服务组织等作用，大力发展专业化统防统治，积极推进农机农艺结合，提高大型药械使用率、作业率。

三是增加防控物资投入。引进新型大功率、作业效率高的大型施药器械，储备一定量的农药用于小麦病虫害防治。

■ 上 海 市

2015 年上海市大麦和小麦种植面积 83.79 万亩，其中大麦 15.59 万亩，小麦 68.2 万亩。病虫害总体为中等至偏重发生，其中赤霉病中等发生，局部偏重；白粉病中等至偏重发生，蚜虫、黏虫中等发生。麦类杂草中等偏重发生，局部大发生。

一、小麦病虫发生概况

2015 年小麦病虫害以赤霉病、蚜虫、黏虫、白粉病为主，白粉病发生较前几年加重。麦类赤霉病中等发生，局部偏重，发生面积 71.23 万亩，发生程度略轻于 2014 年。小麦白粉病中等发生，局部偏重，发生面积 51.22 万亩。5 月上旬小麦白粉病自然观测圃病株率在 58%～100%，经过防治后，5 月下旬全市面上防治田平均病株率为 24%，病情指数为 5.58，明显高于去年同期。小麦黏虫中等发生，局部偏重，发生面积 60 万亩次。防治后，5 月下旬田间残虫量维持在每亩 0.3 万～0.64 万头，高于 2014 年同期。麦蚜中等发生，局部偏重，发生面积 83.34 万亩，不同田块间虫量差异大。麦田灰飞虱偏轻发生，发生面积 5 万亩。防治后，平均亩虫量 0.02 万头，轻于上年同期。小麦锈病在扬麦 11、华麦 5 号部分品种上有发生，但面积较小。大麦条纹病、小麦纹枯病发病率低，病株率在 0.1% 以下。

二、主要防控措施

（一）加强宣传和发动

在赤霉病等重大病虫发生的主要阶段，上海市农委组织各区县农委分管主任、市区植保部门、市气象局召开防治工作会议，加强会商和防治措施落实。上海市农委、上海市农技中心分别下发《关于做好小麦赤霉病防治工作的通知》等文件，提出防治技术措施和工作要求。

上海市农技中心制作小麦病虫害防治技术专题片下发各区县，通过区县电视台和网站播放。同时，印发小麦病虫害防治告知书 10 万份，下发到各个农户，防治关键时期，通过短信平台提醒农民及时防治，确保各项防控措施落实到位。

各区县农技部门通过培训加强对小麦病虫的防治宣传，进一步宣传赤霉病的危害性，普及防治技术和安全用药知识，提高农民的防治意识。

（二）强化防治技术指导

全市共组织开展病虫防治 2～3 次，其中赤霉病防治一次的占种植面积的 98.82%，防治二次的占种植面积的 82.42%，防治三次的占种植面积的 8.2%。第一次防治在小麦扬花初期，主治小麦赤霉病、蚜虫，兼治黏虫和白粉病；第二次防治在第一次用药后 7 天左右进行，主治小麦赤霉病、黏虫、蚜虫，兼治灰飞虱和白粉病。对小麦长势嫩绿的沿江、沿海地区，以及部分丰产方进行了第三次防治。通过防治有效控制了小麦赤霉病等主要病虫害的发生和危害，防治两次的田块赤霉病防治效果均在 85% 以上，其他病虫害防治后未发现有明显危害损失的情况。

（三）加强监测、检查和督查

市、区县农技部门在小麦病虫害发生关键阶段加强了小麦赤霉病发生动态的调查，抓准防治时间。上海市小麦面积小、品种多，生育进程不一，为抓准防治时间，市、区两级农技部门根据小麦生育进程、品种特点及病情基数等情况，制订相对精细化的防治方案，明确防控重点区域和最佳防治时间，指导农民适时有效开展防治。

防治适期内市级植保部门联合各区县植保部门组织联络队伍到各镇乡（街道）督促指导农民适时开展防治，及时掌握防治进度，发现问题及时帮助解决。防治后及时开展田间调查、科学评估防治效果。

（四）加大补贴力度、做好药剂配送

2015 年全市小麦病虫害防治，市级财政每亩补贴 20 元，各区县根据本区县的情况也分别给予不同程度的配套。全市大部分防治药剂以区县为单位统一配送。

（五）积极开展专业化统防统治

充分利用和发挥专业化防治组织的作用，大力推行专业化防治和统防统治，通过专业统防统治，实现快速、高效、适时防治，提高防治关键技术的到位率，切实提高防控效率和效果。

江 苏 省

一、小麦病虫发生概况

2015 年江苏省小麦种植 3 254 万亩，较上年增加 14 万亩。全省小麦病虫总体偏重发生，其中赤霉病偏重至大流行，发生面积 2 033.4 万亩，纹枯病偏重发生，发生面积 2 126.6 万亩，白粉病偏重发生，发生面积 1 887.6 万亩，小麦蚜虫中等发生，发生面积 2 318.2 万亩，麦蜘蛛偏轻发生，发生面积 711.6 万亩，黏虫、地下害虫轻发生。

二、防控措施

一是强化项目实施。2 月初江苏省启动小麦"一喷三防"招标工作。4 月 8 日，将"一喷三防"补助计划下发至各市、县（市、区），确保在小麦抽穗扬花前物资全部到位。为确保"一喷三防"项目全覆盖，多地政府还加大投入，据统计，南京、镇江、苏州及溧阳、邗江等地共筹措资金 350 余万元，确

保小麦穗期病虫防治一次用药全覆盖。

二是强化监测预警。3月下旬，江苏省植物保护站即安排各级植保部门加强田间病虫情和夏熟作物生育进程调查，及时掌握病虫发生动态和生育进程；在全省组织开展稻桩赤霉病菌子囊壳采集和抗药性检测，为正确指导用药提供依据；加强与气象部门、相关科研教学专家协作，4月上旬组织开展全省小麦穗期病虫发生情况网络会商，4月7日召开赤霉病防治专家会商会；4月中旬至5月中旬实施小麦病虫情一周两报制、防治信息日报制、突发虫情实时报和信息网络汇报，确保及时准确掌握夏熟小麦重大病虫害发生情况，当好防治决策参谋。

三是强化组织发动。4月17日，江苏省政府办公厅专题下发《关于切实加强小麦赤霉病防控工作的通知》，要求各地高度重视小麦赤霉病防控工作，切实加强对防控工作的组织领导。4月29日，江苏省农作物重大病虫害应急防控指挥部印发《关于进一步做好小麦穗期病虫工作的紧急通知》，对防控工作进行再宣传、再组织、再发动。4月15日，江苏省农委在常州溧阳召开全省小麦赤霉病防控现场会，省农委副主任张坚勇在会上就小麦赤霉病防控工作进行部署。4月20日至5月10日，省农委下派由农委负责人带队的6个服务指导组，分赴各地指导以小麦赤霉病为主的夏熟作物病虫害防控工作，检查各项措施落实情况。

四是强化技术指导。江苏省植物保护站先后下发《小麦纹枯病重发态势明显》《全省小麦赤霉病发生趋势与防治意见》等病虫预警信息，对各地提出具体防治要求。据统计，在小麦赤霉病防控期间，全省累计召开各级防控会议584场次，开展技术培训1 692场次，培训农民近20万人次，下派服务指导组2 731个，发放技术资料703.4万份，通过手机平台发送短信277万条，在电视台、电台、报纸、门户网站等主流宣传渠道进行技术宣传及防治发动1 391期（次）。

五是强化统防统治。在实施"一喷三防"补助政策时，以扶持服务组织发展为抓手，优先将补助药剂发放到专业化统防统治服务组织，积极推进小麦穗期病虫害专业化统防统治。全省累计5 029支专业化服务队伍参与小麦穗期病虫防控工作，据统计，今年全省小麦穗期病虫专业化统防统治面积达3 079万亩次，统防统治覆盖率达57％。

三、防治成效

据统计，全省小麦病虫累计防治19 957.8万亩次。其中，赤霉病防治6 090.3万亩次，平均每亩防治1.62次，适期防控效果85％左右；白粉病防治面积4 861.6万亩次，最终全省加权平均上三叶病叶率23.5％，病指7.2；纹枯病防治2 004.1万亩次，危害定局后全省加权平均病穗率10.4％，病指7；蚜虫累计防治4 206万亩次，最终全省加权平均有蚜穗率5.3％，百株蚜量31.9头；麦蜘蛛、黏虫、叶锈病等其他病虫累计防控2 795.85万亩次。

全省病虫害防控累计挽回夏粮产量损失38.65亿千克，其中病害防控挽回损失31.8亿千克，虫害防控挽回损失6.85亿千克，但病虫害仍造成3.7亿千克的危害损失，其中病害3.15亿千克，虫害0.55亿千克。

■ 浙 江 省

一、小麦病虫发生情况

2015年浙江省小麦种植面积约135万亩，主要集中在浙北地区。小麦主要病虫害发生面积约250万亩次，小麦病虫害以小麦赤霉病、蚜虫、黏虫为主，总体轻发生，小麦黏虫在部分地区中偏重发生。

1. 小麦赤霉病 总体轻发生，局部中等发生。发生面积约80万亩，主要发病区域集中在杭嘉湖地区。全省平均子囊壳带菌率是近年来最高的一年，其中嘉兴为21.88％，去年同期为4.5％；杭州为24.2％，去年同期为17.0％；湖州为6.2％，比去年增加34.8％。各地田间发病早于往年，因4~5月雨水偏多，田间湿度大，前期呈中偏重发生态势。各地加强了防治技术指导，病情得到有效控制，基本未造成明显危害。嘉兴定局调查，平均穗病率为 0.67%（0~2.33%），病情指数 0.24（0~0.67）；湖州定局调查，病穗率 0.5%（0.2%~1.1%），病情指数 0.15（0.06~0.33），比去年同期病穗率 9.9%（5%~18%），病情指数 4.8（2.0~12.8）明显下降。

2. 麦蚜 轻发生，发生面积 120 万亩次，大部分地区危害轻于往年同期。全省春季降雨天气较多，不利于蚜虫繁殖。

3. 灰飞虱 轻发生，发生面积 10 万亩次，虫量较少，未发生明显危害。

4. 黏虫 集中发生于浙北地区，中等偏重发生，发生面积 40 万亩次。嘉兴 3 月 1 日至 4 月 8 日糖醋诱蛾平均累计 78 只/盆，小草把卵量平均累计 8.4 块/把，为近 15 年最高；4 月 27 日田间虫量达到高峰，平均虫量达 3.5 万条/亩（幅度 0.1 万~6.4 万/亩），为近 10 年来最高的一年，其中 75% 的田块超过防治指标，37.5% 的田块超过 6 万条/亩。湖州全代小草把单把诱卵市站测区 2.9 块（去年 0.5 块），是近年来最多年。

二、防治情况

由于近年来赤霉病发生较重，田间菌源充足。小麦抽穗扬花期气候条件有利于赤霉病流行，今年浙江省小麦赤霉病流行风险较大，防控任务十分艰巨。2015 年 4 月，小麦陆续进入抽穗扬花期，小麦赤霉病等病虫防治也进入关键时期，为确保小麦生产安全，印发了《关于切实做好小麦赤霉病防控工作的通知》，要求全省小麦主产区加强组织发动，加强技术培训，加强科学防控，加强督查指导，切实做好以小麦赤霉病为主的小麦病虫害防治工作。在防控关键时期，在浙江植保信息网上及时发出了《抓住关键时期，做好小麦赤霉病的防控工作》信息，指导防控工作。同时，我们在湖州、海盐安排了防治小麦赤霉病药剂试验，筛选防控小麦赤霉病高效药剂和技术。

嘉兴、湖州等小麦主产区各级农业部门高度重视，加强组织发动，加强技术培训，加强科学防控，加强督查指导，切实做好以小麦赤霉病为主的小麦病虫害防治工作，今年小麦赤霉病防控及时，防控比例高，小麦赤霉病得到有效控制。今年 4 月中下旬，气候条件较好，小麦主产区小麦赤霉病发生程度轻于去年，危害程度大大轻于去年。小麦赤霉病的防控工作取得明显成效，确保了丰收。

安 徽 省

一、小麦主要病虫害发生情况

2015 年安徽省小麦病虫害总体偏重发生，主要病虫害发生面积 9 730 万亩次。其中，全省小麦赤霉病大发生，沿淮及其以南麦区大发生，自然发病面积 2 850 万亩。经全力防治后，全省仍然发病面积 986 万亩，其中病穗率 3%~5% 占 50%，5%~10% 占 30%，10%~20% 占 10%，20%~30% 占 7%，30% 以上的占 3%。小麦蚜虫偏重发生，发生面积 2 799.3 万亩。全省小麦主产区多数地方小麦蚜虫百株蚜量均高于 2 000 头，高的多达万头。多年没有重发的小麦白粉病在皖北、沿淮及沿江麦区偏重发生，小麦叶锈病在全省皖东和沿江发生普遍。

二、防控成效显著

初步统计，全省小麦重大病虫害累计防治 1.33 亿亩次。其中防治小麦赤霉病 5 420 万亩次，小麦蚜虫 3 878 万亩次，小麦纹枯病 2 376 万亩次，麦蜘蛛 1 014 万亩次，其他病虫 500 万亩次，有效控制了重大病虫发生危害。据测算，全省防治小麦主要病虫害累计挽回产量损失约 18.475 亿千克，其中防治赤霉病挽回损失 12.825 亿千克，防治穗期蚜虫挽回损失 3.05 亿千克，防治纹枯病等挽回损失 2.6 亿千克，防治成效显著。淮北中北部麦区病粒率总体控制在 0.2% 以下，沿江东部、江淮东部、沿淮西部、沿淮东部病穗率一般在 0.75% 以下；沿江中西部、江淮中部、沿淮中部赤霉病病穗率一般在 1.6%

以下，少数漏治漏防田块病粒率超过 4%。

三、防治工作开展情况

为有效防控赤霉病为主的小麦穗期重大病虫害，各级政府和农业及宣传部门心往一处想，劲往一处使，上下一心，步调一致，广泛宣传，适期防治，有效控害。

（一）强化病虫监测预警

3 月 31 日、4 月 8 日分南北片召开赤霉病等重大病虫会商会，及时发布小麦赤霉病大发生预警信息和防治技术意见，各地及时会商发布小麦重大病虫情报 270 多期。4 月 15 日至 5 月 7 日，全省实行小麦赤霉病发生与防治情况双日报制，及时调度赤霉病发生与防治情况进展。

（二）强化防控工作部署

各级政府和农业部门高度重视小麦重大病虫害防治工作，层层落实防控责任。省农委和种植业局领导多次深入麦产区调研，要求狠抓小麦赤霉病等穗期病虫害防控。全省召开了各级防控现场会 120 多场次，层层发动，全面动员开展防控。

（三）强化防控工作宣传

4 月 17 日省委宣传部下发了《关于加强小麦赤霉病防控宣传工作的通知》，要求各地广播电视台和新闻媒体，在重要时段、重要版面宣传赤霉病防控信息，这是继 2004 年以来的第二次，对推动全省各家媒体大力宣传小麦赤霉病防治起了决定性作用。同日，省农委下发明传电报，要求各级农业部门密切配合宣传部门加强小麦赤霉病防控宣传工作。据统计，全省开展小麦重大病虫害防治宣传电视报道 380 多期，录播电视讲座 330 期，编发手机短信 760 多万条，印发明白纸 950 万份。

（四）强化督查指导服务

在小麦重大病虫害防治关键时期，全省各级农业部门组织农业专家、技术人员超过 6 000 人，分片包干，进村驻户，一线指导大户、专业合作组织、农民，面对面开展技术指导服务工作。自 4 月上旬，省农委先后 6 次派出督查指导组，赴全省麦产区开展小麦重大病虫害防控工作的督查指导，帮助各地研判病虫发生趋势、制订防控方案、检查解决防治工作出现的问题、督促防控工作、调研病虫害实际发生情况及防控成效。

（五）强化专业化统防统治

安徽省充分发挥统防统治优势，加大统防统治力度，协调组织全省 9 152 个病虫害专防组织，调动 90 万台机动植保机械，投入到小麦重大病虫害防控行动中，全省专防组织日作业面积可达 590 万亩。全省实施小麦赤霉病等重大病虫害统防统治面积 1 850 万亩，约占小麦面积的 50%。

▇ 山 东 省

2015 年山东省小麦种植面积 5 699.75 万亩，全省小麦病虫害发生 1.853 613 亿亩次，防治 2.099 907 亿亩次，挽回小麦损失 367.433 256 万吨，约占小麦总产的 15.66%；实际损失 57.301 185 万吨，约占小麦总产的 2.44%。

一、小麦病虫发生概况

2015 年山东省小麦病虫害为中等发生。其中，病害发生程度 2 级，发生 8 446.44 万亩次；虫害发生程度 3 级，发生 10 089.69 万亩次。发生特点是总体发生偏晚偏重，虫害重于病害。主要病害是白粉病和纹枯病，发病面积分别约为 2 578.43 万亩和 2 591.95 万亩，其中，白粉病为中等发生，较常年发生偏重。主要虫害是麦蚜和麦蜘蛛，发生面积分别为 5 602.12 万亩和 2 021.92 万亩，其中，麦蚜大发生，麦蜘蛛中度偏轻发生，均较常年发生偏重。

二、主要防控措施

一是加强监测预警，实行科学防控。山东省农业厅植物保护总站组织农业及气象部门专家对小麦重大病虫发生形势进行分析会商，4 月 17 日和 4 月 22 日分别发布了《小麦穗期主要病虫发生趋势预报》和《小麦条锈病发生预报》，4 月 27 日又发布《小麦赤霉病发生警报》。各级农业植保部门积极响应，加强监测力量，实时掌握病情发生情况，及时调度防控进度，提前发布病情预报和防治警报。分别于 2014 年 9 月 17 日、2015 年 3 月 16 日和 4 月 23 日印发了《山东省 2014 年小麦秋播秋苗期病虫草害综合防治意见》《山东省 2015 年小麦病虫草害综合防治意见》和《山东省 2015 年小麦穗期病虫害综合防治意见》，并制订了《山东省小麦"一喷三防"实施技术方案》，全程指导了全省小麦病虫害科学防治。

二是及时组织发动防治。4 月 29 日山东省农业厅在济南商河召开了全省重大病虫暨小麦"一喷三防"统防统治现场会，4 月 30 日山东省农业厅电发《关于做好小麦赤霉病防控工作的紧急通知》，要求各市农业部门在小麦齐穗至扬花期抢时用药，主动防控，防止小麦赤霉病暴发流行，打好防病保麦攻坚战。菏泽、枣庄、济宁、潍坊、莱芜、聊城等地结合本地实际，科学确定防控适期和防控措施，指导防控工作。5 月 6 日农业厅电发《关于查治小麦条锈病的紧急通知》，全省按照"带药侦查，发现一点，防治一片"的原则开展大面积拉网普查，严防小麦条锈病大面积扩展流行。

三是强化统防统治。4 月 29 日山东省农业厅在济南商河召开了全省重大病虫暨小麦"一喷三防"统防统治现场会，进一步分析小麦病虫发生趋势，落实防控措施，要求各地管好、用好中央财政小麦"一喷三防"补助政策和重大病虫防控补助资金，积极争取地方财政支持，及时采购发放药械物资，大力开展专业化统防统治，全面提高了防控效率、质量和效益。全省专业化统防统治面积达 20% 以上，参加防控的专业化防治组织 2 900 余个。各市积极开展统防统治，5 月 15 日，潍坊市在昌邑召开全市重大病虫暨小麦"一喷三防"统防统治现场会议；威海市在乳山召开全市重大病虫暨小麦"一喷三防"统防统治现场会，部署安排全市重大病虫防控与小麦"一喷三防"工作。

河 南 省

一、小麦病虫害发生防治情况

2014—2015 年度河南省小麦播种面积 8 170 万亩，全省小麦病虫害总体上偏重发生，盛期较常年早，虫害前重后轻，病害前轻后重，病害重于虫害。前期苗蚜发生重，中后期纹枯病、条锈病、叶锈病、白粉病、赤霉病发生重。全省小麦病虫害发生面积 2.78 亿亩次，比 2014 年增加 5 708 万亩，其中病害发生 1.58 亿亩次，是 2005 年以来第二高值年份，虫害发生 1.2 亿亩次。防治 3.68 亿亩次，挽回损失 382.19 万吨，实际损失小麦 151.77 万吨。

小麦条锈病豫南偏重发生，其他见病地区中度至偏轻发生，全省发生面积 1 366.56 万亩，是 2009 年以来最重的一年。小麦叶锈病偏重发生，局部重发生，发生面积 2 748.1 万亩，是近 10 年来发生最重的年份。小麦纹枯病偏重发生，局部重发生，发生面积 4 616.2 万亩，比近 10 年均值增加 300 万亩，全省平均病田率 68%，最高 100%；平均病株率 28.3%，最高 100%；平均白穗率 0.8%，最高 25%。小麦赤霉病中度发生，局部偏重发生，发生面积 1 689.2 万亩，全省平均病田率 35%，最高 100%；平均病穗率 4.4%，最高 90%；平均病指数 6，最高 75。小麦白粉病总体中度发生，豫东、豫北局部偏重发生，发生面积 2 718.3 万亩。小麦叶枯病中度发生，发生面积 1 179.3 万亩，比 2014 年增加 122.3 万亩。小麦病毒病主要有黄花叶病毒病、丛矮病、黄矮病等，黄花叶病毒病发生面积较大，主要发生在驻马店、周口、信阳、南阳、漯河、洛阳、平顶山等市的部分县，其中驻马店偏重发生，发生面积 106 万亩，其他地区偏轻至轻发生，全省总发生面积 169.9 万亩。小麦全蚀病偏轻发生，发生面积 393.2 万亩。小麦胞囊线虫病轻发生，发生面积 148.5 万亩。小麦蚜虫总体偏重发生，发生面积 6 477.92 万亩次，其中苗蚜偏重发生，发生面积 2 284.62 万亩，穗蚜中度发生，局部偏重发生，发生面积 4 193.3 万亩。麦蜘蛛中度发生，豫西偏重发生，发生面积 2 677.4 万亩。小麦吸浆虫偏轻发生，局部偏重发生，发生面积 595.8 万亩。地下害虫中度发生，局部偏重发生，发生面积 1 642.4 万亩。麦叶蜂轻发生，发生面积 300.5 万亩。麦田黏虫轻发生，发生面积 97.4 万亩。散黑穗病、秆黑粉病、黑胚病、潜叶蝇、灰飞虱等病虫害轻发生，其中散黑穗病发生 60.73 万亩，秆黑粉病发生 72.4 万亩，黑胚病发生 298.6 万亩，潜叶蝇发生 61.78 万亩，灰飞虱发生 40.5 万亩。

二、小麦病虫监测防控工作开展情况

（一）领导重视，措施得力

从 3 月开始，全省启动开展"万名科技人员包万村"活动，派出 16 个小麦生产督导组和 18 个专家指导组，进行春季麦田管理和病虫防控督导。据统计，有 70 多个市、县政府召开专门会议，启动防控预案，党政领导靠前指挥，有关部门协调配合，加大资金投入力度，全力支持应急防控，全省共筹措小麦重大病虫防治资金 5 000 万元，是近年来财政投入最大的一年。

（二）严密监测，准确预报

省植保部门在 3 月初即启动了小麦重大病虫信息周报制度，组织全省 1 018 个小麦病虫监测点、1 207 名测报人员，坚持"三天一次系统调查，五天一次病虫普查，七天一次全面汇报"，深入田间地头，认真调查病虫发生情况，全面开展大田普查，强化系统监测，准确把握小麦重大病虫害发生动态。先后 4 次邀请有关专家对条锈病、赤霉病、蚜虫等重大病虫发生趋势进行分析会商，科学研判，充分利用各种媒体发布趋势预报和防治警报。据统计，全省各级植保部门开展小麦病虫害调查 3 404 次，发布病虫情报 945 期，开展技术培训 332 万人次，印发技术资料 860 万份，媒体宣传 1 176 期，召开现场会 437 次。春季以来，集中组织 6 次全省性的小麦病虫害普查，中短期预报准确率达 90% 以上，为指导科学防控和政府决策提供了可靠依据。

（三）科学应对，强化防控

根据小麦病虫害总体呈偏重发生态势，条锈病、叶锈病、赤霉病、穗蚜发生早、范围广、风险大、程度重的特点，河南省农业厅在广泛调研和组织专家会商的基础上，突出重大病虫、重点区域，分类指导，提出具有针对性的防治策略。对小麦条锈病，继续推行"严密监测，带药侦查，发现一点，控制一片"的防控策略，针对 4 月中下旬降雨偏多，田间湿度大，赤霉病流行风险增大的严峻形势，省农业厅及时提出"科学预测，主动出击，见花打药，防病保产"的防控对策，实行专业化统防统治和群防群治相结合，喷防面积 4 584.9 万亩次，病害实际发生程度明显轻于预期；对小麦后期蚜虫、白粉病、叶锈病等，各地结合一喷三防，科学配方，综合作业，大大减轻了病虫危害。

（四）统防统治，示范带动

抓住中央财政对小麦重大病虫害防治补助的契机，继续大力推进专业化统防统治，全省 2 500 多个专业化防治组织参与病虫害防治作业，开展统防统治面积 4 146 万亩次，其中全程承包防治面积 558 万亩次。有 40 多个县进行了飞防作业示范观摩，防治面积近 100 万亩，较去年明显增加。

湖 北 省

一、小麦病虫发生情况

2015 年湖北省小麦种植面积 1 642 万亩，小麦病虫整体呈大发生，其中条锈病、赤霉病大发生，白粉病、纹枯病、蚜虫、麦蜘蛛中等发生，部分地区偏重发生，全年病虫发生面积 4 042.58 万亩次，防治面积 5 881.81 万亩次，挽回损失 763 883.62 吨，实际损失 163 582.18 吨。

1. 条锈病　今年发生早于往年、重于往年，全省发生面积 802.71 万亩次，主要呈现以下几个特点：一是秋苗见病早，病情重；二是发生面积大，高于历年同期；三是持续侵染时间长，发生程度重；四是扩散蔓延早，春季流行迅速；五是江汉平原麦区重于其他麦区。

2. 赤霉病　今年属重发年份，4 月下旬进入流行高峰期，全省赤霉病发生面积 1 064.91 万亩次，主要呈现以下三个特点：一是小麦生育期早的地区或田块发生重于生育期晚地区或田块；二是小麦分散种植区发病重于小麦集中产区；三是低洼水田种植区发病重于旱田种植区。

3. 其他病虫　今年除条锈病、赤霉病大发生外，纹枯病、白粉病、蚜虫、麦蜘蛛都呈中等发生，部分地区偏重发生，纹枯病发生面积 799.03 万亩次，白粉病发生面积 282.17 万亩次，蚜虫发生面积 453.22 万亩次，地下害虫总计发生面积 15.48 万亩次。

二、病虫防控工作

(一) 领导高度重视，及早安排部署

湖北省农业厅将小麦条锈病防控作为实现 2015 年农业工作"开门红"的头等大事来抓。3 月 10 日，借农业部全国农技中心在湖北省荆州市召开全国 2015 年春季农作物病虫害防治工作会议的东风，随后召开了 2015 年小麦"一喷三防"项目培训现场会，对小麦病虫害防控技术进行培训，对防控工作进行再动员、再部署，进一步推动小麦病虫害防控工作的开展。4 月 13 日，借农业部在襄阳召开小麦穗期重大病虫防控现场会之机，组织全省小麦种植面积较大的 20 余个县、市、区植保站站长参会，学习了解当前小麦病虫发生动态与防控新技术。

(二) 加强监测预警，及时精准预报

充分调动 81 个国家重大病虫区域测报站和 43 个数字化监测预警站的资源，全面开展小麦病虫发生监测预警。从去年 11 月中旬开始，全省各级测报人员开展 10 天 1 次的普查，确保田间病情早发现。全省累计出动测报人员 5 万余人次，发布病虫情报 300 余期，发布电视预报 150 余期，召开小麦病虫发生趋势会商会 100 余次，病虫发生趋势准确率 95% 以上。

(三) 强化宣传引导，技术措施到位

全省统计发送手机短信 100 万条，电视培训 200 余场，网络信息千余条，网络点击率上百万次，召开现场会 200 余场，举办培训班 400 余期、田间学校 50 余次等，基本做到每个乡镇有一名技术指导专家，每个村有一位防控技术明白人，每个农户有一份防控技术明白纸。

(四) 搞好"一喷三防"，提高防控质量

2015 年，按照农业部要求，实施范围为上年小麦统计面积 5 万亩以上的县（市、区），集中优势产区实施小麦"一喷三防"每亩补助 5 元，补助资金用于购买杀虫剂、杀菌剂、植物生长调节剂和叶面肥，具体做到四"早"，即技术指导意见印发早，农药采购准备早，农药下发到位早，防控技术落实早。3 月 8 日，湖北省在荆州市召开 2015 年小麦"一喷三防"项目培训现场会，就防控主要对象、防控策略、防控药剂及注意事项等"一喷三防"技术进行了现场培训。全省各地开展防治 2 次，部分地区防治

3 次，重发地区防治达 4 次，小麦"一喷三防"面积达 1 600 多万亩，基本实现全覆盖。

（五）推进专业化统防统治，提升防控水平

以小麦高产创建示范片及重大病虫害防治示范区为核心，组织病虫防治专业合作社及农户开展小麦病虫害统防统治，提供"面对面，零距离"的技术指导服务，带动全省大范围的病虫害普防普治防治工作的开展。同时，积极争取地方财政支持，扶持发展规范化统防统治合作组织，大力推进专业化统防统治，全面提高防病治虫效果。

（六）加强督导落实，防控措施到田

湖北省植物保护总站于 1 月下旬迅速组织两个督导组前往小麦主产区襄阳、随州、宜昌、荆州等地进行现场调查与督导。春节前，湖北省农业厅组派两个督导组前往襄阳、随州、荆州、仙桃等重点地区，实地调查病情，督促指导小麦病虫防控。春节后，湖北省农作物病虫草鼠害防治指挥部办公室印发《关于开展春季粮油作物病虫防控督导工作的通知》，要求各地再战 20 天，确保小麦条锈病不流行、不成灾，同时并再次组织 10 个工作组，由农业厅领导亲自带队，带领一名处长和专家，分赴各地检查督导小麦病虫防控工作，确保防控工作有力有序开展，点击率 59 443 次。

三、病虫防控成效

2015 年湖北省小麦病害发生时间早、发生范围广、发生程度重，但在全省各级政府、农业部门特别是植保部门的努力下，加强监测预警，及早着手"一喷三防"物资采购与发放，多方式全方位宣传病虫防控信息，积极开展专业化统方统治与绿色防控，全省各地开展病虫防治至少 2 次以上，重发地区达 4 次以上，总计防控面积 5 881.81 万亩次，挽回损失 763 883.62 吨，实现了湖北省小麦今年单产达 272.5 千克/亩，较上年增 10.9 千克/亩，总产达 44.76 亿千克，有望比上年增产 2.595 亿千克。

■ 重 庆 市

一、小麦病虫发生情况

2015 年重庆市小麦种植面积 104.0 万亩，较上年减少 20.3%。小麦病虫总体发生程度 3 级，较上年、常年偏轻，全市小麦病虫害发生面积 301.01 万亩次。

1. 小麦条锈病　发生程度 3 级，重于上年，轻于常年平均。发生面积 55.75 万亩，较 2014 年增加 9.58 万亩，增加 20.75%。发生特点一是始见较上年、常年早，二是发病范围较广，三是前期流行速度快。

2. 小麦白粉病　发生程度 3 级，发生面积 51.38 万亩，平均病田率 35.6%，平均病叶率 12.52%，忠县、南川局部田块最高病叶率 100%。

3. 小麦纹枯病　发生程度 2 级，发生面积 60.02 万亩，平均病田率 36.1%，平均病株率 10.11%，忠县局部田块最高病株率 100%。

4. 小麦赤霉病　发生程度 2 级，发生面积 37.87 万亩，平均病穗率 5.46%，忠县局部田块最高病穗率 41%。

5. 小麦蚜虫　发生程度 2 级，较上年略轻。发生面积 67.35 万亩，平均虫田率 33.0%，平均有蚜株率 11.31%，潼南局部田块最高有蚜株率 45.22%；平均百株蚜量 132.2 头。

二、防治工作开展情况

2015 年，通过全市各级农业部门的共同努力，全市小麦病虫防治面积达到 237.82 万亩次，占发生

面积的 79.01％。其中，病害防治面积 168.81 万亩次，占发生面积的 79.23％；虫害防治面积 69.01 万亩次，占发生面积的 78.47％。主要病虫害中，小麦条锈病防治面积为 51.24 万亩次，占发生面积的 91.91％；小麦白粉病防治面积 39.41 万亩次，占发生面积的 76.7％；小麦蚜虫防治面积 56.43 万亩次，占发生面积的 83.79％。预计挽回小麦损失 3.23 万吨。

（一）及早部署，加强督导

去年 10 月，下发了《关于做好 2014 年小春作物秋播药剂拌种工作的通知》，对小麦秋播拌种工作提出了要求。重庆市财政于 2014 年 12 月提前下达了 2015 年小麦病虫害防治补助资金 500 万元（渝财农〔2014〕538 号）。资金到位后，各区县及时通过政府招标采购了小麦病虫防治药剂及药械。重庆市农委在 2 月下旬及时下发了《切实做好 2015 年小春作物病虫害防治工作的通知》（渝农办发〔2015〕10号），要求各级农业部门加强小春病虫监测和防控工作，确保今年小春作物丰收，实现全年粮油生产开门红。在小麦主要病虫发生关键时期，重庆市种子管理站技术人员先后到万州、垫江、合川、永川、潼南等区县调查了解以小麦病虫发生情况，进行防治指导。

（二）加强监测，及时发布预警信息

全市常年建立了 14 个小麦重大病虫重点测报站，积极开展系统监测和大田普查。今年继续执行小麦条锈病首见奖励制度，对 2015 年最早发现小麦条锈病的垫江县和合川区植保站进行了首发奖励。同时，在 3 月召开了小春病虫发生趋势会商会，对小麦条锈病等小春病虫的发生趋势进行分析，提出防治意见。2015 年，全市共发布小麦病虫发生防治信息 45 期（条）、短信 1 000 余条。

（三）开展示范活动，大力推进专业化统防统治

2015 年，重庆市以小麦万亩高产创建示范片为依托，建立了小麦重大病虫综合防治示范区，通过采取选用抗病品种、药剂拌种、预警监测系统、统防统治等多种技术措施开展小麦重大病虫防治示范，带动全市防治工作的开展。各区县利用小麦条锈病重大病虫防治补助经费采购小麦拌种药剂在小麦重大病虫综合防治示范区和万亩高产示范片使用。全市小麦条锈病拌种面积达 87 万亩，占小麦播种面积的 83.7％，小麦万亩高产创建示范片及条锈病常发区拌种率达到 100％。2015 年全市小麦病虫专业化统防统治面积达到 50.19 万亩（次），较 2014 年增 0.19％。

（四）强化宣传培训指导

为提高小麦病虫害防治技术水平和防治到位率，以田间教学、院坝会、科技赶场、新闻广播、网络媒体、12316 热线等手段为主，强化技术宣传培训指导。市农技、植保部门将小麦重大病虫防控技术列入高产创建实施方案，作为全市农业防灾减灾主要技术加以广泛宣传，同时以示范片为核心开展系统技术培训，使示范片集成的稳产增产技术更显威力，辐射影响力更大。针对小麦后期主要病虫害进一步细化、完善技术规程，针对赤霉病、蚜虫、蜗牛等重点靶标病虫害加大防治力度。

四 川 省

一、小麦病虫发生情况

2015 年四川省小麦播种面积 1 745.3 万亩，大面积品种仍以川麦、绵麦、川农、川育系为主，占总播种面积的 80％以上。小麦病虫总体偏重发生（4 级）。发生面积 1 415.98 万亩，比上年减少 271.13 万亩；防治 2 527.63 万亩，比上年减少 434.06 万亩；挽回损失 37.4 万吨，比上年减少 13.6 万吨；实际损失 4.89 万吨，比上年减少 2.3 万吨。

1. 小麦条锈病 偏重发生（4 级），发生面积 375.7 万亩，主要发生区域为嘉陵江、涪江、岷江、沱江流域和攀西地区。发生特点：一是发病早、范围广、后期扩展蔓延快，二是嘉陵江、涪江、沱江等

流域发病重，三是品种抗病性下降，条锈菌致病类群发生变化。

2. 小麦白粉病　偏轻发生（2级），发生面积 163.17 万亩，是近 7 年来发生最轻的年份，主要发生在川南、川东北、川北和攀西等地局部。发生特点：一是春季病情偏轻，二是中后期发生普遍，但病情不重。

3. 小麦赤霉病　轻发生（1级），发生面积 109.31 万亩，为近 10 年来最轻的一年。发生特点：一是小麦抽穗扬花期全省大部地方气候条件不利于赤霉病的发生，二是小麦生长后期高温天气抑制了赤霉病的再次侵染，三是"一喷三防"技术措施的推广，有效控制和减少了小麦赤霉病等病虫的危害。

4. 小麦蚜虫　中等发生（3级），发生面积 530.12 万亩，发生特点：一是前期发生偏轻，春后气温回升，田间危害开始加重，二是穗期气候条件利于麦蚜的繁殖危害，虫情略重于去年同期。

二、防控工作开展情况

（一）工作部署早

全省各级政府和农业部门把小麦重大病虫防控作为防灾减灾、实现全年增产增收的首要任务来抓，切实落实"政府牵头、属地责任、联防联控"病虫防控工作机制。一是早部署。春节前，农业厅就与各市州农业局签订病虫防控目标责任书，明确任务和责任，3 月 4 日省政府召开全省春耕生产现场会。二是早行动。3 月 25～26 日，在德阳召开全省农作物病虫害专业化统防统治技术培训会，在会上安排部署了病虫监测预警、绿色防控和政府购买植保病虫害防治公共服务工作。三是早落实。南充、绵阳、达州等市迅速行动，按照省里的部署安排，专门发文、召开小麦条锈病等重大病虫防控现场会，层层落实重大病虫害防控工作。

（二）监测预警准

一是加强"三制"，提高监测预警针对性。实行汇报制，植保站实行小麦条锈病首发报告制度。实行会商制，11 月以来，多次组织专家会商研判 2015 年全省农作物主要病虫害发生趋势和春季中后期病虫发生趋势。实行预警制，全省预警信息共发布 810 期，其中情报、动态和警报 634 期，电视预报 176 期，有力指导农民开展科学防控。二是加强宣传，提高植保技术到位率。四川省农业厅在《四川日报》、四川电视台等多种媒体开辟专栏，宣传条锈病等重大病虫害发生与防治工作，各级利用植保站开通的四川植保短信群发平台发布病虫信息短信 64.8 万条。各地充分利用电视、网络、广播等方式积极开展宣传培训。据不完全统计，全省共印发防治技术资料 170.2 万余份，咨询与培训农民 28.4 万人次。小麦重大病虫防控重点区域基本做到了"村有指导专家，社有明白人，户有明白纸"。

（三）资金保障好

一是资金下拨早。2014 年年底省财政就下拨中央 1 400 万元小麦病虫害防治补助资金，主要用于开展病虫害源头区和重发区实施药剂拌种、统防统治、应急防治、绿色防控的药剂和施药作业。二是资金投入环节准。年初，省财政安排 1 000 万元资金用于全省 60 个测报站病虫观测场开展病虫调查及相关监测设备维护更新，群众测报点调查补贴以及病虫监测信息采集、分析、传输、发布等工作。三是资金使用机制新。创新资金使用机制，安排落实了 4 000 万元专项资金在 15 个市（州）、45 个县（市、区）开展政府购买植保病虫害防治公共服务试点。通过政府全额购买小麦穗期病虫害防治公共服务，集中成片实施专业化统防统治。

（四）防控行动实

从多方面入手，狠抓防控工作落实。一是抓好病虫前期预防。狠抓品种合理布局，大力推广抗病良种；狠抓药剂拌种，实现常发区药剂拌种全覆盖，其他地区覆盖率在 85％以上；狠抓秋冬预防，切实落实"带药侦查、发现一点，防治一片"防控策略，有效控制了常发区、重发区和感病品种种植区病虫发生危害；狠抓春季防治，对达标区域和常发区域在春节前全面普防一次以上，对穗期可能遇雨的区域全面预防一次，做到病虫监测预警不留盲区、防控工作不漏田块。二是抓好中后期统防统治与绿色防控融合工作。及时制订并印发了《关于印发〈四川省农作物病虫专业化统防统治与绿色防控融合推进试点实施方案〉的通知》，在农业部确定 9 个示范基地的基础上，将 60 个现代植保示范县全部纳入试点范围，并对总体思路、目标任务、示范布局、示范内容和保障措施进行了明确。三是抓好全程督查指导。春节后，由厅领导带队的督查组多次赴广汉、三台、中江等地开展重大病虫防控督查。派出多个专家组分赴广元、绵阳、南充、遂宁、内江、自贡等病虫重发区开展督导。

全省在 60 个现代植保示范县建立小麦重大病虫专业化统防统治示范片 65 万亩，组织采购高效对路农药 1 621.8 吨，出动机动喷雾器 21.1 万台次、手动喷雾器 301.1 万台次，防治小麦重大病虫 2 527.63 万亩次。其中，实施专业化统防统治 952.9 万亩次，占 37.7%，有效遏制了病虫扩散蔓延，挽回损失 3.5 亿多千克，为确保夏季粮食丰收打下坚实基础。

贵 州 省

一、小麦病虫害发生情况

2015 年贵州省小麦播种面积 400 万亩。种植品种主要有绵阳系列、川麦系列、兴麦系列、毕麦系列以及贵农、安麦、丰优 3 号、黔麦 15 等。小麦主要病虫害偏轻发生。发生特点：一是条锈病发生点较多，发生面积 109.61 万亩，涉及 9 市（州）的 51 个县（区、市），较去年多 6 个县；二是病害发生重于虫害，随着气温回升，降雨增加，多阴晴交替天气，病害上升较快；三是白粉病发生普遍，西南部、西部麦区重于其他麦区。

1. 条锈病　发生面积 109.61 万亩，特点是：一是见病时间较去年偏晚，发生范围偏大，二是近期病情发展较快。

2. 叶锈病　发生面积 7.91 万亩，一般病叶率 14%，高的 85%。

3. 白粉病　发生面积 143.99 万亩，西南部、西部麦区重于其他麦区，一般病叶率 40%，最高达 100%。

4. 蚜虫　发生面积 69.23 万亩，一般百株虫量 255 头，最高达 4 900 头。

二、防治措施及成效

小麦主要病虫防治面积 296 万亩次，防治率 82.57%，防治效果 82% 以上。

（一）防控资金提前下达，工作早部署、任务早落实

2014 年 12 月，贵州省财政厅、贵州省农委印发了《关于提前下达 2015 年重大农作物（小麦）病虫害防治中央财政补助项目资金指标的通知》（黔财农〔2014〕364 号），及时将中央财政 2015 年重大农作物（小麦）病虫害防治补助资金 800 万元下达相关小麦病虫害发生县。5 月 13 日印发《贵州省 2015 年小麦"一喷三防"实施方案》（黔农发〔2015〕80 号），制定了《贵州省小麦"一喷三防"技术规程》，将 200 万亩任务分解到各地。

（二）加强病虫害发生动态监测，强化数字化预警

加快监测预警数字化，发挥 30 个全国农作物病虫害测报区域站和 33 个省级监测点的骨干作用，重点在重大病虫害的常年重发区加密监测，准确掌握病虫发生动态，为科学防控提供依据。2 月上旬，印发了《关于启用农业有害生物监控预警系统的通知》，要求周报、候报、模式报表统一网上填报，尤其做好小麦病虫害监测信息上报。同时各级农业植保部门积极组织技术力量深入田间地头查苗情、查虫情、查墒情，及时提出措施。

(三) 大力开展病虫专业化统防统治

以开展"到2020年农药使用量零增长行动"为抓手,重点做到"药、械、人"的协调统一,实现农药减量控害。充分发挥专业化防治组织在病虫害防控工作中的示范带头作用,带动面上防控工作的全面开展。大力推行统防统治与绿色防控融合,增强重大病虫害的应急控制能力。全省开展小麦病虫害专业化统防统治面积185万亩,实施绿色防控面积80万亩,有效遏制发病势头。

(四) 加大培训工作力度

在重点区域开展以小麦条锈病为主的防治培训会。全省举办培训班120期(次),发放资料1.6万余份,培训人员1.5万人次,有力促进了条锈病防治工作的开展。

■ 云 南 省

一、小麦病虫发生防治情况

2015年云南省麦类种植面积750万亩,小麦病虫害总体中等发生。小麦条锈病发生面积151.9万亩,防治面积250.39万亩。小麦白粉病中等发生,发生面积163.9万亩,防治面积232.91万亩。小麦蚜虫局部中等偏重发生,发生面积230.1万亩,防治面积309.0万亩次。麦类红蜘蛛在迪庆、楚雄、丽江局部田块重发生,最高是玉溪市易门县,百平方尺虫量6 870头。

二、病虫害防控措施

(一) 高度重视,及早部署

围绕今年植保工作的总体要求,先后印发了《2015年云南省植物保护工作要点》《关于做好春夏季粮油作物病虫害防控工作的通知》和《2015年农作物重点病虫害防控技术方案》等指导性意见,指导各地及时、有效地开展工作。结合粮油高产创建示范区,集中在12州(市)25个县(区)建立小麦病虫害综合防控示范区。

(二) 全面监测,及时准确发布病虫信息

全省自春播以来,各县根据监测结果形成发布各类病虫发生和防治意见简报185期多(包括已发布的2期重大病虫发生动态、趋势预报等),科学指导生产防控。

(三) 强化督导,宣传培训

在小春作物病虫防治关键时期,先后派出专家组指导各地开展防控。全省各级植保部门通过电视、网络、报刊等媒体及时宣传普及重大病虫害发生情况和防控关键技术,组织专业技术人员深入早发和重发区向农民传授病虫害识别和防治知识。全省各级农业部门印发技术资料42万份,出动技术人员236人次,推动了防治工作的顺利开展。

(四) 推进专业化统防统治

各地区主要服务形式有全程承包、阶段承包、代防代治、合作防治等形式,共完成农作物病虫害防治253.57万亩,有效控制了农作物病虫害的发生危害,减少了化学农药的使用量,降低了对农业农村的生态环境污染。

(五) 集成推广绿色防控

在小麦作物上建立了省级绿色防控示范县25个,开展绿色防控186.52万亩。示范区以作物或靶标

生物为主线，紧紧围绕农产品质量安全，在示范区集成农业防治、生物防治、物理防治和化学调控等配套技术措施为主的绿色防控技术体系，创新推广模式，辐射带动绿色防控技术的推广应用。

（六）中央病虫害防控经费使用情况

以落实小麦"一喷三防"补助政策、实施农作物重大病虫害防治财政补助项目为抓手，加强病虫监测预警，及时发布病虫信息，适时开展应急防治，大力推进统防统治，最大限度降低病虫危害损失，实现"虫口夺粮"保丰收。但由于小麦资金下拨较晚，资金到达时，小麦病虫害防控工作已结束，因此影响了及时有效开展防控工作。

◼ 陕 西 省

一、小麦病虫发生概况

2015 年，陕西省小麦种植面积 1 628 万亩，陕南以绵阳系列如绵阳 31、绵阳 19、绵阳 26 等和川麦系列如川麦 42 等为主，关中灌区以小偃 22，西农系列如西农 979、西农 889 等，闫麦 8911，晋麦 47 等为主栽品种。

2015 年小麦病虫害总体呈偏重发生，全省小麦各种病虫累计发生面积 5 384.6 多万亩次，是近 10 年来发生较重的年份。其中小麦条锈病在陕南汉中西部、安康沿汉江流域、商洛低热区偏重发生，全省发生面积 535.7 万亩；赤霉病总体中等发生，关中中东部局部偏重发生，发生面积 567 万亩；白粉病中等发生，局部偏重发生，发生面积 749.6 万亩；蚜虫发生早，发生程度重，发生面积 1 357.1 万亩；吸浆虫总体轻发生，关中东部个别田块虫量较大，是近年来发生最轻的年份，发生面积 314.6 万亩。

二、防治效果

今年全省植保系统围绕农业中心工作，在小麦不同生育期，抓主要病虫防控，先后狠抓了小麦秋播期病虫防控，早春麦田化除、小麦条锈病挑治，中后期"一喷三防"小麦防控工作。据统计，今年共开展小麦各类病虫害防治 6 131.5 万亩次，其中，小麦生长中后期"一喷三防"实施面积 1 980 万亩次，防控处置率达 98%；专业化统防统治面积 550 万亩，占种植面积的 33.8%。全省小麦病虫总体防效 95% 以上，其中专业化统防统治示范区防效 98% 以上，群防田防效 90%，危害损失率控制在 3% 以下，保产粮食 76.93 万吨。

三、工作措施

（一）周密安排部署

秋播期，陕西省农业厅召开了全省秋播工作会议，对病虫防控做了安排，春节过后，省政府召开了全省农村工作会议和春季农业工作电视电话会议，会上对小麦病虫防控工作进行了安排部署。4 月 3 日，省农业厅及时下发了《关于开展小麦防病治虫保丰收行动的通知》，4 月 23 日，在渭南富平县召开了全省小麦"一喷三防"现场会，对"一喷三防"工作进行了再动员再部署。陕西省植物保护总站在小麦秋播期及春季分别召开了秋播病虫防控现场会和全省植保工作会，及时印发了病虫防控指导意见。4 月 15 日至 5 月中旬，全省实行小麦病虫发生防控情况一周两报制，确保各级及时调度和指挥防控工作开展。

（二）密切监测预报

全省植保部门共设置了 80 多个小麦病虫监测点，重点监测小麦吸浆虫、条锈病、白粉病、赤霉病、红蜘蛛、蚜虫等重大病虫发生动态。结合气象信息，组织开展会商，准确发布病虫预报，科学指导防控。4月，又先后召开了小麦吸浆虫成虫防治时期和小麦中后期病虫发生趋势会商会，及时发布了小麦吸浆虫及"一喷三防"防治适期预报、小麦条锈病发生急报、小麦中后期主要病虫发生趋势预报。据统计，全省共发布病虫情报510多期，准确率达95%以上，为全省科学防控提供了依据。

（三）大力开展专业化统防统治

继续依托项目支撑，积极开展政府出资购买服务，实施小麦重大病虫统防统治。在4市6县（区），选用固定翼飞机、植保动力伞、旋翼机、直升机等先进防治器械，开展航化作业示范20万亩。在30个县选择30多个专业化组织，采取作业补贴的形式，开展统防统治60万亩。据统计，全省今年小麦"一喷三防"实施专业化统防统治面积550万亩，防治比例达33.8%，示范引领效果突出，有力推动了全省防控工作开展。

（四）加大资金支持力度

3月，省财政就下拨小麦病虫害防控专项资金800万元，支持防控工作。同时，中央财政下达小麦"一喷三防"及重大农作物病虫统防统治项目资金共8 800万元。各地严格按照农财两厅印发的指导意见，克服资金下达晚、防治时间紧、任务重等困难，开展招标采购防治药剂，及时发放给群众，极大地推动了全省小麦病虫防控工作的开展。

（五）加强技术宣传

利用科技三下乡、现场会等，发放《小麦病虫害识别与防治》等手册1 000多册，宣传挂图5 000份；陕西省植物保护站在陕西电视台制作专题节目6期，对防控工作和技术要点进行宣传报道，省电视台等5家新闻媒体对小麦"一喷三防"现场会进行了宣传报道，营造防控氛围。据不完全统计，全省各级共开展电视专题宣传150多期（次），发布小麦病虫预报200多期，悬挂横幅、刷写墙体广告等3 100余条，出动宣传车180多次，召开各类现场会和技术培训会200场次，培训人员6万人（次），印发技术资料、明白纸100多万张。

（六）加强督导检查

秋播期间，陕西省农业厅就针对小麦生产形势，组织农技人员和专家，深入各地督导检查病虫防控工作；3～4月，又组织全省农业系统干部深入基层，指导农业生产，督促开展小麦病虫害防治等工作；4月下旬，陕西省农业厅印发《关于开展小麦一喷三防督导工作的通知》，由农业厅种植处牵头，组成5个督导组，包抓10个市的小麦"一喷三防"防控工作，开展防控技术指导、工作督导、责任督查，确保各项防控措施落实到位。同时，陕西省植物保护站也下发通知，分4个组开展了为期20天的"一喷三防"技术指导工作。各市也对重发区域实行技术人员抓指导，实地培训农民，指导农民开展"一喷三防"。据统计，小麦"一喷三防"期间，全省各级共出动4 600名技术干部到田间地头指导群众开展防治。

■ 甘 肃 省

一、小麦主要病虫害发生防治概况

全省小麦病虫害发生2 818.68万亩次，属中度偏轻发生。其中，小麦条锈病轻发生，发生面积622.21万亩，主要发生区域为天水、陇南、定西、平凉和临夏等市州。白粉病中度偏轻发生，发生面积505.45万亩，天水和陇南"两江"沿岸川坝区及徽成盆地发生较重。麦蚜中度发生，局部偏重发生，发生面积629.03万亩，以穗蚜为主，主要发生区域为陇南、天水等市。小麦红蜘蛛中度发生，发生面积349.24万亩，主要发生区域为冬麦区陇南、天水、庆阳、平凉、定西等市，发生程度与常年相当。

全省累计防治小麦病虫害 3 100 多万亩次，其中，防治条锈病 763.44 万亩次、白粉病 665.59 万亩、麦蚜 666.67 万亩、麦红蜘蛛 350.81 万亩。共计挽回产量损失 2 077.97 万千克。

二、开展的主要工作

（一）全面落实冬小麦"一喷三防"补助政策

依托农业部的冬小麦"一喷三防"补助项目资金 3 900 万元，其中，中央补助资金中物化补贴 3 640 万元，现金补助 260 万元，以小麦条锈病、白粉病、麦蚜、红蜘蛛等重大病虫防控工作和促进小麦增产为抓手，按照权力下放，责任落实的原则，通过资金拨付到县、面积落实到村、任务落实到户的方式，全面落实属地管理责任。

（二）加强小麦重大病虫害统防统治

按照"突出重点、适当集中、确保效果"的原则，以条锈病菌源区综合治理为重点，以专业化统防统治和秋播药剂拌种为抓手，科学制订实施方案，狠抓关键技术落实。充分落实农业部和财政部的小麦重大病虫害统防统治补助项目资金 1 400 万元，将项目经费全部下达到陇南、天水、平凉、庆阳、定西等 11 市（州），由市（州）农牧和财政部门统一采购防治农药和施药器械。

（三）突显专业化统防统治优势

结合国家小麦重大病虫统防统治项目和"一喷三防"项目，强力推进小麦病虫害专业化防治组织发展，完成冬小麦"一喷三防"面积 650.75 万亩，占计划的 100.12%，其中统防统治 320 万亩（专业化防治组织实施面积 213 万亩；农民专业合作社、种粮大户、土地流转户等新型农业经营主体开展统防 107 万亩），村、组统一防治 156 万亩，占 23.9%，农户群防群治 174.75 亩，占 26.9%。

（四）扩大绿色防控面积

全省病虫绿色防控面积由 2011 年的 60 多万亩次扩大到 2015 年的 847 万亩次，较去年增加 248.35 万亩次，防治区减少农药使用次数 1～3 次，减少农药用量 15% 以上，保护农业生态环境安全，提高农产品质量安全水平，促进农业可持续发展。

三、主要做法

（一）加强组织领导，落实防控责任

结合农业部小麦"一喷三防"和小麦重大病虫害统防统治补助项目，甘肃省农牧厅与市（州）农牧（农业）局（委）、甘肃省植保植检站签订了 2015 年重点工作目标管理责任书，实行属地管理，责任到人。下发了《甘肃省农牧厅关于印发 2015 年冬小麦"一喷三防"实施方案的通知》和《甘肃省农牧厅关于印发 2015 年小麦重大病虫害统防统治实施方案的通知》，对小麦病虫害防治物化补贴的原则及物资采购、技术服务、防控措施等提出了具体要求。

（二）加强监测预报，及时开展防治

加强全省测报站管理，从 2 月开始，各地执行"定人，定点，定时"和"五日一查，一周一报"制度，强化系统监测精度，提高大田调查频率，使小麦条锈病长期预报准确率达 97.4%，为领导决策提供了及时准确的信息，为组织开展防治赢得了时间。

（三）加强宣传培训，提升防控水平

据统计，全省各级召开防治现场会 210 多次，培训农业技术人员和农民 42.4 万人次，发放各类防治技术资料、明白纸 55 万份，开展电视宣传、新闻报道 21 期、广播 51 期、手机短信 32 期，大大提高

了技术普及率与入户率。

(四) 加强推进统防统治, 提高防治成效

小麦病虫害防治关键时期, 恰逢青壮劳力外出务工, 家家户户缺乏防治劳力。为使国家补助资金落实到位, 提高防效, 县 (区) 农业技术部门利用省上下达的资金、农药和器械, 按照"政府主导、市场运作、因地制宜、循序渐进"的原则, 选择当地技术水平高、服务质量好、作业能力强的专业化防治服务组织, 因地制宜开展小麦重大病虫害统防统治。据统计, 全省开展专业化防治平均防效达 85% 以上, 较农户分散自防提高防效 10%～15%。

(五) 加强督促检查, 确保措施到位

在小麦重大病虫防控工作开展的重要时段, 甘肃省农牧厅统筹规划, 先后 10 多次派出工作组, 赴各市、县进行工作督导。工作组通过听取汇报、实地查看、座谈讨论、重点跟踪等方式, 对招标采购、物资发放、补助资金使用及防控工作开展情况等进行全面督导检查。通过督导, 促进了各地工作更好开展。市、县两级部门也开展多种形式督导, 全省上下共开展工作督导 130 组次。

■ 青 海 省

一、小麦病虫发生防治情况

2015 年全省小麦播种面积 120 万亩, 其中, 春小麦 99 万亩, 冬小麦 21 万亩。今年小麦条锈病、小麦黑穗病、麦茎蜂、蚜虫和地下害虫为主的小麦病虫害在青海省总体偏轻发生, 危害程度轻于常年。据统计, 2015 年青海省小麦病虫发生面积 277.21 万亩次, 防治面积 217.87 万亩次, 挽回损失 30 406.43 吨, 实际损失 19 102.85 吨。其中, 小麦条锈病发生面积 49.83 万亩次, 防治面积 79.85 万亩次; 小麦蚜虫发生面积 35.97 万亩次, 防治面积 35.27 万亩次; 麦茎蜂发生面积 49.32 万亩次, 防治面积 40.47 万亩次; 麦田地下害虫发生面积 40.05 万亩次, 防治面积 28.51 万亩次。

二、采取的主要措施

(一) 加强组织领导, 做好物资储备

青海省农牧厅成立以主管厅长为组长的农作物病虫害防治领导小组, 青海省农业技术推广总站成立项目技术指导小组, 负责制订项目实施方案, 加强组织实施, 并进行技术指导。各地精心组织, 及时开展防治, 农业技术人员责任到人, 深入生产第一线, 搞好现场技术指导, 保证农药、药械的及时供应, 确保了防治工作取得实效。

(二) 加强病虫监测, 适时开展防控工作

根据今年小麦病虫害发生、蔓延趋势和小麦主要病虫发生实际情况, 以小麦主产区为重点, 在大通、湟中、湟源、民和、乐都等 19 个县 (市) 开展小麦条锈病、麦茎蜂、小麦胞囊线虫等小麦重大病虫害区域内的监测, 实施以小麦条锈病、麦茎蜂为主的统防统治, 防治面积 25 万亩。5～8 月实行小麦重大病虫周报制度, 采集信息报表 282 份, 并通过电视、广播、互联网等媒体公开向社会发布《病虫情报》, 科学有效地指导各地适时开展防治工作。

(三) 落实防控方案, 明确防控目标

根据甘肃省 2014 年条锈病发生情况及近年来小麦黑穗病发生有所抬头的趋势, 大力推行春播拌种的防治策略; 利用杀菌剂与杀虫剂相结合, 对蚜虫、地下害虫、小麦黑穗病进行有效防治, 将小麦病虫害的防控关口前移, 防治效果显著提高, 防治成本大大降低, 而且解决了农村劳动力春秋季田管期无人

打药的问题。

（四）抓好示范区建设，展示和应用新技术成果

7 月在互助县组织召开了全省农作物病虫害专业化统防统治现场会，通过统防统治、新农药示范、绿色防控示范等，加大了宣传和培训力度。针对小麦锈病、小麦蚜虫、地下害虫展示了新农药、新技术防治的田间培训和绿色防控技术示范区。示范区综合防效达 90％以上，防治技术到位率提高 10％～20％，小麦病虫危害损失率控制在 5％以下。各示范区比不防治区增产幅度达到 30％左右，增产效果显著，示范带动作用辐射明显。

（五）融合推进专业化统防统治与绿色防控技术

重点抓好两方面工作：一是开展专业化统防统治。在进一步加大做强民和、湟中、化隆、湟源、互助、大通等 50 个专业化防治队的基础上，对注册登记的 7 个专业化组织进行了重点扶持，壮大了专业化防治队的装备和能力，在应对迁飞性、暴发性病虫防治中打破行政界线，实行跨县、跨州的连片防治，发挥出了规模效益。二是开展绿色防控。优化生物防治、生态调控等绿色防控措施，集成推广以生态区域为单元、以小麦为主线的全程绿色防控技术模式，提高病虫防控科学化水平。提高了农民应用"绿色"技术的意识。同时也让各级领导、技术人员、社会各界和广大农民了解了绿色防控技术的效果和作用，形成了重视和应用绿色防控技术的社会氛围。

三、资金投入

2015 年全省用于小麦重大病虫害监测与防治的补助资金达到 300 万元，其中中央财政补助资金 200 万元，省财政补助资金 100 万元。

（一）中央财政补助资金

采取资金补助和物化补助相结合的办法，其中，专业化统防统治与绿色防控融合推进每亩示范补助 10 元，防治 5 万亩，合计资金 50 万元；应急防治每亩示范补助 5 元，经费共计 100 万元，防治面积 25 万亩；每个专业化防治组织建设补助 1 万元，50 个专业化防治组织共计补助 50 万元。主要对小麦重大病虫害源头区和重发区实施统防统治、应急防治的药剂和施药作业进行补助。

（二）省级财政补助资金

2015 年省级财政安排用于小麦重大病虫防治补助资金 100 万元，开展病虫及疫情监测、专业化防治与绿色防控融合示范、统防统治及重大病虫应急防控等工作。资金补助标准为：统防统治与绿色防控每亩补助 20 元，购买生物农药、粘虫板、杀虫灯等；统防统治补助 3 元，购置生物农药等。

▌宁夏回族自治区

一、小麦病虫发生防治情况

2015 年宁夏小麦种植面积 170 万亩，较去年减少 30 万亩左右，其中，冬小麦种植面积 90 万亩，春麦种植面积 80 万亩。病虫害总体为中度发生，其中小麦条锈病阴湿半阴湿山区中度发生，灌区轻发生，白粉病、地下害虫中度发生，其他病虫轻至中偏轻发生，据统计全区小麦病虫害发生面积 434.24 万亩次，防治面积 415.48 万亩次，挽回损失 5 086.28 千克。

小麦条锈病发生面积 65.7 万亩，小麦白粉病发生面积 94.5 万亩，小麦蚜虫发生面积 156.48 万亩，小麦吸浆虫发生面积 6.75 万亩，麦蜘蛛发生面积 14 万亩，地下害虫发生面积 44.12 万亩。

二、防控工作情况

(一) 加强监测预警

今年全区 20 个区域测报站从 4 月 5 日开始小麦病虫的监测调查工作，至 6 月 15 日调查结束，共调查小麦病虫数据 1 000 余条，发布趋势预报及防治警报 50 余期。特别是针对今年 4、5 月以来降雨偏多的情况，为防止小麦锈病发生流行，自治区各级植保部门紧密关注全国及周边小麦条锈病发生情况，及时通报有关情况，组织各地做好了监测预警工作，为指导广大农户及时开展防治起到了积极作用。另外，今年开发了"宁夏农作物有害生物在线监控系统"和"移动端数据采集系统"，有六个区域测报站，分别是平罗县、灵武市、利通区、中卫市沙坡头区、原州区、彭阳县试点使用移动端数据采集系统，从作用情况看运行良好，保证了调查数据的真实性。

(二) 落实防控经费

今年，农业部安排宁夏小麦病虫害防灾救灾专项资金 200 万元，宁夏回族自治区安排农作物病虫害防控财政资金 450 万元。宁夏回族自治区农牧厅按照文件精神和有关要求，组织专家召开了农作物病虫害发生趋势会商会，及时发布了小麦病虫发生趋势，并制订了预防预警方案。

(三) 做好秋播拌种

冬麦实施秋播拌种 63.6 万亩，其中山区针对条锈病等实施拌种 60 万亩，灌区针对腥黑穗病实施拌种 3.6 万亩。

(四) 搞好宣传发动

为搞好防控工作，推动群防群治，提高防治覆盖率，6 月 1 日宁夏回族自治区农牧厅下发了《关于做好小麦条锈病防控工作的通知》，6 月 4 日又在固原市原州区召开了小麦条锈病防控现场会，动员督促各地做好防治工作，各县在小麦蚜虫和条锈病发生的关键时期也召开了防治现场会，有效推动了防治工作的开展。

(五) 组织开展专业化统防统治

各地开展小麦病虫害专业化统防面积 30 万亩，出动大中型喷雾器 300 多台次。

■ 新疆维吾尔自治区

一、小麦主要病虫害发生情况

2015 年新疆小麦病虫害发生面积 1 442.21 万亩次，比上年增加 207.87 万亩次，接近常年发生面积，发生程度总体偏轻（2 级），小麦条锈病和麦蚜中等发生。小麦病害总体中等偏轻发生，发生面积 776.4 万亩，较上年增加 147.2 万亩，条锈病发生面积增大，白粉病呈逐年加重态势。小麦虫害总体偏轻发生，发生面积 665.81 万亩，较上年减少 60.67 万亩，主要以蚜虫、地下害虫、小麦皮蓟马和叶蝉为主。

二、主要做法

(一) 加强组织领导，落实惠农政策

积极向农业部、自治区申请落实小麦重大病虫害防治经费 600 万元，并及时将资金投入到小麦病虫害防控重点区域。按照农业厅有关文件要求，以落实小麦重大病虫害统防统治补助、"一喷三防"等扶

持政策为抓手，以小麦条锈病、白粉病、蚜虫和草害为重点防控对象，积极组织骨干技术人员赴各地州开展调研技术服务，及时采取措施，全力以赴夺取夏粮丰收，打赢全年粮食丰收第一仗。

（二）扎实做好病虫害监测预警

认真做好系统调查和大田普查，及时汇总监测数据、科学分析发生趋势、及时发布病虫预警信息，同时按照全国农技中心的总体部署，严格执行小麦重大病虫害发生防治信息周报制度和突发暴发病虫日报制度。根据病虫害情况发展变化，进一步强化小麦重大病虫发生防治信息定期汇报制度，准确判断发生趋势，及时发布预报，为科学防控提供依据。目前，汇总上报小麦病虫害周报 8 期，条锈周报 18 期，植保情况 4 期。

（三）开展综合防控，抓好关键措施落实

按照夏粮一天不到手、管理一天不放松的要求，坚决实施"带药侦察"，一旦发现发病点，就地施药、"围点打片"，突出重大病虫、重点区域，抓住关键时节、防治节点，结合中央小麦重大病虫害防控补助等项目，抓好小麦重大病虫草害技术指导和服务，抓实小麦重大病虫草害统防统治工作，推进应急防治与综合防治相结合、专业化统防统治与群防群治相结合，同时进一步探索创新了统防统治与绿色防控融合示范工作，切实提高了抗病治虫保丰收能力，实现了小麦重大病虫害发生关键区实现全覆盖，小麦病虫草害统防统治覆盖率 30% 以上，确保了病虫害不暴发成灾。

（四）大力推进小麦绿色防控示范区建设

按照 2015 年新疆农作物重大病虫害防控技术方案要求，各地小麦绿色防控示范区，制订实施方案，整合高产创建、专业化统防统治等项目，积极开展示范区建设工作。目前，已建立小麦重大病虫草害绿色防控、小麦重大病虫草害统防统治、小麦害病虫草害绿色防控与统防统治融合、小麦重大病虫重点防控技术集成及小麦重大病害等示范区 31 个，示范面积 48 万亩。同时，结合示范区建设开展了小麦重大病虫绿色防控技术、小麦"一喷三防"技术和小麦除草技术等试验示范 6 项，试验示范面积 9 万亩。

（五）加强培训工作

充分利用电视、广播等多种方式开展小麦"一喷三防"和小麦重大病虫害统防统治等政策和防灾减灾宣传。同时，组织广大农技人员在重大病虫害防控关键时期、关键环节，深入生产一线，手把手、面对面、心贴心的传授实用技能，组织开展小麦病虫草害防治技术培训。目前，已在疏附县等地开展了 15 期"植保机械使用维修与农药安全使用技术培训"，安排当地从事植保工作的骨干担任维、汉语言翻译，培训专业化统防统治队员及农民等 1 500 余人，发放科技宣传资料 1 800 余份。

（六）开展小麦重大病害联合监测与防控协作调研

6 月 14～19 日，邀请全国小麦重大病害联合监测与防控协作组专家组在伊犁、塔城地区开展调研、现场培训和防治技术指导，专家组收集了小麦重大病害土壤、气候、病样等第一手资料，全面了解了小麦重大病害发生的实际情况，并对长效防控提出指导意见，为进一步提高小麦重大病虫害防控技术水平，做好小麦重大病害的监测和防控工作提供了有力的技术支持。

三、主要成效

2015 年新疆小麦种植面积 1 780.27 万亩，比上年增加 144.97 万亩，其中冬小麦种植面积 1 145.89 万亩，春小麦种植面积 634.38 万亩。2015 年夏粮预计总产达到 698.2 万吨，较上年增加 51 万吨，增长 7.8%，实现了小麦生产"八连增"，为实现自治区粮食"全区平衡、略有节余"、维护社会稳定和长治久安奠定了坚实基础。

根据小麦主要病虫害中长期趋势预测，通过制订小麦病虫害防控技术方案、积极组织技术人员深入

田间地头，及时做好技术服务，落实关键技术。在全疆建立了 44 个小麦病虫害数字监测点，完善了小麦病虫害监测预警体系，提升了小麦重大病虫长、中、短期预报准确率，为小麦重大病虫害综合治理提供科学依据。据不完全统计，全区完成小麦病虫害防治面积 1 190.35 万亩次，麦田杂草防除 500 余万亩次，小麦病虫草害专业化统防统治面积 300 余万亩次，防治效果达 85％以上，挽回产量损失 27 万余吨。

新疆生产建设兵团

一、小麦重大病虫害发生与防治情况

2015 年新疆兵团小麦种植面积 250 多万亩，常发主要病虫害有小麦锈病、白粉病、赤霉病、黑穗病、细菌性条斑病、小麦蚜虫、小麦吸浆虫等。

（一）小麦病虫害发生情况

2015 年小麦病虫害整体中等偏轻发生。其中小麦蚜虫、吸浆虫、皮蓟马等虫害偏轻发生，大部分区域有虫株率在 3％以下；小麦锈病、小麦雪霉雪腐病等偏轻发生，小麦锈病发病株率普遍在 0.5％以下。小麦赤霉病整体中等发生，发病率普遍为 0.1％～1％，少数条田发病率达到 5％以上；小麦白粉病中等发生，局部偏重发生，发病率普遍在 0.2％～2％，在博乐垦区偏重发生，其他病虫害发生均较轻。

（二）小麦病虫害防治情况

初步统计，2015 年兵团小麦病虫害发生面积 135.09 万亩次，防治面积 203.52 万亩次，挽回损失 1.67 万吨。其中小麦锈病发生面积 52.08 万亩次，防治面积 103.79 万亩次，小麦赤霉病发生面积 2.36 万亩次，防治面积 5.02 万亩次，小麦白粉病发生面积 19.41 万亩次，防治面积 28.17 万亩次，小麦全蚀病发生面积 2.82 万亩次，防治面积 4.74 万亩次，小麦蚜虫发生面积 27.73 万亩次，防治面积 29.62 万亩次，小麦吸浆虫发生面积 4.83 万亩次，防治面积 4.39 万亩次，地下害虫发生面积 3.53 万亩次，防治面积 0.65 万亩次，土蝗发生面积 3.56 万亩次，防治面积 5.16 万亩次。

二、主要防控措施和做法

（一）加强重大病虫害防控工作的组织领导

兵团各级领导高度重视小麦重大病虫害防控工作，兵、师、团各级农业部门均成立小麦病虫害防控工作领导小组，对小麦病虫害防控工作提出了明确的目标任务，并列入年度目标考核。年初制订下发防控预案，部署、督导落实各项防治工作，为小麦重大病虫害防控工作提供组织保障。

（二）强化小麦病虫害预测预报

2015 年针对小麦锈病、赤霉病等重大病虫害，兵团各级在加大系统性监测和大田普查工作力度的基础上，及时发布病虫预警信息，适期准确预报，为各级领导科学决策、技术人员指导生产和广大职工开展防控提供科学依据。

（三）采取各项综合防控措施

1. 大力推广农业防治技术措施　一是选用高产抗病品种，提高抗病能力，降低病害发生率；二是通过合理品种布局，切断小麦锈病的传播途径；三是合理密植，科学施肥灌水，培养健株，提高抗病能力。

2. 大力推广药剂拌种和化学除草技术　在小麦播种前采用戊唑醇、福美双或粉锈宁等拌种，预防和控制小麦病害的发生和蔓延。春季在小麦返青期，做好小麦田化除化控工作，促进小麦健壮生长。

3. 加强病虫害监测预警工作　在小麦生育期，兵团各级测报站点重点监测小麦锈病、白粉病、小麦蚜虫等常发性病虫害，及时发布预警信息，为指导大田防治工作提供科学依据和技术支撑。

4. 开展统防统治，提高"一喷三防"技术措施的到位率　通过"三个统一"，即：统一农药产品、统一防治时间、统一配药的应用，使小麦"一喷三防"技术得到广泛推广和应用，明显提升了小麦病虫害防治效果，降低了防治成本。

5. 加强督导检查，提高各项防治措施的到位率　在小麦病虫害发生和防治关键时期，兵团各级农业部门组织专家深入生产一线，针对小麦病虫监测、科学用药等开展技术咨询、指导和服务工作。团连一线技术人员及时通过统一预测、统一用药和统一防治的方式，开展统防统治工作，确保"一喷三防"等关键技术措施的落实，显著提高了防控效果。

6. 加大宣传培训力度，提高防治技术普及率　采用多种形式，一是印发"病虫情报"下发给基层连队技术员、植保员和职工；二是通过制作和播放电视预报，扩大防控技术指导覆盖面；三是开展科技培训和田间咨询等工作，提高防控技术的普及率。

三、存在的问题

（一）防控经费投入不足

因兵团特殊的体制，没有自己的财政支持和投入，经费严重不足，指导服务覆盖面和技术措施到位率难以提高。希望中央财政今后能加大对兵团资金投入和扶持力度，促进新疆兵团小麦病虫害防控工作的开展。

（二）病虫害监测预警和防控力量较为薄弱

兵团粮食垦区主要位于相对偏僻的边境及山区团场，经济实力较为薄弱，科技人员缺乏，小麦病虫害监测预警和防控等工作较为滞后，导致小麦病虫害的预防控制效果不理想。

四、今后工作的建议

针对当前兵团小麦主要种植垦区技术人员缺乏，技术力量较为薄弱的状况，结合对明年小麦病虫害发生趋势预测，2016 年拟做好以下工作：

（一）坚持做好小麦病虫害的监测预警工作

在小麦主要种植垦区，建立以垦区中心测报站为中心，垦区各团场为基点的小麦病虫害监测体系，增加新的监测点，提高小麦监测预警覆盖面。

（二）坚持推广以农业措施为基础的小麦病虫害综合防控措施

坚持"预防为主，综合防治"植保方针，加强病虫监控基础设施建设，积极示范推广"一喷三防"，改善防治手段，增强技术创新和储备，创新防治技术模式，加强专业化防治组织体系建设，普及统一防治工作，提升小麦病虫害可持续控制能力。

（三）加大技术培训力度，提升各项防治技术普及率和到位率

防治工作实施主体是广大团场职工，切实抓好职工参与式技术培训和推广服务工作，积极开展提高型、普及型的集中培训、田间技术指导、技术咨询等多种形式的职工培训，是提高小麦重大病虫害可持续治理的前提和基础，以推进和实现农药减量控害。

（四）争取各方经费支持，提高小麦病虫害防控技术装备和水平

从防控药械补助、技术人员培训等方面积极争取国家、兵团各级部门的经费支持，提升小麦病虫害防控机械化、专业化水平，保障小麦病虫害防治效果，确保小麦生产安全和农产品质量安全。

3 玉米

2015 年全国玉米病虫害防控工作总结

2015 年全国玉米播种面积近 6.2 亿亩次，受气候、环境、种植模式等因素影响，玉米病虫呈中等发生态势，局部地区的部分病虫危害较重，总体与上年持平。据不完全统计，玉米病虫累计发生面积 11.4 亿亩次。在各级农业部门和植保机构的努力下，全年挽回产量损失 1 550 万吨。

一、玉米病虫发生情况

2015 年全国玉米病虫害总体属于中等发生，危害程度大致与 2014 年相当。其中，发生面积较大的病虫有玉米螟、蚜虫、叶螨、棉铃虫、黏虫、玉米锈病、大斑病、小斑病、纹枯病等。

（一）玉米螟

全国发生面积 3.39 亿亩次，较上年减少 1 200 万亩次，总体为中等程度发生。黑龙江全省玉米螟发生面积 4 066 万亩，较去年减少 450 万亩，且玉米螟百秆活虫越冬基数下降到 67.2 头，为 1991 年至今的最轻年份。内蒙古总体偏轻发生，局部重发，发生面积 3 289 万亩次，主要在呼伦贝尔市、兴安盟、通辽市、赤峰市。四川全省总体偏重发生，发生面积 635 万亩，发生特点：一是冬后基数高，二是越冬代灯下见蛾迟，三是田间蛾量大、卵块密度高。贵州玉米螟偏重发生，发生面积 239.5 万亩次，主害期为 6 月中下旬，一般被害株率 15％，高的达 60％，以铜仁、六盘水发生重。

（二）大斑病、小斑病

全国发生面积 1.06 亿亩次，略低于上年，主要在东北、黄淮海、西北、西南的 7 个省份发生。黑龙江省大斑病发生面积 1 859 万亩，发生相对较重的有肇州、林甸、双城、肇源、北安、肇东、富裕等地，发病地块病株率一般在 10％～40％，个别严重地块已接近 100％，分析大斑病发生较重的主要原因：一是玉米密植栽培，导致田间透光、通风性不好；二是玉米田重茬面积大，且近年防治面积极为有限，田间菌源大量积累；三是玉米种植品种较杂，大部分抗性较差；四是现多使用长效肥，致使玉米生长中后期脱肥现象严重，易发病。陕西玉米大斑病、小斑病混合发生，以先玉 335 等品种发生较多。湖北大斑病、小斑病偏重发生，分别比去年增加 51.5％和 16.1％。

（三）锈病

全国发生面积 8 067 万亩，是去年的 4.3 倍，主要在黄淮海、华北、西南、西北的 7 个省份。河南省全省发生面积 2 828 万亩，发生盛期在 8 月底至收获期，平均病株率 43.15％，发生特点是：面积大、蔓延快、危害重，在南阳市和周口市均发现整株干枯，造成部分田块提前收获。山东全省发生面积 2 192 万亩，鲁西南、鲁西北、鲁中地区病叶率在 80％以上，分析原因为：一是病原菌常年累积，二是 8 月上中旬至 9 月上中旬多地夜间连续降雨，白天转晴，温差大，随连续刮风加速传播，三是田间播种量大导致田间环境郁闭，四是目前种植品种抗锈病能力较差。安徽玉米锈病大流行，发生面积 963 万亩，病害流行高峰期平均病叶率为 43.5％，最高病叶率为 100％，平均病株率为 65％，最高病株率为 100％，流行原因与山东类似。

（四）棉铃虫

全国发生面积 7 745 万亩次，与去年基本持平，主要在华北、黄淮海和西北的部分省份发生。新疆棉铃虫发生面积 325 万亩，较去年增加一倍，二代相对较重，三代在复播玉米上发生危害最为严重，发生特点是：南疆重于北疆，复播玉米重于正播玉米。山东玉米田棉铃虫总体中等发生，发生面积 1 723 万亩次。河南棉铃虫发生 2 106 万亩次，其中二代、三代偏轻发生，济源市局部地区中度发生，主要以四代为主，危害盛期在 8 月中下旬至 9 月中旬。

（五）蚜虫、叶螨

全国蚜虫发生面积 6 873 万亩次，较上年减少 1 200 万亩左右，叶螨发生面积 1 700 万亩次，主要集中在华北、黄淮海、西北的 6 个省份。山西省蚜虫发生比去年推迟 10 天左右，危害盛期严重田块百株蚜量 6 500 头；玉米叶螨在南部春玉米田发生重于夏玉米田，井灌区沙壤土质玉米田受害重，百株螨量 8 万～10 万头，大同南郊玉米田百株螨量 20 万～30 万头。内蒙古鄂尔多斯市重发面积 45 万亩，严重地块百株虫量达 30 万头以上。

（六）黏虫

全国发生面积 5 171 万亩次，较去年减少 1 000 万亩左右，主要在东北、黄淮海以及西北的部分省份发生。陕西全省发生面积 616 万亩，二代黏虫在关中、咸阳、西安、宝鸡、渭南局部重发，虫田率 35%，主要为害夏播玉米，7～8 月气候条件有利。河南黏虫发生面积 1 163 万亩次，二代黏虫在永城、济源、开封偏重发生，7 月上旬进入危害盛期，虫田率达 90%，百株虫量 100 头以上。安徽二代黏虫发生普遍，局部危害重，发生面积是去年的 2.1 倍。

（七）蓟马

全国发生面积 4 086 万亩，主要集中在华北、黄淮海的 4 个省份。山西全省发生面积 309.5 万亩，危害程度逐年加重，严重地块百株虫量达 3 000 头以上。山东全省发生面积 1 405 万亩，全省平均被害株率 34.1%，严重地块被害株率 49%，在部分春玉米和套种玉米田偏重发生。

（八）双斑萤叶甲

全国发生面积 2 514 万亩，主要在东北、华北和西北部分省份发生。内蒙古发生面积 868 万亩，较去年增加 140 万亩，主要分布在呼伦贝尔市、兴安盟、赤峰市、通辽市、鄂尔多斯市、包头市和呼和浩特市。发生严重地块成虫集中雌穗顶部取食玉米花丝，影响玉米授粉，造成减产甚至绝收。山西发生面积 393.6 万亩，呈逐年加重趋势，北部偏重发生，危害盛期为 7～8 月，杂草多的河滩区、水浇地发生较重，朔州危害高峰期一般百株虫量 500～1 500 头，最高 3 000 余头，为近年来发生密度最高的一年。大同一般百株虫量 1 000～1 500 头，最高 2 000 余头，是继 2010 年偏重发生以来第六个严重发生的年份。新疆全区发生 116.2 万亩，程度明显重于去年，较上年增加 40 万亩，在昌吉、博州呈加重态势。

（九）纹枯病

全国发生面积 2 011 万亩，主要在西南、华中的 6 个省份。四川发生面积 396.17 万亩，总体中等，发生特点：一是盆周山区发病重于盆地内平坝和丘陵地区，二是夏玉米发病重于春玉米，三是春玉米苗期发生重，夏玉米后期发生重。湖北偏重发生，发生面积 344 万亩次，比去年增加 15.2%，主要发生区为鄂西、江汉平原等地，春玉米重于夏玉米。重庆玉米纹枯病发生面积 297 万亩次，平均病株率 14.17%，个别田块高达 96%。

二、主要成效及做法

在全国各级农业部门和植保系统的支持和努力下，积极做好调查预报，开展绿色防控示范区建设，专家带队深入基层督查指导，大力推广试验示范病虫防控新技术、新产品，提高病虫防控率，减少化学农药使用及污染。2015 年全国玉米病虫防控 10.4 亿亩次，有效控制了玉米螟、黏虫、棉铃虫、大斑病、小斑病为主的病虫危害，挽回产量损失 1 550 万吨。

（一）各级领导重视，全面部署动员

农业部全国农技中心于 1 月 22 日组织召开了 2015 年重大病虫防控技术方案专家会商会，针对玉米重大病虫在全国不同区域的发生种类及特点制订防控方案，从发生情况预测、防控策略、防控目标、重点区域、技术措施和关键工作措施方面做了简要精练的指导性说明。山东省 3 月上中旬召开了全省植保工作会议，4 月下旬在商河召开全省重大病虫统防统治现场会。四川省 6 月 4 日召开了全省现代植保技术培训现场会，专门对玉米等秋粮作物重大病虫害防控进行了强调，各市（州）、县（市、区）也通过下发文件、召开现场会等层层落实病虫害防控责任。河南省 7 月 9 日及时发出《河南省农业厅关于加强秋作物重大病虫监测防控工作的紧急通知》，各地将其作为秋季农业工作的重中之重，全面落实"政府主导、属地责任、联防联控"工作机制，切实做到"守土有责"。湖北省 7 月 22 日召开了全省农作物重大病虫防控工作视频会议，对秋粮病虫防控工作进行全面部署。

（二）及时开展调查，搞好监测预警

为及时有效防控玉米病虫，全国各级植保部门切实加强监测预警工作，充分发挥全国病虫测报标准化区域站、病虫观测场、乡镇农科站的作用，在重大病虫易发高发的关键时期，扩大普查范围，增加调查频次，及时发布预报，将信息上传下达，为决策部署病虫防控工作提供技术支持。北京在全市 9 个远郊区县建立 13 个系统监测点，42 个普查监测点，对玉米主要病虫害开展定点、定人、定时监测。全年发布病虫情报 8 期，病虫电视预报 1 期，上报玉米重大病虫周报 18 期、草地螟发生动态模式报表 21 期，中期预报准确率达 95%，短期预报准确率达 98%。河南省高度重视秋作物病虫害监测预警工作，5 月 29 日，发出了《关于加强 2015 年秋季重大病虫监测工作的紧急通知》，从 6 月开始全面启动秋季病虫监测防治信息周报制度，组织全省重点区域病虫监测站、910 个基层测报点的 1 134 名测报员，坚持每周开展病虫调查，坚持 3 天 1 次定点调查，5 天 1 次大田普查，密切监视重大病虫防控动态。

（三）多渠道开展绿色防控，积极推进统防示范融合

各省（区、市）通过多方渠道争取政策及人、财、物支持，整合项目资源，集中开展玉米重大病虫绿色防控技术示范与集成，确保有效推进玉米病虫防控工作。2015 年全国农技中心在 6 个省（区、市）设立了玉米重大病虫绿色防控示范区，针对钻蛀性害虫、地下害虫、刺吸式害虫等积极开展新药剂、新技术的组装集成利用。针对玉米大斑病、小斑病及纹枯病，开展了利用生物农药和植物生长调节剂等开展玉米病害防控及抗逆增产试验，取得了良好的效果。辽宁省按照农业部"整建制、全程化、绿色化、标准化和产业化"的要求，全面推进玉米螟绿色防控工作。省财政投入防螟补助资金 9 642 万元，覆盖全省 90% 以上的玉米栽种面积，全省完成玉米螟绿色防控面积 3 214 万亩，投放赤眼蜂卡 1.28 亿块，封垛 40 余万个，投入杀虫灯、诱捕器等各类防螟器械 97 000 余台套，组织专业化防治队 25 784 个，出动防治队员超过 20 万人次。河北省今年首次实施玉米中后期"一喷多效"减灾技术集成项目，筹集资金 200 万元，设立了 20 个项目县（市、区），共动用各类植保机械 2 000 多台，其中大型植保机械 260 台，植保无人机 120 台，背负电动喷雾机 1 000 台，烟雾机 1 000 台。在项目总结验收中 20 个项目县考核均达到了优良标准，比常规防治平均增产 15% 左右，亩增加经济效益 150 多元。

（四）强化宣传培训，深入督查指导

为贯彻落实农业部《到 2020 年农药使用量零增长行动方案》，结合国家科技支撑项目，7 月上旬全国农技中心在内蒙古通辽市举行了玉米螟绿色防控技术培训班，来自国内的 10 多家科研、教学单位以及 7 个玉米主产区的代表参加了培训，对大面积开展的白僵菌封垛、杀虫灯诱蛾、松毛虫赤眼蜂寄生灭卵技术组合的防控效果进行了考察，并重点就今年开展的多种赤眼蜂防治玉米螟对比试验、性诱剂与干式诱捕器诱杀防治试验、食诱剂诱杀玉米田多种害虫试验进行了观摩，专家们针对这几项技术的防治效

果和前景进行了点评，提出了建议。

各地各级植保部门通过举办技术培训、召开现场会、利用新闻媒体、网络平台开展技术讲座和田间地头实地指导等多种形式，及时将防控技术送到农民手中。2015 年甘肃省共召开玉米种植技术及玉米病虫害防治技术现场培训会 260 余场次，举办农民田间学校培训班 32 期次，培训技术干部和农民13.67 万人次，发放明白纸 18 万份，开展电视宣传、新闻报道 21 期，广播 51 期，手机短信 32 期，大大提高了技术普及率与入户率。陕西省植物保护站 6 月以来先后在陕西电视台制作播发玉米防治技术节目 3 期，举办玉米黏虫防治技术培训会 100 多场（次）。贵州全省举办各类重大病虫防治技术培训会（班）420 期，培训 5.8 万人次，印发各类技术资料 20 万份，为开展综防工作提供了技术保证。

三、存在问题与下一步工作建议

2015 年玉米病虫防控工作取得了显著的成效，但同时在病虫防控工作中也发现一些问题，需要进一步研究思考寻求解决途径。

（一）关注玉米病虫发生趋势变化，及时应对新上升的病虫害

2015 年受玉米种植密度、栽培水肥管理、品种抗性及气候因素影响，玉米锈病在黄淮、华北、华中地区偏重发生，玉米大斑病、小斑病在东北、华北、黄淮海、西南地区发生面积较大，叶螨在山西、内蒙古局部危害严重。在明年的工作中，要在防控策略上下工夫，注意寻找应对措施，选用一些开展试验示范效果较好的新技术、新产品。玉米生长中后期病虫防治始终是一个薄弱环节，要借鉴山东"一防双减"、河北"一喷多效"项目模式，积极寻求解决途径。

（二）加强玉米病虫防治技术宣传普及到位率

每年各地举办的培训班、现场会等形式的活动都很多，但考虑到目前农村劳动力的年龄结构、知识水平等因素，接受新技术、新知识的能力较弱。今后病虫防控技术宣传工作要更有针对性，形式一方面可以将操作技术更加通俗易懂易掌握，操作简单易学。另一方面培训的对象可以适当筛选，比如种植大户、家庭农场主、专业合作社带头人等，新技术利用带来的收益对他们较有吸引力。

（三）绿色防控技术集成应用地方标准化

近年来涌现出多种多样的病虫防控新技术、新产品、新药械。如何合理的使用而不是全盘接受照搬套用，这要求结合各地的实际情况，病虫发生特点，气候因素等加以合理的筛选。使用方法也要有针对性。一个地区也要总结出自己的防控技术模式体系，标准化、规范化的操作。各地要整合资源，集中优势，在玉米主产区开展技术集成配套与统防统治融合。

北 京 市

一、玉米病虫害发生及危害情况

2015 年北京市玉米种植面积为 115.1 万亩。其中，春玉米播种面积为 75.3 万亩，主栽品种以农大108、郑单 958、中单 28、纪元一号为主，另有先玉 335、中金 368 等品种。夏玉米播种面积为 39.8 万亩，主栽品种以郑单 958、京单 28、纪元一号为主。2015 年玉米病虫害以玉米螟、黏虫、大斑病、小斑病、褐斑病、纹枯病等为主。

（一）虫害发生防治情况

玉米螟偏轻发生，发生面积 125.5 万亩次，防治面积 88.1 万亩次。二代黏虫轻发生，发生面积 31万亩，防治 23.7 万亩次。三代黏虫大部偏轻发生，发生期与常年持平，发生面积 22.8 万亩，防治面积

4.3万亩。二点委夜蛾轻发生，发生面积0.8万亩。草地螟轻发生，今年越冬代草地螟成虫迁入虫量低。土蝗在延庆、怀柔、密云等北部区县的库区及周边偏轻发生，发生面积2万亩。地下害虫偏轻发生，发生面积26.4万亩，防治面积49.4万亩次。蓟马轻发生，发生面积9.2万亩，玉米蚜轻发生，发生面积约26.7万亩。叶螨轻发生，发生面积1.9万亩。双斑萤叶甲在北部山区呈加重发生趋势，发生面积15.1万亩，最高单株虫量近10头。

（二）病害发生防治情况

玉米大斑病、小斑病偏轻发生，发生面积87.7万亩，防治面积38.4万亩次。褐斑病大部地区偏轻发生，发生面积47.1万亩，防治面积21.1万亩。纹枯病偏轻发生，发生面积28.7万亩，防治面积18万亩次。弯孢霉叶斑病轻发生，发生面积为40.2万亩，防治14.8万亩次。玉米瘤黑粉病轻发生，发生面积7.7万亩，防治面积26.2万亩次。

二、主要防治措施

（一）认真开展病虫预测预报

在全市9个远郊区县建立13个系统监测点，42个普查监测点，对玉米主要病虫害开展定点、定人、定时监测。全年发布病虫情报8期，病虫电视预报1期，上报玉米重大病虫周报18期。

（二）积极推广绿色防控技术

依托中央、市级财政支持，不断加强绿色防控技术的推广力度，2015年在玉米生产中，重点推广了赤眼蜂防治玉米螟、玉米"一封两杀"等技术，在确保粮食生产、保护生态环境安全等方面发挥了重要作用。

1. 赤眼蜂防治玉米螟技术　今年，在顺义、密云、大兴、怀柔等区县统一开展了释放赤眼蜂防治二代玉米螟工作，共释放赤眼蜂92.5亿头，防治面积80.8万亩。放蜂区玉米螟的平均防治效果达到82.9%，共减少农药使用次数1~2次，减少农药用量202吨。

2. "一封两杀"技术　针对夏玉米将"杀明草"除草药剂、土壤封闭除草药剂、杀虫剂等混合后对水进行喷雾，一次施药达到土壤封闭、杀明草、杀苗期害虫的目的。今年在大兴、房山等8个区县统一推广实施了该项技术，实施面积64万亩，杂草等平均防治效果达到93.8%。

另外，还依托项目支持，在昌平、房山、平谷、顺义、大兴、通州、延庆共建设11个玉米绿色防控示范区，共计1.9万亩，通过展示、示范、推广、应用赤眼蜂防治玉米螟技术、"一封两杀"技术等粮田绿色防控技术，带动了示范区周边粮田采用绿色防控技术，使辐射区绿色防控技术覆盖率达到80%以上。

（三）积极开展新技术试验示范

为进一步做好全市农作物病虫害防治工作，今年，结合全市农作物病虫害防控的现实需求，围绕化学农药减量控害，有针对性地开展了水药一体化施药模式、农艺与施药机械配套技术、旱作玉米田机械化茎叶除草、新型种子包衣剂防治病虫效果等试验，为今后开展防治技术示范和推广提供了技术支持。

（四）着力提高宣传培训力度

2015年，北京市植物保护站针对农作物病虫害防治工作在报纸、网络、电视电台等媒体上共发布技术宣传信息417次，组织召开粮经作物主要病虫害防治技术等培训班4次，培训人员210人次。全市各区县针对赤眼蜂防治玉米螟等两项主推技术即开展培训22次，培训人员4 875人次，发放材料10.3万余份。同时，市、区两级植保站在重要防治时期，还积极组织技术人员深入田间地头，现场指导农民开展防治，确保了各项技术的落实到位。

■ 天 津 市

一、玉米病虫发生特点

（一）总体发生程度轻于近年，虫害重于病害

受到越冬虫源基数持续偏低及夏秋季干旱天气等因素影响，2015 年天津市玉米病虫害总体发生程度再次减轻，尤其是病害发生较上年偏轻，总发生面积为 89.51 万亩次，较上年减少 33.25%。相对而言，玉米虫害发生重于病害，发生面积是各类虫害的 6.56 倍。各类虫害总体中等程度发生，发生面积为 587.14 万亩次。发生种类方面鳞翅目害虫在 7 月后发生轻于预期，玉米螟、二代黏虫发生程度及面积均不及前 2 年。小地老虎继续于 6 月下旬开始在静海、宁河、武清等部分区县个别地块偏重发生。

（二）病虫发生特点复杂化，新病虫发生面积进一步增加

随着气候和耕作技术的改变，玉米常发性病虫种类进一步增加（当前为 16 种）。同时，近年来新发的二点委夜蛾、瓦矛夜蛾、瑞典麦秆蝇等新害虫种群量进一步增加。其中，二点委夜蛾一代成虫平均单灯累计诱蛾量为 46 头，较上年减少 80%。6 月底至 7 月上旬，宝坻区、蓟县、宁河县等地相继监测到二点委夜蛾危害夏玉米的情况。此外，玉米顶腐病、鞘腐病等往年较少发生的病害呈现不断加重的趋势。

二、玉米病虫防治情况

2015 天津市玉米种植面积 308 万亩，其中春玉米 150 万亩，夏玉米 158 万亩，玉米病虫害共发生 676.65 万亩次，较 2014 年增加 11.45%。病虫总防治面积 483.18 万亩次，占发生面积的 79.58%。

玉米虫害总体呈中等程度发生，程度轻于近年。虫害发生总面积 587.14 万亩次，防治面积 404.88 万亩次。黏虫三代局部偏重，发生面积 65.2 万亩次，玉米螟发生面积 278 万亩次，棉铃虫发生面积 101.64 万亩次，较 2014 年增加 2.25 倍，二点委夜蛾偏轻发生，局部重发，发生面积 2.29 万亩，地下害虫主要有蛴螬、金针虫、小地老虎，共发生 46.6 万亩次，其中重发面积 2 万亩，蓟马、蚜虫、土蝗、叶甲类等害虫偏轻程度发生，其他害虫全市发生面积 93.46 万亩次。

玉米病害总体呈偏轻发生，各类病害发生面积 89.51 万亩次，发生面积较 2014 年减少 33.25%，防治面积 78.3 万亩次。玉米褐斑病全年发生 45.57 万亩，玉米大斑病、小斑病偏轻发生，发生面积分别为 4.05 万亩次和 5.5 万亩次，防治总面积 10.7 万亩次。新发病害玉米鞘腐病在宝坻、宁河局部地块点片偏重发生，发生区域病株率平均 40%，最高达 60%。玉米弯孢霉叶斑病的发生近年来呈上升趋势，宝坻区局部地块偏重发生，重发地块病株率达 10%～15%，最高病株率达 60%。玉米纹枯病、玉米粗缩病、瘤黑粉病、丝黑穗病及顶腐病等其他病害轻到零星发生。以上玉米病害发生面积 34.4 万亩次，防治面积 26.1 万亩次。

■ 河 北 省

2015 年河北省玉米种植 4 746.7 万亩，比 2014 年增加 85.7 万亩，其中春玉米 1 276.7 万亩，主要栽培品种有郑单 958、浚单 20、先玉 335 等。玉米主要病虫害有玉米大斑病、小斑病、丝黑穗病、瘤黑粉病、弯孢霉叶斑病、纹枯病、褐斑病、粗缩病、顶腐病、玉米螟、黏虫、棉铃虫、二点委夜蛾、蓟马、蚜虫、耕葵粉蚧、地下害虫等。玉米病虫害总发生面积 19 660.51 万亩次，防治面积 11 938.9 万亩次，挽回损失达 1 070 105.13 吨。玉米病虫总体中等，局部偏重发生，虫害重于病害，前期喜旱害虫偏重发生，中后期三代黏虫、钻蛀性害虫局部虫量偏高。其中蓟马偏重发生，局部大发生；二点委夜蛾偏轻发生，为 2011 年大发生以来最轻发生年份；三代黏虫总体中等，在中北部地区出现高密度地块；地

老虎在局部地块偏重发生；玉米穗蚜轻于近年；玉米后期叶部病害总体偏轻发生，地区间差异较大；南方锈病在局地发生偏重，发生面积程度为近年来最重的一年。

一、高度重视，积极部署防治工作

为确保玉米病虫防控工作顺利开展，5 月 29 日，印发《河北省农业厅关于印发 2015 年玉米重大病虫害防控技术方案的通知》（冀农植发〔2015〕10 号）。技术方案明确了防控目标、防控措施和主推技术等。7 月，玉米病虫防控工作关键期，各级农业部门上下联动，组织技术人员加强病虫监测，及时开展应急防治和统防统治，有效遏制玉米螟、黏虫、二点委夜蛾等玉米病虫暴发流行，赢得秋粮丰收的主动权，防病治虫夺秋粮丰收行动取得了圆满胜利。

二、示范带动，推进绿色防控工作

2015 年按照农业部种植业管理司和全国农业技术推广服务中心的统一安排，积极开展绿色防控与统防统治融合示范工作，在故城县和涿州市建立 2 个玉米示范区，每个示范区面积 5 万亩，示范技术包括：一是玉米螟的综防技术。玉米螟等害虫的成虫羽化期，组织农民进行杀虫灯诱杀；玉米螟性信息素诱杀玉米螟成虫技术；释放赤眼蜂寄生灭杀玉米螟卵技术；投撒颗粒剂防治玉米螟幼虫技术；高杆喷雾器喷施 Bt 防治玉米螟技术等。二是玉米二代黏虫、蓟马、飞虱的综合防治。在玉米 2 叶 1 心至 4 叶 1 心期，采用高效低毒低残留农药，进行统一防治。三是玉米叶斑类病害的综合防治。采用物理防治措施为主，农机农艺结合，化学防治为辅的综合防控措施。

三、开拓思路，实施"一喷多效"项目

今年首次实施"玉米中后期'一喷多效'减灾技术集成"项目，项目资金 200 万元。确定了 20 个项目县（市、区）。每个项目县（市、区）实施面积不少于 0.9 万亩，按照每亩 10 元的标准进行补助，全省实施面积 19.6 万亩。

（一）加强培训，全面提高思想认识

6 月 6～7 日，河北省植保植检站在廊坊市召开了玉米中后期"一喷多效"减灾技术集成项目启动培训会。全省共召开现场观摩会 20 余场，组织专业技术培训 40 场次，培训植保技术人员和专业化合作组织人员 1 200 人。

（二）集中作业，发挥专业化统防统治优势

项目实施期间，各项目县共动用各类植保机械 2 000 多台，其中大型植保机械 260 台，植保无人机 120 台，背负电动喷雾机 1 000 台，烟雾机 1 000 台。

（三）跟踪指导，检查项目落实情况

按照项目实施要求，20 个项目技术指导小组负责本项目县（市、区）项目实施的全程跟踪和指导，关键节点全部在位。全省 20 个项目县在 8 月中旬前全部完成示范区喷施作业，确保了项目顺利实施。

（四）验收考核，评价项目实施效果

全省 20 个项目县考核均达到了优良标准。栾城区实际测产验收结果表明，"玉米中后期'一喷多效'减灾技术集成"项目在防病治虫增产方面表现突出。每公顷籽粒产量 749.4 千克，比对照田（常规防治）增产 20.2%，玉米病虫害综合防效达到 97.8%；景县中后期病虫害平均防效为 85.3%，项目区比常规对照区亩增产 88.2 千克，用药成本每亩节省 2 元，大型机械每亩的作业费为 3 元，而人工费每

亩为 10 元，所以每亩节约人工费 7 元，玉米价格按 1.9 元/千克计算，项目区比常规对照区亩增加经济效益 176.58 元，景县玉米中后期"一喷多效"减灾技术集成项目 1 万亩，项目区比常规对照区增加经济效益 176.58 万元。

山 西 省

2015 年山西省玉米种植面积 2 740 万亩，其中春玉米 2 219 万亩，比去年增加 119 万亩，夏玉米 500 多万亩，主栽品种有先玉 335、强盛系列、大丰系列、晋单系列等。

一、玉米病虫害发生概况

受春季大部分地区气温偏低、夏季降水偏少等气候因素的影响，2015 年全省玉米病虫害总体中等发生，发生程度轻于上年。发生特点为：发生期偏晚，发生程度轻，常发性、暴发性病虫表现平稳，蓟马、双斑萤叶甲等次要害虫上升态势明显，呈逐年加重趋势，虫害重于病害。据统计，全省玉米病虫发生面积 4 359.6 万亩次，较 2014 年减少 1 556.6 万亩次，其中虫害发生面积 3 312.45 万亩次，占病虫发生面积的 76%，发生面积较 2014 年减少 1 204 万亩次；病害发生面积 1 047.15 万亩次，占病虫发生面积的 24%，发生面积较 2014 年减少 352.6 万亩次。

二、防控采取的主要措施

2015 年全省累计防治玉米病虫 3 360 万亩次，因病虫危害造成的实际经济损失 26 371.63 万元，防治后共挽回损失 151 453.62 万元。

一是加强组织领导，防控工作得到重视。各级政府深入贯彻"政府主导、属地责任、联防联控"的工作机制，从讲政治的高度，将病虫防控作为确保粮食丰产丰收和社会稳定的重要抓手，切实加强组织领导。7 月 13 日山西省农业厅以山西省发电向各市、县农委发出《关于做好大秋作物中后期病虫防控工作的紧急通知》，要求各地把病虫防控各项措施落到实处，严控病虫暴发流行，保障秋粮生产安全。

二是加大物资投入，推进统防统治开展。省财政为大秋作物后期病虫防控准备预备金 300 万元，通过政府集中采购程序，进行对路农药械的招标，第一时间下达最需要支持的病虫重发区。另外，2014 年山西省财政下达 2 000 万元支持玉米红蜘蛛防控工作开展，但由于经费下达偏晚，大部分项目县专项经费未进行支出，经与相关财政部门沟通，项目经费保留至今年购置玉米红蜘蛛防治用药，60% 的项目县已经购置了防控农药和防控药械，仅植保无人机、风送式大型喷雾机、自走式高杆喷雾机等大型植保机械，全省就新增 20 台（架）。

三是加强监测预警，有效指导病虫防控。各地植保部门切实加大对玉米重大病虫害发生的动态监测，增加调查频次，扩大普查范围。针对近年发生逐年趋重的双斑萤叶甲、玉米蓟马等小型害虫，今年在大同、阳高、介休、原平、长子新建了 5 个玉米虫害系统监测点，各测报站严格按照测报调查规范进行调查，并及时将发生动态通过山西省农作物病虫监测预警系统上报省病虫测报科。

四是扩大绿防面积，完善配套集成技术。2015 年全省农作物病虫害绿色防控实施面积 2 795.6 万亩次，占病虫防治总面积的 23.1%，绿色防控覆盖面积 1 326 万亩。其中，玉米病虫绿色防控覆盖面积 573 万亩。各地结合当地病虫发生规律，对多年绿色防控试验示范进行总结归纳、优化组装，形成多种以作物为主线，针对主要病虫的可操作、实用性强的绿色防控技术模式。例如，玉米主产的忻州市，针对玉米大斑病、丝黑穗病、玉米红蜘蛛等病虫形成了"配方施肥、秸秆粉碎还田、选用抗病品种、播前统一药剂处理、叶斑病提前喷药预防"为主的技术模式。

五是加强宣传培训，提供技术支撑。年初山西省农业厅印发了《2015 年全省植物保护工作要点及农作物重大病虫害防控技术方案》。3 月 18 日，印发了《山西省 2015 年春季防治病虫夺丰收行动方案》。7 月 13 日，山西省植保植检站印发了《2015 年山西省大秋作物中后期病虫防控技术方案》。7 月

10 日，山西省植保植检站组织召开了全省大秋作物后期病虫防控现场会，11 个市植保站站长和 40 个重点县（区）农委主任、县植保站站长及重点植保专业组织代表参加了会议。会上展示了秋粮作物后期适用农药及药械使用技术。7 月 13 日，山西省植保植检站由处级领导带队，分 5 个防控督导组赴全省病虫重发区开展病虫防控督导检查工作。各地植保部门结合当地实际，制订科学防治技术方案，植保科技人员深入田间地头，包乡抓村开展技术培训和防控指导。同时采取多种形式，加强对农民的宣传和培训。

内蒙古自治区

一、玉米病虫害发生防治情况

2015 年全区玉米种植面积 6 600 万亩。红蜘蛛、玉米螟、玉米大斑病等是玉米主产区的流行病虫害，全区玉米病虫共发生 7 195.11 万亩，其中虫害 6 272.62 万亩，病害 922.49 万亩，完成防治 6 664.72 万亩次，挽回损失 159.08 万吨。

红蜘蛛总体中等发生，局部重发生，共发生 486.02 万亩，完成防治 291.75 万亩。玉米螟总体偏轻发生，局部地区偏重发生，发生 3 289.45 万亩次，完成防治 2 281.88 万亩次。双斑萤叶甲总体中等发生，局部偏重，发生面积 868.4 万亩，完成防治 316.18 万亩。玉米大斑病总体中等发生，局部偏重，发生 566.9 万亩，完成防治 148.4 万亩。黏虫总体轻发生，局部中等发生，共发生 460.07 万亩，完成防治 334.38 万亩。

二、玉米病虫害绿色防控开展情况

在通辽市开鲁县建立了 1 个农业部玉米螟绿色防控示范区，核心示范面积 1 万亩，辐射带动面积 5 万亩；在通辽市、赤峰市、兴安盟各玉米主产旗、县、区推广玉米螟绿色防控技术。形成了以玉米螟绿色防控为主的技术模式，采取"以农艺措施为主，以生物、物理防治措施为辅"的玉米螟绿色防控技术，推广"白僵菌封垛＋频振式杀虫灯＋释放赤眼蜂"的技术模式，有效控制了玉米螟危害，基本替代了化学药剂防治，实现了玉米螟全程控制"无毒化"。示范区内绿色防控技术到位率达 85％以上，平均综合防效达 75％以上，减少农药使用量 30％，控制危害损失在 5％～10％，亩增产 10％～15％，收到了显著的社会、生态和经济效益。

三、玉米病虫害专业化统防统治与绿色防控融合示范

在通辽市开鲁县、兴安盟扎赉特旗各建立了 1 个农业部玉米病虫害专业化统防统治和绿色防控融合示范基地，开鲁县核心示范面积 6.3 万亩，辐射带动 63 万亩，扎赉特旗核心示范面积 6 万亩，辐射带动 60 万亩。

通过开展玉米病虫害的融合示范，核心示范区关键技术到位率达到 100％，辐射推广区绿色防控技术到位率达到 70％以上，粮食作物病虫危害损失率控制在 5％以下，农产品合格率 95％以上，化学农药使用量减少 20％，杜绝高毒农药使用，保障农业生产、农产品质量、生态环境安全。

四、采取的措施

（一）强化组织领导，落实防控责任

内蒙古自治区政府及各级业务部门高度重视玉米病虫害的防控工作，年初自治区农牧业厅下发了《2015 年全区农作物重大病虫害防控方案》（内农牧种植发〔2015〕167 号），附有土蝗、玉米重大病虫害等 6 套防控方案。各地积极动员部署防控工作，成立了领导小组和技术指导小组，负责组织协调和具体实施，强化属地管理和行政推动，加强督导和指导，制订实施方案，确保防控措施落到实处。

（二）组织协调督导防控，提供技术保障

8 月初，玉米红蜘蛛在内蒙古西部地区相继发生危害，在病虫害发生的关键时期，内蒙古自治区农牧业厅贾跃峰副厅长、内蒙古自治区植保植检站站长和专家组成督查组，深入鄂尔多斯市、巴彦淖尔市和包头市重发区一线指导防控。仅鄂尔多斯市就出动防控人员 8 万人次、技术人员 4 000 多人次，通过发放宣传材料、开现场会等形式发动群众开展群防群治，危害得到了有效控制。

（三）积极争取各级财政支持，做好应急防控物资准备

内蒙古自治区财政厅、农牧业厅及时下拨国家专项资金、自治区本级财政共计 1 300 万元，用于玉米病虫害等重大病虫的应急防控、绿色防控和专业化统防统治。玉米红蜘蛛、三代黏虫等重大虫害在部分地区重发生后，自治区政府高度重视，大力支持，拨付农业重大技术补贴 2 000 万元用于 6 个虫灾重发盟市主要农作物重大病虫专业化统防统治与绿色防控融合推进示范。鄂尔多斯市和达拉特旗政府筹措资金 335 万元，购置烟雾机 225 台，农药 43 吨，调用大型药械 20 台，启用中小型药械 6 800 台套，用于玉米红蜘的紧急防控。

（四）加强监测预警，确保信息传递到位

各级植保部门严格执行马铃薯晚疫病和玉米病虫害的监测调查规范，准确掌握病虫发生动态，及时发布长、中、短期预报及防治警报，严格执行信息周报制度和值班制度，固定专业技术人员负责虫情传递。各级植保机构通过农作物重大病虫害数字化监测预警系统上报玉米螟等病虫信息，确保了信息渠道畅通，做到"早监测，早预警，早发现，早防控"，准确发布玉米病虫害发生情况和流行态势，科学指导大田防治。充分利用电视、报纸、广播、网络、手机等大众传媒，发布传递虫情信息 600 多期次，制作可视化预报专题片 19 期，播放 70 多次，发布手机信息近 15 万条，网络会商 19 次，为领导、相关部门决策和及时组织开展防治提供了科学依据。

辽 宁 省

一、玉米螟发生与防控基本情况

玉米螟是影响辽宁省玉米产量和质量的重要害虫，据统计，2015 年发生面积为 3 500 万亩次，发生面积比率超过 70%，面积较上年有明显增加，发生区域主要分布在辽宁中、西、北部平原地区，主要包括沈阳、锦州、阜新、铁岭、葫芦岛等地区。

2015 年在辽宁省财政资金的强力支持下，坚持公共植保和绿色植保理念，始终把保障粮食生产安全、农产品质量安全、农村生态环境安全作为植物保护工作的出发点和落脚点，将玉米螟绿色防控作为全省粮食生产保产、提质、增效的主要措施和防灾减灾的重要抓手，通过采取加强领导，精心组织，广泛宣传，整合资源，增加投入，整体推进等措施，使全省玉米螟绿色防控技术推广工作顺势推进，玉米螟防控手段已由单一的化学防控逐步迈向生物、物理等绿色防控，成效显著。据统计，2015 年完成玉米螟防控面积 3 200 多万亩，挽回粮食损失 14 亿千克，减少农药使用量 260 吨。

二、主要经验

在玉米螟绿色防控工作实施过程中，积累了很多经验，形成了玉米螟绿色防控四大"模式"。

一是行政管理上的"公共模式"。辽宁省玉米螟绿色防控工作资金量巨大，工作繁复，必须实施政府主导、部门配合、统筹协调的"公共模式"，才能较好的完成此项工作。省委、省政府、省财政、省农委对此项工作高度重视，召开专题会议安排部署，以保证全省玉米螟绿色防控工作顺利开展。各级地方政府也牢固树立"公共植保"理念，发挥政府主导作用，把玉米螟防治工作纳入政府行为，作为农业

和农村公共服务事业来支持和发展。全省形成了省、市、县、乡、村五级联动，层层落实任务，明确职责，共同行动，推进玉米螟绿色防控工作开展。各级政府都成立了由主要领导负责的玉米螟防治工作领导小组，制订防螟工作方案；各级植保部门成立技术指导小组，制订防螟技术方案。在整个防螟过程中，职责任务明确，措施到位，责任到人，确保了玉米螟绿色防控项目的顺利实施。

二是防控策略上的"绿色模式"。围绕"关键技术绿色化、技术体系规模化、推广应用产业化、综合效益最优化"的目标，结合辽宁省开展生物防治的资源优势，形成了全省在玉米螟防控上的"绿色模式"。玉米螟防控过程中全程使用生物、物理防治技术，实现了由原来的化学防控向生物等绿色防控模式的转变。在防控一代玉米螟时应用白僵菌田外封垛压低虫源基数和田间释放松毛虫赤眼蜂降低玉米螟卵的孵化率；通过释放专化赤眼蜂、物理诱杀、性诱剂迷向、飞机和高秆作物喷杆喷雾机喷施生物农药等集成技术措施控制二代玉米螟，实现了玉米螟防控的"全程绿色化"。

三是项目实施上的"统合模式"。各地根据本地区的农业发展实际，将玉米螟绿色防控与植保专业化统防统治推进项目、新型农民科技培训项目、玉米高产创建项目、现代农业示范区建设、植保能力提升项目等重大现代农业发展项目相结合，实现了五个提高：实现了资金汇集，提高了绿控工作资金的使用量，保障了项目健康发展；实现了主要技术优化集成，提高了关键技术的科技含量；实现了植保工作与玉米生产相结合，提高了植保工作与优势农作物发展的关联程度；实现了将植保工作置身于发展现代农业的宏观战略之中，提高了植保工作在社会上的影响力；实现了现代化植保机械应用与玉米病虫害统防统治的融合，提高了防控作业效率。

四是防控组织上的"统防统治模式"。玉米螟绿色防控工作技术要求严格，一家一户分散操作难以保证防治效果。为做好绿色防螟工作，各地以村组为单位，组织防螟专业队，有效解决了分散防螟防效低的难题。全省农业部门和植保机构分别派出精干人员，开展培训和指导，提高专业化防治队员放蜂操作技术水平，提高专业化防治组织服务能力，大大推进了全省病虫害防控专业化组织程度，在玉米螟绿色防控实施过程中做到"八个统一"：即统一领导、统一组织、统一技术、统一防螟物资、统一防治时间、统一田间操作、统一检查验收、统一档案管理，为今后病虫害专业化统防统治提供了可供借鉴的经验。

三、主要成效

一是绿色防控面积逐年增加。2015年全省玉米螟绿色防控面积达到3 214万亩，覆盖了全省大部分玉米种植区，创下了有史以来玉米螟绿色防控面积的最高纪录。二是挽回粮食损失逐年提升。据统计，2015年全省玉米螟绿色防控区域，平均卵寄生率达到70.3%，平均每亩挽回42.1千克，每亩挽回经济损失67.36元，全省共挽回产量14.17亿千克，投入产出比1∶16，经济效益显著。三是化学农药使用逐年减少。通过推广实施玉米螟绿色防控技术，3 214万亩防控面积可减少化学农药使用260余吨（有效成分含量）。大大减轻了农药对自然环境造成的污染，降低了农产品农药残留，减少了农药中毒事故的发生，害虫自然控制能力逐年加强，维持了生态平衡。四是社会关注度逐年提高。玉米螟绿色防控，彰显了政府部门的服务职能，体现了"绿色植保促和谐，公共植保求发展"的理念，通过深入宣传，广大农民对科学防螟有了较深的认识，社会关注度越来越高。

◼ 吉 林 省

2015年吉林省玉米播种面积6 508.36万亩，其中，病虫害合计发生面积7 684.24万亩次，防治面积9 844.3万亩次，挽回损失1 858 543.07吨，实际损失674 871.51吨，发生程度为中等偏轻发生。

一、玉米主要病虫害发生与防治情况

（一）病害发生与防治情况

玉米大斑病发生面积1 176.97万亩次，防治面积518.05万亩次；玉米丝黑穗病发生面积492.7万

亩次，防治面积1 773.19万亩次；玉米纹枯病发生面积53.25万亩次，防治面积5万亩次。其余病害合计发生面积55.58万亩次，防治面积132.46万亩次。

（二）虫害发生与防治情况

玉米螟发生面积4 077.53万亩次，防治面积4 438.73万亩次；黏虫发生面积199.08万亩次，防治面积181.04万亩次；蚜虫发生面积409.9万亩次，防治面积262.69万亩次；双斑萤叶甲发生面积382.84万亩次，防治面积96.49万亩次；地下害虫发生817.68万亩次，防治面积2 416.49万亩次，其中金针虫发生面积381.64万亩次，蛴螬发生面积198.95万亩次，蝼蛄发生面积127.2万亩次，地老虎发生面积106.59万亩次。

二、病虫害防控工作开展情况

（一）加强组织领导，扎实细致做好病虫害预测预报工作

通过全省专家网络会商，做出了全省农作物主要病虫害长期趋势预报。相继发布地下害虫、玉米螟、大豆蚜虫、二化螟、二代黏虫、稻瘟病等中、短期趋势预报8期。制作发布地下害虫、玉米螟、水稻二化螟等电视长期趋势预报4期。带动全省发布长期预报30期，中短期预报及警报428期，病虫简报762期，电视预报198期。

（二）加大财政扶持力度，全面落实玉米螟生物防治重大技术推广项目

2015年全省通过财政扶持投入资金8 558万元，继续推进玉米螟生物防治。全省实际完成防治面积4 056.42万亩，其中释放赤眼蜂3 636.42万亩，白僵菌控制面积420万亩。其中长春地区今年继续实现了玉米种植区全防治。放蜂区平均玉米螟卵校正寄生率75.75%，白僵菌封垛平均僵虫率73.12%，田间平均防治效果71.70%，平均亩挽回玉米损失37.38千克，共挽回玉米137 978.8万千克，全省新增总产值275 957.6万元，扣除防治成本9 567.408万元，纯增收266 390.2万元，投入产出比达到1∶33.62。

（三）加强示范区建设和统防统治与绿色防控融合力度，探索绿色防控集成技术

2015年全国农技中心继续在公主岭实施玉米绿色防控技术集成创新与示范区建设项目。该项目全年实际完成白僵菌封垛防治玉米螟10万亩，防治效果（校正僵虫率）为69%；释放赤眼蜂防治玉米螟20万亩，防治效果（校正卵寄生率）为79.5%；利用太阳能杀虫灯诱杀玉米螟试验1 000亩，平均单灯日诱集玉米螟虫9.5头；利用性信息素迷向技术试验300亩，平均每套诱捕器每天诱集玉米螟成虫1.22头。核心区平均防效77.9%，挽回产量损失率7.89%；辐射区平均防效73.2%，挽回产量损失率7.63%；试验区平均防效79.9%，挽回产量损失8.0%。计划核心示范面积1万亩，辐射带动20万亩，实际辐射带动30.13万亩，超标准完成示范任务。

2015年全省各级地方财政下拨扶持资金3 442.2万元，全省专业化统防统治与绿色防控融合防治面积达到3 016.29万亩，全程统防统治面积1 541.99万亩，其中玉米专业化统防统治与绿色防控面积2 301.98万亩，占防治面积的49.59%；全省专业化统防统治与绿色防控融合能力迈入上升通道。

（四）教科研推联合会商，及时有效防控突发暴发性病虫灾害

2015年针对黏虫发生危害的特点和农业部种植业管理司发布的东北部分地区黏虫发生预警，吉林省农业技术推广总站高度警戒，联合吉林省农业科学院植物保护研究所等科研单位，并且组织全省各级植保专业技术人员，深入到梨树、农安、长岭、公主岭等黏虫易发、多发县（市），开展虫情调查，严密监测黏虫发生动态。其中，吉林省政府发布明传电报1期，吉林省农委和吉林省农业技术推广总站连续下发紧急通知多期，要求各地高度重视，及时搞好预防，通过努力今年黏虫发生面积比去年略有增加，但防治非常及时，没有发生严重危害。此外，针对吉林部分地区双斑萤叶甲危害的情况，及时组织

技术人员进地指导，讲解防治方法和用药安全常识，做到了早预防，早防治，没有造成实际危害。

黑龙江省

一、玉米病虫害发生情况

2015 年黑龙江省玉米播种面积 1 亿亩以上，玉米病虫害总体发生程度低于常年，发生面积 12 460 万亩次。

（一）玉米虫害

中等发生，发生面积 7 889.6 万亩次。玉米螟发生面积达 4 066 万亩，较去年减少 450 万亩，玉米螟百秆活虫越冬基数下降到 67.2 头，为 1991 年至今的最轻年份，二、三代黏虫轻发生，共发生 406.05 万亩，双斑萤叶甲发生 1 538.7 万亩，蚜虫发生 1 360 万亩，蝗虫发生面积 326.69 万亩。

（二）玉米病害

中等发生。发生面积为 3 088.36 万亩次，仍是以玉米大斑病、玉米丝黑穗病、玉米瘤黑粉病、玉米顶腐病为主，发生面积分别为 1 859 万亩、496.87 万亩、270.76 万亩次、284.55 万亩次。今年黑龙江省玉米大斑病发生较重的主要原因：一是玉米密植栽培，导致田间透光、通风性不好；二是玉米田重茬面积大，且近年防治面积极为有限，田间菌源大量积累；三是玉米种植品种较杂，大部分抗性较差；四是现在多使用长效肥，致使玉米生长中后期脱肥现象严重，易发病。

二、玉米病虫害防控情况

黑龙江省玉米病虫害防治面积 9 207.60 万亩次，其中，地下害虫防治 3 062.91 万亩次，苗期害虫防治 188.11 万亩，玉米螟防治面积 1 514.70 万亩，二代黏虫防治面积 243.95 万亩次。玉米顶腐病防治面积 277.84 万亩，玉米大斑病防治面积 380.90 万亩次，玉米丝黑穗病防治面积 2 151.81 万亩次。

（一）玉米螟绿色防控工作情况

玉米螟绿色防控已连续实施 7 年，今年继续建立国家级玉米螟绿色防控示范区 1 个，国家支撑计划课题"农作物重大病虫害防控关键共性技术研究"（课题编号 2012BAD19B01）项目"东北一代玉米螟区单项绿色防控技术试验和综合防治技术集成的示范与推广"示范区 1 个，农业部"农作物病虫专业化统防统治与绿色防控融合试点"玉米示范基地 6 个，省级玉米螟绿色防控示范区 29 个，省级财政投入玉米螟绿色防控资金 1 307 万元，完成玉米螟绿色防控 475.4 万亩，其中自走式高秆作物喷雾剂喷洒 Bt 粉剂防治面积 237 万亩，释放赤眼蜂防治面积 238.4 万亩，投射式杀虫灯防治面积 50 万亩。辐射带动全省完成玉米螟绿色防控 1 300 多万亩，挽回粮食损失 4.5 亿千克。经调查该技术对天敌、人畜安全，示范区内减少 90％的化学农药用量。

（二）玉米病虫专业化统防统治与绿色防控融合国家级示范区工作内容

建立 6 个玉米病虫专业化统防统治与绿色防控融合国家级示范区，进行玉米病虫害绿色防控技术措施综合组装、与专业化统防统治融合示范。病虫害绿色防控技术主要为玉米螟绿色防控技术和玉米大斑病绿色防控技术，同时对示范区内施药机械更换标准喷头。2015 年全省 6 个融合示范区共示范面积 30 万亩，辐射带动面积 300 万亩以上。同时，完成了玉米病虫害绿色防治试验示范 13 项，储备了一批绿色防控技术，为推动玉米病虫害绿色防控工作起到了示范带头作用。通过玉米病虫专业化统防统治与绿色防控技术融合的实施，平均亩挽回玉米产量损失 45 千克，30 万亩融合示范田共挽回玉米产量损失 1 350 万千克。每千克玉米按 1.2 元计算，折合人民币 1 620 万元。

三、主要经验与做法

强化政府职能。今年省政府分管农业副省长多次批示,要求继续大力开展玉米螟绿色防治。今年,省财政投入 1 307 万元,选择29个县(市、区)开展玉米螟全程绿色防控。为充分发挥政府职能,确保项目顺利实施,今年继续与项目县签订防治责任书,由当地政府主导项目实施,防螟工作由部门行为上升到了政府行为。

提前准备部署。今年玉米螟全程绿色防控继续采取了统一组织领导、统一筹措资金、统一宣传培训、统一虫情监测、统一供蜂供药、统一放蜂施药的"六统一"方法。为防止资金到位后临近防治适期,措施落实仓促,省站提前准备部署,5月就统一制订印发了各项监测调查、技术实施、工作组织和防效评估等统防统治系列方案,并下派技术人员,指导29个承担防控任务的县分别举办玉米螟监测、防治技术培训班。

抓好关键环节。一是抓冬前、冬后扒秆调查,准确确定各防治区域的发生级别。二是抓化蛹羽化进度调查,准确预报防治适期。三是抓防治环节关键技术落实,确保防效。

跟踪督导检查。抽调测报和防治人员成立了4个督查组,分片包干,全程跟踪,在人员培训、化蛹调查、设备安装、田间放蜂等关键阶段,先后4次下乡督查指导各项监测防控措施的落实,发现问题,及时解决。各承担项目县也按照工作方案要求,下派人员,驻守村屯,监督村屯严格执行各项技术方案和工作管理方案。

■ 江 苏 省

一、玉米病虫发生概况

2015 年江苏省玉米种植 738 万亩,其中,春玉米 218 万亩,夏玉米 520 万亩,主要种植区在沿江、沿海及淮北等地,全年病虫害总体为偏轻发生,病害重于虫害,累计发生 1 688.8 万亩次。其中锈病在沿淮及淮北偏重发生,纹枯病、小斑病、玉米螟全省偏轻发生,褐腐病在淮北偏轻发生,大斑病、弯孢霉叶斑病、褐斑病、二点委夜蛾及棉铃虫等夜蛾类害虫轻发生。

(一)玉米病害

玉米锈病在夏玉米田偏重发生,发生面积 303.1 万亩,纹枯病偏轻发生,发生面积 112.8 万亩,同比 2014 年减少 11.1%。小斑病总体偏轻发生,发生面积 110.2 万亩,大斑病总体轻发生,发生面积 49.9 万亩。粗缩病发生面积 18.7 万亩,褐腐病在淮北局部偏轻发生,发生面积 6 万亩,弯孢霉叶斑病在淮北轻发生,发生面积 2 万亩,褐斑病在沿海地区轻发生,发生面积 24.2 万亩。

(二)玉米虫害

玉米螟偏轻发生,累计发生面积 863.5 万亩次。二点委夜蛾轻发生,发生面积 37.4 万亩次,棉铃虫发生面积 100.9 万亩,斜纹夜蛾轻发生,发生面积 11 万亩,甜菜夜蛾轻发生,发生面积 12 万亩,小地老虎等地下害虫轻发生,发生面积 20.9 万亩。

二、发生原因分析

(一)气候及苗情

9月,沿淮、淮北等大部地区持续的多湿、连阴雨、多雾及寡照天气非常适宜玉米锈病的发生,导致玉米锈病在沿海、淮北等地迅速上升,集中暴发。由于玉米生育进程延缓,茎秆软弱,抗逆性减弱,田间湿度大,对纹枯病、玉米螟等病虫害的发生也较有利,但不利于棉铃虫、夜蛾类害虫产卵繁殖。

(二)栽培条件

由于小麦收割后旋耕灭茬,破坏了二点委夜蛾的栖息场所和生存环境,同时今年小麦收获快,时间跨度小，玉米苗期与幼虫发生高峰期吻合度较低，使得二点委夜蛾发生程度轻。

（三）病虫基数

由于近年来玉米田实施秸秆全量还田，且淮北等地农户习惯多年重茬种植玉米，使得田间锈病菌源大量积累，菌源基数大。田间灰飞虱虫量持续偏低，越冬代灰飞虱带毒率全省各地均为0，一代灰飞虱带毒率也为0，导致田间粗缩病发生较轻。冬季玉米秸秆残存量大，为玉米螟提供了良好的越冬场所，导致一代玉米螟在部分地方发生量仍较大。

三、防控概况及工作措施

一是狠抓组织发动。江苏省植物保护站先后多次将玉米重大病虫发生动态向领导作专题汇报，并通过媒体、网络等渠道向社会和基层发布，充分调动和发动群众，科学开展防治。病虫防控关键时期，多次组织服务指导组分赴各玉米主产区，指导各地科学开展防控工作。

二是积极开展监控技术研究。今年在丰县等地开展二点委夜蛾性诱监测技术试验，玉米螟、二点委夜蛾智能监测技术示范，探索智能化监测、自动汇报、数据自动处理等物联网技术规程，同时了解各种病虫的发生规律、危害特点与有效防治技术研究，掌握发生特点、消长规律和应急防控技术。

三是加强培训指导。3月31日，江苏省植物保护站印发了《关于印发2015年主要农作物重大病虫害与植物疫情防控方案的通知》，部署以玉米螟为主的玉米病虫防治工作。11月举办了全省主要农作物病虫害调查技术培训班，对主要农作物病虫测报技术进展、调查规范、农作物病虫害调查与防控、病虫害智能化预警监测等内容进行培训。

四是推广综合防治技术措施。对玉米锈病，推广种植耐病品种，清洁田园，降低菌源基数；适当施用氮肥、施磷，增施钾肥，增强玉米对锈菌侵染的抵抗力，做好田间防渍降湿，结合喷施代森锌、氧化萎锈灵、三唑酮或烯唑醇等药剂开展防治。对玉米螟，推广秸秆还田或集中粉碎处理压基数，重点把握好心叶末期药剂灌心防治；对玉米粗缩病，采取"避、抗、治"的防治措施，即将春玉米播期提早避病，因地制宜种植耐病品种，灰飞虱传毒高峰期对处于感病生育期内的玉米喷施吡蚜酮、稻丰散等药剂"治虫控病"。对二点委夜蛾，大力推广麦收旋耕灭茬后播种玉米，田间连片安装杀虫灯，二点委夜蛾主害代幼虫盛发期适时开展药剂喷灌围棵保苗。

五是防治成效显著。据统计，全省玉米病虫累计发生1 692.2万亩次，防治2 705.6万亩次，其中，玉米螟累计防治1 083.6万亩次，大斑病、小斑病共计防治209.1万亩次，纹枯病防治158.3万亩次，小地老虎防治39.1万亩次，二点委夜蛾防治84万亩次，褐腐病防治6万亩次，褐斑病防治32.7万亩次，锈病防治255万亩次，棉铃虫防治80.2万亩次，斜纹夜蛾、甜菜夜蛾合计防治33万亩次，其他病虫累计防治64.8万亩次。经过防治，挽回产量损失36.1万吨，实际损失6万吨。

■ 安 徽 省

一、玉米主要病虫害发生情况

2015年全省玉米种植面积1 490万亩，主要集中在沿淮及淮北地区。玉米病虫害总体偏重发生，累计发生面积4 047万亩次，比2014年面积增加30.4%。其中玉米叶锈病大流行发生，以玉米螟、棉铃虫为主的钻蛀性害虫中等发生，蚜虫中等发生，二代黏虫局部地区为害较重。

玉米螟发生面积887.6万亩次，较去2014年减少34%，黏虫局部为害重，发生面积140.1万亩，二点委夜蛾轻发生，发生面积3.8万亩。玉米田棉铃虫偏轻发生，发生面积190.5万亩次，玉米蚜虫中等发生，发生面积583万亩，玉米粗缩病在早栽的夏玉米田零星发生，全省发生面积5.9万亩。玉米锈病大流行发生，发生面积963.8万亩。病害流行高峰期平均病叶率为43.5%，最高病叶率为100%，平均病株率为65%，最高病株率为100%。原因分析：一是生长期间雨水较多，二是大面积种植感病品种，三是种植密度过大，四是防治不及时。以弯孢叶斑病、小斑病为主的玉米其他病害偏轻发生，发生面积分别是 578 万亩和 144 万亩。

二、防治工作开展情况

今年全省玉米病虫总体偏重发生，省及玉米产区各市、县积极做好防治技术指导和服务，全省共开展玉米病虫防治面积 3 015.73 万亩次，共挽回玉米粮食损失 30.58 万吨。

（一）及早制订防治预案

安徽省农委年初即组织有关专家研究制订玉米病虫防治预案，针对玉米各生育期的主要病虫害提出相应的防治技术和措施。并及时印发玉米产区各地，指导做好防控物资储备与工作准备，为全年顺利开展应防防治工作打下了坚实的基础。

（二）切实加强组织部署

7 月下旬安徽省农委下发了《安徽省农业委员会关于加强夏秋季农作物重大病虫害防控工作的通知》。同时下发了《关于印发安徽省防病治虫夺秋粮丰收行动方案的通知》，以确保全省粮食绿色增产模式攻关和防病治虫夺秋粮丰收总体目标的实现。

（三）认真开展监测预警

全省共建立 12 个玉米病虫监测点，实行系统调查与面上普查相结合，认真做好病虫情调查，及时发布预警信息。同时，加强信息汇报和交流，累计上报农业部和全国农技中心玉米病虫发生情况周报表 7 期。省及各玉米产区多次召开玉米病虫发生趋势会商会，并及时发布玉米病虫发生趋势预报 5 期，科学指导防治工作开展。

（四）加大绿色防控技术及相关试验示范工作力度

2015 年安徽省玉米病虫害绿色防控技术示范区在 2014 年的基础上，规模进一步扩大，分别安排在蒙城县、萧县、太和县和临泉县。全省玉米病虫害绿色防控示范区面积达 11.2 万亩，其中核心示范区面积 10 120 亩。集中示范了调整播期避玉米粗缩病、推广抗（耐）病品种、灯光诱杀技术、性诱剂诱杀技术、高效低毒低残留农药控害技术等，其中各示范区运用性诱剂防治玉米螟的平均防效达59.4%～84.6%。

（五）积极推进统防统治与绿色防控融合

安徽省积极推动玉米病虫害统防统治与绿色防控融合示范工作，其中太和县在旧县镇、蔡庙镇、五星镇设立 3 个统防统治与绿色防控融合示范区，每个示范区示范面积 1 万亩，组织太和县利民植保专业服务合作社、太和县佰信种植专业合作社、太和县庄奎农民种植专业合作社等 12 个病虫防治专业化服务组织，使用大型喷杆喷雾机 32 台，实施整合作社、整农场、整村推进农作物病虫害统防统治，促进病虫害统防统治与绿色防控融合整体发展。

山 东 省

一、玉米病虫发生防治概况

山东省 2015 年玉米种植面积 4 750 万亩，玉米病虫害整体中等发生，发生面积 1.51 亿亩次，防治面积 1.48 亿亩次。主要病虫有玉米锈病、玉米蓟马、二点委夜蛾、玉米螟、黏虫、玉米穗虫、叶斑病、灰飞虱及玉米粗缩病等。病害主要有玉米叶斑病、褐斑病、粗缩病等；虫害主要有玉米螟、玉米蓟马、玉米穗虫等。玉米锈病是历史上最重的一年；叶斑病（大斑病、小斑病、褐斑病、弯孢菌叶斑病）是近年发生最轻的一年；玉米蓟马局部偏重发生；三代黏虫局部暴发；玉米螟、穗虫、蚜虫等接近常年；二代棉铃虫发生较近几年重；局部地区蜗牛危害较重；二点委夜蛾、二代黏虫、灰飞虱及玉米粗缩病发生程度与发生面积均低于去年同期。

玉米螟全省发生面积 3 911.7 万亩，玉米蓟马在部分春玉米和套种玉米上偏重发生，发生面积 1 405.7 万亩，黏虫偏轻发生，发生面积 472.96 万亩次。玉米叶斑病发生面积 1 532 万亩次，玉米褐斑病发生 528.19 万亩，玉米粗缩病发生面积 179.82 万亩次，玉米锈病偏重发生，发生范围广，扩展迅速，为历史发生最重年份，发生面积 2 192.62 万亩次。

二、主要防治措施

（一）加强病虫监测，为科学防治提供依据

全省各级测报人员认真贯彻测报调查规范，做好病虫监测。充分利用模式电报、动态电报、旬报、情报等病虫信息，把握病虫发生动态。开展虫情会商，对黏虫、灰飞虱和玉米粗缩病等重大病虫均及时准确发布了病虫预报，为指导大田防治提供了科学依据。

（二）加强组织领导，科学部署防控任务

制订了《山东省 2015 年灰飞虱及其传播的病毒病防控预案》，印发了《山东省 2015 年玉米病虫草害综合防治技术意见》《关于加强三代黏虫防控工作的紧急通知》，为玉米生产安全提供了技术保障。召开了全省植保工作会，全省重大病虫暨小麦"一喷三防"统防统治现场会议等会议，安排部署了重大病虫专业化统防统治工作任务。在病虫防控的关键时期，农业厅和植保总站多次派工作组奔赴各地督导玉米病虫的防控工作。

（三）项目带动，大力开展专业化统防统治

一是实施农业部"小麦等作物主要病虫专业化统防统治与绿色防控融合试点"，建立 16 个融合试点县，每个试点县依托专业化服务组织落实玉米示范面积 4 万亩以上，分别辐射带动 40 万亩，示范区重点推广杀虫灯、性诱剂、诱虫板等绿色防控新技术，协调运用农业、物理、生物、化学等防治措施，示范区病虫危害损失率控制在 10％以下，产品品质达绿色农产品标准，带动全省开展绿色防控。二是 2015 年继续实施玉米"一防双减"补助项目，全省共投入资金 4 195.09 万元，其中财政补助 2 400 万元，创建了 24 个示范县，建立了示范面积 240 万亩专业化统防统治示范区。按照每亩 10 元药剂补助的标准，共采购药剂 12 种 185.090 8 吨。各示范县共动用 65 个专业化统防统治服务组织。示范区玉米穗虫防效高达 75％以上，蚜虫防效 85％以上，叶部病害防效 80％左右，均比非示范区提高 30％～40％；示范区平均亩产比对照区平均亩增产约 7.8％，亩增 63.7 千克。

（四）广泛宣传，及时将防控技术送到农民手中

各级植保部门通过举办技术培训班、召开现场会、利用新闻媒体开展技术讲座和深入田间地头实地指导等多种形式，及时将防控技术送到农民手中。2015 年仅"一防双减"项目就发放明白纸 5 万余份，召开现场会 60 次，参加人数约 2 万人次，发公告 5 000 余次，标语近 2 000 条，电视宣传 69 次，网上发布 102 次，有效普及了玉米病虫害防治技术。

■ 湖 北 省

一、玉米病虫发生防治情况

2015 年湖北省玉米种植面积 1 004.5 万亩，玉米病虫整体呈偏重发生，重于往年，全省玉米病

虫害发生总面积 2 329.8 万亩次，其中纹枯病、锈病、大斑病、小斑病等主要病害重于常年，发病面积显著增加，玉米螟、蚜虫等虫害偏轻至中等发生。全省病虫防治面积 2 493.2 万亩次，挽回损失 407 371.8 吨。

大斑病、小斑病偏重发生，发生面积分别为 261 万亩次和 147.3 万亩次，纹枯病偏重发生，发生面积 344.3 万亩次，玉米锈病偏重发生，发生面积 214.6 万亩次，瘤黑粉病中等发生，发生面积 24.8 万亩次，玉米灰斑病偏重发生，发生面积 107.6 万亩次。玉米螟发生面积 733.51 万亩次，比 2014 年增加 16.1%，玉米蚜虫偏轻发生，发生面积 125.4 万亩次，黏虫中等发生，发生面积 53.1 万亩次，叶螨发生面积 1.5 万亩次。

二、防控措施

（一）领导高度重视粮食安全生产

4 月 8 日，在天门召开全省春季农业生产工作会议，组织全省各级主管农业的政府领导参观小麦病虫防控现场，要求各地务必提高病虫特别是粮食作物病虫防控意识，提升病虫防控水平，确保粮食生产安全。7 月 22 日，召开了全省农作物重大病虫害防控工作视频会议，任振鹤副省长在会上对秋粮病虫防控工作作了全面部署。同日，下发了《关于加强当前农作物病虫害防控工作的通知》。

（二）加强技术宣传与发动

据不完全统计，全省共播放电视节目 10 余期，出动宣传车 200 余台次，发送手机短信 2 万余条，印发病虫情报及各种技术宣传资料 5 余万份，张贴标语 5 000 余条，举办培训班 200 余期，培训人员 5 000 余人次等。宜城 5 月 7 日召开了全市玉米绿色防控病虫防控工作会议，对全市玉米绿色植保防控工作进行了具体部署，同时举办了不同形式的培训班 4 期，参训人员达 1 500 人次，重点对示范区内所有农户、种田大户、机防队人员进行培训，印发技术资料 3 000 余份。

（三）积极推广全程绿色防控技术

4 月，制订了《2015 年全省农作物病虫绿色防控实施方案》和《农作物病虫统防统治与绿色防控融合实施方案》，5 月印发了《湖北省玉米主要病虫害全程绿色防控示范方案的通知》，并在枣阳市七方镇建立了 1 个万亩示范片，在襄州区、老河口市、宜城市等 8 个县市建立了 8 个千亩示范区。各地严格按照方案要求和技术措施组织实施相关防控工作。目前已形成了一套玉米绿色防控技术体系：①药剂拌种技术。播种前，70% 吡虫啉＋戊唑醇•丙环唑拌种，预防玉米瘤黑粉病、丝黑穗病、地下害虫和控制蚜虫。②生物农药防治技术。在二代玉米螟卵孵盛期，用 Bt100 克/亩进行防控。③物理诱杀技术。每 50 亩放置一盏太阳能杀虫灯诱杀。④生物导弹防控技术。7 月上中旬，间隔 1 周分两次投放生物导弹。⑤湿式全能杀虫平台诱杀技术。二代玉米螟成虫高发期投放湿式全能杀虫平台、屋式诱捕器、船式诱捕器。⑥精准高效施药技术。在二代玉米螟卵孵盛期，用 Bt100 克/亩利用无人机进行超低容量喷雾，实施精准施药。⑦秸秆机械粉碎灭虫还田技术。9 月中下旬玉米收获时，实行机械收获，同步进行玉米秸秆粉碎，杀灭秸秆中的残虫，减少越冬虫源，实现源头治理。

（四）加强技术督导落实与农药市场监管

多次派出督导组赴鄂西和鄂北地区进行玉米病虫防控督导，8 月中旬省农业厅督导组赴襄阳进行病虫防控督导，发现当地玉米正处于抽穗开花期、下部大部分叶片已发黄枯死，旱像初显，紧急与相关部门沟通进行应急处理，确保农民不减收，农业不减产。同时，为确保农民用上放心药，保障防治效果，湖北省农业厅联合各农资打假成员单位，组织开展专项抽查和放心农资下乡等活动，分区域、抓重点、分病虫、抓药剂，严肃查处违法生产经营行为。

■ 广西壮族自治区

一、玉米病虫发生概况

2015 年广西玉米种植面积 821.26 万亩，同比增长 1.61%，玉米病虫害发生面积 1 100.86 万亩次，同比减少 1.41%，总体为中等偏轻程度发生，主要病虫有玉米纹枯病、玉米螟、玉米蚜虫和玉米铁甲虫等，玉米大斑病、玉米小斑病、玉米锈病、玉米丝黑穗病、玉米黏虫、蓟马、土蝗及地下害虫也有一定程度的发生。

玉米大斑病发生面积 91.80 万亩次，玉米小斑病发生面积 54.09 万亩次，玉米纹枯病发生面积 185.46 万亩次，玉米蚜虫发生面积 244.64 万亩次，玉米铁甲虫发生面积 35.75 万亩，玉米螟发生面积 292.40 万亩次。

二、防控成效及措施

2015 年广西玉米病虫防治面积 1 022.31 万亩次，占发生面积的 92.86%，防治后挽回损失约 11.97 万吨，总体防效达 90% 以上。未出现因病虫危害造成玉米大面积连片成灾现象，为保障粮食生产安全发挥了积极作用。

（一）加强病虫监测

广西植保系统认真开展农作物病虫监测调查，按照"天天调查，五天一报，重大病虫实时上报"制度，开展病虫监测，及时发布病虫情报，2015 年度全区植保系统共发布玉米病虫情报 274 期，并通过电视、广播、网络、报刊、手机等信息平台及示范样板建设、圩日宣传等手段科学指导农民适时开展防治。

（二）科学谋划部署

一是召开防控研讨会。农业厅领导多次在全区性的会议上强调和动员部署农作物重大病虫害防治工作；3 月和 7 月，植保总站分别召开 2015 年上、下半年全区农作物重大病虫害发生趋势分析会，会商病虫发生趋势、研讨防治对策，进一步细化防控方案，部署防控工作。

二是制订印发重大病虫害防控方案。以农业厅名义下发《全区 2015 年广西玉米等农作物重大病虫害以及农区蝗虫防控方案》（桂农业办发〔2015〕25 号）和《广西防病治虫夺秋粮丰收行动实施方案》（桂农业办发〔2015〕62 号），组织指导全区面上防治工作。

（三）推广绿色植保

配合"广西到 2020 年农药使用量零增长"行动大力推广绿色植保技术，2015 年广西玉米累计推广使用杀虫灯 1.4 万亩次，性诱剂 0.02 万亩次，利用寄生蜂、Bt 制剂、白僵菌等生物防治面积 170.51 万亩次。

（四）强化市场监管

广西农业部门加大农药市场监管力度，开展主要农作物用药监督抽查，规范农药市场秩序，严厉打击制售假冒伪劣农药违法行为，确保农民用上放心药。

（五）加强工作督导

防控关键时期，农业厅、植保总站及各地农业部门成立工作组分赴玉米种植区生产一线督促指导防治，推动各项防控措施落实，同时，组织技术人员深入田间地头开展技术培训指导。

三、存在问题及建议

广西玉米种植集中于桂西南、桂中山区，雨水偏少，另外农村大量青壮年外出务工，田间管理粗放，不少田地靠天收，导致玉米纹枯病、玉米螟和玉米蚜虫等病虫局部发生偏重。

建议进一步加大对玉米病虫绿色防控资金的投入，加大推进灯诱、性诱、生物农药等绿色防控技术在玉米上的应用，建立一批玉米病虫害绿色防控和统防统治融合示范区。

■ 重 庆 市

一、玉米主要病虫害发生情况

2015 年，重庆市玉米种植面积 702.8 万亩，玉米病虫总体为中等发生，发生面积 812.45 万亩次，主要以玉米螟、玉米蚜虫、玉米纹枯病、玉米大斑病、小斑病等病虫为主。

玉米螟发生面积 234.62 万亩次，玉米成熟期调查，平均虫伤株率 4.88%，渝北个别田块最高螟害率达 29.2%。玉米纹枯病发生面积 297.55 万亩，平均病株率 14.17%，个别田块最高病株率达 96%。玉米大斑病发生面积 59.82 万亩，较 2014 年增加 51.9%；玉米小斑病发生面积 22.86 万亩，较 2014 年增加 11.78%。玉米蚜虫发生面积 75.56 万亩，较上年增加 12.5%。

二、玉米病虫监测防治工作情况

全市玉米病虫害防治面积 675.64 万亩，占发生面积的 83.16%，挽回损失 15.07 万吨，玉米的主要病虫害得到了有效控制。

（一）完善监测预警体系，严格执行病虫信息报告制度

2015 年，全市设立了 5 个重点测报点对玉米螟等病虫害进行系统监测。同时，各区县植保部门采取系统调查与田间普查相结合，及时掌握玉米病虫害发生动态，准确发布玉米病虫害监测预警和防治信息。全市严格实行病虫发生防治动态周报制，在每周三通过重大病虫害数字化监测预警系统按时上报玉米螟周报 32 期，完成率 100%。

（二）加大病虫会商力度，及时发布预警信息

为了准确预测玉米病虫害发生情况，6 月上旬，及时召开了全市 2015 年大春农作物病虫发生趋势会商会，对玉米前期病虫发生情况进行了会商，并对玉米中后期病虫发生趋势进行了会商，制订了防治策略。全市通过建设开通的种子植保信息网、办公系统、手机短信平台、农情周报、植保植检信息及植保 QQ 群等渠道，及时向各区县农业部门发送农作物病虫发生防治信息。2015 年，全市发布玉米病虫情报 35 期，编发短信 1 000 余条。

（三）积极开展玉米病虫害绿色防控技术示范

重庆市利用市级农发资金、玉米万亩高产创建示范等项目，大力推进玉米病虫害专业化统防统治与绿色防控融合示范和绿色防控技术示范推广。示范区推广了"生物导弹"防治玉米螟、灯光诱杀玉米害虫、施用生物农药和高效低毒低残留农药、开展统防统治等措施，取得了较好的示范效果。2015 年，全市开展玉米病虫害专业统防统治与绿色防控融合示范面积 1.1 万亩，玉米病虫害绿色防控实施面积 141.3 万亩（次），较上年增加 35.2%；覆盖面积达到 85.52 万亩，较上年增加 47.45%；绿色防控覆盖率为 20.73%，较上年增加 8.31%。

（四）大力推进病虫害专业化统防统治

各区县农业植保部门在玉米病虫防治关键时期，积极组织专业化防治队伍大力开展专业化统防统治，全市玉米病虫专业化统防统治实施面积 40 万亩，覆盖面积 39.28 万亩，覆盖率 5.59％。

三、存在问题及建议

（一）加强玉米病虫害监测预警手段

目前，对玉米主要病虫的调查还局限于传统系统调查和普查，而重庆市玉米种植地区多是山区，调查难度较大。建议加大现代化监测预警手段的研究和应用，利用自动化性诱等技术丰富监测预警手段，不断提高病虫监测预警准确率。

（二）加强玉米病虫害绿色防控技术示范

重庆市玉米病虫害专业化统防统治与绿色防控融合示范规模还较小，绿色防控技术较单一，特别是玉米病害缺乏有效的绿色防控技术手段。今后将扩大融合示范规模，加强玉米病虫害绿色防控技术示范推广。

（三）加强玉米病虫防治技术宣传

目前农村劳动力文化水平参差不齐，接受新技术、新知识能力较弱，防治技术到位率有待加强。今后应采取多种形式加强病虫害防治技术的宣传工作，提高防治技术的到位率。

■ 四 川 省

一、玉米主要病虫害发生概况

2015 年四川省玉米种植面积 2 072.2 万亩，玉米病虫总体中等发生，主要以玉米螟、玉米纹枯病、大斑病、小斑病为主，累计发生面积 1 895.48 万亩次。玉米螟总体偏重发生，发生面积 635.51 万亩。发生特点为冬后基数高，越冬代灯下见蛾迟，田间蛾量大、卵块密度高，发生危害轻。玉米纹枯病总体中等发生，发生面积 396.17 万亩。发生特点为盆周山区发病重于盆地内平坝和丘陵区，夏玉米发病重于春玉米，春玉米苗期发生重，夏玉米后期发生重。玉米大斑病、小斑病总体中等发生，发生面积 235.71 万亩。发生特点为中期发病重，前期和后期发病轻。

二、防治工作

据统计，2015 年全省玉米病虫防治面积为 2 257.77 万亩，共挽回损失 41.15 万吨。其中，玉米螟防治 808.72 万亩，纹枯病防治 433.4 万亩。防治后实际损失为 5.71 万吨，损失率仅为 0.76％。

（一）及早部署，落实责任

全省各级政府和农业部门把玉米等秋粮作物重大病虫害防控作为防灾减灾、实现全年增产增收的首要任务来抓，层层落实政府牵头、部门负责的重大病虫灾害应急处置机制，早部署、早安排、早落实。农业厅年初与各市（州）农业局签订了重大病虫害防控目标责任书，明确任务和责任；6 月 4 日召开了全省现代植保技术培训现场会，会上专门对玉米等秋粮作物重大病虫害防控进行了强调；6 月 12 日印发了《2015 年四川省大春作物中后期重大病虫害防控技术方案》，要求各级农业植保部门组织技术人员深入田间地头，准确掌握病虫害发生动态，落实各项关键防控技术措施。各市（州）、县（市、区）也通过下发文件、召开现场会等层层落实病虫害防控责任。

（二）强化监测，及时预警

为切实加强经费保障，在安排落实中央重大病虫防治补助经费的同时，四川省农业厅与四川省财政厅经协商，争取到玉米等秋粮作物重大病虫害监测防控经费 1 000 万元，用于全省 60 个省级病虫重点测报站开展病虫监测预警。按照重大病虫害监测预警"汇报制、会商制、预警制"的要求，5 月初，启动了玉米螟等秋粮作物重大病虫害值班周报，安排专人值守病虫害信息，确保信息渠道畅通。植保站分别在 5 月中旬和 7 月上旬两次邀请专家对玉米等秋粮作物重大病虫害发生趋势进行会商，并及时发布《四川省 2015 年大春农作物主要病虫草害发生趋势》，开通了四川植保短信平台和手机短信群发系统。全省发布玉米螟等秋粮作物重大害病虫情报、警报 858 期，发布电视预报 282 期（次）。

（三）统防统治，减量控害

各地对玉米等秋粮作物重大病虫害大力开展专业化统防统治，积极推广高效、低毒、低残留对路农药和高效、先进植保机械，降低农药使用量。在玉米主产区，探索建立"政府满意、农民满意、植保社会化服务组织赢利"的三方共赢机制，推出"承包防治、单程防治、代购代治、打亩收费"等菜单式服务，方便农民"点菜下单"。中江、三台等玉米主产县积极与有关企业合作，建立示范基地，通过建立完善"三方合作"机制，即县农业局植保站＋农药生产销售企业＋种植合作社（种植大户）或植保社会化服务组织合作机制，实施"四个统一"，即"方案统制、技术统训、农药统供、病虫统防"，减少使用化学农药 50% 以上。

（四）强化宣传，加强培训

各地通过报纸、电视、广播、互联网、手机短信等多形式、多渠道广泛宣传病虫害发生动态和防控技术，及时将病虫信息传递到千家万户。同时，在病虫害防控关键时期通过召开现场会、培训会等形式，加强技术培训指导，及时把病虫防控的关键技术传递到千家万户。全省共印发玉米等大春作物病虫害相关技术资料 469.5 万份，通过短信平台群发手机短信 118.0 万条，第一时间将病虫预报和防治警报传递到了种植大户、专业合作社和广大农民手中。

（五）强化督查，加强指导

5～9 月，四川省农业厅领导多次率队开展玉米等大春作物病虫防控督导，植保站先后派出 8 个工作督导组和技术专家组赴主产区开展工作督导和技术指导。各地认真落实重大病虫防控属地责任，层层督导，切实落实防控措施，确保防控工作不留死角，防控工作取得实效。

贵 州 省

一、玉米病虫发生概况

2015 年贵州省玉米种植面积 1 100 万亩，全省玉米主要病虫害中等发生，发生面积 834.53 万亩次，共完成防治面积 744.14 万亩次，防治率 89.17%。玉米螟发生面积大，危害重，纹枯病、大斑病、小斑病、锈病发生范围广，大螟、黏虫、地老虎等在部分地区危害重，造成部分田块绝收。

玉米螟偏重发生，发生面积 239.52 万亩。大螟中等发生，发生面积 76.41 万亩，黏虫中等发生，发生面积 76.38 万亩。大斑病、小斑病中等发生，发生面积 139.64 万亩。锈病中等发生，发生面积 119.33 万亩。纹枯病中等发生，局部偏重发生，发生面积 101.63 万亩。

二、防治情况及主要措施

（一）切实做好监测，准确发布预报

根据贵州省农委《关于做好农作物病虫害区域测报站管理工作的通知》，进一步完善农作物病虫监

测预警网络，明确国家级、省级农作物病虫害区域测报站名单及任务，涉及区域站 63 个、报表 557 个。坚持管理制度化、技术规范化，全面推行信息传输网络化，有效提高了病虫信息传递效率。2 月以来，发布了《贵州省 2015 年农作物重大病虫害发生趋势》等病虫情报，及时完成重大病虫周报，全省报送重大病虫周报 3 600 期，病虫情报 8 500 余期，长期预报和中短期趋势预报准确率分别达 85% 和 90% 以上，切实为防控开展提供了科学依据。完成全国农作物重大病虫害数字化监测预警系统的信息采集与上报工作，全省报送信息 7 万条，数字化系统实现了全覆盖，在重大病虫害的调查监测工作中发挥了重大作用。

（二）及时下达经费

4 月下旬，贵州省财政厅、贵州省农委印发《关于下达 2015 年度省级农作物病虫害（含稻水象甲）防治专项补助经费的通知》（黔财农〔2015〕30 号），下达经费 1 500 万元。8 月，印发《关于转下达农业部 2014 年农作物病虫鼠害疫情监测与防治项目资金的通知》，下达经费 224 万元。根据《关于做好农作物病虫害区域测报站管理工作的通知》，今年相关县（市、区）植保植检站承担全国、省级的水稻、玉米、小麦、马铃薯、油菜、茶叶、果树和蔬菜病虫鼠害监测任务，为确保农作物重大病虫鼠害的监测预报及新试验示范等工作任务全面完成，省级财政安排 60 万元，主要用于农作物重大病虫鼠害的监测及新技术试验示范。

（三）加大宣传培训力度，提高技术到位率

全省各地通过各种传媒及召开技术培训会、开展田间示范等形式，广泛宣传和培训植保技术干部和农民群众，以提高病虫害防治技术的到位率，确保病虫害防治效果。全省举办各类重大病虫防治技术培训会（班）420 期，培训 5.8 万人次，印发各类技术资料 20 万份，为开展综防工作提供了技术保证。

（四）强化病虫专业化统防统治，创新服务方式

各地积极为专业化防治组织提供病虫发生、防治技术、药械市场等信息服务，对专业化防治组织队伍建设与管理、高效安全药剂推荐、施药机械维护保养，以及安全用药和综合防控等方面提供全方位技术指导。实行分区指导、分片负责，确保每个专业化防治示范组织都有一名联系人，切实提高技术到位率和防治效果。鼓励专业化服务组织配备先进防治设备，接受专业技术培训。优化并配套应用生物防治、生态控制、物理防治和安全用药等绿色防控措施，大力推广先进实用的绿色防控技术，有效降低了农药使用风险，提高了防控效果。同时，按照"服务组织注册登记，服务人员持证上岗，服务方式合同承包，服务内容档案记录，服务质量全程监管"的要求，加强对专业化统防统治组织的监管，扶持发展持续稳定、高素质的专业化服务队伍，引导防治组织服务优质、行为规范、防控科学。

（五）强化督查和技术指导，确保措施落实到位

结合粮增工程、高产创建项目分工，实行由委分管领导牵头、种植业相关处（站）负责同志参加的病虫防控分片包干责任制，采取巡回交叉督导检查，推进统防统治工作的开展。省农委先后派出 15 次防控督导指导工作组赴各市州开展督导和技术指导工作。

（六）狠抓示范带动

全采用项目合同管理方式，设立省级玉米重大病虫害综合防治示范区，各级植保部门设立相应示范区。积极展示品种优质化，技术规范化，田间管理科学化，让农户看得见、学得会、跟着干，辐射带动全省玉米病虫防治工作深入开展。

云 南 省

玉米是云南省主要粮食作物之一，主要分布在山区、半山区及高寒山区。年播种面积达 2 200 万亩左右，2015 年全年玉米病虫害发生面积 2 403.63 万亩，防治面积 2 758.7 万亩次，挽回损失 29.13 万吨。

一、玉米病虫发生情况

2015 年由于云南省西部、西北部、西南部 6 月以前干旱，玉米播种晚，生育期推迟，玉米大斑病、小斑病、灰斑病发病偏晚，7 月中旬以来，全省降雨增多，高温高湿，玉米大斑病、小斑病、灰斑病发生增多增快。玉米大斑病、小斑病、灰斑病在保山市等 3 个地州为Ⅲ级，曲靖、昭通等 7 个州（市）为Ⅱ级，在其他 6 个州（市）为 1 级。玉米大斑病、小斑病均病株率 4.2%，玉米灰斑病的平均病株率也高达 8.5%；最高病株率玉米大斑病、小斑病为 66.7%，玉米灰斑病最高在麻栗坡县，高达 78%。7 月中旬以后出现的快速流行的状况，使得全省大部分地区发生与去年同期相当。

玉米病虫害中等发生，累计发生面积 2 403.63 万亩，防治面积 2758.7 万亩次。其中，玉米大斑病发生面积 242.5 万亩，防治面积 250.5 万亩；玉米小斑病发生面积 192.5 万亩，防治面积 199.53 万亩；玉米灰斑病发生面积 190.5 万亩，防治面积 215.36 万亩；玉米锈病发生面积 445.5 万亩，防治面积 385.8 万亩；地下害虫发生面积 292.8 万亩，发生较往年重，防治面积 360.9 万亩；玉米螟发生面积 323.8 万亩，防治面积 286.6 万亩，主要发生在临沧市、昭通市、大理白族自治州、迪庆藏族自治州、红河哈尼族彝族自治州以及文山壮族苗族自治州的广南、文山县，玉溪市的红塔区、易门、新平县，保山市的隆阳、昌宁、施甸县，楚雄州的禄丰县，曲靖市的马龙、陆良、富源县，怒江州的兰坪、泸水县。玉米黏虫发生面积 112 万亩，防治面积 158.5 万亩，轻于去年，尤其是三代黏虫。

二、防治情况

（一）制订并下发防治方案

针对今年病虫发生种类多、来势猛、防控时间紧、任务重的严峻形势，及早进行了部署。及时拟定下发了《2015 年云南省植物保护工作要点》《关于做好春夏季粮油作物病虫害防控工作的通知》《2015 年农作物重点病虫害防控技术方案》《关于做好 2015 年农作物病虫害绿色防控技术示范推广工作的通知》等指导性意见，指导各地及时、有效地开展防控工作。

（二）全面监测，及时准确发布病虫信息

全省自春播以来，各县根据监测结果形成发布各类玉米病虫发生和防治意见简报 203 多期（包括省植保站已发布的 2 期重大病虫发生动态、趋势预报等），科学指导生产防控。

（三）强化督导，宣传培训

在玉米病虫防治关键时期，先后派出专家组指导各地开展防控。全省各级植保部门通过电视、网络、报刊等媒体及时宣传普及重大病虫害发生情况和防控关键技术，组织专业技术人员深入早发和重发区向农民传授病虫害识别和防治知识。全省各级农业部门印发技术资料 21 万份，出动技术人员 186 人次，推动了防治工作的顺利开展。

（四）推进专业化统防统治

各地区主要服务形式有全程承包、阶段承包、代防代治、合作防治等，玉米病虫害统防统治覆盖面积 706.4 万亩，有效控制了玉米病虫害的发生危害，减少了化学农药的使用量，降低了对农业农村生态环境的污染。

（五）集成推广绿色防控

在玉米上建立了省级绿色防控示范县 30 个，开展绿色防控 352.6 万亩。示范区以作物或靶标生物为主线，紧紧围绕农产品质量安全，在示范区集成农业防治、生物防治、物理防治和化学调控等配套技术措施为主的绿色防控技术体系，创新推广模式，辐射带动绿色防控技术的推广应用。

陕 西 省

一、玉米主要病虫发生防治情况

陕西省玉米种植面积 1 800 万亩，主要病虫害以玉米大斑病、小斑病、玉米黏虫、玉米螟、玉米双斑长跗萤叶甲为主，各类病虫发生面积共计 3 900 多万亩次。

玉米黏虫发生面积 616.7 万亩，防治面积 613 万亩，一代轻发生，二代中等发生，局部田块偏重发生。玉米螟发生面积 730 万亩，防治面积 525 万亩，中等发生，玉米生产区均有发生，以田边多草地区发生较重。蚜虫发生面积 308 万亩，防治面积 239 万亩，中等发生。双斑长跗萤叶甲发生面积 416 万亩，防治面积 282 万亩，主要发生区域在关中玉米产区。玉米大斑病、小斑病发生面积 600 万亩次，防治面积 350 万亩次，中等发生。

二、主要工作措施

（一）及早安排部署

陕西省农业厅高度重视玉米等秋粮农作物重大病虫防控工作。7 月 10 日下发了《关于切实做好防灾减灾保秋粮工作的通知》，早在年初，就提前下发玉米黏虫等病虫防控技术方案和农作物病虫害专业化统防统治和绿色防控融合试点实施方案，对防控工作进行了全面的安排部署。省财政下拨资金 1 000 万元，用于支持玉米等秋作物重大病虫的应急防控和统防统治工作。各市、县也高度重视，榆林市、延安市、渭南市等财政投入 30 万～50 万元用于玉米黏虫等重大病虫的监测防控。

（二）强化监测预报

全省设立 60 多个玉米等秋作物病虫害系统监测点，第一时间掌握重大病虫发生面积、重发区域，及时发布病虫警报。从 6 月起启动值班制度和周报制度，逐级定时上报玉米等重大病虫害发生防治动态。针对 7、8 月强对流天气频繁，气候条件复杂等情况，与气象部门及有关专家建立了秋作物生物灾情预报会商制度，及时通报会商结果，为各级领导决策防控工作提供依据。据统计，6 月中下旬以来，全省开展病虫会商 2 次，共发布中短期预报 78 份，开展电视预报 30 多期（次），上报周报信息 12 期。

（三）扎实推进专业化统防统治

在玉米病虫防控工作中，按照"统防重发区、群防一般区"的策略，推行"把握适期，优化用药，突出化防"的技术路线，在病虫害发生为害关键时期，采取应急防治与统防统治相结合的方式，示范带动大面积群防工作。开展新型器械示范，省财政列支 200 万元，全省选择 10 个县（区），每县投资 20 万元，根据当地主导产业，引进不同大型高效器械，开展试验示范，为专业化统防统治工作深入推进奠定良好基础。

（四）开展技术集成示范

在蓝田、富平县各建立了 5 万亩的玉米专业化统防统治和绿色防控融合试点基地。开展新型器械、"三诱"、生物及农业措施综合试验工作，探索绿防与统防在粮食作业上的深度融合技术。在眉县、蒲城建立了 5 000 亩示范田，开展释放赤眼蜂防治玉米螟技术示范与推广，为大面积开展生物防治打好基础。通过不同作物，多种技术的试验、示范，充分进行集成，形成行之有效的综合防治技术体系。

（五）加大培训宣传

6 月以来，先后在陕西电视台制作播发玉米防治技术节目 3 期，开展技术培训 4 次。玉米主栽区各级植保部门采取召开病虫防治现场会、电视专题节目、发布农情信息、设立技术咨询点（电话）、发放技术明白纸、技术人员深入田间地头巡回指导等多种形式，大力宣传、普及玉米及马铃薯病虫害综合防治技术。全省共举办玉米黏虫防治技术培训会 100 多场（次），马铃薯晚疫病防治技术专场培训会 30 多场（次），印发各类宣传材料 6 万余份，培训人员 2 万多人（次），开展电视预报、广播 50 期，普及、推广了病虫防治技术。

（六）开展督导检查

为确保各项工作落到实处，联合各市植保部门，先后分 3 次派出 24 人（次）对各地玉米等主要病虫防控工作进行了分片督导。在渭南、延安、榆林蝗区督促落实防控资金、勘察任务及玉米黏虫防控工作。

■ 甘 肃 省

一、玉米主要病虫发生概况

2015 年，甘肃省大力推广全膜双垄沟播玉米种植技术，玉米种植面积 1 570 万亩，全省玉米病虫害累计发生 2 945.79 万亩次，玉米瘤黑粉病 139.8 万亩，玉米红蜘蛛 271.99 万亩，玉米蚜虫 399.48 万亩，玉米大斑病 399.65 万亩，玉米螟 234.02 万亩，棉铃虫 143.8 万亩，玉米锈病 290.33 万亩，玉米顶腐病 98.9 万亩，二代黏虫 75.59 万亩，地下害虫 459.13 万亩，其他病虫害 433.1 万亩。总体发生程度为中度偏轻发生，局地中度发生。

二、防控成效

据统计全省共防治玉米病虫害 2 581.38 万亩次，占发生面积的 87.63%。其中防治玉米瘤黑粉病 128.63 万亩，玉米红蜘蛛 330.47 万亩，玉米大斑病 224.41 万亩，锈病 249.33 万亩，黏虫 91.22 万亩，蚜虫 327.73 万亩，玉米螟 202.02 万亩，棉铃虫 144.9 万亩，丝黑穗病 32.6 万。通过防治挽回玉米损失 3.803 亿千克。

三、工作措施

（一）加强组织领导，落实防控责任

在年初全省农村工作会议上，针对农作物重大病虫害防控，甘肃省农牧厅与市（州）农牧（农业）局（委）、甘肃省植保植检站签订了 2015 年重点工作目标管理责任书，实行属地管理，责任到人，把防控工作上升到了政府行为。要求组织领导、监测预警、技术指导、资金物资、督导检查五到位。

（二）科学监测预警，预报及时准确

从 5 月中旬开始，各级农技、植保部门利用现有的监测设备和技术，采取定点观测与大田普查相结合等措施，定时定点定人开展玉米主要病虫害监测，采取 5 天一查 7 天一报的监测制度，准确掌握病虫害发生情况，及时发布病虫预报，为科学防控提供了准确信息，有力地指导了全省玉米病虫害防控工作的开展。

（三）加强培训指导，提高防控水平

各级植保部门在病虫害发生关键期，开展了多种形式的技术服务与宣传培训。据统计，2015 年全省共召开玉米种植技术及玉米病虫害防治技术现场培训会 260 余场次，举办农民田间学校培训班 32 期次，培训技术干部和农民 13.67 万人次，发放明白纸 18 万份，开展电视宣传、新闻报道 21 期，广播 51 期，手机短信 32 期，大大提高了技术普及率与入户率。

（四）推进统防统治，提升防控能力

在技术服务上，各级植保部门及时将玉米病害发生信息和防治技术发布给专业化防治组织；在防控形式上以专业化防治组织为主，走统防与群防相结合的道路，做到应急防控全覆盖；在防控区域上，打好防控战役。在资金支持上，以省级授牌的专业化防治组织为重点，按照"四统一"要求，利用下达的资金、物资，集中开展玉米病虫害专业化统防统治。防治效果较分散防治提高 12% 左右，减少农药用量 13%。

（五）加强督导检查，确保防控质量

为确保玉米等秋粮重大病虫防控任务落实到位，专门印发了《关于切实做好当前农业防灾减灾工作的通知》，成立 5 个督查组，由领导带队，7 月下旬至 9 月中旬对玉米主产县区的防控工作进行巡回督导，通过听取汇报、实地查看、座谈讨论、重点跟踪等方式，对防控工作进行了全面督导检查。各地农业、植保部门分工协作，责任到人，开展不同层面的技术指导和工作督导，及时发现并解决问题，确保各项防控措施落到实处。

四、存在问题

（一）专业化统防统治需进一步加强

扶持发展专业化防治组织，开展大面积专业化统防统治，是解决农民防病治虫难的主要组织形式和有力保障。目前甘肃省正式注册的专业化统防统治组织数量少，规模小，设备陈旧，作业能力低，专业化统防统治的覆盖率不足，远不能满足生产中病虫防治的要求。今后各级政府和农业部门从政策、技术、资金物资上加大对专业化防治组织的扶持力度，提升专业化防治的组织化程度和防控能力。

（二）绿色防控需全面推进

病虫害绿色防控是保障农产品质量安全、保护农业生态环境安全、促进农业可持续发展的重要措施，但不少地方还没有真正将绿色防控上升到整个民族健康安全的高度去认识，认为绿色防控技术繁杂，是政府的事，又没有项目和经费支撑，缺乏工作主动性。农民应用绿色防控技术，在生产实际中遇到防治成本高、应用要求高、管理复杂等问题感到棘手，多数农户仍是依赖化学防治，不真正了解农药污染、农药残留带来的负面影响。要增加专项投入，强化示范区建设，提高农产品质量安全水平，保护农业生态环境安全。

■ 新疆维吾尔自治区

一、玉米病虫发生情况

2015 年新疆玉米种植面积 1 540.47 万亩，其中正播面积 1 091.92 万亩，复播面积 448.55 万亩。主要病虫有玉米螟、叶螨、双斑萤叶甲、地下害虫、蚜虫、棉铃虫、三点斑叶蝉、蓟马、瘤黑粉病等，以虫害为主。玉米病虫害总体中等发生，发生面积 1 698.76 万亩次，其中病害发生面积 74.65 万亩，虫害发生面积 1 624.11 万亩。

玉米螟中等发生，发生面积 498.54 万亩次；叶螨中等发生，和田、哈密局部偏重，发生面积 245.38 万亩；双斑萤叶甲中等发生，在昌吉、博州呈加重态势，发生面积 116.2 万亩；地老虎等地下害虫偏轻发生，发生面积 63.19 万亩次；蚜虫偏轻发生，发生面积 233.99 万亩；棉铃虫中等发生，发生面积 325.34 万亩；三点斑叶蝉偏轻发生，局部中等发生，发生面积 84.9 万亩次；蓟马及其他害虫偏轻发生，发生面积 56.57 万亩，其中蓟马 8.63 万亩。以瘤黑粉病为主的玉米病害偏轻发生，发生面积 74.65 万亩。

二、主要做法

（一）加强组织领导，及时指导防控工作

及时下发《关于印发 2015 年农作物重大病虫害防控技术方案的通知》，明确防控任务。厅、站领导带分批带队，先后赴南北疆全面督促检查各地春耕、田管工作，并对下一步工作做出了具体部署。

（二）认真做好监测预报，为科学防治提供可靠数据

各级农技植保部门加大病虫害监测力度，对棉铃虫、玉米螟、叶螨和蚜虫进行重点监测，并做好全面普查，随时掌握病害的发生趋势和动态，通过发布情报、电视预报、广播、手机短信等方式，将病情信息和防治措施传递给广大农户，指导防治工作。建立病虫害发生防治信息周报制度，每周上报发生防治动态，为领导决策提供科学依据，确保防控工作的顺利开展。

（三）加强技术集成，开展试验示范

根据玉米病虫害防控工作要求，各地开展了大量的技术试验和示范工作。分别在和静县、博湖县、且末县建立玉米绿色防控示范区。核心示范区面积共计 6 000 亩。主要采取的措施有：①秸秆处理技术防治玉米螟，白僵菌封垛技术；②杀虫灯加性诱剂诱杀越冬代玉米螟成虫技术，使用频振式杀虫灯 50台，悬挂玉米螟性诱剂 100 个；③投射式杀虫灯诱杀玉米螟成虫技术；④投撒颗粒剂防治玉米螟幼虫技术；⑤释放赤眼蜂寄生玉米螟卵技术；⑥Bt 防治玉米螟技术等。实施玉米病虫害统防统治 12 万亩，其中和静县建立了统防统治试验示范区，利用地老虎、棉铃虫、玉米螟成虫的趋光性、蚜虫的趋黄性、采用太阳能杀虫灯、黄板，按照 30 亩/灯，亩挂黄板 30 块的防控标准，示范点共安置杀虫灯 100 余台，挂棉铃虫性诱剂 200 个，悬挂玉米螟性诱剂 100 个、黄板 2 000 块，有效防治蚜虫、地老虎、棉铃虫、玉米螟等虫害，减少害虫基数。全年实施示范统防统治核心示范面积 9.8 万亩，辐射带动面积 25 万亩。

完成了玉米专业化统防统治面积 5 万亩次，绿色防控面积 40 万亩次，总体防控效果达到了84.27%，核心示范区 87.4%；化学农药使用量明显减少，绿色防控区使用低毒高效化学农药在 140 克左右，较去年同期减少了 60 克，绿色防控化学农药使用量平均减少 42.85%，病虫危害损失率平均3.48%，创历史最低水平。

（四）加大宣传培训力度，提高技术到位率

为进一步推进全区农作物病虫害专业化防治，加速高效植保新机具的推广应用，提高农民的植保机械使用、维修技术水平，增强病虫草害防控能力。今年与科研院所、企业合作，在全疆 12 个地（州）举办了植保技术、植保机械应用与维修技术培训班 18 期，培训统防统治组织成员、技术人员、种植大户和广大农民 1 900 余人次，发放宣传资料 5 000 余份。

三、主要成效

据初步统计，全区完成玉米病虫害防治面积 1 136.27 万亩次，其中玉米螟防治面积 368.63 万亩次，棉铃虫防治面积 238.1 万亩次，蚜虫防治面积 125.23 万亩次，双斑萤叶甲防治面积 83.9 万亩次，地下害虫防治面积 43.79 万亩次，以叶螨为主的其他害虫防治面积 222 万亩次，病害防治面积 38.52 万亩次，防治效果达 85% 以上，全区挽回产量损失 621 338.97 吨。

4 马铃薯

2015 年全国马铃薯病虫害防控工作总结

在马铃薯主粮化战略的推进下，马铃薯产业逐渐成为加快农业结构调整、保障粮食安全、促进农民增收、推动区域经济发展的支柱产业，因此，马铃薯病虫害防控工作将更加重要。据统计，2015 年全国马铃薯病虫害发生面积 9 447.74 万亩次，防治面积 9 471.65 万亩次，经大力防治，挽回产量损失约186 万吨。

一、马铃薯病虫发生概况与特点

2015 年马铃薯病虫害总体略轻于 2014 年，呈病害虫害均中等偏轻发生的特点。病虫害发生面积9 447.74万亩次，其中，病害发生面积约 5 821.89 万亩次，虫害发生面积 3 625.85 万亩次，病害重于虫害。全国病虫害发生种类主要有：马铃薯晚疫病、早疫病、病毒病、环腐病、黑胫病、疮痂病、二十八星瓢虫、地下害虫、蚜虫、豆芜菁、蛴螬、金针虫、地老虎等。

在马铃薯病害中，主要是晚疫病和早疫病危害较大。其中，晚疫病发生面积 2 796.37 万亩次，占病害发生面积的 48%，湖北、贵州、云南、陕西、甘肃疫情较重；早疫病发生面积 1 386.32 万亩次，占病害发生面积的 23.8%，内蒙古、贵州、甘肃、宁夏疫情较重；另外，病毒病发生面积 572.36 万亩次，环腐病发生面积 211.61 万亩次，黑胫病发生面积 201.64 万亩次。

在马铃薯虫害中，地下害虫、蚜虫和二十八星瓢虫的危害较大。其中，地下害虫发生面积 1 586.39万亩次，约占虫害发生面积的 44%，主要发生在河北、山西、内蒙古、山东、贵州、陕西、甘肃等产区；蚜虫发生面积 900.47 万亩次，约占虫害发生面积的 25%，甘肃、宁夏、贵州、四川、山东受害较重；二十八星瓢虫的发生面积 664.45 万亩次，约占虫害发生面积的 18%，山西、陕西、甘肃、黑龙江发生较重。

二、防控成效及措施

2015 年，在全国各级植保部门的共同努力下，马铃薯病虫害防治工作全面贯彻"预防为主，综合防治"的植保方针，遵循"绿色植保，公共植保"理念，取得了较好的防治效果，全年防治面积9 471.65万亩次，共挽回产量损失约 186 万吨，同时，由于大力推广绿色防控技术和专业化统防统治，减少了化学农药的使用量，提高了马铃薯的品质，取得了良好的经济效益、社会效益和生态效益。

（一）领导高度重视，及早安排部署

主产区的各级党政和农业部门领导把发展马铃薯产业作为实现粮食自求平衡，缓解粮食安全压力，增加农民收入的重大举措，认识到位，狠抓落实，把防治工作纳入重要日程，成立指挥中心，全面领导和组织协调马铃薯病虫防治工作。同时，组织专家会商，科学决策，制订方案，及早部署。如四川省委、省政府领导高度重视本省马铃薯产业的发展，主要领导多次对马铃薯产业发展做出批示，财政部门也不断加大对马铃薯产业开发的资金投入力度；甘肃省将重大病虫监测与防控工作纳入到全省农业总体工作中统筹谋划，在各个关键时段和关键节点都亲自过问并实地督查指导，并下发了《甘肃省 2015 年马铃薯晚疫病防控实施方案》；内蒙古自治区植保植检站组织召开了全区马铃薯病虫害防控研讨会，会议邀请了内蒙古农业大学、马铃薯繁育中心的有关专家，十二个盟（市）站站长以及农药企业，共同商讨马铃薯主要土传病害防控技术方案，落实防控示范工作；广西壮族自治区农业厅制订并下发全区《2015 年马铃薯重大病虫害防控方案》和《秋冬种马铃薯病虫害防控意见》，分别召开上、下半年全区

病虫发生趋势分析会，会商病虫发生趋势、研讨防治对策；贵州省为做好马铃薯晚疫病防控工作，全省成立了"贵州省马铃薯晚疫病预警与控制技术研究应用协作组"；河北省农业厅印发了《2015 年河北省马铃薯晚疫病防控技术方案》；黑龙江省成立了以主管副省长为组长的全省重大生物灾害防控领导小组；陕西省年初提前下发马铃薯晚疫病等病虫防控技术方案和农作物病虫害专业化统防统治和绿色防控融合试点实施方案，对防控工作进行了全面的安排部署。

（二）加强监测预警，科学指导防控

各级植保部门上下联动，资源共享，信息互通，充分发挥晚疫病数字化预警系统作用，全方位加强病虫监测，同时深入田间地头，加强大田普查，跟踪作物生长进程，根据气候动态变化会商分析马铃薯病虫害的发展趋势，准确把握病虫动态。鉴于马铃薯晚疫病流行性和暴发性特点，严格执行周报制度，及时汇报马铃薯晚疫病等重大病虫害发生趋势及为害动态，通过多种形式和渠道通知农民，指导各地确定重点防控区域和最佳防治时间，指导专业化防治组织、生产企业和农民适时开展防控。内蒙古自治区逐渐完善马铃薯晚疫病数字化监控预警系统，建立两个远程视频监控点，基地利用自动气象站采取的气象数据自动上传并汇总，系统通过软件自动进行侵染状况分析，并在 GIS 图上进行侵染程度报警，科技人员通过系统分析可以预测各地晚疫病发生情况，从而通过制订科学的决策来控制晚疫病的大面积发生，减少损失。山西省通过有害生物监控预警系统，上报系统调查表 2 102 份，马铃薯病虫周报 623 份，通过手机短信发布马铃薯病虫信息 2.1 万余条。广西植保系统认真开展农作物病虫监测调查，按照"天天调查，五天一报，重大病虫实时上报"制度，开展病虫监测，及时发布病虫情报，并通过电视、广播、网络、报刊、手机等信息平台及示范样板建设等手段科学指导农民适时开展防治。陕西省利用全省 60 多个马铃薯等秋作物病虫害系统监测点，继续采取系统监测和大田普查相结合的方法，全面掌握各类病虫发生面积和重发区域，准确及时发布虫情预报 60 多期，逐级定时上报马铃薯等重大病虫害发生防治动态 20 期，农作物病虫中长期预报 6 期，各级制作电视预报 10 多期（次）。重庆市智能化监测预警体系有序推进，全市用于监测马铃薯晚疫病的田间无职守气象站共计 67 台，分布在海拔 200～1 800 米，预警覆盖面积近 67 万亩，辐射带动面积 200 余万亩，预警准确率达到了 97％以上。

（三）开展试验示范，提升技术水平

根据全国农技中心的工作部署，为提高马铃薯病虫绿色防控水平，各产区继续加强马铃薯绿色防控示范区建设，积极开展新技术试验示范，加快植保技术集成与创新，示范带动绿色防控技术普及应用，有效地提高了当地马铃薯病虫害绿色防控效果，对促进马铃薯病虫害防治技术的提升，确保防治效果起到巨大的推进作用。四川省在凉山州、达州市等地建立了马铃薯晚疫病绿色防控技术示范片，面积 30 余万亩，辐射面积 300 万亩，示范区以深松整地、双行垄作、合理密植、合理轮作、间作套作、选用抗（耐）病虫的脱毒良种、适时早播、增施磷钾、平衡施肥、清洁田园、合理排灌水等农业防治和生态调控等多种防控措施为主，绿色防控技术到位率达到 80％以上，防控效果达到 92％，亩防治成本平均降低 10％以上，危害损失率控制在 5％以内；山西省 2015 年马铃薯病虫绿色防控示范区共 19 个，较上年增加 5 个，示范区核心示范面积 10.5 万亩，示范区建设面积 52 万亩，在示范区的带动下，全省马铃薯病虫绿色防控技术得到大面积普及应用，在试验示范的基础上大面积推广展示"高巧"拌种、选育抗病品种、网棚种植、农业综合防治等成熟技术；内蒙古自治区在乌兰察布市察右后旗建立国家级马铃薯绿色防控示范区，核心示范 1 000 亩，辐射带动 2 万亩，示范区采用"播前选用马铃薯抗病脱毒种薯＋拌种或垄沟喷雾防病治虫技术＋应用马铃薯晚疫病监测预警系统技术＋生长期用药技术＋加强栽培管理等农业防治技术措施"的绿色防控技术模式，取得了良好的经济效益和社会效益；河北省建立马铃薯综合防控示范区，全面推行绿色防控技术，选用一级脱毒种薯，种植高抗晚疫病品种，切刀消毒控制环腐病等马铃薯细菌性病害传播，采取机械播种、大垄深培土、地膜覆盖技术，增强田间的通风、透光、散湿效果，减少早、晚疫病的发生，在示范园区安装频振式杀虫灯诱杀蛴螬、蝼蛄、金针虫、地老虎等地下害虫和草地螟成虫，实施黄板诱蚜 500 亩，控制蚜虫传播病毒病，对马铃薯瓢虫和其他害虫使用烟参碱、苦参碱等植物源农药进行防治；广西壮族自治区植保总站进行了 5％氨基寡糖素等药剂在马铃薯上

的试验研究，筛选出具有经济、安全、高效特点的防治药剂和一套绿色生态防控技术。

（四）加强宣传培训，落实督导检查

各级农业植保部门利用广播、电视、网络、手机短信、微博、报纸等信息媒体实时、滚动报道晚疫病发生态势和防控重要性，发布病虫为害规律，大力宣传选用抗病脱毒优良品种的重要性，介绍防控技术。利用示范展示、巡回指导、举办培训班和田间课堂、召开现场会、印发宣传资料等形式，提高了广大农户对晚疫病的认识，防控技术逐渐普及。各马铃薯主产区的植保站均结合当地实际情况，制订了科学防控技术方案，组织技术人员在马铃薯病虫发生防治关键时期，深入重点区域，进行田间技术指导，为确保防治效果，成立工作组在重点发生区进行督导检查。贵州省共开展监测与防治现场培训会 520 余期次，培训技术员、农民达 4.8 万人次，发放技术资料 3.9 万份；甘肃省开展技术培训 160 期次，发放防治技术明白纸 32 万份，培训农民 46.7 万人次；山西省通过召开现场会、现场观摩等方式宣传病虫防控技术，全省共举行马铃薯晚疫病防治技术培训 46 场次，发放宣传材料 2.7 万份，培训农民 4 250 余人次；黑龙江省 2015 年全省共举办防治技术培训班 18 次，培训农户 2 000 余人，广播连线 4 期，各地利用各类新闻媒体广泛宣传马铃薯病虫防治技术，帮助农民掌握防治关键技术，推荐使用"放心药"，指导农民适时开展药剂防治；四川省植物保护站在成都市金堂县召开了全省现代病虫测报技术培训会，会议对昆虫性诱电子测报系统、自动虫情测报灯、马铃薯晚疫病监测预警系统等新型测报工具的应用技术进行了现场培训与讲解；重庆市各主产区县政府和农业部门在马铃薯病虫害发生期间，及时组织马铃薯病虫防治工作督察组，对各地马铃薯病虫害防治工作开展情况进行督察，有力推动了各地马铃薯病虫害的防治工作。

（五）探索融合推进，实现减量控害

为落实农业部到 2020 年农药使用量零增长精神，各主产区继续推进农作物病虫专业化统防统治与绿色防控融合试点示范工作，试验集成病虫害全程绿色防控技术模式，集成优化全程绿色防控关键技术，研究提出适合本地专业化防治与绿色防控融合推进机制，加快转变防病治虫方式，减少化学农药用量、科学合理用药，努力实现减量控害、节本增效、提质增效，探索低碳、环保、可持续农业发展新模式，提高农业生产、农产品质量和生态环境安全能力。四川省及时制订并下发了《四川省农作物病虫专业化统防统治与绿色防控融合试点工作方案》，两个试点县建立马铃薯专业化统防统治和绿色防控融合试点示范区 1.5 万亩以上，辐射面积 15 万亩以上；甘肃省财政从省级预算中列支 400 万元专项经费，印发《2015 年农作物病虫专业化统防统治与绿色防控融合推进示范方案》，在全省选择 39 个重点县区开展绿色防控与专业化防治融合示范，并选择 10 个县区重点推进专业化统防统治，选择 10 个产业大县开展专业化防控与绿色防控融合示范；内蒙古自治区建立 1 个马铃薯病虫害绿色防控与专业化统防统治融合示范基地，依托当地具有一定基础和服务能力的农业合作社和统防统治服务组织，积极开展马铃薯绿色防控技术为主的专业化统防统治，充分发挥专业化统防统治防治效果好、效率高的优势和病虫绿色防控生态、环保、安全优势，促进两者集成融合；重庆市以云阳县全国马铃薯病虫害专业化统防统治与绿色防控融合示范区为平台，带动全市 40 个部、市级马铃薯万亩高产创建示范片开展马铃薯病虫害专业化统防统治与绿色防控融合示范，示范区采取选用健康抗病脱毒品种、应用马铃薯晚疫病预警系统科学指导药剂防治、使用杀虫灯和粘虫板诱杀害虫、实施专业化统防统治等措施，取得了较好的示范效果；广西实施农药减量控害行动，研讨制订《广西到 2020 年农药减量控害行动方案》和《〈广西壮族自治区到 2020 年农药使用量零增长行动方案〉推进落实方案》，按照"自愿参加、双向选择"的原则，落实农企合作共建；陕西省在定边县建立了万亩的专业化统防统治和绿色防控融合试点基地，开展新型器械、"三诱"、生物及农业措施综合试验工作，探索绿防与统防在粮食作业上的深度融合技术。

三、存在问题及建议

（一）存在问题

1. 经费不足　尽管国家财政每年对重大病虫监测、防治给予一定数额的补助，但对于一些地方财

政比较困难的种植大省还是杯水车薪，尤其是遇到突发灾害的情况下，因经费短缺导致突发灾害防治经费应急请示，下拨到位滞后，已严重制约信息的全面性与科学性，造成病虫测报调查、突发灾害的组织防治、新技术宣传推广及人员业务培训等方面工作的严重滞后。以甘肃省为例，2015年马铃薯种植面积1 025万亩，按防治400万亩计算，最低实施2次防控，需资金1.2亿元，但是甘肃省马铃薯主产区大都是贫困地区，市、县财政困难，农民收入水平低，让地方财政和农民投入大量资金用于晚疫病的防控，难度太大。再如湖北省，马铃薯是恩施土家族苗族自治州（以下简称恩施州）的主要粮食作物之一，上级财政及地方财政都没有专门的防治经费，病虫发生流行高峰期无法采取及时有效的措施进行防控。

2. 机械化配套栽培水平低　目前广大马铃薯种植农户受财力、物力和认识程度的影响，缺乏控害减灾的配套设施，防御自然灾害能力薄弱。例如黑龙江省，由于机动喷雾机价格较高，农民主动购买的积极性不高，大部分农民现有的药械大部分为20世纪50年代设计定型的背负式手动喷雾器，技术落后，喷药质量差，作业效率低，跑冒滴漏易造成人员中毒，不但影响防治效果、防治进度，增加成本，占用人工，还会引起劳动力短缺等问题。同时，由于农药利用率低，田间污染及浪费大，还会给绿色食品生产造成一定影响。

3. 基层技术指导无法全覆盖　马铃薯病害防控技术性极强，在农户主动防控意识还不够高的实际情况下，宣传培训、技术指导在马铃薯病虫害防控中显得尤为重要，但防控资金主要用于采购防控农药、器械和施药补助，未列支技术培训田间指导费用，导致基层农机部门因工作费用紧缺，无法很好的开展培训指导工作。另外，基层特别是乡镇农技服务人员缺失，使得病虫情报信息、科学的防治方法无法及时有效的普及到农户，有时因此错过防治关键时期而造成较大损失。

4. 专业化统防统治的水平和规模还有待进一步提高　目前部分地区的专业化统防统治组织发展慢、数量少、规模小、设备简陋、从业人员水平低，远不能满足生产中对病虫防治的要求。

（二）建议

一是争取更多政策和资金方面的支持，在国家层面加大对马铃薯病虫害防控的投入，建立稳定的专项资金，并在防治经费中列支一定额度的技术培训经费支持基层开展技术指导工作。二是继续开展试验示范，开发引进抗病品种，推进绿色防控技术的集成与创新。三是进一步大力发展专业化防治与绿色防控的融合示范，提升专业化防治水平和防控能力。四是加大宣传力度，广泛开展技术培训，不断提高广大群众的病虫害防治意识和科学防控水平。

（执笔人：周阳）

■ 河 北 省

一、马铃薯病虫发生情况

2015年河北省马铃薯播种面积250万亩左右，主要分布在北部的张家口、承德两市的坝上地区，常年发生的马铃薯病虫害主要有：马铃薯晚疫病、环腐病、病毒病、黑胫病、疮痂病、地下害虫、豆芫菁、二十八星瓢虫等。今年降水量属偏多年份，空气湿度大，有利于马铃薯晚疫病、早疫病等病害发生。8月河北省北部地区气温、降水均接近常年，对马铃薯晚疫病等病害的发生流行比较有利，发生盛期8月上中旬，发生面积大约100万亩左右，防治面积超过200万亩次，主要发生在承德围场、丰宁及张家口赤城。

二、主要技术措施

一是选用无病抗病品种种薯。二是与非茄科作物轮作倒茬。避免与茄科类、十字花科类作物连作或套种，施足基肥，增施磷、钾肥，加强栽培管理等多种措施，积极推广高垄栽培。三是科学选用无公害、低残留农药，抓好关键期化学防治。

三、主要工作措施

（一）逐级安排，全面落实马铃薯病虫害防治工作

5 月 29 日，河北省农业厅印发了《2015 年河北省马铃薯晚疫病防控技术方案》（冀农植发〔2015〕9 号），提出了具体的防控技术和工作措施。要求各地因地制宜，抓好防控工作。确定示范区和技术负责人，全面落实各项综合防控技术。各主产县（市）深入田间监测病情，及时准确的发布了《病虫情报》和手机短信，为领导当参谋，提供技术服务。

（二）加强马铃薯病虫监测，科学指导防治

在马铃薯病虫害监测工作中，各级植保机构严格执行测报制度和调查规范，采取系统调查和大面积普查相结合，密切关注马铃薯病虫害发生种类、程度，全面掌握病虫害动态变化以及出现的新情况、新问题。通过情报、电视预警等形式通知农民，指导农民及时防治。同时以周报的形式定期向上级业务主管部门报告。各级植保部门根据马铃薯病虫发生动态制订了切实可行的防治措施，随时监测晚疫病发生发展动态，及时提出防治措施意见，指导防治工作。

（三）建立综合防控示范区，实行绿色防控与统防统治

各示范区今年积极支持专业化防治组织建设，鼓励有条件的地方组建专业化防治队伍，植保部门利用掌握的病虫测报信息、防治技术给予全力支持，全面推行绿色防控技术。今年承德市实施绿色防控面积 25.2 万亩，占总播种面积的 37.05%，马铃薯绿色防控示范园区的亩产量高出非示范园区 20%，最高亩产达到 3 000 千克。化学农药使用量减少 20%。绿色防控示范区主要集中在围场县，全县有 51 个马铃薯示范园区。示范区内采取多项马铃薯病害绿色防控的技术措施。一是选用一级脱毒种薯；二是种植高抗晚疫病品种；三是切刀消毒控制环腐病等马铃薯细菌性病害传播；四是采取机械播种、大垄深培土、地膜覆盖技术，增强田间的通风、透光、散湿效果，减少早、晚疫病的发生；五是在示范园区安装频振式杀虫灯诱杀蛴螬、蝼蛄、金针虫、地老虎等地下害虫和草地螟成虫；六是在一级脱毒薯田实施黄板诱蚜 500 亩，控制蚜虫传播病毒病；七是对马铃薯瓢虫和其他害虫使用烟参碱、苦参碱等植物源农药进行防治；八是从 7 月上旬开始防治晚疫病，遵循预防为主，防重于治的原则，采取统一组织、统一使用药剂、统一时间、统一由乡村机防队防治。

（四）强化技术宣传培训，努力提高整体控害水平

今年各级农业部门和植保机构利用多种形式，多层次、多渠道大力开展了技术宣传、技术咨询和技术培训活动，一是利用网络技术加快信息传递；二是利用广播电视等新闻媒体开展专题技术讲座；三是采用科技下乡、发放资料、召开现场会、培训会等多种手段宣传指导防治。各级植保技术人员于 4 月初播种前即开始深入乡村开展技术培训，举办培训班 40 余场次，培训人员近 5 000 人次，特别是对专业化防治队进行统一业务培训，大大提高了技术到位率和整体控害水平。在晚疫病防治关键时期，组织技术人员下乡指导生产，科学防治。另外，在当地电视台播出宣传节目，向农民推广马铃薯病虫害绿色防控新技术。

山 西 省

一、病虫害发生防治概况

2015 年山西省马铃薯种植面积为 301 万亩。受异常气候影响，马铃薯病虫发生偏晚，发生程度总体为中等，发生面积 556.96 万亩次，防治 353.72 万亩次。病虫种类以马铃薯晚疫病、病毒病、二十八

星瓢虫、豆芫菁、地下害虫为主。

马铃薯病害中等至偏重发生，发生面积202.37万亩次。其中马铃薯晚疫病为中等、局部偏重发生，全省发生126.59万亩。马铃薯虫害中等发生，以二十八星瓢虫和地下害虫发生较为普遍。二十八星瓢虫中等、局部偏重发生，全省发生面积114.6万亩，防治89.67万亩次，地下害虫中等偏轻发生，全省发生面积143.99万亩，防治119.77万亩次，以蛴螬、金针虫为主。

二、防治工作措施

(一) 加强监测预警，确保信息畅通

在继续做好大同、阳高、五寨、离石、武乡等5个马铃薯晚疫病系统监测点工作的基础上，结合植保工程，在马铃薯种植较多的应县、古交、静乐、平顺等区县新建了4个马铃薯病虫系统监测点，6月初开始各站点严格按照测报调查规范进行调查，据统计，2015年全省共通过省有害生物监控预警系统，上报系统调查表2 102份，马铃薯病虫周报623份，通过手机短信发布马铃薯病虫信息2.1万余条。

(二) 加强宣传培训，确保技术到位

针对马铃薯中后期病虫重发的严峻形势，7月10日，组织召开了全省大秋作物后期病虫防控现场会，11个市植保站站长和40个重点县（区）农委主任、县植保站站长及重点植保专业组织代表参加了会议。会上展示了马铃薯等秋粮作物后期适用农药及药械使用技术。7月15日，由处级领导带队，分5个防控督导组赴全省马铃薯病虫重发区开展病虫防控督导检查工作。据统计，全省共举行马铃薯晚疫病防治技术培训46场次，发放宣传材料2.7万份，培训农民4 250余人次。

(三) 加大物资投入，确保防控需要

山西省财政为大秋作物后期病虫防控准备预备金300万元，山西省植保植检站通过政府集中采购程序，将招标购置的26.32吨70%甲基硫菌灵、13台水雾烟雾两用型热力烟雾机、525台背负式静电喷雾器等，结合马铃薯病虫发生实际，第一时间下达最需要支持的病虫重发区。据不完全统计，全省各级财政共拨付的防治经费近430万元。

(四) 强化统防统治，确保防治效果

针对病虫防治中存在用药时间迟、防治成本高、防控进度慢、防治效果差的现状，马铃薯主产市、县积极扶持基层植保专业防治组织力量，通过专业化统防统治示范带动大规模防控工作开展。忻州市岢岚县成立了由农委主任担任组长的马铃薯晚疫病统防统治领导组，在北川的3 000亩马铃薯育种基地和马铃薯园区，利用岢岚县绿园农业科技服务有限公司的防治队开展统防统治，带动周边农民自防2万亩，展示田防治效果可达87%，比农民自防田亩增产200千克，比不防治的亩增产30%以上。7月中旬在平顺县召开了马铃薯二十八星瓢虫和早疫病、晚疫病的专业化统防统治现场会，充分发挥了农作物病虫害专业化防治组织在马铃薯重大病虫防控中的示范带头作用，及时控制了马铃薯病虫扩散蔓延，将危害损失率控制在了最低水平。

(五) 强化试验示范，加快植保技术集成与创新

据统计，2015年全省各地在建的马铃薯病虫绿色防控示范区共19个，较上年增加5个；示范区核心示范面积10.5万亩，示范区建设面积52万亩。在示范区的带动下，全省马铃薯病虫绿色防控技术得到大面积普及应用，据统计，全省马铃薯病虫害绿色防控实施面积124.46万亩次，占病虫防治总面积的24.3%。其中，绿色防控技术中生物农药应用面积达到56.2万亩次，灯光诱杀使用面积21.3万亩，黄板诱杀使用面积15.2万亩。

🔲 内蒙古自治区

一、马铃薯主要病虫害发生情况

2015 年全区种植面积 1 000 万亩，马铃薯主要病害有晚疫病、早疫病、黑痣病、枯萎病、病毒病等，虫害主要有小地老虎、蛴螬、芫菁等。其中马铃薯晚疫病是马铃薯主产区的主要病害，全区共发生 28 万亩。

二、马铃薯主要病虫害防治情况

（一）领导高度重视，及早安排部署

内蒙古自治区政府及各级业务部门高度重视马铃薯晚疫病的防控工作，年初下发了《2015 年全区农作物重大病虫害防控方案》。针对近年来马铃薯土传病害日趋严重的情况，内蒙古自治区植保植检站组织召开了全区马铃薯病虫害防控研讨会，会议邀请了内蒙古农业大学、马铃薯繁育中心的有关专家、12 个盟市站站长以及农药企业，共同商讨马铃薯主要土传病害防控技术方案，落实防控示范工作。

（二）积极争取各级财政支持，做好应急防控准备

内蒙古自治区财政厅、农牧业厅及时下拨国家专项资金、自治区本级财政共计 1 300 万元，用于包括马铃薯晚疫病等在内的重大病虫的应急防控、绿色防控和专业化统防统治。据统计，全区马铃薯晚疫病防控共投入农药 80 吨，出动专业化防治队伍 76 支，启用大中小型药械 8 000 余台次，出动防控人员 2 万余人次，发动群众开展群防群治。

（三）加强监测预警，确保信息传递到位

各级植保部门加大监测力度，准确掌握病虫发生动态，及时发布长、中、短期预报，严格执行信息周报制度和值班制度，上报马铃薯晚疫病半月报 100 余期。充分利用电视、报纸、广播、网络、手机等大众传媒，发布传递虫情信息，为领导、相关部门决策和及时组织开展防治提供了科学依据。

三、马铃薯病虫害绿色防控技术示范开展情况

在乌兰察布市察右后旗建立国家级马铃薯绿色防控示范区，核心示范 1 000 亩，辐射带动 2 万亩。通过优化集成推广应用绿色防控技术，示范区绿色防控技术到位率达到 80％以上，防控效果达到 90％以上，减少化学农药使用 30％以上，马铃薯中农药残留量 100％达到无公害农产品标准，危害损失率控制在 5％以内。辐射带动周边地区绿色防控技术到位率达到 60％以上，防控效果达到 85％以上，减少化学农药使用 10％以上。

四、马铃薯晚疫病预警系统推广应用情况

2015 年全区马铃薯晚疫病网络化监测站点已增至 55 个，防控技术指导面积达 110 万亩，辐射带动 160 万亩以上。2015 年在呼伦贝尔市的牙克石和兴安盟的阿尔山建立两年远程视频监控点。植保站技术人员通过网络可收到安装在内蒙古马铃薯主产区任何一块马铃薯田关于温度、湿度、降水量等 12 项与病虫害有关的气象数据，还可以通过视频直观地看到马铃薯田块的动态图像，利用这种先进的手段和科学的分析方法，及时汇总、分析调查数据并准确发布病虫信息。通过内蒙古马铃薯晚疫病监控预警系统进行数字化指导，预测准确率高，防治技术到位率高，节省劳力，节约成本。

◻ 黑龙江省

一、马铃薯病虫害发生基本情况

2015 年全省马铃薯种植面积 350 万亩，总产 500 万吨以上。马铃薯晚疫病是影响全省马铃薯产量的主要病害，由于夏季降水集中期与马铃薯易感病的花蕾期基本同步，马铃薯晚疫病发生期正值雨季，加重了病情，马铃薯晚疫病发生面积 91.2 万亩，马铃薯早疫病发生有加重的趋势，发生面积 22.4 万亩。其他病虫害均轻发生。

二、马铃薯病虫害防治工作情况

据统计，2015 年防治马铃薯晚疫病全省共出动打药队 375 个，手动、机动、悬挂式喷雾机械 5.3 万台，技术人员下乡 2 000 多人次，召开专题会议 20 多场，利用电视、广播等媒体宣传发生动态信息与防治技术 100 余期，印发宣传资料 10 万份，防治面积达 291.2 万亩次，挽回产量损失 89 350 万千克，挽回经济损失 71 482 万元。马铃薯早疫病防治面积达 12.5 万亩。

（一）组织专家会商，提前部署全年病虫害防治工作

年初黑龙江省农委组织东北农业大学、八一农垦大学、黑龙江省农业科学院、黑龙江省气象台以及各市县等专家 20 余人，结合病虫害发生的实际，对马铃薯晚疫病防治预案进行认真的修改和完善，然后及时下各地指导防治。

（二）领导高度重视，把防治工作纳入重要日程

进一步完善了全省农作物重大病虫防控指挥机构，成立了以主管副省长为组长的全省重大生物灾害防控领导小组，全面领导和组织协调重大病虫防治工作，确保粮食生产的安全。今年重点将马铃薯晚疫病的监测与防治工作纳为重要工作任务。针对今年天气条件比较有利于马铃薯晚疫病发生的实际情况。要求各地搞好田间调查，密切注意天气情况，及时发布防治预报，加强马铃薯晚疫病防治的宣传指导，组织农户及时提早喷药防治。

（三）开展试验示范，提高防治技术水平

今年黑龙江省植检植保站结合农业部农作物病虫专业化统防统治与绿色防控融合试点示范区继续安排马铃薯病虫害综合防治试验、示范，通过认真安排实施和总结分析，有针对性地安排一批效果好、药效稳定的药剂进行示范，同时，进行应用自走式高秆作物喷雾机防治马铃薯中后期病虫害技术研究。克山县马铃薯示范区核心面积 1 万亩，辐射带动 5 万亩，示范区平均防效为 95%，平均亩增产率 25%，平均亩挽回产量损失 123 千克。

（四）加强宣传培训，做好防治准备工作

今年全省共举办防治技术培训班 18 次，培训农户 2 000 余人，广播连线 4 期，下发通知两期。为增强广大农民防治马铃薯晚疫病的主动性和自觉性，保证防治效果。为抢前抓早，确保防控工作顺利实施，各地利用各类新闻媒体广泛宣传马铃薯病虫防治技术、下发明白纸等多种措施，重点对新种植户宣传普及马铃薯晚疫病的危害性，提高自觉防病意识，帮助农民掌握防治关键技术，推荐使用"放心药"，指导农民适时开展药剂防治。

三、防治中存在的问题及建议

一是监控经费短缺严重制约突发灾害的有效治理。尽管国家财政每年对重大病虫监测、防治给予一

定数额的补助，但由于黑龙江省耕地面积大，监测对象多，开展日常工作费用高，对于黑龙江省的测防工作的正常开展仍是杯水车薪。建议设立稳定的监测与长期治理专项经费。

二是药械问题。目前全省农民现有的药械大部分为 20 世纪 50 年代设计定型的背负式手动喷雾器，技术落后，喷药质量差，作业效率低，跑冒滴漏易造成人员中毒，不但影响防治效果、防治进度，增加成本，占用人工，以及引起劳动力短缺等问题。同时由于农药利用率低，田间污染浪费大，还会给绿色食品生产造成一定影响。由于机动喷雾机价格较高，农民主动购买的积极性不高，只有财政给予补贴，才能快速促进喷药机械的更新换代。

■ 湖 北 省

一、马铃薯病虫发生情况

2015 年全省马铃薯种植面积 360 万亩，病虫发生面积 360 万亩，防治面积 450 万亩。全年病虫害总体为中等发生，其中马铃薯晚疫病发生危害最重，为中等发生，其他如马铃薯病毒病、蛴螬、蝼蛄、二十八星瓢虫发生危害较轻。

马铃薯晚疫病全年发生面积 270 万亩，防治面积 360 万亩。今年马铃薯晚疫病发生较轻原因如下：一是品种结构转变，大力推广抗性较强的品种；二是主产区植保站对晚疫病的发生防治较为关注，及时下发病虫情报指导农户开展了预防；三是 4 月中下旬霜冻天气使二高山、高山低洼田块马铃薯受冻害较重，但对马铃薯晚疫病的发生起到了很好的抑制作用。

二、防控措施

（一）加强组织领导，确保防控到位

2015 年在马铃薯晚疫病发生的关键时期，马铃薯主产区政府对此高度重视。在病害发生期，各县、市植保站多次深入重病区指导防治工作，并制订防治方案、发布预报、进行广泛宣传，对大面积防治工作起到了积极作用，做到了防治农药、防治器械、防治技术的"三到位"。

（二）加强监测预警，及时发布情报

马铃薯产区植保站专门抽调人员负责马铃薯病虫发生监测与预警，一旦发现特殊情况，及时向上级主管部门汇报，并制订防控预案，发布病虫情报，指导晚疫病的大面积防治，做到了早预警，早防治，减损失。

（三）开展宣传培训，提高防控意识

今年充分利用电视媒体平台，印发技术资料，召开现场会，加大宣传力度，开展技术培训，让广大农户充分认识到病害的危害性和防治的重要性，并自觉学习掌握防治技术。在晚疫病发生防治的关键期，植保人员深入田间地头指导农户开展防治，解答农户提出的各类防治技术问题。

（四）建立绿色防控基地，推广关键防控技术

湖北省当前在马铃薯晚疫病防治中提倡建立马铃薯晚疫病绿色防控示范基地，以此来带动农户对马铃薯晚疫病的防治，如 2015 年恩施州植物保护站通过与三岔的马铃薯生产合作社联合，建成 0.6 万亩的马铃薯晚疫病绿色防控示范点。防治关键技术一是抓住防治最佳时期，二是选用对口农药品种，三是开展统防统治。

三、预警系统应用情况

实践证明，马铃薯晚疫病预警系统在全省很多地区能够很好地发挥其功效。如宜昌市利用晚疫病预

警系统，安排专人负责周报工作，及时了解全市马铃薯晚疫病发生动态，重大情况随时上报。及时准确地提供病虫情报，发布马铃薯晚疫病趋势预报 1 期。长阳、兴山等重点产区均坚持抓好系统调查和大田普查，秭归、五峰、长阳三个自动测报站点，结合马铃薯晚疫病监测预警系统，根据病情及时发布预警情报，做好防控工作。

广西壮族自治区

一、马铃薯病虫发生概况

2015 年，广西马铃薯病虫害发生面积 33.55 万亩次，同比增长 1.12%，主要病虫有马铃薯晚疫病、马铃薯早疫病、蚜虫等，同时，马铃薯病毒病、马铃薯黑胫病、马铃薯青枯病及地下害虫等也有一定程度的发生。

二、防控成效及措施

（一）防控成效

按照广西壮族自治区农业厅的工作部署，各级农业植保部门进一步落实马铃薯病虫属地防灾职责，未雨绸缪，及早备战，测报预报准确，防治及时有效。据不完全统计，广西马铃薯病虫防治面积 34.38 万亩次，占发生面积的 102.5%，防治后挽回损失约 19 288.62 吨，总体防效达 90% 以上。

（二）采取措施

1. 狠抓组织领导　广西壮族自治区党委、政府高度重视，各级政府及农业部门始终把病虫害防控工作作为发展粮食生产的关键举措来抓。一是制订防控方案，3 月 25 日，制订并下发《2015 年马铃薯重大病虫害防控方案》指导全区马铃薯面上防治工作。二是科学谋划及早部署。农业厅领导多次在全区性的会议上强调和动员部署农作物重大病虫害防治工作；召开上、下半年全区病虫发生趋势分析会，会商病虫发生趋势、研讨防治对策。

2. 狠抓宣传培训　一是加强带头人培训，重点培训种粮大户、家庭农场主和专业化防治组织（农民合作社）负责人。二是加强植保技术骨干培训。9 月 1 日，在贺州市举办 2015 年广西农企合作推进农药使用量零增长绿色防控技术培训班。

3. 狠抓绿色防控　一是实施农药减量控害行动。农业厅党组高度重视农药减量控害行动，成立了由厅党组副书记、副厅长郭绪全任组长、相关处、站、室负责人为成员的推进落实领导小组。二是开展试验示范。2008—2014 年，按照广西壮族自治区农业厅和全国农技中心的工作部署，广西壮族自治区植保总站进行了 5% 氨基寡糖素等药剂在马铃薯上的试验研究，筛选出具有经济、安全、高效特点的防治药剂和一套绿色生态防控技术。三是落实农企合作共建。根据农业部关于印发《农企合作共建示范基地深入推进〈到 2020 年农药使用量零增长行动〉实施方案》的通知，及时组织植保系统开展调研，按照"自愿参加、双向选择"的原则，积极向现代涉农企业、合作组织、新型农业经营主体宣传政策，搞好对接和服务工作。

4. 狠抓防控落实　农业厅及时组织植保专家深入马铃薯种植区指导当地马铃薯病虫防治工作。各地结合实际，采取"化学防治与生态治理相结合，专业队防治与群众防治相结合"的策略，充分利用电视、广播、标语、明白纸、宣传栏、手机短信等多种渠道开展技术宣传，通过举办现场会、开设农家小课堂、设立咨询台、开办农民田间学校等多种形式组织技术培训，宣传普及马铃薯主要病虫防治技术及防控要领，特别是充分利用农民田间学校培训，提高农民防治自主决策能力。应急防治时，指导农民选择对口农药，根据病虫情报适时安全合理用药，禁用高毒高残留农药，保障防治效果的同时保护好农田生态环境，确保农产品质量安全。

重 庆 市

一、马铃薯主要病虫害发生情况

2015 年，重庆市马铃薯种植面积 543 万亩，全市马铃薯病虫害总体发生程度 4 级，发生面积 340.6 万亩次。病虫害以马铃薯晚疫病、马铃薯早疫病、马铃薯病毒病、二十八星瓢虫等为主，马铃薯青枯病、地下害虫在局部地区发生危害。其中，马铃薯晚疫病发生面积 208.46 万亩，马铃薯早疫病发生面积 15.68 万亩，马铃薯病毒病发生面积 26.51 万亩，二十八星瓢虫发生面积 35.64 万亩次。

二、监测防控工作情况

2015 年，全市马铃薯防治面积 267.18 万亩次，占发生面积的 78.44%，挽回马铃薯损失 8.4 万吨（折粮）。

（一）领导重视，加强督导

各主产区县政府和农业部门及时组织马铃薯病虫防治工作督察组，对各地马铃薯病虫害防治工作开展情况进行督察，有力推动了各地马铃薯病虫害的防治工作。

（二）智能化监测预警体系有序推进，为防治提供科学依据

2015 年，全市用于监测马铃薯晚疫病的田间无职守气象站共计 67 台，分布在海拔 200～1 800 米，预警覆盖面积近 67 万亩，辐射带动面积 200 余万亩，预警准确率达到了 97% 以上。马铃薯晚疫病预报的及时、准确，为防控工作提供了技术支撑，为领导决策起到了参谋作用。

（三）加强指导，及时发布预警信息

据统计，2015 年全市发布马铃薯晚疫病预警信息 60 余期，上报农业部马铃薯晚疫病周报 12 期，发送马铃薯晚疫病预警信息 10 000 余条。

（四）积极开展品种抗性鉴定，为防控工作提供依据

2015 年，开展了基于马铃薯晚疫病预警系统下不同马铃薯品种晚疫病田间抗病性观测试验。试验结果表明，重庆市主要马铃薯品种费乌瑞它、米拉、渝薯 1 号，中薯三号、荷兰 7 号、荷兰 8 号、鄂马铃薯 3 号、大西洋和新大坪均为感病品种，尤其是来自荷兰的费乌瑞它、荷兰 7 号和荷兰 8 号最为感病，大多数感病品种在马铃薯晚疫病侵染第三代首次侵染完成时，均可见中心病株。

（五）开展国际合作，为马铃薯产业发展奠定基础

6 月 15～19 日，国际马铃薯中心亚太中心与重庆市植保植检站在巫溪县联合举办亚太地区马铃薯晚疫病预测预报和防控国际研讨会，来自国内、比利时、印度、尼泊尔等国家和地区的 40 余名代表参加本次会议。本次会议围绕"马铃薯晚疫病预测和防控"主题对马铃薯产业安全发展形成了的建议和意见，将对重庆市马铃薯产业的发展具有重大的促进作用。此外，今年 11 月 11～15 日，在重庆市植保植检站的积极协调下，比利时埃诺省农业及农业工程应用研究中心（CARAH）和巫溪县达成了在巫溪共同建立马铃薯工程中心的协议，这将对巫溪县马铃薯产业链条的健康发展有着不可估量的促进作用。

（六）开展马铃薯病虫专业化统防统治与绿色防控融合示范

2015 年以云阳县全国马铃薯病虫害专业化统防统治与绿色防控融合示范区为平台，带动全市 40 个部、市级马铃薯万亩高产创建示范片开展马铃薯病虫害专业化统防统治与绿色防控融合示范。示范区采取选用健康抗病脱毒品种、应用马铃薯晚疫病预警系统科学指导药剂防治、使用杀虫灯和粘虫板诱杀害

虫、实施专业化统防统治等措施，取得了较好的示范效果。

四 川 省

一、马铃薯病虫害发生情况

2015 年四川省马铃薯种植面积 1 196 万亩，主要病虫害有晚疫病、早疫病、蚜虫、二十八星瓢虫等，其中以晚疫病危害较为严重。据统计，2015 年全省马铃薯病虫害发生面积为 402.03 万亩，比 2014 年增加 48.99 万亩。其中，马铃薯晚疫病总体中等发生，凉山州局部及盆周山区偏重发生，发生面积 192.47 万亩，较 2014 年增加 10.82 万亩，比近 5 年均值高 22.55 万亩，是 2009 年以来发生最重的年份；早疫病轻发生，发生面积 29.64 万亩；病毒病轻发生，发生面积 23.97 万亩；二十八星瓢虫轻发生，发生面积 34.02 万亩；地下害虫轻发生，发生面积 30.35 万亩。

二、防治工作

2015 年四川省防治马铃薯病虫害 530.67 万亩次，挽回损失 13.79 万吨。其中，防治晚疫病 250.81 万亩，挽回损失 10.17 万吨；防治早疫病 39.32 万亩，挽回损失 0.95 万吨。

（一）领导重视，及早安排

制订印发了《2015 年四川省大春作物中后期重大病虫害防控技术方案》。各市（州）、县（市、区）党政对马铃薯的生产与开发给予了高度重视和支持。省财政部门不断加大对马铃薯产业开发的资金投入力度。近年凉山州统筹各类资金 1 亿多元用于马铃薯产业基地建设、良繁体系建设、种薯补贴、病虫害综合防治和基础设施建设。

（二）科学监测，发布预报

邀请四川省农业科学院植物保护研究所、四川省农业气象中心及部分市（州）植保专家就四川省大春农作物主要病虫草害监测技术进行了培训，并会商了 2015 年大春农作物主要病虫草害发生趋势，发布了《四川省 2015 年大春农作物主要病虫草害发生趋势》。5～9 月，启动了马铃薯晚疫病等重大病虫值班制和周报制，每周定时上报病虫害发生防治动态。

（三）加强宣传，开展培训

各级农业部门通过发放明白纸、举办防治现场会以及报纸、网络、手机短信、病虫电视预报等形式加强农作物重大病虫防控技术宣传。3 月，在德阳召开了全省农作物病虫害专业化统防统治技术培训会，会议对重大病虫监测预警、绿色防控、病虫害专业化统防统治进行了专题培训。

（四）落实措施，统防统治

通过建立马铃薯病虫专业化统防统治示范区，推广应用高效、低毒药剂，实施专业化防治，提高防治效果和防治效率。在病虫发生关键时期，召开防治示范现场培训会，建立专业化防治应急队伍，加强应急队伍人员的技术培训和工作指导，提高技术水平，跟踪做好技术指导，对示范区应急队伍进行了高效药械补助。在绿色防控技术示范实施区，农药用量减少，田间生态环境得到改善，生产出了一批绿色无公害马铃薯，获得了良好的经济、社会和生态效益。

三、绿色防控示范区工作开展情况

2015 年，农业部种植业管理司确定在盐源县、宣汉县开展马铃薯专业化统防统治与绿色防控融合试点工作，根据要求，四川省及时制订并下发了《四川省农作物病虫专业化统防统治与绿色防控融合试点工作方案》，举办了专题培训班，落实了示范任务，在凉山州、达州市等地建立了马铃薯晚疫病绿色防治技术示范片，面积 30 余万亩，辐射面积 300 万亩，两个试点县建立马铃薯专业化统防统治和绿色防控融合试点示范区 1.5 万亩以上，辐射面积 15 万亩以上。示范区以深松整地、双行垄作、合理密植、合理轮作、间作套作、选用抗（耐）病虫的脱毒良种、适时早播、增施磷钾、平衡施肥、清洁田园、合理排灌水等农业防治和生态调控等多种防控措施为主，大力推进晚疫病等病虫害的专业化统防统治，绿色防控技术到位率达到 80% 以上，专业化防控面积达到 100%，防控效果达到 92%，减少化学农药使用 25% 以上，亩防治成本平均降低 10% 以上，危害损失率控制在 5% 以内。辐射推广区绿色防控技术到位率达到 60% 以上，防控效果达到 85% 以上，减少化学农药使用 15% 以上，亩防治成本平均降低 5%，危害损失率控制在 10% 以内。示范区内马铃薯产品农药残留不超标。

■ 贵 州 省

一、马铃薯病虫发生情况

马铃薯主要病虫发生面积 728.64 万亩次，主要病虫有晚疫病、早疫病、病毒病、蚜虫、小地老虎、黄蚂蚁等。防治面积 611.08 万亩次，防治率 83.87%。其中，马铃薯晚疫病偏重发生，全省发生面积 348.42 万亩，较去年略多，一般病株率 52%，高的达 100%。马铃薯早疫病发生 184.42 万亩，主要在西部、北部等地，一般病株率 21%，高的 100%；病毒病发生面积 129.6 万亩，在全省大部分地区发生，一般病株率 11%，高的达 60% 以上；蚜虫发生 46.7 万亩，主要发生在西部等地，一般百株蚜量 340 头，高的 3 000 头以上。

二、主要防控措施

（一）政府、领导重视，工作早部署

为做好马铃薯晚疫病防控工作，全省成立了贵州省马铃薯晚疫病预警与控制技术研究应用协作组。其中，贵阳市植保植检站为主持单位，负责协作组日常工作，承担马铃薯晚疫病预警系统的建设和管理、发布相关文件信息、预警系统技术培训指导、试验示范推广等工作。

（二）做好监测预警工作

通过系统调查和普查相结合的方法，严格按照《马铃薯晚疫病监测技术规范》，坚持系统调查和普查相结合，做好晚疫病的监测预警工作，执行周报制度，及时准确发布中、短期预报，正确提出分类指导意见，为防治提供可靠的科学依据。据统计，全省发布马铃薯晚疫病等病虫情报、周报 900 余期。

（三）充分利用监测预警系统，发布手机短信情报

通过实施马铃薯晚疫病预警与控制技术研究示范项目，从比利时引进马铃薯晚疫病数字化预测模型，购置马铃薯晚疫病监测仪，将 CARAH 马铃薯晚疫病预警模型计算方法全部程序化、数字化，实现了数据传输、模型计算、预警分析等全程自动化，极大地提高了该模型的可操作性。设立马铃薯晚疫病监测点 53 个，覆盖核心示范面积 10.65 万亩，指导防控面积 100 万亩左右，短期预报准确率达 90% 以上，平均防治效果达 80% 以上，效益显著。

（四）推广综合防治技术，建立综防技术展示区

示范区通过对以马铃薯晚疫病为主的病虫系统调查，及时掌握发生动态，严格防治指标，对不同生长期主要病虫害进行综合防治。组装绿色防控技术，加大应急防控力度，开展高效低毒新农药筛选试验，优化施药技术，尽可能减少用药次数和用药量。一是做好种薯选择和处理；二是选择不同播期播

种，加强田间管理，增强抗病性和耐害性；三是根据预测结果，把握好防治适期，科学防治，选择高效、低毒、低残留对路药剂，科学组配，使用高效喷雾器械进行统一防治。

（五）开展专业化统防统治

2015 年大力实施病虫害专业化统防统治，在粮食作物主产区和迁飞性、流行性重大病虫源头区全面推行专业化统防统治，突出做好马铃薯晚疫病等重大病虫害的统防统治，推广绿色防控技术，集成应用综合防治技术。通过争取各级财政对重大病虫防治的补助，大规模实施专业化统防统治，从整村、整乡、整县向跨区域连片作业推进，全面提升重大病虫害防控能力。

（六）加大技术培训力度

通过广泛利用各种媒体，采取召开现场会，开办田间课堂，办宣传专栏，印发宣传资料等形式，加大宣传培训力度，提高广大农户和基层技术人员对马铃薯晚疫病等主要病虫防控工作重要性的认识。全省共开展监测与防治现场培训会 520 余期次，培训技术员、农民达 4.8 万人次，发放技术资料 3.9 万份。

■ 云 南 省

一、马铃薯病虫发生防治情况

今年云南省大春马铃薯播种面积约 650 万亩，马铃薯晚疫病发生面积 239.9 万亩，比 2014 年同期高 10.7％，平均病株率为 20％，最高病株率为 100％。通过开展专业化统防统治、农民培训、多样性种植等措施，实现防治面积达 241.35 万亩，挽回损失近 5.5 万吨，确保了农民增产增收。

二、防控工作措施

（一）加强监测

云南境内立体气候明显，马铃薯种植结构复杂，晚疫病发生特点差异大，按马铃薯种植季节设立冬季、大春一季、小春和早春作物、秋播马铃薯 4 个监测区，再结合发生特点设立常发区、偶发区和高发区。在 11 个县开展了马铃薯晚疫病数字化监测系统建设，建立了 20 多个马铃薯晚疫病的病害系统监测圃。在田间调查的基础上，做好不同时期病害趋势分析和预测预报工作；并固定专人做好定点、定期监测，发现发病中心株田块及时预警。真正做到"监测准、指导好、防治巧、损失小"。

（二）制订科学的防控策略

2015 年年初制订并印发《云南省马铃薯晚疫病防治方案》，为全年的防治工作提供指导性意见。在加大种薯处理力度，加强推广脱毒种薯的基础上，以感病敏感期与马铃薯生长期相错开为原则，适当调整马铃薯播种时间，一旦发现中心病株立即采取防治。在防治策略上采取"预防为主，以控为辅，防控不见病"的策略。秋播马铃薯发病重，但由于经济效益高，在防控策略上以"以预防为主和大面积化学防控相结合"的策略。

（三）加强防治技术培训服务

在连片种植感病品种、种植新区、防病意识淡薄的区域组织发动农民开展群防群治。采取"以点带片、以片促面"的原则，2015 年全省在昭通市建立了 1 个省级示范市，昆明寻甸等县建立了 10 个省级示范县。

在晚疫病防治关键期，技术人员适时深入田间指导农民科学防治，积极组织专业化统防统治队伍开展防控，今年出动喷雾器 7 万台次，组织专业化防治 70 万亩次，减轻病害造成的危害。

■ 陕 西 省

2015 年陕西省马铃薯种植面积近 500 万亩，种植区域主要集中在陕北的榆林、延安和陕南的汉中、安康、商洛等 5 个市，马铃薯晚疫病中等至偏轻发生，发生面积 58.6 万亩，地下害虫中等发生，发生面积 90 多万亩；二十八星瓢虫偏轻发生，发生面积 110 万亩，共计防控马铃薯病虫面积 300 万亩。

一、加强组织领导，及早安排部署

下发了《关于做马铃薯晚疫病防控工作的通知》，陕西省财政下拨资金 1 000 万元，用于支持秋作物重大病虫的应急防控和统防统治工作。各市、县也高度重视，榆林市、延安市等财政投入 30 万～50 万元用于晚疫病等重大病虫的监测防控，在防控关键时期，召开了晚疫病防治现场会，全力以赴开展马铃薯重大病虫防控工作。

二、加强调查监测，及时发布预报

利用全省 60 多个马铃薯等秋作物病虫害系统监测点，继续采取系统监测和大田普查相结合的方法，全面掌握各类病虫发生面积和重发区域，及时发布农作物病虫中长期预报 6 期。各地组织技术力量，增加监测频次，扩大监测区域，准确发布虫情预报 60 多期。从 6 月起启动值班制度和周报制度，逐级定时上报马铃薯等重大病虫害发生防治动态 20 期，各级制作电视预报 10 多期（次）。

三、建立试验示范，带动防控工作开展

一是按照政府购买服务的形式，在榆林、延安的 6 个县开展马铃薯全程专业化统防统治 2 万亩，每亩补助 30 元。继续开展马铃薯晚疫病专业化统防统治作业补贴 3 万亩，每亩补贴作业费 10 元。二是按照"统防重发区，群防一般区"的策略，推行"把握适期，优化用药，突出化防"的技术路线，示范带动大面积群防工作。三是开展绿色防控与统防统治融合示范。在定边县建立了专业化统防统治和绿色防控融合试点基地，开展新型器械、"三诱"、生物及农业措施综合试验工作。在马铃薯常发、重发区的榆林市定边县和延安市子长县各建立了 500 亩的省级马铃薯晚疫病综合防治区，开展不同药剂的试验筛选工作。

四、加大培训力度，普及防治技术

6 月以来，先后在陕西电视台制作播发马铃薯晚疫病防治技术节目 3 期，开展技术培训 4 次。马铃薯主栽区各级植保部门采取召开病虫防治现场会、电视专题节目、发布农情信息、设立技术咨询点、发放技术明白纸、技术人员深入田间地头巡回指导等多种形式，大力宣传、普及马铃薯病虫害综合技术。全省共举办马铃薯晚疫病防治技术专场培训会 40 多场，印发各类宣传材料 4 万余份，培训人员 1 万多人次。

五、加强督导检查，确保工作扎实开展

针对今年气候异常、旱涝、病虫交替发生等形势，调集技术干部，组成督导组，随时应对各类灾害。7 月赴延安市指导马铃薯晚疫病防控措施落实情况。8 月由陕西省农业厅种植业处带队，对延安、榆林等市开展马铃薯晚疫病等防控工作督导。各地在防控期间，也分别组成联合督导组，分赴辖区县（区）督导，各县（区）也纷纷派员深入生产一线督导马铃薯晚疫病防控等各项工作开展。

■ 甘 肃 省

一、马铃薯病虫发生防治情况

2015年甘肃省马铃薯种植面积1 025万亩，马铃薯晚疫病发生310.98万亩，较2014年同期减少111.8万亩，其中偏重发生面积11.2万亩，主要集中在陇南市武都等区县，重病田病叶率达到50%以上。全省马铃薯晚疫病防治520.26万亩次，占发病面积的167.3%，早发和高产田普遍防治2～3次，防治效果良好。

二、防控工作开展情况

(一)强化组织领导，及早安排部署

6月底甘肃省农牧厅下发《甘肃省2015年马铃薯晚疫病防控实施方案》（甘农牧财发〔2015〕56号），要求各地要切实抓好晚疫病防控，遏制病害流行危害，力夺秋粮丰收。

(二)科学监测预警，预报及时准确

全省各级植保机构上下联动，资源共享，信息互通，充分发挥晚疫病数字化预警系统作用，全方位加强病虫监测，同时深入田间地头，加强大田普查，跟踪作物生长进程，根据气候动态变化会商分析晚疫病等秋粮作物重大病虫发展趋势，准确把握病虫动态。省、市、县共发布病虫情报180多期。

(三)争取财政支持，保障防控顺利开展

6月甘肃省农牧厅及时向甘肃省政府汇报，从省级预算的农业防灾减灾资金中安排2 000万元，专项支持马铃薯晚疫病防控工作。补助资金全部下达马铃薯主产县（区），主要用于晚疫病常发区、重发区实施应急防治、统防统治、绿色防治所需农药购置及燃油、雇工补助。其中90%的资金用于购买农药，10%用于燃油、雇工补助，防控农药由市（州）农牧、财政部门统一组织招标采购，县区验收合格后，及时分发到乡镇，组织开展统防统治和群防群治。

(四)强化宣传培训，提高防治效果

各地充分利用电视、广播、网络、短信、板报、明白纸、宣传册、挂图等多种媒介，组织开展秋粮重大病虫防控技术培训宣传，马铃薯晚疫病常发区、重发区组织技术人员深入乡镇，进村入户，宣传晚疫病全程防控技术，推进统防统治与绿色防控融合；加强对专业化防治组织的技术培训和指导服务，普及绿色防控、科学安全用药、药械维修保养等技术。据不完全统计，全省开展技术培训160期次，发放防治技术明白纸32万份，培训农民46.7万人次。通过宣传培训，让农民了解马铃薯晚疫病是可防可控的，提高了防治技术水平。

(五)推进统防统治，提升防控能力

各地按照"政府主导、市场运作、因地制宜、循序渐进"的原则，充分调动各类专业化防治组织的积极性，发挥其快速处置、快速覆盖专业队伍作用。在技术服务上，各级植保部门及时将病害发生信息和防治技术发布给专业化防治组织；在防控形式上以专业化防治组织为主，走统防与群防相结合的道路，做到应急防控全覆盖；在防控区域上，打好早发区、中熟区和晚熟区三个防控战役。

(六)探索融合示范，实现减量控害

为落实农业部到2020年农药使用量零增长精神，省财政从省级预算中列支400万元专项经费，印发《2015年农作物病虫专业化统防统治与绿色防控融合推进示范方案》，在全省选择39个重点县（区）

开展绿色防控与专业化防治融合示范，并选择 10 个县（区）重点推进专业化统防统治，选择 10 个产业大县开展专业化防控与绿色防控融合示范，主要是分作物试验集成病虫害全程绿色防控技术模式，集成优化全程绿色防控关键技术，研究提出适合本地专业化防治与绿色防控融合的推进机制，进一步明确相关技术问题，从而加快转变防病治虫方式，减少化学农药用量、科学合理用药，努力实现减量控害、节本增效、提质增效。探索低碳、环保、可持续农业发展新模式，提高甘肃省农业生产、农产品质量和生态环境安全。

（七）加强工作督导，确保任务落实

今年是甘肃省委确定的工作落实年，为确保秋粮重大病虫防控任务落实到位，专门印发了《关于切实做好当前农业防灾减灾工作的通知》，成立 5 个督查组，由领导带队，7 月下旬至 9 月中旬分 4 个片区对马铃薯主产县（区）的防控工作进行巡回督导，确保各项防控措施全面落实和物资尽快到位。各地农业、植保部门分工协作，责任到人，开展不同层面的技术指导和工作督导，及时发现并解决问题，确保各项防控措施落到实处。

■ 宁夏回族自治区

一、马铃薯病虫害发生防治情况

2015 年全区马铃薯种植面积 272 万亩，主要发生的病虫害有马铃薯晚疫病、早疫病、病毒病、环腐病、黑胫病、黄萎病、蚜虫、地下害虫、二十八星瓢虫等。马铃薯病虫害发生面积 805.14 万亩次，比 2014 年减少 310 万亩次，防治面积 416.84 万亩次。

晚疫病总体轻发生，发生面积 76.07 万亩，防治 64.91 万亩次。早疫病总体中偏轻发生，发生面积 220.94 万亩，防治 105.82 万亩次。病毒病发生面积 46.75 万亩，防治 22.65 万亩次。环腐病发生面积 34.32 万亩，防治 20.4 万亩次。黑胫病发生面积 31.2 万亩，防治 10.8 万亩次。蚜虫发生面积 96.11 万亩，防治 43.38 万亩次。地下害虫发生面积 95.42 万亩，防治 54.13 万亩次。

二、采取的措施

（一）及早制订防控方案，部署防控工作

3 月，根据 2015 年农作物病虫害长期趋势预报，制订了《2015 年宁夏农作物病虫害防控方案》《宁夏 2015 年农作物病虫害专业化统防统治示范方案》，并将方案细化到每个作物，为 2015 年农作物病虫害防治工作的有序开展奠定了基础。7 月在原州区中河乡中河村召开了全区马铃薯机械化防控现场会，农机农艺融合，打响了马铃薯晚疫病防控攻坚战。在马铃薯主产区西吉县和原州区设立的 5 个万亩标准化抗旱增产示范基地和 10 个万亩种薯扩繁示范基地，开展推广以晚疫病、蚜虫和地下害虫等病虫害绿色防控、统防统治为主的试验示范，带动了全市绿色防控和统防统治工作的全面开展。

（二）全面监测，及时准确发布病虫信息

各地植保技术人员坚持系统观测和全面监测相结合，深入田间地头调查掌握病虫害发生动态，及时上报周报、发出防治警报，指导防治工作有序开展。切实做到监测预警到位、信息传递到位、技术指导到位，防治工作成效显著。全区共发布马铃薯病虫害发生防治信息 35 期、电视预报 8 期、周报 102 期。

（三）抓好试验示范，展示统防效果

各地充分利用好农牧厅下拨的重大病虫应急防控补助的同时，积极协调财政、民政部门，筹措经费，提前做好了防控人员、药剂、药械的准备工作。一是根据病虫害发生危害程度，及时启动防控预案，确保各项措施落到实处。二是做好防控物资准备。各级农业部门千方百计地争取地方财政加大投入

力度。三是积极推进病虫害专业化防治。植保专业技术人员深入龙头企业、示范基地、种植大户和大田，科学指导防治，各县（区）都建立了用得上、拉得出、治得住、防效好的植保专业防治队伍，推动了统防统治工作的全面开展，提高了植保专业化防治水平。

（四）农机农艺融合，提升植保装备水平

全区植保机械化防控现场会在固原市原州区中河村万亩马铃薯基地召开，充分体现了植保和农机的进一步融合，对发展精准农业、降低农药用量、解决劳动力不足及农业安全生产和发展现代农业，提高农业生产效率、提升植保装备水平具有重要意义。展示了植保机械正在向机械化、自动化方向发展。

■ 新疆维吾尔自治区

一、马铃薯主要病虫害发生与防治情况

2015年新疆马铃薯种植面积37万亩，常发病虫害发生面积49.44万亩次，其中病害发生面积19.49万亩次，虫害发生面积29.95万亩次。主要病害种类有早疫病、晚疫病、环腐病、病毒病、黑胫病，发生面积分别为5.71万亩次、6.38万亩次、0.90万亩次、2.69万亩次、0.76万亩次；主要虫害种类有马铃薯甲虫、蚜虫、地下害虫、蛴螬、金针虫等，发生面积分别为27万亩次、0.01万亩次、2.77万亩次、0.09万亩次、0.08万亩次，属于轻发生程度。

全区马铃薯种植区域对常发病虫害主要采取了以下措施：

1. 对马铃薯晚疫病 主要在播种前用福尔马林进行消毒处理，及时拔除中心病株和进行中耕管理除草。在发病前用1∶1∶（120～150）的波尔多液，或用80%代森锌、75%百菌清600～800倍液进行防治处理。

2. 马铃薯环腐病 选用无病种薯，发现病株及时清除，并对地下害虫进行防治，实行轮作。

3. 马铃薯病毒病 主要采取脱毒技术。

4. 蚜虫 在成虫迁徙或幼虫孵化初期用50%敌百虫800倍液、2.5%亚胺硫酸乳剂300～400倍液进行喷药防治。

5. 地老虎 采取了糖蜜诱杀或灯光诱杀成虫技术。危害较重时用50%嘧啶氧磷乳油制成5%的毒土，撒在幼苗基部或四周的土面上，或用4%敌百虫粉剂1～1.25千克拌细土15千克撒在植株行间进行杀虫。

2015年共完成马铃薯病虫害防治面积51.97万亩次，挽回损失39 055.05吨，其中病害防治面积21.90万亩次，虫害防治面积30.07万亩次。

二、马铃薯甲虫分布现状

1993年马铃薯甲虫从哈萨克斯坦传入我国，最早发现于伊犁地区霍城县。此后，每年约以100千米的速度向东扩散，2015年发生面积为24.7万亩次。经全力防控，被控制在伊犁、塔城、昌吉、乌鲁木齐、巴州等9个地（州）38个县（市）。至今，马铃薯甲虫仍被阻截在昌吉州木垒县大石头乡以西，没有继续向东扩散。

三、马铃薯甲虫绿色防控技术

先后在乌鲁木齐市、米泉市、伊宁市、新源县、特克斯县、尼勒克县、阿勒泰市、塔城市、昌吉市、木垒县、奇台县建立11个马铃薯甲虫防控示范区。在示范区内结合马铃薯甲虫发生区生产实际，开展具有操作性强的与环境相容的化学防治、生物防治、物理防治、生态调控和保健栽培等关键技术组成的马铃薯甲虫持续防控和应急防控技术示范。核心技术示范区面积30万亩，其中马铃薯甲虫持续防

控技术累计推广 20 万亩，应急扑灭和封锁防控技术面积累计推广 10 万亩，马铃薯甲虫持续防控技术防效达到 90％以上，马铃薯甲虫危害损失率控制在 10％以内，应急封锁防控示范区马铃薯甲虫防治效果达到 95％以上，完成防治面积 29.6 万亩次，有效控制了马铃薯甲虫的发生和危害。示范区建设和马铃薯甲虫综合防控技术的推广，产生直接经济效益 8 857.43 万元，间接经济效益 283.83 万元，农民增收 9 141.26 万元，取得了显著的经济、生态、社会效益。

5 棉花

▉ 河 北 省

2015 年河北省棉花种植面积 510 万亩，比 2014 年减少 145 万亩，种植面积继续呈下降趋势。病虫害总体中等发生，发生面积 6 509.69 万亩次，防治面积 5 925.49 万亩次。其中病害发生面积 1 493.28 万亩次，虫害发生面积 5 016.41 万亩次。发生特点是虫害重、病害轻，喜旱害虫棉蚜、棉蓟马偏重发生；二代棉铃虫蛾卵量高、孵化率低，棉田幼虫量极少；四代棉铃虫棉田虫量低，但玉米、蔬菜等作物田虫量较高。

一、棉花主要病虫害发生情况

1. 棉铃虫 全省棉铃虫总体中等发生，其中二代中等发生，蛾卵量高，幼虫量低；三、四代发生较轻，棉田幼虫数量低，其他作物田幼虫数量高。

2. 棉蚜 苗蚜受 5 月 10 日后连续干旱少雨影响，呈偏重发生，局部地块大发生，发生程度与 2014 年相当，重于近年。

3. 棉叶螨 总体偏轻发生，其中蕾期中等发生，发生程度总体轻于 2014 年。

4. 棉盲蝽 总体中等发生，发生特点为前轻后重，与常年相反，后期重于常年。其中二代偏轻发生，三、四、五代中等发生，局部偏重发生。危害盛期从 7 月上旬一直持续到 9 月中旬，危害期长于常年，世代重叠严重，种类依然以绿盲蝽为主。受降雨不均，各地湿度差异大影响，今年棉盲蝽地区间发生程度差异大。

5. 棉蓟马 棉蓟马发生重于历年，早于近年。

6. 棉田烟粉虱 总体中等，局部偏重至大发生，危害盛期持续时间长，发生程度重于近年，区域间发生程度差异较大。

7. 谷子小长蝽 2014 年河北省初次在安新县苗期玉米上发现，2015 年该害虫在河北省永年县棉田及沧州地区谷田重发生，在棉田与盲蝽混合发生。

8. 棉花苗病 总体中等发生，局部偏重发生，以炭疽病、立枯病为主，一般病株率为 5%～15%，严重地块达 30%～50%，最高达 70%，个别地块出现死苗现象，发生程度重于 2014 年。

9. 枯萎病、黄萎病 总体偏轻发生，其中枯萎病发生轻于 2014 年，黄萎病发生重于 2014 年。

10. 红叶茎枯病及早衰 总体轻发生，其中邢台地区中等发生，8 月中下旬达发病高峰。

11. 棉花铃病 以棉铃疫病为主，另外有软腐病、黑果病、红粉病、炭疽病、灰霉病等。2015 年局部地区 8、9 月降雨偏多，致使铃病发生偏重。

二、棉花病虫害防治工作开展情况

（一）强化领导措施

根据全国农技中心《2015 年农作物重大病虫害防控技术方案》，结合河北省的实际情况，及时印发了《关于加强棉花病虫害防治工作的通知》。各级农业部门植保机构加强监测预警，提早制订防治预案，及时开展有效的防治措施，关键时期派技术人员下乡指导，强力推动了全省防治工作的开展。

（二）加大棉花病虫监测力度

在棉花病虫害监测工作中，各级植保机构严格执行测报制度和调查规范，采取系统调查和普查相结合的方法，密切监测棉花病虫害发生情况、发生动态，并根据棉田病虫发生动态制订切实可行的防治技术措施，及时通过情报等形式通知棉农及上级主管部门，为领导决策、棉农把握防治时机、选择对路农药、在关键期进行科学防治提供了技术及信息保证。

（三）依托棉花病虫专业化统防统治与绿色防控融合试点工作，推动棉花病虫害防治工作的深入开展

按照农业部办公厅《2015 年农作物病虫专业化统防统治与绿色防控融合推进试点方案》（农办农〔2015〕13 号）文件要求，今年继续在景县开展棉花病虫专业化统防统治与绿色防控融合试点工作，建立 5 个核心示范区，每个示范区面积为 1 000 亩，培育和扶持志清农民合作社开展棉花病虫害统防统治和绿色防控技术示范试点工作。棉花病虫专业化统防统治与绿色防控工作以连片承包、整村推进的方式进行，依托农民专业合作社、村委会等，大力推行统一组织、统一发动、统一时间、统一技术、统一实施"五统一"服务。

在棉花苗期、开花期、蕾铃期由景县农业局植物保护站有针对性的实时提供病虫发生情报，由志清农民专业合作社根据病虫情报对五个棉花示范方田开展 1～3 次统防统治。根据棉花的不同时期有针对性的实施绿色防控技术，主要采取灯光诱杀＋物理及化学处理等技术。

（四）广泛宣传发动，科学指导病虫防治工作

各地植保部门为了确保农民能真正掌握病虫的防治技术，利用多种形式大力开展技术宣传、咨询和培训活动。一是利用网络技术加快信息传递。二是利用广播电视等新闻媒体开展宣传。电视快速、普及面广的优势可以使棉农及时了解和掌握虫情动态及防治技术信息。三是利用阳光培训工程对农民进行棉田病虫害综合防治技术培训。四是组织相关市、县植保技术人员起草了棉花主要病虫害防控技术整体治理方案和主要病虫害防治历等。

（五）结合棉花产业体系项目，开展铃病和疫病的调查工作

结合河北省棉花产业体系项目，组织省内有关专家分别对邯郸、邢台、衡水、沧州等棉花主产区开展了棉花铃病以及棉花疫病的调查工作，获取了不少有效数据。并实地走访了产棉大县，深入田间对棉花病虫害的发生和防治情况进行了现场技术指导。

江 苏 省

2015 年全省棉花播种面积 112.4 万亩，面积同比去年下降 43.2％，主要为杂交抗虫棉，均为春播棉。栽培方式以育苗移栽为主，营养钵育苗 110 万亩，直播棉 2.4 万亩，茬口布局以套栽棉居多，面积 64.4 万亩，占 57.3％，主要集中在沿海及淮北棉区，小麦、蚕豆等为主要套栽茬口。麦油蔬后棉面积 48 万亩，占 42.7％。棉花病虫害总体偏轻发生。

一、棉花病虫害发生情况

今年全省棉花病虫害总体偏轻发生。其中棉盲蝽、棉蚜、棉叶螨、烟粉虱、斜纹夜蛾、黄萎病偏轻发生，玉米螟、棉铃虫、棉蓟马、枯萎病等病虫轻发生。

盲蝽偏轻发生，发生面积 187.9 万亩次，同比 2014 年减少 40.8％。棉铃虫除了三代偏轻发生，其余各代轻发生，发生面积 137.8 万亩次，同比 2014 年减少 58.6％。烟粉虱偏轻发生，全省发生 86.1 万亩，主要在沿海、淮北棉区发生。棉蚜全省发生 101 万亩次，其中苗蚜发生 61.3 万亩次，伏蚜发生 39.6 万亩次。红蜘蛛全省发生 58.5 万亩次，苗期发生 30.6 万亩，蕾期发生 16.8 万亩，铃期发生 11.1 万亩。斜纹夜蛾在沿海与淮北棉区局部地区偏轻发生，发生 9 万亩次。甜菜夜蛾在沿海与淮北棉田局部轻发生，发生 4.2 万亩次。玉米螟在沿海、淮北部分棉田轻发生，发生 6.1 万亩次。枯萎病轻发生，发生 5.8 万亩，同比去年减少 81.3％；黄萎病偏轻，发生 14.5 万亩，同比去年减少 63.8％。棉蓟马轻发

生，发生 12.5 万亩次，主要发生在沿海、淮北棉区。红铃虫轻发生，发生 1.2 万亩次，同比去年基本持平略增。红叶茎枯病轻发生，在里下河部分田块偏轻发生，发生面积 1.1 万亩。

二、原因分析

（一）气候及苗情

棉花生长前期，主产区梅雨期推迟，雨水少，有利于棉蚜、红蜘蛛、棉铃虫发生繁殖，抑制了盲蝽和黄萎病的发生，黄萎病第一显症高峰不明显。棉花生长中后期低温多雨，持续时间长，对棉铃虫、斜纹夜蛾、甜菜夜蛾化蛹产卵繁殖十分不利，导致今年四代棉铃虫、斜纹夜蛾、甜菜夜蛾、烟粉虱发生轻，黄萎病、铃病、盲蝽后期发生有所加重。

（二）病虫基数

田间棉铃虫基数低，加上前期抗虫棉抗虫效果明显，虽然前期天气适合，田间危害仍然很轻。由于长期连作，导致病菌不断积累，土壤带菌，沿海部分棉田黄萎病后期发生加重。盲蝽由于前期残虫量低，虽然后期天气适合，实际发生危害较轻。

（三）栽培条件

棉田套种面积大，间套种蔬菜作物，既有利于烟粉虱、棉盲蝽等害虫的繁殖，还增加了防治难度，今后一段时期内盲蝽、烟粉虱等害虫仍然是棉田的重要害虫。

三、防治工作

（一）加强预测预报工作

2 月 6 日，结合全国农技中心病虫监测要求下发了《关于做好 2015 年度农作物病虫草鼠害发生防治信息联系汇报及网络会商的通知》，对 9 个棉花病虫测报区域站提出了具体工作要求，各县也严格遵照通知精神，认真开展规范化测报，网络化汇报，并结合病虫基数、棉花苗情以及天气情况，科学分析，发布预报，为防治工作的开展提供可靠的依据。

（二）加强培训指导

为有效控制棉花病虫害，印发了《2014 年主要农作物重大病虫和植物疫情防控方案》，部署以棉盲蝽为主的棉花病虫防治工作。7 月 23～24 日，在南通市召开全省秋熟作物重大病虫害发生趋势会商会，结合下一阶段天气趋势、棉花长势、病虫基数等因素，对棉花等作物病虫发生趋势进行会商，并对下一阶段病虫害测报防治工作进行了部署。各地在防治关键时期，植保技术人员通过发放明白纸、举办技术讲座、黑板报等多种形式深入基层、深入田头，指导棉农掌握适期，使用对路药种，保护有益天敌，科学开展防治工作，植棉大县通过建设高产示范方，大力向群众推广新型植保技术与理念，并通过扶持发展棉田植保专业化统防统治或代治服务，解决棉农防病治虫的问题。

（三）科学制订防治对策

针对棉铃虫发生和危害程度降低，盲蝽、烟粉虱等害虫危害加重的特点，今年全省主要开展了三个阶段的防治总体战。第一阶段在棉花苗蕾期用好 2 次药，主治二代盲蝽、棉蚜、红蜘蛛，兼治二代棉铃虫、一代玉米螟、苗病和地下害虫等。第二阶段在棉花蕾铃期用好 2 次药，主治三代盲蝽、烟粉虱，兼治三代棉铃虫、蚜虫、红蜘蛛、玉米螟等害虫。第三阶段在棉花花铃期用好 2～3 次药，主治四代盲蝽、四代棉铃虫、烟粉虱，兼治棉田其他害虫。由于整个 8 月雨日多、雨量大，影响了防治进程，加之棉铃虫等害虫发生较轻，实际防治次数有所减少。

（四）开展综合防治

各地积极运用农业、物理、生物等综合防治措施，全面推广间套留空地，耕翻灭虫蛹措施，适时进行"四清理"，应用灯诱、性诱、黄板诱杀等物理、生物防治措施，控制病虫危害，据统计，今年累计开展"四清理"35.9万亩，减少了化学农药使用总量。

（五）防治成效

全年各类病虫害累计发生面积达644.7万亩次，防治面积达816.7万亩次。其中棉铃虫防治184.3万亩次，棉盲蝽防治255.9万亩次，烟粉虱防治110.2万亩次，棉蚜防治120.2万亩次，甜菜夜蛾、斜纹夜蛾防治18.7万亩次。全省棉花病虫防治成本为每亩57.7元，挽回皮棉损失共计46.9万担，病虫危害损失控制在2.2%，亩皮棉单产85.7千克，投入产出比为1：4.6，经济效益、社会效益、生态效益显著。

四、存在问题

一是棉花种植品种繁多，对枯萎病、黄萎病的抗、耐病性参差不齐，导致近年总有部分地区病害重发。据督查组在各棉区了解，一些植棉大县一个县的棉花品种多达上百种，布局杂，表现出较强抗、耐病性的品种不多。

二是棉花种植面积缩减，植棉效益较低，许多棉农对棉花的田间管理粗放，导致植株抗逆性差，种植布局也日趋分散，给统防统治工作的开展带来较大难度。

三是设施栽培面积增加，有利于棉盲蝽、烟粉虱等害虫基数积累，由于寄主环境复杂，害虫发育进度不整齐，给防治工作增加了难度。

■ 安 徽 省

一、棉花主要病虫害发生及防治情况

2015年安徽省棉花播种面积385万亩，由于受去年棉花价格的影响，较2014年略有减少。

枯萎病、黄萎病：总体偏轻发生，发生面积为30万亩，仅铜陵县偏重发生。全省平均病株率为4.4%，大多数地区低于9%，与去年同期数值相近，仅铜陵最高，为20%。全省平均病田率为26.4%，一般为15%～70%，铜陵病田率最高，为84%。

1. 盲蝽 总体偏轻发生，当前发生面积为36万亩。平均百株虫量为1.4头，各地较近3年略增加，大部分地区低于3头，其中和县最高，为7头。平均新被害株率为2.2%，一般为0.7%～4.7%，铜陵略高，为6.5%。

2. 棉铃虫 总体轻至偏轻发生，当前发生面积为18万亩。三代于沿江棉区和淮北棉区均查见卵，三代百株累计卵量平均为40.6粒，数值较近3年偏低，远低于去年同期的158粒。大部分地区三代百株累计卵量低于15粒，仅含山、萧县最高，分别为313粒、46.7粒。幼虫在沿江东部、西部部分地区查见，百株虫量多数地区低于1头，低于去年同期的3头，仅含山数值最高，百株虫量为8头。

3. 棉蚜 总体轻发生，当前发生面积为16万亩。平均百株三叶蚜量为125头，大部分地区低于500头，较近3年减少15%左右，有蚜株率平均为12.9%，一般为3.2%～30%，仅太湖较高，为48.7%。

4. 棉叶螨 总体偏轻发生，当前发生面积为29万亩。平均百株三叶螨量为27.6头，多数地区低于50头，仅宿松数值最高，为179头。平均有螨株率为2.8%，大部分地区低于10%，与去年数值相近。

5. 烟粉虱 总体轻发生，当前发生面积为6万亩。平均百株三叶虫量为56.1头，多数地区低于160

头，与去年数值相近，砀山最高，为 386 头。有虫株率平均为 15.7%，和县、砀山数值最高，为 68%、52%。

二、绿色防控示范区主要技术措施

今年省绿色防控范区设在无为县、东至县、贵池区、萧县、宿松等棉花主产区，示范面积各 1 000 亩，前茬为油菜，土壤为沙壤土，水肥条件较好，有机质含量较高。根据棉花的不同时期有针对性地实施绿色防控技术。

(一) 推广抗病品种及药剂拌种

选择高质量的抗虫棉抗病品种，示范区内全部推广种植抗虫棉品种，主栽品种为鄂杂棉 10 号、中棉所 71 等。选晴天连续晒种 2～3 天，促进种子吸水、出苗。小范围内尝试在棉种播种前用适乐时＋噻虫嗪拌种，以预防苗期苗蚜、棉盲蝽及苗期病害。

(二) 科学施肥

实行测土配方施肥，以有机肥为主，合理施用氮、磷、钾肥，掌握磷、钾肥用量，一次性足量底施，氮肥部分底施并分期追施，后期喷施叶面肥。

(三) 实行健身栽培

及时中耕除草，及时整枝打杈，剔除密株废枝，改善田间通风透光条件，降低湿度，实行健身栽培，提高抗病性。

(四) 灯光诱杀害虫

2015 年 6 月，贵池区在棉花绿色防控核心示范区内共安装了 10 台太阳能杀虫灯，示范面积 500 亩，对诱杀斜纹夜蛾、棉盲蝽、棉铃虫等多种棉花害虫起到了一定的作用。

(五) 大力推广生物农药，以保护天敌

油菜收获后迟灭茬，推迟作物离田时间，使天敌充分向棉株转移，以害养益，以益控害。从苗期开始大力推广 Bt、棉铃虫核型多角体病毒、阿维菌素类等生物杀虫剂防治害虫，以保护天敌。

(六) 科学用药，合理用药

根据不同病虫害，正确选用高效低毒低残留的对路化学农药品种，做到对症下药。防治棉盲蝽用马拉硫磷、甲氨基阿维菌素苯甲酸盐（甲维盐）、乙虫腈等；防治棉叶螨用阿维菌素、哒螨灵、炔螨特等；防治棉蚜用吡蚜酮、啶虫脒、噻虫嗪等；防治棉铃虫、斜纹夜蛾用氟铃脲、甲维盐、茚虫威等；初见枯萎病病株时，用乙蒜素、枯草芽孢杆菌等灌根或喷雾。在药液中加有机硅等增效剂，增强农药黏着、扩散和渗透性能，提高药效，减少农药用量。在实施化学防治时由专业化防治组织实行统防统治。

河 南 省

一、棉花病虫发生防治概况

2015 年河南省棉花种植面积 180 万亩，比 2014 年减少 85 万亩，比 2013 年减少 265 余万亩，为历年来种植面积最小的一年。种植区域主要分布于南阳、周口、开封、商丘 4 市。其中，转 Bt 基因抗虫棉面积占总植棉面积的 95%。

受棉花种植面积下降及气候等因素的影响，今年全省棉花病虫害总体为偏轻发生，病虫害累计发生

面积为 522.26 万亩次，以棉铃虫、棉蚜、烟粉虱、棉叶螨、棉盲蝽、苗期病害、枯萎病、黄萎病等病虫为主。主要发生特点为面积下降、程度减轻，主要病虫发生平稳，虫害重于病害。

二、主要防治成效及组织技术措施

2015 年，棉花病虫害监测防治工作在各级领导的高度重视和大力支持下，经过广大干群和各级业务部门的共同努力，积极开展技术培训，大力推广植保新技术，适时指导棉农开展防治，有效减轻了棉花病虫危害。据不完全统计，今年共防治棉花病虫害 873.77 万亩次，占发生面积的 167.34%，其中病害防治 109.61 万亩次，虫害防治 764.16 万亩次，分别占发生面积的 138.69%、172.45%。通过防治共挽回损失 2 025.31 万千克，取得了良好的防治效果。

（一）领导重视，措施得力

今年河南省棉花病虫害监测防治工作得到了各级政府和农业部门的高度重视。5 月 15 日在全省三夏生产工作电视电话会议上，王铁副省长对秋作物病虫害监测防控工作进行了安排部署。各地也根据实际情况纷纷召开防治现场会、电话会，安排部署病虫害防控工作。据不完全统计，今年全省共召开棉花病虫害防治现场会 50 次，电话会 53 次，为有效控制病虫害的发生危害做出了积极的贡献。

（二）稳定队伍，提高手段

近年来，全省各级植保部门克服编制少、经费缺、待遇低、条件差等种种困难，千方百计引进、稳定了一批从事病虫测报工作的专业技术人员，基本保持了全省测报队伍的相对稳定和逐步发展。目前，全省共有县级以上病虫测报机构 146 个，其中通过植保工程项目投资和国家粮食核心区项目建设，已建成农业有害生物监测预警与控制区域站、全国区域病虫测报站 71 个，省重点区域测报站 20 个。另有乡村级基层监测网点 825 个，初步形成了以省站为龙头、市站为纽带、重点区域站为骨干、乡村监测点为基础的四级病虫测报网络。共有县级以上病虫测报人员 1 198 人，其中专职测报人员 580 人，兼职测报人员 608 人，另有农民测报员 1 015 人。

（三）严密监测，准确预报

在今年棉花病虫害监测过程中，继续做好病虫害信息周报制度，从 5 月开始坚持每周二由各地市和棉花病虫害重点监测站固定专人向河南省植保植检站汇报病虫害最新发生情况，牢牢把握着病虫害发生发展动态。同时，固定一名业务骨干每周三向全国农技中心和植保植检处报送棉铃虫发生防治动态，及时报送棉铃虫模式报表，没有出现一次缺报漏报现象，圆满完成了上级主管部门交给的监测任务。

（四）加强培训，技术指导

今年继续与河南电视台"新农村"频道联合开办病虫预报节目，每周一期，连播两次，其中，棉花病虫害播出 2 期，收到了很好效果。河南省农业厅今年继续将重大病虫防控作为秋季农业生产的重中之重，结合"万名科技人员包万村"活动，要求各地采取各种方式，广泛开展病虫防治技术的宣传培训和田间指导工作，收到了很好的效果。不完全统计，全省共发布电视预报 68 期（次），开展电视讲座 57 期（次），举办棉花测报防治技术培训班 252 个，印发技术资料 40.9 万份，使 23.5 万棉农和 6 284 名技术干部得到了培训，普及了测报防治技术，提高了农民的防治水平。

（五）大面积推广棉花病虫害绿色防治技术

1. 大面积应用抗病虫品种　据不完全统计，全省抗虫棉种植比例占棉花种植面积的 95% 以上，对减轻棉铃虫危害起到了积极的作用。

2. 加强农业防治措施　合理调整作物布局，实行棉花-小麦、油菜，棉花-玉米、豆类，棉花-西瓜等作物的间作套种或插花种植，丰富棉田的天敌资源，维持棉田生态平衡，减轻了害虫危害，同时，也减缓了转 Bt 基因抗虫棉抗虫性下降速度。今年，实行间作套种的棉田面积达到了 95％左右，小麦和油菜收获后大量天敌转移到棉田取食，有效减轻了二代棉铃虫和棉花苗蚜、棉红蜘蛛等害虫的危害。结合棉田整枝修棉进行人工抹卵、摘除幼虫，同时将败花、赘枝及时带出田外，对减轻三、四代棉铃虫危害起到积极作用。

3. 提倡物理防治措施　今年全省利用频振式杀虫灯诱杀棉铃虫成虫 32.1 万亩次，其中二、三、四代分别为 11.1 万亩、9.7 万亩、11.3 万亩。

4. 推广生物防治技术　大力推广棉铃虫 NPV、Bt 制剂等生物农药防治棉花病虫，对保护利用天敌，保护环境，控制病虫危害均起到了重要的作用。今年全省利用生物制剂防治棉铃虫累计达 85.5 万亩次。

5. 合理使用化学农药　本着减少用药次数和药量，降低防治成本，提高防效的指导思想，全省出动机动喷雾器 2.86 万台，手动喷雾器 73.81 万台，有效减轻了病虫危害，确保了棉花丰收。

山 东 省

一、棉花主要病虫发生防控情况

2015 年，全省植棉面积约 552 万亩，比去年减少约 172 万亩。其中，春播棉 543 万亩，约占全部植棉面积的 98.5％，夏播棉面积约 9 万亩，约占全部植棉面积 1.5％。种植方式以纯作为主，约占全部植棉面积的 65％；套种棉花面积约 193 万亩，主要分布在鲁西南棉区，鲁西北棉区套种棉花占比有所上升。抗虫棉占棉花种植面积的 99.9％以上，品种以鲁棉研系列为主。今年棉花生长季节，山东省大部分棉区降水偏少、气温偏高，对棉花病害发生不利，全年病害发生轻于虫害。全省棉花病虫害发生面积 2 422.7 万亩次，防治面积 2 980.19 万亩次，病害综合发生程度为 1 级，虫害综合发生程度为 2 级。主要病虫包括棉苗病、二代棉铃虫、棉苗蚜、棉叶螨、烟粉虱、棉盲蝽等。

棉铃虫全省发生面积 673.29 万亩次。棉蚜发生面积 516.74 万亩次。发生特点：发生较常年偏早，持续时间长，发生程度重于常年。棉叶螨发生面积 166.62 万亩次，发生特点是总体发生重于常年，危害时间短；上半年轻于去年，与常年基本持平；下半年较常年和去年略偏重，危害高峰较常年有所提前。棉盲蝽发生面积 326.29 万亩次。发生特点：发生期较常年略偏晚，早于 2014 年；大部分棉区发生程度较常年偏轻。烟粉虱发生面积 236.4 万亩次。发生特点：发生期早，迁入棉田时间略晚于去年，危害持续时间较长。棉苗病发生面积 143.26 万亩次，以立枯病和炭疽病为主。发生特点：发生面积小，大部分棉区发生程度接近常年，鲁西南棉区较常年略偏重。棉花枯萎病发生面积约 99.75 万亩次，黄萎病发生面积 45.88 万亩次。

二、采取的主要工作措施

（一）加强监测，及时发布病虫信息

在山东植保信息网发布针对棉花病虫发生与防治的"全省植保情况"9 期，发布"二代棉铃虫发生趋势预报"等棉花病虫预报，印发了《棉花苗期病虫发生趋势预报》。全省各基层监测点重点针对棉蚜、红蜘蛛、盲蝽、枯萎病、黄萎病等病虫加强监测，积极采取灯下虫量与田间虫量调查相结合、系统田定点调查与大田普查相结合、查虫卵与查虫害率相结合、查虫情与查苗情相结合的方法，准确掌握病虫分布区域和发展动态，及时利用电视、广播等媒体发布趋势预报和防治警报。

（二）提前安排部署，做好技术指导

4 月，山东省农业厅召开了全省重大病虫暨小麦"一喷三防"统防统治现场会议，会议安排部署了小麦、棉花等作物重大病虫的防控工作。5 月，山东省植物保护总站制订了《山东省 2015 年棉花病虫草害综合防治意见》，指导各市结合实际，因地制宜做好棉花各种病虫草害防治工作，确保今年棉花安

全生产。全省各级植保部门共举办乡、镇技术员培训班 30 多次，召开短期培训会 50 余次，举办农民田间学校 50 次，培训农民技术骨干 1 000 余人。

（三）建立示范区，推广棉花病虫草害新技术

按照农业部农作物病虫害专业化统防统治和绿色防控融合试点工作要求，在夏津县建立了 5 000 亩的棉花病虫害专业化统防统治和绿色防控融合试点示范区。依托"山东省农业病虫害专业化统防统治能力建设示范"项目，在无棣县建立了 1 万亩棉花病虫害专业化统防统治示范区。

（四）开展专业化统防统治，提高防治效果

结合"山东省农业病虫害专业化统防统治能力建设示范"项目，2015 年在无棣县建立了棉花病虫害专业化统防统治示范区 1 万亩，项目采购多旋翼无人飞行喷雾机 2 架、悬挂式喷杆喷雾机 28 台，扶持无棣县绿风植保服务专业合作社、无棣县荣超农机服务专业合作社开展专业化统防统治作业，当地植保站给予病虫害防治知识技术指导，厂家负责植保器械使用方面的技术指导，多次召开现场会宣传示范效应，有效克服了当前棉农一家一户分散防治存在的弊端，提升了棉花病虫害专业化统防统治水平。

（五）绿色防控技术示范应用情况

结合山东省病虫害专业化统防统治和绿色防控融合试点工作的开展，在夏津县宋楼镇和新盛店镇建立了 5 000 亩的示范区，通过专业化统防统治工作的示范和带动，加快了绿色防控技术措施的落实。一是选用抗病良种。在示范区选用抗（耐）枯黄萎病、高抗棉铃虫的鲁棉研 28、鲁棉研 37、中植棉 2 号等抗病品种，全面推广包衣良种，推广应用吡虫啉进行包衣，防治棉花苗期蚜虫，控制期在 30 天以上。二是强化生态调控。推行麦棉轮作，实行粮棉插花种植，保护天敌资源。大力推广深耕深松和棉田冬春灌技术，减少棉蓟马、棉盲蝽、红蜘蛛等越冬虫源，压低病虫发生基数。三是落实农业措施。掌握适期播种，避免盲目早播，减轻苗期病害。全面实行地膜覆盖，推广降解地膜 5 000 亩，增强棉花的抗病能力。加大种植行距，棉花大行由原来的 70～75 厘米扩大到 80～90 厘米，提高了棉田的通风透光能力，减轻棉花铃病的发生。全面实施配方施肥，推广施用控释肥，做到平衡施肥，促进棉花健壮生长，提高抗病、抗逆能力，防止棉花早衰。四是保护利用天敌。选用低毒农药，延长用药间隔。麦收后尽量减少化学农药的使用，保护天敌向棉田转移。棉花苗期田间瓢蚜比大于 1∶120 时，不使用农药，利用瓢虫等天敌进行控制。

湖北省

一、棉花病虫发生防治情况

2015 年湖北省种植棉花 300 万亩左右，同比减少约 45％。病虫害发生总面积为 1 591 万亩次（病害 321.3 万亩次、虫害 1 269.7 万亩次），防治面积 2 818.4 万亩次，挽回损失 73 900 吨，实际损失 17 082.4 吨。总体来看，棉花苗病、枯萎病、黄萎病等病害重于常年，棉铃虫、棉盲蝽、棉蚜、棉叶螨等虫害整体偏轻至中等发生。

棉铃虫轻发生，发生面积 301.3 万亩次，其中二代 44.2 万亩、三代 136.9 万亩、四代 120 万亩，防治面积 671.4 万亩次。棉盲蝽偏轻至中等发生，发生面积 332.9 万亩次，其中二代 78.8 万亩、三代 121.6 万亩、四代 132.7 万亩，防治面积 589.6 万亩次。棉蚜偏轻至中等发生，发生面积 224.3 万亩次，其中苗蚜 52 万亩次、伏蚜 172.3 万亩次。苗蚜全省棉区均有发生，加权平均有蚜株率 10.8％、百株三叶蚜量 89.4 头，最高 1 600 头（新洲区）。棉叶螨偏轻发生，面积 262.3 万亩次。红铃虫偏轻发生，发生面积 51.5 万亩，主要发生区为江汉平原荆州、天门以及鄂东新洲和黄冈部分棉区。枯萎病偏重发生，面积 102.8 万亩次，全省平均病株率 9.8％（高于去年的 9.1％），局部严重田块最高 70％。黄萎病偏重发生，面积 68.6 万亩次，重茬田、地势低洼田的老棉区发病重，全省平均病株率 6.9％

（高于去年 6.4%），局部严重田块最高 45%。苗病中等发生，发病面积 67.4 万亩次，防治面积 99.7 万亩次。其中立枯病 28.9 万亩、猝倒病 13.9 万亩。铃病偏轻发生，发病面积 56.5 万亩。

二、防控工作开展情况

近年来，湖北省棉花病虫总体发生较轻。在主害代和病害发生的关键时期，各地根据当地病虫发生的实际情况，做好病虫发生预报，为农民做技术指导。做到不滥用化学农药，减少农药使用量。

在棉花绿色防控方面，主推以下技术。

①推广优良的抗虫转基因 Bt 棉。②利用杀虫灯、性诱剂诱捕棉铃虫成虫。③应用粘虫板防控田间盲椿象。④利用海岛素预防棉花枯萎病。⑤积极推广利用阿维菌素、甲氨基阿维菌素苯甲酸盐等低毒高效农药防治棉铃虫、斜纹夜蛾、棉叶螨等害虫。

■ 新疆维吾尔自治区

一、棉花病虫总体发生情况

新疆维吾尔自治区今年棉花种植面积 2 488 万亩，较 2014 年减少 479 万亩，病虫害整体中等发生，发生面积 2 951.01 万亩次，较 2014 年减少 112.7 万亩次。其中虫害发生面积 2 475.01 万亩次，病害发生面积 476 万亩次。棉叶螨、黄萎病等在部分植棉区局部重发生，甜菜夜蛾、斜纹夜蛾、双斑萤叶甲等其他害虫轻发生。立枯病发生虽比较普遍，但发生程度较轻。

（一）棉花虫害

棉铃虫偏轻发生，局部中等发生，发生面积 410.01 万亩次；棉蚜中等发生，累计发生面积 562.39 万亩次，其中苗蚜发生面积 207.84 万亩次，伏蚜发生面积 354.55 万亩次；棉叶螨中等发生，局部偏重发生，发生面积 745.61 万亩次；棉蓟马偏轻发生，局部中等发生，发生面积 512.55 万亩次；烟粉虱偏轻发生，局部中等发生，发生面积 75.94 万亩次；棉盲蝽偏轻发生，发生面积 128.51 万亩次；甜菜夜蛾、斜纹夜蛾、双斑萤叶甲等其他害虫偏轻发生，地老虎中等发生，发生面积 40 万亩次。

（二）棉花病害

棉花枯萎病偏轻发生，发生面积 97.68 万亩；棉花黄萎病偏轻发生，仅阿克苏、哈密、博州局部中等发生，发生面积 164.48 万亩；苗期病害偏轻发生，昌吉局部中等发生，发生面积 198.16 万亩；铃期病害轻发生，发生面积 7.68 万亩，较去年减少 39.32 万亩；其他病害轻发生，发生面积 8 万亩。

二、防控工作采取的措施

2015 年共完成棉花病虫害防治面积 2 818.13 万亩次，其中虫害防治面积 2 424.41 万亩次，病害防治面积 393.72 万亩次，挽回损失 261 110.62 吨。

（一）认真部署，狠抓各项技术措施的落实

根据全区棉花主要病虫害发生特点，制订和完善了棉花病虫害防控技术方案，并下发《2015 年新疆防病治虫夺丰收行动实施方案》《2015 年农作物重大病虫害防控技术方案的通知》《2015 年新疆农作物中后期防病治虫夺丰收行动方案》等文件，及早安排部署棉花病虫害防控工作，为全区棉花病虫害防控工作提供组织保障和技术保障。在新疆维吾尔自治区农业厅统一安排下，组织专家、技术人员赴各地巡回指导开展棉花主要病虫害防控工作。领导多次深入生产一线，对春耕备耕、病虫害防控等方面进行实地督导调研，安排部署各项任务和落实技术指导服务。

（二）加大示范区建设力度，开展统防统治与绿色防控融合示范

按照全国农技中心相关要求，在 20 个县（市、区）建立了棉花病虫害绿色防控示范区，示范面积 10 万亩，辐射面积 100 万亩。其中部级棉花专业化统防统治与绿色防控融合试点基地各 2 个、部级棉花绿色防控示范区 1 个。通过大面积试验示范，推广棉花非化学防治技术，将绿色防控技术组装到综合防治技术体系中，逐步加以规范化和标准化，进一步推动了棉花病虫害绿色防治技术推广应用。

今年博乐市棉花绿色防控示范区 4 个，每个示范区至少 1 万亩。棉花绿色防控示范区根据不同作物、不同防控对象，示范展示农业措施、物理防控、生物防治、生态控制和科学用药等绿色防控技术，积极探索新型滴灌绿色防控新技术，带动全市棉花实施绿色防控面积 21.2 万亩。同时，博乐市以项目推动统防统治与绿色防控工作，市财政投入统防统治经费 70 万元，采取药剂补贴、作业补助、以奖代补和植保机械购置补助等方式，大力扶持专业化防治组织，推动专业化统防统治快速发展。

（三）认真开展植保新技术、新产品试验示范与推广

一是根据棉花主要病虫防控需求，积极开展新技术和新产品试验示范工作。在棉花等主要作物上开展了性诱剂诱集、芸薹素内酯提高作物抗逆性、多抗霉素防治棉花枯萎病等试验示范工作，筛选示范推广安全高效、低毒、低残留农药及使用技术。

二是狠抓关键技术。依托示范区建设，在示范区重点采取推广生态工程技术，如作物间套种、天敌诱集带等生物多样性调控与自然天敌保护利用等技术；理化诱控技术，重点推广昆虫信息素、杀虫灯、诱虫板、植物免疫诱控及防虫网阻隔驱避害虫等技术；生物防治技术，重点推广应用以虫治虫、以螨治螨、以菌治虫、以菌治菌等生物防治关键措施，加大成熟技术和产品的示范推广力度，优化单项绿色防控技术，组合集成适合不同生态种植区的配套防控措施，为棉花绿色防控技术推广提供了有力保障。

三是结合棉花绿色防控示范建设，开展了多抗霉素防治黄萎病，芸薹素内酯提高棉花抗逆性，性诱剂和食诱剂诱集棉铃虫试验示范工作，取得了良好效果。针对气候变化、种植结构及栽培模式的改变，棉花病虫害出现了一些新的变化，面对新的情况，在博乐市建立棉花全程绿色防控示范区，并成功承办了全国棉花非化学防治技术培训班。示范区开展了植物生长调节剂防病促生长技术，鳞翅目害虫食诱、杀虫灯、性诱技术，生物药剂防治棉花病害及大型垂吊反喷等棉花病虫害全程绿色防控技术。

（四）加大棉花绿色防控技术宣传力度，强化技术培训

新疆维吾尔自治区植物保护站与有关农药和植保机械生产企业合作，在阿图什市、和田市、哈密市、疏附县、奇台县、吉木萨尔县、鄯善县、焉耆县、沙雅县等地举办了"农药安全与科学使用技术"、"农作物病虫害专业化统防统治组织机手"等培训 14 期，培训棉花种植大户、统防统治组织成员、技术人员和广大农民 1 600 余人次。培训内容紧扣当前棉花主要病虫害防治、安全用药和植保药械使用技术，将授课与实际操作演练相结合，组织自走式高秆作物喷雾机、无人农用飞机等大中型植保药械田间现场演练。现场还发放了由全国农技中心编印的《农作物病虫害专业化统防统治手册》《棉花病虫害防治手册》《科学安全使用农药挂图》《农作物病虫害绿色防控技术挂图》及编印的维文、汉文版《新疆棉花主要病虫害识别及防治技术手册》等 10 余种宣传资料 5 000 余份，营造了良好的社会氛围。

三、存在的问题及建议

新疆作为"一带一路"经济带建设核心区，扮演着重要角色。棉花作为国家的重要战略物资和我国棉纺工业发展的重要原料，直接关系到国家安全和我国外贸主导产业的可持续发展。新疆作为全国最大的优质商品棉和国内唯一的长绒棉生产基地，棉花产业一直都是新疆地方经济发展的主导产业之一。为保证棉花产业安全、高效、可持续发展，需要在国家层面上加大资金投入，尤其是棉花病虫害的绿色防控工作。

新疆棉花种植面积已占到全国植棉面积的 60%，棉花生产的重心已转移至新疆。因此建议对于棉

花病虫害防治等基础建设和技术研发基地（中心）等也转移至新疆，并开展相关工作。

新疆生产建设兵团

一、棉花主要病虫发生与防治情况

2015 年新疆兵团棉花种植面积 875.28 万亩，较 2014 年减少 150 余万亩。初步统计，2015 年棉花病虫害累计发生面积 1 386.33 万亩次，防治面积 1 471.06 万亩次，挽回损失 140 078.03 吨，实际损失 26 297.85 吨。其中棉花害虫发生面积 1 150.02 万亩次，防治面积 1 257.92 万亩次，挽回损失 121 138.33 吨，实际损失 13 834.12 吨；棉花病害发生面积 236.31 万亩次，防治面积 213.14 万亩次，挽回损失 18 939.70 吨，实际损失 12 463.73 吨。

二、棉花主要病虫发生情况和特点

2015 年，兵团棉花主要病虫害整体中等发生，虫害重于病害。其中棉铃虫中等偏轻发生，棉叶螨中等发生，棉蚜中等偏重发生，棉盲蝽及其他害虫中等偏轻发生。棉花苗期病害偏轻发生。棉花枯萎病在南疆垦区中等发生，北疆垦区中等偏轻发生。黄萎病普遍偏轻发生。

（一）棉花虫害

整体活动期偏早，除棉蚜外，全生育期均偏低发生。大部分区域越冬基数偏低。棉铃虫、棉蚜、棉叶螨越冬基数普遍低于历年同期，棉铃虫在南疆垦区、北疆五师、东疆十三师 2014 年越冬基数多在 0.01 头/米^2 左右，北疆棉铃虫越冬基数整体低于 2014 年和历年平均，棉田越冬基数为 0.015 头/米^2 左右。春季气候条件对病虫害发生影响较大。春季受 3 月底至 4 月初强冷空气的影响，强降温、降雪、大风等回寒天气，降低了虫害的发生基数。棉铃虫灯下始见期普遍偏早 3~5 天。苗期棉蓟马发生较重，棉黑蚜及苗期病害发生较轻。田间发生危害期提前，蚜虫短时间发生严重。棉叶螨和棉蚜在田间始见期提前 5~7 天，北疆垦区 5 月上旬迁入棉田，南疆最早 4 月下旬迁入棉田。棉蚜在夏初发生量偏大，6 月中下旬棉蚜种群数量迅速上升，受 7 月高温天气的影响，棉蚜于 7 月中旬迅速消退。

（二）棉花病害

棉花病害整体中等偏轻发生，局部中等或偏重发生。因春季气温回升较快，棉花苗期病害整体偏轻发生，发病率在 30% 以下，死亡率在 1% 以下。棉花枯萎病、黄萎病整体偏轻发生，枯萎病 6 月上中旬达到发病高峰期，发病率一般在 5% 以下。受 7~8 月持续高温天气的影响，黄萎病发病率在 10% 以下。

三、主要防控措施和做法

（一）加强组织领导

棉花是兵团农业的支柱产业，兵团各级领导高度重视棉花重大病虫害防控工作，兵、师、团各级农业部门均成立病虫害防控工作领导小组，对棉花病虫害防控工作提出了明确的目标任务，并列入年度目标考核。年初制订并下发《2015 年兵团棉花病虫害防控技术方案》及《2015 年兵团农作物病虫害专业化统防统治与绿色防控融合推进试点方案》，安排和部署、督导各项防治工作，为 2015 年兵团棉花病虫害防控工作的顺利完成提供了组织保障。

（二）强化预测预报，科学指导防治

2015 年针对棉铃虫、棉蚜、棉叶螨、棉盲蝽、棉花枯萎病、黄萎病等主要病虫害，兵团继续加大系统性监测和大田普查工作力度，兵团 26 个植棉垦区中心测报站全年发布棉花病虫害监测预警信息

200余期,全年发布棉花病虫情报6期。上报农业部兵团棉铃虫和蝗虫发生防治信息周报36期;12个监测点通过棉花重大病虫害数字化监测预警系统报送监测数据5 800次。发布病虫情报准确率达85%以上,覆盖率达90%以上。病虫害监测预警为各级领导科学决策、技术人员指导棉花生产和广大职工开展防控提供了科学依据。

(三)加强督导检查,提高各项防治措施的到位率

在棉花重大病虫害发生和防治关键时期,先后多次组织专家深入生产一线,对兵团各师棉花病虫监测与防控、科学用药等方面开展技术咨询、指导和服务工作。同时结合植保项目和业务工作,先后下派植保技术人员30余人次深入植棉师、团开展技术指导和调研工作,及时解决了棉花病虫防控工作中存在的问题,明显提升了各项防治措施的到位率,为防控工作提供了技术保障。

(四)开展新农药、药械的试验示范

针对兵团棉花病虫害发生情况和特点,2015年与国内外多家企业合作,开展涉及棉花除草剂、杀虫剂、杀菌剂、植物生长调节剂等的植保新技术、新产品引进与试验示范,在棉花上开展了锐胜、宝路棉花新型种衣剂,倍创、激健等增效减量农药助剂,可立施、乙螨唑、绵草金等新型、高效低毒环境友好型农药和海岛素、碧护、芸天力等植物免疫诱抗及生长调节剂的试验示范工作,总结优化应用技术,集成技术模式,为有效控制棉花病虫害、实现农药减量控害提供技术支撑。

(五)加强宣传培训,提高棉花病虫防控技术水平

为做好棉花病虫害防控工作,2015年初组织召开兵团植保暨农药管理工作研讨会,宣传棉花病虫绿色防控的成效、经验、做法,研讨和培训植保新技术、科学用药,培训各级植保技术人员110人次。6月与企业合作,在兵团植棉垦区第七师召开了农企共建,推进兵团农药减量控害技术观摩培训会,推广普及棉花绿色防控、减药控害技术,交流农企共建,推进农药减量的做法和经验,培训基层植保技术人员80余人。初步统计,2015年兵团各植棉师团开展棉花病虫害防控技术普及型培训1.9万人次。

(六)大力推进棉花绿色防控和统防统治工作

2015年兵团在承担国家棉花绿色防控示范区建设任务的同时,兵团及各师团也建立了多个绿色防控示范区,开展植保绿色产品和技术的研究、试验和示范等工作。2015年兵团在棉花上建立了11个绿色防控示范区,示范面积达5.5万亩,辐射带动面积160万亩。在第八师143团建设国家级绿色防控与专业化统防统治融合推进示范基地。在示范区综合应用农业防治、生态调控、理化诱控、生物防治、植物免疫诱抗等绿色防控技术。通过典型引路和示范带动,推动了兵团棉花病虫害绿色防控工作,促进了农药减量控害。2015年兵团棉花病虫害绿色防控面积350万亩次,绿色防控总体覆盖率达到棉花播种面积的40%。

6 蝗虫

天 津 市

一、蝗虫发生情况

今年全市蝗虫中等至偏重发生，北大港水库秋蝗偏重发生。全市发生面积 80 万亩次。夏蝗呈中等程度发生，发生面积 40 万亩次，主要发生区为北大港水库蝗区、七里海蝗区、独流减河蝗区、团泊水库蝗区、潮白新河蝗区、子牙新河蝗区。夏蝗密度平均每平方米 0.05～0.1 头，最高每平方米 5 头。今年夏蝗密度较前 5 年密度明显偏高，高密度区集中在北大港水库和七里海蝗区。秋蝗发生 40 万亩，总体呈中等程度，局部偏重发生。北大港水库蝗区出现较大面积的高密度发生区，面积达 7 万亩，高密度区一般密度每平方米 5～10 头，最高每平方米 100 头。今年北大港水库秋蝗自 2010 年以来首次出现高密度蝗虫。

二、防控情况

全市蝗虫防治 74 万亩次，其中夏蝗 40 万亩次，秋蝗 34 万亩次。生物防治 22 万亩次，化学防治 52 万亩次。喷施蝗虫微孢子虫生物防治 16 万亩次，其中夏蝗 8 万亩次，秋蝗 8 万亩次，主要在宁河七里海、北大港水库、静海独流减河实施；喷施苦参碱生物防治 6 万亩次，主要在北大港水库秋蝗上喷施。宁河租用内蒙古赤峰市中农大生化科技有限责任公司固定翼飞机一架，防治秋蝗 5.5 万亩次，飞行 28 架次。全市动用大型车载式常量喷雾机 18 台、超低量大型车载式喷雾机 3 台、背负式机动喷雾机 625 台、固定翼飞机 1 架。全市采购蝗虫微孢子虫 16 吨，其中天津市植保植检站采购 8 吨，宁河县采购 2 吨，滨海新区大港采购 4 吨，静海县采购 2 吨。大港采购苦参碱 6 吨。全市采购马拉硫磷、高·氯·马等化学农药 52 吨。全市出动防蝗人员 100 人，夏秋蝗作业时间达 50 天。全市重点防治区域为北大港水库蝗区、独流减河蝗区、七里海蝗区、潮白新河等蝗区。

三、主要做法

（一）严密监测，切实掌握蝗情

通过实施周二汇报制、电话督导及实地踏查及时掌握蝗情，自 5 月 1 日，每周电话督导 12 个区县查蝗，并做电话记录，全年电话督导 24 次，自 4 月下旬始至 9 月底，深入北大港水库、七里海、永金水库、团泊水库、独流减河、潮白河等蝗区实地踏查督导 20 余次，切实准确掌握了蝗情。

（二）上报下发各种政策性、技术性文件，指导蝗虫统防统治工作的开展

上报了《关于申报天津市 2015 年蝗虫防控项目经费的请示》，下发了《天津市 2015 年蝗虫防控技术方案》《天津市 2015 年蝗虫统防统治实施方案》等相关文件。8 月 10 日，及时下发《关于做好秋蝗防控工作的紧急通知》，要求重发区县采取有效措施做好秋蝗防治。

（三）领导重视，以实地督导和工作会议的形式推动统防统治工作开展

5 月 22 日，在滨海新区防蝗站召开了夏蝗防控工作会议，全面部署防控工作。滨海新区、宁河县、静海县、西青区 4 个重点防蝗区县农业局、农技中心、植保站主要负责人参加了此次会议。6 月 10 日，组织滨海新区、静海县、西青区 3 个区县在北大港水库召开了 2015 年全市夏蝗生物防控现场会，出动了四台大型高效远射程车载喷雾机喷施蝗虫微孢子虫实施生物防治，取得了预期效果，由此开始了夏蝗

全面防控。滨海新区北大港湿地保护区管理中心主任、静海县种植业发展服务中心副主任及 3 个区县植保站站长和市植保站有关人员参加了此次现场会。6 月 17 日，宁河县农业局在宁河县七里海蝗区实施开展了蝗虫微孢子虫生物防治，出动 1 台大型车载喷雾机和 10 台担架式喷雾机、20 台背负式机动喷雾机，当天做业面积 5 000 亩。8 月 14 日，吴占凤副局长带领市植保站技术人员深入北大港水库蝗区实地踏查蝗情，同时督导秋蝗查治。8 月 21 日市植保站一行 4 人由刘克祥站长带队，赴宁河县七里海秋蝗防控现场实地督查指导秋蝗防控工作。

（四）加大生物防治力度，扩大生防面积，逐步实现蝗害可持续治理

全市采购蝗虫微孢子虫 16 吨，其中天津市植保植检站采购 8 吨，宁河县采购 2 吨，滨海新区大港采购 4 吨，静海县采购 2 吨。8 吨防治夏蝗，8 吨防治秋蝗。大港采购苦参碱 6 吨。全市生防面积达 22 万亩，其中夏蝗 8 万亩，秋蝗 14 万亩。夏蝗重点在北大港水库和七里海蝗区实施，秋蝗重点在北大港水库、七里海、独流减河蝗区实施，涉及滨海新区、宁河县、静海县 3 个区县。

（五）保障措施到位

一是资金保障到位。中央支农防蝗资金 370 万元和市财政 120 万元防蝗资金为今年蝗虫防治提供了充足的资金保障。另外天津市植保植检站于 8 月 25 日将 2014 年支农防蝗资金 105 万元分别拨付大港和宁河两区县用于秋蝗应急防治，于 10 月 15 日将 2015 年支农防蝗资金 95 万元分别拨付大港和蓟县两区县用于补助今年蝗虫监测与防治。二是安全保障到位。大港和宁河两个区县以不同形式通知防治区域内的畜牧、水产等养殖户，防控期间禁止放牧、放蜂，水产养殖户做好防护。防治期间，两个区县均做好了防蝗员、飞行员的安全防护工作，配备了防蝗服、手套、口罩、眼镜、防暑药品等必要的防护用品。

（六）完成了全市蝗区现状调查工作

为掌握全市蝗区现状，科学指导蝗虫监测与防治，2015 年年初经过 3 个月的时间，在各区县农业部门的大力配合下，对全市现有宜蝗区进行了全面实地普查，切实摸清了全市宜蝗区现状，包括蝗区生态情况，蝗区内种植、养殖生产情况，蝗区内人员劳作情况。形成了全市蝗区分布示意图，以利指导今后全市蝗虫监测与防治工作。

（七）制定了《天津市蝗虫灾害可持续治理规划（2015—2020 年）》

科学指导天津市未来 5 年蝗虫治理工作朝着绿色、可持续治理方向发展。

河 北 省

一、蝗虫发生情况及原因分析

（一）东亚飞蝗

今年河北省东亚飞蝗夏蝗中等发生，发生面积 221.9 万亩，达标面积 113 万亩，达标地块均已防治；秋蝗偏轻发生，发生面积 194.1 万亩，达标面积 73.5 万亩，防治面积 86.7 万亩。2015 年东亚飞蝗的发生主要有三个特点：一是发生面积大，近两年冬春降水偏少，尤其是去冬今春较干旱，沿海水库、苇洼大部脱水，撂荒地、夹荒地面积增大，致使宜蝗面积扩大，有利于东亚飞蝗大范围发生。二是蝗蝻出土时间相对整齐，今年东亚飞蝗夏蝗蝗蝻出土始期为 4 月 28 日，接近常年。4 月底至 5 月上旬，正值蝗蝻出土盛期，全省蝗区普遍降雨，利于蝗蝻集中出土，出土时间相对整齐。三是蝗蝻密度低，今年，东亚飞蝗发生区蝗蝻密度一般为每平方米 0.2～1 头，最高密度每平方米 8 头，和去年相当，未出现高密度群居型蝗蝻点片，并且在密度分布上低密度区面积增大，高密度区面积减小。

（二）土蝗

今年全省土蝗总体偏轻发生，在张承接坝及坝上农牧交错区中等发生，发生程度轻于常年，也轻于

近两年，发生面积 476.35 万亩，一般地块密度每平方米 4 头左右，达标面积 154.9 万亩，防治面积 206.7 万亩。

今年土蝗发生较轻的原因主要是受特殊气候和近几年的持续治理影响。今年早春气温偏高，张承农牧交错区中南部县（市）蝗蝻出土较去年偏早，进入 5 月以后，气温起伏波动偏大，气温较常年显著偏低，大风日多，在坝上地区多日早晨出现结冰现象，降雨总体偏少，时空分布不均，受此影响，前期作物大部分长势较常年偏弱，生育期较常年偏晚，生长不整齐，受这种特殊气候影响，土蝗的生长发育也受到了极大的影响，导致发生密度明显偏低。

二、蝗虫防控情况

在各级植保机构的严密监测和科学指导下，6 月中旬东亚飞蝗夏蝗防治工作在河北省陆续展开。8 月底全省东亚飞蝗防治工作全部结束，夏蝗防治 113 万亩，秋蝗防治 86.7 万亩。截至 9 月底，北部张承地区土蝗共计防治 206.7 万亩。全省农区蝗虫防控 406.4 万亩，达到了"飞蝗不起飞成灾、土蝗不扩散危害，农田发生区总体危害损失控制在 5% 以下"的目标，挽回粮食损失 15 215.6 吨。

三、蝗虫监测预警和防治工作开展情况

（一）健全组织，强化领导

各级政府均成立了防蝗指挥机构，省级防蝗指挥部由沈小平副省长任指挥，河北省政府副秘书长曹振国和河北省农业厅厅长魏百刚任副指挥，防蝗办公室设在河北省植保植检站。各市县也建立健全了相应的蝗虫防控领导组织。

（二）积极部署，制订方案

5 月 5 日，河北省农业厅、河北省财政厅联合印发了《河北省 2015 年农区蝗虫防控项目实施方案》，对今年蝗虫的防控目标提出了要求，对防控技术措施、工作进度安排和保障措施等方面进行了安排部署，同时下拨了 400 万元省级蝗虫监测防治经费。6 月 17 日，河北省农业厅向财政厅行文《关于河北省 2015 年农区蝗虫统防统治项目资金的安排意见》，河北省财政厅于 7 月 2 日印发了《河北省财政厅关于下达 2015 年农区蝗虫防治中央补助资金的通知》，将 500 万元蝗虫统防统治项目资金下拨至各相关项目市（县、区）。

（三）加强监测，及时预警

自 3 月开始，各东亚飞蝗重点发生区对蝗卵发育进度进行了定点系统调查，准确预报了蝗蝻的出土期和发生危害高峰期；5 月至 6 月上旬，分别进行了大范围、拉网式蝗情普查，准确掌握了不同区域、不同生态环境中的蝗虫密度、发育进度等情况，尤其是高密度发生区域和达标区域的发生、分布、面积等情况，为蝗虫防控提供了决策依据。在蝗虫监测防治期间（3～10 月），严格执行值班、信息周报和重大灾情报告制度，全省发布信息 2 000 余次，向农业部汇报蝗虫信息 20 余次，为各级领导指导蝗虫防治提供了科学依据。

（四）加强指导，科学防控

从 6 月开始，蝗虫防控工作全面开展。各地全面贯彻落实专业化统防统治工作要求，充分发挥了专业化合作组织的优势，全面带动了全省防控工作的开展。全省推行蝗虫统防统治面积 100 万亩，其中实施绿色防控面积达到了 60 万亩，通过项目的实施，不仅有效地控制了蝗虫危害，减轻了粮食损失，提高了防控效率，还加强了各地政府对蝗虫防控的重视和投入，并且扶植了一批专业化服务组织，推动了全省农业生产方式的转变，具有很大的社会、经济和环境效益。

山 西 省

一、蝗虫发生防治概况

(一)东亚飞蝗

总体为偏轻发生,万荣、永济、芮城等地部分滩涂中等发生,发生总面积 35.7 万亩次,达标面积 8.21 万亩次,共计防治 17.6 万亩次。发生特点:发生程度轻于近年,发生面积略低于上年;发生类型为散居型;发生区域以草滩为主,未造成农田危害,是近年来发生较轻的一年。

夏蝗偏轻发生,局部中等发生,主要发生区域在万荣的宝井滩,永济的张营、蒲州、韩阳河泛蝗区,芮城的风陵渡、永乐、太安、东庐滩等。全省发生面积 21.4 万亩,其中达标(每平方米 0.5 头)面积 4.8 万亩,每平方米有蝗蝻 1 头以上面积 1.2 万亩。夏蝗出土始期为 5 月 1 日,出土盛期在 5 月中下旬,三龄蝗蝻发生盛期为 6 月中旬,发育进度早于上年同期,防治适期在 6 月中下旬,全省夏蝗防治面积 12.5 万亩次。秋蝗偏轻发生,全省发生面积 14.3 万亩,达标面积 3.41 万亩。出土始期为 7 月 27 日,出土盛期为 8 月中下旬,均比上年早 2~3 天。一般每平方米有蝗蝻 0.08~0.3 头,最高 3 头。全省秋蝗防治面积 5.1 万亩次,低于上年的 7.5 万亩次。

(二)土蝗

总体中等发生,主要发生在大同、朔州、忻州、吕梁,发生面积 403 万亩次,较上年增加 73 万亩次,达标面积 128 万亩次,共计防治 117 万亩次。由于前期温度偏低,蝗蝻出土时间偏晚,发育迟缓,6 月底 7 月初调查,蝗蝻密度较常年偏低,一般每平方米有虫 7~9 头,最高 45 头。后期干旱,大部为害较轻,8 月中下旬调查,一般每平方米仅有虫 5~6 头,最高 38 头。高密度区主要集中在代县、原平的河岸草滩上。

二、蝗虫防治工作开展情况

(一)强化监测预警,认真做好蝗情监测和信息发布

山西省蝗区植保部门坚持"四结合",即"冬前调查和冬后调查相结合、定点系统调查和大面积普查相结合、专业人员规范调查和群众发现上报相结合、蝗虫监测与早期预防相结合"。冬前(上年 10 月下旬)、冬后(3 月)、出土期(5 月上旬)针对蝗卵存活和蝗蝻出土情况组织 3 次大规模蝗虫普查活动。进入 4 月,启动了蝗虫周报制度和 24 小时值班制度,保证蝗虫信息通畅、到位,责任到人。为实现蝗虫早防早控,随着夏蝗的出土,蝗区县、市植保部门采取"带药侦察",发现达标田块及时防治。同时在蝗区张贴公告,实行奖励制度,让群众参与查蝗、治蝗工作,以准确、全面掌握蝗情动态。

(二)强化组织领导,建立健全治蝗领导机构

2015 年年初山西省政府办公厅及时将省治蝗指挥部成员进行了调整。在山西省政府的要求下,有关市、县也及时调整、健全了由分管农业主要领导任总指挥的治蝗指挥机构。东亚飞蝗发生的沿黄 6 县都成立了"东亚飞蝗"防控领导组,由县委常委和农委主任牵头,成员为沿河乡镇的乡(镇)长组成,下设办公室,切实将属地管理和行政首长负责制落到实处。

(三)强化技术指导,多途径搞好宣传培训

为了有效指导全省蝗虫防控工作,2 月 5 日山西省农业厅制订印发了《2015 年山西省农作物重大病虫防控技术方案》,对全省蝗虫防治目标、策略及措施进行具体要求和指导。同时,主要蝗区植保部门也因地制宜制订了防治预案,细化了防控任务和目标。分派 3 个技术组,由站领导带队深入南部飞蝗区和北部土蝗区,对蝗虫监测和防治准备情况进行检查指导。2015 年,全省在各级电台制作播发蝗虫防

治专题节目 79 期，举办蝗虫防治技术培训班 42 期，发送蝗虫防治技术短信 7 万余条。

（四）强化资金筹措，充分发挥财政项目资金作用

2015 年中央财政下达资金 450 万元，用于支持 90 万亩农区蝗虫防治工作开展。经过争取，省级财政增加重大病虫防控预算 300 万元，山西省植保植检站筹备防控用药 50 余吨，这些资金、物资首先保证蝗虫防治所需；另外，各级蝗区市、县也积极筹措专项资金，支持当地专业化组织发展及蝗虫防控应急物资的采购。据统计，中央财政项目资金覆盖全省 90 万亩农区蝗虫防控，项目实施后，田间蝗虫虫口明显减少，防效均达到了 90％以上，挽回粮食损失 1.6 万余吨。

（五）强化融合推进，切实将绿色防控与专业化统防统治落到实处

东亚飞蝗常发 6 县（区），在统一组织下，于冬前、开春后组织当地植保或农机专业合作社，使用大型拖拉机、旋耕机对当地高密度蝗卵区进行了耕翻耙糖，同时在东亚飞蝗滋生的黄河滩涂、中低密度区采用了白僵菌、绿僵菌等生物农药开展统防统治。北部土蝗常发区，在土蝗出土前的 4～5 月，各级植保部门组织群众结合春浇及整地打埝等农事活动，开渠浇灌，深翻田边、地埝、道边、渠边"四边"杂草，破坏蝗卵越冬环境，压低蝗蝻虫口密度。在高密度蝗区和农田周边发生区，植保部门组织植保专业化防治队科学规划作业地带、优先选用高效低毒低残留农药，进行统防统治。据统计，全省在蝗虫应急防治中使用白僵菌、绿僵菌、蝗虫微孢子等生物农药 15.2 吨，使用马拉硫磷、高效氯氰菊酯等高效低毒农药 35.2 吨，投入应急防治专业队 52 支，出动防治人员 1.36 万人次，动用防治机械 1.2 万台次，其中大型防治机械 46 台，中型防治机械 263 台，应急防治蝗虫面积 85 万亩次，其中防治东亚飞蝗 17.6 万亩次，防治土蝗 117 万亩次，其中专业化防治面积 108 万亩次，占到防治面积的 80.24％，共挽回粮食损失 0.98 亿千克，经济效益达 1.86 亿元。

内蒙古自治区

一、蝗虫发生情况

2015 年内蒙古农区蝗虫总体偏轻发生、局部中等至偏重发生。主要发生在赤峰市、包头市、呼和浩特市、乌兰察布市、锡林郭勒盟、通辽市。其中，呼和浩特市武川县、赤峰市阿鲁科尔沁旗中等至偏重发生，两旗县共发生 100 万亩。全区农田及周边草滩共发生 843 万亩，发生面积较上年同期减少 31.6％，较历年同期均值减少 50％。达标 224 万亩，进入农田 99 万亩，侵入农田面积较历年同期均值减少 29％。虫口密度整体低于往年，局部有高密度点片。赤峰市阿鲁科尔沁旗农田虫口密度一般 15～20 头/米^2，最高 200 头/米^2，呼和浩特市武川县局部农田虫口密度 30～50 头/米^2，最高 100 头/米^2。

二、蝗虫防控情况

各蝗虫发生区积极争取地方财政支持，协调物资，投入人力物力，全面开展蝗虫应急防控、绿色防控、专业化统防统治与绿色防控融合示范，有力遏制了蝗虫蔓延危害。据统计，全区累计完成土蝗防治 379.2 万亩，其中生态控制 220 万亩，生物防治 50 万亩，化学应急防治 109.2 万亩。完成统防统治 56 万亩，绿色防控 90 万亩，统防统治与绿色防控融合 15 万亩；累计投入农药 137 吨，出动防治队 170 支，人员 15 万人次，大型机械 150 多台次，中型施药器械 11 万台次，挽回粮食损失 13 099.8 吨，平均防效达 70％以上。

三、落实蝗虫规划情况

（一）加强蝗灾监测预警，及时发布信息

根据需要，增加查蝗员数量。各盟市、旗县植保站加强对蝗虫越冬基数的调查，强化监测预警，并

及时发布虫情简报、防治警报；在蝗虫发生与防治的关键时期，内蒙古自治区植保植检站及时派出工作督查组进行虫情调查，指导防控。

（二）提高蝗灾应急防控能力

在蝗虫重发区强化蝗灾应急防控专业化队伍培训，继续发挥农业保险保障作用，调动农民开展防蝗的积极性。做好科学用药、安全用药技术的宣传培训，确保安全及时有效。各地相关植保部门积极筹备防蝗大型喷雾器及防蝗农药等物资，利用植保工程项目建设区域性蝗灾应急防控物资储备库，建立应急物资储备制度。修缮或扩建蝗灾地面应急防治站，重点加强大型现代化药械、运载、防毒、通讯等设备，增强蝗灾应急防控能力。

（三）开展专业化统防统治与绿色防控融合示范

在赤峰市巴林左旗、巴林右旗、林西县、克什克腾旗建立蝗虫绿色防控示范区，积极依托当地农业合作社和统防统治服务组织，开展以推广绿僵菌、微孢子虫、苦参碱等绿色防控技术为主的专业化统防统治，同时实施草原牧鸡防控、农牧交错区生态控制等生物、生态防治措施，充分发挥专业化统防统治防治效果好、效率高的优势和绿色防控生态、环保、安全优势，促进两者集成融合，实施综合治理，为保障农业生产、农产品质量、生态环境安全起到良好的示范作用。

（四）大力推进蝗灾防控信息化

积极组织配备蝗虫数据采集系统设备，确保辖区内每名蝗情检测员和信息员拥有1台设备，组织开展蝗灾数字化勘测，掌握蝗区的精准地理位置信息，摸清蝗区分布范围、发生面积、发生程度等情况，为蝗虫可持续治理提供科学依据。

四、存在的问题及建议

（一）防控资金缺口大，应急防控能力不足

内蒙古自治区是经济相对落后的地区，地方财政困难，对防蝗的补贴十分有限。农民经济困难，无力及时充足购买农药、药械开展防治，等、靠、要思想严重。需要由各级政府宣传、动员、组织农民开展联防联治和统防统治。

（二）公共地带的防蝗工作亟待加强

农牧交错区农田占到全区耕地面积的1/3，荒山、荒坡和农田周边草滩等公共地带面积大，且存有大量虫源，是蝗虫持续迁入农田危害，造成大面积农田成灾的主要原因，也是防治盲区。每年农区蝗虫防治面积只占发生面积的30%左右，给翌年留下大量的虫源基数，导致蝗虫发生危害逐年加重。因此需要各级政府增加投入，加强对农田周边草滩蝗虫的防治，保护受威胁农田。

（三）监控工作难度大，监控水平亟待提高

多年来虽经植保部门多方努力，对农牧交错区和农区蝗虫的发生危害规律和防治技术有一定的了解，但因气候的变化、种植结构的调整和栽培管理的改变，蝗虫的优势种类、发生危害规律等都有所改变，加之，内蒙古自治区地广人稀，山区及丘陵地区荒坡、草滩等公共区域面积大，且发生区多在经济条件差、交通不便的地方，导致防控不及时，防控投入严重不足，技术人员监控困难，调查取样点少以至代表性不强，使其发生动态监测困难，在一定程度上影响了预测的实效性、准确性，严重妨碍了防蝗工作的顺利进行。

江 苏 省

一、发生概况

夏秋蝗偏轻发生，发生程度与去年相近，其中微山湖局部中等发生，沿淮、里下河与沿海局部蝗区轻发生，发生面积 49.5 万亩，较 2014 年减少 2 万亩，列 2001 年以来第 10 位，达标面积 20.1 万亩；秋蝗偏轻发生，与 2014 年相近，略轻，发生面积 32.8 万亩，较 2014 年减少 0.8 万亩，达标面积 11.3 万亩。全年发生面积 82.3 万亩，达标面积 31.4 万亩。主要发生特点：发生期正常略迟。夏蝗蝗蝻出土始见期 5 月初，较 2014 年迟 3 天左右，秋蝗出土时间长，较常年迟 5 天左右。发生程度偏轻。一是蝗卵密度偏低。二是夏蝗蝗蝻密度较低。三是夏蝗残留面积少于去年。四是秋蝗蝗蝻密度低。蝗区湖库水位较低，生态环境复杂。蝗区水位与生态环境总体较利于夏秋蝗的发生。

二、防治概况

全年共完成夏秋蝗防治面积 79.8 万亩，其中化学防治 68.8 万亩、生物防治 2.5 万亩、生态控制 8.5 万亩，有效控制蝗虫危害，实现东亚飞蝗"不起飞、不扩散、不成灾"的目标，确保专治效果在 90％以上，兼治效果在 85％以上，蝗虫密度控制在 0.2 头/米^2 以下。

（一）夏蝗防治中，抓好监测调查与生态控制不放松

在准确掌握蝗情发生动态的基础上，精心部署防治工作，全省夏蝗防治 48.3 万亩。一是 5 月下旬至 6 月中旬，大力开展蝗虫兼治，全省兼治面积 31.5 万亩，兼治到位率 90％以上。二是 5 月底至 6 月上中旬组织防蝗专业队对密度较高的重点蝗区开展专治 9.3 万亩，专治覆盖率 90％以上。三是对低密度发生区实施生态控制和生物防治 7.5 万亩。

（二）秋蝗防治中，坚持抓监测与综合防控

秋蝗防治面积 31.5 万亩。一是 7 月下旬至 8 月中旬，组织垦殖区结合水稻、大豆、玉米及棉花害虫防治，兼治 22.9 万亩。二是 7 月底至 8 月上中旬三龄蝗蝻盛期组织专业防治队开展专治 5.1 万亩。三是开展生物防蝗和生态治蝗 3.5 万亩，应用苦参碱、蝗虫微孢子虫、绿僵菌等生物农药，放养鸡、鸭、鹅开展生物防治 1.2 万亩，在蝗区种植苜蓿、水稻、大豆、柳条等粮经作物，开展生态治蝗 2.3 万亩。

全省夏秋蝗防治财政共投入经费 355 万元，其中中央补助 80 万元，省级配套 80 万元，市、县、乡级 220 万元；共投入农药 38.3 余吨，主要为化学农药，为 38.0 吨，品种主要是甲维·毒、毒死蜱、辛·氰乳油（快杀灵）等，生物农药 0.3 吨，主要是苦参碱；出动机动、手动药械 2 200 台（部），其中中型机械 265 台（部），小型机械 1 935 台（部），运药车辆和拖拉机 45 部，燃油 190 吨；出动查蝗人员 210 人次，治蝗人员 740 人次，投入专业防治队 50 个，培训查、治蝗 520 人次。

三、采取的措施

（一）加大组织领导力度

年初制订并下发全年治蝗工作预案，明确防控目标与任务。各蝗区加强病虫防控领导小组和专家指导小组，设立值班电话，实行治蝗工作的统一指挥与领导。省、市、县三级治蝗指挥部逐层签订治蝗责任状，明确各级治蝗指挥部的目标和职责。全省共成立 29 个防蝗应急专业队，专业队总人数约 420 人。初步统计，包括防蝗应急专业队，全省可开展蝗虫应急防治的专业化防治队 50 个，队员超过 700 人。

(二) 加大监测汇报力度

3月下旬至4月上中旬开展蝗卵密度、发育进度调查；5月下旬、7月下旬开展"拉网式"普查，扩大调查范围与样点数，准确掌握各地蝗蝻发生密度、分布；防治结束后，及时开展残蝗情况调查，准确掌握残蝗密度；徐州、宿迁、连云港等地专题召开虫情会，结合蝗区水文、气象及生态等有关信息，预测下阶段发生趋势。5月6日开始，实行蝗情信息周报制和重大突发性蝗情随时报告制度，每7天通过省监控信息系统向上级治蝗指挥部汇报一次蝗虫发生动态、防治进度、存在问题等方面的情况，及时汇总分析全省蝗虫发生与防治情况，每周三上报农业部相关部门，保障了信息传递的及时与畅通。

(三) 加大资金保障力度

为保证治蝗任务的完成，多方争取治蝗专项资金，今年中央下拨治蝗补助经费80万元，争取省财政支持80万元，各市、县、乡也积极向当地财政部门争取防治补助经费共计220万元，主要用于集中统一购买治蝗药剂、药械、汽油等。各蝗区提早做好治蝗物资的准备。

(四) 加大服务指导力度

重点蝗区分别于5月下旬、7月下旬召开夏秋蝗防治部署会。在微山湖、洪泽湖、沿海蝗区建立3个绿色综防示范区，集成展示绿色综防技术。6月初、7月下旬省治蝗指挥部成员多次赴微山湖、洪泽湖及沿海等蝗区督查指导防治工作，确保防治工作落实到位。

(五) 加大综合防控力度

各蝗区采取"药剂防治与生物防治、生态控制相结合，专治与兼治相结合，群众防治与专业队防治相结合"的治蝗措施，地方政府加大蝗区改造开发力度，实现飞蝗的可持续控制。在开展化学防治之外，通过地方财政及农业开发等项目扶持，鼓励微山湖、洪泽湖、骆马湖及沿海蝗区发展水产养殖及畜禽养殖业，开展生物防蝗2.5万亩，在沿海、微山湖、洪泽湖等蝗区继续多年的生态控制，种植小麦、水稻、大豆及冬枣等8.5万亩，同时利用好蛙类、鸟类及有益昆虫，实施长效治理。

安 徽 省

2015年安徽省东亚飞蝗总体偏轻发生，夏蝗和秋蝗合计发生面积为104.03万亩，达标面积41.2万亩，较上年减少11.67万亩。

一、蝗虫发生情况

(一) 夏蝗发生情况

夏蝗发生面积56.5万亩，平均密度0.36头/米²，最高密度14头/米²，达到防治指标面积20.08万亩。发生特点：一是大部分蝗区冬后蝗卵密度较低，越冬死亡率较近年偏低。二是大部分地区夏蝗发生密度偏低。6月初各蝗区调查，密度一般为0.1～0.8头/米²，发生情况平稳。三是蝗卵发育进度接近常年。2015年蝗蝻出土高峰在5月中旬至下旬前期，三龄蝗蝻高峰期在6月上旬，发生期与常年相当。

(二) 秋蝗发生情况

秋蝗总体偏轻发生，发生面积47.53万亩，蝗虫平均密度0.37头/米²，最高密度22.1头/米²，达标防治面积21.1万亩。秋蝗发生的主要特点：一是夏残蝗密度整体偏低，局部残虫数量稍高。全省夏残蝗面积约42.4万亩，低于近年。二是发生期接近常年。据颍上县、阜南县、明光市等地调查，预计秋蝗出土始期在7月中旬，出土高峰期在7月中旬后期，与往年相当。三是整体发生程度偏轻。据各蝗区8月上旬调查，秋蝗一般密度为0.2～0.9头/米²，平均0.43头/米²，最高4头。

二、防治情况

一是制订预案，早做安排。2 月安徽省农委制订并下发了《安徽省 2015 年蝗虫防治预案》，要求各地对蝗虫防治工作早谋划，早安排，提前做好各项准备工作。各地按照全省防治预案要求，结合本地实际，相继制订了当地蝗虫防治预案并启动实施。

二是高度重视，加强领导。成立了以省委常委、副省长为指挥长，省农委、省财政厅等相关部门负责人为成员的省农作物重大病虫防控指挥部，统一指挥协调农作物病虫害和蝗虫防治工作。省农委主要负责同志、分管负责同志分别就做好今年夏蝗防治工作做出重要批示，要求加大监控力度，做好防控工作。

三是强化监测，建立制度。安徽省农委高度重视加强夏蝗虫情监测和预报工作。全省各涉蝗县（市、区）和涉蝗重点乡（镇）共配备 412 名县、乡级蝗虫侦查员，开展蝗虫系统监测调查和面上普查工作，为适期防治提供可靠依据。5 月 11 日开始，实行蝗情信息周报制、重要蝗情日报制和重大突发性蝗情随时报告制；5 月 21 日开始，省及涉蝗市、县建立了防蝗工作值班制度，对重大灾情和特殊情况随时报告，确保信息传递畅通。

四是开展培训，建设队伍。各地积极开展治蝗应急防治队伍建设，充分发挥蝗虫地面应急防治站及有害生物预警与控制区域站配备的植保机械作用，纷纷成立了机防队。同时，各地普遍对乡镇蝗虫侦察员、防蝗机防队机手开展了专业技术培训。

五是分类指导，科学防治。在防治重点上，突出重点地区、高密度地段；在防治技术上采取以生态控制为基础，生物防治和化学防治相结合的方法，大力推广应用生物农药和高效、低毒、低残留的化学农药治蝗；在防治措施上采取专业队统一防治和组织群众防治相结合、专治和兼治相结合、防治飞蝗与土蝗和其他害虫相结合。在蝗区种植西瓜、大豆、棉花等生态控蝗措施，改善蝗虫适生环境，抑制蝗虫发生；对于蝗虫密度在 1 头/米^2 以下的蝗区，推广苦参碱、杀蝗绿僵菌、微孢子虫等生物农药防治蝗虫，保护利用天敌，充分发挥天敌的控害作用；对于蝗虫密度在 1 头/米^2 以上的蝗区，实行查蝗人员"武装侦察"和应急化学防治。蝗虫防治关键时期，还组织技术人员深入治蝗一线，现场检查指导，研讨对策，努力提高治蝗效果。

■ 山 东 省

一、东亚飞蝗发生情况

2015 年山东省东亚飞蝗整体呈中等偏轻发生，发生面积仍然较大，全省全年发生面积 659.3 万亩，每平方米 0.5 头以上的达标面积 507.4 万亩。其中，夏蝗中等发生，全省夏蝗发生面积 373.0 万亩，达标面积 326.6 万亩 。全省秋蝗发生面积 286.3 万亩，每平方米 0.5 头以上的达标面积 180.8 万亩。今年东亚飞蝗重点发生在黄河滩蝗区菏泽、渤海湾沿海蝗区东营、滨州；湖区、库区的济宁、泰安、枣庄、潍坊等地。其中东营东亚飞蝗发生面积 315.0 万亩、滨州发生面积 80.5 万亩、菏泽发生面积 70.5 万亩。

2015 年山东省东亚飞蝗发生特点：一是夏蝗蝗卵发育较快，出土时间早。二是龄期不整齐。三是点片发生，蝗区间密度差异大。

二、东亚飞蝗防治情况

全省夏蝗地面防治从 6 月 8 日开始自南向东全面展开，飞机治蝗作业于 6 月 25 日开始，7 月 3 日结束，共使用运五飞机 2 架，在沾化、垦利、河口 3 个蝗区，作业 80 架次，防治夏蝗面积 70.5 万亩，全省夏蝗防治面积 326.6 万亩，地面防治面积 256.1 万亩，飞机防治面积 70.5 万亩。至 7 月

5 日，山东省夏蝗防治全面结束，圆满完成了今年的治蝗任务；秋蝗防治从 8 月 10 日开始持续到 9 月 2 日结束，防治面积 180.8 万亩。2015 年全省全年开展东亚飞蝗药剂应急防治面积 507.4 万亩，其中化学应急防治 357 万亩，生物农药应急防治 70 万亩，生态控制 80 万亩。全省东亚飞蝗防治共投入经费包括农业部拨付省 600 万元，省财政 240 万元，市、县级自筹资金 1 000 多万元。出动人员 4 000 人次，组建专业化防治队伍 170 支，租用飞机 2 架，飞行 80 架次，圆满完成了 2015 年东亚飞蝗防治任务。

三、东亚飞蝗防治工作措施

（一）大力推广生物防治和生态控制

重点是加大了生态控制和生物农药防控东亚飞蝗的力度，东营蝗区、滨州蝗区和菏泽蝗区在适宜飞蝗生长的滩区通过上农下渔模式、夹荒地改造模式、封育草场模式、植物多样性模式等控制东亚飞蝗的危害。飞机防治蝗虫时继续喷洒对东亚飞蝗专性寄生生物药剂绿僵菌、微孢子虫和植物农药苦参碱等，有效地降低了虫源基数，遏制了东亚飞蝗大发生势头。

（二）提高认识，加强组织领导

2015 年山东省成立了山东省重大病虫防治与农业产品质量安全指挥部，市、县、乡签订责任状，层层分解责任、落实任务。健全蝗虫监测、防治体系，按 4 万～5 万亩一名长期查蝗员，每万亩一名临时查蝗员的要求组建蝗情监测队伍，有蝗市、县全部建立地面应急防治队伍，并配备一些大中型机械，增强地面防治能力。

（三）做好技术指导，开展科学防治

今年 5 月 14 日，山东省农业重大病虫害防治与农产品质量安全指挥部办公室下发了《关于印发山东省 2015 年东亚飞蝗防控预案的通知》和《关于印发山东省 2015 年飞机治蝗工作计划的通知》。充分发挥飞机防治作业面积大、效益高、效果好的优势，对重点蝗区的适宜区域，扩大飞防面积，减轻地面防治压力。对群居型高密度蝗蝻点片，在加强监测的基础上，搞好集中防治。选用高效、低毒、低污染的农药，避免鱼塘、虾池受害。

（四）采用蝗虫防治信息系统，为蝗虫防治提供先进技术

2015 年山东省采用 GPS 手持机进行野外数据采集，由各蝗区按照山东省植物保护总站统一制订的工作方案及操作规程，对飞机作业区进行卫星定位。定位的内容主要有两项：一是对各个作业区域进行定位，包括作业时的起始位置、作业区四角顶点、作业区航迹等，以便飞机能够精准作业。二是对作业区内主要障碍物（包括高压线杆、标杆等）进行定位，以便飞机作业安全。各地借助 GPS 定位仪，准确测定了治蝗作业区边界经纬度，并绘制了详细的作业图，为蝗虫防治提供了准确的依据。

（五）搞好蝗情监测，准确掌握蝗情

4 月上旬召开了蝗情会商会，并发布了蝗情预报。组织全省蝗区开展了东亚飞蝗拉网式普查，利用 GPS 查明蝗虫发生范围和重点防治区域，确定最佳防治适期，及时掌握蝗情动态。5 月 10 日启动全省蝗情周报制度，明确专人负责蝗情调度，公布蝗情调度专用电话，按照部要求每周逐级上报蝗虫发生动态和防治工作进展，治蝗关键时期实行 24 小时值班，重大情况随时上报，争取治蝗工作的主动权。

（六）做好督导检查，确保治蝗工作的进行

治蝗关键时期，各级农业部门的领导和技术人员，多次深入治蝗一线，进行技术指导，及时调度和反馈情况，帮助解决在实际工作中的困难，确保防治质量，杜绝漏查、漏治现象的发生。飞机治蝗期

间，省、市、县分派治蝗技术骨干吃住治蝗机场、各蝗虫防治现场协调各方工作，确保飞机治蝗和地面治蝗安全有序，实现了预定目标，达到了较好的治蝗效果。

河 南 省

一、东亚飞蝗发生概况及特点

受气候、蝗区生态环境、耕作等多种因素的影响，2015 年蝗虫在河南省 9 市 37 个蝗区县为中度发生。具体有以下几个特点：

一是发生面积基本稳定，程度接近上两年。据统计，2015 年全省飞蝗发生总面积达 388.09 万亩次（夏蝗 199.33 万亩，秋蝗 188.76 万亩），其中达到防治标准面积 219.81 万亩（夏蝗 117.68 万亩，秋蝗 102.13 万亩），夏蝗平均密度为 0.47 头/米^2，秋蝗平均密度为 0.43 头/米^2，与 2014 年基本持平。二是发生期有所提前，蝗蝻发育极不整齐。今年夏蝗出土始期在 4 月 26 日，比常年提前 2～5 天。整体发育进度接近常年略偏早，虫龄发育极不整齐。三是密度分布比较均匀。大部分蝗区夏、秋蝗虫口密度在 0.2～3 头/米^2 之间，面积为 365.78 万亩，占 94.25%。

二、治蝗工作主要成效

据统计，在夏、秋蝗防治期间，全省 9 个市 37 个蝗区县（市、区）共组织下乡干部 3 525 人次，投入民工 32 250 人次，动用飞机 1 架，机动药械 11 680 次，车辆 549 部次，使用农药 200.3 吨，汽油 161.9 吨，累计治蝗 248.08 万亩次，占达标面积的 112.86%，其中防治夏蝗 139.22 万亩，秋蝗 108.86 万亩，分别占其达标面积的 118.30% 和 106.58%。对夏蝗密度较高、集中连片的 9 个县（区）实施了飞机灭蝗，防治面积 31.5 万亩。

三、主要做法及经验

（一）领导重视，措施得力

河南省治蝗指挥部及早制订了防控预案，省财政预算 200 万元用于夏蝗应急防治补助。6 月 8～9 日又专门召开全省夏蝗防治工作会议，传达农业部视频会议精神，进行了再动员、再部署。9 个市及 37 个蝗区县均于 4 月调整了治蝗指挥部人员，层层落实了治蝗岗位责任制，并制订了防治意见和实施方案，各项工作有条不紊，进展比较顺利。在狠抓夏蝗防治的基础上，对秋季治蝗一点也没有放松，8 月 3 日，河南省农业厅专门发出《关于切实加强秋蝗监测防控工作的紧急通知》。

（二）准确监测，掌握动态

2015 年全省共设立了 217 个乡村蝗情测报点，固定监测人员 328 名。各级监测人员 3 月已全部上岗，坚持 2 天一调查，5 天一汇报，坚决杜绝漏测、漏报、漏治现象的发生。3 月中下旬全省组织开展了蝗卵普查，同时利用 GPS 定位仪对蝗卵密度较高的蝗区进行卫星定位，为准确防治提供了科学依据。4 月初召开夏蝗发生趋势专家会商会，及时发出蝗情预报。之后又分别于 5 月下旬、6 月上中旬和 7 月底至 8 月上旬组织开展了 3 次拉网普查。5 月 12 日启动了蝗情信息周报制度，固定专人值班，随时掌握蝗情动态，及时向省委、省政府领导、省治蝗指挥部成员和蝗区各级政府通报治蝗信息，全省共印发防治简报 150 多期，1.5 万余份，有力地指导了防治工作的开展。

（三）多方筹资，及早准备

农业部、财政部对河南治蝗工作十分重视，拨出 450 万元专款扶持夏、秋蝗防治，省财政继续把 200 万元治蝗经费列入了财政预算，并提前划拨到位，确保了飞机治蝗工作的顺利开展。据统计，在今年夏、秋蝗防治期间，全省共购置各种农药 200.3 吨，汽油 161.9 吨，维修机动药械 4 500 部，成立应急防治队 59 个，准备工作充分，确保了应急防治工作的适时开展。

（四）抓好宣传，技术到位

今年在夏、秋蝗防治期间，各地下派大量科技人员深入第一线，进行督促检查和技术指导，并采取多种形式，开展了技术培训和宣传。全省共召开各种培训会议 80 余次，培训治蝗骨干 3.56 万人次，印发技术资料 25 万份，组织下乡干部 3 535 人次，技术措施比较到位，从而确保了治蝗效果。

（五）分类指导，科学防治

在 2015 年的蝗虫防治工作中，加强对一些新滩涂和新的撂荒地蝗虫查治的同时，对中低密度蝗区，全面实行生物防治和生态调控，实践证明此策略科学有效，切实可行。

在具体技术措施上，主要是继续强化了应急防治，对夏蝗集中打了三个阶段性防治战役，一是麦收前的堵窝防治，面积达 18.75 万亩，有效控制了蝗蝻扩散。二是麦收后的人工和飞机大面积普治，共出动查治蝗人员 1.6 万人次，专业机防队 117 个，机动弥雾机 6 915 部，使用各种农药 91.33 吨，燃油 81.3 吨，动用飞机 1 架，累计防治面积 139.22 万亩次（其中飞机治蝗 31.5 万亩，人工防治 89.92 万亩）。三是 6 月下旬的查残扫残，面积 6.89 万亩，再一次压低了残蝗基数。对秋蝗，实行全面监测，重点挑治，集中围歼的对策，尽可能扩大应急防治面积，防止蝗蝻向农田扩散。

■ 广西壮族自治区

一、蝗虫发生概况

2015 年广西蝗虫发生面积约 220 万亩，其中，东亚飞蝗发生面积约 10.09 万亩，由于今年影响广西的台风多，主要蝗区降雨频繁，持续时间长，部分山塘水库水位长期保持在较高位，不利于蝗虫发生，发生总体轻于上年。

东亚飞蝗发生面积 10.09 万亩次，其中夏蝗发生面积 0.65 万亩次，秋蝗发生面积 9.44 万亩次，虫口密度一般 $0.1 \sim 0.4$/米^2，高的 $0.6 \sim 3$ 头/米^2，主要发生区域为来宾市的象州县、武宣县、兴宾区，柳州市的柳江县、柳城县，北海市的合浦县、铁山港区等地。土蝗发生面积 220 万亩次，全区 14 个地市均有发生，主要发生种类为稻蝗、蔗蝗、竹蝗、棉蝗、小车蝗、云斑车蝗、印度黄脊蝗等。甘蔗、水稻、竹子、杂草、芋、玉米等均受害。虫口密度一般在 $0.6 \sim 2.5$ 头/米^2，高的 $5 \sim 10$ 头/米^2。

二、主要防治工作

（一）防治概况

2015 年全区东亚飞蝗防治面积 9.02 万亩次，占发生面积的 95.5%，土蝗防治面积 208 万亩次，占发生面积的 94.5%。

（二）组织措施

广西各地高度重视蝗虫防治工作，根据农业部要求成立了广西壮族自治区农业厅治蝗领导小组，统一指挥全区蝗虫防治工作。来宾、北海、柳州及兴宾、象州、武宣、合浦、柳江、柳城等市（县）也成立了相应的蝗虫防治指挥机构。各级蝗虫防治指挥机构年初做好蝗虫防治工作部署，落实项目资金，及时组织指挥当地干部开展防治工作。今年广西执行农业部蝗虫防治补助项目，项目下达后，广西各级农业部门高度重视项目实施工作，广西壮族自治区农业厅与财政厅联合下发《广西重大农作物病虫害统防统治项目实施方案的通知》（桂农业发 2015〔52〕号），要求各市（县、区）结合本地实际、项目任务要求和资金额度，按照相关要求，制订本地 2015 年重大农作物病虫害统防统治项目实施方案，强化项目监管。

（三）技术措施

一是加强蝗情监测。各级农业植保部门、蔗区糖业部门技术人员深入蝗区开展蝗情调查，加强监测预警，准确掌握蝗虫发生动态，及时发布蝗情信息。截至 10 月，全区各地上报蝗虫周报 60 多期，为各地防治决策提供可靠依据。二是实施科学防治。各项目县（区）科学制订项目实施方案和病虫防治技术方案，抓住关键时期、关键环节、关键措施，明确蝗虫的关键防治技术，指导群众突出预防、抓好综防、强化统防，实行综合治理、绿色防控和应急防治相结合，科学防控蝗虫。各项目县采取有效措施，引导专业化服务组织和社会力量开展承包防治服务，确保财政补助资金发挥导向和激励作用。各级植保站还积极为专业化防治组织提供病虫情报、农资信息服务，加强对专业化防治组织队伍的建设与管理、高效安全药剂推荐、施药机械维护保养、安全用药及绿色防控、综合防控等方面的技术培训，加强对专业化防治组织带头人、机防人员的培训。三是开展应急演练，提高应急防控能力。为进一步提高对蝗虫等农作物重大病虫灾害强突发事件的处置能力，9 月 29 日，广西壮族自治区植保总站在贵港市开展重大病虫应急防控现场演练。全区 14 个市植保站、45 个重点县植保站站长以及当地农业合作组织的有关人员、当地群众约 120 人参加现场演练和培训。此次现场演练培训模拟采取政府购买公共服务的方式租赁当地合作社、统防统治组织开展专业化、机械化应急防治行动，展示了背负式喷雾器、机械式大型机动喷雾器及单旋翼、多旋翼无人机等多层次、立体式的应急施药作业。

■ 广 东 省

一、蝗虫发生情况

2015 年全省发生面积 40 万亩，其中夏蝗 30 万亩，秋蝗 10 万亩，桑地发生面积约 2 万亩。主要以土蝗发生为主，东亚飞蝗在粤西的廉江、高州、雷州等老区零星发生。

（一）蝗虫种类多，区域间优势种群差异较大

据各地蝗区调查，蝗虫种类有：东亚飞蝗、越北腹露蝗、中华稻蝗、异岐蔗蝗、黄脊竹蝗、斑角蔗蝗、越大青蝗等，以越北腹露蝗、异岐蔗蝗和黄脊竹蝗为优势种群。区域间优势种群差异较大，粤北地区以越北腹露蝗为主，粤西及珠江三角洲发生种类以异岐蔗蝗、黄脊竹蝗和东亚飞蝗为主。

（二）发生期早，种群发生期不一

据监测，3 月 24 日清远英德市最早发现越北腹露蝗初孵，比 2014 年提前 11 天。由于上半年全省降水量大，气候多变，蝗虫种类多样，种群间发生期不一。

（三）发生密度大，发生面积与往年持平

2015 年蝗蝻孵化期长，盛孵期集中，发生密度大，全省蝗虫发生程度中等，局部偏重发生，据调查统计，粤北清远虫源地 4 月中旬进入蝗蝻盛孵期，蝗蝻密度一般为 200～1 500 头/团，高的 4 000 头/团，每亩有蝗蝻群集团 2～8 团。

二、防控情况

2015 年，广东省蝗区引入专业化统防统治机制，加强蝗虫治理，采取狠治夏蝗、抑制秋蝗的防控策略，优先采用生物防治和生态控制等绿色治蝗技术，蚕桑区严禁选用桑蚕敏感药剂，抓好突发高密度

发生区应急防治，减少化学农药使用量，保护蝗区生态环境，促进蝗虫灾害的可持续治理。

（一）提高认识，强化组织领导

根据部署要求，按照属地管理，部门分工的原则，层层落实责任，做到有规划、有组织、按步骤落实各项技术措施，成立治蝗指挥部，并建立健全蝗虫的监测防控体系。重点蝗区也相应成立了蝗虫应急防治指挥中心，一般发生区则明确专人负责蝗虫监测和防控工作，全省形成了一个较为完善的蝗虫防控体系。

（二）加强监测，全面掌握虫情

组织全省测报技术人员，全面加强蝗虫监测工作，重点做好河滩、荒地等蝗虫栖息场所的调查，准确掌握蝗虫发生发展动态。3月，调查冬后卵密度；4月，重点调查越北腹露蝗蝻密度；5月，着重调查异岐蔗蝗、黄脊竹蝗和东亚飞蝗等蝗蝻密度。通过调查监测划定蝗虫防治区域，确定最佳防治时期，制订科学防治对策，实行分类指导，科学应对蝗虫灾害。

（三）科学防控，确保防治效果

严格按照防治指标施药，实行分类指导，科学用药。防治适期为蝗蝻二至三龄盛期。主要在高密度发生区采取化学应急防治。在集中连片面积较大区域，由专业化防治组织以大型施药器械开展统防统治。在甘蔗、玉米等高秆作物田以及发生环境复杂区，重点推广超低容量喷雾技术。

（四）技术指导，普及防控技术

在全省通过发布简报和防蝗通知、举办咨询活动、印发技术资料等多种形式，加大宣传培训力度，加强技术指导，同时，2015年，编制蝗虫绿色防控宣传小册子，并印发了10万份分给各蝗虫发生区，广泛普及蝗虫防控技术。

三、落实蝗虫规划情况

（一）推进统防统治，有效提高防治效果

2015年，全省加强蝗虫专业化防治队伍建设，根据蝗虫发生程度、面积大小，组建专业化防治队伍。开展蝗虫防控技能训练与指导，为服务组织提供技术支持，包括蝗虫发生信息、防治技术、机防手培训等，在蝗虫应急防控启动之前，做好实战演练，支持鼓励专业防治组织开展全程承包、跨区作业、连锁经营服务，积极引导专业防治组织应用生物技术、物理诱杀、生态控制等可持续治理技术。

（二）开展应急防治，及时控制突发蝗灾

8月31日，雷州市甘蔗种植区发生东亚飞蝗，严重威胁甘蔗及其他农作物生产安全。蝗害发生后，组织湛江市植物保护站、雷州市植物保护站开展灾情调查、迅速摸清虫情，并调配应急防控物资，组织专业队伍开展飞蝗应急防治，对重点地段进行机械喷药作业。据施药后调查统计，蝗虫死亡率达82.6%，总防效达98.3%。

（三）配备设备，积极开展蝗区勘测

根据全国农技中心安排，承担1个蝗区勘测任务，积极与蝗虫发生区联系，将勘测任务安排在雷州市，并要求雷州市派出技术员参加全国信息系统和蝗区数字化勘测技术培训班，使系统管理员和蝗情调查员能够进一步熟练掌握系统操作技术和蝗区勘测技术，同时发文要求雷州市配备蝗区勘测与蝗虫调查设备，组织开展蝗区数字化勘测，按时按质完成了蝗区数字化勘测任务。

☐ 四 川 省

一、西藏飞蝗发生情况

2015 年，全省西藏飞蝗发生面积 134.23 万亩，较 2014 年少 4 万亩。重点区域主要在甘孜州的理塘、巴塘、甘孜、石渠、德格、白玉、道孚、炉霍、稻城、得荣、雅江、乡城等 17 个县；高密度蝗群主要分布在乡城县青德乡、理塘县藏坝乡、石渠县洛须片区的正科乡和甘孜县的卡攻乡，发生面积约 0.01 万亩，最高密度 79 头/米^2（乡城县青德乡）。

发生特点：一是残蝗基数和有卵样点率高，越冬卵死亡率低。二是蝗蝻出土时间（5 月 6 日）较 2014 年早 2 天。三是气候条件利于蝗虫发生。四是高密度蝗蝻点片数减少，总体密度下降。今年高密度蝗群仅发生 0.01 万亩，较去年减少 99.7%。加之近几年在川西农区大力推广生物防治、生态控制和应急防治，高密度蝗虫显著降低，2015 年最高密度只有 79 头/米^2，较 2014 年减少 73.7%。

二、防控工作

（一）加强领导，落实责任

成立了农区治蝗指挥部，由农业厅厅长任指挥长，分管厅长任副指挥长，指挥部办公室设在植保站，站长任办公室主任。重点区域甘孜、阿坝两州也成立了以州农业局局长为组长，分管局长为副组长，相关科站负责人为成员的蝗虫应急防治领导小组，负责组织领导全州西藏飞蝗的防治工作。并明确各县农牧科技局局长为西藏飞蝗防控工作的第一责任人。各级加强西藏飞蝗的督查和指导，层层成立工作组，在防控关键时期，赴西藏飞蝗发生关键地区指导防治工作。

（二）加大投入，落实措施

年初，四川省财政安排 1 000 万元资金用于全省省级病虫重点测报站开展西藏飞蝗等病虫的监测预警。利用中央财政安排西藏飞蝗统防统治专项补助资金 250 万元，开展西藏飞蝗防治示范 50 万亩，及时把资金安排到甘孜、阿坝州等西藏飞蝗发生区，补助经费严格按照财政部、农业部管理办法使用。

（三）规范监测，及时预报

一是规范开展蝗情调查。各发生区按照西藏飞蝗测报规范，对西藏飞蝗的监测实行标准化管理。重点发生县采取乡镇技术人员与群众观察员相结合的方式，及时掌握虫情动态。二是落实蝗情值班制度。5 月 5 日，启动了全省西藏飞蝗等重大病虫发生及防治信息周报制度，坚持信息报告和值班制度，保证蝗情信息畅通。三是及时发布蝗虫发生趋势预报。春季以来，四川省农业厅多次组织专家会商研判 2015 年全省西藏飞蝗等农作物重大病虫害发生趋势，并在年初和 5 月各发布 1 期今年的发生趋势预报。各州、县也发布了相应预报 10 余期。甘孜州在飞蝗重点发生区印发蝗虫防治明白纸 1 980 份。

（四）绿色防控，保护生态

一是生态治蝗。在甘孜州石渠县建立西藏飞蝗生态控制示范区 1 万亩，在西藏飞蝗滋生地种植沙棘，实行生态治理，提高植被覆盖率和多样性，改善天敌栖息环境，降低西藏飞蝗发生危害。二是生物防治。在甘孜州开展绿僵菌、印楝素、苦参碱等生物农药防治西藏飞蝗的试验示范；尤其是在三江源西藏飞蝗发生区坚持大面积生物农药治蝗，保护当地生态环境安全；在阿坝州建立绿僵菌、印楝素等生物农药防治西藏飞蝗示范。三是综合治理。根据不同发生区，采取不同防治措施。对密度在 5 头/米^2 以下的中低密度发生区、湖库水源区和自然保护区，以生物防治为主，推广使用杀蝗绿僵菌等微生物农药和其他植物源农药开展防治；密度在 5 头/米^2 的高密度发生区以低毒化学药剂应急防控为主。

（五）统防统治，确保防效

一是加大行政推动力度。甘孜州和阿坝州根据预测预报，综合前几年西藏飞蝗在全州的发生和防治情况，制订了《2015年西藏飞蝗防治预案》，并下发各西藏飞蝗发生县。二是落实治蝗物资。各地及早采取措施，积极准备药械，确保治蝗药剂到位。三是开展专业化统防统治。充分利用甘孜州、阿坝州等西藏飞蝗发生地建立的200多个防治专业队，积极探索利用烟雾机防治西藏飞蝗等害虫的技术，在西藏飞蝗重发区，实施专业化统防统治，确保防治效果。

四川省2015年共计防治西藏飞蝗131.08万亩次，共计出动人员4 833人次，其中，专业技术人员665人次，乡镇干部528人次，雇工3 540人次；出动机具3 750台次；车辆376辆次；投入资金340万元，平均防效达85％。

陕 西 省

一、蝗虫发生概况

2015年陕西省东亚飞蝗属中等发生，发生面积130多万亩次，达防治指标面积的61万亩次。其中，夏蝗发生66.6万亩，达标31.8万亩；秋蝗发生63.4万亩，达标29.2万亩。发生范围涉及渭南、西安、咸阳3市14个县区。发生特点：一是蝗蝻出土与历年相当，出土持续时间短，出土相对整齐。二是虫口密度总体较低，局部密度偏高，且分布不均。三是卤泊滩蝗区宜蝗面积减小。由于卤泊滩农业综合开发项目和飞机场建造工程的实施，富平、蒲城境内的卤泊滩面积较历年减少约10万亩。四是土蝗中度发生，发生面积185.55万亩，达标70多万亩。主要种类有黄胫小车蝗、笨蝗、中华蚱蜢，荒草滩、荒坡、农田夹荒和荒芜农田密度较大，一般蝗蝻平均密度1.2～9.8头/米^2，最高21头/米^2。

二、防治情况

据统计，2015年全省在蝗虫防治中共投入经费210万元，出动人员6 132多人次，出动机动车辆479余台次，大中型施药器械3 988台，喷施农药36.9吨，药剂防治总面积111.89万亩次，其中东亚飞蝗45.5万亩次，土蝗66.39万亩；生物防治达26.12万亩，有效地控制了蝗情扩散蔓延及危害，防治工作取得了明显的效果。

三、主要工作

（一）严密监测蝗情，准确掌握动态

蝗区各市、县（区）植保部门按照农业部每万亩蝗区固定一名专职监测人员的要求，设立55个蝗情监测点，固定180多名查蝗员，定期开展系统调查和大面积普查；及时组织召开了发生趋势会商会，准确分析蝗情，及时发布趋势预报，在各地系统调查基础上，先后组织了春季卵基数和存活率、夏蝗蝻、夏残蝗等多次大的普查，准确掌握了蝗情动态，并坚持防前查密度，防中查质量，防后查效果的"三查"工作，确保了防治质量。同时，按照蝗情周报制度要求，每周三及时对各地蝗虫发生防治动态进行汇总，利用网络、传真等共向农业部种植业管理司、全国农技中心、省治蝗领导小组汇报蝗虫发生动态及防治进展信息20多期次，为各级领导部署决策防治工作当好了参谋。

（二）精心安排部署，确保防控工作顺利开展

年初，陕西省财政厅、农业厅上报《关于申请解决陕西省农作物蝗虫防治补助资金的请示》，积极争取蝗虫防治专项资金。结合陕西省实际情况在全省"三夏"工作会议上对全省夏蝗防控进行了及时安

排部署，落实防治工作任务。6 月中旬陕西省农业厅下发《关于加强秋作物重大病虫害防控工作的通知》，要求各地积极组织专业队开展蝗虫大面积统一防治；在防蝗关键时期，派出 3 个督导组，赴渭南、西安、咸阳等地开展防治督导和技术指导工作，有力推动了防控工作。

（三）加强宣传和技术培训，提高治蝗技术水平

加强了对各级领导、政府部门的汇报宣传，及时向上级业务部门和省上领导汇报蝗情，争取领导的重视和支持。蝗区各市、县（区）为更好地开展防蝗工作，加强了对治蝗技术人员以及年轻新手的技术培训工作。据统计，2015 年省、市、县三级多次进行培训和指导，共开展技术培训 35 场次，培训人员 2 100 人次，提高了查蝗的准确性和治蝗的科学性。

（四）完善专业队伍建设，开展统一防治工作

在夏蝗防治期间，各地及早检修防治机械，进一步加强和完善了专业队伍建设。同时，各地还克服了防蝗与三夏大忙争时争劳的矛盾，集中人力，集中时间开展防治。在防治上，实行专业防治与群众防治相结合，狠抓防治适期，集中歼灭，挑治高密度蝗片，特别是把沿河荒草滩地作为防治的重点，由植保部门组织机防队统一防治。对农作区发生的蝗虫，根据具体情况，由乡镇政府负责组织、发动群众，采取多种形式开展防治，保证了防蝗总体效果。

（五）坚持搞好生物生态治蝗工作，实现蝗灾的可持续治理

全省积极贯彻"改治并举"的治蝗工作方针，因地制宜开展了生物生态治蝗工作。蝗区的大荔、华县、华阴、合阳、韩城、临渭等地积极调整作物布局，在宜蝗区域建立生物防治试验示范区，大力推广种植棉花、苜蓿、莲菜等蝗虫不喜食作物，开展植树造林，改造蝗区生境，减少宜蝗面积。夏收后，迅速开展了大面积滩区撂荒地的夏垦、夏种工作，通过种植大豆、棉花、油葵等作物，减少蝗虫适宜的食料，进一步巩固了生态治蝗成绩，抑制蝗虫发生。渭南农垦管理处在黄河、渭河滩地建立了苜蓿种植基地，大荔县形成以种植棉花，合阳、临渭区形成以莲藕为主的生态治蝗示范基地。据统计，2015 年陕西省蝗区通过种植大豆、棉花、油葵、苜蓿等作物和植树造林、开挖鱼塘、挖池种莲菜等，各类蝗区生境改造面积稳定在 60 多万亩，有效抑制了蝗虫的发生。

■ 海 南 省

2015 年海南省蝗虫总体轻发生，局部中等发生，主要发生在东方、儋州、昌江等西部市县。全省蝗虫发生面积 28.28 万亩次，其中飞蝗发生面积 20.72 万亩次，土蝗面积 7.56 万亩次。全省共防治蝗虫面积达到 31.15 万亩，其中农业防治 24 万亩，化学防治 7.15 万亩。蝗虫监测与防控投入资金 280 万元，其中海南省农业厅植物保护总站拨给机动喷雾器 90 台及农药 300 千克，东方市政府下半年紧急拨款 80 万元。

一、蝗虫发生概况

据统计，今年全省蝗虫发生面积 28.28 万亩次，其中，飞蝗发生面积 20.72 万亩次，土蝗发生面积 7.56 万亩次。夏蝗总体轻发生，发生总面积 2.58 万亩次，其中土蝗发生面积 1.03 万亩次，东亚飞蝗发生 1.55 万亩次。主要发生在本省西部乐东、东方、昌江、白沙及儋州等市县。2015 年秋蝗总体轻发生，局部偏重发生，发生面积 25.7 万亩次，其中飞蝗发生面积 19.17 万亩次，土蝗发生面积 6.53 万亩次，达标面积 10.34 万亩次，主要发生在海口、东方、儋州及昌江等市县。一般虫口密度为 0.5～25 头/米^2，部分偏重地区密度为 35 头/米^2。为害作物主要有甘蔗、竹子，但均为零星受害，总体程度较轻。

二、蝗虫监测与防控工作

(一)蝗情监测

有专人负责，并按照蝗虫调查规范及时开展调查及全面普查，及时掌握蝗虫发生动态，做好蝗虫周报，特殊情况随时上报。汇报内容包括蝗虫预计发生面积、累计发生面积（其中土蝗和东亚飞蝗面积）、达标面积、发生密度、发生地点、虫态比例、为害作物、为害面积、防治面积以及人力、物力的投入情况等。汇报工作主要通过电话、网络和电子邮件等方式进行，确保上级领导和主管部门及时准确掌握全省蝗虫的发生以及防治动态。

(二)蝗虫防控工作

海南省蝗区市县积极开展蝗虫防治工作，防控及时，效果显著。据统计，全省共防治蝗虫面积达到31.15万亩，其中农业防治 24 万亩，化学防治 7.15 万亩次，防效均达 90％以上，有效抑制了飞蝗发生危害。

1. 农业生态防治　今年西部蝗区市县上半年高温干旱，蝗虫发育速率快，第三代飞蝗发生提早。根据海南省植物保护总站和东方市蝗虫应急站对东方市感城镇等地调查发现，蝗虫世代重叠，蝗卵、蝗蝻发育不整齐，蝗卵密度高达 278 块/米^2，预计将在 8 月底到 9 月初孵化出土。面对飞蝗局部暴发态势，东方等蝗区市县组织农技人员与群众对高密度卵块田提前翻耕晒地，人为破坏蝗虫适生环境，从而有效控制蝗虫发生为害。

2. 化学防控　地方农技中心在海南省植物保护总站的协助下组织防蝗专业队针对蝗区的第三代高密度蝗蝻开展为期一个多月的化学防治。主要采取烟雾机的方式对甘蔗地及荒坡地等高密度蝗蝻区进行防治。

3. 人工捕捉　因蝗虫营养价值高、味道鲜美，海南西南部现在越来越多的人喜欢食用蝗虫。在飞蝗发生时，当地农民自发组织捕蝗队于夜间在田间捕捉蝗虫以食用及出售。昌江县城每天销售量达 500多千克，在飞蝗发生初期农民通过捕捉蝗虫，抑制飞蝗发生的同时增加了经济收入。

三、监测及防控存在的问题

(一)测报队伍人员少、年龄偏大，监测工作所需工具匮乏

海南省蝗区面积较大，蝗虫发生分布范围广且生态环境复杂，因此监测和测报工作开展十分困难，特别缺少蝗虫数字采集设备，导致蝗区勘察工作难以开展。

(二)部分乡镇领导对防蝗工作不够重视，防治工作有时较被动

由于海南省气温高，飞蝗发育速率快，因此极易错过最佳的蝗虫防治时期，造成飞蝗局部暴发，给农作物造成损失。

(三)落实"蝗虫规划"过程存在困难

一是蝗灾监测网络尚不健全，尤其是基层查蝗治蝗技术人员比较缺乏。二是自动化监测、大型施药器械等仍然缺乏，不能适应新时期蝗灾治理需要，三是推广生物防治技术力度不够。四是蝗虫防治药剂储备极少，防控经费下达较慢。通常出现蝗虫暴发后才紧急申请经费购买，但购买物资进行招标采购的时间跨度大，因此蝗虫应急防控工作相当被动。

(四)种植模式客观增加了蝗虫的滋生条件

冬种作物收获后，大部分田撂荒杂草丛生，期间恰是蝗虫的发生期，为蝗虫藏匿与繁殖创造了有力条件。同时由于是荒坡地，农民防治不积极，给防治工作带来很多压力。此外，由于今年东方等市县许

多香蕉地被迫改种甘蔗，且大量飞蝗容易藏匿于甘蔗地中不易被发现，又因近年甘蔗价格低，农民防治蝗虫积极性不高，因此蝗虫极易局部暴发成灾。

◻ 新疆维吾尔自治区

一、蝗虫发生情况

2015年新疆农区蝗虫累计发生面积544万亩，其中亚洲飞蝗偏轻发生（1级），发生面积25.6万亩，均为散居型蝗虫。土蝗中等发生（3级），发生面积518.4万亩，发生相对平稳，平均密度4头/米^2，最高28头/米^2。北疆局部农牧交错区出现高密度点片，优势种主要以意大利蝗、红胫戟纹蝗、西伯利亚蝗、黑条小车蝗为主，阿勒泰、伊犁州、塔城、博州、昌吉州发生面积较大；南疆巴州、克州、阿克苏、喀什、和田，东疆吐鲁番、哈密密度接近去年同期水平，农牧交错区平均密度0.3～3.6头/米^2，最高密度10头/米^2。

二、防控情况

2015年中央财政安排蝗虫统防统治补助经费650万元，各地已兑现中央资金650万元，其中物化补助375万元，资金补助275万元。经过近年来连续的投入，全区已拥有农作物重大病虫害大型防控设备186台（套），覆盖全疆14个地（州、市）90%的县（市、区），提高了日防治作业能力，加大了生物治蝗药剂的推广力度，提升了全区蝗虫专业化统防统治和应急防控能力。

2015年实施蝗虫防治130万亩，其中统防统治130万亩，生物防治面积达30万亩，占项目总防治面积的23%以上，绿色防控32.5万亩，应急防控40万亩，无人机防治10万亩，预计挽回损失2万余吨，带动全区农区蝗虫防控面积172.6万亩次，其中亚洲飞蝗累计防治面积13.8万亩，土蝗累计防治面积158.8万亩。防治效果达85%，取得了显著的经济、社会和生态效益。

三、落实蝗虫规划情况

（一）加强组织领导，确保蝗虫规划取得实效

按照农业部的要求，自治区及时更新了农区治蝗指挥部成员，年初下发《2015年全区植物保护工作要点》。各地也成立了蝗虫防控领导小组和技术小组，结合实际加强与当地畜牧、草原等部门的合作，积极制订蝗虫防控方案，细化工作计划，对蝗虫防控工作进行全面部署，层层分解落实各项措施，确保资金、物资、技术和人员到位。

（二）抓好蝗情监测，及时发布预报

新疆各地根据去秋残蝗基数、今春挖卵调查和4月起开展农田及农牧交错地带的蝗虫监测工作，及时准确地发布越冬蝗卵密度、存活率，蝗虫发生期、发生量、发生面积、为害程度等预测预报。各涉蝗县（市）严格实行岗位责任制，建立蝗情定期和紧急报告制度。

（三）强化统防统治组织主导作用，全面推进应急防治队伍建设

新疆各地积极探索重大病虫害专业化统防统治组织的建设、管理、运营模式，加大宣传培训力度，通过培育专业化防治骨干，典型引路和示范带动，在更高层次、更大规模上推进了专业化统防统治工作。截至目前，全疆现有专业化统防统治服务组织1 726个，其中治蝗专业防治队伍68支，拥有背负式机动喷雾器19 016台，大中型喷雾器18 572台，从业人员已达18 786人，其中持证上岗4 963人，日作业能力已达到150万亩次。

（四）加大示范区建设力度，突出绿色治蝗

在全疆建立蝗虫绿色防控示范区 29 个，每个示范区核心面积不少于 5 000 亩，辐射面积不少于 5 万亩，优先采用微孢子虫、印楝素、牧鸡牧鸭、招引天敌等生物生态控制技术，减少化学农药使用量，保护蝗区生态环境，促进蝗虫灾害的可持续治理。阿克苏地区利用牧鸡（鸭）控制蝗害，蝗区县（市）在果树与粮食、牧草间作种植的果园内采取牧鸡（鸭）吃虫的办法对蝗虫进行控制，果园每年养鸡（鸭）数量 100 余万只，防治覆盖面积 0.25 万亩左右。

（五）强化宣传培训，加强技术指导

为全面推进农业科技促进年活动，提高全区植保技术人员的业务素质和工作水平，在乌鲁木齐市举办了自治区植保技术培训班，培训技术人员 130 多名。同时，为了展现专业化统防统治在重大病虫害防控工作中的主导作用，提高专业化防治队植保机械应用和维修技术水平，进一步提升应对突发灾害的快速反应和处置能力。与企业合作，先后在喀什地区、哈密地区、克州、和田地区、昌吉州、吐鲁番市、巴州、塔城地区、阿勒泰地区、博州和伊犁州等地举办了统防统治组织机防手培训 22 期，培训 2 100 余人，发放宣传资料 5 000 余份。

四、存在的问题及建议

蝗虫防治是一项社会公益性事业，必须要建立健全蝗虫防控的组织领导机构和强化社会治蝗行为，由政府主导，按照"属地管理、强化防控"的原则，落实责任制，强化培训演练，不断完善快速应急反应机制。

加大专业化统防统治队伍建设力度，推进统防统治与绿色防控融合，充分发挥现有专业化统防统治组织的作用，同时进一步规范专业化统防统治组织，提高社会化服务能力，从而实现常规防控与应急防控、统防统治和群防群治相互配套的防控机制，全面提升蝗灾综合防控能力。

基于大型防控和信息化设备在蝗灾应急防控中的作用，建议加快对新型大型防控和信息化设备引进筛选以及相关配套技术开发推广工作，提升植保信息化水平，改善植保装备条件。另外，建议国家加大对利用天敌、生物农药等蝗虫绿色防控技术在政策、经费和技术推广等方面的扶持力度。

第二篇

2015 年农作物病虫害绿色防控工作

2015NIAN NONGZUOWU BINGCHONGHAI
LÜSE FANGKONG GONGZUO

第二篇 2015 年农作物病虫害绿色防控工作

2015 年全国农作物病虫害绿色防控工作总结

为探索低碳、环保、可持续发展的新型农业发展模式，实现农业部制定的"到 2020 年农药使用量零增长"工作部署，2015 年，全国各地继续遵循"公共植保、绿色植保、科学植保"的理念和"预防为主、综合防治"的植保方针，突出重点，讲求实效，大力开展绿色防控技术示范、宣传和推广，以点促面，扩大示范区建设，不断集成创新绿色防控技术模式，深入推进绿色防控技术与专业化统防统治和蜜蜂授粉相结合，全面提高绿色防控工作水平，成效显著。

一、主要成效

2015 年，农业部、全国农技中心及各级农业植保部门齐心协力，大力推进农作物病虫害绿色防控工作，取得显著成效，主要有以下四个方面。

（一）绿色防控示范推广面积进一步扩大，防治效果稳步提高

通过绿色防控工作的持续深入，绿色防控技术示范区的个数和示范面积进一步增加，据初步统计，2015 年全国有各级绿色防控示范区 4 097 个，核心示范面积 3 890.97 万亩次，比 2013 年提高了近90％，示范效应显著，辐射能力不断加强，结合重大项目的支持，防控手段也更加丰富，防治效果明显，不仅有效控制了重大病虫害的发生，还促进了农作物的增产提质和农业生态环境的改善。如广西深入实施万家灯火、放蜂治螟等项目，全区绿色植保技术应用面积 3 486.37 万亩次，绿色防控覆盖率21％；吉林以玉米螟绿色防控重大项目为依托，总推广面积达到 4 734.99 万亩次；内蒙古完成各类病虫害绿色防控 3 500 万亩次，绿色防控技术到位率达 85％，防治效果达 75％以上；山西全省各级在建的病虫绿色防控示范区共 319 个，在示范区的带动下，全省绿色防控技术得到大面积普及应用；新疆全区农作物病虫害绿色防控面积达 2 300 万亩次，核心示范区技术到位率 80％以上，防效达 90％；云南全省建立了 100 个省级绿色防控技术示范区，全省农作物绿色防控实施面积 2 145 万亩次，绿色防控覆盖率达 22.66％，绿色防控示范区关键技术覆盖率达到 80％以上，综合防控效果达到 90％以上；海南在水稻、瓜菜和果树上推广太阳能灭虫灯、诱虫色板、性诱剂、植物诱导免疫、生物防治等五大技术，对省内农作物的主要病虫害防治效果理想；江苏省粮食作物病虫害 2015 年发生偏重，尤其是小麦赤霉病、水稻纹枯病、稻瘟病大流行，通过应用抗病品种、科学水肥管理、绿色防治，有效控制了三种主要病害，水稻等农作物病虫草危害损失率控制在 2.9％，有力保障了粮食生产安全，其中示范区关键技术到位率达 85％以上，综合防治效果达到 90％。

（二）绿色防控技术应用范围不断拓宽，集成配套技术进一步完善

2015 年，在强化示范试验的基础上，各地结合作物种类、气候特点、病虫害发生情况，紧紧围绕农业主导作物和特色产业发展，不断拓宽绿色防控技术应用范围，开展新技术、新产品的试验。例如：山西绿色防控技术应用的作物从原来仅有的小麦、玉米、马铃薯、果树、蔬菜、谷子、大豆等大宗作物，拓展至莜麦、荞麦、藜麦、红芸豆、高粱等特色小杂粮作物上，已涵盖了 20 余种，代表了晋南、晋中、晋北不同气候、生态和地形条件下病虫绿色防控工作的重点；湖北省也结合本地作物特色与布局，在水稻、玉米、蔬菜、柑橘、草莓、茯苓、天麻、苍术等十几种作物上开展绿色防控技术相关研究与示范。据不完全统计，目前全国范围内，绿色防控技术应用的作物种类超过 40 种。

在绿色防控技术应用范围不断扩大的同时，通过农、科、教、企协作攻关，生态调控、生物防治、

物理防治、科学用药等综合防治措施不断集成创新。如：广东开展的无人飞行器喷施甘蓝夜蛾核型多角体病毒飞防水稻螟虫的药效试验；湖南开发了无需添加任何农药和诱剂，具有高效、持效、环保、简便特点的球形诱捕器，创新了"食诱＋色诱"来控制瓜实蝇的技术模式，首次大面积试验示范植保无人机防治油菜菌核病；山西开展桃树梨小食心虫迷向试验，24％井冈霉素 A 水剂防治玉米大斑病试验；四川开始引进植物诱导免疫技术，在害虫的理化诱控技术上，新增了迷向和食诱技术；山东开展电生功能水防治甜椒灰霉病、南瓜白粉病、番茄灰叶斑病试验，飞机条带撒施食诱剂防治玉米螟试验；北京推广玉米"一封两杀"技术、蔬菜病虫害源头绿色控制系列技术等。这些新型技术、模式的试验与应用，为进一步做好绿色防控工作储备了大量的技术资源。

除了引进新技术，一些成熟的技术模式也在逐渐丰富和完善，其先进性、实用性和可操作性不断提高。如：湖南在水稻上采用"药剂拌种＋健身栽培＋性诱技术＋灯光诱杀＋绿防药剂"的技术模式；吉林在玉米上推行的"春季白僵菌封剁控制玉米螟虫源基数＋夏季田间释放赤眼蜂控制玉米螟卵＋太阳能杀虫灯结合性信息素迷向技术诱杀玉米螟成虫"成套技术模式；山西马铃薯上采用的"清洁田园＋选用抗病品种（青薯 9 号、冀张薯 8 号、青薯 168、克新 1 号）＋药剂拌种（吡虫啉＋丙森锌）＋高垄栽培＋科学用药（苯醚甲环唑、烯酰吗啉、嘧菌酯、氟菌·霜霉威）＋统防统治"的技术模式；陕西在果树方面形成了"病虫基数控制＋部分害虫诱杀＋免疫诱抗应用＋科学药剂组合＋高效器械应用＋药剂涂干预防腐烂病"为核心技术的全生育期绿色防控技术体系；河南在蔬菜上推广的"健身栽培＋土壤日光消毒＋性信息素诱杀＋物理诱杀＋防虫网阻隔＋生物农药使用"的技术模式等。

经过积极的探索和总结，绿色防控技术模式标准化和规程化也不断取得进展。如：四川的《柑橘害螨绿色防控技术规程》《茶树主要害虫绿色防控技术规程》《玉米螟绿色防控技术规程》《桃树病虫害绿色防控技术规程》已由四川省质量技术监督局颁布实施；山东潍坊市农业局制订出台了《潍坊市 12 种主要作物技术规范制定工作方案》，目前已完成了韭菜、萝卜、黄瓜、番茄、大白菜、豇豆安全生产技术规程的研制工作，并通过潍坊市地方标准颁布实施；安徽制定的《小麦病虫害绿色防控技术规程》和《茶树病虫害绿色防控技术规程》省级地方标准已完成初稿，即将组织专家评审；陕西提炼形成了《小麦吸浆虫防治技术规程》《苹果全生育期绿色防控技术规范》、以药剂涂干为关键技术的《苹果树腐烂病综合防治技术规程》《白菜病虫害绿色防控技术规程》和《西甜瓜病虫害绿色防控技术规程》等地方标准 6 个。

（三）绿色防控与统防统治和蜜蜂授粉融合推进，综合效益突出

2015 年，农业部办公厅印发了《农作物病虫害专业化统防统治与绿色防控融合试点方案》和《2015 年蜜蜂授粉与病虫害绿色防控技术集成示范方案》，各地根据工作部署，以此为契机，积极推进绿色防控技术与专业化统防统治和蜜蜂授粉相融合，创新服务体系，发展专业化统防统治组织，大力推广蜜蜂授粉与绿色防控技术的集成配套技术，推进整建制应用，成效明显，取得了良好的经济、社会和生态效益。

各地结合自身区域实际，依托现代新型生产和服务主体，通过服务创新，探索技术推广的有效途径，专业化组织的数量和规模不断增加，管理水平、组织化程度和重大病虫害防控能力进一步提升。如：广西建设融合推进示范基地 115 个，示范面积 32.94 万亩次；黑龙江继续深入推进植保一体化服务，水稻病虫害防治完成 360 万亩统防任务，且大部分是采取飞机航化作业；吉林全省专业化统防统治与绿色防控融合防治面积达到 3 016.29 万亩，全程统防统治面积 1 541.99 万亩，专业化统防统治与绿色防控融合能力迈入上升通道；四川建立专业化统防统治与绿色防控融合推进示范区 120 多个，面积达500 多万亩，全省已注册或备案植保社会化服务组织近 1 000 家，并已涌现出一大批新型植保服务组织，通过政府购买服务、实施统防统治，为农业基地、种植大户、家庭农场提供"技物结合、全程承包、打亩收费"等服务，闯出了一条专业化统防统治和绿色防控有机融合的新模式；江苏省专业化统防统治组织达到 5 261 个，比 2014 年增加 410 个；重庆市新增各种专业化统防统治服务组织 55 个，达到 1 780 个，全市机动或电动植保器械数量达到 2.67 万台（套），日防控能力达到 80 万亩，专业化统防统治服务领域从水稻、马铃薯等主要粮食作物扩展到果树、蔬菜、茶叶、烟草等多种作物，从单一从事病虫害

防治向农业综合服务发展。

2014年农业部印发了《蜜蜂授粉与病虫害绿色防控技术集成示范方案》，在全国开展了蜜蜂授粉与绿色植保增产技术集成与应用示范工作，2014年在13个省（自治区、直辖市）的10种作物上建立了20个蜜蜂授粉与绿色防控技术集成应用示范基地，示范面积为81 285亩。2015年在全国15个省（自治区、直辖市）的13种作物上，建立了28个试验示范基地（其中4个为蜜蜂授粉与病虫害绿色防控技术集成应用整建制推进示范区），24个试验示范区实际试验示范面积24.87万亩，4个整建制推进示范区实际示范推广面积100万亩。在示范区，推广保护蜜蜂的绿色防控技术，通过试验示范，初步明确了不同作物适宜授粉的蜂种和种群密度，形成了不同作物蜜蜂授粉与病虫害绿色防控技术模式，初步集成了草莓、番茄、苹果、梨树、油菜、向日葵等作物蜜蜂授粉与绿色防控大面积应用推广的技术模式。

绿色防控与统防统治和蜜蜂授粉相融合，有效降低了农业面源污染，保障了农产品质量安全，提高了农作物的产量和品质，增加了农民和蜂农的收入，综合效益十分突出。如湖南147万亩融合推进区总新增经济效益2.41亿元；甘肃示范区挽回各类作物产量损失5 645万千克，增加产值11 210万元，带动区挽回各类作物产量损失54 635万千克，增加产值82 715万元；海南示范区农业品牌形象大大提升，示范区豇豆价格均高于周边地区非示范区豇豆价格0.3～0.5元/千克；河南融合示范区亩增产率13.64％，平均每亩增收节支639.92元，亩防治成本125.67元，平均投入产出比为1：5.97，由于减少了化学农药的使用量和使用次数，减轻了环境污染和人畜中毒事故的发生；湖北示范区生态环境得到明显改善，天敌迅速恢复平衡，英山县示范区内蜘蛛数量由2009年的平均4.6头/米²增加到9.1头/米²，瓢虫数量由平均3.4头/米²增加到6.9头/米²，草蛉数量由平均1.8头/米²增加到3.8头/米²。

（四）有效减少化学农药使用量，"绿色植保"理念更加深入人心

在化学农药减量行动的指引下，各地植保部门坚持示范带动和技术引导，将绿色防控技术与科学用药有机结合，推广生物农药和高效、低毒、低残留农药，减少了化学农药的使用次数和使用量，减轻了农药对环境的污染和害虫天敌的毒害，保护了生态环境。通过对示范区农民的宣传和培训，增强了病虫害综合治理意识，减少乱用、滥用农药的现象，杜绝了高毒、高残留农药的使用，随着绿色防控技术的示范推广以及市场接纳和消费环境的转变，绿色防控技术保护环境、节本、增效、提高农作物质量安全的作用逐渐被群众认识，种粮大户、家庭农场、合作社使用绿色防控产品、绿色技术的自觉性和积极性进一步提高。据统计，福建茶园示范区的天敌数量比群众自防区增加1～3倍，生物农药的使用比重由原来的1％增加到18％；湖南水稻融合推进区域与普通农民自防田及传统专业化统防统治田比较，减少化学农药施用量18％～34.8％，平均值21.5％，减少农药施用总量达64吨；四川2 000万亩绿色防控核心示范区累计减少使用化学农药5 000吨以上；甘肃绿色防控示范区作物一个生长期减少农药使用1～2次，粮食作物农药用量减少12％以上，蔬菜、果树农药用量减少20％以上；海南绿色防控示范区平均减少化学农药使用次数4～6次，平均化学农药使用量减少30％，100％不使用有机磷农药；河北省示范区化学农药使用量平均减少20％以上，生态环境及生物多样性有所改善；河南示范区比农民常规防治区平均减少化学农药使用次数2.78次，减少化学农药使用量37.05％；湖北示范区农药使用量减少使用1～4次，化学农药使用量减少10％～30％；重庆市2015年较2014年农药商品总量降低6.89％。

二、主要做法

（一）强化组织领导，扎实推进工作

2015年，在农业部和全国农技中心的指导下，各地植保部门仍将绿色防控技术示范推广作为病虫害防治工作的重点之一，积极采取有效措施，建立多级领导小组，主要领导亲自负责，加强组织协调，科学制订方案，精心部署，切实做到明确责任、细化措施、强化落实、加强督导，扎实有效地推进各项工作有序进行。广东省制订了《广东省水稻病虫专业化统防统治与绿色防控融合试点实施方案》《广东省蔬菜病虫专业化统防统治与绿色防控融合试点实施方案》《广东省柑橘病虫专业化统防统治与绿色防

控融合试点实施方案》；广西制订了《广西到 2020 年农药减量控害行动方案》；浙江省结合本省实际，制订下发了《2015 年浙江省农作物病虫害整建制专业化统防统治与绿色防控融合试点方案》；安徽省政府办公厅印发了《大力开展粮食作物绿色增产模式攻关示范行动的意见》，安徽省农委印发了《关于加强粮食绿色增产示范创建工作的通知》《安徽省粮食作物病虫害绿色防控及节药行动实施方案》；甘肃省印发了《2015 年农作物病虫专业化统防统治与绿色防控融合推进示范方案》；重庆市农委下发了《重庆市 2015 年植保工作要点》《2015 年农作物病虫专业化统防统治与绿色防控融合推进试点实施方案》；内蒙古制订了《内蒙古自治区到 2020 年农药使用量零增长行动方案》。

（二）加大投入力度，确保落实到位

各地继续加大对绿色防控工作的扶持力度，扩展资金渠道，为绿色防控各项工作落实到位提供了有力的保障。北京市政府、北京市财政利用农业补贴的形式，大力推广绿色防控技术的应用，在 2015 年累计投入 6 171 万元；湖南省中央财政投入补贴资金 1 480 万元，省级财政投入 350 万元，用于水稻绿色防控技术和物化补贴，省级植保专项安排 420 多万元经费支持柑橘大实蝇、茶叶、蔬菜和油菜病虫害绿色防控及新技术的试验示范；吉林全省各级地方财政下拨扶持资金 3 442.2 万元支持绿色防控与专业化统防统治的融合示范；山西省吕梁市财政支出 1 100 万元专项资金扶持杂粮、马铃薯等特色产业绿色生产基地建设；浙江省财政投入 979 万元，地方资金投入 1 700 多万元用于整建制专业化统防统治与绿色防控融合试点；重庆市各级财政投入水稻、玉米、马铃薯、蔬菜、柑橘等主要农作物开展绿色防控达到 600 多万元；四川省各级财政投入绿色防控的补助资金 1 亿多元；内蒙古下拨资金 1 800 万元，用于农业病虫害统防统治与绿色防控融合推进项目；陕西省各级累计投入绿色防控资金 600 多万元；湖北省各级财政全年累计投入病虫绿色防控资金 1 940 万元。

（三）建设示范样板，扩大宣传推广

各地以示范区建设为支点，集中资金和技术力量，以点带面，发挥先锋模范作用，直观展现了绿色防控技术的效果。植保部门在与企业、合作社、专业化防治组织合力共建示范样板的同时，还突出宣传、推广功能，完善推广模式，通过组织现场观摩、广播电视、报纸网络等方式让全社会了解、接受和欢迎绿色防控和产品，着力提高社会对绿色防控农产品的认知度，积极拓展绿色产品营销渠道，着力创建绿色防控产品品牌，实现绿色防控小生产与大市场的有效对接，促进绿色防控与产业发展的良性互动，推动绿色防控产业化发展。北京 2015 年建成市级示范点 72 个；广西建设农作物病虫害绿色防控示范样板 300 个以上；四川省在 60 个现代植保示范县分别建立主要粮食作物和优势经济作物 IPM 绿色防控示范园区；云南建设了 100 个绿色防控省级示范县；山东建立了 220 个县级示范区，示范作物涵盖了省内主要农作物和经济作物；安徽 39 个县区共建立了 53 个绿色防控示范区；江苏省建立部级统防统治与绿色防控融合基地 9 个，绿色防控示范区 2 个，建立省级示范区 143 个，农企合作共建示范基地 17 个；广东召开各类培训班和专业化统防统治无人机演练暨绿色防控现场会，全年印发绿色防控宣传册 80 万份；新疆举办"农药安全与科学使用技术"、"农作物病虫害专业化统防统治组织机手"等培训 14 期，培训统防统治组织成员、技术人员、种植大户和广大农民 1 600 余人次，发放资料 5 000 余份；浙江全省融合试点单位共召开现场观摩会 80 次，参加人员 6 142 人，举办绿色防治技术培训班 227 余期，参加人员 20 236 人次，印发技术资料 10.6 万份；河南各级植保部门共制作电视节目 136 期，举办专家讲座 234 期，召开现场观摩会 250 次，培训技术人员 1.31 万人次，农民群众 38.3 万人次，印发宣传资料 169.98 万份；湖北大力推广绿色防控技术，合作企业达 23 家，新建立示范点 22 个，举办各类培训 150 余次，培训人员 30 000 余人次，印发技术资料 12 万余份，编发短信上百万条；陕西开通、公布技术咨询热线电话和植保技术服务科技"110"等，随时解答绿色防控应用技术，全年开展绿色防控技术培训 120 多场次，发放各类技术书刊资料 20 万多份，培训人员 10 多万人次；重庆市共举办各种培训 540 次，培训人员 3.4 万人次，发放《科学安全使用农药挂图》《科学安全使用农药技术指南》《绿色防控技术挂图》等技术资料 98.3 万份，出动宣传车 1 356 台次。

（四）加强试验研究，完善技术体系

为确保绿色防控技术的应用效果，各示范区根据区域特点、种植模式、病虫害类型等，不断引进、试验、研究国内外先进的技术与产品，丰富绿色防控技术内容，优化集成实用的技术模式，并逐步形成技术标准，使成熟的绿色防控技术向规范化、科学化、标准化方向迈进。北京开展了农业天敌（捕食螨、丽蚜小蜂等）的繁育与应用技术、生物菌剂（特锐菌、枯草芽孢杆菌）的应用技术、防虫棉网、利用大敌（捕食螨）防治桃树叶螨等新型材料应用技术的试验和研究；广东开展了筛选水稻病虫害有效新型生物农药的试验；海南省农业厅投资100多万元，开展生物菌剂的研究和推广，在8个冬种瓜菜品种、6种热带果树和热带作物上开展21次应用试验，摸清了该生物菌剂的使用技术，取得理想的试验效果；重庆市首次在秀山县水稻上使用"生物导弹"防治二化螟试验，取得了较好的效果；陕西组织开展"农业健身栽培＋性诱杀＋科学药剂组合"、"苹果树腐烂病和猕猴桃溃疡病危害损失评估"、"迷向丝信息素防治桃树梨小食心虫"、"生物药剂苦参碱防治苹果害虫"、"智能杀虫灯诱杀果树害虫等项目研究"等绿色防控技术试验研究，完善和丰富了绿色防控技术体系内容；山西省植物保护站牵头，针对中北部地区鲜食玉米田玉米螟发生严重且产品直接食用、质量要求高的特点形成了《鲜食玉米田玉米螟绿色防控技术规程》，联合万荣苹果示范区，形成了《桃树主要病虫绿色防控技术规程》，以上两标准均通过山西省质量技术监督局审定，于2015年年底正式颁布。

（五）加快融合推进，探索发展机制

2015年，通过"目标考核推动，财政补贴拉动，融合示范带动，多个部门联动"的方式，由农业部下发绿色防控与蜜蜂授粉和专业化统防统治的示范方案，多地安排财政或专项资金给予补贴，大力开展融合示范区的建设，不断探索融合推广机制，尝试整建制推进、植保一体化服务，为进一步大面积推广应用积累了宝贵经验。广西成立了专业化统防统治与绿色防控融合试点工作协调小组，加强领导和分工协作，责任到人，制订了具体的实施方案，建设融合推进示范基地115个，并积极探索农企合作共建，建立农企合作示范基地57个；四川农企合作试点工作进展顺利，通过建立完善的"三方合作"机制，即县农业局植保站＋农药生产销售企业＋种植合作社（种植大户）或植保社会化服务组织合作机制，实施了"四个统一"，即"方案统制、技术统训、农药统供、病虫统防"；新疆实行农作物种植全程服务、一体专业化服务，将绿色防控和专业化统防统治相结合，在统防统治中大力推广应用绿色防控产品和技术，大幅提高了棉花病虫害统防统治程度和绿色防控比例；浙江探索绿色防控的补贴方式和多元化服务主体，对粮食作物500亩以上（经济作物100亩以上）绿色防控示范区给予设施投资总额80%的补助，对集中连片面积200亩以上的每亩补贴100元，引导工商企业参与植保社会化服务，加强与科研单位和生产企业合作；黑龙江继续深入推进植保一体化防治服务，由植保技术部门（省植保站、县级植保站）从种到收，为合作社或种田大户统一制订病虫草鼠害综合防治方案，提供信息、技术支撑，由有实力、有担当的农资企业（中化集团），通过签订合同方式，参与物资供应与一体化技术服务，选择装备先进、技术过硬的专业防治队统一作业标准，实施精准施药，生产实践表明，成效突出。

三、主要经验

在总结成效和工作措施的基础上，结合多年绿色防控工作实际，归纳了以下五个工作经验。

（一）政策支持、加大投入、科学预案为基础

我国是农业大国，病虫害防治的任务重，化学农药使用量多，亟须转变农业发展模式，因此做好绿色防控工作意义重大。实践证明，各级政府的重视和政策支持，持续大力的资金投入，是开展绿色防控工作的有力保障。又因为绿色防控工作涉及面广，一定要因地制宜，科学决策，通过产业政策的引导和重大项目的扶持，深入推动绿色防控工作的开展。

（二）示范区建设为引领

示范区建设不仅可以直观展现绿色防控技术的优势和特点，还具备很强的辐射带动作用，是比较直接，也比较成功的推广方式。示范区为绿色防控技术的推广与集成创新提供了试验示范的平台，也为探索绿色防控技术的大面积推广模式提供了可能。充分发挥示范区以点带面、典型示范的引领作用，不仅要有量的增加，更要有质的进一步提高。

（三）绿色防控技术的集成创新为核心

随着绿色防控工作的发展，绿色防控技术应用的区域越来越广，应用的作物种类日渐丰富，面对的病虫害规模和类型也逐步增多，因此，绿色防控技术水平的提高成了做好绿色防控工作的内在要求，不仅要注重基础研究，完善单项技术，更要加强集成创新，形成技术体系或模式，探索并制定相关的绿色防控技术标准和规程，还要发挥产学研结合的优势，为绿色防控技术的科研成果转化和产业化推广，提供强大的支撑。

（四）绿色防控与专业化统防统治和蜜蜂授粉相融合为抓手

为满足现代植保的发展需要，专业化统防统治和蜜蜂授粉是提升防治水平和效果的重要措施，加快专业化防治组织的建设，提供全程的一体化植保服务，不仅解决了农村劳动力不足，喷药不均匀、时间不统一，防效参差不齐等问题，还提高了绿色防控技术的到位率，减少了高毒农药的使用量，更有利于绿色防控技术大面积推广和应用。同时，蜜蜂授粉在农作物提质增效、农民增收方面效果显著，通过融合示范，整建制推进，绿色防控与专业化统防统治和蜜蜂授粉相融合的水平正在快速提升。

（五）加强宣传培训、拓展推广模式为关键

扎实有效的推广绿色防控技术，离不开广泛的宣传培训和推广模式的创新，充分利用各种方式，加大绿色防控技术的宣传引导，完善补贴方式，激发农民运用绿色防控技术的积极性，创立绿色防控农作物的品牌，提高绿色防控技术的影响力，让社会了解绿色防控的作用，让领导知道绿色防控的效果，让农民增强绿色防控的信心，良好的工作氛围十分有利于绿色防控工作的顺利开展。

四、问题与建议

2015 年，全国绿色防控工作取得了较大发展，但仍发现一些问题，主要归纳如下：一是政府对绿色防控的投入和支持与实际需求仍有差距。绿色防控前期投入大，见效需要一定的周期，很多地方财政困难的地区，没有设立绿色防控专项经费，农民自愿投入的意愿不大，缺乏持续稳定的扶持政策与资金投入，将难以调动各方的积极性，势必阻碍绿色防控工作的进一步发展。二是绿色防控技术和产品不能完全满足生产实际。现有的一些绿色防控技术和产品在规范化、简易化、防控效果等方面与实际生产的需要有差距。部分作物尤其是蔬菜，由于品种多，病虫害种类多，影响因子多，形成成熟的绿色防控技术模式难度较大。还有一些绿色防控技术实施比较复杂，成本相对较高，现阶段难以大面积推广。三是绿色防控的市场效应不足。现阶段，农作物病虫害绿色防控市场化推进力度不够，农产品的绿色产品认证跟不上实际需要，效益科学评价体系和方法不健全，无法实现农产品优质优价，有些地方优质农产品被相关企业收购后价格获得较大提升，但是对优质农产品的最初生产者农户而言价格提升部分分配比例相当低或没有，这严重影响了农民的生产积极性和绿色防控工作的良性有序发展。

针对以上问题，为进一步推进绿色防控工作，建议重点加强以下三方面工作：一是加大扶持力度，探索长效机制。多渠道争取绿色防控资金投入，依托相关农业项目建设，积极争取当地财政专项资金支持，努力争取社会力量对绿色防控的投入，调动基地、企业和服务组织应用绿色防控技术的积极性和主动性，推动绿色防控技术走出示范园区。强化行政推动作用，探索绿色防控技术服务和投入品补贴办

法，逐步建立绿色防控技术应用的长效机制。二是加强技术集成开发与推广应用的力度。通过产学研和农科教的联合攻关与技术集成应用研究，围绕实际需要，研发绿色防控的实用产品。进一步做好绿色防控新技术的引进、试验示范和推广，丰富和完善相关技术体系或技术模式，扩大绿色防控技术到位率和覆盖面。三是推进农企合作及与市场的对接。大力开展"农企合作共建示范基地"建设，积极引导社会力量支持和参与，探索组织与农户合作、技术与物资结合、市场与品牌对接、企业与部门联合的绿色防控推广模式。开展绿色农产品认证，提高绿色农产品的价值，让农民从认识、接受、支持到自发实施绿色防控措施。

（执笔人：周阳）

各地农作物病虫害绿色防控工作总结

■ 北 京 市

一、工作进展及成效

（一）推进设施蔬菜标准园建设，促进植保现代化，展示首都绿色样板示范区

设施蔬菜标准园建设是近年来北京市"菜篮子"工程的重要工作，项目主要实施区域为昌平、房山、顺义、通州和延庆等区县的 28 个标准园，先后建立核心示范区 20 个共 750 亩，辐射带动面积 7 650亩。在核心示范区，绿色防控技术应用覆盖面积达 95％；主要蔬菜病虫危害损失率控制在 10％以下；蔬菜产品质量达到国家质量安全标准。

（二）建立农作物绿色防控基地，展现首都绿色农业

在 10 个区县筛选建立 49 个绿色防控示范基地，其中，蔬菜基地 51 个，示范面积共计 2.1 万亩。在示范基地内实现全程绿色防控技术使用率 100％，绿色防控覆盖率 100％，产品农药残留检测合格率 100％，病虫害专业化统防统治比例 80％以上，化学农药用量整体减少 60％以上。在全市建立小麦、玉米、果树绿色防控示范基地 13 个，在示范区集成、推广主要病虫害全程绿色防控模式，在示范基地实现化学农药用量整体减少 40％以上，全程绿色防控技术使用率达到 100％以上，绿色防控覆盖率达到 100％，病虫害统防统治比例达到 100％，增产 10％以上。以示范基地为窗口，全面带动绿色植保技术在京郊的广泛应用。

（三）补贴生防物资，大幅减少化学农药使用，打造农业绿色屏障

2015 年结合"北京都市型现代农业基础建设及综合开发"、"北运河流域减少农药用量控制农业面源污染"项目，对蔬菜、小麦、玉米、果树等作物生物防治进行补贴，共投入资金 6 105 余万元，大幅提高了北京市生物防治技术的覆盖率，有效减少了化学农药使用量。在发放补贴生物农药产品的同时，重点推广了天敌昆虫应用，防虫网、色板、性诱剂、杀虫灯和紫外灯等物理诱控消杀，病虫源头控制，土传疑难病虫防治技术，现代化科学用药综合技术和高效低毒农药替代等技术。

（四）统一释放赤眼蜂，有效防治玉米螟，铸就玉米绿色卫士

2015 年开展了赤眼蜂防治玉米螟技术示范，实际放蜂面积为 80.82 万亩，放蜂量为 92.5 亿头。经对全市防蜂效果统计显示，通过释放赤眼蜂全市玉米螟的平均防治效果达到 82.9％，共减少农药使用次数 1～2 次，减少农药用量 202 吨。

（五）推进"一喷三防"技术，保障小麦增产增收，开创小麦绿色施药模式

2015 年在大兴、房山、通州、顺义等 8 个区县开展实施了小麦春季"一喷三防"，覆盖面积 27.4 万亩，防治效果达 94.6％；开展实施了小麦中后期"一喷三防"，全市防治面积 33.6 万亩次。据统计，其中小麦蚜虫、吸浆虫的防治效果分别为 96.2％、93.4％，小麦白粉病的防治效果为 93.7％，平均每亩增产 54.3 千克，增产率达 15.2％，全市共增产小麦 1 824.5 万千克，投入产出比达 1∶21.7。

（六）配备农业物联网设备，设计应用绿色防控自助信息管理平台，发展绿色预警和信息统计技术

联合多家科研单位和企业初步研究开发并形成了"设施农业远程智能专家系统"。系统开发了 6 大

功能，即温室实况、病虫害预警、成熟度预报、管理报表、专家分析和实操管理。平台 6 大功能的应用，可有效提升北京设施蔬菜质量安全水平及北京设施农业配套技术服务体系建设。全市共有 10 个区县累计 500 多座温室进行示范推广。

二、主要做法及经验

(一) 加大示范点建设，直观展示绿控技术效果

为更好地推进绿色防控技术，使农业生产者能直观观察到技术应用的效果，提高农户使用绿控技术的积极性。从 2009 年开始，北京市逐年扩大示范点的建设规模，2015 年建成市级示范点 72 个，其中小麦"一喷三防"示范试点 9 个，玉米赤眼蜂防治防控示范区 11 个，果树绿色防控示范点 1 个，蔬菜绿色防控示范点 51 个。

(二) 加强试验、研究，储备绿控技术资源

针对目前绿控技术手段有限的现状，开展了一系列相关试验、研究。包括玉米"一封两杀"技术、农业天敌（捕食螨、丽蚜小蜂等）的繁育与应用技术，生物菌剂（特锐菌、枯草芽孢杆菌）的应用技术，防虫棉网、利用天敌（捕食螨）防治桃树叶螨等新型材料应用技术。开创了小麦"一喷三防"、蔬菜病虫害源头绿色控制系列技术、设施蔬菜绿色防治技术等农作物病虫害绿色防控新模式。

(三) 拓宽宣传培训方式，有效宣传树立绿控理念与技术

北京市采取了技术培训与媒体宣传相结合的模式，充分利用各类媒体的优势进行植保信息宣传，分别在《农民日报》《科技日报》《京郊日报》及北京电视台、中国农业信息网等媒体上刊登与报道，各类媒体报道近百次。

(四) 加大资金投入力度，确保绿控技术落实到位

北京市政府、北京市财政利用农业补贴的形式，大力推广绿色防控技术的应用。2015 年分别通过"北京都市型现代农业基础建设及综合开发——控制农药面源污染"项目，"北运河流域减少农药用量控制农业面源污染"项目，设施蔬菜标准园建设农业部绿色防控示范点项目，粮经创新团队项目，累计投入资金 6 171 万元。

(五) 加强农药残留监管，保障农产品绿色品质

近年来每年进行蔬菜农药残留检测工作，通过加强监管杜绝了农残超标现象，保障了首都农产品质量安全水平。2015 年检测 2 896 个北京市基地及农户生产的蔬菜样品，检测项目为 30 种农药残留，检测项目包括有机磷类、拟除虫菊酯类、氨基甲酸酯类、有机氯类、杂环类杀虫剂和杀菌剂。

■ 天 津 市

一、绿控示范推广内容

(一) 水稻病虫害绿色防控示范

在宝坻区和市原种场、市玉米场、市实验林场共安排了 4 个水稻绿色防控示范基地，示范面积达 1 万亩。针对天津市水稻上的主要病虫害二化螟和稻瘟病、稻曲病、纹枯病等，重点实施 5 种绿控技术，即香根草诱杀技术、性诱剂诱杀技术、稻螟赤眼蜂寄生技术、Bt 制剂毒杀技术、枯草芽孢杆菌杀菌技术。

(二) 玉米螟绿色防控示范

全市实施玉米螟生物防治面积 2 万亩，其中春玉米和夏玉米各实施生防 1 万亩，在静海县实施春玉

米绿色防控，在蓟县和宁河县实施夏玉米绿色防控。主要示范松毛虫赤眼蜂寄生玉米螟卵和性诱剂诱捕玉米螟成虫两种绿控技术。

（三）东亚飞蝗生物防治示范

全市示范蝗虫微孢子虫 16 万亩、示范苦参碱 6 万亩，共示范生防面积 22 万亩，其中夏蝗 8 万亩，秋蝗 14 万亩。夏蝗重点在北大港水库和七里海蝗区实施，秋蝗重点在北大港水库、七里海、独流减河蝗区实施，涉及滨海新区、宁河县、静海县 3 个区县。

（四）谷子虫害绿色防控示范

在静海县中旺镇李庄子村谷子田安排了 1 000 亩谷子虫害绿控示范，主要示范杀虫灯诱杀技术。

（五）蔬菜病虫害绿色防控与统防统治融合示范

2015 年新建了 6 个绿色防控示范基地，带动普及绿色防控技术应用。每个示范基地示范面积 200 亩，6 个基地共示范 1 200 亩。在蓟县建了 1 个、静海建了两个绿色防控技术示范基地，在西青、宝坻、宁河各建了 1 个绿色防控与统防统治融合示范基地。

二、项目实施完成情况及取得的成效

（一）水稻病虫害绿色防控成效显著

香根草防效达 59％，赤眼蜂防效达 86.2％，性诱剂单个诱捕器诱虫量最高达 72 头，平均 22.7 头，防效达 82.5％，Bt 防效达 73.66％，枯草芽孢杆菌对稻瘟病防效达 62.7％～100％，对稻曲病防效达 88.3％，对纹枯病防效达 67.2％，4 种防螟技术 5 种组合防效都在 80％以上。综合分析确定性诱剂＋Bt＋枯草芽孢杆菌值得推广应用。

（二）玉米螟绿色防控成效显著

释放松毛虫赤眼蜂寄生玉米螟卵防控效果非常理想，玉米螟被寄生率达 77.8％，示范区花叶率为 2％，对照区花叶率为 11％，较对照降低 81.8％。通过政府采购松毛虫赤眼蜂 2 亿头（4 万袋）。在静海县蔡公庄镇四党口中村组织召开了赤眼蜂防治一代玉米螟现场推动会，当天放蜂人数达 40 人，放蜂面积达 5 000 亩，此次现场会有利推动了春玉米绿色防控工作的开展。

（三）东亚飞蝗生物防治效果显著

全年蝗虫生防面积达 22 万亩。为做好今年蝗虫统防统治工作，做了大量的准备工作及组织落实工作。一是严密监测、切实掌握蝗情。通过实施周二零汇报制、电话督导及实地踏查及时掌握蝗情，全年电话督导 24 次，4 月下旬始至 9 月底，深入北大港水库、七里海、永金水库、团泊水库、独流减河、潮白河等蝗区实地踏查督导 20 余次，切实准确掌握了蝗情。二是上报下发各种政策性、技术性文件，指导蝗虫统防统治工作的开展。三是领导重视，以实地督导和工作会议的形式推动统防统治工作开展。5 月 22 日，在滨海新区防蝗站召开了夏蝗防控工作会议，全面部署防控工作。6 月 10 日，组织滨海新区、静海县、西青区 3 个区县在北大港水库召开了 2015 年全市夏蝗生物防控现场会。6 月 17 日，宁河县农业局在宁河县七里海蝗区实施开展了蝗虫微孢子虫生物防治，出动 1 台大型车载喷雾机和 10 台担架式喷雾机、20 台背负式机动喷雾机，当天作业面积 5 000 亩。8 月 14 日，吴占凤副局长带领天津市植物保护站技术人员深入北大港水库蝗区实地踏查蝗情，同时督导秋蝗查治。8 月 20 日，项荣局长带队，天津市财政局农财处、天津市农业局计划处、天津市植物保护站负责同志赴滨海新区检查督导秋蝗防控进展。8 月 21 日天津市植物保护站一行 4 人，刘克祥站长带队，赴宁河县七里海秋蝗防控现场实地督查指导秋蝗防控工作。9 月 8 日，宁河县在七里海蝗区组织召开了飞机生防现场会，天津市植物保护站刘克祥站长带队一行 3 人赴飞蝗现场指导飞机防治。

（四）谷子病虫害绿色防控成效显著

为做好谷子病虫害绿色防控，及早采购了 20 台杀虫灯，挂放于 1 000 亩谷子示范田周边，单灯累计平均诱杀玉米螟、棉铃虫、小地老虎等害虫 200 多头，最高达 300 头。谷子田被害株率不足 1％。

（五）蔬菜病虫害绿色防控与统防统治融合成绩突出

示范效果总体非常理想。一是减少化学农药施药次数 3～4 次，用药量减少 20％以上；二是全程承包专业化统防统治、实施绿色防控形式广泛被种植户接受，值得推广；三是切实保证了示范基地生产的蔬菜绿色无公害；四是减少了用工，解决了农村劳动力不足的问题；五是为专业化合作社摸索出了一套全程承包防治服务模式，扶持推动了专业化合作社的发展；六是减少了亩投入，节约了成本。

■ 河 北 省

一、绿色防控工作开展情况

（一）总体布局

一是 2015 年围绕粮食安全生产，建立 31 个小麦专业化统防统治与绿色防控融合示范基地，示范面积 5 万亩，辐射带动 50 万亩。二是在故城县和涿州市建立 2 个玉米统防统治与绿色防控融合示范区，在全省主要玉米产区 20 个县建立了玉米中后期"一喷多效"示范点，全省示范面积 20 万亩，辐射带动 200 万亩。三是在景县建立棉花示范区，在迁安建立花生示范区，示范区分别为 5 000 亩，辐射带动 5 万亩。四是在丰宁建立 3 000 亩蔬菜示范区，辐射带动 3 万亩。五是围绕蜜（熊）蜂授粉与绿色防控集成示范在饶阳、山海关区分别建立番茄和大樱桃示范区。

（二）加强培训

4 月 17 日，在山海关区陈庄村举办了大樱桃蜜蜂授粉与绿色防控增产技术培训班。培训班邀请了农业部全国农业技术推广服务中心的赵中华处长和中国农业科学院蜜蜂研究所黄家兴博士授课，为大樱桃种植户讲解大樱桃病虫害绿色防控技术和蜜蜂授粉技术，进一步提高大樱桃种植户的种植管理水平。70 余位当地果农参加了本次培训。景县棉花示范点，也加强宣传，召开培训会 3 期，参训人员 500 多人次，引发技术明白纸 3 万多份。

二、主要作法

（一）加强组织领导，确保试点工作落实到位

省、县两级分别成立了专门的协调机构和技术组织，明确工作负责人和技术负责人，协调好有关方面的工作，明确责任分工和岗位目标责任制，努力促成以政府主导和部门引导的运行机制。加强多方协作，确保宣传到位、措施到位、技术到位，保质保量完成工作任务。

（二）加强技术指导和培训，确保防控技术落实到位

每个示范基地明确 1 名责任人和 1 名植保技术指导专家，具体负责方案制订和组织实施工作。通过举办专题培训、组织现场观摩、示范展示、深入生产一线指导等多种形式，普及生物防治、农药安全使用等绿色防控技术，推广专业化统防统治措施。一是及时总结和验证绿色防控新技术的集成内容，不断完善和充实专业化统防统治和绿色防控技术体系模式，为全省工作的深入开展提供有效依据。二是针对生产实际要求展开深入研讨，总结经验、找出问题，努力促进河北省专业化统防统治与绿色防控技术总水平不断提高。三是通过宣传，让广大生产者实实在在看到两者融合的好处，增强自觉参与意识。

（三）及时组织观摩和技术交流，不断丰富绿色防控技术内容

及时举办现场观摩和技术交流会，一是及时总结和验证绿色防控新技术的集成内容。二是针对生产实际要求开展深入研讨，总结经验、找出问题、提出下一步工作计划，促进绿色防控技术水平不断提高。三是进一步提高认识扩大影响，加快和提高绿色防控技术与专业化统防统治的融合度。

（四）加强宣传引导

项目实施过程中，积累视频、图片资料，总结经验，利用广播、报纸、电视、网络大力宣传专业化统防统治和绿色防控融合的好措施、好典型，为工作推进营造良好的舆论氛围。同时，加强信息报送，做到对上有信息、对外有声音、对下有通报，推进工作的顺利开展。

三、主要技术内容及成效

（一）主要技术内容

1. 小麦 以小麦条锈病、吸浆虫、麦蚜、纹枯病、赤霉病、后期叶枯病等主要病虫害为重点，筛选使用环保型农药品种，把握安全间隔期，实现科学选药的目标。主要技术包括：一是土壤消毒处理技术，二是源头治理，三是隐蔽用药，重点推广拌种技术，四是新型药剂示范应用。

2. 玉米 主要包括在二代玉米螟蛾高峰期，融合专业化统防统治，田间使用 Bt 制剂，控制二代玉米螟危害。在三代玉米螟始见成虫期，利用灯光诱杀玉米螟成虫。在三代玉米螟始见卵期，田间释放玉米螟赤眼蜂，控制三代玉米螟的危害。烟雾机防控黏虫技术。

3. 棉花 根据棉花的不同时期有针对性的实施绿色防控技术，主要采取灯光诱杀＋物理及化学处理等技术。

4. 蔬菜 设施蔬菜采取培育无病无虫苗，定植前，采取熏蒸等方法对棚室进行杀虫灭菌处理，在棚室放风口及门口安装 40 目异型防虫草网，在棚室内悬挂黄板监测烟粉虱发生。烟粉虱始见期，每亩每次释放丽蚜小蜂 2 000 头，每 7～10 天释放 1 次，连续释放 3～5 次。设施番茄田初花期，将熊蜂授粉群放入棚室内，进行熊蜂授粉。地膜覆盖、膜下沟灌减少病害初侵染源；加强田间管理，及时调控棚内温湿度，减少病害发生。

露地蔬菜主要选用抗病高产优质品种，合理安排茬口，轮作倒茬，增施腐熟的有机肥，合理配方平衡施肥，清洁田园，秋翻春耕。结合物理防治及生物药剂防治控制各种病虫害。

5. 花生 按照技术要点开展"统一技术规程、统一抗病品种、统一配方施肥、统一田间管理、统一病虫防控"服务。示范区必须统一进行机械化耕种、机械化病虫防治、机械化收获；优先选用氨基酸型缓释肥料、配方施肥；必须晒种选种、药剂拌种；鼓励使用杀虫灯防控；开花下针期必须喷施微肥 2 次；必须防控叶斑病 2 次。优先选用生物农药，合理选用高效、低毒低残留化学农药，剂型优先选用水剂、水乳剂、悬浮剂。

（二）取得的成效

1. 经济效益显著 实施病虫绿色防控特别是与专业化统防统治融合对病虫害防控效果明显，可降低用药量，减少用药次数，省工、省时，同时提高农产品的产量和品质，具有较高的经济效益。

2. 生态效益明显 实施病虫绿色防控是确保农产品质量安全和农业生态环境安全的有效手段。正因为农产品质量和农业生态环境越来越受全社会关注，病虫绿色防控才具有强大的生命力和广阔的发展前景。在防治过程中，对病虫害的防治更多的是采用农业、物理、生物、生态防治措施，减少了化学农药的使用，对生态环境起到保护作用，绿色防控示范区内天敌数量增加明显。特别是对病虫害的专业化统防统治，是由专业防治队根据病虫信息组织施药，从根本上避免了农民滥用农药的习惯，减少了农药使用量，杜绝了高毒、高残留农药的使用。

3. 社会效益深远 农作物病虫害绿色防控是现代农业发展的方向，通过示范使示范区农民实实在

在享受到了实惠，不仅减轻了劳动强度，还增加了收入，他们可以有更多精力和时间从事其他体力劳动，且无后顾之优。破解了当前农村"老弱妇幼"为主力的一家一户病虫害防治模式，受到了示范区内农户热烈欢迎。同时农民在参与过程中深刻地感受到了政府部门对他们的关心，树立了政府部门的良好形象，密切了干群关系，有利于政府特别是农业部门的职能转变。

山 西 省

一、绿色防控工作推进措施

（一）强化组织领导，加大资金扶持

山西省各县（市、区）成立了绿色防控领导组，切实做到明确责任、细化措施、强化落实、加强督导。忻州市绿色防控领导组，在绿色防控工作开展中，出面协调有关部门整合农业综合开发、现代农业、新农村建设、菜篮子工程等项目资金，用于病虫绿色防控示范区和优质农产品生产基地的建设，促进了绿色防控技术在三品一标基地，标准园区的普及应用。吕梁市委、市政府结合实际，科学决策，提出并组织实施了"8＋2"农业产业化三年振兴计划，市财政拿出1 100万元专项资金扶持杂粮、马铃薯等特色产业绿色生产基地建设。今年建设绿色杂粮基地8.35万亩、绿色马铃薯生产基地5万亩。在绿色生产基地建设中，加大了绿色防控设施设备投入和绿色防控技术的推广运用，辐射带动了绿色防控工作的发展。

（二）强化宣传引导，营造绿色防控氛围

各级植保部门切实加大绿色防控技术的宣传培训力度，强化农民群众的绿色防控意识。省农业厅将病虫绿色防控技术列入"基层农技人员教育工程"、"新型农民职业教育工程"的培训内容。每年在蔬菜、果树及大田作物生长的关键时期，省植保站邀请有关科研、教学和生产一线的植保专家，对基层农技人员、种植大户、专业化防控组织进行大规模病虫害绿色防控新技术巡回培训。同时，利用广播、电视、黑板报、墙报、标语、宣传资料、病虫情报等形式进行技术宣传与报道，使绿色植保防控技术得到宣传和普及。

（三）加强技术优化，提供技术支撑

各级绿色防控技术指导组，负责各示范区的选址，技术方案的制订，组织农业技术人员围绕农作物病虫草防治工作积极开展配套服务，搞好技术指导、编制技术方案、督促检查，确保工作措施落实到位。为保证绿色防控技术应用效果，各地积极制定技术规程，使成熟的绿色防控技术向规范化、科学化、标准化迈进。万荣县在苹果腐烂病全程绿色防控示范的基础上形成了以夏季药剂涂刷树干预防，科学施肥、合理负载提高树体抗病力为主要内容的《苹果腐烂病防治技术规程》；临猗县针对冬枣严重发生的绿盲蝽，开展了枣树绿盲蝽全程绿色防控技术示范，初步形成了《枣树绿盲蝽全程防治技术规程》；闻喜县小麦示范区针对华北地区旱垣麦区病虫特点，形成了《旱垣麦区主要病虫绿色防控技术规程》。山西省植物保护站牵头，针对中北部地区鲜食玉米田玉米螟发生严重，且产品直接食用，质量要求高的特点形成了《鲜食玉米田玉米螟绿色防控技术规程》，联合万荣苹果示范区，形成了《桃树主要病虫绿色防控技术规程》，以上两标准均已通过山西省质量技术监督局审定，将于2015年年底正式颁布。

（四）加强病虫监测，及时发布病虫情报

各级植保部门结合病虫害有关监测数据、历年资料及气象条件，分析病虫害发生趋势，及时发布病虫情报，密切掌握虫情动态，及时将病虫情报宣传到村到户，指导农民针对性地进行病虫害防控。绿色防控示范区要求有专人负责，根据病虫情报制订防治措施，由病虫害统防统治专业队进行防治。

二、取得的工作成效

一是绿色防控技术示范推广面积进一步扩大。据统计，2015 年全省各级在建的病虫绿色防控示范区共 319 个（其中国家级示范区 10 个，省级示范区 23 个，地市级示范区 37 个，县级示范区 247 个），示范区建设面积 302 万亩，核心示范面积 73.37 万亩，在示范区的带动下，全省绿色防控技术得到大面积普及应用。2015 年全省农作物病虫害绿色防控实施面积 2 795.6 万亩次，占病虫防治总面积的 23.1％，绿色防控覆盖面积 1 326 万亩。其中，小麦病虫绿色防控覆盖面积 287 万亩，玉米病虫绿色防控覆盖面积 573 万亩。

二是绿色防控技术覆盖面进一步拓宽。各地围绕农业主导作物和特色产业发展不断拓宽绿色防控技术应用范围。绿色防控技术示范区建设针对作物，从原来仅有的小麦、玉米、马铃薯、果树、蔬菜、谷子、大豆等大宗作物，拓展至莜麦、荞麦、藜麦、红芸豆、高粱等特色小杂粮作物上；示范区建设地区，由原来平川地区，扩展至山地丘陵地区；示范区的建设涵盖了全省近 20 余种作物，代表了晋南、晋中、晋北不同气候、生态和地形条件下病虫绿色防控工作重点。

三是绿色防控集成配套技术进一步完善。为促进绿色防控技术普及应用，各地结合当地病虫发生规律，对多年绿色防控试验示范进行总结归纳、优化组装形成多种以作物为主线，针对主要病虫的可操作、实用性强的绿色防控技术模式。如：在马铃薯上形成了清洁田园＋选用抗病品种＋药剂拌种＋高垄栽培＋科学用药＋统防统治的绿色防控技术模式；在谷子上形成"清洁田园＋选用良种＋温水浸种、甲霜灵拌种＋杀虫灯诱杀＋科学用药＋统防统治"的绿色防控配套技术模式；在小麦上形成了"播前统一拌种、秋季化学除草、穗期一喷三防"为主的技术模式；在玉米上形成了"配方施肥、秸秆粉碎还田、选用抗病品种、播前统一药剂处理、叶斑病提前喷药预防"为主的技术模式等。

四是"绿色植保"理念进一步深入人心。随着绿色防控技术的示范推广，绿色防控技术保护环境、节本、增效、提高农作物质量安全的作用逐渐被群众认识，种粮大户、家庭农场、合作社使用绿色防控产品、绿色技术的积极性进一步提高。2015 年全省农产品质量安全抽样检测合格率达到 96.6％，较上年提高 1.6％。同时绿色防控技术的应用，促进了全省"三品"产品认证的数量和规模，截至目前，全省有效用标"三品"企业 693 家，认证产品 1 646 个。其中，无公害企业 617 家，认证产品 1 462 个；绿色有机农产品企业 76 家，产品 184 个。

吉 林 省

一、绿色防控工作总体情况

2015 吉林省以玉米螟绿色防控重大项目为依托，采取生物防治、物理防治与生物农药应用相结合的多种防控措施，在玉米、水稻等农作物和部分蔬菜、果树上集中进行绿色防控技术应用，总推广面积达到 4 734.99 万亩，有效控制了病虫害的发生。

（一）生物防治技术应用

采用赤眼蜂防治玉米螟实际推广面积 3 636.42 万亩，防治水稻二化螟等虫害实际推广面积 8.41 万亩；白僵菌封垛防治玉米螟实际推广面积 420 万亩，其他（套袋技术、覆盖技术）防治玉米病虫推广面积 4.93 万亩，水稻 18.8 万亩，蔬菜 1.3 万亩。

（二）诱控技术应用

性诱剂、食诱剂以及其他性信息素等在水稻、蔬菜、苹果上示范面积 6.1 万亩；生态控制示范面积 2.57 万亩；灯光诱杀、色板诱杀等技术在水稻、玉米、蔬菜等作物上应用面积 9.1 万亩；色板诱杀在蔬菜上应用 0.22 万亩。

（三）生物农药应用

水稻推广应用枯草芽孢杆菌 10.89 万亩，苏云金杆菌 54.1 万亩，井冈霉素 18 万亩，春雷霉素 33 万亩；玉米推广应用白僵菌 420 万亩，阿维菌素 100 万亩，苏云金杆菌 95.5 万亩，苦参碱 20 万亩，乙烯利、芸薹素内酯等植物生长调节剂 150 万亩；大豆推广应用苦参碱 30 万亩，苏云金杆菌 3.2 万亩；蔬菜、果树等其他作物上推广应用阿维菌素、多抗霉素等生物制剂 3.83 万亩。

（四）示范区辐射带动

一是全省建立国家级示范区 2 个，分别是公主岭市玉米螟全程绿色防控示范区，落实白僵菌封垛防治玉米螟 10 万亩；释放赤眼蜂防治玉米螟 20 万亩；利用太阳能杀虫灯诱杀玉米螟试验 1 000 亩；昌邑区水稻全程非化防绿色防控示范区核心区面积 2 000 亩，辐射带动 5 万亩。二是省内各地区争取本地财政支持，共建立绿色防控示范区 7 个，示范区面积 39.52 万亩，辐射带动面积 198.3 万亩，主要集中在水稻上，用于防治水稻稻瘟病、二化螟等病虫害。三是按照《吉林省农作物病虫专业化统防统治与绿色防控融合试点实施方案》的要求，建立了 6 个部级专业化统防统治与绿色防控示范县和 20 个省级水稻、玉米专业化统防统治与绿色防控融合示范区，全省示范区建设面积 150 万亩，辐射带动面积 1 500 万亩。

二、主要工作成效

（一）全省绿色防控面积不断扩大，手段不断丰富，防治效果稳步提升

2015 年全省通过财政扶持，生物防治玉米螟全省实际完成防治面积 4 056.42 万亩，其中释放赤眼蜂 3 636.42 万亩，超计划面积 403.92 万亩，白僵菌控制面积 420 万亩，超计划面积 20 万亩。其中长春地区今年继续实现了玉米种植区全防治。放蜂区平均玉米螟卵校正寄生率 75.75%，超计划指标 5.75%；白僵菌封垛平均僵虫率 73.12%，超计划指标 3.12%；田间平均防治效果 71.70%，超计划指标 6.70%；平均亩挽回玉米损失 37.38 千克，共挽回玉米 137 978.8 万千克，全省新增总产值 275 957.6 万元，扣除防治成本 9 567.408 万元，纯增收 266 390.2 万元，投入产出比达到 1 : 33.62。全省玉米螟生物防治的实施效果显著，实施面积、技术和经济指标均超过年初制订的计划目标。

（二）示范区示范效果明显，辐射带动能力不断增强

公主岭玉米绿色防控技术集成创新与示范区实际完成白僵菌封垛防治玉米螟 10 万亩，防治效果（校正僵虫率）为 69%；释放赤眼蜂防治玉米螟 20 万亩，防治效果（校正卵寄生率）为 79.5%；利用太阳能杀虫灯诱杀玉米螟试验 1 000 亩，平均单灯日诱集玉米螟虫 9.5 头；利用性信息素迷向技术试验 300 亩，平均每套诱捕器每天诱集玉米螟成虫 1.22 头。核心区平均防效 77.9%，挽回产量损失率 7.89%；辐射区平均防效 73.2%，挽回产量损失率 7.63%；试验区平均防效 79.9%，挽回产量损失率 8.0%。计划核心示范面积 1 万亩，辐射带动 20 万亩，实际辐射带动 30.13 万亩，超标准完成示范任务。

昌邑水稻病虫害绿色防控技术集成创新与示范区，核心区面积 2 000 亩。辐射带动 5 万亩，亩投入 222 元，亩产出 2 570 元，亩纯收益 2 348 元。常规投入 190 元/亩，亩产出 1 820 元，亩纯收益 1 630 元。水稻绿色防控与常规防控相比，亩增加投入 32 元，亩产出增加 750 元，亩纯收益增加 718 元。另外，在辐射区，减少喷施化学农药 4～5 次，其中杀虫剂减少 2～3 次，杀菌剂减少 2～3 次。

（三）绿色防控技术模式集成能力明显加强

在公主岭示范区推行春季白僵菌封剁控制玉米螟虫源基数、夏季田间释放赤眼蜂控制玉米螟卵，辅以太阳能杀虫灯结合性信息素迷向技术诱杀玉米螟成虫的成套技术集成模式；昌邑示范区今年安排全程非化防水稻绿色防控示范区，主要的技术集成模式是以种植抗病品种为主，＋翻耕、灌水灭越冬幼虫＋

稻草把诱集成虫＋性诱剂诱捕成虫＋赤眼蜂寄生灭卵＋Bt喷施灭幼虫。长春市双阳区结合前两年财政项目支持,今年区里自筹资金,继续实施了水稻绿色防控示范区建设。采用太阳能杀虫灯诱杀成虫＋性诱剂诱捕成虫＋螟蝗赤眼蜂寄生灭卵＋Bt喷施灭幼虫的技术集成模式,核心示范区面积1 000亩,辐射带动面积5万亩。

(四)以农药零增长为指引,绿色防控与统防统治融合发展不断推进

吉林省以"到2020年农药使用量零增长行动"为指引,大力发展农作物病虫专业化统防统治与绿色防控融合,在26个国家、省农作物病虫专业化统防统治与绿色防控融合示范县,通过创新机制、规范管理和提高组织化程度,全面提升重大病虫害防控能力,有效预防控制病虫危害蔓延,保障农业生产安全。据统计,2015年全省各级地方财政下拨扶持资金3 442.2万元,全省专业化统防统治与绿色防控融合防治面积达到3 016.29万亩,全程统防统治面积1 541.99万亩,其中水稻专业化统防统治与绿色防控面积459.85万亩,占防治面积的24.02%;玉米专业化统防统治与绿色防控面积2 301.98万亩,占防治面积的49.59%;其他作物专业化统防统治与绿色防控面积84.05万亩,占防治面积的5.8%,全省专业化统防统治与绿色防控融合能力迈入上升通道。

■ 黑龙江省

一、主要工作及成效

(一)加大绿色防控与专业化统防统治融合推进力度

按照农业部和全国农技中心的工作部署,今年继续在粮食主产区建立11个示范基地,开展专业化统防统治与绿色防控融合试点工作。其中,水稻示范区4个(五常市、方正县、延寿县、庆安县),玉米6个(双城市、肇东市、克山县、龙江县、肇州县、望奎县),马铃薯1个(克山县)。水稻、玉米每个基地示范面积5万亩以上,马铃薯基地示范面积1万亩以上,辐射带动620万亩,超额完成110万亩。根据去年示范区调查情况,平均挽回粮食损失45千克/亩左右,预计可挽回粮食损失2.79亿千克,且示范区主要天敌数量明显上升,蜘蛛、瓢虫、寄生蜂、寄生蝇和草蛉等自然天敌高出非示范区30%以上,得到了合作组织和种田大户广泛认可。

全省完成大田绿色防控面积2 000万亩以上,减少化学农药1 250吨以上。省财政投入625万元,涉及25个县,其中水稻14个、玉米11个,共完成示范面积250万亩,带动防控面积510万亩,减少农药使用量375吨。

(二)稳妥推进万亩有机水稻基地建设

在去年基础上,今年全省有机水稻基地建设规模扩大至10 670亩。基地由2014年的两处(五常市卫国乡、龙凤山乡)增加到三处(新增半截河子)。黑龙江省植物保护站牵头的技术组与王家屯合作社、金禾香合作社、五常农业技术推广中心密切协作,严格按照年初制定的有机水稻生产技术规程操作,对去年有机水稻生产中出现问题的环节进行了改进。水稻浸种方面采取了臭氧水、石灰水消毒替代生物药剂,对于苗床草害、肥力不足的现象,采取了新基质育苗,有效解决了上述生产问题。对于去年行之有效的措施,如纸膜覆盖除草、二化螟性诱杀防治等措施,加大力度推广落实,取得了多项技术突破,2015年取得417.9千克的亩产量。

(三)进一步推进植保一体化服务

2013年在全国率先开展了"植保一体化防治服务"示范工作,今年在前两年大面积示范取得突出成效的基础上,示范面积增加到5.2万亩,示范县增加了4个。具体做法是:由植保技术部门(省植保站、县级植保站)从种到收,为合作社或种田大户统一制订病虫草鼠害综合防治方案,提供信息、技术支撑;由有实力、有担当的农资企业(中化集团),通过签订合同方式,参与物资供应与一体化技术服

务；选择装备先进、技术过硬的专业防治队统一作业标准，实施精准施药。生产实践表明，项目区经济、生态、社会效益突出，成效显著。4 个示范区每亩增产 12.1%～28.8%，亩增收节支 200 多元。示范区较常规防治区平均减少用药 2～5 次，亩用药量降低 20% 以上。肇东玉米项目区较空白对照区天敌增加率 57%，较农户用药区天敌数量增加 3 倍多。经对项目区抽样检测，施用药品的土壤农残、粮（薯）农残均远低于国家限定标准。实现了"四个满意"：农民满意、社会满意、企业满意、专业化服务组织满意。

（四）继续加强病虫监测体系建设

从 2012 年开始，省财政设立了 2 000 万元的绿色植保工程项目，除开展玉米螟绿色防控外，重点投资建设了病虫乡村监测网点和全省抗病性监测中心，至 2014 年全省已建立了 600 个稻瘟病监测网点，全部配备了自行研发的病虫田间调查仪，省植保站及 28 个市、县投资建设了信息接收管理平台，对稻瘟病监测实现了规范调查、实时上报、自动汇总、科学管理，以稻瘟病为重点的重大水田重大病虫监测预警水平大幅度提升。同时，依托监测网点的调查员，也有力地提高了公益性植保部门面对面指导农户科学防控的能力，对减少盲目施药、科学有效防控病虫害发挥了重要作用。2015 年全省正在建设 200 个旱田作物监测点，重点监测黏虫、玉米螟、蝗虫等旱田作物重大病虫，全省监测点总数将达到 800 个，并对接收管理平台进行了进一步升级改造。

二、主要问题及建议

（一）施药机械落后和防控能力不足

重大病虫一旦暴发，需要在短时间内完成大面积统防统治任务，由于装备落后，防控能力不足，更难以全面实现农药减量增效。据统计全省大中型喷药机械 17 万台（套），其中农民自制的非标机械近九成，适于作物中后期作业的机械更是不足 1/20。近年来，经过国家补贴以及省级补贴，对旱田植保机械只更新很小一部分，没有形成规模。水田植保机械始终停滞不前。主要原因是用户使用时期短、频率低，一次性投入大，成本回收慢，加之财政补贴比例小，使得农户主动购买热情不高。建议加大对购买标准施药机械的补贴力度，补贴比例应在 60% 以上，以加快推动施药机械的更新换代，提升防控作业能力和施药水平。

（二）绿色防控措施与生产实际需求不相匹配

很多生物防治措施存在防效不稳定、易受气候环境等条件影响等问题，如玉米螟大发生年赤眼蜂难以有效控制其危害；枯草芽孢杆菌起效慢，更适于稻瘟病预防。另外，生物防治主要侧重于病虫害防治，农田化学除草等缺乏绿色控制药剂。建议进一步加大绿色防控措施的试验研究和推广力度，提高绿色防控措施的控制能力，有效解决成本高、效果差、农民不愿接受等问题。

（三）绿色防控扶持和支持力度不够

生物防治措施成本高，比化学防治见效慢，现实农民自愿接受难，导致市场销量上不去，生产企业压力大。绿色防控技术的推广和应用需要进一步加大政府扶持和引导力度，需要出台产业政策支持。

（四）生物防控措施与其他措施组合匹配不够

现实防治中化学农药仍起主要作用，在重大病虫暴发时，仅靠生物措施灾害往往难以迅速有效控制，进而增加了推广应用难度。建议在绿色防控过程中，合理应用高效、低毒、低残留化学药剂，将这些措施用在关键环节，与生物防控措施一起组成绿色防控综合措施，并加大示范力度，提高农民接受意愿。

江 苏 省

一、主要做法

（一）强化目标考核，加大落实力度

2015 年，江苏省委、省政府首次将"高效低毒低残留农药使用面积占比"纳入农业现代化考核指标，层层分解落实到市、县（区、市）农业部门。从 2012 年开始，将绿色防控示范区建设列为年度主要考核内容，考核分值高、权重大，示范区建设情况在年度评优工作中实行"一票否决"。2015 年全省共建立水稻和蔬菜病虫害绿色防控示范区 143 个，每个示范区做到"两挂五有"，即明确主推绿色防控核心技术、防控要求、经济指标和责任人、责任单位。为确保工作落实到位，多次组织现场观摩推进，大力宣传、推介化学农药使用量零增长的典型经验和先进做法，促进了全省绿色防控技术的推广应用。

（二）强化宣传培训，绿色植保理念深入人心

为推进以农业防治、生态控制、物理和生物农药防治、使用高效低毒低残留农药为主要内容的病虫绿色防控工作，全省各地充分利用电视、网络、广播、微信平台、12316 手机短信、明白纸等媒体，积极开展科学用药、安全用药宣传，提高农民安全用药意识。截至目前，全省累计开展科学、安全用药和绿色防控的宣传报道 500 余次，发送手机短信 10 余万条，印发明白纸 500 余万份。省和市、县（区）每年开展 200 多万人次的农民实用技术培训和农技人员培训工程，将重大病虫绿色防控列为重要内容之一，向农民宣传绿色防控的重要性，讲授绿色防控原理和技术，用典型事例改变人们依赖化学防治的观念，使"绿色植保"理念被广泛接受。

（三）加大资金投入，示范推广绿色防控技术

全省各级财政加大病虫绿色防控投入力度。2013—2015 年在全省建立了 137 个永久性万亩蔬菜基地，每个基地投入 300 万～500 万元，用于基地农田基本建设以及蔬菜病虫监测点建设和绿色防控技术示范推广。为加大生物农药应用力度，从 2011 年开始，省级财政已累计安排 7 300 万元用于蔬菜上市前最后一次虫害防治用生物农药补贴，通过项目的实施充分发挥了财政资金的导向作用，有效促进了生物农药的应用。目前，全省生物农药应用比例达 22％，其中苏州市生物农药应用达 30％以上。除省级补贴外，各地积极争取财政专项补贴绿色防控。2015 年，南京市政府专项补贴 1 000 万元，用于购置生物农药、防虫网、粘虫板等绿色防控物资的补贴。常熟、张家港、昆山、太仓、江阴、宜兴等地还开展财政补贴绿色防控用高效低毒农药进行零差价补贴和负差价补贴，补贴额度 18％～33％，全省每年用于农药差价补贴的项目经费达 6 000 万元。

（四）加大示范区建设，集成推广 10 项病虫绿色防控技术

江苏各地按照"控、替、精、统"的技术路径，以农药使用量零增长为主线，探索创新示范推广小麦穗期病害生化协同、水稻病虫害绿色防控技术集成、农田抗性杂草综合治理、叶菜类蔬菜质量安全全程控制技术等 10 项主要农作物病虫绿色防控技术。据统计，2015 年，全省建立部级统防统治与绿色防控融合基地 9 个；绿色防控示范区 2 个；建立省级水稻、小麦、蔬菜病虫绿色防控示范区 143 个；农企合作共建示范基地 17 个，通过示范区的辐射带动作用，有力促进了全省绿色防控技术的推广应用。

（五）加大力度，推进绿色防控与统防统治融合

通过"目标考核推动、财政补贴拉动、典型示范带动、相关部门联动、多层培训助动"，加大专业化统防统治力度，实施病虫绿色防控，推进统防统治与绿色防控融合。努力实现"无违禁农药下田、无包装废弃物污染、无农残超标"的"三无"目标，确保农业生产安全、农产品质量安全和农业生产环境

安全。2015 年江苏省财政安排专项资金 800 万元扶持专业化服务组织，专项资金 3 500 万元用于 34 个县（市、区）开展水稻专业化统防统治用工补贴。全省专业化统防统治组织达到 5 261 个，比 2014 年增加 410 个。据统计，2015 年全省重大农作物病虫害统防统治覆盖率达 57.3％，绿色防控覆盖率达 22％。

二、主要工作成效

（一）重大病虫害得到有效控制

2015 年江苏省粮食作物病虫害发生偏重，尤其是小麦赤霉病、水稻纹枯病、稻瘟病大流行，通过应用抗病品种、科学水肥管理、绿色防治，有效控制了 3 种主要病害危害，水稻等农作物病虫草危害损失率控制在 2.9％，有力保障了全省粮食生产安全。蔬菜主要病虫如烟粉虱、菜青虫、小菜蛾、夜蛾类、霜霉病、灰霉病发生较重，通过黄板诱杀、性诱杀、灯光诱杀、调控温湿度、使用生物农药和适期使用高效低毒低残留农药，病虫害得到有效防控。示范区关键技术到位率达到 85％以上，综合防治效果达到 90％，蔬菜病虫危害损失率控制在 7.8％。

（二）化学农药减量控害成效显著

2015 年，首次将"高效低毒低残留农药使用面积占比"纳入农业现代化指标，明确提出"到 2020 年全省高效低毒低残留农药使用面积占比达 80％"。据初步统计，2015 年全省化学农药使用量约 7.85 万吨（商品量），较 2014 年减少 0.1 万吨；全省高效低毒低残留农药使用面积占比达 72％；生物农药使用占全年农药使用总量的 22％。

（三）农产品质量安全水平明显提高

推广农作物病虫害绿色防控技术，积极探索生态控制技术、大力推广环境友好型农药，努力将农企合作示范基地打造成高集约化、高附加值的农业示范基地，有效降低了农业面源污染，保障了农产品质量安全，取得了良好的经济、社会和生态效益。据典型调查，示范区化学农药使用量较农民自防区化学农药使用减少 15％以上，用药成本减少 10％以上，农药利用率提升 5％。2015 年全省抽取 13 个市 67 个县 700 个生产基地 7 000 多个市场和生产基地样品农药残留检测合格率达到 97％左右，全省绿色防控推广应用区农产品农药残留检测合格率达 100％。

三、下一步工作打算

一是强化宣传培训。充分利用广播、电视、报刊、互联网等媒体，大力宣传、鼓励和引导农民应用病虫绿色防控技术。培育农产品绿色品牌，实行优质优价。定期组织农作物病虫绿色防控技术现场观摩，学习交流成功经验。

二是强化示范融合。进一步推进全省新农药新技术联合推广，推动农企合作共建，开展专业化统防统和全承包防治，探索农企合作共建技术推广模式。

三是强化财政扶持。绿色防控的目标是减少化学农药使用，提高农产品质量，推进农业生态安全。对实施者来说，直接的经济效益可能并不显著，但是整体的社会效果良好，因此，政府有必要提供扶持。在推广过程中，以绿色防控为目标，以统防统治为手段，全面建立示范区，建议政府部门对一些关键技术和措施给予财政补贴，引导各种类型的组织开展绿色防控。

四是强化督促检查。加大对 9 个农业部统防统治与绿色防控融合试点项目区、2 个绿色防控示范区、143 个省级农作物绿色防控示范区、17 个农企共建区、40 个生物农药补贴区、34 个水稻专业化统防统治等项目的建设检查指导力度，保证项目按照设计要求建设，保证项目资金安全高效利用。

浙 江 省

一、工作成效

（一）集成完善一批绿色防控技术模式

病虫害绿色防控是转变农业发展方式的重要途径，是病虫防治技术体系的创新。在绿色防控示范区开展生态工程控害、性诱、色诱、生物农药等绿色防控技术研究、示范，集成完善绿色防控技术模式。在金华、杭州、衢州等地继续引进释放天敌赤眼蜂防治稻纵卷叶螟技术示范，在衢州开展稻纵卷叶螟性信息素迷向技术试验研究，在杭州开展梨小食心虫性信息素迷向技术示范，不断完善绿色防控技术。同时，加强与科研院校、企业合作，高度重视绿色防控技术集成，推进绿色防控技术的标准化应用。集成了一批具有浙江特色的不同区域、不同作物的病虫害绿色防控模式。如杭州市制定了杭州市地方标准《设施蔬菜病虫害绿色防控技术规程》《高温季节速生叶菜虫害防治技术规程》，金华市、萧山区集成了水稻病虫草害绿色防控技术规程、天台县集成应用田埂种植香根草等水稻螟虫绿色防控技术，松阳县集成浙南山区茶树病虫害绿色防控技术模式，金东区示范集成梨树病虫绿色防控配套技术等，有效提升了农作物病虫害绿色防控水平。

（二）示范引路，带动绿色防控技术应用

通过以点促面、示范引领，大力推进绿色防控与专业化统防统治融合发展，全省绿色防控技术应用面积不断扩大。在做好4个全国农技中心绿色防控示范区建设和7个部级专业化统防统治与绿色防控融合示范建设的基础上，全省建设绿色防控示范区590个，示范面积64.2万亩，其中整建制统防统治与绿色防控融合试点40个，在融合试点区共建设绿色防控示范区173个，示范面积22.04万亩，示范区安装了杀虫灯5 707盏，性诱剂92 660套，色板149.1万张，种植诱虫显花作物8.4万亩，田埂留草14.01万亩，通过示范区建设带动了面上绿色防控技术的推广应用。

（三）减少了化学农药使用量

各地通过绿色防控技术应用，将绿色防控与合理用药有机结合，进一步提高科学用药水平，减少农药用量。据统计，今年全省农药使用量比2012年减少4 173吨，下降6.63%，如松阳县绿色防控示范区，综合运用绿色防控技术，主要病虫害防治效果达90%以上，茶叶病虫危害损失率控制在5%以内，减少农药成本和用工成本40%，亩均节省成本150多元，经国家农业部茶叶质量检测中心检测，均符合无公害和绿色食品标准，茶园天敌数量也明显增加，同时农业面源污染减少，生态环境得到改善。

二、工作措施

（一）明确目标，加强指导

根据农业部办公厅2015年农作物病虫害专业化统防统治与绿色防控融合推进试点方案，结合实际，制订下发了《2015年浙江省农作物病虫害整建制专业化统防统治与绿色防控融合试点方案》，明确了总体思路、目标任务、试点布局、试点内容、工作措施等，将计划指标分解落实到各县（市、区），确定了40个整建制专业化统防统治与绿色防控融合试点，其中整建制试点县（市、区）6个，试点镇（乡）15个、试点片（区）19个。

（二）整合资源，加大扶持

据统计2015年中央资金用于试点工作的达979万元，地方资金用于试点工作的达1 700多万元。针对全省支农专项资金改革后，统防统治补贴政策做重大调整，要求各地植保部门及时向农业部门领导

汇报，向当地政府领导和财政部门做好汇报和沟通。做好补贴标准和补贴办法的争取和落实，确保对专业化统防统治的补贴力度不减。各试点县（市、区）、镇（乡、街道）积极行动，多渠道争取资金投入，相继出台政策，强化资金保障。如松阳县整合县群众增收致富奔小康特别扶持资金、生态循环农业、现代农业综合区等项目资金，支持试点县建设；遂昌县整合惠农资金，建立惠农服务卡制度。

（三）强化培训，注重宣传引导

多次组织人员参加全国农技术中心举办的各类培训班，学习植保新技术，提升业务水平。据统计，2015 年全省融合试点单位共召开现场观摩会 80 次，参加人员 6 142 人，举办绿色防治技术培训班 227 余期，参加人员 20 236 人次，印发技术资料 10.6 万份。各地通过各种媒体，加大对统防统治与绿色防控融合试点工作成效的宣传，《农民日报》5 月 28 日以《绿色防控搭档统防统治——浙江松阳县大木山茶园农药少用 40％》为题，报道了松阳县统防统治与绿色防控融合试点的成效；7 月 16 日以《种花种草养益虫，杀虫剂减八成》为题，报道了金华市水稻绿色防控示范区的成效。

（四）因地制宜，探索发展机制

一是探索绿色防控补贴方式。天台县对新建粮食作物 500 亩以上（经济作物 100 亩以上）绿色防控示范区应用杀虫灯、黄板、性诱剂等绿色防控设施的，给予设施投资总额 80％的补助；常山县对集成应用绿色防控产品的主体（集中连片面积 200 亩以上），每亩补贴 100 元。二是探索多元化服务主体。引导工商企业参与植保社会化服务，指导浙江农资集团金泰贸易有限公司牵头组建浙江浙农植保专业合作社联合社，在嘉善县天凝镇试点农企合作，参与专业化统防统治和统防统治与绿色防控融合示范区建设。加强与科研单位和生产企业合作，在示范区展示绿色防控新技术、新产品，促进绿色防控技术的推广应用。

三、问题及建议

（一）存在问题

一是传统的病虫防控观念有待进一步转变。主要表现在各地对绿色防控认识不够，技术到位率不够，农户防病治虫过于依赖化学防治。二是绿色防控技术创新有待进一步加强。当前，绿色防控技术体系不够完善、实用性不够强、关键技术集成程度不够高。三是绿色防控经济效应有待进一步提升。现阶段农业生产规模化经营比例不高，散户仍占主导地位，对于技术要求高、资金投入大的绿色防控，散户应用意愿不强，影响了绿色防控的推广和普及。四是缺少财政专项支持。对绿色防控技术和产品的专项补贴政策在省级、部级层面尚未出台，服务组织应用绿色防控技术和产品动力不足。

（二）对策建议

一是加大培训宣传力度。通过多层次、多方式的技术培训，提高对绿色防控技术的认识，转变农户过分依赖化学农药的不良习惯。结合浙江省农业"两区"建设、"农产品质量提升"项目，把"三品"生产基地建成融合试点，调动基地、企业应用绿色防控技术的积极性和主动性，发挥辐射带动效应。二是注重关键技术集成示范。强化绿色防控技术和产品实用性、适应性、安全性和高效性，形成一批防治效果好、操作简便、成本适当、农民欢迎的综合技术模式，促进绿色防控技术的大面积应用。三是建立健全绿色防控推广机制。强化行政推动作用，发挥植保部门技术优势，创新技术服务模式，扩大整建制统防统治与绿色防控技术的融合试点，强化对重点地区、重点作物和重大病虫害防控关键技术的指导，确保绿色防控示范取得实效。四是加大绿色防控的专项扶持。争取出台绿色防控扶持政策，调动基地、企业和服务组织应用绿色防控技术的积极性和主动性，促进绿色防控技术和产品的推广应用，保障农产品质量、生态环境的安全。

■ 安 徽 省

一、主要工作措施

（一）强化农作物病虫害绿色防控工作部署

2015年安徽省政府办公厅印发了《大力开展粮食作物绿色增产模式攻关示范行动的意见》，省农委紧急印发了《关于加强粮食绿色增产示范创建工作的通知》《安徽省粮食作物病虫害绿色防控及节药行动实施方案》。此外，3月17日和7月23日，省农委先后在蚌埠市、无为县召开全省农作物病虫害统防与绿防融合推进工作会、水稻重大病虫害防治及绿色防控现场会，全面部署全省农作物病虫害绿色防控工作，突出要求各地要把农作物病虫害统防统治与绿色防控融合工作作为农业工作的重点工作之一，切实抓紧抓好。

（二）加强绿色防控示范区建设力度

年初就印制了全省农作物病虫害绿色防控实施方案，在全省62个水稻、12个小麦、4个玉米、10个茶叶、3个蔬菜、2个梨树生产县（市、区），建立省级农作物病虫害绿色防控示范区。在水稻、小麦、玉米、花生、茶叶、梨树等6类作物上，创建20个农作物病虫害与绿色防控融合示范基地，其中水稻、小麦、玉米、花生、茶叶、梨树分别为10个、3个、2个、1个、3个和1个，深入推进专防和绿防融合。在保障防治效果的同时，化学农药使用量减少50%以上，农产品质量符合食品安全国家标准，生态环境及生物多样性有所改善。其中，粮食作物基地示范面积15万亩，辐射带动超过150万亩；花生基地5 000亩，辐射带动5万亩；梨树、茶叶基地8 000亩，辐射带动超过2万亩。

（三）突出做好新型成熟绿色技术推广应用

为加快转变病虫害防控方式，减少化学农药使用量，突出做好农作物病虫害性诱、迷向剂应用，及农药减量控害助剂"激健"等示范推广应用。3月下旬下发《关于紧急做好水稻病虫害绿色防控示范区二化螟性诱示范工作的通知》，要求水稻产区切实做好二化螟越冬代成虫性诱示范，确保对二化螟的诱集效果，有效控制其发生危害。在全省17个县（市、区）开展水稻、小麦、玉米病虫害农药减量控害示范，大幅减少农药使用，在保产增效的同时，对农田生态环境起到有效保护。据统计，全省落实了水稻（二化螟）、玉米（玉米螟）、梨树（梨小食心虫）、茶叶（茶毛虫、茶尺蠖）、蔬菜（斜纹夜蛾、甜菜夜蛾和小菜蛾）等各类性诱、迷向示范面积超过10万亩，落实病虫害减量控害示范面积达1万亩，工作措施得力，示范效果显著。

（四）总结技术模式与经验

全省在试验示范过程中，认真做好不同绿色防控技术集成模式防治效果、挽回产量损失、田间天敌种群数量调查及评价方法研究等，并开展经济、生态和社会三大效益评估，积极探索总结新型有效绿色防控技术模式和推广经验，为进一步大范围推广应用提供有益借鉴。全省已经集成了较为完善的水稻、小麦、玉米、茶叶、梨树等作物的全生育期病虫害绿色防控技术模式。

二、主要成效

2015年全省农作物病虫害绿色防控面积达到8 000万亩次，约占防治总面积的22.3%。绿色防控示范区农作物病虫绿色防控技术普及率达到95%以上，亩防治次数平均减少1~2次，化学农药亩使用量下降超过50%。

（一）性诱技术示范应用

全省已经在水稻二化螟、稻纵卷叶螟、玉米螟、梨小食心虫、茶毛虫等近20种农作物害虫上有较大规模的示范应用。2015年示范规模超过10万亩，示范效果显著。和县在蔬菜上应用性诱剂控制区，较农户自防区亩化学防治次数减少2次，亩节省农药及人工费用90元，较自防区平均每亩增产160千克，每亩平均增收890元。砀山县应用性诱剂诱杀食心虫，同时结合杀虫灯、黄板、套袋等其他防治措施，防治效果好，可将梨虫果率压低至3%以下，而非措施区虫果率一般为5%～8%。此外，还可减少施药次数2～3次。

（二）减量助剂"激健"的示范应用

2015年在全省30多个县（市、区）认真开展"激健"在水稻、小麦、玉米等作物病虫害防控上的示范应用，全省示范面积超过1万亩。典型调查显示，应用"激健"后，可将常规农药使用量减少50%，防治效果一般在减量前防控效果的80%以上。今年无为县在水稻上开展了"激健"半量控害示范。结果表明，全程应用"激健"化学农药半量示范区，纹枯病防效比对照区提高16.7%，稻曲病病穗防效是对照区的90%，稻纵卷叶螟为害叶防效为对照区的80%，减药示范区的蜘蛛数量为对照区的2倍。

（三）农业生态调控技术推广应用

近年来，在淮北北部推广调整玉米播期，使其易感粗缩病生育期（玉米出苗至6叶期）与灰飞虱传毒盛期错开，玉米粗缩病被控制在较低水平。在沿淮地区等水稻条纹叶枯病重病区，重点推广水稻迟直播，即小麦收后于6月5日以后进行水稻直播，使水稻易感病秧苗期有效避开一代灰飞虱成虫迁移传毒高峰。栽培避病控制玉米粗缩病与水稻条纹叶枯病，年推广面积均超过200万亩，控病效果均在90%以上。在蝗区推广种植蝗虫不喜食植物如棉花、杞柳、大豆、花生等，并积极探索不同作物套种模式，使常年生态控蝗面积达到蝗区面积的60%左右，不仅天敌数量逐年增加，大面积蝗区蝗虫发生数量多年来被控制在0.2头/米²以下，促进了东亚飞蝗长期可持续治理。今年在无为县开展了田埂种植香根草示范，示范面积80亩。调查发现，香根草诱集螟虫产卵效果明显，有效降低了大田螟虫数量。

（四）生物农药推广应用

多年来，全省一直大力推广应用生物农药控制农作物病虫害，逐渐改农田生态环境，不断提高农田生态的控害作用。据统计，今年全省利用生物农药防治病虫害约4 299万亩次，约占防治总面积的12.0%。其中虫害防治2 257万亩，病害防治1 592万亩，植物生长调节剂防治450万亩。近年来安徽省大力推广应用防治水稻螟虫、稻纵卷叶螟及玉米螟等，逐步示范应用短稳杆菌、核型多角体病毒防治水稻螟虫、稻纵卷叶螟等。据统计，全省对一代稻螟与四（2）代稻纵卷叶螟，使用Bt、短稳杆菌、甘蓝夜蛾核型多角体病毒等药剂开展防治的面积已达到300万亩左右，占应防面积的30%以上。玉米产区则主要推广Bt粉剂撒施喇叭口防治玉米螟技术，每年施用面积超过50万亩次。全省常年开展蜡质芽孢杆菌防治水稻纹枯病、稻曲病、稻瘟病示范应用面积超过150万亩。大范围推广应用核型多角体病毒防治棉花及茶叶害虫等。推广一季稻大田水稻栽后一个月不使用化学农药技术，保护稻田天敌及中性生物繁衍，为后期控害打下坚实基础。在棉花营养钵育苗移栽棉区，全面推广棉花苗期蚜虫不防治技术。同时，大力推广使用新型高效、低毒农药。

（五）物理诱控技术推广应用

全省水稻、茶叶等作物产区应用频振式杀虫灯诱杀害虫，常年应用控害面积已超百万亩。水稻产区在稻飞虱、二化螟、稻纵卷叶螟发生量大时，应用杀虫灯进行诱控，突出在茶园应用太阳能杀虫灯控制茶小绿叶蝉、黑刺粉虱、茶毒蛾、茶蚕、茶尺蠖、茶蜡蝉成虫。金安区5～9月调查，杀虫灯诱集虫量大。在五（3）代稻纵卷叶螟迁入高峰期间，单灯单日最高平均诱杀稻纵卷叶螟成虫 976 头，有效降低了田间落卵量。此外，经过合理调控开关灯时间，极大减小对害虫天敌的影响，120 天中，单灯累计诱杀益虫 186 头，害虫 14.2 万头，益害比近 1：760，天敌得以保护。霍山县 5 万亩茶叶病虫害绿色防控示范区，安装 350 台太阳能杀虫灯，结合性诱剂、黄板诱控、生物农药技术等，有效控制茶叶重大病虫害发生，示范区农药使用总量减少 25％，在所使用农药量中生物源农药占 60％以上。全年生产无公害茶叶 3 460 吨，其中名优茶 720 吨，茶叶农残检测达标率 100％。

三、存在问题及建议

（一）存在问题

一是农作物病虫害绿色防控压力大。近年来，随着粮食作物等产量不断增加，主要病虫害发生总体呈趋重态势，农作物病虫害防控的压力增加。同时，社会对农产品质量、环境生态安全要求逐渐提高，对农作物病虫害绿色防控技术水平与责任赋予新的要求。二是农作物病虫害绿色防控覆盖率仍待提高。全面推广绿色防控工作需要有健全的植保推广体系和充足的经费保障，目前全省农作物病虫害绿色防控率约为 22.3％，绿色防控覆盖率还需要不断提高。三是农村生产经营现状阻碍了绿色防控技术推广。当前农村还是以分散个体经营为主，务农农民科学文化素质普遍不高，农村分散经营现状及生产经营主体绿色防控意识不强，一定程度上阻碍了农作物病虫害绿色防控技术应用推广。

（二）建议

加大绿色防控技术研发力度。农业部调动各级农业科研推广部门力量，齐心协力，持续开展农作物病虫害绿色防控技术研究，研发出切实可行、防效优良的绿色防控技术。同时，要易被农民了解、掌握，通俗易懂、简单易行，不断提高绿色防控技术的覆盖率。加大经费支持力度。建议农业部将农作物病虫害绿色防控工作列入财政专项，加大经费支持力度，推进植保推广体系不断完善，形成省、县、乡（镇）、村四位一体的植保网络，力求做到每村一个植保员，切实解决绿色防控技术示范推广。

🔲 福 建 省

一、项目实施情况

2015 年在福清、长乐、仙游、安溪、华安等 28 个县（市、区）建立茶树、蔬菜、果树、水稻等作物主要病虫害绿色防控技术示范区 28 个，同比增加 31.2％。核心示范面积 1.93 万亩，同比增加 3.6％，辐射面积 34.5 万亩，同比增加 4.9％，示范区亩用药比农民自防区少 3 次，平均防效 83.5％。

二、主推技术措施

（一）茶树病虫害主推技术

以农业防治为基础，加强生态调控。包括合理施肥，合理修剪，分批及时采摘及冬季清园。推广物理诱杀技术，包括灯光诱杀和色板诱杀。推广应用生物防治技术，如白僵菌及捕食螨的利用等。推广使用生物制剂农药，如苦参碱、鱼藤酮、苏云金杆菌等。

（二）十字花科蔬菜病虫害主推技术

主要有农业防治技术。一是实行轮作，二是土壤消毒，三是清洁菜园。性诱剂诱杀技术，包括斜纹夜蛾性诱、小菜蛾性诱以及黄板加黄曲条跳甲信息素诱杀技术等。

（三）水稻病虫害绿色防治主推技术

主要有深耕灌水灭蛹控螟技术，选用抗病品种防病技术，昆虫性信息素诱杀二化螟技术，种子消毒和带药移栽预防病虫技术，生物农药防治病虫技术，保护利用天敌治虫技术，灯光诱杀害虫技术，稻鸭共育治虫控草技术和高效低毒化学农药防治病虫技术。

（四）果树病虫害绿色防治主推技术

主要有以合理修剪、清洁果园、生草栽培为代表的农业防治措施，以螨治螨的生物防治措施，灯光趋避及果实套袋的物理防控措施和化学调控。

三、工作主要成效

（一）取得良好效益

1. 经济效益　据各项目县统计，蔬菜病虫害绿色防治示范区亩平均用药 6 次，比菜农自防区（9 次）亩少用药 3 次，平均防效 90.9%，亩新增产值 545 元，亩绿防产品投入成本 291 元，产投比 1.8∶1。茶树病虫害绿色防治示范区亩平均用药 4 次，比茶农自防区（8 次）亩少用药 4 次，平均防效 91.7%，亩新增产值 932 元，亩绿防产品投入成本 281 元，产投比 3.3∶1。果树病虫害绿色防治示范区亩平均用药 4 次，比果农自防区（7 次）亩少用药 3 次，平均防效 85.3%，亩新增产值 1 274 元，亩绿防产品投入成本 350 元，产投比 3.5∶1。水稻病虫害绿色防治示范区亩平均用药 2 次，比稻农自防区（4 次）亩少用药 2 次，平均防效 90.9%，亩新增产值 114.5 元，亩绿防产品投入成本 129 元，产投比 0.8∶1。

2. 生态效益　在示范区安装使用频振式杀虫灯诱杀害虫，保护利用自然天敌，应用性信息素诱集害虫成虫等绿色防控技术，推广生物农药和高效、低毒、低残留农药，减少了农药的使用次数，减轻了农药对环境的污染和对害虫天敌的毒害，茶园的天敌明显增多，比群众自防区增加 1~3 倍，保护了农田的生态环境。

3. 社会效益　通过项目实施，多次对示范区农民开展了农作物病虫综合防治技术培训，向广大群众宣传病虫防治知识和绿色防控技术，培养了一批科学种田的农村带头人，增强了病虫害综合治理意识，减少乱用、滥用农药的现象，杜绝了高毒、高残留农药使用，生物农药的使用比重由原来的 1% 增加到 18%。

（二）绿色防控得到认同

通过政府号召，农业植保部门坚持不懈的示范带动和技术引导以及市场接纳和消费环境的转变，种植者逐步自觉参与行动，绿色防控面积呈现逐年增长趋势，2015 年全省绿色防控覆盖面积 910.3 万亩次。

（三）集成一批绿色防控技术

通过农科教企协作攻关，生态调控、生物防治、物理防治、科学用药等综合防治措施的集成创新得到了完善，集成一批绿色防控技术，不断提高绿色防控技术的先进性、实用性和可操作性。如以物理防治与生物防治为主的蔬菜病虫害绿色防控模式；以农业防治与生物防治为主的茶叶绿色病虫防控模式；以农业防治与化学防治为主的病虫害粮食作物绿色防控模式；以农业防治、生物防治和化学防治为主的柑橘病虫害绿色防控模式。

（四）防控手段发生转变

通过整合资源，多渠道争取各级财政和相关项目扶持促进绿色防控技术示范推广，农作物病虫害的防控方式由主要依赖化学防治向综合防治和绿色防控转变，特别是要注重生物防治和物理防治等非化学措施的应用。绿色防控示范区绿色防控技术到位率达到 80% 以上，防控效果达到 80% 以上，绿色防控示范区比农民自防区一般可减少农药使用量20%。

■ 山 东 省

一、取得的主要成效

山东省在各级政府和上级业务部门的正确领导和帮助指导下，积极饯行"公共植保"、"绿色植保"理念，高度重视，扎实推进，多措并举，大力开展绿色控害技术推广，取得突出成效。初步统计，截至2015年年底全省共建立绿色防控示范区223个，绿色防控面积达到4 823.08万亩次，其中杀虫灯防控面积819.89万亩，性诱剂防控面积104.79万亩，黄板等色板防控面积173.24万亩，生物农药使用面积3 586.35万亩次。全省累计绿色防控培训15万人，发放绿色防控资料、明白纸120余万份。

二、各项工作措施

（一）积极争取财政支持，多渠道筹措扶持资金

一是认真实施好农业部绿色防控推广示范项目。建设6个病虫绿色防控示范县，示范区重点推广杀虫灯、性诱剂、诱虫板、粘虫带、生物杀菌剂、杀虫剂等绿色防控新技术，协调运用农业、物理、生物、化学等防治措施，带动全省开展绿色防控。二是继续实施省财政农业技术推广项目。省财政投入240万元，继续实施省财政支持的园艺作物病虫绿色防控项目，每个项目建设核心示范区2处以上，每处面积200亩以上，示范带动1 000亩以上。全省共建示范区14处以上，示范面积2 800亩，示范带动14万亩以上，支持开展病虫害绿色防控技术的技术集成、试验示范、推广普及和宣传培训等工作。三是借助统防统治资金，大力推进统防统治与绿色防控融合。利用小麦重大病虫防控资金，在全省示范县全面推动小麦病虫绿色防控与统防统治融合推进。利用玉米"一防双减"资金，推进食诱剂、性诱剂等绿色防控技术的大面积实施。

（二）不断引进创新绿色防控技术

2015年进行了大批绿色防控技术试验。在招远苹果进行了熊蜂授粉大面积示范，在历城进行了电生功能水防治甜椒灰霉病、南瓜白粉病、番茄灰叶斑病试验，在邹城试验了飞机条带撒施食诱剂防治玉米螟害虫试验，在蒙阴桃、莱阳梨上进行了梨小性干扰素大面积推广；烟台市开展了蜡质芽孢杆菌防治番茄青枯病防效试验、苦参碱防治黄瓜蚜虫等害虫试验以及诱抗剂海岛素等40多种高效低毒农药在小麦、苹果上的试验；泰安市围绕有机、绿色农产品生产，在肥城桃、有机绿菜花、绿芦笋、荷兰豆、毛豆、绿色马铃薯、大白菜、韭菜、保护地蔬菜、棉花、玉米等10多类作物上引进、试验了性诱剂、频振式杀虫灯、黄蓝色粘虫板诱杀害虫、生物农药防病治虫等绿色防控新技术。各项试验均取得了较好的防治效果，为病虫害绿色防控提供了技术和物资保障。

（三）集成制定绿色防控技术规程

逐步制定完善全省主要农作物有害生物无公害防治技术规程，形成完善的绿色防控技术体系，为病虫害绿色防控提供扎实的技术基础。计划制定、修订番茄、黄瓜等主要作物病虫害绿色防控技术规程，逐步完善主要作物标准化体系。潍坊市农业局出台了《潍坊市12种主要作物技术规范制定工作方案》，计划制订12种主要作物安全生产技术规范，种类有：生姜、韭菜、西瓜、甜瓜、黄瓜、番茄、豆角、小麦、白菜、大葱、甜椒、萝卜等，通过病虫防治药剂筛选、农药消解动态和最终残留试验，明确有效药剂、使用次数、安全间隔期，选择安全农药品种和用药剂量，规范用药秩序，进而达到减少农药用量、降低农药残留、保护农产品质量安全和农业生态环境安全的目的。目前已完成了韭菜、萝卜、黄瓜、番茄、大白菜、豇豆安全生产技术规程的研制工作，已通过潍坊市地方标准颁布实施。

（四）大力建设绿色防控示范基地

各市、县加大示范推广力度，建立了 220 个县级示范区，示范作物涵盖了山东省主要农作物和经济作物，极大地推动了全省绿色防控工作的开展和绿色防控技术的推广。如青岛市落实 80 个绿色防控示范区建设，绿色防控面积达到 150 万亩，仍然以蔬菜、果树和茶叶病虫害绿色防控为重点，大力推广杀虫灯诱杀、性诱剂诱杀、色板诱杀、诱虫带诱集、防虫网阻隔、释放丽蚜小蜂和生物农药防治等技术。推广粘虫板 31 万块，覆盖面积 12 400 亩，推广频振式杀虫灯 2 170 台（新增 310 台），覆盖面积 130 200 亩，推广昆虫性信息素 5.1 万余个，覆盖面积 25 500 亩，低毒、低残留生物农药推广面积不断增大。

（五）继续推进绿色防控与统防统治、蜜蜂授粉 2 个融合

一是绿色防控与统防统治融合试点。印发了《2015 年山东省小麦病虫专业化统防统治与绿色防控融合试点实施方案》等文件，利用小麦重大病虫防控资金，在全省 17 个地市 24 个县进行了小麦病虫统防统治和绿色防控融合试点。同时印发了《2015 年山东省小麦等作物主要病虫专业化统防统治与绿色防控融合试点实施方案》，共建立示范点 16 个，其中承担部示范 16 个、省示范 6 个，示范面积 8 万亩，辐射带动面积 100 万亩。同时，结合"到 2020 年农药使用量零增长行动"，印发了《山东省农企合作共建示范基地推进〈到 2020 年农药使用量零增长行动〉总体方案》，在 16 个全国统防统治与绿色防控融合试点县实施，示范面积 8.9 万亩，辐射面积 89 万亩。二是绿色防控与蜜蜂授粉技术融合。2015 年，山东省承担了全国蜜蜂授粉与病虫害绿色防控技术集成示范任务，在烟台市、招远市建立示范区 2 处，示范面积 5 000 亩，开展苹果蜜蜂授粉与病虫害绿色防控技术集成试验与示范，效果显著。

（六）广泛宣传绿色防控成效

2015 年通过省电视台制作了绿色防控专题，对绿色防控新技术和效果进行现场采访，各地也通过多种形式进行宣传，大大推动了绿色防控技术的普及推广。如烟台市印发技术资料 10 万余份，电视台培训讲座 120 期次。在莱阳、莱州举办各类培训班即达 54 次，培训企业出口技术人员 1 000 余人次，受训率达 80％；培训基地农民 20 000 余人次，受训率达 70％。开展电视讲座、拍摄电视宣传片 20 期、发放各种宣传材料 4 万余份。

三、存在问题

一是绿色防控的理念没有形成统一认识，农民为了追求产量和产值，过量使用化肥和农药现象仍很突出，造成对土壤和环境的污染，同时对农产品质量安全仍然存在隐患。二是山东省绿色防控示范区从总量上不少，但绿色防控覆盖率仍然不高。三是绿色防控直接投入仍然较低，没有对绿色防控推广形成根本突破。

▌河 南 省

一、工作成效

2015 年，河南省共设立了 32 个农作物病虫害绿色防控示范区，水稻 6 个、玉米 6 个、花生 3 个、果树 9 个、蔬菜 5 个、小麦 1 个、茶叶 1 个、山药 1 个。示范区总面积 38.0 万亩，其中核心区面积 5.1 万亩，辐射带动面积 32.9 万亩。示范推广核心技术 8 项（包括灯光诱杀技术、色板诱杀技术、昆虫性信息素诱杀技术、生物导弹技术、防虫网隔离技术、稻鸭共养技术、捕食螨防治技术、生物农药防控技术等）。据不完全统计，各地也结合本地实际，整合各种资金 400 万元，建立了 156 个市、县级病虫害绿色防控示范区，示范区面积 95.13 万亩，其中核心示范区面积 26.04 万亩。

绿色防控技术的示范推广取得了显著的经济、社会和生态效益。据各示范区调查统计，示范区比农民常规防治区平均减少化学农药使用次数 2.78 次，减少化学农药使用量 37.05%，亩增产率 13.64%，平均每亩增收节支 639.92 元，亩防治成本 125.67 元，计算得出平均投入产出比为 1∶5.97，经济效益显著。同时，由于减少了化学农药的使用量和使用次数，减轻了环境污染和人畜中毒事故的发生，社会和生态效益也十分显著。

二、主要措施

(一) 领导重视，精心部署

河南省农业厅将病虫害绿色防控列入 2015 年重要工作日程，并将其作为考核各级农业部门绩效的主要指标。河南省植保植检站每年都要下发专门文件，召开专门会议进行具体安排部署。2015 年从病虫防治经费中拿出 50 余万元专款购置生物导弹、频振式杀虫灯等绿色防控产品，对工作成绩突出的市、县给予奖励。

(二) 强化培训，扩大宣传

2015 年，各级农业、植保部门继续将宣传培训工作作为重中之重。一是将农作物病虫害绿色防控技术的普及推广列入"万名技术人员包万村"、"阳光培训"等活动的主要内容，要求各级包村人员通过举办培训班等形式，宣传和引导广大农民在农业生产上推广应用频振式杀虫灯、性诱剂、粘虫板、生物农药、高效低毒化学农药等无公害防治病虫害的技术，减轻病虫危害。二是通过新闻媒体、网络平台发布农作物病虫害绿色防控技术信息。河南省植保植检站与河南电视台新农村频道联合开办的《中原植保》栏目，2015 年先后制作了 8 期绿色防控专题节目。三是通过召开现场会、举办绿色防控培训班、科技赶集、发放技术资料等方式，大力开展农作物病虫害绿色防控技术宣传普及工作。据不完全统计，在 2015 年的绿色防控过程中，各级植保部门共制作电视节目 136 期，举办专家讲座 234 期，召开现场观摩会 250 次，培训技术人员 1.31 万人次，农民群众 38.3 万人次，印发宣传资料 169.98 万份。

(三) 主推技术明确、效果明显

结合河南实际，确定了八大作物病虫绿色防控主推技术。在蔬菜上，主推健身栽培技术、土壤日光消毒技术、性信息素诱杀技术、物理诱杀技术、防虫网阻隔技术和生物农药使用技术；在果树上，主推捕食螨生物防治技术、物理和化学诱控技术和科学用药技术；在茶叶上，主推太阳能杀虫灯应用技术、黄板、信息素板诱杀技术、生物制剂 NPV、Bt 制剂、天然除虫菊素和环保型化学农药防治技术；在水稻上，主推种子处理、防虫网或无纺布秧田防护和带药移栽预防病虫技术、太阳能灭虫灯诱杀害虫技术、稻鸭共育治虫控草技术和性诱技术；在玉米上，主推杀虫灯、性诱剂、食诱剂诱杀鳞翅目成虫技术、生物导弹防治赤眼蜂寄生玉米螟卵技术；在小麦上，主推秋播拌种技术、病害早控技术、生物农药和高效环保化学农药防病治虫技术；在棉花上，主推生物农药棉铃虫 NPV、Bt 制剂（非 Bt 棉）、太阳能杀虫灯控制棉铃虫技术、高效低毒杀虫剂防治棉盲蝽技术；在花生上，主推杀虫灯、性诱剂诱杀花生地下害虫技术。实践证明，这些技术科学使用，绿色防控效果明显。

(四) 注重集成，提高效益

在农作物病虫害绿色防控技术的示范推广过程中，河南省高度重视各项防控技术的集成创新，安排了 20 余项绿色防控新产品、新技术的试验示范，注重各种技术的组装配套和协调运用，逐步改变以往单个措施简单叠加、不考虑效益成本的做法，如对蔬菜病虫害，强调农业防治、三诱技术和生物农药协调运用；对玉米螟，重点推广赤眼蜂防治技术；对水稻害虫，示范应用稻田养鸭、性诱芯诱杀技术；对果树害虫，大力推广灯光诱杀和捕食螨防治；对蝗虫，加大生态控制和绿僵菌、蝗虫微孢子虫等生物农药推广力度。从整体情况看，全省的农作物病虫害绿色防控示范工作科技含量高、亮点多，效果明显，起到了很好的辐射带动作用。培育出了虞城、夏邑、汝州、安阳、唐河等万亩玉米螟绿色防控示范片，光山、开封、潢川、固始、范县、商城等千亩水稻病虫绿色防控示范区，兰考、辉县、开封县万亩花生地下害虫灯光诱杀示范片，孟州、许昌、博爱、孟津、灵宝等蔬菜、果树病虫绿色防控示范园等先进典型，有力带动了全省农作物病虫害绿色防控工作的开展。

三、存在问题

河南省绿色防控示范推广工作经过几年的发展，取得了显著成效，但总的来说，力度还不够大、尚属于起步阶段，存在的问题与不足主要表现在五个方面：

一是工作开展不平衡，思想认识有待进一步提高。不少地方的领导认识不到位，重视程度不够，措施不力，个别市、县工作尚未开展。

二是当前绿色防控技术体系单一，核心技术需要进一步规范；目前大面积推广应用的实用性强的产品种类有限，其田间应用技术还不成熟，集成程度不高，系统性不强。

三是示范展示区点多面小，不成规模。由于示范区的规模不够，不能引起政府和社会的足够重视，不能产生明显的经济、生态和社会效益，加之不少地方建立的示范区只是各项技术的叠加，对基础数据调查不够，对成本效益缺乏科学评估，难以引导广大农民自觉采取绿色防控。

四是推广方式不适当，推广力度仍需进一步加强。推广工作中存在着不同程度的上层热下层凉、业内热业外凉的现象。另外，由于缺乏专门的政策扶持和资金补助措施，推广难度大的问题尚未得到根本解决，新技术应用仍处于起步阶段。

五是农产品的绿色产品认证跟不上实际需要，效益科学评价体系和方法不健全，无法实现农产品优质优价，农民收益无法满足，农民自觉实施绿色防控积极性不高，只能依靠政府投入，也影响到绿色防控工作的良性有序发展。

◼ 湖 北 省

一、绿色防控示范情况

2015 年，湖北省共建立 68 个示范区，其中水稻 20 个、小麦 9 个、玉米 6 个、蔬菜 6 个、茶叶 6 个、马铃薯 5 个、柑橘 3 个、油菜 3 个、棉花 2 个、食用菌 2 个、中药材 2 个、花生 2 个、红薯 2 个。水稻、小麦、玉米、马铃薯等粮食作物示范区每县示范面积不少于 0.5 万亩，辐射面积不少于 10 万亩；棉花、油菜、茶叶、柑橘、蔬菜作物示范区每县示范面积不少于 1 000 亩，辐射面积不少于总面积的 40％；食用菌、中药材、花生、红薯等特色经济作物每县示范面积不少于 500 亩。

二、采取的主要措施

（一）加大资金扶持力度

2015 年安排 300 万元采购绿色防控物资、生物农药及植保器械下发各试点县、市、区，由此推动全省病虫害绿色防控工作开展。各试点县、市、区积极利用省级创造的有利条件，积极争取当地财政支持，80％以上试点县均有本级财政配套资金投入，全省各级财政全年累计投入病虫绿色防控资金 1 940 万元，其中宜昌市政府投入 140 万元用于开展茶叶病虫绿色防控，夷陵区、宜都市连续 3 年投入 1 000 万元茶叶发展专项资金，绿色防控作为其主要内容之一开展，武汉市江夏区投入 130 万元用于开展蔬菜病虫绿色防控工作，钟祥市投入 80 万元开展水稻、小麦绿色防控工作，英山县投入 40 万元用于茶叶绿色防控等。

（二）加强集成技术研究

2015 年共制订下发《2015 年湖北省农作物病虫害绿色防控示范工作方案》《2015 年农作物病虫专

业化统防统治与绿色防控融合试点实施方案》等 7 个绿色防控试验示范方案,全省共在水稻、玉米、蔬菜、柑橘、草莓、茯苓、天麻、苍术等十几种作物 30 余个点进行绿色防控技术试验和集成应用研究。各地市也结合本地作物特色与布局,充分利用资源开展相关技术研究与示范。

(三)发挥项目带动作用

全省以重大病虫防控项目为支点,以统防统治与绿色防控融合示范项目为抓手,先动地区带后发地区,优势产业带支柱产业等。全省建有 10 个国家级统防统治与绿色防控示范区,其中水稻 6 个、蔬菜 2 个、茶叶 1 个、柑橘 1 个,这些示范区极大了发挥了先锋模范作用,为湖北省绿色防控试验示范推广提供了很好的样板,优化了一套技术模式、摸索了一套管理经验、组装了一套推广体系等。部分地区将绿色防控与高产创建、测土配方施肥等多个项目进行融合,集中资金与技术力量,取得了较好的示范效果。

(四)加强技术示范引领

全省 68 个县、市、区建立了核心示范区,核心示范面积达 148.8 万亩,辐射推广面积达 1 243.5 万亩,其中杀虫灯应用面积 194.2 万亩、色板应用面积 25.5 万亩、诱杀技术应用面积 67.8 万亩、生物防治应用面积 831.5 万亩,推广生物农药 672.1 吨,其中植物源农药 101.9 吨、病毒制剂 28.7 吨。示范区覆盖全省 17 个地、市、州,示范作物覆盖全省主要粮食作物和经济作物,其中水稻、小麦、蔬菜、茶叶、柑橘、玉米、油菜等作物绿色防控示范面积超过 70 万亩,分别为 483.4 万亩、174.6 万亩、149.7 万亩、107.9 万亩、84.3 万亩、80.3 万亩和 74.2 万亩。

(五)扩大宣传培训力度

结合农业部 3 月在荆州区召开的全国 2015 年春季农作物病虫害防治工作会和 4 月在襄阳召开的全国小麦穗期重大病虫防控现场会,邀请中央及省级媒体宣传湖北省病虫防控工作,集中展示宣传当前使用的小麦、油菜绿色防控技术等,极大的促动了农作物病虫绿色防控工作。全省共举办培训班、现场会、农民田间学校等 150 余次,培训植保技术骨干、机手、大户及农民 30 000 余人次,印发技术资料 12 万余份,编发短信上百万条。通过技术培训,灌输绿色防控技术,切身体会绿色防控带来的实惠,逐步接受绿色防控理念并自觉使用相关技术。

(六)强化服务与监督管理

各级植保部门对绿色防控实行层层负责、层层监督,年初下达任务给各示范区,确定作物、示范面积及示范效果等,年中不定期检查各地绿色防控示范区建设情况和实施效果,年终进行总结综合评比,各地、市、州负责对下属县、市、区示范区的业务指导,并实行不适时监督考察,示范区植保站负责具体实施,与专业化合作组织签订合作协议,提供技术服务与指导,核实面积和防治效果等,专业化防治组织与农户签订具体服务协议等。

三、取得的成效

据统计,2015 年湖北省绿色防控总计投入资金 7 063 万元,其中各级财政投入资金 1 940 万元,在全省 68 个县市区、13 种主要作物上建立核心示范区,核心示范面积 148.8 万亩,辐射推广面积达 1 243.5 万亩,比去年增加 350 万亩,挽回粮食损失 74.7 万吨。

(一)病虫防控效果较好

示范区内绿色防控技术推广后,主要病虫害得到了有效控制,防治效果明显好于非绿色防控示范区。十堰市郧阳区绿色防控示范区里,水稻“两迁”害虫发生量极低,稻纵卷叶螟百苞虫苞数平均 0.5 个,稻飞虱平均每百蔸 65 头,比农户自防区分别下降 66.5% 和 48.2%;小麦条锈病示范区平均病指

0.25，自防区病指 3.6，示范区防效提高 93%。枣阳市用生物导弹防治玉米螟，三代虫穗率 16.6%，不防治田块虫穗率达 96.8%，防效提高 82.9%。

（二）减量控害效果突出

示范区农药使用量可减少 1～4 次，化学农药使用量可减少 10%～30%。天门市示范区实施绿色防控，水稻全生育期施药次数减少 1～2 次，棉花全生育期施药次数减少 3 次，蔬菜全生育期施药次数减少 4 次，花生全生育期施药次数减少 3 次。仙桃市近年开展绿色防控，化学农药使用量逐年下降，2015 年较 2010 年以前减少 2 000 吨左右。应城市通过开展绿色防控，节约农药投入资金 850 万元左右。

（三）农业增产增效明显

示范区实施绿色防控后，防治次数下降，农药用量减少，农产品产量提高，质量上升，农业增产增效明显。据咸宁市调查，水稻绿色防控示范区防治次数比农户自防区少 2 次，防治成本低 63 元，且示范区平均单产比自防区高 60.3 千克，亩均增收 210 元左右；马铃薯绿色防控示范区防治次数比农户自防区少 2 次，成本比农户自防区低 52 元，且示范区平均单产比农户自防区高 160.5 千克，亩均增收 322 元左右。宜昌五峰茶叶实施绿色防控后，亩均鲜叶增产 10% 以上，减少用药 2～3 次，减少防治成本 60～90 元/亩；每亩共增收节支 400 元以上。

（四）生态效益显著

绿色防控项目实施区通过连续几年的实施，生态环境得到明显改善，天敌迅速恢复平衡。如英山县示范区内蜘蛛数量由 2009 年的平均 4.6 头/米^2 增加到 9.1 头/米^2，增加了 97.8%；瓢虫数量由平均 3.4 头/米^2 增加到 6.9 头/米^2，增加了 102.9%；草蛉数量由平均 1.8 头/米^2 增加到 3.8 头/米^2，增加了 111.1%。当阳市水稻示范区天敌数百兜 273.3 头，农民自防区天敌数百兜 172 头。

（五）社会效益显著

一是农药使用量减少，农区生态系统日趋恢复与平衡，有利于生态文明和美丽家园建设；二是化学农药用量特别是高毒农药用量明显减少，农产品质量明显提高，农业生产过程中中毒事故明显下降；三是技术推广改变了农民病虫防控观念，农民病虫防控技术和理念得到进一步提升，各地涌现了一些农民专家；四是绿色防控工作与专业化统防统治相互推进发展，创造了更多工作岗位、增加农民收入的同时缓解了农村"打药难"的问题，2015 年新增规范化植保专业合作社 232 家，正式注册的服务组织达到 2 800 多个，提供工作岗位近 10 万个。

湖 南 省

一、绿色防控开展情况

2015 年，湖南省绿色防控覆盖水稻、柑橘、茶叶、蔬菜、油菜等大宗农作物，应用面积突破 1 000 万亩。其中在资阳、沅江、鼎城等 22 个水稻主产县、市、区连片较大面积地推进专业化统防统治与全程绿色防控融合面积 147 万亩；在永定、古丈、泸溪等 16 个县、市、区开展柑橘大实蝇绿色防控 150 万亩，推广应用成虫食诱技术与捡拾虫果并无害化处理两项技术；在桂东、安化、蓝山、石门等 10 个县、市、区开展茶叶病虫绿色防控技术示范面积 14 220 亩，集中展示生态调控、"三诱"技术、生物农药控害技术等；在长沙县蔬菜基地开展葫芦科、豆科、茄科和十字花科四类蔬菜绿色防控技术应用集成；在南县、安乡和澧县三县开展油菜菌核病防治模式新探索。通过集中示范，带动全省绿色防控技术推广应用。

二、主要做法

(一) 尽早部署

年初，湖南省农委和湖南省植保植检站相继以湘农办植〔2015〕35 号、43 号、58 号及湘植保〔2015〕5 号等系列文件下发了水稻、油菜、柑橘病虫绿色防控工作方案、技术要点及工作通知，各项目单位根据区域特点制订工作方案和技术方案。

(二) 资金支持

中央财政投入补贴资金 1 480 万元，省级财政投入 350 万元，用于水稻绿色防控技术和物化补贴；省级植保专项安排 200 多万元经费支持柑橘大实蝇防控；投入 200 万元用于茶叶、蔬菜和油菜病虫害绿色防控；另外安排 20 万元用于绿色防控新技术试验示范。

(三) 技术集成

水稻采用药剂拌种、健身栽培、性诱技术、灯光诱杀、绿防药剂组合进行统防统治；柑橘大实蝇通过农科教企紧密结合及合作攻关，食物诱控、农业防治和科学用药等绿色防控关键技术得到了丰富完善和集成应用；蔬菜上继续加强葫芦科、豆科、茄科、十字花科四大类作物从抗性品种、土壤消毒、无毒苗嫁接、"三诱"技术、防虫网技术、科学合理用药等方面集成与配套，研究了根肿病、根结线虫病的预防办法，创新"食诱＋色诱"来控制瓜实蝇的技术模式；茶叶上对一些新型药剂苦参碱、海岛素、申嗪霉素及生态调控技术如种植行道树与黄板、蓝板、灯光诱杀技术进行研究；油菜首次大面积试验示范植保无人机防治菌核病，取得良好效果，引导政府购买社会化服务。

(四) 宣传培训

2015 年以来，水稻融合推进事项召开培训班 659 期，培训人员 43 648 人次，宣传横幅和墙体标语 4 723 条，印发宣传资料 32.05 万份，中央七套、湖南卫视、经视和《农民日报》《湖南日报》等国家、省级与县市级媒体报道 148 次（期）；柑橘大实蝇防控举行电视节目报道 69 期，培训班 1 400 期，培训 20 万人次，发放资料 160 万份；4 月中旬组织召开了全省茶叶病虫培训班，各地举行培训班 67 期，培训 4 325 人次，发放资料 35 060 份；蔬菜基地先后组织了 3 次病虫绿色防控现场会；油菜进行了植保无人机施药观摩会和全省主要油菜产区植保站站长防治效果现场会议，常德市组织两次本市植保人员现场会。

(五) 严格监管

领导和相关科室人员开展了分片实地督导，督查项目实施情况，统防统治运行情况和绿色防控技术应用效果，项目签订合同、采购物资、经费运用等，指出存在的问题并结合地区实际对项目实施工作提出具体要求。全年对水稻融合推进项目下发了三期通报，督促各服务组织足量、高效应用绿色防控技术和完成统防统治服务任务。茶叶项目中期进行了集中汇报，对项目实施技术和后期工作进行点评和部署安排。

三、取得成效

(一) 绿防技术措施合理，经济效益明显

通过绿色防控技术的推广应用，147 万亩融合推进区总新增经济效益 2.41 亿元，亩平均新增经济效益 164 元，这主要得益于田埂种豆、水稻增产和稻谷提质提价等几个方面。南县、资阳等地田埂种豆数据表明，平均每亩稻田的田埂黄豆产量 12.5 千克左右，增收 90 元左右，按 18 万亩田埂种豆面积计算，仅此一项农户就增收 1 672 万元。鼎城、攸县多地数据显示，融合推进区域与农户自防田比较，亩平均增产约 45 千克，此项新增经济效益 1.58 亿元。柑橘大实蝇经连续多年绿色防控，发生程度呈减轻趋势，全省平均虫果率 2010 年为 9.68％，2011 年下降至 8.97％，2012 年下降至 8.69％，2013 年下降

到 8.32％，2014 年 7.89％，2015 年 7.80％。古丈的平均虫果率由 2010 年的 15％下降至 2015 年的 2.01％，年均挽回柑橘 540 万千克，橘农增收 810 万元。

（二）绿防技术应用广泛，社会效益显著

水稻上性诱技术、科学合理用药技术与拌种剂治虱防矮技术、茶叶上生态调控技术、柑橘上大实蝇食诱技术、蔬菜上根肿病防治技术与瓜实蝇"双诱"技术等重大技术得到普及与广泛应用。初步统计，水稻害虫性诱技术应用面积达到 40 万亩，柑橘上果瑞特食诱技术 60 万亩次，高效种衣剂拌种技术 4 000 万亩，氯虫苯甲酰胺及氟虫双酰胺 1 000 万亩次。水稻绿色防控技术中的非化防措施特别是性诱技术的大面积应用提高了公众的关注度，一些地方政府、人大与政协领导多次考察调研，示范区农户争相把稻米作为礼品馈送，非示范区农户纷纷要求加入融合推进区域中来。

（三）绿防技术集成推广，生态效益良好

各地测算，融合推进区域与普通农民自防田及传统专业化统防统治田比较，减少化学农药施用量 18％～34.8％，平均值 21.5％，减少农药施用总量达 64 吨。鼎城区融合推进区域亩平均农药使用量为 371.8 克，比非项目区减少农药使用次数 0.5 次，实际农药使用量减少了 34.8％。资阳区融合推进区域用药 4 次，传统区 5 次；融合区平均每亩用药量 312.8 克（毫升），其中化学农药用量 307.4 克（毫升），统防统治区亩用药 421 克（毫升），融合区比统防统治区每亩少用化学农药 113.6 克（毫升），减少 27％。各地统计，融合推进区域田间天敌数量比自防区或统防统治区要高 21.8％～53％，平均高 25％。

四、存在问题

随着绿色防控作物不断扩充，面积不断扩大，经济、社会和生态效益不断增强，一些问题也日渐凸显，表现在：一是技术储备不够。茶叶、蔬菜部分重大病虫害技术研究上取得了一定进展，但与水稻病虫绿色防控大面积应用渐趋成熟的机制与模式相比，有差距、有不足，尤其是蔬菜种植品种多、病虫害发生种类多、影响因子多，搞病虫害绿色防控的难度比水稻大，这几年的探索与实践还没有完全摸透技术，没有找到一种好的模式，没有建设出一个较有影响力的示范区，没能形成一套标准的技术规程。二是宣传力度不够大。绿色防控是新鲜事物，只有通过强有力的宣传才能引起社会的广泛关注、领导的高度重视与部门支持，显然在宣传这方面还做得不够大，途径不够多，必须想方设法借助舆论的力量达到宣传的高点与亮点。三是一些绿防技术措施实施比较复杂，成本相对较高，难以大面积推广。如丝瓜根结线虫病，使用棉隆进行防治效果虽然明显，但使用存在周期长、安全性较差、一次性投入成本过高、投入产出比低等缺点，在实际应用过程中可行性较低。

▇ 广 东 省

一、主要工作措施

（一）制订方案，印发通知

根据农作物病虫发生情况，广东省及早制订绿色防控方案，印发防控通知，加大农作物病虫绿色防控技术推广力度。分别制订了《广东省水稻病虫害绿色防控示范实施方案》《广东省荔枝病虫害绿色防控示范方案》《广东省柑橘病虫害绿色防控示范工作方案》《广东省农作物病虫害绿色防控工作方案》。今年，通过更新、完善绿色防控技术，印发通知、下乡督导等方式积极推广绿色防控技术，提高绿色防控技术覆盖率。

（二）建立示范区，推广绿色防控技术

一是建立绿色防控示范区。主要是推广生物农药、杀虫灯、性诱剂、色板、稻鸭共育等绿色防控技

术。2015 年共建立 44 个病虫害绿色防控示范区，示范推广面积 8 万亩，辐射带动面积达 40 多万亩；各市、县建设绿色防控示范区 120 个，示范面积 48 多万亩，辐射带动面积达 480 多万亩。二是大力推广杀虫灯、黄板、性诱剂等物理诱控技术。在水稻、蔬菜、柑橘、荔枝等多种作物病虫害绿色防控上推广"四诱"技术。据不完全统计，全省灯光诱杀面积为 400 万亩次，色板诱杀面积为 55 万亩次，性诱剂诱杀面积为 35 万亩次。三是继续推广"以虫治虫"生物防治技术，主要有人工释放胡瓜钝绥螨、平腹小蜂、赤眼蜂等。据统计，全年人工释放捕食螨 13 万亩，人工释放赤眼蜂防治甘蔗螟虫 6 万亩次，人工释放平腹小蜂防治荔枝椿象 2 000 亩次，人工释放赤眼蜂防治稻纵卷叶螟 1 500 亩次。四是大力推广生物农药的使用，主要推广的品种有阿维菌素、Bt、井冈霉素、春雷霉素、枯草芽孢杆菌等，使用面积 1 300 万亩次，降低了化学农药的使用量。

（三）开展试验，集成配套绿色防控技术

在蔬菜、果树、水稻等作物上开展绿色防控技术示范研究。在江门、茂名市开展无人飞行器喷施甘蓝夜蛾核型多角体病毒飞防水稻螟虫的药效试验；在惠州市进行果瑞特实蝇诱杀剂防治实蝇药效试验；在茂名市开展辣椒病虫害综合防治技术示范集成。同时，在惠东、佛冈两县开展水稻病虫害绿色防控示范，开展绿色防控技术的试验、研究以及防控措施，对稻田生物的影响进行调查，以进一步完善绿色防控技术。通过绿色防控技术的试验、示范、研究，初步集成了水稻、蔬菜、柑橘、荔枝、龙眼等主要农作物病虫绿色防控技术，以农业防治为基础，大力推广使用杀虫灯、性诱剂和黄（蓝）诱虫板等物理诱杀技术、稻鸭共育治虫治草技术，以及大量使用 Bt、枯草芽孢杆菌、井冈霉素等生物农药，减少化学农药的使用量，降低农产品农药残留，促进农作物病虫害可持续控制。

（四）抓住重点，推进统防统治与绿色防控融合发展

2015 年全省建立 6 个农作物病虫害专业化统防统治和绿色防控融合试点区，融合试点区实施面积 4 万亩，辐射带动周边 40 万亩农田，整合投入项目资金 200 多万元。为确保试点工作顺利开展，制订了《广东省农作物病虫专业化统防统治与绿色防控融合试点方案》。8 月中旬，组织全省县级以上植保植检站负责人举办农作物病虫害统防统治与绿色防控技术培训班。及时与广东省财政厅沟通，下达省农业植物病虫害防治项目资金 1 000 万元，支持全省建立水稻病虫害绿色防控示范区 28 个，鼓励在示范区由统防统治组织承包病虫防治作业。此外，各地积极争取财政资金扶持水稻专业化统防统治和绿色防控工作开展，据不完全统计，市、县一级落实水稻病虫害防控资金 1 000 多万元。

（五）开展培训宣传，提高绿色防控覆盖面

一是做好绿色防控技术宣传。做到技术指导村村张贴，期期张贴，保证技术入户率和到位率。二是制作了一批绿色防控技术宣传的光盘。发放了一批绿色防控技术宣传的光盘到各地，宣传绿色防控技术，向中国农业出版社购买《农作物病虫害绿色防控技术指南》分发全省各市、县。三是做好绿色防控技术培训。在病虫防治关键时期，组织群众举办各种类型的培训班，进行病虫害防治技术的宣传培训。在绿色防治示范区内，科技入户率达 80% 以上，同时，全省有 20 多个县、区利用电视网络进行病虫情电视预报，为宣传、推广绿色防治技术提供了平台。

二、主要成效与经验

一是绿色防控理念逐年增强。随着绿色防控宣传的深入，广大农业技术干部绿色防控的理念逐步增强，广大农民也开始接受绿色防控技术，部分农民已完成从观望到被动接受再到主动采用绿色防控技术的过程。据统计，全年农作物病虫绿色防控面积为 4 700 万亩次，同时实现绿色防控示范区内病虫危害损失率控制在 4% 以下，使用农药利用率提高 5% 以上，示范辐射区防控病虫危害损失率控制在 5% 以下。二是绿色防控技术应用范围不断扩大。2015 年在全省建立 44 个农作物病虫绿色防控示范区，覆盖了水稻、蔬菜、柑橘、荔枝、茶叶、杨桃、番石榴等 7 大作物。三是绿色防控技术多样化。积极探索绿

色防控单项技术示范及集成，绿色防控技术呈多样化发展，主要推广技术有杀虫灯、性诱剂、黄板、"以虫治虫"和使用生物制剂等，全面实施农业防治、物理防治、生物防治、生态调控等综合治理技术。

三、存在问题及建议

在开展绿色防控工作、推广绿色防控技术上存在一些问题。一是绿色防控技术应用有局限性，如杀虫灯的使用要有一定的连片面积使用才能达到理想的效果，生物农药药效慢，绿色防控技术没有涵盖所有病虫的防控技术，不少病虫没有绿色防控技术，在应用化学农药防治这些病虫时将所有天敌都杀死了，破坏了好不容易建立起来的生态控害平衡。二是绿色防控投入大，绿色产品与市场没有形成对接，短时期很难依靠群众自发投入。三是群众意识普遍不高，科学知识欠缺。杀虫灯的使用维护需要正确操作和保养、捕食螨、赤眼蜂等天敌的人工释放要结合一系列配套措施才能达到较好的控害效果。为了进一步做好绿色防控工作，提出以下几点建议：

（一）政府主导，财政投入

各级成立由政府领导负责的领导小组，省、市、县形成网络，保障绿色防控的顺利实施。加大财政投入，有害生物绿色防控需安装杀虫灯、繁育天敌等，由政府投入，生物农药的购置由政府补贴。

（二）农业部门推广，成立专门组织

各级成立由农业主管部门组织的推广技术小组，负责有害生物绿色防控工作，从果树或蔬菜等作物入手，由示范到推广，由单一作物到多种作物，循序渐进，逐步扩大。

（三）加大宣传力度，形成社会氛围

利用电视、报纸、网络等媒介向广大农民宣传实施有害生物绿色防控的效果和意义，开展绿色农产品认证，进行农超对接，提高绿色农产品的价值，让农民从认识、接受、支持到自发实施绿色防控的措施。

（四）加大研究力度，提高绿色防控效果

目前，绿色防控技术还不是很成熟，有的是针对单一病虫，当复合使用时效果不尽理想，当某一病虫需要用化学药剂防治时，把作物上所有天敌基本消灭光，破坏自然控害生态的形成。同时，复合技术投入成本大，难以持续发展，因此，要加大投入，研究绿色防控技术。

■ 广西壮族自治区

一、主要成效

全区植保系统以"到 2020 年农药使用量零增长行动"为抓手，大力宣传，推进"科学植保、公共植保，绿色植保"，深入实施万家灯火、放蜂治螟等项目，大力推广应用环境友好型绿色防控技术和六大作物病虫害绿色防控技术模式，取得较好成效。据不完全统计，全年新增应用频振式杀虫灯 5 055 台（自治区本级）、释放螟黄赤眼蜂统防统治甘蔗螟虫 39.5 万亩次，全区建设绿色防控技术示范样板 300个以上，带动绿色植保技术应用面积 3 486.37 万亩次，绿色防控覆盖率 21%，比 2014 年减少化学农药用量 620.66 吨（折百含量）。

二、主要措施

（一）加强组织领导

5 月初，研讨制订《广西到 2020 年农药减量控害行动方案》（以下简称《行动方案》）。5 月 15 日，

广西壮族自治区植保总站组织广西区内有关植保专家，对制订的《行动方案》和《推进落实方案》实施的科学性、可行性进行了论证评估，6月正式发布了方案。农业部也高度重视，安排了2 600万元水稻重大病虫防治专项补助资金和100万元农区蝗虫防治补助资金支持全区实施好统防统治项目。为抓好项目实施，自治区农业厅、财政厅联合下发《关于印发2015年广西重大农作物病虫害统防统治项目实施方案的通知》。

（二）落实技术到位

一是制订技术方案。6月，印发了《广西到2020年农药减量控害行动方案》和《〈广西壮族自治区到2020年农药使用量零增长行动方案〉推进落实方案》，指导全区面工作开展。二是开展技术培训。3月，在柳州举办全区农作物病虫害测报预警与绿色防控技术培训班；3～5月，在防城港市上思县、南宁市武鸣县、横县、西乡塘区及北海市开展统一释放赤眼蜂防治甘蔗螟虫技术培训和放蜂行动，联合思昌菱农场、金光农场举办了10期螟黄赤眼蜂统防统治甘蔗螟虫技术系列培训班，培训专业化放蜂队员2 000人次；7月15日，在桂林市全州县举办了全区水稻农药减量控害绿色植保技术培训班；9月1日，在贺州市举办2015年广西农企合作推进农药使用量零增长绿色防控技术培训班，10月29日，在贺州富川县举办全区果树病虫害绿色防控暨以螨治螨生物防治技术培训班。三是加强宣传引导。年初以来已印发《农作物病虫害绿色防控主推技术挂图》2.3万份、《释放赤眼蜂防治甘蔗螟虫技术挂图》2.3万份、"捕食螨生物防治技术彩页"5.6万份，联合广西电视台制作了《放蜂治螟》的宣传短片，并派出技术人员到钦州、崇州、南宁、百色、河池、柳州、桂林、贵港、来宾开展巡回指导和技术培训。四是制定技术规程。制定了《柑橘主要害虫绿色防控技术规程》《螟黄赤眼蜂防治甘蔗螟虫技术规程》等4个技术规程。

（三）实施绿色防控项目

1. 万家灯火项目　自治区财政支持160万元，统一采购频振式杀虫灯5 055台（其中普通型4 810台、太阳能型245台）。

2. 释放赤眼蜂防治甘蔗螟虫项目　争取到自治区农业厅部门预算110万元，统一采购34.375万张蜂卡开展释放赤眼蜂防治甘蔗螟虫行动，覆盖面积1.375万亩，带动南宁市财政投入120万元，采购螟黄赤眼蜂蜂卡35万张，覆盖面积1.4万亩，带动企业投入410万元，覆盖面积5.125万亩。

（四）推进绿色防控与专业化统防统治融合

印发了《自治区农业厅办公室关于做好2015年广西农作物病虫专业化统防统治与绿色防控融合推进试点工作的通知》，制订了水稻、蔬菜、果树病虫专业化统防统治与绿色防控融合推进试点实施方案，以专业化统防统治服务组织为主体，以优化、集成的绿色防控技术为手段，开展农作物病虫专业化统防统治与绿色防控融合示范。7～8月，广西壮族自治区植保总站在钦州、柳州、贵港、贺州举办了4期农作物病虫害专业化统防统治技术培训班，对全区14个市、87个县（市、区）的植保站负责人及部分专业化统防统治服务组织代表、种植大户等共计300多人进行了培训，初步统计，全区建设融合推进示范基地115个，示范面积32.94万亩次。

（五）建设示范样板

4月，制订绿色防控与统防统治融合推进示范区示范方案，启动实施农业部下达广西的统防统治与绿色防控融合示范项目，在桂林市永福县、北海市合浦县、南宁市武鸣县、贵港市平南县建立水稻示范区，在桂林市雁山区、百色市田阳县、贺州市八步区建立蔬菜示范区，在贺州市富川县建立果树示范区。在此基础上，组织在武鸣仙湖、横县良圻农场、上思昌菱农场、金光农场建设7万亩的甘蔗螟虫绿色防控与统防统治融合示范区，安排其中6个点开展甘蔗螟虫性诱试验示范。初步统计，全区建设农作物病虫害绿色防控示范样板300个以上，带动推广应用面积超过3 486.37万亩次。

（六）落实农企合作共建

根据农业部关于印发《农企合作共建示范基地深入推进〈到2020年农药使用量零增长行动〉实施

方案》的通知（农农植保〔2015〕61 号）文件精神，及时组织植保系统开展调研，按照"自愿参加、双向选择"的原则，积极向现代涉农企业、合作组织、新型农业经营主体宣传政策，搞好对接和服务工作。据不完全统计，全区建立农企合作示范基地 57 个，示范面积 14.27 万亩次。

（七）加强国际合作交流

11 月 15 日至 12 月 5 日，自治区农业厅总农艺师王凯学带队一行 13 人赴美国开展绿色植保技术学习交流。

三、2016 年工作重点

（一）加强农企合作

按照"自愿参加、双向选择"的原则，积极向现代涉农企业、合作组织、新型农业经营主体宣传政策，搞好对接和服务工作，尤其是抓好有意向拟共建示范基地建设工作，加强沟通，加深合作，扩大范围，共建好的样板和示范基地。

（二）加强绿防与统防融合推进

一是充分利用病虫防控补助资金，并争取财政支持，调动社会资源，加大扶持力度。二是以解决生产实际问题为导向，加强农科教企协同攻关，优化、熟化、组装集成病虫害绿色防控技术和物化产品，形成操作规程。三是扶持新型农业生产经营主体自主开展绿色防控，形成多元化融合推进格局。

（三）加强示范建设

一是结合"生态家园"，在大中城市尤其是蔬菜基地、水果茶叶优势产区和粮食主产区逐步建立一批高标准的绿色防控示范区。二是进一步规范示范建设，确保示范区达到"五个一"标准，充分展示不同绿色防控技术的防治效果。三是做好三个对接，做好示范企业的技术产品与示范基地的对接、示范企业与植保机构的对接，以及示范企业与种植大户、家庭农场和专业合作社等新型经营主体的对接，联合开展技术集成、产品直供和技术指导服务。

（四）加强集成创新

一是加强农科教和产学研的结合，围绕绿色防控实际需要，加强生物防治、物理防治、生态控制、科学用药等绿色防控产品的研发。二是以生态区域为单元，以作物为主线，通过联合攻关和应用集成研究，形成一批防治效果好、操作简便、成本适当、农民欢迎的综合技术模式。三是优化配套理化诱控技术，不断提高"控害保益"的效果，保护利用害虫天敌和采用生物农药，减少化学农药用量。

（五）加强技术宣传培训

一方面大力培育新型职业农民。开展多层次多类型的绿色防控技术培训，注重农产品质量安全、有机循环农业、绿色植保、科学用药等相关课程的讲授及实践，重点培训生产基地、专业合作组织、协会、种植大户等组织的负责人，通过培训培养一大批掌握绿色防控技术、善用绿色防控技术的带头人。另一方面加强基层农技骨干培训。开展农产品质量安全、绿色防控技术等相关技术的培训，提升基层农技人员技术水平。

■ 海 南 省

一、绿色防控现状

2015 年，海南省农业厅植物保护总站联合市、县农业技术推广部门和植物医院基层服务站分别在乐东、三亚、保亭、万宁、琼海、东方等市、县建立 30 个农作物病虫绿色统防示范区，绿色防控示范作物主要为豇豆、辣椒、苦瓜等冬种瓜菜，核心示范区示范面积 5.5 万亩，辐射带动面积 150 万亩。全年推广生物菌剂应用技术 7.6 万亩，植物诱导免疫技术 18 万亩，推广诱虫色板 120 万张，低毒生物农药 48 万亩。

二、主要成效

（一）作物增产

实施绿色防控以后，作物增产明显。如 2015 年 4～7 月东方市天安乡陈龙村 160 亩豇豆病虫害绿色防控示范区，通过统防统治与绿色防控技术的融合，与周边非示范区豇豆种植户比较，在亩防治成本与非示范区豇豆基本持平的情况下，示范区豇豆亩增产 230 千克，同时在对示范区豇豆不定期检测过程中，示范区豇豆合格率均达到 100%。

（二）田间防治效果明显

海南省农业厅植物保护总站在水稻、瓜菜和果树上推广太阳能灭虫灯、诱虫色板、性诱剂、植物诱导免疫、生物防治等五大技术，针对海南省农作物主要病虫害，防治效果理想，如豇豆豆荚螟防治效果达 90% 以上，蓟马、蚜虫、炭疽病、白粉病、细菌性叶斑病等病虫害防治效果达 80% 以上。

（三）树立当地农业品牌形象

通过绿色防控技术的试验示范，减少了农药投入，提高了农产品质量的同时，也大大提高了示范区农业品牌形象。如万宁"边山豇豆"、东方"陈龙豆角"等，示范区豇豆价格均高于周边地区非示范区豇豆价格 0.3～0.5 元/千克。在示范区品牌效应的带动下，示范区周边地区的种植户纷纷将豇豆运往示范区销售。

（四）有效保护当地农业生产生态环境

绿色防控技术属于资源节约型和环境友好型技术，不仅能有效替代高毒、高残留农药的使用，还能降低生产过程中的病虫害防控作业风险，避免人畜中毒事故。同时，还显著减少农药及其废弃物造成的面源污染。在病虫害绿色防控核心示范区内，平均减少化学农药使用次数 4～6 次，平均化学农药使用量减少 30%，100% 不使用有机磷农药，田间包装袋等废弃物减少 20% 以上。生态环境得到明显改善。

（五）农民安全用药意识提高明显

通过试验示范、技术培训、田间指导和媒体宣传，78.6% 的示范区农户和 51.2% 的非示范区农户对绿色防控技术有了不同程度的认识，绿色防控技术的推广使全省农民了解了植保新技术的应用知识，增强了安全用药意识，同时也提高了用药水平，保障了农产品质量安全。

三、主要经验

（一）加大研究，完善技术

由于土壤地力的下降，海南土传性病害在逐年加重。2015 年，海南省农业厅投资 100 多万元，开展生物菌剂的研究和推广。海南省植物保护总站联合海南大学、市县基层农技部门和海南省植物医院基层服务站，在辣椒、冬瓜、豇豆、苦瓜、哈密瓜等 8 个冬种瓜菜品种，香蕉、绿橙、胡椒等 6 种热带果树和热带作物上开展 21 次应用试验，摸清了该生物菌剂的使用技术，取得理想的试验效果，生物菌剂的推广使用将进一步促进海南省绿色防控技术体系的完善。

（二）创新模式，多重推广

通过不断探索，尝试多种推广模式，如政府主导型、技术驱动型、企业带动型、合作带动型等，摸索出一套针对不同技术的适宜推广模式，如太阳能灭虫器、色板、性诱剂等物理防控技术适合通过政府主导型模式推广；植物诱导免疫技术、作物健康理疗技术等适合通过技术驱动型模式推广；生物农药或者高效低毒化学农药适合通过企业带动型、合作带动型模式推广。

（三）试验示范，树立典型

以作物或者靶标为主线，建立生物菌剂等植保新技术集成或单项技术示范区，展示新技术防控病虫害效果，通过试验示范，树立典型，在试验示范的基础上组织现场观摩，全省全年开展各类绿色防控新技术现场观摩 21 次，观摩培训农户 2 600 多人，引导更多的农户了解植保新技术，应用新技术。从目前来看，试验示范是比较直接、也是较成功的推广方式。在现有的基础上，进一步加大示范力度将是下一个工作阶段的主要方向。

（四）加大培训，提升意识

全省全年共开展绿色防控培训 36 次，通过培训，农民防治水平显著提高，示范区内农药包装袋、废弃物等明显减少，80％的农户对农药安全间隔期有了深入认识，培训效果立竿见影，农民安全科学用药意识、环境保护意识、农产品安全意识等显著提升。

（五）政策引导，注重实效

植保新技术的推广使用，不仅仅是农民的自主行为，必须上升至政府行为，通过政策引导，实施一系列惠农措施，如太阳能灭虫灯、诱虫色板、性诱剂等，对示范区农户进行全额补贴政策，用于生物农药、高效低毒化学农药等，对示范区农户进行差额补贴政策。对于新技术在田间的使用效果，及时组织工作人员进行田间调研，并将应用效果反馈给农户，让农户看得舒心，用得放心。

（六）加强宣传，营造氛围

加强宣传是促进项目开展的一个重要手段。组织农民现场观摩或通过电视、报纸等形式，对典型的示范区，典型的技术重点宣传。通过宣传，更多的农户直接或间接的方式了解国家的政策、扶持的力度、全省的应用情况、单项技术的使用方法等，营造一个推广植保新技术的氛围。

四、存在的主要问题

经过近几年的努力，海南省农作物病虫绿色防控技术应用取得一定成效，但仍然存在许多因素制约绿色防控推进和发展。

（一）农作物病虫害绿色统防培训及宣传普及不到位

虽然在全省范围内举办了绿色统防培训班，并取得一定效果。但培训、宣传力度不够，广大农民对绿色防控关键技术一知半解，有待进一步加强。

（二）广大农民群众绿色、环保观念意识不强

因地域、经济、农民传统观念等因素的影响，广大农民对生物、物理、生态调控等防治技术缺乏自觉参与意识。

（三）推广范围有待扩大

目前的绿色防控从地域上仅局限为绿色统防示范区，从作物上仍局限为冬种瓜菜和水稻，对于海南

省经济价值同样很高的热带果树、热带作物开展力度有待加强。

四 川 省

一、主要工作

（一）切实加强组织领导和政策扶持

全省各级农业部门认真贯彻落实四川省政府《关于加快现代农业产业基地建设的意见》的决策部署，加快推进现代农业产业基地建设，在大力发展现代农业中突出抓好农作物病虫害绿色防控。一是落实责任。四川省农业厅与各市（州）农业（农牧）局年初签订了病虫防控目标责任书，将病虫绿色防控示范任务分解落实到各市（州），各市（州）再与所辖县（市、区）签订目标责任书，将病虫绿色防控示范任务层层分解落实。二是出台政策。近年来，四川省政府在实施"现代农业产业基地建设"和"新增100亿斤粮食生产能力建设"项目中，把绿色防控技术的示范推广列为重要内容。2014年5月，《四川省人民政府办公厅关于加强农产品质量安全监管工作的意见》专门强调："鼓励有条件的地方对安全优质农产品生产、绿色防控技术推广等给予支持"。三是加大投入。省财政和大多数市、县财政逐年加大绿色防控投入力度。省财政从2010年起每年在"新增100亿斤粮食生产能力建设"和"现代农业产业基地建设"项目上安排绿色防控示范工作专项补助经费1 500万元；2014年开始新增安排"农作物检疫性有害生物及重大病虫害防治"项目资金2 000万元，支持示范推广绿色防控技术；今年省级财政和市、县财政累计投入绿色防控等补助资金1亿多元。

（二）层层建立IPM绿色防控示范园区

按照四川省农业厅印发的《关于推进现代植保植检工作的意见》要求，在60个现代植保示范县分别建立主要粮食作物和优势经济作物IPM绿色防控示范园区，每个园区面积1万亩以上。园区重点推广各种害虫诱杀技术、以螨治螨、生态调控、稻鸭共作、生物导弹、植物诱导免疫、生物农药、农药减量控害等关键技术。分别在金堂县和双流县实施油菜和草莓蜜蜂授粉与绿色防控集成示范。蜜蜂授粉绿色防控示范区结实率比自然授粉处理和空白对照提高10％和24.61％，产量提高22.18％和47.96％，出油率提高1.6％和3.4％，净增效益102.75元/亩。通过近两年的试验示范，形成了《油菜蜜蜂授粉与绿色防控增产技术模式》。双流县在设施草莓种植区，选择作物种植相对集中连片、有实施病虫害绿色防控技术和使用蜜蜂授粉习惯的地方建立了1 000亩核心示范区，在示范区开展植物免疫诱导抗性、白粉病和灰霉病药剂筛选、以螨治螨和蜜蜂授粉等试验。

（三）积极推广绿色防控技术措施

近年来，通过农科教企协作攻关，生态调控、害虫诱杀、天敌释放、植物诱导免疫和科学用药等绿色防控关键技术得到丰富完善。一是重视技术创新。近年不断引进、试验、示范国内外先进适用的绿色防控新技术、新产品。在害虫的理化诱控技术上，新增了迷向技术和食诱技术；在病害的绿色防控技术上，引进了植物诱导免疫技术；在科学使用农药上，示范了农药减量使用增效技术等。二是优化技术模式。本着突出重点对象和分类指导的原则，根据本省不同生态区域特点、种植模式、病虫害种类等，针对主要作物优化集成实用的技术模式，为产业的标准化生产提供技术支撑。三是形成技术标准。在优化绿色防控技术模式的基础上总结形成了以作物为单元的绿色防控技术标准（规程）。目前，《柑橘害螨绿色防控技术规程》《茶树主要害虫绿色防控技术规程》《玉米螟绿色防控技术规程》《桃树病虫害绿色防控技术规程》等已先后由四川省质量技术监督局颁布实施；"油菜病虫害绿色防控技术规程"已通过四川省质量技术监督局组织的专家审定。

（四）有序推进绿色防控与专业化统防统治融合

按照农业部办公厅《关于印发〈2015 年农作物病虫专业化统防统治与绿色防控融合推进试点方案〉的通知》要求，今年在 61 个县（市）开展不同作物的专业化统防统治与绿色防控融合试点工作，并及时制订下发了《四川省农作物病虫专业化统防统治与绿色防控融合试点工作方案》，举办了专题培训，落实了示范任务，全省建立专业化统防统治与绿色防控融合推进示范区 120 多个，面积达 500 多万亩。全省已注册或备案植保社会化服务组织近 1 000 家，通过财政补贴、园区带动、服务组织推广，将病虫害专业化统防统治与绿色防控融合推进，促进了绿色防控技术落实到田间地头。

二、主要成效

目前，全省已先后在 120 个县（市、区）累计建立绿色防控核心示范区 2 000 多万亩，是"十一五"绿色防控示范区的 10 倍，年辐射带动大面积开展绿色防控 1 500 万亩以上。

（一）农产品质量安全水平逐年上升

经农药残留检测，绿色防控示范区农产品农残均不超标，全部符合无公害农产品标准。例行监测显示，近年全省农产品质量安全水平稳中向好，未发生一起重大农产品质量安全事件。

（二）病虫危害得到有效控制

据调查，在水稻田应用性诱剂诱杀螟虫效果好，示范区内螟虫危害损失率可控制在 4％以内。利用胡瓜钝绥螨控制柑橘红蜘蛛效果较好，释放后 60 天、90 天和 120 天的防效可持续稳定在 75％以上。"生物导弹"（赤眼蜂携带病毒）示范区对玉米螟的平均防效为 73.39％，高于平均防效为 70.41％的化防区。

（三）农户增产增收

据调查，绿色防控示范区可减少农药施用 3～6 次，每亩减少农药支出 50～300 元。金堂县 3 500 亩蔬菜示范区，一季蔬菜少施用农药 520 千克，年节约农药支出 10.5 万元，亩平节支 30 元。平昌县水稻专业化统防统治与绿色防控融合示范及带动区 5 万亩共计增产 222.6 万千克，以时价 2.60 元/千克计，亩平均增收 115.75 元，仅此一项增加效益 578.75 万元。

（四）农田生态环境有效改善

绿色防控技术能够显著减少化学农药施用，按平均每亩减少农药 0.25 千克计，全省近年累计建设的 2 000 万亩绿色防控核心示范区累计减少使用化学农药 5 000 多吨。同时，绿色防控技术的应用，可以有效改善农田生态系统。泸州市稻鸭共作示范区蜘蛛、寄生蜂等天敌和中性昆虫比非示范区上升明显，稻田生态环境得到有效改善。成都市蔬菜绿色防控示范区蜘蛛、瓢虫、步甲、寄生蜂等天敌数量也明显比对照田高。

三、2016 年工作打算

（一）认真抓好农药减量控害

将根据农业部《到 2020 年农药使用量零增长行动方案》的精神，落实好《四川省到 2020 年农药减量控害行动方案》，以减法的理念、融合的思路落实"控、替、精、统"措施，进一步推进绿色防控工作。

（二）加快技术集成和引进开发

加大对绿色防控技术产品的开发、引进和应用，进一步完善蔬菜、果树和茶叶等作物的绿色防控技术规范，逐步向标准化、规范化的方向发展。

（三）加大宣传培训力度

充分利用广播、电视、报刊、网络等多种媒体，大力宣传绿色防控技术；通过举办培训班、现场技能培训、农民田间学校等，培训绿色防控技能，普及绿色防控知识。

（四）加大投入力度

多渠道争取绿色防控资金投入，依托相关农业项目建设，积极争取当地财政专项资金支持，以新型农业生产经营主体为重点，努力争取社会力量对绿色防控的投入，推动绿色防控技术走出示范园区。

■ 重 庆 市

一、绿色防控取得的成效

（一）绿色防控技术得到进一步推广

2015 年，全市以专业化统防统治与绿色防控示范融合示范、粮油作物万亩高产创建、园艺作物标准园建设、蔬菜基地为平台，开展绿色防控技术示范推广，切实提升绿色防控技术的集成化。全市开展了杀虫灯、稻田养鸭、昆虫性信息素、食诱剂、糖醋液、粘虫板、捕食螨、"生物导弹"、农药助剂、生物农药等绿色防控新技术的优化集成示范，并积极探索适合重庆的农作物病虫害绿色防控集成技术，目前已形成了较为完善的柑橘、马铃薯病虫害绿色防控集成技术。2015 年，全市农作物病虫害绿色防控实施面积达到 1 209.61 万亩次，其中，物理防控（灯诱、粘虫板、性诱等）应用面积 438.99 万亩，生物农药应用面积 770.62 万亩。绿色防控覆盖面积达到 697.42 万亩，绿色防控覆盖率为 20.57%，较上年增加 3.31%。

（二）农作物病虫害专业化统防统治与绿色防控融合成效显著

2015 年，利用 4 个全国农作物病虫专业化统防统治与绿色防控融合示范、9 个市级农作物病虫害专业化统防统治和绿色防控融合示范、粮油作物万亩高产创建示范以及柑橘、蔬菜、茶叶标准园示范等项目建设，带动全市专业化统防统治和绿色防控融合工作的开展。2015 年，全市建立水稻、小麦、玉米、油菜、蔬菜、果树、茶叶等农作物病虫害专业化统防统治与绿色防控融合示范区 248 个，示范面积 22.9 万亩，辐射带动面积 115 万亩，在社会、经济、生态三大效益方面取得了较好的效果。示范区内化学农药使用次数平均少 1~3 次，化学农药用量减少 20% 以上，节约农药成本及人工 5~30 元，平均每亩增产 57.4 千克，每亩产值平均增加 183.6 元。开展融合示范，避免了农民滥用农药的习惯，有效杜绝了高毒、高残留农药的使用，减少了农药包装物乱丢乱弃的现象，降低了化学农药对农业生态环境的污染，大幅减少了人畜中毒事件及对天敌的影响。

（三）农药减量行动初见成效

2015 年，通过加强农企合作共建、健全病虫监测体系、重抓绿色防控示范、力推专业化统防统治、广普科学安全用药等主要措施，农药减量行动得到了有效推进，初见成效。开展的"更多水稻"、"稻之道"水稻病虫全程解决方案示范效果显著，示范区较非示范区亩均减少农药用量 62~210 克，产量增加 60~70 千克，每亩总效益增加 90~160 元。开展的"激健"农药助剂减量降残示范取得很好的效果，化学农药使用量减少 30% 以上。2015 年，全市农药使用量为 7 915 吨（折百 3 086.28 吨），较 2014 年农药商品总量降低 6.89%，折百量降低 6.84%；杀虫剂、杀螨剂、杀菌剂、杀鼠剂等使用量均呈下降趋势。

（四）推进了专业化统防统治的发展

2015 年，全市新增各种专业化统防统治服务组织 55 个，达到 1 780 个，全市机动或电动植保器械数量达到 2.67 万台（套），日防控能力达到 80 万亩，水稻、玉米、马铃薯、小麦、油菜、柑橘、蔬菜、茶叶等 8 种主要农作物专业化统防统治实施面积达到 1 910.23 万亩次，较上年增加 4.6％；统防统治覆盖面积达到 1 090.41 万亩，较上年增加 8.4％；全市主要农作物统防统治覆盖率达到 26.07％，较上年增加 1.93％；专业化统防统治防治效果达到 90％以上，较农户自防提高 8％～12％。

二、主要做法

（一）加强组织领导，加大投入

重庆市农委下发了《2015 年农作物病虫专业化统防统治与绿色防控融合推进试点实施方案》《2015 年重庆市重大农作物病虫害统防统治实施方案》，提出了开展病虫害绿色防控工作的目标任务和工作措施。重庆市种子管理站转发了全国农技中心印发的《2015 年农作物重大病虫防控技术方案》，对水稻、小麦、玉米、马铃薯等作物重大病虫害绿色防控工作提出了具体的防治技术。为了配合全国开展的农药减量行动，重庆市农委下发了《重庆市到 2020 年农药使用量零增长实施方案》，重庆市种子管理站召开了"农药使用量零增长"2015 年度工作研讨会，下发了《关于印发"农药使用量零增长"2015 年度工作计划的通知》（渝植发〔2015〕14 号），提出了在 2015 年农药减量行动中绿色防控的具体工作计划。市财政拿出 180 万元在秀山、大足、云阳等 9 个区县建立了 9 个农作物病虫害专业化统防统治和水稻病虫绿色防控融合示范区，各区县政府投入水稻、玉米、马铃薯、蔬菜、柑橘等主要农作物开展绿色防控达到 600 多万元。

（二）开展绿色防控技术示范推广

一是开展蜜蜂（熊蜂）授粉与绿色防控增产技术集成应用示范。示范区内通过实施蜜蜂授粉、灯诱、色诱、性诱、食诱等多项技术措施，同时提倡优先使用生物农药，选用高效、低毒、低残留化学农药，从农业、物理、生态、生物防控等多方面开展蜜蜂（熊蜂）授粉与绿色防控技术示范集成。蜜蜂（熊蜂）授粉后的番茄果形周正，畸形果率较激素授粉降低 15.1％，提高了番茄的商品性；且果肉肥厚，籽粒数显著高于激素授粉；糖酸比为 8.22，果品口味较激素授粉的更佳。蜜蜂（熊蜂）授粉示范区平均亩产较激素授粉区增产 434 千克，每亩增收 1 388.8 元。蜜蜂（熊蜂）授粉节省了劳力，降低了劳动强度。使用蜜蜂（熊蜂）授粉后，避免了 2，4-滴、防落素、坐果灵等化学激素的使用，减少了对果实的污染，改善了生态环境。

二是开展了多项新农药、新技术试验示范。2015 年，首次在秀山县水稻上使用"生物导弹"防治二化螟试验，"生物导弹"示范区平均为 82.6％，比常规防治区（71.0％）增加 11.6％。在秀山、垫江、万州、长寿、潼南、铜梁等 10 多个区县的水稻、油菜、柑橘等作物上开展了飞机防治病虫害的展示、示范和作业，作业面积达到 3 万亩；同时开展了无人植保机低空低量喷雾试验示范，通过在秀山县大面积调查，无人机大面积示范区防治效果平均为 94.5％，稻纵卷叶螟防治效果平均为 90.2％，防治效果好。开展的噻菌核霉可湿性粉剂防治油菜菌核病试验，每亩 80 克防治油菜菌核病效果为 67.3％，较常规农药防治效果高 2.9％。

（三）开展技术宣传和培训，提高绿色防控技术覆盖面

2015 年，重庆市种子管理站及各区县农业植保部门积极从多方入手，多层次、多角度地开展技术培训。年初召开了全市农作物病虫害绿色防控技术培训会，9 月中旬，在南川召开了全市水稻农药减量控害技术培训会，技术人员还多次到秀山、璧山、南川、綦江等区县开展了农作物病虫害绿色防控技术、安全科学合理使用化学农药技术、病虫害专业化统防统治与绿色防控融合示范技术培训。各区县农业植保部门通过举办专业化统防统治技术培训班、阳光工程培训班、病虫防治现场会等多种方式开展技

术宣传和培训。2015 年，全市共举办各种 540 次、3.4 万人次，发放各类技术资料 98.3 万份，出动宣传车 1 356 台次。

三、存在的问题和建议

（一）绿色防控应用范围有待扩大

目前绿色防控技术应用主要依靠国家行为和一些企业行为，投入也多集中在一些示范区，对绿色防控技术的补贴缺乏公共财政专项支持，使绿色防控应用范围有限，规模不大。建议国家将绿色防控上升为政府行为，设立绿色防控专项资金，加大推进公共植保、绿色植保力度。

（二）与专业化统防统治融合有待加强

目前重庆市病虫害专业化防治队伍和机制较薄弱，服务形式较为单一，与绿色防控融合不够。建议加强专业化统防统治组织建设，对绿色防控技术产品实行补贴政策，鼓励专业化防治组织、种植大户和农民更多地使用绿色防控技术，有利于绿色防控技术与专业化统防统治更好地融合。

（三）绿色防控技术集成有待优化

目前在生产上大面积推广应用的实用性强同时又经济、简单易行的绿色防控产品有限，单一性强，集成度不高，优化度不够。建议加大对绿色防控技术的进一步研究，开发出更多经济实用、集成优化度高的绿色防控产品。

■ 云 南 省

一、绿色防控开展情况

在全省建立了 100 个省级绿色防控技术示范区，示范面积 50 万亩，辐射带动 200 万亩，全省农作物绿色防控实施面积 2 145 万亩，绿色防控覆盖率达 22.66%，农药使用量（折百）1.86 万吨，比 2014 年减少 1 300 吨。粮食高产创建示范基地、园艺作物标准园、现代农业示范区等优势农产品基地绿色防控力争全覆盖。绿色防控示范区关键技术覆盖率达到 80% 以上，综合防控效果达到 90% 以上；区域内病虫危害损失率控制在 5% 以下，农产品合格率 100%，化学农药使用量减少 20%，杜绝高毒农药使用。加强绿色防控技术研究和创新，形成一批以作物为主线的防控效果好、操作简便、成本适当的技术模式，逐步出台云南省水稻、茶叶、柑橘、蔬菜等主要农作物病虫害绿色防控技术标准或规程，促进绿色防控的标准化、规范化。创建一批绿色防控优质农产品品牌，实现农民增收，企业赢利的"双赢"局面。

二、工作内容

2015 年着重在绿色防控技术示范推广、技术应用与开发、人员培训等方面全方位推进了农作物病虫害绿色防控工作。

（一）示范推广

1. 强化示范　2015 年，将腾冲县、马龙县、凤庆县、陆良县等 100 个县确定为水稻、蔬菜、茶叶、水果等病虫害绿色防控省级示范县。要求省级绿色防控示范重点县要根据本地实际，合理选点、科学布局，切实提高示范区建设科学化水平。一是优先在粮食高产创建示范基地、园艺作物标准园、现代农业示范区等基地，开展示范展示。二是省部级示范区面积粮食作物应不低于 1 000 亩，经济作物每个示范区的核心示范点面积 100~500 亩。

2. 抓好推广　各地在做好绿色防控技术集成示范与展示的同时，大面积推广适宜技术。一是应结合本地实际，大面积推广应用绿色农药，落实用好药、少用药，尤其是在专业化统防统治整体推进中落实好科学合理用药技术。二是要做好引诱剂诱杀技术、生物农药应用技术等适用与成熟的单项技术推广工作，探索对成熟适用的非化防技术补贴方式。

3. 科学管控　加强对绿色防控示范区的指导、服务与管理。一是根据示范区主要作物及其病虫害发生规律，制订绿色防控技术方案，推行适宜的绿色防控技术。制订工作方案，明确行政责任人和技术负责人，做到人员到位、责任到位、措施到位，切实保障工作规范化、科学化开展。二是加强项目资金与物质的管理，做到项目经费专账专用，支持物质用到实处。三是加强对专业化统防统治服务组织的服务行为监管，确保技术方案科学、服务到位。四是加强对示范区农药市场的管理，确保无高毒农药上市、无违禁农药下田。

（二）技术应用与开发

加强生物防治、物理防治、生态控制、科学用药等绿色防控产品与技术开发，不断丰富适用于不同区域、不同作物、不同病虫的绿色防控实用产品与技术，推进技术创新、注重作物全过程绿色防控的技术集成，实现防控工作提水平、优质量、上台阶。

1. 技术应用　一是推广抗病虫品种、改善水肥管理等健身栽培措施，推广农田田埂种豆、果园生草覆盖、天敌诱集带等生物多样性调控与自然天敌保护利用技术。二是优化集成蚜茧蜂、赤眼蜂、捕食螨、芽孢杆菌、核型多角体病毒、稻鸭共育等成熟产品和技术，合理应用植物源农药、农用抗生素、植物诱抗剂等生物生化制剂。三是推广昆虫性信息素、杀虫灯诱杀技术，积极开发和推广应用植物诱控、食饵诱杀、防虫网阻隔等理化诱控技术。四是推广高效、安全、低毒环境友好型农药，优化农药的混合使用和安全使用技术，加强农药抗药性监测与治理，普及示范区农药规范使用知识。

2. 技术创新　要在理化诱控技术的优化、害虫天敌保护利用、农药减量安全使用、高效施药器械的应用等方面下工夫，切实提升单项绿色防控技术水平。要有机整合、集成各单项技术，配套形成技术模式或者体系，力争制定与完善本地区绿色防控技术标准和规程。

（三）人员培训

各地通过召开会议、现场讲解等方式，并结合阳光工程、基层农技推广补助项目、农民田间学校等培训项目，加强对从事绿色防控人员的培训，重点内容为宏观政策、现实意义、科学合理用药、成熟适用技术等，提高相关人员对绿色防控理念与意义的认识，培育一批懂技术、善用技术的技术带头人，不断提高绿色防控技术的普及率和到位率。

三、存在问题

（一）绿色防控认识有待进一步提高

一是化学农药防病虫见效快，使用方便，农民对生物农药的特性缺乏了解，普遍认为生物农药贵，施药条件严格，药效缓慢，防治效果不如化学农药，多数农户习惯使用高效、快速、见效快的农药。二是各级领导干部和技术人员对绿色防控技术认识有差异，认为投入大、操作麻烦，对绿色防控技术的推广工作有一定难度。

（二）技术集成需进一步优化

云南省属于作物和生态多样性地区，现有技术和产品使用效果存在差异，还需要进一步探索研究；绿色防控涉及生态调控、物理防控等多种技术综合利用，技术体系，技术集成，推广方法有待进一步深化。

■ 陕 西 省

一、绿色防控工作开展情况

(一) 强化组织领导，加大支持力度

陕西省各级累计投入绿色防控资金 600 多万元，下发了《蜜蜂授粉与绿色防控增产技术集成应用示范》《绿色防控与专业化融合试点示范》等 11 个示范项目实施方案，全面安排部署全省示范工作。从省级财政植保专项经费中列支重大病虫害绿色防控专项 150 万元，并统一购置、下发性诱捕器、杀虫灯、高效低毒药剂等示范补助物资，支持绿色防控工作开展。

(二) 集成规范技术，创建多点示范

实地调研，综合考虑各方面因素，以陕西果树代表作物苹果和猕猴桃为突破口，以蜜蜂授粉与绿色防控增产技术集成示范、全国病虫害绿色防控与专业化融合试点、苹果树腐烂病综合防控示范等 12 个示范区建设为重点，在粮食主产县、果业基地县的临渭、富平、定边、洛川、铜川、宜川、大荔等县共建立部级和省级绿色防控示范区 32 个。

创建示范区的同时，针对生产中的突出问题，设立"苹果炭疽叶枯病发生规律与综合防控技术研究"项目，制订《性信息素诱杀金纹细蛾技术研究》《设施蔬菜电杀线虫》《色粘板诱杀粉虱蓟马》《石灰氮太阳能土壤消毒》等试验方案 10 多个，组织开展"农业健身栽培＋性诱杀＋科学药剂组合"、"苹果树腐烂病和猕猴桃溃疡病危害损失评估"、"迷向丝信息素防治桃树梨小食心虫"、"生物药剂苦参碱防治苹果害虫"、"智能杀虫灯诱杀果树害虫等项目研究"等绿色防控技术试验研究，形成田间应用技术要点，完善和丰富了绿色防控技术体系内容。

通过部、省的示范带动，全省建立农作物病虫害绿色防控示范点 60 多个，示范面积 56 万多亩，辐射带动 240 多万亩。果园生草等生态调控面积 82 万亩，杀虫灯、黄板等物理诱杀应用面积 194 万亩，诱虫带 110 多万亩，应用性信息素诱杀害虫面积 9 万多亩，释放捕食螨等天敌产品应用面积 49 万亩，氨基寡糖素等免疫诱抗剂应用面积 82 万亩，生物农药灭幼脲、多抗霉素等应用面积 560 多万亩，有力推动了病虫害绿色防控技术的大面积推广应用。

(三) 融合专业化，探索推广途径

以绿色防控与专业化融合试点示范区建设为契机，各示范县根据自身区域实际，依托现代新型生产和经营主体，通过服务创新，积极开展绿色防控技术与专业化统防统治有机融合，技术推广和机制搭建并重发展，探索技术推广有效途径，实现联防联控整体推进。

例如小麦示范区病虫害绿色防控全程依托渭南旺田机防大队、渭南绿盛防治专业队，从小麦播种开始，实行技术、物资、机防员"三配套"，农药统购、统供、统配和统施的"四统一"服务，在药剂拌种、冬前化防、一喷三防等关键时期，全部组织机防队利用植保专业化喷药器械统一防治，推广规范操作，全程专业化服务。大荔县依托苑丰专业化合作社，建立统防统治与绿色防控融合示范区 1.06 万亩，涉及 61 个村民小组，5 346 户，为防治组织配置机动喷雾器 25 台，大力推进专业化统防统治和绿色防控技术措施，强化两者协调配合应用，逐步形成操作规程。

(四) 强化指导宣传，扩大绿色防控影响力

关键防治时期，组织召开了全省苹果病虫害绿色防控暨苹果树腐烂病防控技术现场培训会，30 多个苹果基地县负责人和技术干部参加了现场观摩和技术培训。洛川绿色防控示范区作为全国苹果减量控害示范现场，向全国苹果主产区的代表示范展示了"健身栽培和生态调控、病虫基数控制、免疫诱抗提高、部分害虫诱杀、科学药剂组合和高效器械应用"等绿色防控六大技术。组织技术人员深入田间地头，开展灵活多样的技术现场指导，充分发挥示范园区核心示范户、科技示范户、专业合作社的技术辐

射和带动作用，解决农民绿色防控中的技术难点。采取集中专题培训、开办农民田间学校、印发绿色防控技术手册、防治通知单等多种形式，加大示范区绿色防控技术培训力度。全年开展绿色防控技术培训120 多场次，发放各类技术书刊资料 20 万多份，培训人员 10 多万人次。

二、取得成效

（一）蜜蜂授粉效果显著

调查结果表明，蜜蜂授粉示范区坐果率高，幼果发育好，果形端正，畸形果率低。苹果蜜蜂授粉区、常规授粉区、对照区（网罩）的平均坐果率分别为 30.67％、30.32％和 2.29％；平均幼果畸形率分别为 21.66％、42.66％和 46.31％，以蜜蜂授粉区最低；平均单果种子数分别为 6.9 个、6.5 个和4.4 个；蜜蜂授粉区、常规授粉幼果的直径分别为 3.4 厘米、3.1 厘米，周长分别为 10.11 厘米和 10.1厘米，蜜蜂授粉区幼果发育良好。樱桃设施大棚蜜蜂授粉区、对照区的平均坐果率分别为 73.5％和41.3％，畸形果率分别为 5.1％和 10.1％；布鲁克斯品种蜜蜂授粉区、对照区的平均坐果率分别为13.8％和 8.2％，畸形果率分别为 4.2％和 14.3％。大田樱桃（红灯）蜜蜂授粉区、常规授粉区和对照区（网罩）的平均坐果率分别为 53.3％、35.1％和 6.8％，畸形果率分别为 4.89％、23.76％和0.58％，蜜蜂授粉区坐果率明显优于常规授粉区和对照区。

（二）病虫危害得到有效控制

绿色防控技术的集成与综合应用，压低了病虫基数，增强了树体抗性，有效控制了病虫危害。核心示范区小麦锈病、吸浆虫、玉米螟、马铃薯晚疫病、苹果树腐烂病、早期落叶病、猕猴桃溃疡病、椿象、设施蔬菜灰霉病、黄花菜锈病、地下害虫等主要病虫害防控率 90％以上，病虫危害损失率控制在 5％以内，防控效果显著。苹果采收前（9 月底）调查，洛川、宜川、长武以褐斑病和金纹细蛾为例，绿色防控示范区、辐射带动区和农民自防区早期落叶病的病叶率分别为 1.8％、9.0％、17.5％，示范区较农民自防区果园降低 15％；金纹细蛾虫叶率 0.8％～1.2％，较农民常规防治区的4.0％～9.3％减少了 3.2％以上，折百虫叶量 1.2 头，比常规区 10.4 头减少了 9.2 头。示范区苹果树腐烂病防治效果达到 92.3％，平均病株率 2.3％，病斑复发率为 0.62％，较农民常规防治区的15.09％和 1.8％分别减少了 13％和 1.2％。周至猕猴桃核心示范区示范园和农民常规防治区椿象危害果率分别为 3％和 11％，示范园较农民自防区椿象防控效果提高 9％。12 月中旬田间调查，全县溃疡病平均病园率 6.7％，平均病株率 0.5％，主要在红阳等易感溃疡病猕猴桃品种上，而示范园没有发现发病猕猴桃植株。樱桃梨圆蚧通过树体刷除后喷药防治，效果达到 90％以上；流胶病无新发病斑，穿孔病、叶斑病虽有发生，但病叶率在 2.6％～5.5％，基本不造成危害；梨小食心虫蛀梢率不足 1％，常规防治园 3％～5％；果实成熟期果蝇防效显著，示范园零星发生，常规防治区为害率达 25％～32％。

（三）实现了减量增效

示范区在做好病虫情监测预报的基础上，结合果园生态环境、病虫防治指标、药剂使用特性等，严格把握化学防治次数，减少混用药剂品种，优先使用生物药剂，科学选用、组合化学药剂，遵守《农药合理使用准则》和《农药安全使用规范》，同时配套害虫诱杀、免疫诱抗等技术的应用，控制了农药浪费和污染，提高了果品品质，达到了减量、提质、增效的效果。

小麦绿色防控区全程防治次数较农民自防区减少 1～2 次，同时减少了用工量，扣除化防后粗略计算，亩增收 160 元，省工省药增效。苹果、樱桃绿色防控示范区建立的生产档案调查表明，各项绿色防控技术在示范区的应用，整个生育期化学防治用药次数减少 1～2 次，每次防治的化学药剂品种减少 1～2 种，每亩施药液量减少 25％，整体化学农药使用量减少了 15％～20％，平均每亩节约用药成本 50 多元，较农民常规防治区降低约 18％。周至示范区较果农常规防治区农药使用量减少 26％，其中用药次数减少 2 次，每种农药用量减少 37.5％以上。蔬菜示范区病虫防治成本比去年降低约 15％，农药使用量较去年减少 20%～30%。

绿色防控示范区亩防治投入较之农民常规防治区略有增加，但亩产量、优果率、果品售价、亩收益等方面较农民常规防治区有不同程度提高。苹果和樱桃蜜蜂授粉与绿色防控示范结果调查表明，示范区平均亩产量分别为 3 831 千克和 1 080 千克，较农民常规防治区增产 5%和 13%；商品果率分别为 92.4%和 94.9%，较农民常规防治区提高 17%和 15%。扣除绿色防控技术投入增加的成本 116～130 元，苹果和樱桃亩纯效益分别增加 2 148 元和 5 670 元。

（四）技术体系更趋规范

通过绿色防控技术试验和示范，以作物为主线的全生育期绿色防控技术体系不断完善成熟。小麦绿色防控示范区示范了合理布局抗耐病品种、推广秋播拌种和种子包衣预防技术、积极做好农业防治、推广高效环保化学农药防治技术等绿色防控技术措施。果树方面，重视农事栽培、科学肥水管理、果实套袋、果园生草等农业健身栽培和生态调控技术，形成了在监测预报的基础上，"病虫基数控制、部分害虫诱杀、免疫诱抗应用、科学药剂组合、高效器械应用、药剂涂干预防腐烂病"为核心技术的全生育期绿色防控技术体系。总结、提炼形成了《小麦吸浆虫防治技术规程》《苹果全生育期绿色防控技术规范》、以药剂涂干为关键技术的《苹果树腐烂病综合防治技术规程》《白菜病虫害绿色防控技术规程》和《西甜瓜病虫害绿色防控技术规程》等地方标准 6 个。这些技术模式和规程为进一步开展农作物病虫害绿色防控技术的推广应用奠定了良好的基础。

■ 甘 肃 省

一、绿色防控开展情况

2015 年围绕全省 39 个县（区）的 53 个绿色防控示范区，以小麦、玉米、马铃薯、蔬菜、果树等作物为重点，建立麦积区、秦州、清水、秦安、甘谷县等 17 个小麦绿色防控示范区，面积 49 万亩，辐射带动 380 万亩；建立甘州、山丹、民乐、临泽、高台县等 11 个玉米绿色防控示范区，面积 40 万亩，辐射带动 285 万亩；建立安定区、通渭、渭源等 8 个马铃薯绿色防控示范区，面积 8 万亩，辐射带动 150 万亩；建立凉州区、靖远、甘谷县等 9 个蔬菜绿色防控示范区，面积 2.4 万亩，辐射带动 13.5 万亩；建立静宁、秦安、清水、礼县等 8 个苹果绿色防控示范区，面积 2 万亩，辐射带动 16 万亩。全省共完成绿色防控 847 万亩次，示范区绿色防控效果达 85%以上，与农户分散防治区比较，平均防治效果提高 15%以上。示范区一个生长期减少农药使用 1～2 次，粮食作物农药用量减少 12%以上，蔬菜、果树农药用量减少 20%以上，危害损失率控制在 5%以内。

二、主要技术模式

（一）小麦病虫害绿色防控技术

一是重点集成示范推广条锈病源头区退麦改种，不同类型抗条锈病品种合理布局，生物多样性控制或减轻条锈病危害；二是生态调控，主要是铲除自生麦苗，降低越夏菌源，适期晚播减轻秋苗发病；三是强化药剂拌种，推广药剂拌种压低秋季菌源和防治地下害虫；四是科学合理使用高效低毒化学农药技术。2015 年调查数据显示，与农户自防区域相比较，核心示范区麦红蜘蛛防效 89.5%，麦蚜防效 83.6%，小麦条锈病防效 87.1%，小麦白粉病防效 80%。每亩节约农药 5～8 元，节约人工费 10～15 元，减少用药 1～2 次，减少用药量 20%～40%。

（二）玉米病虫害绿色防控技术

以瘤黑粉病、顶腐病、红蜘蛛、二代黏虫、玉米螟为主，兼顾丝黑穗病、地下害虫等。一是健身栽培技术，主要是推广抗病虫品种，合理密植，加强水肥管理、合理轮作倒茬等农业措施；二是产前预防消毒，种子包衣；三是物理技术诱杀，杀虫灯和性诱剂诱杀玉米螟、棉铃虫等害虫技术；四是生物防治，主要是白僵菌封垛、释放赤眼蜂、喷施 Bt 防治玉米螟技术；五是科学合理使用高效低毒化学农药。

（三）马铃薯病虫害绿色防控技术

以马铃薯晚疫病为主，兼顾早疫病、环腐病、病毒病等为重点防控对象。一是选用脱毒、抗病种薯适期播种、合理轮作间作、加强水肥管理、增施磷钾肥；二是种薯处理，选用合适药剂进行种薯处理，减少种薯带菌量和交叉传染；三是选用生物农药、植物源农药防治；四是科学合理使用高效低毒化学药剂。

（四）蔬菜病虫害绿色防控技术

一是集成健身栽培技术，主要是抗病品种，轮作和间作，合理密植，配方施肥，加强田间管理以及清洁田园等农业措施。二是"四诱"防治技术：分别是黄板、蓝板诱杀和防虫网阻隔、银灰膜驱避害虫技术，杀虫灯诱杀害虫技术，昆虫性息素诱杀小菜蛾、甜菜夜蛾、斜纹夜蛾技术，种植诱集植物，增加天敌昆虫数量；三是生物防治技术，苏云金杆菌（Bt）防治甜菜夜蛾、斜纹夜蛾、棉铃虫技术，捕食螨防治害螨、粉虱和蓟马技术，丽蚜小蜂防治温室白粉虱技术；四是科学合理使用高效低毒化学药剂。

（五）果树病虫害绿色防控技术

一是健身栽培，主要是合理间伐和修剪，科学肥水管理，增强果树长势，提高抗病虫能力；二是保护利用天敌，主要是推行果园生草栽培，改善果园的生态条件，增加天敌种群和数量；三是物理防治，主要是杀虫灯、黄板、昆虫性信息素、诱虫带等诱杀害虫技术，种植诱集植物，增加天敌昆虫数量，控制害虫危害；四是推广生物农药。

三、取得的成效

（一）经济效益

调查结果，示范区挽回各类作物产量损失 5 645 万千克，增加产值 11 210 万元，带动区挽回各类作物产量损失 54 635 万千克，增加产值 82 715 万元。其中，小麦示范区平均亩产 325 千克，农民自防区域亩产 300 千克，亩挽回损失 25 千克，按每千克 2.0 元计算，亩增收 50 元，示范区共挽回小麦损失 1 225 万千克，2 450 万元。玉米示范区平均亩产 750 千克，农民自防区亩产 720 千克，亩挽回损失 30 千克，按每千克 1.8 元计算，亩增收 54 元，示范区共挽回玉米损失 1 200 万千克，2 160 万元。马铃薯示范区平均亩产 1 800 千克，农民自防区亩产 1 500 千克，亩挽回损失 300 千克，按每千克 1 元计算，亩增收 300 元，示范区共挽回马铃薯损失 2 400 万千克，2 400 万元。苹果示范区平均亩产 2 500 千克，农民自防区亩产 2 450 千克，亩挽回损失 50 千克，按每千克 6 元计算，亩增收 300 元，示范区共挽回苹果损失 100 万千克，600 万元。

（二）生态效益

绿色防控技术属于资源节约型和环境友好型措施。与农民分散防治区相比，示范区一个生长期减少农药使用 1～2 次，粮食作物农药用量减少 12％以上，蔬菜、果树农药用量减少 20％以上，不仅显著减少农业面源污染，而且减少了对有益生物的杀伤，保护了农业生态环境，改善农田生态环境，促进农业可持续发展。

（三）社会效益

通过病虫防控示范、宣传、引导，得到政府部门的重视和财政支持，提高了农户的认识水平，能主动参与防控工作，有利于防控工作的推广，有利于农产品质量安全水平的提高。

四、存在的主要问题

一是部分干部群众认识不到位。不少地方并没有真正将绿色防控上升到整个民族健康安全的高度去认识，认为绿色防控技术繁杂，是政府的事，又没有项目和经费支撑，缺乏工作主动性。农民应用绿色防控技术，在生产实际中遇到防治成本高、应用要求高、管理复杂等问题感到棘手，多数农户仍是依赖化学防治，只注重病虫防治的速效性和产量，而不重视农药污染农药残留问题，对此项工作动参与的积极性不够。

二是单纯的堆砌绿色防控技术。对不同作物绿色防控技术模式缺乏科学的认识，不管是什么作物，只要涉及绿色防控技术就是单纯的安装杀虫灯、挂黄板，出现了"绿色防控是个筐，什么技术都往里装"的现象。

三是技术集成水平不高。目前，各地对于小麦、玉米、马铃薯等作物还没有集成科学有效的绿色防控技术模式，技术集成水平不高，还处于初步探索阶段。另外绿色防控技术在生产实际中有成本高、技术要求高、管理复杂、见效较慢等问题，技术推广有很大难度。

四是地方扶持政策不够。目前，市、区财政都还没有专项财政资金支持，难以满足全面推进绿色防控工作的需要，难以调动农民和服务组织的积极性。建议增加专项投入，强化示范区建设，提高农产品质量安全水平，保护农业生态环境安全。

■ 宁夏回族自治区

一、2015 年全区绿色防控开展情况

2015 年全区整合相关项目资金，依托粮食高产创建、蔬菜标准园建设，充分利用专业合作社、种植大户、农业生产企业等新型经营主体，通过资金补助或物化补贴等形式建立专业化统防统治及绿色防控融合示范区，集成推广绿色防控技术。

（一）主要绿色防控技术示范应用情况

全区绿色防控技术主要应用在粮食作物、蔬菜和其他经济作物中，以性诱剂、微生物制剂、杀虫灯和色板为主。其中，性诱剂应用面积 7.18 万亩；生物制剂应用面积 38.77 万亩；太阳能杀虫灯应用面积 13.5 万亩；色板应用面积 11.78 万亩。

（二）高效低毒低残留农药示范情况

2015 年全区依托专业化统防统治及绿色防控融合示范区开展了高效低毒低残留药剂的示范推广工作，示范区共示范低毒低残留农药 164.57 万亩，涉及杀虫剂、杀菌剂、除草剂和植物生长调节剂共 4 大类 9 种药剂。统计显示，全区低毒、微毒农药使用面积占防治面积的 60% 以上。

（三）不同作物绿色防控技术推广情况

全区绿色防控以生物农药、杀虫灯、农业措施、种子包衣、土壤封闭、"四诱"等为关键技术措施，取得了良好的经济、生态和社会效益。据统计，2015 年全区绿色防控累计示范面积 8.88 万亩，带动绿色防控技术应用面积 88.5 万亩。其中，全区粮油作物的绿色防控示范面积为 2.83 万亩，带动绿色防控应用面积 30.18 万亩；经济作物的绿色防控示范面积为 6.05 万亩，带动应用面积 58.32 万亩。

二、取得的主要成效

一是推广了一批绿色防控产品。2015 年在 46 个绿色防控示范区示范应用了杀虫灯、性诱剂、诱虫

色板、生物农药等绿色防控产品，并取得较好的防治效果，为进一步推广起到了示范作用。二是示范区有效减少了农药使用量。示范区通过绿色防控产品的使用，粮食作物田平均每亩减少农药使用 2.1 次，减少农药使用量 85 克，减少 44％；蔬菜田平均每亩减少农药使用次数 4.25 次，减少农药使用量 150 克，减少 41％。三是集成配套了一批绿色防控技术体系。为进一步推广奠定了基础，如在露地番茄上针对烟青虫、小地老虎、蚜虫、蓟马、粉虱、灰霉病、晚疫病、早疫病等病虫害配套了"杀虫灯＋诱虫色板＋生物农药＋杀菌剂（嘧菌酯、苯醚甲环唑等低毒农药）"措施。

三、主要工作措施

（一）加强组织领导

各地均成立工作领导小组和绿色防控技术指导专家组，充分整合有关项目和技术力量，保证各项措施落实到位，做好工作的组织管理和服务工作。

（二）加大投入力度

今年，自治区安排 100 万元专项经费用于采购绿色防控物资，用于各示范点开展示范工作，各市、县、区也从粮食高产创建、蔬菜标准园建设等项目经费中安排一定的资金用于绿色防控示范工作，确保工作取得实效。

（三）抓好宣传培训

一是召开绿色防控现场会，并利用各种新闻媒体，张贴标语等，开展各种形式的宣传，转变了农民思想意识。二是加强对从业人员和植保技术人员的培训，重点培训安全用药、防治技术、机械维修、政策法规、职业道德和管理知识等。

（四）强化督促检查

在病虫害防治的关键时期，组织专家指导组到各示范区（点）进行绿色防控技术培训与指导，同时，对工作开展情况进行督导检查，重点查看绿色防控示范区防效情况、与农户的服务合同签订情况等。

四、绿色防控工作中存在的问题

近年来，全区在实施绿色防控示范工作中取得了一些成效，但在技术的应用、大面积推广中仍然存在问题：

（一）农户的认识不足，使用意愿不高

一是农户的安全意识不高，在农药的使用中不能严格按照安全间隔期、安全用量使用。二是物理、生物防治措施相对成本较高，农民投入意愿不高。三是农户在防治中注重对病虫害防治的速效性，但绿色防控技术往往达不到速效性的要求，也是农户不愿意使用绿色防控技术的主要因素之一。

（二）技术人员及大多数农户的技术水平不高

影响到绿色防控技术的推广应用。物理和生物防治技术都要求在病虫害发生初期使用才能达到较好的效果，但农户长期形成的"见病虫才打药"的重治轻防的习惯难以改变，加大了绿色防控工作的推广难度。

（三）政府在政策与资金扶持上力度不够

目前绿色防控基本上停留在示范阶段，还没有大面积推广，主要是政府的投入不大，示范面积小，

宣传推动不够。

（四）技术体系还不配套、不成熟

目前的绿色防控技术基本停留在"单兵作战系统"，如玉米上推广应用了 Bt 防治玉米螟技术很成功，但是配套的玉米蚜虫、叶螨、大斑病、小斑病等其他病虫害绿色防控技术还不成熟，不能形成以绿色防控为主的综合防治体系。

■ 新疆维吾尔自治区

一、绿色防控工作开展情况

全区农作物病虫害绿色防控工作主要以粮食作物、棉花和特色园艺作物为重点，积极开展以生态治理、农业防治、生物防治、物理防治和科学用药等技术措施为主的绿色防控技术体系集成示范与推广工作。据不完全统计，2015 年全区农作物病虫害绿色防控面积达 2 300 万亩次，核心示范区技术到位率 80％以上，防效达 90％，减少化学农药使用 15％以上，取得了良好的经济效益和生态效益。

二、采取的主要措施

（一）加强组织领导

2015 年，全区围绕重点区域和重点作物，积极推进统防统治与绿色防控融合，大力推广绿色防控技术，以小麦、蝗虫为主，涵盖玉米、水稻、棉花、向日葵、设施农业和特色园艺等，在 49 个县（市、区）建立了病虫害绿色防控示范区，示范面积 90 万亩，辐射面积 500 万亩。通过大面积试验示范，推广非化学防治技术，将绿色防控技术组装到综合防治技术体系中，逐步加以规范化和标准化，进一步推动了病虫害绿色防治技术推广应用。同时，在开展农作物病虫害绿色防控技术示范区建设的基础上，继续总结经验，组织塔城市、疏附县、奇台县和轮台县等县市集成了可在当地小麦上推广应用的主要病虫害绿色防控技术模式，促进了当地绿色防控技术的标准化。

（二）做好绿色防控新技术、新产品试验示范与推广

一是根据重大病虫防控需求，积极开展新技术和新产品试验示范工作。2015 年在 17 个试验基地开展 10 种药剂的 26 项田间试验示范工作，分别在棉花、玉米、小麦、红枣、香梨和苹果等作物上开展了性诱剂诱集、45％烯肟菌胺·苯醚甲环唑·噻虫嗪拌种、芸薹素内酯提高作物抗逆性、多抗霉素防治棉花枯萎病、麦田杂草防除和一喷三防药剂筛选等试验示范工作，筛选示范推广安全高效、低毒、低残留农药及使用技术。

二是狠抓关键技术。依托示范区建设，在示范区重点采取推广生态工程技术，如作物间套种、天敌诱集带等生物多样性调控与自然天敌保护利用等技术，改造病虫害发生源头及滋生地环境；理化诱控技术，重点推广昆虫性信息素、杀虫灯、诱虫板、植物免疫诱控及防虫网阻隔驱避害虫等技术；生物防治技术，重点推广应用以虫治虫、以螨治螨、以菌治虫、以菌治菌等生物防治关键措施，加大成熟技术和产品的示范推广力度，优化单项绿色防控技术，组合集成适合不同生态种植区的配套防控措施，为绿色防控技术推广提供了有力保障。

三是以小麦和蝗虫为目标，重点抓好小麦重大病虫和亚洲飞蝗绿色防控。2015 年利用小麦重大病虫补助经费，在全区建立小麦重大病虫草害绿色防控、小麦重大病虫草害统防统治、小麦重大病虫草害绿色防控与统防统治融合、小麦重大病虫重点防控技术集成及小麦重大病害等示范区 31 个，示范面积 48 万亩。同时，结合示范区建设开展了小麦重大病虫绿色防控技术、小麦"一喷三防"技术和小麦除草技术等试验示范 6 项，试验示范面积 9 万亩。实施蝗虫防治 130 万亩，其中统防统治 130 万亩，生物防治面积达 30 万亩，占项目总防治面积的 23％以上，绿色防控 32.5 万亩，应急防控 40 万亩，无人机

防治 10 万亩，挽回损失 2 万余吨，带动全区农区蝗虫防控面积 172.6 万亩次，推进了全区蝗虫绿色防控。

（三）进一步推进蜜蜂授粉与绿色防控增产技术集成示范和推广工作

2015 年，分别在福海县和伽师县建立棉花和向日葵蜜蜂授粉与绿色防控增产技术集成应用示范区，其中，向日葵示范面积 3 000 亩，辐射面积 10 000 亩，伽师瓜示范面积 1 000 亩，辐射面积 3 000 亩，组织蜂业、植保等相关专家研究制订了《新疆蜜蜂授粉与绿色防控增产技术集成应用示范方案》，在示范区选点、制订实施方案、技术指导和培训等方面督导示范工作，并积极协调自治区蜂业技术管理总站和各地有关单位，对农户和蜂农集中进行了技术培训，有力地促进了示范区工作顺利开展。试验区向日葵和伽师瓜产量分别较常规种植亩均单产增长 16.36％和 14.75％，实现了增产、提质、增效，受到当地农民的欢迎。

（四）继续推进农作物病虫害专业化统防统治与绿色防控融合

根据农业部关于开展专业化统防统治与绿色防控融合试点工作要求，继续在奇台县和疏附县建立小麦病虫统防统治与绿色防控融合试点示范区，在博乐市和新和县建立棉花病虫专业化统防统治与绿色防控融合试点示范区，示范面积 11 万亩，辐射带动 95 万亩。通过融合试点示范区建设，对融合方式进行了积极探索，强化两者协调配合应用，大力推进了专业化统防统治和绿色防控技术措施，为大面积推广应用积累经验。

（五）认真开展宣传培训

与有关农药和植保机械生产企业合作，在阿图什市、和田市、哈密市、疏附县、奇台县、吉木萨尔县、鄯善县、焉耆县、沙雅县等地举办了"农药安全与科学使用技术"、"农作物病虫害专业化统防统治组织机手"等培训 14 期，培训统防统治组织成员、技术人员、种植大户和广大农民 1 600 余人次。结合"蜜蜂授粉与绿色植保技术集成应用示范"项目，在福海县和伽师县开展蜜蜂授粉与绿色植保技术培训，对向日葵和特色农业病虫害综合防控技术和农药安全与科学使用技术方面举办讲座 2 期，培训广大农民 300 余人。

同时利用各类媒体多途径、多渠道宣传绿色防控理念及技术。重点围绕示范区展示不同绿色防控效果，真正把示范区办成绿色防控技术的宣传田，让各级领导、社会各界和广大农民了解绿色防控的显著成效和作用，为绿色防控工作营造良好的社会氛围。

三、存在的问题及建议

目前全区绿色防控尚处于起步发展阶段，必须解决好政策支持、经费投入、宣传培训、技术研究等一系列问题，让绿色防控技术的推广和应用步入可持续发展的轨道。

（一）争取政策支持，加大资金投入

要积极探索绿色防控技术服务和投入品补贴办法，逐步建立"财政补贴、技术部门服务、生产者投入"的绿色防控技术应用长效机制。与传统的防治手段相比，绿色防控采用的一些技术手段成本相对较高，农民很难摒弃化学防治而接受绿色防控技术，通过政策支持和经费补贴，以点带面、示范展示，才能更好地推动绿色防控技术的普及和推广应用。

（二）促进产业化发展，实施专业化统防统治

随着广大群众对绿色农产品的需求和现代农业发展的需要，结合各地专业化统防统治组织建设，积极引导社会力量支持和参与，探索组织与农户合作、技术与物资结合、市场与品牌对接、企业与部门联合的绿色防控推广模式，实现农作物病虫害绿色防控技术产品和绿色农产品产业化发展。

（三）注重技术创新，扩大推广范围

目前绿色防控技术主要集中在棉花、蔬菜等作物上。因此，必须针对作物布局和病虫发生规律，提出简单实用的单项绿色防控技术和全程绿色防控技术体系，扩大绿色防控技术到位率和覆盖面。

（四）加强宣传指导，提高认识水平

加强与农药、药械企业、优秀专业合作组织、基层农技植保技术部门的合作，培养一支高素质的绿色防控推广普及队伍。要通过科技下乡、科技入户、农民田间学校等不同形式和渠道大力宣传绿色防控技术，提升农民科学防控病虫害水平，提高广大农民对绿色防控技术的认可度。

■ 新疆生产建设兵团

一、绿色防控工作开展情况

（一）核心示范区建设情况

2015年在新疆生产建设兵团建立3个国家级核心示范区，在第八师143团建设国家级绿色防控与专业化统防统治融合推进示范基地，棉花示范面积0.5亩，辐射带动面积8万亩；在第一师8团建设国家级红枣病虫害绿色防控示范区，示范面积0.01万亩，辐射带动面积1万亩；在第八师121团建设国家级葡萄病虫害绿色防控示范区，示范面积0.01万亩，辐射带动面积1万亩。通过核心示范区的建设，为2015年兵团绿色防控工作起到良好的示范带动和推动作用。同时通过依托2015年兵团实施的农作物病虫害绿色防控技术研究与示范推广项目，在兵团12个师围绕棉花、小麦、玉米、加工番茄、制干辣椒、红枣、葡萄、苹果、香梨等9大作物，建立绿色防控核心示范区40个，示范面积18.9万亩，辐射面积680万亩，通过技术集成，总结出了9大作物绿色防控技术模式，为兵团农作物病虫害绿色防控工作提供了技术支持。使兵团农作物绿色防控总体覆盖率达到播种面积的40%以上，核心示范区绿色防控技术到位率80%以上，综合防控效果在90%以上，棉花、小麦、玉米化学农药使用量减少20%以上，蔬菜、果树化学农药使用量减少15%以上，病虫危害损失率控制在5%以下。辐射推广区绿色防控技术到位率达到60%以上，综合防控效果达80%以上，化学农药使用减少10%以上，病虫危害损失率控制在10%以下，取得了良好的经济效益、社会效益和生态效益。

（二）绿色防控工作取得的成效

2015年兵团农作物病虫害绿色防控面积680万亩次，其中水稻8.6万亩次，小麦81.4万亩次，玉米55.6万亩次，棉花350.1万亩次，蔬菜23.4万亩次，油料11.7万亩次，甜菜12.2万亩次，果树50.7万亩次，其他33.3万亩次。

（三）主要绿色防控技术的推广应用情况

一是推广农业防治技术，抗（耐）病、抗虫品种、秋翻冬灌等技术推广在各类作物上的应用率达到85%以上。

二是推广应用理化诱控技术，频振式杀虫灯在棉花、玉米、蔬菜及果树等作物上推广应用面积541.9万亩；黄板诱杀面积261.3万亩，其中棉花216万亩，玉米17.2万亩，果树5.77万亩，蔬菜6.54万亩；性诱剂应用面积138.9万亩，其中棉花112.5万亩，玉米7.27万亩，蔬菜11.3万亩，果树2.8万亩。

三是推广应用生物防治技术，阿维菌素、苏云金杆菌和NPV等微生物制剂防治棉花、玉米、果树、蔬菜等作物害虫面积285.3万亩次；应用宁南霉素、枯草芽孢杆菌等微生物制剂预防和控制棉花、小麦和果蔬等病害面积100.7万亩次。

二、主要经验和做法

（一）以项目为引领，促进绿色防控技术的集成创新和推广

依托国家及兵团绿色防控技术研究与示范推广项目，2015 年兵团在第一师、第八师建设红枣、葡萄、棉花病虫害绿色防控技术示范区共 3 个。在 9 大作物上建立 40 个绿色防控示范区。示范区集中展示生态调控、理化诱控和高效低毒环境友好型农药应用等，通过新技术的引进示范，并与常规技术组装集成，不断优化完善田间应用技术，发挥核心示范区的引领和辐射带动作用，为兵团绿色防控工作提供技术保证。

（二）加强绿色防控技术及产品引进示范和推广工作

2015 年与国内外多家企业合作，在兵团开展杀虫剂、杀菌剂、植物生长调节剂等新农药田间试验示范 74 项次。通过多点试验示范，筛选出了一批高效、低毒、低残留的新型农药，如 70% 噻虫嗪、氟啶虫胺腈、乙螨唑、氨基寡糖素、枯草芽孢杆菌、赤·吲乙·芸、芸薹素内酯等在棉花、玉米等作物上应用取得良好的效果，为推进兵团重大病虫害防控工作提供了产品和技术支持。

（三）强化督导和宣传培训工作

2015 年针对兵团棉花主要病虫害在七师奎屯市组织召开了"农企共建，农药减量控害技术观摩培训会"，与企业合作，普及绿色防控、减药控害技术，推进农药减量。通过典型引路和示范带动，有力地推动兵团绿色防控的发展，有力促进了农药减量控害。同时兵团各级通过举办培训班、观摩会和电视、广播、报纸、网络等媒体广泛宣传绿色防控技术，提高基层技术人员和广大职工绿色防控意识和技术水平。2015 年兵团各级积极开展绿色技术培训 2.1 万人次。

（四）加强农药市场监管，指导科学安全用药

兵团各级农业管理部门组织开展农药市场监督管理，从源头上控制假冒伪劣农药在市场流通和销售。同时开展农药使用技术培训指导，提升农药经销商及广大职工的农药识别和科学安全用药水平。组织开展"2015 年兵团放心农资下团进连宣传周"现场咨询活动，宣传农药科学选购和合理使用知识。2015 年为做好绿色防控药剂品种推荐工作，总结和优选出防效好、对环境和天敌安全的适用农药品种，制订《2015 年兵团重点推广农药械品种目录》，引导兵团农药使用向安全、高效、环保方向发展，为绿色防控工作奠定了基础。

三、存在的问题

（一）政策、经费支持力度不足

因兵团特殊的体制，绿色防控技术推广资金扶持力度不足，给绿色防控技术推广造成一定的难度。

（二）技术推广难度大、进度慢

因绿色防控技术投入成本相对偏高，技术要求高，推广应用有局限性。

（三）绿色防控意识有待加强

目前推进绿色防控工作多为部门和企业行为，兵团各级对其重要性的认识有待加强和提高，广大职工自发性、主动性不高，绿色防控技术进一步推广应用存在一定的困难。

四、2016 年度工作计划

一是加强组织领导，完善管理机制和推进模式，建立适应兵团体制的农作物病虫害绿色防控工作保

障机制。二是宣传培训和推广，强化各级部门对绿色防控工作重要性的认识，提高绿色防控技术水平和普及率。三是强化示范区的引导带动作用，继续开展技术研究和试验示范，集成和总结主要作物的病虫害绿色防控技术模式。

蜜蜂授粉与绿色防控工作总结

■ 北 京 市

一、主要工作

（一）形成以非化学防治为核心的蜜蜂授粉和绿色防控技术体系，为整建制推进提供技术支持

1. 集成蜜蜂授粉和绿色防控技术体系，保障授粉蜜蜂安全 在释放天敌昆虫以虫治虫、应用生物农药以菌治菌的技术储备基础上，优化集成了 4 类 18 项蜜蜂授粉配套绿控技术，形成以生物农药、天敌昆虫等非化学防治为核心的蜜蜂授粉和绿色防控技术体系。该技术体系以源头控制、预防为主、综合防治为理念，以无病虫育苗，产前棚室消毒，产中天敌释放、物理阻隔、理化诱控、生物农药防控，产后病残体无害化处理等为主要绿色防控手段，经基地应用，在保障授粉蜜蜂安全的情况下分别实现了有机、绿色、无公害生产。

2. 完成农药与药械推荐工作，引导蜜蜂授粉区科学安全用药 组织开展了北京市 2015 年农作物病虫草鼠害绿色防控农药与药械产品推荐工作，经过"公开征集、企业申请、条件审核、专家评审、网上公示、公开发布"的工作程序，确定了 41 家企业 94 种产品的"推荐名录"，其中 65％是生物农药、生物天敌和矿物源农药。"名录"的出台是蜜蜂授粉和绿色防控技术体系的重要组成部分，正确引导农民科学选药、购药，使用高效的生物农药、天敌产品及安全、环保的化学农药产品，在确保防治效果的同时，保障蜜蜂安全，减少农药使用。

（二）技术、监管和服务协同作用，全面落实番茄、草莓蜜蜂授粉整建制推进示范

1. 全面调研，统筹项目规划部署 北京市高度重视项目工作落实，成立了由主管站长为组长的项目领导小组，由北京市植物保护站蔬菜科、昌平区植保植检站、顺义区植保植检站组成技术小组，强化组织管理。领导技术小组多次到昌平、顺义地区调研，全面了解当地草莓和番茄的种植情况、病虫害发生情况、绿色防控技术应用现状等，掌握项目开展落实需要解决的问题，与推进乡镇负责人进行深入交流和沟通。在充分调研的基础上，依据有规模面积、有合作意愿、有技术需求的原则，选择昌平区草莓主要种植区兴寿镇、顺义区番茄主要种植区北务镇为蜜蜂授粉与配套绿色防控技术整建制示范区，推进示范面积 10 000 亩。

2. 整合资源，推动物化技术落实 蜜蜂授粉与绿色防控技术的开展需要充足的物资保障，为保证项目的顺利实施，整合资源加强支撑条件建设，结合本市的重大项目控制农药面源污染、北运河农业面源污染治理等，在示范区内开展绿控产品补贴工作，共发放蜜蜂 370 箱、熊蜂 538 箱、防虫网等物理隔离产品 230 000 米^2、理化诱控产品 110 000 张（套）、异色瓢虫和巴氏钝绥螨等天敌昆虫 31 050 袋（卡）、植保器械 76 套，共计金额 233 余万元，物资补贴为蜜蜂授粉与配套绿控技术的落实和开展提供了有力保障。

3. 检打联动，引导示范区应用蜜蜂授粉和绿色防控技术 加强对示范区投入品执法检查、种苗检疫、生产执法检查、农产品抽样检测，覆盖从田间地头到物流运输每一环节的执法监管。对农产品农药残留超标的基地，通报当地农业主管部门、反馈检测结果、销毁不合格农产品，对农残超标原因和基地管理薄弱环节进行调查，责令基地限期整改，监督和引导基地应用蜜蜂授粉和绿色防控技术，确保农产品质量安全。

4. 推动蜜蜂授粉整建制推进与统防统治相融合，保障技术落地 蜜蜂授粉与配套绿色防控技术整

建制规模化的推进为统防统治的发展提供了有利条件。结合该项目的实施，积极探索推动统防统治在示范区内发展，如在草莓示范区内统一进行土壤和棚室消毒，为番茄示范村配备高效施药器械，统一进行病虫害的防治等。统防统治的实施也促进了示范区蜜蜂授粉技术顺利进行。

（三）强化培训宣传，打造蜜蜂授粉优质蔬菜品牌

1. 开展培训指导，提供有力技术保障　项目实施前，为提高推进区种植者对蜜蜂授粉技术的认识和认可度，保障整建制大面积的实施蜜蜂授粉与绿色防控技术，3月20日在顺义北务镇集中组织农户开展番茄熊蜂授粉技术培训班，通过技术资料发放、观看培训视频等形式，使农民充分认识番茄熊蜂授粉技术在增产、提高品质、减少人工和化学农药使用等方面的作用，了解番茄熊蜂授粉应用技术，活动受到农户的广泛关注。4月10日在顺义区北务镇郭家务村召开"高效施药、全面降低化学农药用量"现场培训观摩会，各区县植保站、绿色防控基地和千亩村共100余名工作人员参与，展示应用背负式高效常温烟雾施药机进行棚室消毒处理技术，发放设施番茄全程绿色防控技术手册、熊蜂授粉期安全农药选择明白纸。项目实施前的培训加强了示范区基地和农户对番茄熊蜂授粉与配套绿色防控技术的认识，提高了其应用的积极性，为项目的全面实施和开展奠定基础。在蜜蜂授粉与绿色防控技术推进过程中，与区县植保植检站协同开展技术指导工作，帮助基地和农户及时解决在使用蜜蜂授粉时遇到的问题，6月9日开展蜜蜂授粉技术专题培训，提高项目区蜜蜂授粉技术使用水平，保障蜜蜂授粉与绿色防控技术的顺利实施。

2. 加大宣传力度，推介蜜蜂授粉优质产品　在示范区推进蜜蜂授粉与绿色防控技术的同时，积极引导区域内合作社等集体组织的建立，并借助电视、报纸、网络等媒体加大宣传力度。10月10日与中央电视台联合拍摄的熊蜂授粉宣传节目"农业部推广绿色增产技术，减少农药使用"和"田间月老——专业授粉人"在CCTV13新闻频道朝闻天下中播出，在社会上引起广泛的关注。在《农民日报》等媒体发表《全程绿色防控让番茄品质更好了》《安全草莓这样种出来》《绿控技术产出放心菜》等10余篇宣传报道。6月在郭家务召开了优质番茄生产的观摩会，北京、天津、河北植保部门和几十家蔬菜基地参观合作社内的番茄熊蜂授粉和绿色防控技术，《农民日报》《京郊日报》等十几家新闻媒体对合作社的优质番茄进行宣传。通过不断的示范宣传报道，增强了示范区和合作社的影响力，提高了公众认知度，协助当地政府打造蜜蜂授粉优质品牌，推动产业发展。

3. 拓宽示范区销售渠道，建立优质优价体系　蜜蜂授粉和绿色防控技术能够保障生产出优质的蔬菜，而如果优质的蔬菜不能销售好的价格就会挫伤种植者使用技术的积极性。所以，优质优价体系是蜜蜂授粉与绿色防控技术持续推广应用的保证。通过建立"绿色防控示范基地服务平台"，为基地提供示范展示的窗口，并积极帮助基地联系电商、超市、专卖店等，拓宽其销售渠道，协助其建立优质优价体系。

二、示范效果

（一）蜜蜂授粉与绿色防控增产技术推进区经济效益凸显，获得基地和农民的一致认可

番茄熊蜂授粉调查结果显示，熊蜂授粉比激素授粉平均单果重增加37.7%，畸形果率下降10%。番茄激素授粉亩产7 020千克，熊蜂授粉亩产8 452千克，熊蜂授粉比激素授粉每亩产量增加1 432千克，增产达20.4%，且熊蜂授粉番茄果形周正，色泽均匀，品质高，每千克销售价格比激素蘸花番茄高出0.4元左右。熊蜂授粉每亩地增加收入8 117元，经济效益显著。而且熊蜂授粉番茄品质明显提升，容易销售，市场需求高。草莓蜜蜂授粉调查结果显示，自花授粉和蜜蜂授粉每亩产量分别为1 024.1千克和1 431.8千克，畸形果率分别为67.3%和26.2%，蜜蜂授粉与自花授粉相比，每亩产量增加407.7千克，产量增加约40.0%，畸形果率降低41.1%。昌平区蜜蜂授粉技术已大面积普及覆盖，所以本项目主要实施与蜜蜂授粉相配套的绿色防控技术。调查结果显示，蜜蜂授粉和配套绿控技术的实施有效保障了示范区草莓质量，每千克销售价格比非示范区高5元左右，经济效益每亩增加7 510元。蜜蜂授粉和绿色防控增产技术推广获得项目区基地和农民的一致认可，技

术推广速度加快。

（二）蜜蜂授粉与绿色防控增产技术推进区化学农药用量大幅减少，农产品质量安全得到有效保障

调查数据显示，在技术推进区郭家务村春季番茄生产中化学农药用量减少 80％以上，部分棚室未使用任何化学农药，番茄品质和安全性得到有效提升，保障了京郊优质番茄的安全供应。在昌平兴寿镇草莓蜜蜂授粉与绿色防控增产技术推进区蜜蜂授粉的覆盖率达到 100％，与技术推广应用前相比，化学农药用量减少 60％以上，与蜜蜂授粉配套的电热硫黄熏蒸技术覆盖率达到 80％以上，黄板诱杀、昆虫天敌等病虫害绿色防控技术在项目区大面积的推广使用，减少了 5～6 次化学农药的使用，切实保障草莓产品的质量安全。

（三）统防统治与项目初步融合，蜜蜂授粉优质品牌初步建立

整建制实施过程中在不断探索与统防统治工作的融合，利用规模化的种植条件，开展统一的病虫害防治。在草莓项目推进区昌平兴寿镇，开展集中的土壤消毒处理，指导基地进行统一的病虫害绿色防控，统防统治在不断推进。京郊"蔬菜第一镇"北务镇，以前主要以一家一户方式散户种植，病虫防治各自为政。番茄销售只能依靠田间地头的小贩收购，价格非常低，遇到收获高峰期甚至会出现滞销，番茄烂在地中的现象，农民的收益很低。项目实施过程中联合顺义区植物保护站、北务镇政府在该镇建立熊蜂授粉、病虫全程绿色防控番茄优质生产示范基地，成立了北京新地绿源番茄种植专业合作社，申请注册了"郭家务"优质番茄商标。并在合作社内推广番茄熊蜂授粉与配套的绿色防控技术，推进番茄病虫害专业化统防统治，番茄产量和品质明显提升。

通过"绿色防控示范基地服务平台"，为蜜蜂授粉产品提供示范展示的窗口，并推动了北务镇郭家务村与电商爱鲜蜂，零售商调果师达成签约，实现熊蜂授粉番茄的直接供应，销售价格比地头小贩收购提高 0.5～1 元，销售渠道得到拓宽，农民的收益增加，优质优价的概念逐渐形成，应用蜜蜂授粉和绿色防控增产技术的积极性有效提升。通过媒体的不断宣传报道，如今棚室中的熊蜂已经成为北务番茄质量安全的"监督员"和绿色防控的"形象代言人"，是北务番茄的绿色名片。北务熊蜂授粉安全番茄的影响力在不断提高，熊蜂授粉优质番茄品牌初步形成。

三、示范区管理运行机制与推广模式创新情况

（一）与基层政府联合管理运行与推广机制

随着蜜蜂授粉示范面积的扩大，在推广与管理运行方面需要大量的人力、物力，仅仅依靠植保部门很难全面、快速的推广和落实工作内容。在番茄熊蜂授粉示范区推进过程中，与北务镇和郭家务村政府部门进行有效的沟通，使其充分认可了蜜蜂授粉技术的推广对当地优质番茄品牌的建立、番茄产业的发展和农民增收的重要意义，并共同制订发展规划。因此，在后面的技术推广过程中得到了基层政府的大力支持，调动村农技员配合技术推广小组工作，每天到授粉棚中检查番茄熊蜂授粉情况，解决实施过程中遇到的问题，对授粉技术的推动和落实起到很大的推动作用。另外，在植保站、基层政府的共同推动下在郭家务村成立北京新地绿源番茄种植专业合作社，申请注册了"郭家务"优质番茄商标，改变了以往分散种植，各自管理的落后生产模式，双方积极配合做好培训宣传工作，有效提升了熊蜂授粉番茄区域影响力，提高了当地熊蜂授粉番茄的销售价格。一方面基层政府的充分认可和支持推动了番茄蜜蜂授粉技术的快速落地和发展；另一方面蜜蜂授粉技术推广后农民的收入大幅增长，对当地基层政府的工作充分认可，提高了政府部门的威信。项目实施过程中植保部门与基层政府的联合管理运行模式效果显著。

（二）与区域补贴政策结合运行与推广机制

根据昌平区农业委员会《昌平区涉农产业项目扶持奖励办法》精神，昌平区农业服务中心制订了《昌平区草莓生产用农药补贴实施办法》。广大草莓种植户按照政策享受了草莓农药补贴的优惠，减少了

农民农药支出，促进了农民使用安全农药，促进了蜜蜂授粉与绿色防控技术的示范应用，保障了昌平区草莓产业的健康发展。

四、项目实施效益评价体系建设与评价结果

（一）番茄熊蜂授粉与绿色防控技术体系评价

表1 番茄绿控技术经济效益

绿控资本（元/亩）		授粉成本（元/亩）		药剂防治成本（元/亩）		产量（千克/亩）		生产成本（元/亩）		示范区比农户生产成本减少（元/亩）
示范区	农户	示范区	农户	示范区	农户	示范区	农户	示范区	农户	
860	0	400	1 100	200	800	8 452	7 020	1 460	1 900	440
销售价格（元/千克）		销售方式				毛利（元/亩）				示范区比农户利润增加（元/亩）
示范区	农户	示范区		农户		示范区		农户		
3.4	3	直销批发		批发		28 737		21 060		8 117

（1）与普通农户相比，示范区土壤、棚室消毒、防虫网、黄板、天敌释放等绿控技术成本每亩增加约860元，但后期用药量明显减少，成本只有200元，且均为生物农药，授粉成本为一箱熊蜂400元。而农户虽然节省了绿控成本投入，但授粉成本和用药成本大幅增加，分别为1 100元/亩和800元/亩，用药均为化学农药，用药次数增加6～8次。实施蜜蜂授粉和配套绿控技术总成本与普通农户的激素授粉和用药成本相比，每亩地减少440元。

（2）与普通农户相比，番茄熊蜂授粉和配套绿控技术的实施使示范区番茄产量每亩增加1 432千克，价格每千克提高0.4元左右，利润增加了8 117元。

（二）草莓蜜蜂授粉与绿色防控技术体系评价

表2 草莓绿控技术经济效益

绿控资本（元/亩）		授粉成本（元/亩）		药剂防治成本（元/亩）		产量（千克/亩）		生产成本（元/亩）		基地比农户生产成本减少（元/亩）
示范区	农户	示范区	农户	示范区	农户	示范区	农户	示范区	农户	
1 630	1 150	350	350	500	1 050	1 432	1 418	2 480	2 550	70
销售价格（元/千克）		销售方式				毛利（元/亩）				示范区比农户利润增加（元/亩）
示范区	农户	示范区		农户		示范区		农户		
25	20	直销批发		批发		35 800		28 360		7 510

（1）示范区和非示范区同样使用蜜蜂授粉，示范区配套绿色防控技术的投入每亩比非示范区增加了480元，但草莓生长期示范区农药用量减少，用药成本降低550元，因此示范区总生产成本比非示范区减少70元。

（2）示范区和非示范区草莓产量相差不大，由于示范区草莓价格高于非示范区，因此示范区每亩利润增加7 510元。

五、示范方案、补贴机制、推广应用方面的建议

（一）推进种植合作社等统一的、有约束力的合作组织的建立，发展区域化、规模化种植

番茄种植只有形成规模后才能提供持续充足的产品供应，才能有产业效应，吸引大量客源，逐步形成影响力。例如京郊昌平的草莓、大兴西瓜都是规模化和区域化的种植，逐步实现了区域化品牌效应。所以要发展优质番茄产业，需要统筹规划，布局番茄主要种植区，实现规模化、区域化的种植，逐步提高其影响力和产业规模。

（二）以蜜蜂授粉技术为切入点，推动实施全程绿色防控

在番茄生产绿色防控技术的推广中，熊蜂授粉技术是一个切入点，熊蜂授粉＋配套绿色防控技术模式突破了以往绿色防控技术使用和经济效益相冲突矛盾的关系，实现了经济效益和绿色防控技术推广的融合，两者相辅相成，相互促进，使该模式能够在基地中快速推广，使绿色防控技术能够顺利的落实到基地中。

（三）建立病虫专业防治队伍，实施专业化的统防统治

专业化的统防统治可以有效减少化学农药的使用，降低防治成本，其应用成果已经在小麦和玉米等大田作物上得到验证。蔬菜由于种植品种多，种植分散，病虫害复杂，统防统治发展一直很慢。在番茄实现区域化和规模化种植后，就可以推动番茄病虫害的统防统治。建立专业化的防治队伍，在番茄集中种植区实施专业化的统防统治对保障番茄生产的质量具有重要作用。

（四）加强宣传，打造优质品牌，拓宽销售渠道，形成优质优价体系

安全优质的番茄生产出来后，如果没有优质优价体系，会降低农民应用的积极性。因此，在番茄种植规模不断扩大，形成区域化产业的发展过程中，政府部门要发挥好引导作用，与基地配合通过电视、网络、报纸等各种渠道对番茄种植区推广的绿色防控技术进行宣传报道，使消费者知道该区域内生产优质安全的番茄，不断提高其影响力，打造优质安全的番茄品牌。通过发展电商、超市、直销等多种销售渠道，使优质番茄能够优价的供应给消费者。

（五）选择优势区域建立示范基地，推动优质产业发展

2014 年北京市农业局提出千亩村、万亩镇的发展规划，其中顺义北务镇是万亩镇示范点，该镇番茄种植面积达 1 万亩，属于在京郊地区番茄种植规模集中地区。为推动该镇番茄产业的发展，2015 年北京市农业局植物保护站、顺义区种植业服务中心植保站借助北京市农业综发、控制农业面源污染和农业部熊蜂授粉项目，联合北务镇政府在该镇建立熊蜂授粉、病虫全程绿色防控番茄优质生产示范基地，成立了北京新地绿源番茄种植专业合作社，申请注册了"郭家务"优质番茄商标，并在合作社内推广番茄熊蜂授粉与配套的绿色防控技术，推进番茄病虫害专业化统防统治，在春季番茄生产中化学农药用量减少 80％以上，部分棚室未使用任何化学农药，番茄产量和品质明显提升，获得当地农民的一致认可。《农民日报》《京郊日报》等十几家新闻媒体对合作社的优质番茄进行宣传，增强了其影响力。通过"绿色防控示范基地服务平台"帮助基地拓宽销售渠道，发展优质番茄优价供应体系。北京市农业局植物保护站将会在北务镇继续推广番茄熊蜂授粉和配套绿色防控技术，打造北务优质番茄品牌，发展北务番茄产业，保障安全优质番茄的供应。

▣ 河 北 省

2015 年在河北省饶阳县建立设施番茄熊蜂授粉与绿色防控技术集成示范基地，示范面积 1 000 亩，在秦皇岛市山海关区建立樱桃蜜蜂授粉与病虫害绿色防控技术集成示范基地，示范面积 1 000 亩。

一、示范内容

（一）番茄熊蜂授粉与绿色防控集成示范

1. 培育无病无虫苗。育苗棚与生产棚分开，育苗前彻底消毒，苗床用 40 目异型防虫网覆盖，苗床悬挂黄板进行监测和诱杀烟粉虱。

2. 定植前，采取熏蒸等方法对棚室杀虫灭菌处理；在棚室放风口及门口安装 40 目异型防虫草网，防止烟粉虱及其他害虫迁入，在棚室内悬挂黄板检测烟粉虱发生。

3. 在番茄初花期，将熊蜂授粉群放入棚室内，进行熊蜂授粉。

4. 地膜覆盖、膜下沟灌减少病害初侵染源；加强田间管理，及时调控棚内温湿度，减少病害发生。

（二）樱桃蜜蜂授粉与绿色防控集成示范

1. 萌芽—开花前（3月初至4月初）　针对越冬的各种病、虫、蚧、螨，如根癌病、根颈腐烂病、金龟子、卷叶蛾类、桑白蚧、梨圆蚧、害螨等主要病虫。预防早春霜冻，保花保果。

（1）药剂防治。树液流动后至萌芽前用50%多菌灵300倍液灌根，预防根部病害。同时用5～7波美度石硫合剂全树细致喷雾。

（2）物理诱杀。开花前果园安装杀虫灯，按照20亩1台灯的间距，杀虫灯稍高于果树顶部安装好，诱杀食花金龟甲、卷叶蛾类等鞘翅目、鳞翅目成虫，降低害虫田间落卵量，减少后期防治用药。示范区内共安装杀虫灯60盏，覆盖面积1 200亩。悬挂黄板，诱杀趋黄性害虫，悬挂于树冠的中部，平均25～30块/亩，覆盖面积1 000亩。

（3）生态调控。果园行间种植中草药、三叶草等绿肥作物，为瓢虫、草蛉等自然天敌提供良好的栖息环境，有利于天敌生存、繁殖，发挥生态控害作用。

2. 开花期（4月中上旬）　由合作社统一联系租蜂，于樱桃开花10%之前，释放授粉蜜蜂，果园不用药，适当疏花。

3. 谢花后（5月中旬后）　悬挂性诱捕器：果园及外围悬挂苹小卷叶蛾、梨小食心虫性诱捕器，棋盘式布局，每相邻诱捕器间隔15～20米，每亩每种5～6个，悬挂于树冠外中部，距地面高度约1.5米。及时更换诱捕器里的粘板，每月更换一次诱芯（诱捕器每亩5个，300亩150个。10米左右一个，距地1.5米）。

4. 果实成熟期（6月中上旬至7月中旬）　一般不进行药剂防治，主要防治对象为果蝇。示范区内采用悬挂食诱诱捕器，棋盘式布局，每相邻容器间隔20米，每亩5～6个，悬挂于树冠外中部，距地面高度约1米（诱捕器每亩5个，300亩150个）。

5. 采果后至落叶前

（1）药剂防治。根据病虫发生情况，对症选用高效、低毒、低残留药剂品种组合，树上喷雾，如氟氯氰菊酯乳油＋戊唑醇＋磷酸二氢钾，或苯醚甲环唑＋阿维菌素等。根部病害可用k84 30倍液或5波美度石硫合剂灌根。

（2）配套措施。6～7月红颈天牛成虫发生期人工捕杀。10月中旬，天牛、叶蝉成虫羽化前枝干涂白，用10份生石灰、1份硫黄和4份水调成白涂剂在枝干上涂刷，防止成虫产卵。熟化土壤，做好排水工作，避免耕作伤根及地下虫害危害根系。彻底清除园内外苗圃杂草。7月中下旬，针对红颈天牛成虫发生期，试验成虫诱杀技术（南京新安中绿）。共做了32亩，四个处理，四次重复。

二、示范结果

（一）番茄

1. 产量、收益增加，畸形果率降低，果形饱满　示范田采用熊蜂授粉，无须蘸花，一个大棚（一般2亩左右）可省人工10个，每个工值按60元计算，可节省600元，但购买熊蜂需要400元。从畸形果调查来看，示范田畸形果率仅0.73%，而对照田高达7.3%。从单果重看，示范田平均单果重167克，对照田138克，不授粉处理111克，差异明显。从果实结籽来看，示范田单果平均结籽193.5粒，激素处理单果结籽64.6粒，不授粉单果结籽只有42.2粒，差距非常明显。从产量和产值调查来看，熊蜂授粉番茄比激素处理要增产10.9%，由于今年价格差异不明显，每亩可增收917元，加上节省授粉人工费200元，共计增收1 117元。

2. 果品品质得到了提高　采用熊蜂授粉果实与激素保果果实相比，可溶性固形物、维生素C、总糖等各项指标均有不同程度的提高。

（二）樱桃

1. 病虫防治效果明显，品质提高　经调查，灯光诱杀对害虫的杀灭效果比较明显，主要杀灭的害虫有夜蛾、地老虎、金龟甲等。其中以鳞翅目及鞘翅目害虫为主，占总数量的 85%～90%。每盏杀虫灯内累计杀灭害虫 400～500 头。

后期悬挂的果蝇诱捕器，每个捕捉器内平均捕捉到果蝇成虫 200～250 头。经过实验比较，悬挂果蝇诱杀剂的区域内，大樱桃基本没有发生果蝇导致的病虫害，大樱桃果品品质较好，没有发现果品被果蝇叮咬、产卵。

2. 提高了樱桃种植的经济效益　蜜蜂授粉区平均亩产 1 170 千克，商品果率 90%，果品平均售价为 18 元，平均亩收益 22 255 元。常规授粉区平均亩产 550 千克，商品果率 83%，果品平均售价为 16.6 元，平均亩收益 17 325 元。平均亩收益增加 4 930 元。

山 西 省

2015 年在农业部种植业管理司、全国农技中心的指导与支持下，在运城市万荣县、盐湖区、临猗县分别开展了苹果、梨树和枣树的蜜蜂授粉与绿色防控技术应用示范项目。

一、示范区选址情况

苹果示范区建立在万荣县李家大院至后土祠旅游线路上的 3 000 亩苹果园，树龄集中在 10～16 年，主栽品种为红富士。一般年份亩产 3 000 千克左右，亩纯收入在 6 000 元以上。

梨树示范区建立在山西省运城市盐湖区红香酥梨主产区龙居镇南化村，全村栽植红香酥梨 3 200 亩，大部分树龄在 10 年以上。该村授粉树配置为 1∶5，即每 5 株红香酥梨把一株梨树上部嫁接为授粉树。可以辐射带动周边 15 个村 2 万亩红香酥梨开展梨园蜜蜂授粉与绿色防控技术集成应用。

枣树示范区建立在临猗县沿涑水河两侧的 1 000 亩枣树，树龄集中在 8～10 年，主栽品种为冬枣。一般年份亩产 2 500 千克左右，亩纯收入在 8 000～10 000 元。

二、蜜蜂授粉工作开展情况

（一）苹果示范区

蜂源来自运城市盐湖成龙蜂饲养专业合作社，750 箱，品种为意大利蜜蜂，蜂群势在 10～13 脾。750 箱蜜蜂分 6 个点，每个点间隔在 500 米以上。4 月 9 日苹果初花期（铃铛花）蜂群进入示范区，呈圆形和 U 形排列摆放于示范区 3 000 亩苹果间。每个点距离苹果园均在 10 米以内。于 4 月 23 日苹果花谢后，撤离蜂源。

（二）梨树示范区

蜂源来自于运城市春苑蜜蜂研究所，蜂源 400 箱，品种为意大利蜜蜂，蜂群 7～9 脾。3 月 29 日梨树中心花开放，此时 500 箱蜜蜂全部进场。摆放按照集中摆放和分散摆放两种形式。集中摆放按照蜜蜂授粉距离 300 米进行间隔摆放，每点摆放 60～80 箱，共摆放 6 个点。分散摆放按照 3 亩 1 箱蜂，摆放在树行中间。

（三）枣树示范区

蜂源来自于运城市春苑蜜蜂研究所，蜂源 500 箱，品种为意大利蜜蜂，蜂群势在 7～14 脾。500 箱蜜蜂分 3 个点，每个点间隔在 500 米以上。设施大棚 5 月 2 日在枣树 30% 开花时进场，6 月 2 日离场，共计 30 天。露地蜜蜂授粉 5 月 27 日进场，6 月 14 离场，共计 18 天。

三、绿色防控工作开展情况

（一）苹果示范区

健身栽培技术、果园种草生草技术、植物免疫诱导技术、捕食螨生物防治技术、物理诱控技术（杀虫灯、性信息素、黄板）、诱虫带诱杀技术、科学用药技术［选用生物制剂和高效低毒化学药剂防治病虫害，如利用多抗霉素防治落叶病，嘧啶核苷类抗菌素（农抗120）防治白粉病、轮纹病，中生菌素防治果实病害，甲氨基阿维菌素苯甲酸盐（甲维盐）、苦参碱、藜芦碱、灭幼脲防治虫害等。注意开花10天前，选用对蜜蜂低毒、持效期短的药剂组合，如治疗性杀菌剂＋触杀性、渗透性杀虫剂＋免疫诱导剂，严禁使用吡虫啉、啶虫脒、毒死蜱等对蜜蜂敏感的农药，整个花期果园不用药］。

（二）梨树示范区

重点推广生物农药和物理防治措施（在蜜蜂进场前的花序分离期是越冬梨木虱出蛰高峰期，也是防治的关键时期，每年梨农都会选择吡虫啉和阿维菌素或甲维盐、菊酯类农药进行复配防治，而这几种药对蜜蜂都属于高毒，特别是烟碱类的吡虫啉对蜜蜂危害更为巨大，为了确保蜜蜂安全，因此选择对梨木虱防治效果较好，对蜜蜂比较安全的苦参碱作为替代产品进行推广）。另外要求在花序分离期使用农药时，严禁使用对蜜蜂高毒的吡虫啉、啶虫脒和阿维菌素等。在蜜蜂进场前5天停止使用农药。在蜜蜂授粉进场后2千米范围内禁止使用农药。

（三）枣树示范区

早春清园、深翻土壤、中耕除草、水肥管理、树干绑粘虫带、悬挂性诱捕器、释放红颈常室茧蜂、释放捕食螨、科学施药［枣树萌芽前到蜜蜂离场前，严禁使用吡虫啉、噻虫嗪、阿维菌素、戊唑醇、敌敌畏、氰戊菊酯等对蜜蜂高毒的杀虫杀菌剂。第一次：蜜蜂进场前（4月底）推荐用药：2％甲维盐、5％啶虫脒、15％哒螨灵。第二次：蜜蜂授粉期间（5月中旬）推荐用药：2％甲维盐、10％联苯菊酯、15％哒螨灵、5％多抗水剂。第三次：蜜蜂授粉期间（5月下旬）推荐用药：苦参碱］。

四、蜜蜂授粉与绿色防控技术集成效果评价

（一）授粉效果评价

1. 苹果示范区

（1）坐果率情况。苹果蜜蜂授粉区域内，离蜂场50米、100米、150米远的各处理之间，坐果率分别为98.11％、97.53％、97.00％，相差不大，说明蜂群对离蜂场150米范围内的苹果树均能较好地进行授粉。观察结果显示，据蜂群200～250米的苹果树授粉效果均较好，建议来年调查300米以内的授粉情况；常规授粉区采用人工授粉坐果率为91.28％，对照区坐果率为81.58％。蜜蜂授粉区域3个处理区均比常规区和对照区坐果率高，3个处理区平均坐果率97.55％，比常规区高6.27％，比对照区高15.97％。

（2）果实采收期各项指标调查。蜜蜂授粉区果实各项表观品质均明显好于常规管理区和空白对照区，果个大，果形正，籽粒饱满，光泽度好。蜜蜂授粉区平均单果重292.5克，比常规管理区和空白对照区分别高43.9克、72克；果实横径8.42厘米，比常规管理区和空白对照区分别高0.6厘米、1.38厘米；果实纵径7.43厘米，比常规管理区和空白对照区分别高0.94厘米、1.38厘米；果形指数（纵横径比）为0.88，比常规管理区和空白对照区分别高0.05、0.08；果实畸形率为1％，分别比常规管理区和空白对照区低3.5％、4％；单果籽粒为8.6个，分别多0.4个、0.6个；百粒重7.53，分别重0.32克、0.47克。

2. 梨树示范区

（1）坐果情况。通过调查，明显可以看出完全采用蜜蜂授粉的距蜂箱50米范围内坐果率明显高于

100～150 米的坐果率。从这个结果可以说明蜜蜂虽然活动范围可以到 300 米范围，但距离超过 100 米的授粉效果是否能够满足生产需要，有待进一步试验示范。用网罩住的授粉情况：通过观察，在网罩情况下，红香酥梨不能进行自然授粉。蜜蜂授粉区（辅助人工授粉）比单独人工授粉坐果率提高 6.28%。梨树在进行人工授粉时，由于梨树植株高大，上部不易操作，授粉往往受到限制，而蜜蜂授粉不受这些影响，通过调查可以明显看出梨树上部坐果率明显比人工授粉高。

（2）产量调查结果。梨树蜜蜂授粉区平均单果重 165.6 克，比人工授粉的 156.4 克多 9.2 克；平均单株总果数 377.7 个，比人工授粉的 356.6 个多 21.1 个；平均亩产 3 669.3 千克，比人工授粉区的 3 274.5 千克增产 394.8 千克，增产率 12.06%。

3. 枣树示范区

（1）坐果率情况。在纯蜜蜂授粉区域内，离蜂场 50 米、100 米、150 米远的各处理之间，坐果率分别为 7.78%、9.27%、6.26%；常规授粉区授粉坐果率为 7.89%，对照区（不授粉）坐果率为 2.22%。蜜蜂授粉除 100 米均比常规区坐果率低，蜜蜂授粉比对照区坐果率高。结论：蜜蜂授粉虽然能提高坐果率（比不授粉），生产中略差于人工授粉。另外试验数据还表明，蜜蜂授粉＋喷两次赤霉素效果最好、坐果率最高，其次是蜜蜂授粉＋喷一次赤霉素，结论：蜜蜂授粉坐果率虽然比空白高，但必须再辅助人工授粉（可减少人工授粉 1～2 次），否则满足不了生产需要。

（2）幼果发育情况。离蜂场 100 米幼果直径最大为 23.16 毫米，单果重量最重 6.6 克。纯蜜蜂授粉幼果畸形率平均为 2%；蜜蜂授粉区域内 3 个处理的畸形果平均率分别比常规区和对照区低 12% 和 8%；幼果直径除 150 米比常规区小 0.4 毫米外，其余两处都大；单果重均比常规区高，比对照区幼果直径大、单果重。结论：纯蜜蜂授粉幼果畸形果最少，幼果直径最大。果面着色度不明显、口感略强于常规授粉。

（二）绿色防控效果评价

1. 苹果示范区 通过对示范区病虫害发生盛期调查，示范区内的病虫害均明显低于常规区。5 月 2 日调查白粉病平均发病率为 1.5%，比常规区低 2.5%；6 月 20 日调查，山楂叶螨平均百叶有螨 2.2 头，比常规区低 10.2 头。斑点落叶病平均发病叶率为 5.8%，比常规区低 6.2%。褐斑病平均发病叶率为 3.2%，比常规区低 3%；金纹细蛾平均有虫率 0.8%，比常规区低 2%。示范区生态环境较好，天敌主要有瓢虫、食蚜蝇、草蛉、寄生蜂、猎蝽等。

2. 梨树示范区 梨树蜜蜂授粉与绿色防控示范区，病虫害防治次数 7 次，比非示范区少 2 次。8 月 15 日调查，轮纹病、椿象、梨小食心虫等病虫果率示范区 0.5%，比非示范区的 3.8% 少 3.3%。示范区天敌瓢虫、食蚜蝇、草蛉、寄生蜂、猎蝽等数量明显增加。

3. 枣树示范区 通过对示范区病虫害发生盛期的调查，示范区内的病虫害均明显低于常规区。5 月 19 日调查绿盲蝽虫口基数平均每棵 5 头，比常规区低 15 头；5 月 19 日调查新叶受害率 10%，比常规低 45%；7 月 28 日调查红蜘蛛平均百叶 8.2 头，比常规区低 12.0 头；锈病平均发病叶率为 5.3%，比常规区低 6.2%。炭疽病平均发病率为 4.2%，比常规区低 3.5%；示范区生态环境较好，天敌主要有瓢虫、红颈常室茧蜂、草蛉、赤眼蜂、蜘蛛等。

（三）综合效益分析

蜜蜂授粉与绿色防控增产技术的集成应用既可提高果树坐果率、产量、果实品质，且省时省工、降低农药使用，保障果品生产安全和生态环境安全，既发展了养蜂业，又节省了果业投资，显著提高农业效益、增加农民收入，实现了双增收，是发展有机农业、生态农业的一项重要举措，有重大推广应用前景。

1. 经济效益显著

（1）苹果示范区。示范区病虫害防治和授粉费用亩总投资 497 元，常规授粉区亩总投资 783 元，亩节约投资 286 元。3 000 亩苹果园可节省费用 85 万余元。示范区苹果平均亩产量为 3 600 千克，而常规管理区苹果平均亩产量为 3 200 千克，亩增收 400 千克，同时由于示范区果品商品率高，果个大，色艳，口感好，农药残留低，每千克单价比常规管理区高 0.4 元，在肥水、套袋等其他管理投资高的情况下，亩仍可增收 3 864.8 元，3 000 亩可增收 1159 万余元。

（2）梨树示范区。核心示范区面积 3 000 亩。蜜蜂授粉比人工授粉亩节约费用 516 元。蜜蜂授粉示范区平均亩产 3 669.3 千克，非示范区平均亩产 3 274.5 千克，平均亩增产 394.8 千克。病虫害防治投入与非示范区基本一致（绿色防控示范区，虽然药剂价格偏高，加之黄板、梨小迷向丝等费用的投入，每次防治投资比人工授粉高，但由于均在防治关键期施药，加之药剂持效时间长，全年用药 7 次，比常规用药减少 2 次左右。因此，总防治投资与非示范区常规用药相当）。项目总增产 118.431 2 万千克，总减少授粉投入 154.8 万元，按照今年红香酥梨市场价每千克 2.4 元来计算，总增经济效益 439.034 8 万元。

（3）枣树示范区。示范区对比试验证明，纯蜜蜂授粉虽然商品率高，但产量低，纯蜜蜂授粉不能满足生产需要。纯粹人工喷施赤霉素授粉常规授粉区亩产量最高为 1 708 千克，收入最多 10 775.3 元，但蜜蜂授粉＋喷 1 次赤霉素授粉＋绿色防控枣树亩产量最高 1 712 千克、枣农亩收入最多 24 215.6 元，实践证明蜜蜂授粉＋喷 1 次赤霉素＋绿色防控是保证枣树高产高效的最佳技术模式。

（四）生态效益明显

蜜蜂授粉与病虫绿色防控技术的协调配套使用，有效地减少了用药次数和用药量，同时农业防治、生物防治等各项技术运用到位，有利于保护蜜蜂授粉，降低农药残留，改善果实品质，保护利用天敌，促进了果园生态平衡，改善生态环境，保障人们的身体健康。

■ 内蒙古自治区

2015 年继续在向日葵主栽区推广蜜蜂授粉与绿色防控技术示范，同时新增大豆绿色防控与蜜蜂授粉技术集成试验示范，全区共建立了 6 个向日葵示范区和 1 个大豆示范区，其中向日葵核心示范区 15.1 万亩，辐射带动 89 万亩，大豆核心示范 0.3 万亩，辐射带动 3 万亩，示范区采取整建制推进。

一、示范区工作进展情况

（一）向日葵

在内蒙古巴彦淖尔市杭锦后旗团结镇、五原县隆兴昌镇、临河区乌兰图克镇、鄂尔多斯乌审旗无定河镇、包头市固阳县、乌兰察布市凉城县建立 6 个向日葵示范区。其中杭锦后旗团结镇核心示范 10.6 万亩，辐射 24.4 万亩，整旗推进；临河区乌兰图克镇核心示范 1.3 万亩，辐射乌兰图克镇和新华镇 30 万亩，整乡推进；五原县隆兴昌镇核心示范 1.2 万亩，辐射新公中镇、套海镇 30 万亩，整乡推进；乌审旗无定河镇核心示范 1.0 万亩，辐射 5 万亩，整乡推进；固阳县新顺西乡核心示范 0.5 万亩、凉城县六苏木镇核心示范 0.5 万亩，整村推进。

（二）大豆

在呼伦贝尔市阿荣旗良种场和查巴奇乡建立大豆试验示范区，核心示范面积 0.3 万亩，辐射带动 3 万亩。

二、蜜蜂授粉与绿色防控技术集成与示范效果

各示范区本着贯彻"绿色植保、科技植保、公共植保"的理念，围绕"预防为主、综合防治"的方针，以蜜蜂授粉和绿色防控增产技术的有效融合和集成，共同实现农业生产环境、农业生态和农产品质量的安全。

（一）向日葵

1. 蜜蜂授粉技术　示范区设 3 个处理区，即向日葵蜜蜂授粉区（绿色防控加蜜蜂授粉）、网室封闭或单株罩网空白对照区（不授粉）和自然授粉区（绿色防控但离蜜蜂授粉区 2 公里以外，无人工引进蜜蜂授粉）。每个处理区重复 3 次，每小区网室面积 66.7 米^2。小区土壤肥力、长势、田间管理等条件基本一致。蜜蜂授粉区每 5 亩放置 1 箱蜜蜂，以 20 箱为一个授粉点。向日葵开花 10％前入场。授粉期间禁止使用对蜜蜂不安全的农药。

2. 向日葵"一病一虫"绿色防控技术　针对向日葵螟推广"1＋3"绿色防控技术。"1"是选用短日期杂交品种适期晚，避开向日葵花期与向日葵螟成虫盛发期，减轻向日葵螟危害。"3"是利用频振式杀虫灯捕杀葵螟成虫，每 50 亩悬挂 1 盏。太阳能杀虫灯每盏可防控 30 亩；向日葵螟性诱剂诱芯诱杀雄蛾，降低虫源基数，减轻危害，每个诱芯可防控 1～2 亩；编放赤眼蜂卡防治葵螟幼虫，盛花期开始第一次放蜂，隔 3～4 天放第二次蜂，每次放蜂量 1.5 万头/亩。

针对向日葵黄萎病主要实施"三结合"，即：选择抗病品种＋加强栽培管理和田园清洁的农业措施＋向日葵专用抗重茬杀菌剂的生物防治措施。向日葵专用抗重茬杀菌剂主要成分是芽孢杆菌、木霉菌和黏帚菌，将抗重茬菌剂以 3 千克/亩与种肥混匀后，随向日葵播种施入土壤内，通过对黄萎病菌的颉颃作用起到防治效果，还可以兼防菌核病等土传病害。

以巴彦淖尔市为例，通过在向日葵上开展蜜蜂授粉与绿色防控增产技术集成应用，示范区与非示范区对比，平均每亩增产 13.6％，结实率显著提高，向日葵螟防效达到了 98.7％，危害率控制在了 5％以内，向日葵黄萎病防效达到了 87.7％，向日葵整个生育期农药使用量减少 90％。有效保障了蜜蜂授粉的安全环境。

（二）大豆

1. 蜜蜂授粉技术　大豆蜜蜂授粉示范设置了 3 个处理，3 次重复，9 个小区，随机排列，每小区 32 米^2。处理 A 为蜜蜂授粉（罩网强制蜜蜂授粉）；处理 B 为自然对照区（自然授粉）；处理 C 为空白区（罩网不用蜜蜂授粉）。蜜蜂授粉小区于 7 月 3 日开始放蜂，每小区放 1 箱，每箱 6 脾，共 3 箱。由于网棚内水源和蜜源有限，对网内蜜蜂补充水分和营养，每天补充 100 克左右糖蜜，隔日补充足量的清洁水。

2. 绿色防控技术

（1）选用抗病品种。选用高产抗病品种黑河 38，生育期为 110～115 天，有效积温 2 150～2 250℃，紫花，灰毛，披针叶。

（2）与禾本科作物轮作。选择上茬为玉米、马铃薯和无农药残留的地块。

（3）适时播种。适时早播：于 5 月 14 日，5～10 厘米土壤稳定通过 8℃时播种，播种深度在 3～5 厘米。

（4）合理密植。采用"垄三栽培"机械精量点播，播种量每亩 4.5～5 千克，亩保 1.8 万株左右，增强植株之间的通透性，减轻病害发生。

（5）科学施肥。采用测土配方施肥技术，合理施用化肥，亩施大豆测土配方专用肥 15 千克。

（6）科学精准用药。大豆播种前，用种衣剂拌种，防治大豆胞囊线虫、根潜蝇、根腐病及地下害虫；大豆播种后出苗前，采用高效、低毒、低残留除草剂 90％乙草胺乳油 130 毫升/亩加 75％噻吩磺隆可湿性粉剂 2 克/亩，对水 30 千克，土壤喷雾防治豆田杂草。

（7）及时中耕。采取作垄，早中耕，深中耕，中耕 3 次，提高土壤通透性，促进大豆根系生长，以增强大豆生长势，提高抗病力。

（8）田间管理。加强田间管理，注意铲除系统侵染的病株；大豆花期，追施叶面肥（生命素）1 次。

3. 示范效果　通过示范测产，蜜蜂授粉区（绿色防控加蜜蜂授粉）比空白区（不授粉）平均增产12％，比自然对照区（绿色防控但未人工引进蜜蜂授粉）平均增产 5.8％；自然对照区（绿色防控但未人工引进蜜蜂授粉）比空白区（不授粉）平均增产 5.9%。

三、示范效益评价

通过蜜蜂授粉结合绿色防控技术可实现一举三得，一是有效防治了向日葵、大豆病虫害，提高了作物的产量和品质；二是实现农产品质量安全，保护了生态环境；三是促进养蜂产业的健康发展。蜜蜂授粉与绿色防控增产技术集成应用项目的实施，收到了显著、可观的经济效益、社会效益和生态效益。

（一）经济效益

1. 向日葵 以巴彦淖尔市向日葵蜜蜂授粉示范区为代表举例说明：蜜蜂授粉核心示范区相比自然对照区平均每亩增产 32.85 千克（13.6%），亩净增收入 279.7 元。蜜蜂授粉区相比空白对照区平均每亩增产 82.35 千克（42.9%），亩净增收入 455.9 元。

2. 大豆 开展大豆蜜蜂授粉与绿色防控技术集成示范，授粉区大豆平均亩产量比对照区增产 12%，比对照区亩纯增收 46 元，投入产出比为 1∶3.8。

（二）社会效益

一是充分挖掘了农作物增产潜力，降低了农业生产成本。该项目的实施，使作物产量与原有栽培管理现状相比显著提高，特别是依赖于蜜蜂等昆虫授粉的作物；采用蜜蜂授粉可代替繁重的人工授粉，降低了农业生产成本。

二是促进了农产品质量安全。由于采用绿色防控技术，农产品农药残留显著减少，确保产品质量安全，为农业的可持续发展起到了积极的促进作用。

三是促进了养蜂业健康持续发展。近年来有些作物病虫害种类和发生程度不断增加，农药施用量逐年增加，导致传粉昆虫越来越少，养蜂效益低下，蜂农不愿入驻，已有的自然昆虫已不能满足大面积传粉的需要。蜜蜂授粉与绿色防控增产技术的集成应用，使蜂群能够健康生长，示范项目顺利开展，项目示范区与蜂农合作日益密切，为蜂农带来显著的经济收益，极大调动了蜂农的积极性，带动了养蜂产业健康持续发展，也为促进授粉作物大幅度增产增收奠定了基础。

（三）生态效益

通过开展绿色防控技术集成与示范应用，有效地减少了农药的使用量和使用次数，提高了农药的使用率，减少了农药对土壤、水源的污染；对蜜蜂高剧毒的农药品种被禁用，有效地保护了蜜蜂种群，蜜蜂损伤程度基本为零，其他自然授粉昆虫的数量明显增加，为昆虫授粉创造了良好的农业生态环境，保障了农业生产安全和产品质量安全。

◼ 黑龙江省

一、示范区工作进展情况

2015 年黑龙江省以向日葵、水稻、大豆 3 种蜜源植物或虫媒授粉植物为主，建立 4 个蜜蜂授粉与病虫害绿色防控技术集成试验示范基地，其中大豆示范区 1 个（宾县）、示范面积 3 000 亩；水稻示范区 2 个（五常、牡丹江），示范面积 3 000 亩；向日葵示范区 1 个（甘南），示范面积 3 000 亩。集成 3 种作物蜜蜂授粉与绿色防控技术规程。4 月中旬，组织专家审核优化各地实施方案，完成示范基地项目负责人和农民培训，启动试验示范工作。各示范区、试验示范基地所在植保部门组织养蜂和病虫防控技术人员，进村入户、深入田间地头，开展技术培训和指导。

二、蜜蜂授粉与绿色防控技术集成与示范效果

（一）向日葵示范区

甘南县为向日葵主产区，向日葵蜜蜂授粉与绿色防控技术集成项目试验示范面积3 000亩。8月10日蜜蜂入场。均匀摆放，巢门背风向阳，蜂场与向日葵田距离小于100米，蜂群摆放可位于向日葵田中央或田地一边。向日葵螟绿色防控技术：①在葵花种植时最好与小豆2∶6或2∶8间作，利于防治向日葵螟的田间作业。②物理防治。用佳多牌频振杀虫灯诱杀葵螟成虫。在葵花开花初期，大约在8月初，每50米放1盏灯，每垧地设置4盏灯。③性诱剂诱杀成虫。每亩地用1～2粒，距地面2米高处放置诱捕器，诱杀成虫。④向日葵开花末期，每亩用125克青虫菌（Bt）100～200倍液对葵花盘喷雾，5天后再喷施1次，防治葵螟幼虫。⑤赤眼蜂防治葵螟。采用松毛虫赤眼蜂卡，在葵花初花期（7月末8月初）晴天无雨时放卡防治。在地边两点间距离10米，地中两点间距离20米放置1张卡，一次放置3～5张卡，每5天放1次，每亩地放蜂总量为4万～5万头。

从测产结果可以看出，今年的三个处理，产量最高的是处理一向日葵蜜蜂授粉区，产量为179千克/亩，较自然对照区增产16.99%，较空白防治区增产41.06%。；产量第二的是处理二自然对照区，产量为153千克/亩，较空白防治区增产20.57%；产量最低的是处理三亩空白防治区（不采用综合防控措施防治葵螟）蜜蜂授粉区，产量为126.9千克/亩。从室内考种表可以看出，处理一向日葵结实率为86.92%，高于处理二和处理三11%以上。处理一和处理二应用向日葵螟绿色综合防控措施，其虫食率明显低于处理三。

实验结果显示，增设蜜蜂授粉和向日葵螟绿色综合防控措施，可以大大提高向日葵的结实率，降低向日葵虫食率，达到提高向日葵单产的目的，对向日葵丰产增收起到效果良好。

（二）大豆示范区

大豆示范区在三宝乡、民和乡建立2个蜜蜂授粉与病虫害绿色防控技术集成应用示范基地，面积3 000亩，三宝乡示范基地面积2 000亩，民和乡示范基地面积1 000亩，涉及200多户农户，并与每户都签订了种植合同。

经测产，项目区平均亩产大豆260千克，对照非项目区宾州镇宣阳村偏脸子屯平均亩产大豆220千克，项目区比非项目区亩增产40千克，增产8.5%。3 000亩项目区增加大豆产量12万千克，按照目前黑龙江省大豆价格每千克4.4元计算，项目区可增加收入50多万元，户均增收2 000多元。同时，大豆采取生物防控技术，亩可减少投入30元左右，项目区可减少投入9万元，户均减少投入450元。

（三）水稻示范区

水稻是不严格的自花授粉作物，有3%～5%是异花授粉，水稻是风媒花，水稻在自体授粉时，雄蕊的花药会破裂，花粉相当细小，会随风力、稻的摇摆，落到隔壁的雌蕊柱头上，变成异花授粉。谷类作物一般不分泌花蜜，主要靠风传粉。但由于蜜蜂喜欢采高粱、水稻等作物的花粉，因而蜜蜂传授花粉在此类作物也有一定的作用。

1. 五常市示范区　为提高试验数据的准确性及可分析性，在五常市建立水稻蜜蜂授粉与绿色防控增产技术试验示范区2个，示范区设置在水稻集中连片区域，示范区域土壤肥力、栽培品种、管理措施等条件基本一致。每个示范共设置4个处理，每个处理4个重复。分别为：蜜蜂授粉区、空白对照区及自然授粉对照区、自然授粉区。

试验于2015年7月至8月的水稻扬花期间在五常市小山子镇及龙凤山镇水稻田间进行。试验用栽种品种，土地肥力，管理措施一致，水稻田两块，相距3千米以上。供试种植品种为稻花香二号，于2015年5月末播种，生长过程中采用常规施肥和田间管理方法。授粉蜜蜂为北京一号。蜜蜂授粉水稻试验区在水稻开花前，搭建蜜蜂加强授粉网室。水稻开花结束，撤去网室，做好标记，以备测产。自然授粉区按水稻栽植常规管理方式，不施加特殊措施，放置蜜蜂自然授粉；自然授粉空白对照区选定1

米² 扣网室。以上多点样本重点监测。

黑龙江省五常市水稻示范项目经多方面数据显示，试验点四个处理之间均没有显著的差异（$p >$ 0.05），说明蜜蜂对水稻花的授粉效果不显著。其原因可能是试验点有其他植物开花，因此，影响蜜蜂对水稻的采集积极性。

2. 牡丹江市示范区 蜜蜂品种为意大利蜂，共 10 箱蜂，每群 10 脾以上，授粉蜂群以 10 群为一组。水稻授粉面积较大，将蜂群布置在地块的中央，减少蜜蜂飞行半径。摆放时单箱排列、多箱组合排列。调整巢脾，保持蜂多于脾，维持箱内温度稳定，保证蜂群能够正常繁殖。自然对照区距离蜜蜂授粉区相距 4 千米，自然对照区水稻品种、栽培措施等与蜜蜂授粉区保持一致。在放蜂区设置空白对照区，以网室进行隔离，防止传媒昆虫进入。网室规格为每个网室 66 米²，长 10 米×宽 6.6 米，高度距作物顶端 0.5 米，纱网规格 80 目，固定于稻田内。每重复设一网室。

示范区绿色防控技术集成：①稻田耕沤治螟技术。在螟虫越冬化蛹高峰期，及时耕沤冬闲田和绿肥田，灌深水浸沤，使螟虫不能正常羽化，降低发生基数。②选用抗病品种。选用晚熟水稻品种 118，具有抗稻曲病的特性。③物理、生物等防控技术。一是灯光诱杀物理防治技术。利用频振式杀虫灯诱杀水稻螟虫、稻纵卷叶螟、稻飞虱等。二是性引诱剂诱杀二化螟、稻纵卷叶螟仿生防治技术。三是稻鸭共栖治虫除草防纹枯病，保护利用天敌等生物生态控害技术。

从测产结果看，今年的三个处理，产量最高的是处理一蜜蜂授粉集成绿色防控区，产量为 868.5 千克/亩，较常规防治区增产 4.44%；产量第二的是处理二自然对照区，产量为 836.2 千克/亩，较常规防治区增产 0.56%；产量最低的是处理三亩空白防治区蜜蜂授粉区，产量为 831.5 千克/亩。试验结果显示蜜蜂授粉集成绿色防控对水稻有增产效果。

三、项目实施效益评价体系建设与评价结果

（一）经济效益

1. 向日葵 蜜蜂授粉与绿色防控技术集成处理产量为 179 千克/亩，较自然对照区增产 16.99%，较空白防治区增产 41.06%。蜜粉授粉集成绿色防控处理每亩纯收入 1 094.71 元，较绿色防控处理每亩收入多 454.85 元，较常规处理区收入多 697.21 元。

2. 大豆 项目区蜜蜂授粉集成绿色防控处理平均亩产 260 千克，对照区平均亩产 220 千克，平均亩增产 40 千克，增产率 8.5%。大豆价格按每千克 4.4 元计算，亩增加经济收入 176 元。

3. 水稻 五常和牡丹江水稻示范项目经以上多方面数据显示，试验点四个处理之间均没有显著的差异（$p >$ 0.05），说明蜜蜂对水稻花的授粉效果不显著。其原因可能是五常市和牡丹江市地理位置处于山区，示范区有其他植物开花，因此影响蜜蜂对水稻的采集积极性。

（二）生态效益

生态绿色农药的使用，大大降低了土地农药残留量，降低了对土地和水源的污染，对环境的改善起到重要的作用。

（三）社会效益

蜜蜂授粉与绿色防控技术集成试验示范项目，提高作物产量效果显著，提升了农民的种植积极性，增强了企业的信心，对我国农业可持续发展奠定了坚实的基础。

■ 安 徽 省

一、示范区基本情况

2015 年，在巢湖市以整建制推进的方式，建立 5 万亩油菜田蜜蜂授粉与病虫害绿色防控技术集成

示范片，其中核心区面积 1 000 亩。油菜花期共有蜂农 132 户进驻 5 万亩示范片，蜂箱数约 17 160 箱。示范片以集中放蜂、全域覆盖、统一实施绿色防控技术的方式，整村整乡推进油菜田蜜蜂授粉与病虫害绿色防控技术集成示范工作。

二、示范内容、效果及效益评价

（一）蜜蜂授粉与油菜病虫害绿色防控技术配套试验

通过蜜蜂授粉与病虫害绿色防控技术组装配套，探索既能提高油菜产量和油品质又对蜜蜂安全的技术模式，为生产上更大范围推广提供技术支撑。

1. 试验材料　试验作物为甘蓝型杂交油菜，品种为秦优 10 号，试验蜜蜂蜂种为意大利蜜蜂。

2. 试验设计　该试验示范安排在核心示范区内，设 3 个处理，每个处理 3 次重复，分别为：①蜜蜂授粉区（油菜病虫害绿色防控＋放蜂处理），②空白（网罩）区（用 20 目的网棚物理隔离，油菜病虫害绿色防控但不放蜂处理）和③自然对照区（油菜病虫害绿色防控但不放蜂处理，距离放蜂区 2 千米以上，选择生产条件、油菜品种、生产水平与蜜蜂授粉区相近的油菜种植区域，不完全排除油菜生产基本条件不一致对产量一致性的影响）。

蜜蜂授粉区每个重复（小区）面积 500 米^2，3 个重复共计 1 500 米^2；自然对照区（小区）面积 500 米^2，3 个重复共计 1 500 米^2；空白（网罩）区每个重复（小区）133 米^2，3 个重复共计面积 399 米^2。

3. 试验结果与分析

（1）对蜜蜂的安全性影响。在油菜菌核病第二次防治前及施药后第 3 天，在距离蜂箱 5 米、10 米和 100 米处，每处各取 3 个样点，每点 1 米^2，分别调查不同位置的死蜂数量。结果显示，距离蜂箱 5 米、10 米和 100 米处药前平均死蜂数分别为 3 头、3 头、0 头，药后第 3 天分别为 2 头、3 头、0 头，说明盛花期防治菌核病使用 40%菌核净可湿性粉剂对蜜蜂安全。

（2）对油菜产量和品质的影响。油菜收割前，对各处理油菜产量的调查结果表明，蜜蜂授粉区单株角果数明显高于自然对照区和空白（网罩）区，分别增加 44.41% 和 39.10%；千粒重和每角果粒数，三个处理间差异不明显。说明蜜蜂授粉可以显著增加油菜单株角果数。最终理论产量和实测产量蜜蜂授粉区均显著高于自然对照区和空白（网罩）区，其中蜜蜂授粉区的理论产量比自然对照区和空白（网罩）区分别增加 34.31% 和 35.79%；实测产量蜜蜂授粉区比自然对照区高 16.14%，比空白（网罩）区高 33.32%。由此说明蜜蜂授粉可以明显增加油菜的产量。含油量以自然对照区最高，但蜜蜂授粉区仍比空白（网罩）区高 3.22%。

（二）蜜蜂授粉与油菜病虫害绿色防控技术集成大区示范

示范区内设置大面积蜜蜂授粉区（即油菜病虫害绿色防控加蜜蜂授粉示范区）和小面积自然无蜂对照区（即农民常规防治但不放蜂区域），评价比较经济效益和社会、生态效益，示范面积共计 5 万亩。

1. 示范内容

（1）蜜蜂授粉增产技术。

①蜜蜂品种。意大利蜜蜂。

②蜂需求量。每 3 亩 1 箱，蜂群势 8 脾以上。

③入场时间。2015 年 3 月 16 日入场。

④蜂群摆放。视授粉作物面积，授粉蜂群以 10～20 群为一组，均匀摆放；蜂场与授粉田间距离小于 100 米；摆放时单箱排列、多箱排列、圆形或 U 形排列，可视场地面积和地形而定。巢门背风向阳，蜂群摆放视授粉面积而定，可位于中央或田地一边。

⑤蜂群管理。加盖保温物，调整巢脾，强群补弱群，保持蜂多于脾，维持箱内温度稳定，保证蜂群能够正常繁殖。初花期适当奖励饲喂，提高蜜蜂授粉的积极性。

⑥蜜粉采收。检查蜂群的蜜粉情况，应及时采收蜂蜜和花粉，防止蜜粉压子脾，提高蜜蜂访花的积极性，消除分蜂热。

⑦提供清洁水源。油菜授粉期间，保证蜂群具有干净充足的水源。

⑧农药施用注意事项。若必须施药，应在蜜蜂入场前10天，并选用对蜜蜂安全的药剂或在蜂场撤离后喷施农药。

（2）油菜病虫害绿色防控技术。利用蜜蜂在油菜花期授粉以增加油菜产量，为了确保油菜田蜜蜂安全授粉，油菜病虫害采取以下绿色防控技术：

①种植抗（耐）病性较强的沣油737、秦优系列品种。

②做好农业防治。加强田间管理。开好"三沟"，做到沟沟相通，确保田间明水能排、暗水能滤，降低田间湿度，提高油菜根系活力，增强植株抗逆性。

③规范施药技术。切实把好菌核病药剂防治"三关"，即防治适期与次数、对路药剂和施药技术三个关键环节。施药适期与防治次数：在油菜盛花初期和盛花期分别防治1次。防治药剂：选用对蜜蜂低毒且对环境友好的药剂40%菌核净可湿性粉剂120克/亩。施药技术：施药时注意油菜全株上下要受药均匀，注意在下午施药。个别田块蕾薹期油菜蚜虫若达到防治指标，在蕾薹期施用吡蚜酮防治蚜虫1次。

2. 示范效益评价

（1）经济效益评价。一是蜜蜂授粉示范区油菜产值明显高于自然无蜂对照区。蜜蜂授粉示范区平均亩产：中埠镇建华村为220千克，夏阁镇国胜、沿河村为192.5千克；自然无蜂对照区（农民常规防治且不放蜂区域位于烔炀镇唐咀村）为165千克。按照当前油菜籽平均售价4元/千克折算，蜜蜂授粉区中中埠镇建华村平均每亩的油菜产值880元，夏阁镇国胜、沿河村平均每亩的油菜产值770元；自然无蜂对照区平均每亩的油菜产值为660元。二是蜂产品经济效益显著。蜂农转场前，对蜜蜂授粉示范区内的13户蜂农进行调查，整个油菜花期平均每亩产蜂蜜20千克、蜂王浆0.25千克，按市场收购价蜂蜜14元/千克、蜂王浆200元/千克折算，平均每亩蜂产品收益为330元。三是总体经济效益显著。蜜蜂授粉区种子、农药、化肥、田间管理用工、蜜蜂转场及养护等总投入550.2元/亩，油菜籽与蜂产品总收入中埠示范为1 210元/亩、夏阁示范区为1 100元/亩，投入产出比分别为1∶2.20、1∶1.99；自然无蜂对照区种子、农药、化肥、田间管理用工等总投入509.2元/亩，油菜籽收入为660元/亩，投入产出比为1∶1.30。蜜蜂授粉示范区总体效益明显好于自然无蜂对照区。

（2）生态效益。通过油菜田蜜蜂授粉与病虫害绿色防控技术集成示范项目的开展，有效地减少了一些不必要农药的使用。在提高农药使用效率的同时，使用对蜜蜂低毒安全的农药，不仅有效地保护了蜜蜂，减少了对蜜蜂的损伤，同时其他自然授粉昆虫数量也明显增加，从而为蜜蜂和其他授粉昆虫创造了良好的农业生态环境。

（3）社会效益。一是种植户和蜂农双丰收。实施油菜病虫害绿色防控技术，保护了蜜蜂；蜜蜂授粉既促进了油菜增产，又收获了蜂蜜和蜂王浆等蜂产品。因此油菜增产促进了种植户丰收，同时蜂产品又为蜂农创造了效益。二是保证了农产品的质量安全。将示范片收获的油菜籽和蜂蜜分别送至合肥市农产品质量检验检测中心进行农药残留检测，经检验农药残留指标均合格。因此绿色防控技术的推广使用，降低了油菜籽和蜂产品的农药残留，确保了产品质量安全。三是促进了养蜂业的持续健康发展。近年来，因农户使用农药不当，导致蜂农蜜蜂死亡的事件时有发生。这就严重挫伤了蜂农的积极性，并对养蜂业的持续发展带来了严重危害。通过项目的开展，绿色防控技术的实施，既控制了病虫害又保护了蜜蜂和其他授粉昆虫，同时还为蜂农带来可观的经济效益，从而带动了养蜂业的持续健康发展。

◻ 江 西 省

一、示范工作实施情况

（一）选好建好示范区

2015年2月在都昌县徐埠乡高桥村和瑞昌市南义镇朝阳村分别建立了面积为3 000亩的油菜示范

区，在吉安市青原区富滩镇丹村井冈蜜柚果园建立了面积为 3 000 亩的蜜柚示范区。在每个示范区设立 3 个处理区，分别为：大面积蜜蜂授粉示范区、无蜜蜂授粉自然对照区和无蜜蜂授粉大棚对照区，每个处理设 3 个重复，其中无蜂大棚面积为 0.1 亩。3 月组织 20 户蜂农近 2 000 群意大利蜜蜂进入油菜示范区，4 月组织近 600 群中蜂进入蜜柚示范区。

（二）抓好技术培训

每个示范区开展了 1 次蜜蜂授粉和绿色防控技术培训，培训农民、蜂农和专业防治人员 260 余人。

（三）认真实施绿色防控

都昌和瑞昌油菜示范区，综合应用农业、物理、化学等措施，防治油菜菌核病等病虫害，实现蜜蜂授粉与病虫害绿色防控协同增产。主要采取的措施有：选择高产优质抗病品种，开沟排渍降湿减轻病害发生；3 月 13 日在油菜初花期选择对蜜蜂低毒、对环境友好的高效对路农药咪鲜胺防治菌核病，亩用 25％咪鲜胺乳油 50 毫升，同时亩用 23％速利高硼 45 克防油菜花而不实，采用高效药械进行统防统治提高防效。吉安市青原区蜜柚示范区，于 3 月 1 日用 80％石硫合剂 500 倍液进行清园，降低病虫基数，3 月 17 日喷 5％噻螨酮 2 000 倍液＋72％农用链霉素 3 000 倍液＋50％吡蚜酮 1 000 倍液＋磷酸二氢钾 1 000 倍液防治溃疡病、红蜘蛛、粉虱等，喷药后 20 天，每株蜜柚树释放巴氏钝绥螨 1 袋防治红蜘蛛等螨类；每株柚树上悬挂黄色粘虫板，诱杀蚜虫、粉虱等；悬挂杀虫灯诱杀蛾类等；在蜜柚开花蜜蜂授粉期不喷施任何农药。

二、示范效果

（一）增产效果

1. 都昌县油菜示范区　蜜蜂授粉可增加单株有效角果数和单角实粒数，降低千粒重。经测算和测产，蜜蜂授粉区的理论产量和实际产量均增加。

（1）单株平均有效角果数。蜜蜂授粉区分别比自然对照区和无蜂大棚区增加 16.5 个、39.9 个，增幅分别为 11.0％、31.4％；自然对照区比无蜂大棚区增加 23.4 个，增幅 18.5％。

（2）单角平均粒数。蜜蜂授粉区分别比自然对照区和无蜂大棚区增加 2.55 粒、6.32 粒，增幅分别为 15.8％、51％；自然对照区比无蜂大棚区增加 3.77 粒，增幅 30.5％。

（3）千粒重。蜜蜂授粉区分别比自然对照区和无蜂大棚区降低 0.22 克、1.343 克，降幅分别为 6.5％、39.3％；自然对照区比无蜂大棚区降低 1.122 克，降幅 30.8％。

（4）理论亩产。蜜蜂授粉区分别比自然对照区和无蜂大棚区增加 31.5 千克、53.5 千克，增产率分别为 21.9％、44.8％；自然对照区比无蜂大棚区增加 22 千克，增产率 18％。

（5）实测亩产。蜜蜂授粉区分别比自然对照区和无蜂大棚区增加 33 千克、50 千克，增产率分别为 26.8％、47.8％；自然对照区比无蜂大棚区增加 17 千克，增产率 16％。

（6）油菜菌核病茎病株率和防效。蜜蜂授粉区、无蜂大棚区和自然对照区茎病株率分别为 9.4％、12.3％和 14.2％，蜜蜂授粉区分别比无蜂大棚区和自然对照区降低 23.6％、33.8％，无蜂大棚区比自然对照区降低 13.4％。

2. 瑞昌市油菜示范区　蜜蜂授粉区比无蜂大棚区理论产量增加 45.19％～60.59％，实测产量增加 42.95％～62％，实测平均增产率 54.46％；自然对照区比无蜂大棚区理论产量增加 48.48％～77.21％，实测产量增加 28.59％～49.18％，实测平均增产率 36.03％。

3. 吉安市青原区蜜柚示范区

（1）枝组花朵数。4 月 14 日对各小区花朵数进行调查统计，在每小区调查 2 棵树，每棵树调查东南西北 4 个方向，每个方向固定调查 1 个枝条，统计出每个小区 8 个枝条的花朵数量。结果显示，树体不同花朵数量各不相同，但所调查树每株树总体花量比较均衡。平均花朵数蜜蜂授粉区为 352 朵，无蜂大棚区为 443 朵，自然对照区为 390 朵，表明蜜蜂授粉的花朵数减少。

（2）枝组有效坐果率。6月3日进行坐果率调查，由于井冈蜜柚花器退化，自花授粉结实能力差，不借助外界授粉手段，很难高产。蜜蜂授粉区、自然对照区、无蜂大棚区坐果率分别为 2.56%、1.97%和1.88%，表明蜜蜂授粉能显著提高蜜柚的坐果率。

（3）单果平均重量。蜜蜂授粉区重 0.82 千克，自然对照区 0.71 千克，无蜂大棚区平 0.63 千克，蜜蜂授粉区平均单果重分别比自然对照区和无蜂大棚区增加 15.5%和30%，自然对照区比无蜂大棚区增加 12.7%，表明蜜蜂授粉可以提高蜜柚的单果重。

（4）实测亩产。10月28日，对各试验区进行了实地测产验收，实测亩产蜜蜂授粉区为 2 021 千克，自然对照区为 1 578 千克，无蜂大棚区为 1 431 千克，蜜蜂授粉区分别比自然对照区和无蜂大棚区增产 28%、41.2%，自然对照区比无蜂大棚区增产 10.3%，表明蜜蜂授粉可以明显提高蜜柚的产量。

（二）效益评价

1. 经济效益　油菜示范区以都昌示范点为例，油菜大面积蜜蜂授粉示范区实收亩产 156.3 千克，较自然无蜂对照区亩产 123.3 千克增加 33 千克，增幅 26.8%，菜籽价格按 5.4 元/千克计算，亩增产值 178.2 元。扣除每亩租蜂费用 50 元（每群蜂租金 150 元，授粉 3 亩）和每亩绿色防控（包括培训、清沟等）成本 30 元，亩增效益分别为 98.2 元，核心示范区 500 亩，新增纯收益 4.91 万元，总示范面积 3 000 亩，新增纯收益 29.46 万元。

青原区蜜柚示范区大面积蜜蜂授粉示范区实收亩产 2 021 千克，较自然无蜂对照区亩产 1 578 千克增加 443 千克，增幅 26.8%，蜜柚价格按 7 元/千克计算，亩增产值 3 101 元。扣除每亩租蜂费 20 元、农药成本 350 元、打药人工费 250 元、绿色防控成本 230 元，亩新增纯收益 2 251 元。核心示范区 500 亩，新增纯收益 112.6 万元，总示范面积 3 000 亩，新增纯收益 675.3 万元。

2. 生态效益　油菜和蜜柚示范区施药后放入蜂群，蜜蜂示范区未见蜜蜂和其他天敌生物非正常死亡现象，生态效益明显。

3. 社会效益　示范区油菜和蜜柚的品质和产量提高，得到农民的认可和消费者的满意，社会反响强烈，值得推广。

山 东 省

一、项目总体完成情况

根据农业部要求，2015 年在山东苹果主产区烟台招远市建立整建制苹果示范区，面积为 50 000 亩。其中，建立核心示范区 3 000 亩，辐射带动区 47 000 亩。

整建制示范区内苹果花期用日本角额壁蜂和意大利蜜蜂进行授粉，其中，蜜蜂授粉面积为 500 亩，授粉时间为 4 月 21 日至 5 月 2 日；壁蜂授粉面积为 49 500 亩，授粉时间为 4 月 19 日至 5 月 2 日。示范区内苹果果实于 10 月 30 日采收。经过产量测定，整建制示范区内苹果平均产量 3 816 千克，辐射区内平均产量 3 591 千克，分别较全市平均产量高出 25.5%和 18.1%。核心示范区内，壁蜂授粉区两个示范区吕家果园产量为 4 115 千克，较常规授粉区增产 6.6%；大户陈家苹果产量为 2 830 千克，较常规授粉区增产 22.62%。蜜蜂授粉区两个示范区吕家和大户陈家产量分别为 4 050 千克、2 390 千克，分别较常规授粉区增产 4.92%、3.55%。同时，示范区商品果率也有所增加。经济效益壁蜂和蜜蜂授粉区分别为 13 746 元、13 460 元，较常规授粉分别增收 8.89%、6.62%。

二、蜜蜂授粉与绿色防控技术集成与示范情况

（一）蜜蜂授粉示范情况

不同蜜蜂种类授粉效果对比试验　主要在核心示范区内进行。对壁蜂和蜜蜂两个蜂种的授粉效果进行对比。

试验设蜜蜂授粉区、壁蜂授粉区、自然授粉区和空白对照区 4 个处理区。

蜜蜂授粉区：应用意大利蜜蜂进行授粉。在苹果开花期间人工释放，面积 500 亩。其中，大户陈家村 230 亩，吕家村 270 亩。

壁蜂授粉区：应用日本角额壁蜂授粉，面积 2 470 亩。其中，大户陈家、侯家沟、梧桐夼等村 1 250 亩，吕家、小周家等村 1 220 亩。

常规授粉区：按照当地果农习惯的授粉方式授粉，面积 30 亩，距离蜜蜂及壁蜂授粉区 2 千米外，其中，金岭镇大户陈家村 20 亩，示范区设在双庙岭东侧梯田果园，距离蜜蜂、壁蜂授粉区 2.1 千米，面积 20 亩；阜山镇吕家示范区设在小周家村东南东部梯田果园，距离蜜蜂、壁蜂授粉区 2.3 千米，面积 10 亩。常规授粉区的苹果园内土壤肥力、管理水平与蜜蜂、壁蜂授粉区基本一致。

空白对照：每个示范区内选择 3~4 棵树用网罩标记，不授粉。在苹果树外加网罩阻隔，防止授粉昆虫进入，也不进行人工授粉，使苹果自花授粉。其中金岭镇大户陈家示范区，在蜜蜂授粉区内连续选择 4 棵整树，用尼龙网罩标记。阜山镇吕家示范区，在蜜蜂授粉区内连续选择 3 棵整树，用尼龙网罩标记。

（二）绿色防控技术集成情况

物理措施：开花前，按照 20 亩 1 台灯的间距安装太阳能杀虫灯。悬挂粘虫板结果园按照每株 1 张、新植园每 2 株 1 张。

生物措施：设置食诱剂诱杀鳞翅目害虫，每相邻诱捕器间隔 15~20 米，每亩 5 个。

1. 杀虫灯杀虫效果调查　2015 年在大户陈家示范区内，对地处丘陵高、中、低 3 个位置的太阳能杀虫灯各一台，进行诱虫效果调查、统计。

2. 苹果园主要病虫害调查　对苹果褐斑病、轮纹病、金纹细蛾、卷叶蛾等病虫害防效进行调查。对果园管理和病虫防治投入、产量、商品果率、售价、亩收益等情况进行详细记录，测查农药残留、果实硬度、糖酸比等品质指标。依据相关数据，对绿色防控效果进行综合评价，并了解果农对蜜蜂授粉、绿色防控技术的接受程度。

三、项目实施效益评价体系建设与评价结果

（一）对苹果坐果率的影响

1. 阜山镇吕家示范园　壁蜂授粉区：调查 2 466 个花朵，1480 个坐果，花朵坐果率为 59.58%。蜜蜂授粉区：距蜂场 50 米内，调查 1 113 个花朵，332 个坐果，花朵坐果率为 30.39%；距蜂场 100 米内，调查 821 个花朵，202 个坐果，花朵坐果率为 25.20%；距蜂场 150 米内，调查 765 个花朵，170 个坐果，花朵坐果率为 21.72%。常规授粉区：调查 1 384 个花朵，192 个坐果，花朵坐果率为 13.73%。对照区：调查 868 个花朵，63 个坐果，花朵坐果率为 7.14%。

2. 金岭镇大户陈家示范区　壁蜂授粉区：调查 2 423 个花朵，1 477 个坐果，花朵坐果率为 59.94%。蜜蜂授粉＋保丽蕊：距蜂场 50 米内，调查 1 216 个花朵，506 个坐果，花朵坐果率为 41.61%；距蜂场 100 米内，调查 962 个花朵，339 个坐果，花朵坐果率为 35.24%；距蜂场 150 米内，调查 804 个花朵，164 个坐果，花朵坐果率为 20.40%。蜜蜂授粉区：距蜂场 50 米内，调查 1 079 个花朵，326 个坐果，花朵坐果率为 30.21%；距蜂场 100 米内，调查 994 个花朵，262 个坐果，花朵坐果率为 26.36%；距蜂场 150 米内，调查 654 个花朵，147 个坐果，花朵坐果率为 22.48%。常规授粉区：调查 1 373 个花朵，228 个坐果，花朵坐果率为 16.61%。对照区：调查 725 个花朵，59 个坐果，花朵坐果率为 8.14%。

（二）对苹果幼果发育的影响

苹果谢花后套袋前，于 6 月 20 日，分别调查了吕家示范区、大户陈家示范区苹果幼果发育状况，吕家示范区、大户陈家两个示范区内，6 月 20 日的幼果直径壁蜂授粉、蜜蜂授粉、常规授粉与对照之

间差异不明显。

四、绿色防控效果评价

仅对苹果金纹细蛾、斑点落叶病发生情况进行评价。

（一）病虫害防治效果调查

诱虫结果看，果园安装杀虫灯，对鳞翅目害虫有一定的控制作用。相同试验条件下，灯的安装高度不同，诱虫数量差异较大，呈现安装位置越低，诱虫效果越好的趋势。高位置较中位置诱虫总头数少322头，中位置较低位置少252头。

（二）经济效益

果品采收期对果园管理和病虫防治投入、苹果平均亩产量、商品果率、果品平均售价、平均亩收益等情况进行了调查，测查了果品单果重、果形指数、硬度、可溶性固性物含量、畸形果率、果实种子数、农药残留等品质指标。

（三）社会效益

苹果谢花后对大户陈家示范区随机调查30户果农，果实采收期随机调查吕家示范区30户果农，了解其对蜜蜂授粉、绿色防控技术的接受和应用情况。结果表明，通过项目实施，果农技术素质有明显提升，示范项目取得了良好的社会效益。

从示范结果看，蜜蜂、壁蜂都是苹果授粉的理想昆虫，都具有明显的增产效果。但综合看，壁蜂授粉较蜜蜂的优势更明显。

一是访花能力有差别。角额壁蜂起飞访花温度13℃，日工作时间10～11小时，每分钟访花10～16朵，日访花4 000朵以上；蜜蜂起飞访花温度17℃，日工作时间8～9小时，每分钟访花4～8朵，日访花700朵左右。

二是授粉顺序有先后。苹果中心花先开，壁蜂对早开的花先授粉，中心花坐果早，果个大；再对边花授粉，且授粉均匀一致，在苹果花量不足时，仍保证一定的产量。

三是授粉均匀程度有差异。壁蜂授粉时，整个身体平伏于柱头，五个柱头同时授粉的概率大；蜜蜂授粉时，头部伏于柱头，尾部外翘，五个柱头同时授粉的概率小。授粉姿势的差异性，导致壁蜂授粉的果实种子多于蜜蜂授粉，偏斜果也明显少于蜜蜂授粉。

四是管理方式不同。壁蜂无需专职饲养人员，农户可以自行放蜂、收蜂、存放，较蜜蜂相对简单，且蜜蜂蜂源也难以保证。

▉ 河 南 省

一、蜜蜂授粉与绿色防控技术集成与示范效果

（一）大枣蜜蜂授粉与病虫害绿色防控集成应用示范区

今年河南省枣树蜜蜂授粉与病虫害绿色防控集成应用示范区设在三门峡市灵宝市大王乡后地村。灵宝市的大王乡集中连片种植大枣2万余亩，其中明清古枣林近2 000亩，种植品种为灵宝大枣。今年年初经过实地考察，选择了树龄均在20年左右，株行距5米×6米，树势、树冠基本一致，土壤肥力、管理措施等条件均较为一致的2 000亩作为项目示范区，其中核心示范区500亩。

示范区设置了蜜蜂授粉区、常规授粉区和空白对照区3个处理区。为了观察距离蜜蜂放置点50米处蜜蜂授粉与常规授粉的差别，在核心示范区集中放置了130箱蜂。5月18日开始放蜂，6月19日结束。示范区内设置2株既不人工授粉又不蜜蜂授粉的对照树完全用防虫网罩盖。6月26日在距离放蜂

点 50 米处选择朝向蜂箱出蜂口方位标记、调查 6 棵树，每棵树选择东、西、南、北四个有代表性的枝条调查坐果数量。农民常规授粉区距离放蜂点 2 千米以上没有放蜂的枣林，同样标记 6 棵树，每棵树选择东、西、南、北四个枝条调查坐果数量。结果表明距离蜂箱 50 米各点坐果率平均为 94.7％，农民常规授粉区坐果率平均为 70.7％，蜜蜂授粉区坐果率高于常规授粉区，而用防虫网罩盖的空白对照区坐果率为 0，效果显著。

（二）梨树蜜蜂授粉与病虫害绿色防控集成应用示范区

梨树蜜蜂授粉与病虫害绿色防控集成应用示范区设在商丘市宁陵县石桥镇。宁陵县梨树种植面积 20 余万亩，品种为金顶谢花酥梨。今年河南省在上年嫁接高接枝的 1 000 亩梨树作为核心示范区，示范面积 10 000 亩。

在 2014 年嫁接高接枝的 1 000 亩梨树种植区进行蜜蜂授粉工作。核心示范区内安排了南北两个放蜂点，放蜂点相距 1 000 米，每个放蜂点放置 65 箱蜂。4 月 3 日开始放蜂，4 月 10 日结束。为了观察距放蜂点不同距离的蜜蜂授粉效果，在距离放蜂点 50 米、150 米、300 米处分别选择东、西、南、北四个方向各标记一颗梨树作为蜜蜂授粉效果调查树，每棵树在东、西、南、北、中 5 个方位各选取 1 个主枝进行调查统计。示范区内均匀设置 3 株既不人工授粉又不蜜蜂授粉的作为空白对照树，对照树选择东、西、南、北四个方向有代表性的树枝用防虫网罩盖。5 月 6 日调查坐果情况，距离蜂箱 50 米、150 米、300 米各调查点平均坐果率分别为 24.6％、24.3％、26.1％，而农民采用人工授粉方式的梨树平均坐果率为 47.9％，则距离蜂箱 50 米、150 米、300 米平均坐果率分别比农民常规授粉方式坐果率减少 48.7％、49.2％、45.6％。既不人工授粉又不蜜蜂授粉的对照坐果率为 0。分析原因：蜜蜂授粉期的 4 月 1～15 日日平均气温 11.3℃，20℃以下气温占 10 天，最低气温 7.4℃。同时，4 月 1～5 日出现连续降雨，影响了蜜蜂的出勤率和花粉发芽率，进而降低了授粉效果。

二、项目实施效益评价体系建设与评价结果

（一）蜜蜂授粉示范区产量与品质分析

1. 大枣蜜蜂授粉与病虫害绿色防控集成应用示范区

（1）测产情况分析。9 月 7 日在蜜蜂授粉区枣果完全着色成熟后，选取面积不等、距蜂箱距离不等的蜜蜂授粉区与常规管理区，将所有树上的鲜枣全部摘下称重，计算平均亩产量。测产数据表明，距蜂箱 50 米、150 米的蜜蜂授粉区平均亩产量高于常规授粉区，分别增产 19.3％和 7.0％。

（2）果实品质分析。测产的同时随机选取 68 个果实，测量其直径，以确定果实大小；称取 68 个果实重量，取其平均值，为单果重。调查结果表明，蜜蜂授粉区的果实硬度、糖度分别比常规授粉区增加 0.59×10⁵Pa 和 1.7％，而果实直接、单果重则分别低于常规授粉区 0.13 厘米和 1.47 克/果。

2. 梨树蜜蜂授粉与病虫害绿色防控集成应用示范区

（1）测产情况分析。病虫害绿色防控示范区梨树亩产量比常规防治区增产 500.45 千克，增产 13.76％；但蜜蜂授粉树因天气等原因的影响，产量比常规授粉树下降 77.47％。

（2）果实品质分析。经过蜜蜂授粉的果实畸形果率比人工授粉的果实下降 81.2％，可溶性固形物比人工授粉的果实增加 2.08％。可见蜜蜂授粉可以明显改善果形，降低畸形果的发生，提升梨果实的品质。

（二）经济效益

1. 蜜蜂授粉示范区病虫害防控投入情况　据调查统计，今年灵宝市大枣蜜蜂授粉区共施药 6 次，平均每亩农药成本 200 元，人工投入 2.6 个，折人工、机械等费用 110 元，粘虫带、杀虫灯等病虫害绿色防控资本及人工投入 50 元，折合每亩投入合计 360 元；常规授粉区共喷施农药 9 次，亩农药投入 270 元，人工投入 3.2 个，折人工、机械等费用 125 元，每亩投入合计 395 元。则蜜蜂授粉示范区实施病虫害绿色防控较常规授粉区每亩节省投资成本 35 元。

宁陵县蜜蜂授粉区共施药 8 次，平均每亩农药成本 700 元，人工投入 3.2 个，折人工、机械等费用 147.2 元，杀虫灯、粘虫带、粘虫板、性诱剂等病虫害绿色防控资本及人工投入 110 元，折合每亩投入合计 957.2 元；常规授粉区共喷施农药 12 次，亩农药投入 1 000 元，人工投入 4.8 个，折人工、机械等费用 220.8 元，每亩投入合计 1 220.8 元。蜜蜂授粉示范区实施病虫害绿色防控较常规授粉区每亩节省投资成本 263.6 元。

2. 蜜蜂授粉示范区增收情况 对示范区调查分析表明，今年灵宝市大枣蜜蜂授粉区平均亩产量 686.27 千克，较常规授粉区增产 110.8 千克，均按今年鲜枣售价每千克 4 元计算，则蜜蜂授粉与病虫害绿色防控示范区平均比对照区亩增收入 443.2 元；宁陵县梨树病虫害绿色防控示范区亩均产量 4 636.8 千克，按市场价 3 元/千克计算，亩均产值 13 910.4 元；而人工授粉对照区平均亩产量 4 138.4 千克，按市场价 2.5 元/千克计算，亩均产值 10 346.0 元，则病虫害绿色防控示范区比对照区平均每亩增加收入 3 564.4 元。

3. 示范区经济效益分析

（1）大枣蜜蜂授粉区效益分析。大枣蜜蜂授粉与病虫害绿色防控示范区平均每亩比对照区增加收入 443.2 元，防治成本比对照区减少投入 35 元/亩，则平均每亩增加收益 478.2 元，1 000 亩累计增加收益 47.82 万元。同时，在项目执行过程中投入培训费 1.5 万元、购买高效低毒农药 4 万元、蜜蜂租赁费 2.8 万元、试验示范费 3.5 万元、人工补贴费 2.5 万元，共计 14.3 万元，则投入收益比为 1∶3.34。

（2）梨蜜蜂授粉区效益分析。以病虫害绿色防控为主的示范区平均每亩产值比农民自主防控的对照区增加 3 319.7 元，而防治成本比对照区减少 263.6 元/亩，则平均每亩增加收益 3 583.26 元，1 000 亩累计增加收益 358.33 万元。而由于蜜蜂授粉树比对照区平均减产 2 704.2 千克，20 株蜜蜂授粉树共计减产 1 352.1 千克，按每千克 2.5 元计算，共损失 3 380.3 元。去除损失，今年 1 000 亩示范区共计增加收益 357.99 万元。同时，在项目执行过程中投入培训费 3 万元、购买高效低毒农药 50 万元、蜜蜂租赁费 2.3 万元、试验示范费 3.2 万元、人工补贴费 1.5 万元，共计 60 万元，则投入收益比为 1∶5.97。

（三）生态效益

由于实施了多项病虫害绿色防控措施，今年大枣蜜蜂授粉与病虫害绿色防控示范区平均比对照区化学农药防治次数减少了 3 次，酥梨蜜蜂授粉与病虫害绿色防控示范区比对照区防治次数减少了 4 次，化学农药使用量降低 30%，同时保护了天敌，减少了环境污染，降低生产成本，生态效益十分明显。

（四）社会效益

由于减少了农药使用量，果品质量明显提高，果品中农药残留量降低，保障了食品安全。提高了示范区果农科技素质，带动了周边 10 000 亩梨树和 2 000 亩枣树病虫害防治水平提升，降低了果农的劳动强度。同时，枣树开花季节，严禁打药，引进蜂农，保证了蜜蜂的安全，在帮助枣树授粉时最大限度的生产枣花蜜，延长了产业链，不仅增加了枣农的收入，还带来了旅游及相关产业的发展，社会效益也十分显著。

湖 北 省

一、项目的开展情况

根据农业部种植业管理司项目实施要求，以鄂植总发〔2015〕4 号文件印发了《2015 年柑橘和大棚草莓蜜蜂授粉与病虫害绿色防控技术集成示范实施方案》。继续以黄陂区、秭归县作为示范点。在黄陂区三里街和罗汉街建立了 1 000 亩草莓蜜蜂授粉技术示范基地，100 亩核心示范区。在秭归县水田坝乡建立了 3 200 亩示范基地，500 亩核心示范区，带动郭家坝镇。

（一）黄陂区大棚草莓示范方法

1. 示范点基本情况 黄陂区于 2014 年 11 月至 2015 年 5 月开展了示范。试验区选择 2 个棚室，草莓品种为法兰地。田间管理要求相同，每个棚室定 1 个蜜蜂授粉区和对照区，中间用防虫网隔离。蜜蜂品种为意大利蜜蜂。1 箱/亩，蜂群群势 4 足框蜂以上。草莓开花之前入场。示范区同期蜂群进棚。其他示范棚进行同期放蜂。

2. 主要绿色防控技术 本地大棚草莓主要以病害为主，有芽枯病、灰霉病、白粉病、黑霉病。在示范区主要示范预防措施和生物杀菌剂寡雄腐霉防治病害技术。降低草莓病虫害损失，保护蜜蜂种群安全。

3. 核心试验区产量调查和品质检测

产量调查：每个小区定 3 个点，每个点调查面积 3 米²，从草莓的结果开始，每周调查 2 次，至 3 月底结束，每次调查记载每个点的正常果和畸形果数量和重量，并在每个点随机抽取 5 个正常果和畸形果，记载果实大小（纵横比）。

品质检测：在结果高峰期的 3 月中旬，抽取果实样品，送湖北省农业科学院检测品质。

（二）秭归县脐橙示范情况

1. 示范点基本情况 供试品种为纽荷尔脐橙（长果型）。

示范地点Ⅰ：设在水田坝乡王家桥村，山坡地势，柑橘种植面积 45 00 亩。以百业养蜂专业合作社统筹养蜂专业户三户计 138 箱，三者地理位置呈三角鼎立状。

示范地点Ⅱ：为检验试验数据的可重复性，于郭家坝镇烟灯堡村新增了一个试验点，柑橘种植面积 5 000 亩，常年养蜂户 2 户 125 箱，流动养蜂户 2 户，146 箱；相互间摆布呈线形；蜂种全为意大利蜂。

2. 放蜂授粉处理

（1）罩网。4 月 10 日，分别在离蜂源 150 米、300 米、500 米、1 000 米的地方，选择 1 株能代表平均水平的柑橘树作为样株，以 30 目尼龙纱网将样株笼罩，阻止蜜蜂授粉，网罩规格：长×宽×高＝3.5 米×3.5 米×3.5 米，一面开口并重叠。罩底以石头或土壤压实，纱网以竹竿撑开，高出树顶 50 厘米以上。按从近到远的顺序依次标记为 A01、A02、A03、A04。在罩网附近选取同等距离、长势的作授粉树对比，对应标记为 A1、A2、A3、A4。如此类推，郭家坝镇烟灯堡村，罩网树和授粉树分别标记为 B01、B02、B03、B04 和 B1、B2、B3、B4。

（2）放蜂。4 月 12 日（柑橘始花期），各养蜂户开始放蜂，两点共计 283 箱，每箱有蜂约 15 000 头。5 月 10 日，柑橘已进入花末期，蜂群撤离，及时取掉网罩，减少非授粉期网罩的遮蔽作用。

（3）柑橘授粉期间，保证蜂群具有干净充足的水源；蜜蜂授粉期间严禁施用任何化学农药。

3. 主要病虫绿色防控技术

（1）放蜂前病虫防治。早春，对拟放养区进行虫情调查，凡是红蜘蛛、黄蜘蛛虫量过大的果园进行挑治。

（2）病虫害全程绿色防控。示范区柑橘园病虫害主要为 1 病 3 虫，即柑橘生理性落叶落果、柑橘红蜘蛛、柑橘大实蝇、柑橘粉虱。针对此种现状，示范区内在病虫害防治上采取了"一刷二捡三喷四挂"的绿色防控措施。

4 月 15 日，人工放养捕食螨，每株 1 袋，每袋 2 500 头，共放 5 000 袋。

5 月 24 日，挂黄色诱杀板 1.2 万张，20 张/亩，诱杀锈壁虱、白粉虱、蚜虫、介壳虫类等微小害虫。

5 月 30 日至 7 月 30 日，核心示范区挂果瑞特诱杀瓶 2 000 个，20 个/亩，每瓶盛配制好的药液 250 毫升，每 10 天换药 1 次，连续换药 4 次，共用果瑞特 2 000 袋；挂球形诱捕器 200 个，每亩 10 个，配备专用粘虫胶 40 千克。非核心区 1 000 亩范围内，挂糖醋液诱杀瓶 20 000 个，使用敌百虫 10.0 千克，红糖 170 千克。诱杀柑橘大实蝇。

柑橘转色前捡拾田间落果与虫果，并以 0.06 毫米以上的厚型塑料袋闷杀至袋内害虫全部死亡。

生草覆盖 300 亩。2014 年 10 月播紫云英种子 450 千克 300 亩，有利于天敌昆虫补充食物和栖息，改善生态环境。

春季以石硫合剂或百菌清清理果园，以降低果园冬季病虫害基数。

4. 核心示范区的产量调查和品质检测

（1）产量评价。11 月 20 日，对两个示范点各样株进行产量测试。全树统计结果总数和单株产量，并按大中小等比率抽取 25 个果，测量单果重量、纵径和横径，测算单果大小的平均值。共测量 16 株，其中授粉株与非授粉株各 8 株，并折算成亩产量。

（2）品质评价。

外观品质：对标记的 16 株果树，采摘全部果实，抽取同等数量的果实，对果实的颜色、着色率、光洁度、横径、有无病虫害情况进行分级。

内在品质检测：将两个示范点果实抽样，送检测部门检测，主要测定可溶性糖、可滴定酸（以柠檬酸计，％）、可溶性固形物（％）、维生素 C（毫克/千克）等指标。

二、示范结果与经济效益分析

（一）黄陂区示范结果

1. 增产效果明显　经过试验大棚草莓蜜蜂授粉区比对照区增产近 7.8％，比 2014 年的 9.9％减少 2.1％。其原因为 2014 年闰 9 月温度偏高，草莓第一批花参差不齐，导致第二茬开花较晚，结果期推迟并缩短。畸形果率授粉区比未授粉区减少 4.66％。

2. 品质提高　从试验结果和品质检测看，大棚草莓授粉后果形端正、大小一致、果粒重、畸形果少，可溶性糖、可滴定酸（以柠檬酸计）、可溶性固形物略有增加。

3. 对蜜蜂的保护作用　示范区在草莓生长期没有使用化学杀虫剂，防治病害主要推广使用寡雄腐霉等生物农药，对蜜蜂安全。应用寡雄腐霉防治草莓主要病害芽枯病，防治效果与常用杀菌剂多菌灵相当。

4. 经济效益分析　经济效益主要表现在三个方面，一是增加产量，示范区比对照区坐果率提高 16.3％数，增加产量达 7.8％，示范区折合亩产量达 2 613.5 千克，比对照区增产 188 千克，增量时段是在春节期间，草莓鲜果需求量大，售价高，法兰地一般售价 20 元/千克，按示范区售价上浮 2 元/千克计算，每亩可增收 8 611 元。二是品质改善，增加收入，示范区的畸形果率比对照区减少 4.66％。三是蜂农出售授粉蜂群的收入，每箱蜂价格在 260～300 元。

综合各种因素，示范区产量增加，品质改善，售价提高，扣除授粉蜂群、绿色防控物资投入、人工成本等，人工按 150 元/日计算。示范区比对照区增加蜜蜂租赁和蜜蜂喂养费 380 元，绿色防控物资增加 395 元，减少人工费 300 元，示范区亩增加投入 475 元，每亩可增加纯收入折合人民币 8 136 元。1 000 亩示范区可增收 813.6 万元。全区整体推进 1.5 万亩面积，可增加经济收入 12 204 万元，经济效益相当可观。同时，大棚草莓蜜蜂授粉租赁蜂群，全面推广需要蜂群 1.2 万箱，平均每箱按 300 元计算，产值达 360 万元。

5. 示范费用　蜜蜂授粉技术、草莓绿色植保技术培训费 1.5 万元。用于寡雄腐霉 3 000 倍液与 50％多菌灵 600 倍液对比试验费用 1 万元；购买规范用生物制剂（寡雄腐霉）、熏蒸剂、高效低毒农药费用 3 万元。蜜蜂费用：蜜蜂每亩 300 元，喂食花粉和蔗糖 80 元，每亩共计为 380 元，每箱蜂补贴 100 元，1 000 亩大棚合计补贴 8.3 万元。此外，还有试验示范效果调查及交通费 5 000 元、草莓采样及检测费 5 000 元、农事操作误工费 500 元、对照区损失补偿费 5 000 元等，总计费用 15 500 元。合计投入 15.35 万元。

（二）秭归县示范结果

1. 增产效果较明显　11 月 20 日进行产量测试。全树统计结果总数和单株产量，并按大中小等比率抽取 25 个果，测量单果重量、纵径和横径，测算单果大小的平均值，每亩按 70 株树折合亩产量。授粉树与网罩处理树各 8 株。测产结果表明，蜜蜂授粉树产量高于网罩处理树，王家桥点和郭家坝点折合亩产量分别高 154 千克和 152.3 千克，分别增产 4.96％和 5.00％，增产幅度不大。

2. 品质提高　外观品质明显改善，一级果率提高 7.3％。内在品质分析结果表明，没有很明显的改善。授粉与罩网处理差别不大。

3. 经济效益分析　柑橘增收同样表现在三个方面，一是增加产量，二是改善品质，三是放蜂的蜂蜜收入。

（1）增产增收。示范区Ⅰ授粉处理平均亩产 3 256.75 千克，平均售价 3.77 元/千克，平均亩产值 12 277.95 元。罩网处理平均亩产 3 102.75 千克，平均售价 3.58 元/千克，平均亩产值 11 107.85 元。授粉处理亩产值减去罩网处理亩产值，新增亩产值为 1 170.10 元。如果绿色防控区果品能做到优质优价，售价提高 10%，亩增收就会相应增加。

（2）养蜂纯收入为 140 元/亩。500 亩核心示范区内养蜂 100 箱，5 脾/箱，成本 100 元/箱，蜂箱成本 10 000 元；产蜜 2 050 千克，售价 50 元/千克，产蜜收入计 10.25 万元；管理费用（包括小型蜂具、蜂药、蜂王、白糖、蜂箱折旧费、养蜂工资等）为 2.25 万元；养蜂纯收入 7.0 万元，平均亩养蜂纯收入为 140 元，投产比 31.7%。

（3）防治成本分析。在绿色防控示范区，实施了挂板诱杀、挂灯诱杀、食物诱杀、"以螨治螨"等绿色防控技术措施，防治成本为农民自防区高，示范区内单亩增加绿控费用 433.00 元，亩平均多投入 433 元。

核心示范区新增收入，产量增收、品质增收、蜂蜜增加三部分合计为 1 310.10 元/亩，扣除绿色防控 433 元/亩，加上节省人工 150 元，即单亩纯收入 1 027.10 元。3 200 亩示范区新增收入 328.67 万元。且这个经济效益分析，没有考虑绿色防控带来的品牌增效，优质价格只是从果品外观来评价。

■ 海 南 省

一、示范区工作进展情况

2015 年 2 月 18 日至 3 月 24 日，项目组在海南省乐东县佛罗镇建立蜜蜂授粉与绿色防控技术集成与示范项目示范区，核心示范区 100 亩，辐射 500 亩，试验区设在佛罗符传焕大棚。

2015 年 9 月 28 日至 12 月 28 日，项目组在海南省昌江县海尾镇五大村建立蜜蜂授粉与绿色防控技术集成与示范项目示范区，核心示范区 100 亩，辐射 500 亩，试验区设在李光明大棚。11 月 10 日蜜蜂授粉刚结束，采用微生物菌剂抑制根结线虫、乙基多杀菌素防治蓟马等绿色防控技术。

二、蜜蜂授粉与绿色防控技术集成与示范效果

蜜蜂授粉与氯吡脲（激素）授粉，在单果重量、纵径、横径、果皮颜色、果肉厚度和种腔直径等方面差异不显著，而蜜蜂授粉的果实，边糖含量提高了 18.42%、固酸比提高 24.50%，维生素 C 含量提高了 44.98%，10 大芳香物质含量总积分面积比提高 30.52%，蜜蜂授粉显著改善了果实品质，提高香气风味。试验区虽然产量降低了 14.7%，但比对照区市场销售价格提高 2.0～3.0 元/千克，每亩增加经济效益 1 400 元，节约劳动成本和用药成本 360 元，海南设施哈密瓜蜜蜂授粉与绿色防控技术为种植户每亩节本增效 1 760 元，养蜂户增加授粉收入 300 元。蓟马防治效果处理区比常规对照提高 30%。微生物菌剂对根结线虫抑制效果为 80%～90%，土壤有机质提升 0.22%～0.3%，土壤 pH 提升 0.31～0.59。

目前根结线虫和蓟马是大棚哈密瓜的重要病虫害，蜜蜂授粉和病虫害绿色防控相结合不仅提升果品品质，提升防效。而且对于改良土壤、提升质量安全、创建品牌有重要示范意义。通过蜜蜂授粉与绿色防控技术相结合的示范，目前乐东、昌江、东方等哈密瓜种植大户倾向于多采用此项技术，推广面积 2 万亩。计划于 12 月初开展哈密瓜蜜蜂授粉与绿色防控技术现场观摩培训会。

三、示范区管理运行机制与推广模式创新情况

昌江示范区为哈密瓜农民专业合作社方式运行，技术由海南省植物保护总站和中国热带农业科学院环境与植物保护研究所负责实施，同时海南王品有限公司有偿提供种子、肥料等基本物资和整个生产过

程的监督，同时负责产品销售，以订单价格向农户收购。农户负责田间具体劳务工作。

项目依托中国热带农业科学院环境与植物保护研究所，发挥科研院所科技创新作用，集成项目技术规范和标准，为项目实施提供技术支撑；依靠海南省蜂业学会，发挥社会团体组织社会服务体系优势，为项目提供试验示范基地和授粉蜂群；依据果品销售企业的订单，发挥企业市场带动作用，为项目技术提供市场需求；依赖村党支部和养蜂专业合作社，发挥其协调组织各方利益作用，为项目顺利实施提供保障作用；借助《海南日报》等主流媒体，发挥宣传作用，提高了项目的社会影响力。形成科研院所＋学会＋企业＋村委会（合作社）＋新闻媒体"五位一体"技术推广新模式。

四、项目实施效益评价体系建设与评价结果

（一）经济效益和社会效益

每亩增加经济效益 1 400 元，节约劳动成本和用药成本 360 元，海南设施哈密瓜蜜蜂授粉与绿色防控技术为种植户每亩节本增效 1 760 元。增加养蜂就业机会和收入，平均养蜂户增加授粉收入 300 元。增加海南水果的知名度和品牌效益。

（二）生态效益

绿色防控技术属于资源节约型和环境友好型技术，不仅能有效替代高毒、高残留农药的使用，还能降低生产过程中的病虫害防控作业风险，避免人畜中毒事故。同时，还显著减少农药及其废弃物造成的污染。示范区内，平均减少化学农药使用次数 2～3 次，土壤土壤有机质提升 0.22％～0.3％，土壤 pH 提升 0.31～0.59，使农业生产和生态环境得到明显改善。

五、示范方案、补贴机制、推广应用等方面的建议

示范方案时间需根据当地实际生产时间进行调整，海南哈密瓜种植期为 9 月至第二年 4 月，一般是 2～3 茬，方案时间定在 1～12 月，项目实施时间与哈密瓜种植期间有所冲突。

示范方案中绿色防控技术需要根据田间病虫实际情况进行调整，哈密瓜种植农户田间管理水平较高，第一茬一般蓟马、蚜虫较少，没有必要全部使用黄蓝板，以便降低农民生产成本。

需要加大蜜蜂授粉和绿色防控使用补贴力度。在哈密瓜大棚高温条件下蜜蜂寿命缩短，授粉时间缩短，蜂群损失较大，需提高生产补贴。部分绿色防控技术效果较慢，农民接受程度较低，加大高效环保绿色防控物资补贴，可以提高示范辐射面积。

在技术层面，研究部门需要通过筛选，提升蜂群的适应性和传粉效率，降低生产成本。筛选成本较低且安全环保的绿色防控技术。同时推广部门要加大宣传力度，通过现场会、多种媒体、村委会宣传栏等多种途径报道和宣传蜜蜂授粉和绿色防控的优势和技术要点。

■ 重 庆 市

一、示范区工作进展情况

（一）示范基地选择

项目实施地选在璧山区八塘镇璧北蔬菜基地（重庆市无公害蔬菜基地），示范面积 1 000 亩，核心示范区 100 亩。该地常年栽种设施蔬菜，生产水平较高，其产品被评为 AA 级标准绿色食品。

（二）加强组织领导

邀请了重庆市蜂业研究所和重庆市畜牧推广总站的蜜蜂专家多次到示范地点实地考察，对示范实施方案进行详细讨论，细化了示范评价指标和调查方法，制订了《重庆市 2015 年蜜蜂（熊蜂）授粉与绿

色植保增产技术集成应用技术实施方案》，下发到璧山区农业技术推广中心。

（三）加强技术指导

配合璧山区在示范基地举办了蜜蜂（熊蜂）授粉和蔬菜病虫绿色防控技术培训会，对无公害蔬菜基地种植大户进行农药的安全使用、病虫害绿色防控、熊蜂授粉技术的优势以及操作规程培训，培训 200 人次。开展科技赶场活动和发放宣传挂图、绿色防控技术手册，对农户和种植大户大力宣传蜜蜂授粉增产技术和绿色防控技术，提高种植户保护和利用蜜蜂（熊蜂）授粉技术的意识和应用技能，发放宣传资料 1 万余份，接受咨询 300 余人次，在当地造成了较大的影响。

二、蜜蜂（熊蜂）授粉与绿色防控技术集成与示范效果

（一）示范设计调查

1. 试验设计　示范区番茄品种为"中研 988"（北京中研益农种苗科技有限公司生产），蜜蜂品种为熊蜂（北京市农林科学院信息所生产），激素为苄胺·赤霉酸、番茄坐果王和磷酸二氢钾 3 种混合。

在核心示范区里设置了蜜蜂（熊蜂）授粉和激素授粉（对照）两个处理，每处理重复 3 次，选择在 3 个具有防虫网的薄膜大棚内进行，每个大棚面积 315.4 米^2，每个大棚用防虫网分隔为蜜蜂（熊蜂）授粉区与激素授粉区，共 6 个小区。

蜜蜂（熊蜂）于 3 月 19 日番茄初花期时开始释放；激素授粉分别于 3 月 26 日、4 月 2 日、4 月 8 日对第一花穗、第二花穗、第三花穗进行激素蘸花处理，处理时间在每一花穗的开花盛期的上午进行。

2. 数据调查　在试验区每个棚室分别记录蜜蜂（熊蜂）授粉和人工蘸花每次收获的产量，最后统计各小区的产量。在第二茬果时重点调查畸形率、单果重、果实大小（直径、纵横比），按每个棚室 3 个点，每点 5 株取样调查；每个小区随机取 5 个番茄调查籽粒数。

番茄品质评价调查：对蜜蜂（熊蜂）授粉和人工蘸花番茄进行抽样检测，每小区各取样 1 千克，送农业部农产品质量安全监督检验测试中心（重庆）测定可溶性固形物、可溶性糖含量、可滴定酸含量、果实维生素 C。

绿色防控示范调查：抽样调查绿色防控示范区与农户自防区的用药情况，用药次数及人工防治成本。

（二）示范调查结果

1. 蜜蜂（熊蜂）授粉对番茄产量、畸果率、籽粒数的影响　蜜蜂（熊蜂）授粉的番茄果实平均株产量为 0.88 千克，比激素授粉的平均产量每株增 0.31 千克，增产 54%；T 检验分析，两者差异达显著水平。蜜蜂（熊蜂）授粉番茄的畸形率为 9.42%，较激素授粉低 15.06%，低 61.51%，两者差异达显著水平。蜜蜂（熊蜂）授粉番茄的平均籽粒数为 172，较激素授粉高 59 粒，高 52.21%，具有差异显著性。蜜蜂（熊蜂）授粉与激素授粉番茄果实的平均纵横比无差异显著性。

2. 蜜蜂（熊蜂）授粉对番茄品质的影响　蜜蜂（熊蜂）授粉后的番茄维生素 C 含量、可滴定酸均高于激素授粉；可溶性糖低于激素授粉；可溶性固形物两者含量相当。通过 T 检验分析，仅可溶性糖具有差异显著性。

3. 绿色防控示范效果　经过对绿色防控示范区和农户自防区的不完全调查，绿色防控示范区在整个番茄的生长周期中，用药次数为 5 次，而农户自防区用药普遍在 8 次，绿色防控示范区使用农药比农户自防区至少降低 3 次，按单次施药成本 20 元左右，每亩可节约农药投入 60 元，每亩节约人工施药成本 50 元左右，累计节约农药及人工成本 110 元以上。同时降低了化学农药的残留，保护了生态环境。

（三）示范效果分析与评价

1. 提高产量，增加收入　蜜蜂（熊蜂）授粉掌握在初花授粉的最佳时机，柱头授粉均匀，花粉活力强，蔬菜坐果率高，果实发育好，生长健壮，全部是实心果，大幅度增加产量。虽然因为本项目调查

的 3 个大棚由于地势低洼，病害发生严重，造成产量较常年大大降低，但调查的蜜蜂（熊蜂）授粉单株平均产量较激素授粉的高 0.31 千克，增产幅度为 54％；折成亩产（每亩 1 400 株），蜜蜂（熊蜂）授粉调查区平均亩产较激素授粉区增产 434 千克，按照市场批发价 3.2 元/千克，每亩可增收 1 388.8 元。蜜蜂（熊蜂）授粉增产增收效果明显。

2. 改善果蔬品质 蜜蜂（熊蜂）授粉果形周正，光泽鲜亮，大小较均匀，果肉肥厚，籽粒数显著高于激素授粉，品相较好。通过调查数据计算蜜蜂（熊蜂）授粉的糖酸比为 8.22，据资料记载，糖酸比在 6.9～10.8 的果实品质优良（刘静，2009），而激素授粉的糖酸比为 13.14，蜜蜂（熊蜂）授粉的果品口味较激素授粉的更佳。同时，蜜蜂（熊蜂）授粉番茄畸形果率较激素授粉大大降低，提高了番茄的商品性。

3. 降低劳动强度，节约成本 激素授粉需要人工一株一株进行点花，劳动强度大，成本高；而蜜蜂（熊蜂）授粉节省了劳力，降低了劳动强度。同时，通过应用杀虫灯、粘虫板、性诱剂、食诱剂等绿色防控措施后，化学农药使用次数和使用量明显减少，较常年减少化学用药 3 次以上，单次施药成本 20 元左右，每亩可节约农药投入 60 元以上，每亩节约人工施药成本 50 元左右，合计节约农药及人工成本 110 元以上。

4. 改善生态环境 使用蜜蜂（熊蜂）授粉后，避免了 2，4-滴、防落素、坐果灵等化学激素的使用；绿色防控技术的应用，减少了化学农药使用量 40％以上，减少了对果实的污染，改善了生态环境。

■ 四 川 省

一、油菜蜜蜂授粉与绿色防控示范区

（一）示范基地设置

1. 示范规模 今年在成都市金堂县油菜集中连片种植区建立蜜蜂授粉与绿色防控技术集成示范基地 1 个，面积为 3 000 亩，其中，三溪镇金河村 1 000 亩，玉堂村 1 000 亩，平桥乡石榄子村 1 000 亩。核心示范面积 500 亩（三溪镇金河村 1 组 250 亩、玉堂村 9 组 250 亩）。

2. 蜜蜂布局 结合金堂县丘区特点，通过与蜂农充分协商，达成一致意见后，在示范区共设置了 9 个蜜蜂摆放点，均匀地投放了 1 035 箱意大利蜜蜂，确保充分授粉、蜜源分配合理。

3. 试验设置 在三溪镇金河村 1 组设立了蜜蜂授粉区（蜜蜂授粉＋绿色防控处理）与空白对照区（无蜂授粉＋绿色防控处理），在远离蜜蜂放养的高板镇天堂村设立了自然对照区（自然授粉＋绿色防控处理），用于试验观测与数据收集等。并于 2015 年 2 月 16 日前（芸薹期前）完成搭建空白对照处理的防虫网棚。

（二）试验示范效果

1. 试验示范效果评价

（1）花期明显缩短。蜜蜂授粉区的油菜花期比自然授粉区缩短 3 天，比空白对照区缩短 7 天。据调查，蜜蜂授粉＋绿色防控处理的花期为 25 天（3 月 6～30 日）；自然对照处理的花期为 28 天（3 月 6 日至 4 月 2 日）；空白对照处理的花期为 32 天（3 月 6 日至 4 月 6 日）。分析原因可能是由于蜜蜂授粉提高了油菜的授粉率，植株体内营养快速消耗，使花序迅速停长；而自然授粉区和空白对照区的授粉效率较低，植株营养消耗较慢，花期有所延长。

（2）产量明显增加。蜜蜂授粉区亩产量为 198.06 千克，较自然对照区亩产高 22.18％，较空白对照区亩产高 47.96％，增产效果明显。由于花期缩短，蜜蜂授粉区的单株角果数分别低于自然对照区、空白对照区 1.15％和 5.18％，结荚率分别高于自然对照区和空白对照区 5.1％和 24.4％，结实率分别高于自然对照区和空白对照区 10％和 24.61％。

（3）提质效果明显。蜜蜂授粉提高了油菜受粉率，籽实饱满。经实测，蜜蜂授粉区油菜籽平均千粒重为 4.17 克，较自然对照区和空白对照区分别提高了 9.7％和 12.7％，蜜蜂授粉区的油菜籽出油率为 32.40％，较自然对照区和空白对照区分别提高了 1.6％和 3.4％。

2. 大区示范效果评价

（1）经济效益提高。蜜蜂授粉示范区油菜单产 189 千克/亩，比非示范区增产 29 千克/亩，增幅 18.13％；示范区亩产值 1 220 元（含蜂蜜收入 180 元），比非示范区增收 420 元/亩；示范区投入成本（蜜蜂管理、防控物资和人工投入）245 元/亩，非示范区投入成本 78 元/亩，扣除投入成本，蜜蜂授粉＋绿色防控比自然授粉净增效益为 253 元/亩，增效明显。

（2）病虫防治效果好。示范区全程采用油菜绿色防控技术措施，取得较好的病虫防控效果。油菜主要病害以菌核病、霜霉病为主，绿色防控区所有病害均控制在 1.80％以下，常规防治区控制在 2.0％以下，不防治对照为害率达 45％以上；油菜虫害以斜纹夜蛾、小菜蛾、菜青虫、跳甲、蚜虫为主，绿色防控区所有害虫为害率控制在 1.5％以下，常规防治区均控制在 1.8％以下，不防治对照为害率则高达 18.5％。

二、草莓蜜蜂授粉与绿色防控示范区

（一）示范基地设置

1. 示范规模　2015 年，在成都市双流县设施草莓种植区，选择作物种植相对集中连片、实施病虫害绿色防控技术、使用蜜蜂授粉习惯的地方建立 1 个示范区，示范面积 1 000 亩，分布在彭镇常存村、布什村和黄龙溪镇嘉禾村，核心示范面积 100 亩，设置在成都市双流县黄龙溪镇嘉禾村的百安草莓种植专业合作社。

2. 试验设置

（1）植物免疫诱导抗性试验。选用常用的植物免疫诱抗剂氨基寡糖素、几丁聚糖、S-诱抗素、寡糖·链蛋白，分别在草莓苗期、定植期进行不同施药处理，比较不同生育期各处理草莓病害发生情况。

（2）灰霉病、白粉病防效试验。选择施用对蜜蜂低毒或无毒的生物农药，比较筛选对草莓灰霉病、白粉病防治效果较好的药剂。

（3）以螨治螨试验。试验设置 3 个处理：①释放胡瓜钝绥螨；②常规施药（螺螨酯）；③不防治对照区。比较不同处理草莓的害螨发生情况和防治效果。

（4）蜜蜂授粉增产试验。试验设置 2 个处理：①授粉区（绿色防控＋放蜂授粉处理）；②非授粉区（绿色防控＋无蜂处理）。试验选择 2 个常用蜂种，分别为中华蜜蜂、意大利蜜蜂，通过试验分别评价不同蜂种授粉对草莓增产效果。非授粉区在头茬草莓开花前利用 30 目防虫网进行物理隔离。

（二）试验示范进展

1. 植物免疫诱抗技术抗病试验

（1）苗期试验。目前草莓苗期免疫诱抗技术抗病试验已全部结束，试验安排在新津县金华镇，试验田面积 120 米²，草莓品种：隋珠。试验共设置 5 个处理，1 个清水对照，小区面积 20 米²，于 7 月 22 日按每株 250 克药液量进行灌根，7 月 29 日、8 月 13 日、8 月 28 日分别进行叶面喷雾，9 月 24 日田间观察并采集样本，9 月 25 日进行室内调查。

（2）定植期试验。大田试验安排在双流县黄龙溪镇，试验田面积：0.5 亩，草莓品种：红颜。试验处理，共设置 5 个处理和 1 个清水对照，小区面积 9.72 米²，设 3 次重复，试验于 10 月 13 日按每株 250 克药液量进行灌根，10 月 21 日、10 月 28 日、11 月 4 日分别进行叶面喷雾，计划 11 月 11 日进行第 4 次叶面喷雾。

2. 灰霉病绿色防控药剂筛选试验　试验安排在双流县黄龙溪镇，试验田面积：0.5 亩，草莓品种：红颜。共设置 5 个处理，1 个清水对照，小区面积 9.72 米²，3 次重复，试验于 10 月 14 日按每株 250 克药液量进行灌根，10 月 21 日、10 月 28 日、11 月 4 日分别进行叶面喷雾，计划 11 月 11 日进行第 4 次叶面喷雾。现未发现灰霉病发生。

3. 白粉病绿色防控药剂筛选试验　试验安排在双流县黄龙溪镇，试验田面积：0.5 亩，草莓品种：红颜。共设置 5 个处理，1 个清水对照，小区面积 9.72 米²，3 次重复，试验于 10 月 14 日按每株 250 克药液量进行灌根，10 月 21 日、10 月 28 日、11 月 4 日分别进行叶面喷雾，计划 11 月 11 日进行第 4 次叶面喷雾。现未发现白粉病发生。

（三）初步结果

根据 9 月 24 日田间观察情况，苗情总体长势强弱依次为吲诱＋福施倍、阿泰灵、氨基寡糖素、几丁聚糖、福施灌＋福施特、清水对照，其中，吲诱＋福施倍、阿泰灵、氨基寡糖素处理明显优于其他处理，吲诱＋福施倍略优于阿泰灵、氨基寡糖素。根据室内调查结果来看，株高测量结果为 16.63～22.12 厘米，最高的为福施灌＋福施特，其次为清水对照、阿泰灵、吲诱＋福施倍、几丁聚糖、氨基寡糖素；平均叶片数量为 13.5～17.4 片，最多的为几丁聚糖、阿泰灵、氨基寡糖素，均为 17.4 片，其次为吲诱＋福施倍、清水对照和福施灌＋福施特；根长测量结果为 12.95～16.3 厘米，最长的为福施灌＋福施特，其余依次为清水对照、氨基寡糖素、几丁聚糖、吲诱＋福施倍、阿泰灵；防病效果最好的为阿泰灵、氨基寡糖素，病叶数均为 0.7 片，其次为几丁聚糖、吲诱＋福施倍、清水对照，福施灌＋福施特效果最差，病叶数高达 3.9 片。

三、项目实施效益评价体系建设与评价结果

（一）集成技术

在往年归纳、总结的基础上，进一步筛选适合四川省的油菜绿色防控技术；在生产运用中进一步细化了绿色防控方案；总结出蜜蜂养殖、管理的科学方法；通过组装、融合，集成了油菜蜜蜂授粉与绿色防控集成技术模式。

（二）经济效益

仅油菜蜜蜂授粉示范区 3 000 亩，产量增加 87 000 千克，增加收入 47.85 万元，收获蜂蜜 27 000 千克，净增收益 75.9 余万元，经济效益显著。

（三）社会效益

经过两年的油菜蜜蜂授粉与绿色防控集成技术应用示范，通过各种形式的宣传、培训，使更多的农民和蜂农认识到油菜生产与养蜂业的互利互惠关系；增强了广大农民对蜜蜂的保护意识；引导了更多的农民采用以农业防治、理化诱控、生物防治等绿色防控技术防控油菜病虫害；蜂农生产积极性高涨，蜂群数量增加 5.5%，蜂产品质量比往年有了明显提升。

（四）生态效益

在核心示范区，通过贯彻系列油菜绿色防控技术措施，整个油菜生长期，未使用过化学农药，各类病虫害得到有效控制，油菜产量得到有效保证、品质上升、生态环境得到改善，为周边的油菜生产提供了良好的示范。示范区减少化学农药使用量 300 多千克，促进了农业生态环境的改善。

陕 西 省

一、示范区基本情况

苹果示范区设在宜川县交里乡南岭行政村，距离宜川县县城约 20 千米。该村辖 5 个自然村，229 户，耕地面积 5 112 亩，全村苹果种植面积 4 700 亩，挂果面积 3 640 亩，人均苹果面积 4.2 亩。品种为红富士，连片集中种植，果农技术素质较好，其中核心示范区所在王窑科自然村，共有果农 50 户，

示范面积 300 亩。

樱桃示范区设在铜川市新区陈坪村和中西村的神农樱桃生态示范园，核心示范区分别为 100 亩和 200 亩。陈坪村是铜川市大樱桃最为集中的种植区域，面积近万亩，群众基础好；神农樱桃生态示范园是铜川市高端生产的代表，兼顾设施和大田两种种植方式，品种多样，代表性强，管理水平一致，有利于体现调查数据的客观处理。

二、科学设置处理，集成示范技术

苹果和樱桃示范区于果树开花前完成示范区设置、调查树标记、网罩枝条等工作。苹果示范区按照方案要求，选择确定蜜蜂授粉示范区、常规授粉区和网罩对照区，各涉及 3 户果农，各处理区面积 9～10 亩，常规授粉区为当地果农习惯的授粉方式，与示范区同村，距离蜜蜂授粉区 2 千米，二者同处一塬面；网罩空白对照区与示范区同地点。樱桃示范区同时选择设施大棚和大田 2 个不同栽培方式的示范区，分别设置蜜蜂授粉区、常规授粉区和对照区，试验示范区 5～10 亩，以大棚和大田两线形成示范链；常规授粉区为当地果农习惯的授粉方式，距离蜜蜂授粉区 2 千米外的赵家坡村。网罩空白对照区与示范区同地点。

示范区各处理于果树开花前，确定调查树，各选择土壤肥力、管理措施、长势等条件尽量一致的 3 个调查点作为 3 个重复，每点标记、调查 2 棵树。蜜蜂授粉区的调查树选择距离蜜蜂出蜂口正面 50 米。蜜蜂授粉效果调查每棵树在东、西、南、北、中 5 个方位各选取 1 个主枝进行统计；空白对照区调查 3 棵树网罩的枝条。绿色防控效果调查，分别在蜜蜂授粉区和常规授粉区调查树所在区域各确定 5 户果园作为调查点。

技术集成上，以作物（苹果和樱桃）为主线，全程落实农业健身栽培、花期蜜蜂授粉、病虫基数控制、免疫激活提高、部分害虫诱杀、生物和生态调控技术；在做好病虫情监测预报的基础上，充分考虑病虫害发生规律和药剂作用特性，进行科学药剂组合防治。

（一）苹果

示范区内集成生物防治、生态调控、害虫诱杀、科学药剂防治等绿色防控技术，从花前开始，按照技术方案，先后悬挂金纹细蛾性诱捕器 150 套，安装杀虫灯 40 台，人工释放捕食螨 4 箱 3 000 多袋。春季在果园内铺设黑色地膜，增加保水设施，人工种植黄豆等。全年在做好病虫监测的基础上，针对不同生育期的主要病虫防控对象，充分考虑药剂作用特性和气象因素，科学药剂组合防治 6 次。苹果开花前选择对蜜蜂安全、持效期较短的杀虫剂品种，科学选择保护性杀菌剂和免疫诱抗剂，落花后 5 月上旬、套袋前 6 月上旬、幼果期和果实膨大期针对早期落叶病、叶螨等优化农药品种组合，落实高效施药技术，实现蜜蜂授粉与全生育期病虫害绿色防控的有机结合。

（二）樱桃

一是落实害虫诱杀技术，购置了梨小食心虫、苹小食心虫性诱芯，实施成虫性诱杀；在铜川市神农生态农业示范园进行悬挂开展诱杀。二是花前花后应用氨基寡糖素，提高果树抗逆能力，改善果品品质。三是果实成熟期，积极推广糖醋液诱杀果蝇。四是化学防治上，根据监测结果，合理、规范使用农药，中西村神农樱桃生态示范区仅在萌芽期喷施一次石硫合剂清园，此后到采摘期没有使用化学药剂防治；陈坪示范区树上用药 2 次，其中萌芽期喷施石硫合剂 1 次，花后病害预防 1 次，果实成熟期地面施药防治果蝇 1 次，都于 7 月针对流胶病、穿孔病、金龟子、卷叶蛾类等开展药剂组合防治 1 次。

三、示范成效

（一）蜜蜂授粉效果显著

调查结果表明，蜜蜂授粉示范区坐果率高，幼果发育好，畸形果率低。

1. 苹果 盛花后四周田间调查结果表明，蜜蜂授粉区、常规授粉区、对照区（网罩）的平均坐果率分别为30.67％、30.32％和2.29％。套袋前幼果畸形率的调查结果表明，蜜蜂授粉区、常规授粉区和对照区（网罩）的平均畸形果率分别为21.66％、42.66％和46.31％，以蜜蜂授粉区最低。蜜蜂授粉区、常规授粉幼果的直径分别为3.4厘米、3.1厘米，周长10.11厘米和10.1厘米，蜜蜂授粉区幼果发育良好，果形端正。

苹果种子数多。苹果果实采收期（10月12日），选择不同周径的果实，剖果调查果实的种子数，结果表明，蜜蜂授粉区平均单果种子数6.9个，常规授粉区平均6.5个，网罩对照区平均4.4个。

2. 樱桃 盛花后四周调查结果表明，设施大棚樱桃（红灯）蜜蜂授粉区、对照区的平均坐果率分别为73.5％和41.3％，畸形果率分别为5.1％和10.1％；布鲁克斯品种蜜蜂授粉区、对照区的平均坐果率分别为13.8％和8.2％，畸形果率分别为4.2％和14.3％。大田樱桃（红灯）蜜蜂授粉区、常规授粉区和对照区（网罩）的平均坐果率分别为53.3％、35.1％和6.8％，畸形果率分别为4.89％、23.76％和0.58％，蜜蜂授粉区坐果率明显优于常规授粉区和对照区。蜜蜂授粉区、常规授粉区和对照区平均单果重分别为7.54克、7.59克、7.53克，无明显差异。分析认为，平均单果重与品种、施肥管理水平等都有关系，仅蜜蜂授粉可能对单果重的影响有限。

（二）有效控制了病虫危害

1. 苹果 在9月多雨的情况下，苹果早期落叶病较往年发生重，虫害为中等偏轻发生。绿色防控措施的综合应用，对示范区苹果树腐烂病、早期落叶病、金纹细蛾、金龟子、蚜虫、叶螨等主要病虫防效达90％以上，病虫危害得到了有效控制，苹果树叶片生长健壮，树势良好。宜川示范区7月中旬调查，白粉病病梢率示范区7.75％，较常规防治园的24.5％降低16.75％，褐斑病病叶零星发生；金纹细蛾平均单芯诱虫量月累计550多头，有虫叶率示范区0.25％，常规防治园5％。9月15日调查，授粉示范区早期落叶病病叶率3.4％，严重度1级，零星分布，保叶率95％以上；常规防治区病叶率5.3％，示范区较常规防治区降低1.9％。蜜蜂授粉示范区金纹细蛾虫叶率为5.28％，常规授粉区（未悬挂性诱捕器）虫叶率6.67％，虫叶率下降26.3％。

2. 樱桃 通过绿色防控综合防控措施的应用，病虫得到有效控制，树体抗性增强。梨圆蚧通过树体刷除后喷药防治，效果达到90％以上；流胶病无新发病斑，穿孔病、叶斑病虽有发生，但病叶率在2.6％～5.5％，基本不造成危害；梨小食心虫蛀梢率不足1％，常规防治园3％～5％；果实成熟期果蝇防效显著，示范园零星发生，常规防治区为害率达25％～32％。同时，在做好病虫监测的基础上，通过科学合理用药，示范区内用药次数减少1～2次，减少化学农药用量15％～20％，取得了减量、提质、增效的效果。

（三）增产增收效果明显

示范区因为蜜蜂授粉、健身栽培、性诱杀、免疫诱抗、杀虫灯等绿色防控技术的应用，商品果率提高，化学药剂较常规农民防治区防治用药品种减少1～2种，防治次数减少1～3次，增产增收效果明显，苹果和樱桃亩纯收益分别增加2 193元和3 118元。

1. 苹果 示范区果品商品性好，果实采收期（10月12日）田间采果调查结果表明，蜜蜂授粉区商品果率92.4％，平均单果重201克；常规授粉商品果率85.6％，平均单果重197克，对照区商品果率75.3％，平均单果重200克。商品果率分别比对照高17.1％和10.3％。为亩产量测算，蜜蜂授粉区亩产量3 831千克，常规授粉区亩产3 642千克；并按当地不同级别商品果的收购价格计算，亩收入蜜蜂授粉区21 947元，常规授粉区19 329元。示范区蜜蜂授粉和绿色防控投入计355元，常规授粉区化学防治投入239.1元，2个处理区亩纯收益分别为15 777元和13 584元，示范区虽投入高于常规处理区，但因为高品果率高，纯收益较常规区高出2 193元，取得了增收效果。

2. 樱桃 示范区调查结果表明，大田樱桃（红灯）蜜蜂授粉区、常规授粉区和对照区（网罩）平均商品果率分别为94.9％、93％和75％。示范区亩投资1 130元，较常规防治区高出130元。示范区商品果率94.7％，较对照的75％高出近20％。示范区蜜蜂授粉和绿色防控投入计530元，常规授粉区化学防治投入 400 元，示范区亩产和纯收益分别为 750 千克和 24 991 元，较农民常规防治区亩产 725 千克和纯收益 21 873 元分别高出 25 千克和 3 118 元。

（四）樱桃品质得到改善

樱桃成熟期，距离放蜂点 100 米、200 米、300 米进行果实取样，测定硬度和糖分，结果表明，蜜蜂授粉核心示范区樱桃果的硬度和糖分随离放蜂点的距离增大而递减，但较常规授粉区差异显著。硬度方面，距离放蜂点 100 米、200 米、300 米的所采果实硬度分别为 11.9 牛、10.6 牛、10.8 牛，距离放蜂点 100 米果实硬度同 200 米、300 米距离果实硬度增长量为 12.26％、10.19％，增长量较为显著；同常规区王家河村、赵家坡村的果实硬度 9.1 牛、7.6 牛增长量为 30.77％、56.58％。含糖量方面，距离放蜂点 100 米、200 米、300 米所采果实的含糖量分别为 18.9％、18.8％、17.86％，距离放蜂点 100 米果实的含糖量同 200 米、300 米距离含糖量增长量分别为 0.53％、5.82％，增长量不显著；同常规区王家河村、赵家坡村的果实含糖量 14.7％、15.7％相比，增长量分别为 28.57％、20.38％，差异显著。

■ 新疆维吾尔自治区阿勒泰

一、目标任务

2015 年，在阿勒泰地区福海县建立以向日葵为主要蜜源植物的蜜蜂授粉和绿色防控增产技术示范基地，核心示范面积 1 000 亩，示范面积 5 000 亩。

项目示范区试验示范基础上，将蜜蜂保护与病虫绿色防控技术组装配套成体系，形成福海县向日葵蜜蜂授粉与绿色防控技术规程，实现向日葵增产、提质、增效。

二、示范内容

（一）建立示范区

2015 年，在福海县阿尔达乡、阔克阿尕什乡建立向日葵蜜蜂授粉增产与绿色植保技术集成应用示范区 5 000 亩。

阔克阿尕什乡核心示范区位于萨尔哈木斯村，示范区面积 500 亩，膜下滴灌种植。示范户：韩殿景等，种植品种 361，播种期：5 月 21 日，株距 45 厘米，行距 75 厘米，滴水 5 次，滴肥：底肥 15 千克/亩复合肥，追肥：28 千克/亩复合肥，中耕除草 2 次，7 月 10 日晚上用生物制剂 0.3％苦参碱乳油 500 倍液，喷雾防治向日葵螟，7 月 19 日放置蜂箱，蜂箱数 100 个，开花期 7 月 23 日。10 月 2 日收获，平均单产 252 千克/亩。

阿尔达乡核心示范区位于干河子三村，示范区面积 500 亩，膜下滴灌种植，示范户：田玉华等，种植品种 361、363、808，播种期：5 月 15 日，株距 46 厘米，行距 70 厘米，滴水 7 次，滴肥：化肥 42 千克/亩，磷酸一铵 6 千克/亩，钾肥 14 千克/亩，硼肥 200 克/亩，中耕除草 2 次，6 月 24 日放置蜂箱，蜂箱数 100 个，第一次施药：7 月 9 日（噁霉灵），滴施，预防菌核病；第二次施药：7 月 15 日（噁霉灵），滴施，预防菌核病，开花期 7 月 21 日。9 月 20 日收获，平均单产 256 千克/亩。

试验示范设计：在阿尔达乡核心示范区选择 9 个小区，每个小区土壤肥力、管理措施、长势等条件基本一致，其中蜜蜂授粉区 3 个，自然对照区 3 个，空白区 3 个，每小区面积为 66 米²，重复 3 次，空白对照区单株罩网，7 月 17 日进行套袋，9 月 14 日取样。

（二）蜜蜂授粉试验

向日葵现蕾期 2015 年 7 月 9 日，收获时间 2015 年 9 月 20 日，实验地点 87.293 3°E 和 47.090 2°N，海拔 484 米。试验地的示范面积 1 000 亩，土壤类型沙壤土，因提前进行了两次预防，在蜜蜂授粉期没有发生病害，也没有进行药物防治，在播前进行了土壤土封闭处理。

蜜蜂品种是当地的品种：澳蜂。蜂箱摆放以多箱排列的方式，位于一边，摆放时，巢门背风向阳。试验结果表明，向日葵蜜蜂授粉区在单盘籽粒数、单盘空籽粒数、单盘结实率、百粒重、单盘产量和平均单产上均高于未授粉区，蜜蜂授粉区每亩平均单产达 256 千克，未授粉区每亩平均单产为 131 千克，农户常规种植区每亩平均单产为 220 千克，蜜蜂授粉区较未授粉区和农户常规种植区产量分别增产 125 千克和 36 千克，授粉区增产效果明显。

（三）绿色防控技术

向日葵病虫害绿色防控技术种类，主要采用生态调控技术、理化诱控技术和科学用药技术。

1. 生态调控技术　充分利用向日葵的抗性品种及选用适合向日葵生长的壤土沙壤土，通过合理布局，减轻病虫害的发生。

2. 理化诱控技术　杀虫灯对于诱杀向日葵螟成虫有良好的效果，成虫盛期单日诱杀量可达 1 800 头。

3. 科学用药技术　推广了高效、低毒、低残留农药。如 Bt 可湿性粉剂，可防治向日葵螟幼虫；抗重茬菌剂，可对向日葵黄萎病进行生物防治。优化集成农药的轮换使用、交替使用和安全使用等配套技术，严格遵守农药安全使用间隔期，通过合理使用农药，最大限度降低化学制剂使用造成的负面影响。

（四）效益分析

全县常规平均单产 220 千克，平均售价 10.3 元/千克，亩均毛收入为 2 266 元，亩均成本 1 028 元，亩均净收入 1 238 元。

授粉示范区收益：平均单产 256 千克，籽粒饱满，色泽发亮，商品性好，平均售价 10.3 元/千克，亩均毛收入为 2 636.8 元，亩均成本 1 068 元，亩均净收入 1 568.8 元，较常规种植增加收益 330.8 元。

未授粉区收益：平均单产 131 千克，平均售价 10.3 元/千克，亩均毛收入为 1 349.3 元，亩均成本 878 元，亩均净收入 471.3 元。未授粉区产量明显低于授粉示范区，且空籽率较高，籽粒不饱满，瘪籽多。

（五）示范区管理运行机制与推广模式

在项目管理方面，采用合同制管理方式对示范区进行管理，以示范方案为基础对示范工作进行评价。立足本地种植特色，在原有"技术示范＋行政推动"基础上，引入公司、种植大户等社会组织参与示范区建设，依靠公司订单农业和种植大户，引导农民参与开展新技术推广工作。

三、保障措施

（一）加大扶持力度

为调动农民应用蜜蜂授粉和绿色植保技术的积极性，示范整合其他项目，2015 年基层农技推广体系改革与建设补助项目及现代农业粮食高产创建项目等，对示范区绿色防控和技术培训等给予扶持。一是放蜂授粉补助。每箱蜂补助 100 元，500 箱蜜蜂，总计 5 万元，补贴方式主要为租金；二是保护蜜蜂的绿色防控补助。在示范基地的放蜂授粉保护期，对实施生物防治、生态控制、高毒农药替代等绿色防控措施和专业化统防统治给予补助，每亩补助 10 元，计 6 万元，实物（农药）补贴。补贴主体为蜂农、种植户。

（二）普及关键技术

通过举办专题技术培训班、农民田间学校、现场观摩等形式，普及蜂群快繁技术、蜜蜂授粉增产技术、蜜蜂授粉饲养管理技术、生物防治、农药安全使用等技术。编印一批宣传挂图和技术手册，加强蜜蜂保护利用知识的宣传普及，提高蜂农和农民思想认识和应用技能。

（三）积极示范展示

根据向日葵霜霉病、锈病、草地螟发生情况和危害特点，优先推广应用生物防治、生态控制、物理防治等绿色防控技术措施。根据作物生长情况和蜜蜂授粉习性，科学制订病虫防控用药方案，指导农民合理选用对路的高效、低毒、低残留、对蜜蜂安全的化学农药品种，适时安全施用，实现保护蜜蜂和防控病虫有机统一。

（四）扎实指导服务

2015 年在 4 月底完成农牧民培训任务，培训农牧民 858 人次。4 月中旬至 9 月中旬，组织养蜂户和县乡两级病虫防控技术员，通过走进示范基地，进村入户、深入田间地头等方式，指导农民开展示范工作，详细调查向日葵授粉作物的长势和增产效果，正确评价蜜蜂授粉与绿色防控增产技术的效果。

7 月 23 日，福海县农业技术推广中心举办了新疆（福海）向日葵蜜蜂授粉与绿色防控技术培训班。此次培训由自治区植保和蜂业专家进行以农作物病虫害绿色防控为内容的授课，来自全县各乡镇的 38 名农业技术员、5 名种植户和 2 名蜂农参加了此次培训。通过培训，农技人员、种植户对蜜蜂授粉与绿色植保配套技术有了更加深刻的认识，强化蜜蜂授粉与绿色植保技术的协调配合，促进蜜蜂授粉产业发展和农业丰收，保护了农业生态环境。

■ 新疆维吾尔自治区伽师县

一、示范区基本情况

2015 年，在伽师县卧里托格拉克乡建立哈密瓜示范基地，示范面积 1 000 亩，辐射面积 3 000 亩。示范区开展了蜜蜂授粉、药剂筛选、病虫害绿色防控技术试验和蜜蜂授粉与作物病虫害绿色防控应用技术大区示范工作，为进一步细化蜜蜂授粉与绿色防控增产技术方案和规程奠定了基础。示范区在试验示范基础上，通过采取蜜蜂授粉技术和农业、物理、生物和生态等绿色防控技术，组装配套了蜜蜂授粉技术与病虫绿色防控技术，试验示范区甜瓜个体的重量、纵向横向直径、甜度较对照区均有所提升，示范区较对照区增产达 14.75％，商品率较对照区提高了 12％，有效保护了蜜蜂，提高了农作物产量，提升农产品质量安全水平，促进养蜂业和哈密瓜产业持续健康发展。

二、试验和示范工作

1. 试验材料和方法　本次示范研究过程中，选择的蜜蜂品种为意大利蜜蜂、卡尔巴阡蜂、卡尼鄂拉蜂等西方蜜蜂品种。本次试验采用是对照试验的方法。试验设蜜蜂授粉区（绿色防控加蜜蜂授粉）、自然对照区（农户常规种植并距离蜜蜂授粉区 2 千米以上）和空白区（不授粉）3 个小区，每个小区重复 3 次，每小区 66 米^2，空白对照区单株罩网，试验区土壤肥力、长势、田间管理等条件基本一致，选取了新疆伽师县卧里托格拉克乡 30 村 2 组和新疆伽师县卧里托格拉克乡 1 村 3 组。本次试验过程中放蜂区、对比区同一时间段为 2015 年 4 月 16～17 日。出苗时间为 2015 年 4 月 24 日，初花期为 2015 年 5 月 10 日。蜜蜂的放养密度为 120 箱，蜜蜂进入示范区的时间为 2015 年 5 月 15 日，出场时间为 2015 年 6 月 10 号。

2. 试验结果分析

蜜蜂授粉对甜瓜果实发育效果的影响：甜瓜的播种日期、出苗日期、初花期基本相同，但是坐果期、坐果率以及成熟期，采用蜜蜂授粉的地区日期显著提前，其中授粉区的坐果期比自然授粉区和隔离区分别提早了 3 天和 8 天，坐果率分别高出了 7％和 84％，成熟期分别提早了 4 天和 7 天。

蜜蜂授粉对果实质量的影响：分别在蜜蜂授粉区、自然授粉区以及隔离区，随机选取了 30 株甜瓜秧苗，对果实的纵向直径、横向直径，果实果肉的厚度、边糖度和心糖度进行了对比比较分析。在这几项标准中，蜜蜂授粉对果实质量的促进作用最大，其中蜜蜂授粉区的果实纵向直径分别比自然授粉区和隔离区多出了 1.1 厘米和 3.9 厘米，果实的横向直径分别多出了 0.5 厘米和 2.0 厘米，果肉的厚度分别高出了 0.4 厘米和 0.7 厘米，边糖度分别高出了 1.2% 和 2.3%，心糖度分别高出了 0.8% 和 2.7%。通过蜜蜂授粉能够切实提升甜瓜个体的重量和纵向以及横向直径，甜瓜的甜度大大得到了提升。

蜜蜂授粉对甜瓜增产的影响：分别在蜜蜂授粉区、自然授粉区以及隔离区，随机选取了 30 株甜瓜秧苗，对甜瓜的重量、每亩生产甜瓜的数量和亩产量以及甜瓜的商品率进行对比，通过对比发现，蜜蜂授粉地块的上述产量均明显优于自然授粉区和隔离区的产量，甜瓜的商品率明显得到了提升。其中蜜蜂授粉区单个甜瓜的重量比另外两个示范区高出 0.6 千克和 1.1 千克，每亩生产的总数量比其他两个示范区多出了 10 个和 605 个，亩产量分别高 398 千克和 2 728 千克，商品率分别高出了 12% 和 63%。

3. 集成技术模式

（1）技术模式。充分利用蜜蜂的生物学特性，依托蜜蜂产业和植保技术体系，强化蜜蜂授粉与绿色植保技术的协调配合，集中科技力量，加大扶持力度，完成好示范任务，促进蜜蜂授粉产业发展和农业丰收，保护农业生态环境。蜜蜂箱均匀摆放，巢门背风向阳，蜂场与授粉田间距离小于 100 米，蜂群摆放可位于中央或田地一边。授粉期间保证蜂群具有干净充足的水源。

（2）甜瓜病虫害绿色防控技术集成。花期前在蜜蜂授粉区示范 3 千米范围内，在蜂入场前 7 天喷施防蚜虫或治疗细菌性果斑病的药剂，但必须选择对蜜蜂安全的药剂。授粉期结束后，撤出蜂群，继续执行其他绿色防控措施。蜜蜂入场前 10 天至蜂场撤离期间禁止喷施化学农药。蜜蜂授粉时，蜂场半径 3 千米内其他作物均禁止施药。在防治病虫过程中，尽量减少化学农药的使用量和次数，保障蜜蜂安全授粉。一是物理防治。每 50 亩 1 盏灯，灯间距离 180～200 米，离地面高度 1.5～1.8 米，呈棋盘式分布，或者每亩悬挂 20 片左右，并均匀分布。悬挂高度超过瓜类植株 15～20 厘米处。二是生物防治。采用链霉素、多抗霉素或者枯草芽孢杆菌等生物制剂。三是化学防治。推荐使用对蜜蜂安全的杀虫杀菌剂，如氧化亚铜、噻菌铜、氰霜唑、嘧菌酯、醚菌酯、三唑酮、烯酰吗啉、乙基多杀霉素、茶皂素、氯虫苯甲酰胺等。在防治病虫过程中，尽量减少化学农药的使用量和次数，保障蜜蜂安全授粉。

三、效益分析

全县常规平均单产 2 698 千克，平均售价 1.5 元/千克，亩均收入为 4 047 元，亩均成本 1 530 元，亩均净收入 2 517 元。

授粉示范区收益：平均单产 3 096 千克，商品率高，成熟期短，平均售价 1.8/千克，亩均收入为 5 572.8 元，亩均成本 1 750 元，亩均净收入 3 822.8 元，较常规种植增加收益 1 305.8 元。

未授粉区收益：平均单产 368 千克，平均售价 1.5 元/千克，亩收入为 552 元，亩均成本 1 380 元，亩均亏损 828 元。未授粉区产量明显低于授粉示范区，且商品率低，成熟期长。

实蝇绿色防控工作总结

▉ 湖 北 省

一、柑橘大实蝇发生情况

（一）发生范围

湖北省柑橘大实蝇主要发生在宜昌市，其次是十堰市、恩施州，零星发生于松滋市、江夏区、荆门市漳河库区。据宜昌市 2015 年统计，防治一次面积 90.98 万亩（由于柑橘大实蝇需要联防，防治面积略大于发生面积），十堰市发生面积 15 万亩，恩施州发生面积 8 万亩，荆门的漳河库区、荆州市的松滋市、武汉市的江夏区零星发生。

（二）发生特点

（1）虫口基数较去年增加。枝江市春季调查柑橘园每平方米蛹量为 0.90 头，2014—2011 年分别为 0.93 头、0.57 头、0.65 头和 1.03 头。

（2）羽化出土始见期和上年相当或略偏迟。羽化出土始盛期大部分在 5 月中旬。枝江市为 5 月 14 日（2014 年为 5 月 13 日），高峰日为 5 月 20 日。

二、防控成效

（一）防控效果好，橘园虫果率低，危害程度较轻

据宜昌市植物保护站防控后实况调查，加权平均虫果率 0.584%，略高于去年的 0.418%。据枝江市调查，绿色防控示范区、农民习惯防治田及不防治田，大实蝇平均虫果率分别为 0.84%、2.05%、20.26%。

宜昌市防治一次面积 90.98 万亩，累计防治 331.34 万亩次；全年挽回柑橘损失 19.513 万吨。9～10月组织两个专班对全市蜜柑虫果率进行了专项调查，共调查 10 县、市、区 19 乡镇 30 村 66 个橘园63 121 个果实，全市（蜜柑产区）虫果率加权平均 0.584%。十堰市绿色防控面积 16 万亩。

（二）绿色防控技术创新示范效果好

宜都市在柑橘示范场和高坝洲镇白洪溪村，核心示范区面积 2 000 亩，辐射面积 15 万亩。病虫害防控效果达到 90%，农户每亩增产柑橘 800 千克，增收 900 元，节约生产成本 200 元。果品大小均匀，果面光洁，着色整齐，可溶性固形物上升 2%～3%。

枝江市在安福寺镇徐家嘴村、刘冲村，仙女镇青狮村，董市镇裴圣村示范面积 4000 亩，辐射面积5 万亩。绿色防控示范区、农民习惯防治田及不防治田，大实蝇平均虫果率分别为 0.84%、2.05%、20.26%。示范区比农民习惯防治田减少虫果损失 96.8 吨，增收 17.44 万元，平均每亩增收 43.6 元。平均每亩节省人工成本 48 元。提高了优质果率和售价。示范区优质果率达到 85% 以上，比习惯防治田高 41.7%。综合考量，示范区比农民习惯防治田增收 196.64 万元，平均每亩增收 491.6 元。

秭归县结合蜜蜂授粉项目与绿色防控技术示范项目，在水田坝镇王家桥村举办柑橘大实蝇联防整村推进防控样板 3 000 亩，也收到了良好的防治效果。示范区比对照区增产 5%。每亩平均增收 877 元。

三个示范区平均亩增收 491.6～900 元。

（三）减少化学使用量

宜都市示范区与非示范区比较，化学农药使用面积减少 35％，平均每亩减少施药次数 4 次。枝江市重点推广了对环境友好的生物农药，减少化学农药使用量 50％以上，减少了对农田生态环境的污染，农田有益生物增加，其中瓢虫、草蛉比非示范区增加了 30％以上。秭归县减少化学农药用量在 50％以上。

三、主要作法

（一）各级政府及农业主管部门重视

2015 年印发了《2015 年湖北柑橘大实蝇绿色防控工作方案》（鄂植总办发〔2015〕10 号），全面部署了柑橘大实蝇绿色防控工作。各相关地市积极制订方案，落实措施。宜昌市农作物病虫草鼠害防治指挥部下发了《2015 年宜昌市柑橘大实蝇防控工作方案》，宜昌市植物保护站下发了《关于认真抓好柑橘大实蝇虫果处理工作的紧急通知》。5 月 5 日，召开了全市柑橘大实蝇防控工作会议精神，并在大实蝇联防期间，实行"日报告、周督查、旬通报"制度。6 月 15~17 日，宜昌市农业局派出 7 个督导组，对全市今年柑橘大实蝇防控工作进行了检查督导；督导结果由市政府办公室下发政府督办通报（〔2015〕16 号）。丹江口市和郧县成立了柑橘办公室，具体负责柑橘生产技术工作。

（二）加大财政资金投入

宜昌市各级财政资金投入 1 259.1 万元，比去年增长 14.73％。投入资金较多的有：秭归 240 万元、宜都 199.6 万元、夷陵 165 万元。

（三）联防统治面积大幅增加

宜昌市共组建联防队 648 个（去年 501 个），联防队员 10 450 人（去年近 6 000 人），一次联防面积近 60 万亩（去年 55 万亩），占全市应防面积的 65％（去年近 60％），全年累计联防面积 207.5 万亩次。其中宜都、枝江等联防面积近 100％。

（四）技术服务保障到位

各地均开展了虫情监测，发布了虫情预报，开展了多种技术服务。枝江市在示范区设置了 3 个虫情观测点，定期调查虫情发生动态。根据虫情发生特点，及时制订并发布防治措施。4 月下旬开展了大实蝇虫口密度调查，5 月上旬进行了成虫羽化进度观察。针对柑橘大实蝇发生情况，5 月下旬在《枝江植保》上及时发布了《柑橘大实蝇发生趋势预报》的防治意见，8 月下旬在《枝江植保》上发布《科学处置虫果，严防大实蝇虫果入市》的防控意见。

开展了多种形式的宣传培训活动。5 月，枝江市在安福寺镇徐家嘴村及刘冲村举办柑橘大实蝇农民田间学校培训 2 次，培训合作社技术员、机防手、农民 100 多人，免费发放技术资料 1 000 多份；5 月下旬，在安福寺镇徐家嘴村树立柑橘大实蝇绿色防控示范展示牌；6 月 5 日，在枝江电视台新闻栏目制播柑橘大实蝇绿色防控专题节目 1 期；6~7 月及 9~11 月植保站及各镇农业服务中心技术员多次深入到田间地头，现场指导农民开展科学防治。

■ 湖 南 省

一、取得的成绩

（一）公共植保理念得到提升，初步形成了合力推进的工作局面

近几年，湖南省高度重视柑橘大实蝇防控工作，分管副厅长多次过问并两次主持召开防控会议，每

年下发防控方案等文件，设置了大实蝇绿色防控项目，每年支持 20 个左右县。各地利用广播、电视、网络等媒体广泛宣传发动，在大实蝇防控上公共植保理念得到认同。通过不断探索与实践，全省已初步形成上下联动、横向协作、合力推进防控的良好局面。

（二）投入逐年增加，初步形成了多元化投入局面

在省级财政支持上，每年都从省级植保专项中安排 300 多万元经费支持各地大实蝇防控。在地方财政扶持上，张家界、常德等市投入几十到上百万元，石门、古丈、麻阳、泸溪、澧县等地投入上百万元至数百万元。在社会力量参与上，一些优质柑橘生产合作社、种植大户和主产区农户也投入了大量资金，积极选用实用的绿色防控技术。目前，初步形成了政府项目资金支持、社会各方广泛参与、柑橘生产者为主体的多元化投入局面。

（三）防控效果较为明显，经济效益巨大

经大力防治，全省大实蝇发生程度呈减轻趋势，全省平均虫果率 2010 年为 9.68%，2015 年为 7.80%。在近几年柑橘价格不景气的大环境下做到这一点尤显难能可贵。在县级层面，古丈县的平均虫果率由 2010 年的 15% 下降至 2015 年的 2.01%，年均挽回柑橘 540 万千克，橘农增收 810 万元。

（四）技术研究与应用得到明显进展，形成了绿色防控技术规程

通过农科教企紧密结合和协作攻关，食物诱控、农业防治和科学用药等绿色防控关键技术得到了丰富完善和集成应用，开发了几个非常实用的绿色防控产品。湖南省根据近年来的研究与应用结果，探索形成了较为成熟地柑橘大实蝇绿色防控技术规程，现已对外发布并组织实施。

二、存在的问题

一是部分橘园管理不到位，虫害严重，损失大。由于近几年柑橘价格不高，部分橘园疏于管理或者干脆弃管，虫果率高。2015 年的全省普查结果表明，20% 虫果率面积有 18.36 万亩，柑橘大实蝇造成危害损失 17.96 万吨。二是全省柑橘大实蝇扩散蔓延态势还没有从根本上扭转。2011 年发生面积 116 万亩，2015 年 158 万亩。5 年时间扩展了 42 万亩。湖南的大实蝇发生面积占到全国面积的一大半（全国面积为 238 万亩），占湖南省柑橘挂果面积的 30%。三是有少部分地方工作流于形式，没有过硬的措施，人、财、物投入严重不足。

三、加强领导，认真督查，落实防控工作责任

一要争取领导重视。柑橘大实蝇防控离不开当地政府的坚强领导。为此，各级农业部门要争取领导重视，要发挥乡镇党委、村干部作用，要采取行政措施与多种措施相结合的办法，把柑橘大实蝇防控上升为政府行为，动员组织群众，发展服务组织，实行专业化统防统治与绿色防控有机融合，没有组织的地方也一定要实行联防联控。

二要明确防控工作责任。各级农业部门要紧紧依靠当地政府强有力的领导，按照属地管理的要求，层层落实责任制。按照省政府的要求，各地对重大病虫灾害防控实行行政首长行政负责制和专家技术负责制。也就是说，对于柑橘大实蝇的防控，各主产区政府分管领导是直接责任人，农业部门领导是具体责任人，有关专家是技术责任人。各地要按这个原则，细化、明确相关人员责任，将防控任务分片包干，落实到村组、农户、橘园。对因工作不力造成严重损失的有关人员追究相应责任。

三要督查落实防控任务。制订详细的督查方案，实行交叉督查，实行防控经费与责任挂钩，责任重的多给予经费支持，做得好的给予奖励。近几年省级专项资金分配原则就是依据各地工作开展情况，做得好的县如古丈、麻阳等就多一些，有些做得差的县就要少一些。除此以外，还实行末位淘汰制，上年

工作考核排在末位的下年度不再安排申报植保类项目。

重 庆 市

一、柑橘大实蝇发生危害情况

重庆市 2015 年柑橘大实蝇发生区为巫山、奉节、开县、云阳、万州、丰都、垫江、梁平、忠县、涪陵、南川、武隆；巫溪、彭水、黔江、酉阳、秀山、城口、石柱等 19 个区县，柑橘大实蝇发生乡镇数 257 个，发生面积 48.336 万亩。

全市柑橘大实蝇发生区主要集中在长江流域和乌江流域，2008 年以来，乌江流域的发生区酉阳、秀山、黔江、彭水、武隆发生面积相对稳定，危害水平在可控范围。但在长江流域柑橘主产区发生区域不断扩大，今年发生面积增加的 10 个区县（含石柱），新增的近 10 万亩发生区域面积均在此范围，虽然加大了检疫及防控的力度，创新防控措施，运用绿色防控集成技术在主要发生区控制了大实蝇的危害，降低了损失，但虫源不能消除，始终存在扩散的隐患，品种、气候等种植条件的变化及物流等传播途径的多样化势必会引起大实蝇的扩散和突然暴发。沿江向上扩散的趋势明显，对长寿、江津等非疫区柑橘主产区县造成潜在威胁。

二、柑橘大实蝇防控情况

2015 年重庆市柑橘大实蝇防控情况总体良好，采取大区域全县统一绿色防控的奉节县平均蛆果率 0.58%、开县 0.5%、忠县 2%～3%，防效显著。云阳、万州、丰都等今年发生面积增加较大的区县，调查平均蛆果率较高，分别为 5%～7%，13.27%，13.5%，新发生区域的防控形势严峻。

（一）防控组织形式和技术措施

1. 防控工作的组织和安排 重庆市种子管理站于 2015 年 3 月 20 日下发渝植发〔2015〕8 号文，印发了《重庆市柑橘非疫区 2015 年实蝇监测防控技术方案》。2015 年 3 月 26 日在重庆兰箭宾馆举办了重庆市实蝇监测及柑橘大实蝇绿色防控技术培训班，就实蝇监测及柑橘大实蝇绿色防控技术进行了系统培训，研讨和部署了 2015 全市实蝇监测及柑橘大实蝇防控工作。在奉节县、巫山县实施柑橘大实蝇绿色防控技术体系集成创新与示范实施项目，设置柑橘大实蝇绿色防控技术示范点各 1 个，示范点示范面积 1 000 亩，举办 1 所柑橘大实蝇绿色防控技术农民田间学校，培训农户 50～100 人。在开县建立全市柑橘大实蝇大区域绿色防控示范区，示范区面积达 2.9 万亩。

2. 主要技术措施 以实蝇监测为依据、以成虫诱杀为核心、以蛆果处理为保障。

（1）及时摘除蛀果和捡拾落地果。9～11 月及时捡拾落地果和摘除树上蛀果并用厚型塑料薄膜袋密闭处理，组织专业队伍或培训果农摘除树上的受害果和捡拾落地果。

（2）树冠喷药（挂罐）诱杀成虫。6～8 月柑橘大实蝇羽化后的营养补充期进行树冠喷药（挂罐）诱杀成虫，每 7 天左右 1 次，喷 6～7 次。

（二）防控工作的实施情况

至 11 月上旬全市防控面积近 42.53 万亩，投入防控资金 1 617 万元。在开县、奉节、忠县、云阳、万州、垫江、丰都、涪陵等近 10 个区县开展政府主导的、已发生区域防治全覆盖的绿色防控，全市各区县政府采购农药等专用防控物资金额超过 680 万元，其中采购用于蛆（落地）果处理的厚型塑料袋 28.52 万余条，完成了的"三果"处理 8 150 余吨，和湖北谷瑞特公司合作在全市 12 个区县推广大实蝇绿色防控药剂果瑞特 18 万亩次，今年全市调查数据表明主要发生区（不含新发生区域）的蛆果率均达到 5% 以下的防控目标。

（三）防控现状和存在的问题

2013 年以来，柑橘大实蝇全市发生面积，从 28 万亩增加到 48 万亩，扩散趋势加剧，新发生区域因缺乏相关技术、资金及防治经验，往往损失惨重，需要 2～3 年的时间才能完成虫害控制。

目前存在的主要问题：

（1）现掌握的绿色防控措施防效可靠，但难以根除。由于柑橘大实蝇能够飞行易于扩散的生物学特点，并且主要采取食物诱杀等技术措施，所以不能单户防控，需政府主导进行统防统治，现时农村种植制度下，如无政府投入，加上果品市场价格波动影响农户防控积极性，防治效果易造成反弹。

（2）非柑橘主产区防控重视程度不够，致使虫源多。

（3）部分区县相关专业技术人员缺乏，技术培训落实不到位。

目前柑橘大实蝇仍为列重庆市补充检疫对象，在现在的发生面积和危害水平下，各区县由农业检疫部门负责实蝇防控，人员等资源难以保证防控实施的效果。建议专家评估是否取消其作为检疫对象。

贵 州 省

一、基本情况

（一）发生情况

据调查，2015 年全省柑橘大实蝇发生面积 8.92 万亩，发生果园一般虫果率为 3%～20%，脱管果园一般虫果率超过 30%～50%，最高虫果率超过 80%。柑橘小实蝇发生面积 6.93 万亩，发生果园一般虫果率 2%～28%，最高虫果率超过 80%。主要危害柑橘、苹果、桃和柚等果树，零星发现危害南瓜、辣椒等，今年首次在猕猴桃和火龙果上发现危害。具条实蝇发生面积约 11.63 万亩，主要危害瓜类，一般危害率小于 0.5%。南瓜实蝇发生面积约 27.89 万亩，主要危害南瓜、西瓜和辣椒等，一般危害率小于 1%。瓜实蝇发生面积约 3.47 万亩，主要危害瓜类，一般危害率小于 1%。

（二）防控情况

据统计，全省开展柑橘大实蝇防控面积 11.86 万亩，开展柑橘小实蝇防控面积 7.52 万亩。全省建立柑橘大实蝇防控示范区 23 个，示范面积 1.53 亩，其中省级示范区 1 个，市（州）级示范区 5 个，示范区平均防控效果为 92.62%。全省建立柑橘小实蝇防控示范区 17 个，示范面积 1.21 万亩，其中省级示范区 1 个，市（州）级示范区 3 个，示范区平均防控效果为 91.23%。

二、主要做法

（一）加强领导，强化督查

3 月下旬组织黔南、贵阳和相关县召开果蔬实蝇监测与防控座谈会，安排部署果蔬实蝇绿色防控工作。开展全国果蔬实蝇类害虫绿色防控技术培训班后，进一步安排部署果蔬实蝇监测与防控工作。20 余次派人赴黔东南、黔南、黔西南、六盘水和安顺等市（州）督促检查果蔬实蝇监测与防控工作。各地按照部署，安排人员，协调经费，切实组织开展了果蔬实蝇监测与防控工作。

（二）整合资源，加大支持

全国农技中心下达柑橘大实蝇绿色防控技术集成创新与示范项目 3 万元。在国内植物检疫费项目中安排 5 万元用于猕猴桃园实蝇监测与防控，重点开展柑橘小实蝇在猕猴桃上的监测与防控示范研究。各地也在重大病虫防治补助资金和病虫专业化统防统治与绿色防控示范经费中争取经费，用于果蔬实蝇绿色防控示范，黔东南、黔南、贵阳、安顺和黔西南等市（州）及相关县购买新型多功能房屋性诱捕器 1.52 万套，重点用于果蔬实蝇监测与防控，极大地推动了果蔬实蝇监测与防控工作正常开展。

（三）强化监测，大力示范

全省共建立果蔬实蝇监测点 1 520 个，定期开展监测。全省各级植保站及时发布防控预警信息 127 期次。同时，按照全国农技中心的要求，在惠水县建立了柑橘大实蝇绿色防控技术集成创新与示范区，示范面积 1 200 亩。还在水城县建立了柑橘小实蝇绿色集成防控技术示范区，示范面积 500 亩。黔东南、黔南、安顺、六盘水市也分别建立绿色防控示范区开展防控示范，全省共建立示范区 2.74 万亩。通过示范带动，使示范区周边果农直观地认识到了开展监测与防控的重要性及获得的经济效益，主动参与到防控工作中，有效推动了果蔬实蝇监测与防控工作。

（四）加大宣传培训，强化技术指导

贵州省植保植检站多次赴黔东南、黔南、黔西南、六盘水和安顺等市（州）指导工作，各地通过积极举办培训班、座谈会和现场培训会的形式积极开展宣传培训。全省共发放技术手册、明白纸等 1.62 万份，召开培训班 62 期次，培训技术干部、农户 2 412 人次，使群众正确认识果蔬实蝇的危害，让果农学会果蔬实蝇的监测与防控方法。

（五）积极开展试验研究

4 月中旬，印发了《关于印发〈2015 年贵州省果蔬实蝇绿色防控技术研究试验方案〉的通知》，组织黔南、六盘水、贵阳等市（州）的相关县开展了果蔬实蝇绿色防控技术研究。通过研究，摸清柑橘大实蝇、柑橘小实蝇发生消长规律，明确新型多功能房屋性害虫诱捕器诱杀效果较好，防虫网覆盖能有效杀灭羽化实蝇，并筛选出诱杀效果好的无化学农药诱杀配方。同时，联合湖北谷瑞特生物技术有限公司，在惠水县开展果瑞特防控柑橘大实蝇试验示范，面积 30 亩，防控效果较好。

三、主要成效

（一）监测预警体系进一步完善

通过普查与流动监测，基本摸清了果蔬实蝇在贵州省的发生分布范围。通过系统监测与人工埋蛹饲养观察，摸清了贵州省柑橘大实蝇、柑橘小实蝇羽化动态。全省通过农业信息网站、微信公众号等网络平台及时发布防控预警信息 127 期次，有效指导和推进果蔬实蝇防控工作。全省果蔬实蝇监测预警体系进一步完善。

（二）防治示范效果显著

全省柑橘大实蝇和柑橘小实蝇防控示范区平均示范效果均高于 90％。其中，惠水县柑橘大实蝇防控示范区内柑橘虫果率由 2014 年的 5.2％下降至 0.83％，按每亩 800 千克的产量计算，挽回损失 4.2 万千克，经济损失控制在 1％以下，防治效果显著。

（三）生态效益突出

通过这项工作，有力地保护了柑橘、猕猴桃、桃等产业生产安全，促进农民增产增收，对贫困地区的扶贫开发、发展农村经济、改善农民的生活水平起到了积极的作用。通过宣传及培训，提高了农民防治意识和防治水平。此外，主要推广果蔬实蝇绿色防控技术，通过改进诱杀配方实现了无化学农药使用，减轻了对环境的污染，符合当前国家绿色理念和农业部农药零增长行动，对生态环境的保护起到重要作用。

第三篇

重大病虫害防控行动

ZHONGDA BINGCHONGHAI
FANGKONG XINGDONG

第三篇　重大病虫害防控行动

DISANPIAN ZHONGDA BINGCHONGHAI FANGKONG XINGDONG

农业部部署行动

农业部启动春季防病治虫夺丰收行动

据全国农作物重大病虫测报网监测，受暖冬影响，今年小麦、油菜等夏收粮油作物病虫发生基数高于常年、发生时间早于常年。随着气温回升，多种重大病虫将相继进入发生危害盛期，也是防控的关键时期。为实现"虫口夺粮"保丰收，近日农业部启动了春季防病治虫夺丰收行动。

春季防病治虫行动以防病治虫、保产增收、减损增效为目标，以实施小麦"一喷三防"、重大农作物病虫害统防统治补助项目为抓手，切实加强病虫监测预警，及时发布病虫信息，大力推进统防统治和绿色防控，适时开展应急防治，最大限度降低病虫危害损失，力争将小麦、油菜等夏季粮油作物重大病虫危害损失率控制在5%以内，专业化统防统治覆盖率达到32%以上，实现"虫口夺粮"保丰收。突出抓好四项重点工作。

一是加强联合监测预警。根据小麦、油菜等夏季粮油作物重大病虫发生规律和危害特点，在组织各地全面加强大田普查基础上，发挥全国362个小麦、81个油菜重大病虫区域测报站作用，系统监测、密切跟踪、准确把握重大病虫消长动态，准确会商、及时发布预报预警信息，明确防控重点对象、关键区域和最佳时期，科学指导防控行动。

二是突出区域防控重点。西南麦区重点加强条锈病、穗期蚜虫防控，兼顾白粉病防控和赤霉病预防；江淮麦区狠抓赤霉病预防，兼顾纹枯病、穗期蚜虫防控；汉水流域麦区严防条锈病、赤霉病流行，兼顾白粉病、穗期蚜虫防控；黄淮海麦区重点加强蚜虫和纹枯病防控，兼顾条锈病、赤霉病、吸浆虫防控；西北麦区重点加强条锈病、穗期蚜虫防控，兼顾白粉病、麦蜘蛛防控。油菜产区重点抓好菌核病防控，兼顾蚜虫等其他病虫防控。

三是落实关键防控措施。小麦条锈病狠抓"带药侦查、发现一点、防治一片"，打点保面，严防大面积扩展流行；小麦赤霉病常发区坚持"预防为主、主动出击、见花打药"不动摇，确保做到防在发生流行前；蚜虫突出抓好"关口前移、压前控后"控基数，严防穗期暴发危害；吸浆虫重点加强蛹期和成虫羽化初期防治，最大限度控制危害。油菜菌核病全面落实初花期预防控制措施，确保不造成严重损失。

四是推进统防统治与绿色防控融合。深入开展专业化统防统治"百千万行动"，扶持发展一批拉得出、用得上、打得赢的规范化统防统治队伍。发挥统防统治组织化程度高、防治效果好的优势和绿色防控生态兼容、环境友好的优势，推进两者融合发展，实施综合治理，稳步提高科学防病治虫能力和水平，实现减量控害，促进农药使用量零增长。

为确保春季防病治虫行动顺利开展，农业部要求各级农业部门强化行政推动，加大资金支持，做好指导服务，加强农药监管，强化督促检查，确保防控措施落实到位，坚决遏制病虫暴发流行，全力夺取夏季粮油丰收。

农业部开展统防统治与绿色防控融合推进试点

为加快转变农业发展方式，实现到2020年农药使用量零增长，农业部今年在全国创建218个示范基地，组织开展农作物病虫专业化统防统治与绿色防控融合推进试点。

专业化统防统治与绿色防控融合，就是把统防统治的组织方式与绿色防控的技术措施集成融合为综合配套的技术服务模式，进行大面积示范展示，逐步实现农作物病虫害全程绿色防控的规模化实施、规范化作业。融合推进可以有效提升病虫害防治的组织化程度和科学化水平，是实现病虫综合治理、农药减量控害的重要内容，也是转变农业发展方式、实现提质增效的重大举措。

融合推进试点，以水稻、小麦、玉米、马铃薯、棉花、花生、蔬菜、苹果、柑橘、茶叶等作物为重点，创建 218 个示范基地，形成适宜不同地区、不同作物的有效组织形式和全程技术模式，示范带动大面积推广应用。在保障防治效果的同时，化学农药使用量减少 20％以上，农产品质量符合食品安全国家标准，生态环境及生物多样性有所改善。

融合推进试点重点抓好三方面工作：一是专业化统防统治。依托病虫防治专业化服务组织、新型农业经营主体等，开展专业化统防统治，重点扶持发展全程承包服务，提高病虫防控组织化程度。二是全程绿色防控。熟化优化理化诱控、生物防治、生态调控等绿色防控措施，集成推广以生态区域为单元、以农作物为主线的全程绿色防控技术模式，提高病虫防控科学化水平。三是科学安全用药。科学选择、轮换使用不同作用机理的高效低毒低残留农药，大力推广新型高效植保机械，普及科学安全用药知识，提高资源保护和利用水平。

为确保融合推进试点工作有力有序推进，农业部要求各级农业部门强化责任落实，加大扶持力度，加强培训指导，注重宣传引导，逐步形成"政府扶持、市场运作、多元主体、专业服务"的机制，不断扩大应用范围，努力实现病虫综合治理、农药减量控害。

农业部部署小麦穗期重大病虫防控工作

4 月 13 日，农业部在湖北省襄阳市召开小麦穗期重大病虫防控现场会，要求各地以小麦赤霉病、蚜虫防控为重点，全力打好小麦后期病虫防控攻坚战，努力实现"虫口夺粮"，力争夏粮首战告捷。

图 1 全国小麦穗期重大病虫防控现场会在湖北襄阳召开

今年受冬春气温偏高、降水偏多等不利因素影响，小麦赤霉病、蚜虫等重大病虫害呈重发态势，防控形势异常严峻。4 月中旬到 5 月中旬是小麦穗期重大病虫发生危害的关键时期，是小麦产量形成的重要时期，也是小麦穗期病虫害防控的最佳时期。农业部要求，各级农业部门及其植保机构要迅速进入临战状态，坚决打赢小麦穗期病虫害防控攻坚战。坚持分类指导、科学防控原则，突出重点区域、重大病虫，以落实小麦"一喷三防"补助政策和重大病虫统防统治专项为抓手，广泛动员，加强服务指导，落实关键措施，大力推进专业化统防统治和绿色防控，适时开展应急防治，确保小麦条锈病、赤霉病、蚜虫不大面积暴发成灾，病虫危害损失率控制在 5％以内，赤霉病病穗率控制在 5％以内、病粒率控制在 1％以内，专业化统防统治率达到 32％以上。

针对小麦穗期重大病虫发生的严峻形势，农业部组织开展"春季防病治虫夺丰收行动"，加大力度，强化措施，推进病虫防控有力有序开展。一是切实抓好政策落实。充分发挥病虫害专业化统防统治和"一喷三防"补助资金的引领带动作用，积极争取地方财政配套投入。要通过落实补贴政策，把专业服务组织与农民联合起来，大力开展病虫统防统治，切实搞好重大病虫源头区、重发区和迁飞流行过渡带的联防联控工作，努力把小麦病虫害重发流行的势头压下去。二是切实抓好监测预警。各地植保机构要深入田间地头，全面加强大田普查，强化系统监测，准确把握小麦重大病虫消长动态，密切跟踪小麦生长进程，及时根据天气变化会商分析发展趋势，及时发布预报预警信息，确保防治及时有效。三是切实抓好科学防控。小麦条锈病狠抓"带药侦查、发现一点、防治一片"，打点保面，严防大面积扩展流行；小麦赤霉病常发区坚持"预防为主、主动出击、见花打药"不动摇，确保做到防在发生流行前；蚜虫突出抓好"关口前移、压前控后"控基数，严防穗期暴发危害。要科学选药、轮换用药，努力提高病虫防治效果和农药有效利用率。坚持防病治虫和防倒伏、防干热风相结合，实现一喷多防，一举多效。四是切实抓好统防统治。大力推广自走式喷雾机、无人机等大中型高效植保机械，发展一批快速高效的病虫害防治服务组织。大力推进病虫统防统治与绿色防控融合，创建一批融合推进示范基地，加速集成、示范、推广全程绿色防控技术模式。加强对服务组织的技术培训和指导服务，提高其科学防治和经营管理水平。五是切实抓好督促指导。各级农业部门要组织机关干部和有关专家，深入小麦病虫防控第一线，采取分片包干、责任到人，"面对面、手把手"开展指导服务，加强督促检查，确保防控措施落实到位、防控技术落实到田。

农业部强调，各地要大力组织实施到2020年农药使用量零增长行动，在将病虫危害控制在最低程度实现控害稳粮的同时，减少防治次数和农药使用量，提高农产品质量安全水平，实现提质增效。

农业部督导小麦病虫防控"虫口夺粮"保丰收

4月20日，江淮、黄淮等地小麦陆续进入孕穗、抽穗阶段，正是产量形成的重要时节，也是病虫发生防控的关键时期。受去年暖冬的影响，部分地区小麦病虫基数较高；近期，江淮等地出现连阴雨天气，赤霉病、条锈病发生概率加大，对小麦生产构成严重威胁。专家分析，小麦赤霉病在长江中下游、江淮和黄淮南部麦区呈大流行态势，穗期蚜虫在黄淮海麦区呈大发生态势，条锈病在西南东部、江汉和黄淮局部呈偏重流行态势，防控任务异常艰巨。

针对小麦穗期重大病虫发生的严峻形势，为深入推进"春季防病治虫夺丰收行动"，推动各地及时落实小麦重大病虫防控和农药减量控害各项措施，农业部组派7个工作组，从4月20日开始，分片包干、责任到人、全程负责，对江苏、安徽、山东、河南等15个省份开展小麦重大病虫防控督查指导。农业部要求各督导组实地调查小麦条锈病、赤霉病、吸浆虫、蚜虫等重大病虫发生情况，跟踪调度防控进度，督促检查中央财政农作物重大病虫害统防统治补助项目落实，深入生产一线开展防控技术指导。加强与有关省份日常联系，每周了解一次所督导省份小麦重大病虫发生防控情况，及时掌握病虫发生动态和趋势，反映防控中存在的问题。

同时，农业部要求各地也要建立健全联系督导制度，围绕到2020年农药使用量零增长行动，组织精干力量，进村入户，深入田间地头，面对面、手把手指导农民群众开展防控，大力推进专业化统防统治与绿色防控融合，提高防控效果、效率和效益，实现农药减量控害，确保"春季防病治虫夺丰收行动"取得实效，全力以赴"虫口夺粮"，力促夏粮丰产增收。

农药使用量零增长行动有序展开

实施农药减量控害，是转变农业发展方式的重要举措。按照《到2020年农药使用量零增长行动方案》要求，各地迅速行动，细化实施方案，配套减量控害技术，强化指导服务，有力有序推动农药零增长行动开展。

一是细化实施方案。按照方案总体要求，各地制订了具体实施方案。山西、上海、江苏、浙江、安徽、海南、贵州等省份，组织专家在深入调研的基础上，细化实施方案，明确行动目标，提出重点任务，落实工作责任，并制订工作月历，确保行动有序开展、取得实效。

二是强化技术支撑。全国农业技术推广服务中心制订下发《到2020年农药使用量零增长技术措施与实施计划》，指导各地落实好农药减量控害的技术措施。各地根据农业生产的实际和科学防控的要求，进一步细化物理防治、生物防治、生态控制等技术模式。湖南、江西、湖北等南方稻区，集成"春季统一翻耕深水灭蛹＋灯诱、性诱杀灭成虫＋科学用药"技术模式，东北三省及内蒙古玉米产区，集成"释放赤眼蜂＋喷施生物农药"，山东、四川、海南等蔬菜、水果、茶叶产区，集成"光诱、色诱、性诱、食诱杀虫＋喷施生物农药"。

三是强化示范带动。推进统防统治和绿色防控融合试点。在全国创建一批农作物病虫专业化统防统治与绿色防控融合推进示范基地，依托病虫防治专业化服务组织、新型农业经营主体，示范绿色防控、高效低毒低残留农药和大中型高效药械，展示适宜不同地区、不同作物的全程绿色防控技术模式，辐射带动大面积推广应用，促进病虫综合防治、农药减量控害。开展低毒生物农药试点。在北京等17个省份的42个蔬菜、水果、茶叶等园艺作物生产大县，开展低毒生物农药示范补助试点，示范带动农民推广应用。开展蜜蜂授粉试点。在全国建立示范区，开展油菜、草莓、番茄、苹果等12种作物蜜蜂授粉与病虫害绿色防控技术集成示范，在促进农作物增产的同时，控制农药使用量，提升农产品质量安全水平。

四是加强技术培训。开展"百县万名农民骨干科学用药培训行动"，结合小麦穗期重大病虫害防控，组织中国农业科学院植物保护研究所、中国农业大学、南京农业大学等单位相关专家，讲解新型施药机械与使用技术、小麦病害抗药性状况及科学用药策略等内容，提高植保技术人员科学用药水平。在江苏、山东、湖北、四川、陕西等10个省份100个县（市、区），以新型农业经营主体、病虫防治专业化服务组织为重点，开展科学用药、药械使用与维修技能培训，提高施药人员科学用药水平。截至目前，已经举办培训班323场，培训农民技术骨干16 000多人。

五是强化宣传引导。充分利用广播、电视、网站、报刊等媒体，开展主题突出、形式多样的"农药使用量零增长行动"宣传报道。召开新闻通气会，宣传农药零增长行动的重要意义、基本内容、主要措施和工作进展。各地结合推进春耕生产，宣传减量控害的好做法、好经验，营造良好的氛围。

农业部组织防病治虫夺秋粮丰收行动

夺取全年粮食丰收，大头在秋粮，关键在防灾减灾，重点是防病治虫。受厄尔尼诺事件影响，稻飞虱、稻纵卷叶螟、稻瘟病、玉米螟、马铃薯晚疫病等重大病虫呈重发态势，对秋粮作物生长安全构成较大威胁。为强化防控措施，实现"虫口夺粮"，最大限度降低危害损失，7月中下旬开始，农业部组织开展防病治虫夺秋粮丰收行动。

农业部提出，防病治虫夺秋粮丰收行动围绕农药减量控害、使用量零增长，以控制迁飞性、流行性、暴发性农作物重大病虫发生危害为重点，坚持分类指导、科学防控原则，突出主要作物、重大病虫、重点区域、关键环节，加强监测预警，推进统防统治、绿色防控和科学用药，适时开展应急防治，力争将重大病虫危害损失率控制在5%以内，专业化统防统治覆盖率、绿色防控覆盖率达到32%和22%，同比分别提高2%。

农业部要求，防病治虫夺秋粮丰收行动重点在"一加强、三推进"上下工夫。一是加强监测预警。在全面加强大田普查基础上，系统监测、密切跟踪、全面把握重大病虫消长动态，及时会商、准确发布预报预警信息，明确防控重点对象、关键区域和最佳时期，科学指导防控行动。二是推进科学防控。稻飞虱采取"压前控后"措施，严防后期突发成灾；稻纵卷叶螟严格达标防治措施，突出保护上三叶；稻瘟病、马铃薯晚疫病狠抓破口抽穗和花期预防；玉米螟在灯诱、性诱、放蜂治螟基础上，重点抓好大喇叭口期药剂防治。三是推进统防统治与绿色防控融合。以专业化统防统治为主要形式，以全程绿色防控为重点内容，加强农企合作，开展技术集成、产品直供、指导服务，创建一批示范基地，集成一批技术模式，培育一批实施主体，不断扩大融合，推进示范基地数量和规模，辐射带动大面积综合治理、农药减量控害。四是推进科学用药。推广用量小、防效好的新型农药品种，替代用量大、防效差的老旧农药品种，推广高效节约型植保机械，替代"跑冒滴漏"老旧植保机械。指导生产者配方选药、对症用药，按剂量适期用药，避免盲目加大施用剂量、增加使用次数。以新型农业经营主体、社会化服务组织为重点，加大科学安全用药知识技能培训普及，辐射带动农民正确选购农药、科学使用农药。

农业部强调，防病治虫夺秋粮丰收行动时间紧、任务重，各地要落实属地防控责任，加大资金支持，科学制订方案，细化工作措施，及早安排部署，搞好指导服务，强化督查指导，确保防控措施落实到位，为夺取秋粮丰收赢得主动。

农业部召开秋粮作物重大病虫防控现场会
部署"虫口夺粮"、农药减量控害工作

7月21日，农业部在内蒙古通辽市召开全国秋粮作物重大病虫防控现场会，分析秋粮作物重大病虫发生形势，交流各地防控做法和经验，部署秋粮作物病虫防控工作。

图1　全国秋粮作物重大病虫防控现场会在内蒙古通辽召开

会议指出，经济发展新常态、农业发展新形势对植保工作提出了新要求，要紧紧围绕"稳粮增收调结构、提质增效转方式"的工作主线，以"到2020年化肥农药使用量零增长行动"为抓手，切实强化"两个服务"。一是服务于农业结构调整，搞好本地区主栽作物病虫害防治，确保稳粮增收。二是服务于农业发展方式转变，提高防治效果，减少农药使用量，降低生产成本，实现提质增效。农业发展方式转变要求植保工作也要加快实现"五个转变"，即由单一粮食作物病虫防治向粮食、经济作物病虫防治并重转变，由单一病虫防治向作物全生育期病虫害解决方案转变，由单一化学防治向综合防控转变，由一家一户分散防治向专业化统防统治转变，由单一区域防治向区域间联防联控转变。

会议分析认为，受厄尔尼诺事件影响，预计今年秋粮作物重大病虫发生重于上年。会议要求，各级农业部门要立足抗灾夺丰收，迅速行动起来，狠抓各项防控措施落实，全力以赴实现"虫口夺粮"保丰收、农药减量控害、农业节本增效。一是加强组织领导。把病虫防控工作上升为政府行为，层层落实防控责任，加大资金支持力度，确保防控工作有力有序开展。二是强化监测预警。根据秋粮作物重大病虫发生规律和危害特点，组织农作物病虫测报网点，加大监测调查力度，及时掌握发生动态，适时发布预警信息，为科学防控提供支撑。三是狠抓农药减量控害。依托新型农业经营主体、农药生产经营企业和病虫防治专业化服务组织，加强农企合作，共建专业化统防统治与绿色防控融合示范基地，开展技术集成、产品直销和指导服务，深入推进农药使用量零增长行动。四是加强督查指导。在重大病虫防控关键时期，组织机关干部、技术人员和有关专家，深入生产一线，开展技术培训和巡回指导，确保防控措施落实到位、防控技术落实到田。

农业部部署玉米黏虫防控工作　努力实现"虫口夺粮"保丰收

8月是东北、华北、黄淮等主产区玉米生长和产量形成的重要阶段，也是黏虫发生危害关键时期。7月30日，农业部下发《关于做好玉米黏虫监测防控工作的紧急通知》，要求相关地区各级农业部门及其植保机构立足抗灾夺丰收，切实加强组织领导，层层落实防控责任，强化宣传发动，狠抓措施落实，把牢防控主动权，严防黏虫突发暴发危害。

黏虫是跨区域迁飞性重大害虫，具有集中突发和隐蔽危害等特点，一旦在玉米生长中后期暴发危害，将带来严重产量损失。据全国农作物重大病虫测报网监测，7月中下旬，东北、华北、黄淮玉米主产区相继出现成虫峰，蛾量显著高于上年和常年，且近期降水偏多天气对其繁殖和危害有利。预计8月上中旬将进入幼虫危害盛期，局部将出现高密度集中危害。

通知强调，各级农业部门及其植保机构要加强监测调查，系统开展黏虫成虫诱测、卵巢发育进度和田间虫卵量调查，全面掌握发生动态，明确发生分布区域、重点防治田块和最佳防治时期，及时发布预报预警信息，指导农民适时科学防控。确保不因监测不到位、预警不及时错失最佳防控时期。

通知指出，玉米黏虫防控要求时效性强、组织化程度高，各地要在大力推行灯光和性诱剂诱杀成虫，降低田间虫卵量的基础上，提前做好应急防控物资、资金、队伍准备，根据虫情动态，适时启动应急预案，大力推行专业化统防统治，尤其要推广大型植保机械集中统一防治，及时遏制暴发危害。

通知要求，针对玉米黏虫查治工作时间紧、任务重的实际，各级农业部门建立健全防控督查指导机制，关键时期组派精干力量，分赴重点地区，深入生产一线，调研发生情况，加强督导检查，强化服务指导，协助地方开展查治工作。

狠抓中晚稻病虫防控　确保水稻生产安全

8月20日，农业部全国农业技术推广服务中心会同种植业管理司在江西南昌召开全国水稻重大病虫害防治现场会，观摩晚稻病虫害绿色防控示范现场，座谈水稻病虫害防治进展，动员和部署中晚稻重大病虫防控工作，进一步落实农业部防病治虫夺秋粮丰收行动，确保水稻生产安全。

会议分析了当前水稻重大病虫发生特点，一是发生范围广，二是虫口增长迅速，三是病害流行扩展快。水稻中后期受气象等有利因素影响，稻瘟病、"两迁"害虫、螟虫等病虫害发生流行风险大，防治形势严峻。会议进一步明确水稻中后期防控目标为：重大病虫防治处置率达到90%以上，绿色防控技术应用面积达到18%，专业化防治面积达到27%，总体防治效果达到85%以上，病虫危害损失率控制在5%以内。全季化学农药使用次数下降1~2次。防控重点区域与对象为：长江中下游、江南、江淮单季稻和单双季稻混栽区重点做好稻飞虱、稻纵卷叶螟、螟虫、纹枯病、稻曲病和稻瘟病的防治；西南单季稻区，重点做好纹枯病、稻瘟病（枝梗瘟、谷粒瘟）的防治；华南晚稻区重点做好稻飞虱、稻纵卷叶螟、螟虫、纹枯病、稻瘟病、稻曲病的防治；北方单季稻区，重点做好稻瘟病（枝梗瘟、谷粒瘟）、纹枯病的预防。

会议要求各级农业植保部门，一要提高认识，加强组织领导，把中后期重大病虫防控作为当前工作的重中之重，层层落实防控责任。二要大力推进科学防控，加强田间调查，及时掌握病虫发生动态，明确重点防控对象、关键区域，实行分类指导，及时开展科学防治。优先选用微生物农药、天敌昆虫、昆虫信息素，穗期避免使用长残效药剂，防止稻谷农残超标。三要促进绿色防控与专业化统防统治融合，大力推进到2020年农药使用零增长行动。四要广泛宣传培训，提高专业化服务组织和农民对主要病虫害的认知程度和防治技术水平，提高防治效果。

会议强调，中晚稻是水稻生产的大头，也是病虫害防治的关键时期，植保部门要始终保持高度警惕，不要因为个别病虫前期发生较轻、防治效果好而放松警惕，要迅速行动，狠抓落实，确保实现中晚稻病虫防控目标。

全国农业技术推广服务中心部署行动

1 病虫害防治

2015年重大病虫害防控技术方案专家会商会在北京召开

为做好2015年重大病虫害防控工作，提高病虫害防控效率和效果，降低病虫害危害损失，保障农业生产安全，全国农技中心于1月21~24日在北京组织召开了2015年重大病虫害防控方案专家会商会。来自中国农业科学院、中国农业大学、河北农业大学、广东省农业科学院等科研教学单位以及有关省份植保站的植保专家共40多人参加了会议，种植业管理司植保植检处有关领导到会并讲话，全国农技中心钟天润副主任出席会议并对重大病虫害防控方案的制订提出了要求。与会专家充分研讨了今年玉米、水稻、棉花重大病虫害以及蝗虫、草地螟、马铃薯晚疫病、番茄黄化曲叶病毒病、玉米二点委夜蛾、黏虫、柑橘大实蝇的发生情况、防控策略、防控目标、重点区域、技术措施和关键工作措施，编写了上述重大病虫害2015年防控技术方案。

图1　2015年重大病虫害防控技术方案专家会商会在北京召开

亚太区域植保组织病虫害综合治理国际研讨会在北京召开

2015年5月19~22日，亚太区域植保组织病虫害综合治理国际研讨会在北京召开。此次会议旨在相互学习经验、提升病虫害综合治理水平，促进联合国粮食及农业组织节约与增长理念的推广，保障农业可持续增产增收和生态环境安全。来自亚太区域13个国家的代表、联合国粮食及农业组织官员、农业部种植业司和全国农技中心有关人员参加了会议。

图 1　亚太区域植保组织病虫害综合治理国际研讨会在北京召开

会议指出，我国政府一直高度重视农作物病虫防控工作，采取一系列卓有成效的措施，取得显著成效：一是大力推进农作物病虫害防控体系建设；二是大力推进农作物病虫害专业化统防统治；三是大力推进农作物病虫害绿色防控；四是大力推进植保信息化。由于监测预警及时准确，防控措施科学有效，植保防灾减灾成效显著，年均减少粮食损失 900 多亿千克，为我国粮食生产"十一连增"做出了突出贡献。

与会代表介绍了各国在病虫害综合治理方面所取得的进展和经验，交流了生物防治如赤眼蜂防控甘蔗螟虫、生态控制如稻鸭共育防控水稻病虫、农民教育如举办农民田间学校实施病虫害综合治理等典型案例，参观了政府＋企业、植保部门＋农民合作社等成功实现病虫害综合治理合作模式，开发安全农产品的有关企业和生产基地，讨论了有害生物综合治理和农民田间学校在实施病虫害综合治理技术中面临的机遇与挑战。

会议代表一致认为，此次研讨会不仅在病虫害综合治理项目的可持续性、制度化、有效性等方面进行了深入探讨与工作经验交流；也对将来在联合国粮食及农业组织节约与增长政策框架下，如何建立健全政策支持体系和促进有害生物综合治理的发展应用进行了有益的探讨。

农业部蝗灾防治指挥办公室研究部署蝗虫防控工作

5 月 27 日上午，全国农技中心陈生斗主任（农业部蝗灾防治指挥部办公室主任）主持召开农业部蝗灾防治指挥部办公室会议，安排部署贯彻落实农业部印发的《全国蝗虫灾害可持续治理规划（2014—2020 年）》（以下简称《蝗虫规划》）和 2015 年蝗虫防控工作。农业部种植业管理司、畜牧业管理司、全国畜牧总站及农技中心有关成员参加会议。全国畜牧总站负旭江副站长和有关人员交流了牧区 2015 年贯彻落实蝗虫规划工作方案和草原蝗虫防控工作安排，全国农技中心有关人员交流了农区 2015 年贯彻落实规划工作方案和农区蝗虫防控工作安排，并就落实规划和蝗虫防控有关工作进行了讨论。陈生斗主任强调，一要认真贯彻落实《蝗虫规划》。要加强学习，突出重点，长短结合，抓好落实，尽快修改完善 2015 年农区和牧区贯彻落实《蝗虫规划》工作方案并报送部领导批示后印发各地实施。二要做好今年蝗虫防控工作。要加强监测预警，做好蝗情值班工作，及时发现并报告蝗情，迅速反应，有效防控，特别要做好突发高密度蝗情的应急防控。三要加强生物防控力度。要继续加大生物防治力度，加强督导检查。四要做好新技术研发和储备。农科教紧密结合，将现代机械、信息技术、生物技术等应用到蝗虫防控工作中，提高科学防控水平。五要做好人才和技术培训。高度重视基层治蝗人员青黄不接的问题，加强治蝗人员技术培训，提高技术水平。六要做好防控机制创新试点。要按照余欣荣常务副部长的要求，大力试点政府购买防治服务的方式，探索政府支持、企业参与、市场运作的防控机制。七要做好中哈治蝗国际合作项目。组织好中哈蝗虫联合调查、蝗虫信息交换工作，认真筹备好拟在我国西安召开的中哈治蝗第七次联合工作会议和第五次专家技术研讨会。

图1　全国农技中心陈生斗主任主持召开农业部蝗灾防治指挥部办公会议

钟天润副主任赴河南蝗区督导夏蝗防控工作

6月30日至7月2日，全国农技中心钟天润副主任带队赴河南蝗区检查督导防控工作，分别与省、

图1　全国农技中心钟天润副主任一行实地考察蝗虫防控工作

市、县植保部门，农业部门及有关市县政府领导和相关技术人员开展了广泛交流，详细了解了夏蝗防控行动。督导组先后赴荥阳市光武镇和中牟县狼城岗乡黄河滩区调查残蝗情况及检查防治效果。钟天润副主任要求河南蝗区植保部门切实做好秋蝗防控工作，一是继续做好查残扫残工作，尽最大努力压低虫口基数，减轻秋季治蝗压力。二是认真组织夏残蝗普查，准确掌握高残点分布，及时发布秋蝗发生趋势预报；对近年新出现的嫩滩、夹河滩、鸡心滩及蝗区结合部，尤其要提高警惕，加强监测。三是继续做好市与市、县与县、乡与乡之间的联查联防，防止出现漏查漏治；对于偶发和新发蝗区要加大人力和物力投入，出现新蝗情，及时采取必要措施，避免出现蝗情突发事件。四是及早做好秋蝗防治准备工作，做好资金和物资准备。五是打好秋蝗防治战役，坚持全面监测，重点防控原则，加大生态控制和生物防治力度，确保秋蝗不起飞、不成灾。

陈生斗主任带队赴新疆督导蝗虫防控工作

7月6～7日，全国农业技术推广服务中心陈生斗主任（农业部蝗灾防治指挥部办公室主任）带领农业部治蝗办有关人员，赴新疆博尔塔拉蒙古族自治州督导蝗虫防控工作，在博乐市农牧交错区实地考察了蝗区概况，调查了蝗虫发生情况和防控效果，了解了绿色治蝗技术推广应用情况。

图1　全国农技中心陈生斗主任一行在新疆实地考察蝗虫防控工作

陈生斗主任充分肯定了新疆博尔塔拉蒙古自治州蝗虫防控工作取得的成绩，强调新疆农牧交错区蝗虫分布范围广，发生面积大，同时面临着境外蝗虫迁飞进入我国的威胁，监测防控任务十分艰巨，要高度重视蝗虫防控工作。一要树立长期治蝗的思想。新疆蝗虫滋生区面积大，再加上气候变化和境外蝗虫的威胁，蝗虫发生有很大的不确定性，要充分认识到蝗灾治理的复杂性、长期性和艰巨性，进一步增强责任感和使命感，克服麻痹和松懈思想，做好长期治蝗的思想准备，绝不能因为监测预警不到位和防控措施不到位造成蝗虫暴发成灾。二要认真落实蝗虫可持续治理规划。农业部办公厅2014年印发的《全国蝗虫灾害可持续治理规划（2014—2020年）》是我国制订的第一个蝗虫可持续治理规划，新疆各地植保部门要认真学习规划内容，明确目标任务，全面贯彻落实。三要认真做好蝗情监测工作。新疆地域辽阔，全面防控难度很大，监测工作显得尤为重要，要密切跟踪境内外蝗虫发生动态，及时准确发布预报，若出现重大蝗情，要及时报告并迅速反应。四要不断提高防控技术。要加强绿色治蝗工作，大力推广微孢子虫、绿僵菌、牧鸡牧鸭、招引粉红椋鸟等生物防治技术，保护生态环境安全；要积极推广应用蝗虫防控信息系统，配备新一代蝗区勘测与调查设备，开展蝗区数字化勘测，提高蝗虫防控信息化水平；要加强植保机械的更新换代，加快大型植保机械和航空植保的应用，不断提高防控技术水平。五要配合做好中哈治蝗合作工作。继续巩固中哈治蝗双边合作机制，加强与俄罗斯等其他邻国的治蝗合作，控制境外蝗虫迁飞进入我国危害。

全国马铃薯病虫害防控新技术培训班在宁夏银川举办

为落实农业部马铃薯主粮化战略，进一步加强马铃薯病虫害防治和绿色防控技术示范及马铃薯晚疫病监测与防控系统等新技术的推广及应用，9月16～17日，全国农技中心在宁夏回族自治区银川市举办了全国马铃薯病虫害防控新技术培训班。来自全国18个有关省份植保站（农技推广总站）马铃薯病虫害监测或防治工作负责人，马铃薯主要病虫害绿色防控示范区负责人，晚疫病预警系统田间气象站应用的试验示范市、县植保站负责人，马铃薯种植大户（合作社）等共计70余人参加了培训。

图1　全国马铃薯病虫害防控新技术培训班在银川举办

培训期间，国际马铃薯中心亚太中心谢开云教授、西北农林科技大学刘巍博士、河北农业大学朱杰华教授、全国农技中心赵中华研究员、重庆市种子管理和植保植检总站车兴壁高级农艺师分别就世界马铃薯防治新技术进展、马铃薯晚疫病防治技术、马铃薯主要病害的诊断及防治技术、马铃薯主要害虫防治技术、马铃薯晚疫病监测与防控系统应用技术作了专题报告。内蒙古自治区察右后旗、重庆市云阳县分别交流了绿色防控示范区建设经验，相关单位介绍了马铃薯病虫防控新技术的开发与应用。

培训班还组织开展了2015年工作总结和2016年工作研讨，并对2016年马铃薯病虫害防控工作进行了部署，提出了四点要求：一是强化组织领导，提前做好马铃薯病虫害监测与防治工作预案；二是进一步加强监测预报的科学性、准确性和及时性；三是加大专业化统防统治与绿色防控融合试点示范区的建设力度，提升技术集成水平；四是做好宣传引导，落实各项技术培训和检查督导。

培训代表一致认为，培训班日程安排得当，培训内容丰富，通过培训对马铃薯病虫害防治和绿色防控技术示范及马铃薯晚疫病监测与防控系统等新技术有了全面的认识和了解，有助于各地持续做好马铃薯病虫害防控工作，促进马铃薯产业的发展。

2015年中哈边境蝗虫联合调查活动顺利结束

2015年6月23～30日，来自哈萨克斯坦农业部、阿拉木图州和东哈萨克斯坦州的7名治蝗专家考察了我国新疆与哈萨克斯坦接壤的阿勒泰、塔城、伊犁、博尔塔拉等地的蝗虫发生和防治情况，全国农技中心（农业部蝗灾防治指挥部办公室）会同新疆维吾尔自治区治蝗灭鼠指挥部办公室有关人员陪同哈方专家开展了联合调查工作，并与哈方专家进行了座谈，相互介绍了今年各自边境地区蝗虫发生概况与防治情况。联合调查人员实地考察了中哈边境蝗区，查看了蝗虫防控现场，调查了防控效果，了解了边境地区绿色治蝗技术示范及蝗区数字化勘测等情况。

图1　中哈双方专家开展蝗虫联合调查工作

10月9～16日，来自农业部种植业管理司、畜牧业司和全国农技中心、全国畜牧总站，以及新疆维吾尔自治区治蝗灭鼠指挥部办公室的7名专家，分2组调查了哈萨克斯坦共和国东哈萨克斯坦州和阿拉木图州与我国接壤地区蝗虫发生和防治情况。调查组参访了东哈萨克斯坦州和阿拉木图州蝗虫监测与防治机构，实地调查了东哈萨克斯坦州与中方毗邻的阿亚库孜、加尔玛县、孜然县、卡通卡拉盖县、斋桑县等5个县和阿拉木图州与中方毗邻的阿拉库勒县、热依姆别克县、伟古尔县、番菲洛夫县、纳尔恩霍勒区等5个县的蝗区，查看了哈方蝗虫防治效果，交流了蝗虫防治技术，并就11月拟在我国西安召开的第七次联合工作组会议有关事宜进行了商讨。

通过联合调查了解到，今年我国中哈边境伊犁州和博尔塔拉局部出现高密度蝗情危害，最高密度达到5 000头/米²，防控及时，未造成蝗虫迁飞进入哈萨克斯坦。哈萨克斯坦中哈边境地区亚洲飞蝗、意大利蝗和西伯利亚蝗发生普遍，程度较轻，均未成灾，防治效果显著，没有出现蝗虫迁入我国危害的情况。两国农业部门高度重视边境蝗虫监测与防控工作，中哈合作治蝗项目对增进两国友谊、维护中哈边境地区稳定、保护农牧业生产安全发挥了积极作用。

蝗虫信息系统和蝗区数字化勘测技术培训班在郑州举办

为做好蝗区数字化勘测工作，提高蝗虫防控信息化水平，全国农技中心（农业部蝗灾防治指挥部办公室）于10月27～30日在河南省郑州市举办了蝗虫防控信息系统和蝗区数字化勘测技术培训班。来自全国20个蝗区省份植保植检站和新疆维吾尔自治区治蝗灭鼠指挥部办公室，部分市、县级植保站和中哈边境地区治蝗办的蝗虫防治技术人员共110人参加了培训。

培训班邀请中国农业大学马占鸿教授和中国科学院遥感与数字地球研究所黄文江研究员分别做了《数字植保与植保信息化》和《作物病虫害遥感监测技术研究》的报告，邀请中国农业大学李林教授系统培训了蝗虫防治信息系统和蝗虫野外数据采集软件操作技术，分别演示了蝗虫采样点、蝗区障碍物、蝗虫发生信息、蝗区防治信息等数据采集流程，详细讲解了蝗区数字化勘测技术和要求，北京合众思壮公司有关工程师培训了蝗虫野外调查GPS设备的性能、功能和操作方法，培训学员到室外进行了实地操作练习。

图1 全国蝗虫防治信息系统和蝗区数字化勘测技术培训班在郑州举办

培训班要求蝗区各级植保系统积极推广应用蝗虫防治信息系统，积极配备蝗虫野外信息调查设备，认真组织开展蝗区数字化勘测工作，各级系统管理员要熟练掌握系统操作方法，认真上报有关数据，提高蝗虫防控信息化水平。

我国援助老挝防控蝗虫灾害

2015年6月，老挝琅勃拉邦省发生大面积蝗虫危害，蝗虫种类主要是黄脊竹蝗，发生区涉及丰团、烟康2个县的21个村，主要危害旱稻、玉米、竹林，部分扩散至庄稼地，所到之处玉米被啃食得只剩茎秆，水、旱稻秧苗地上部分被大量吃光。老挝农业部门使用火烧、人工捕捉、试验性化学防治等措施，但收效甚微，蝗虫起飞扩散危害，应老挝政府紧急请求，我国对老挝蝗虫灾害防控进行了捐助。

图1 我国援助老挝防控蝗虫灾害

一是制订捐助方案。2015 年 6 月初，老挝政府向我国驻老挝使领馆请求紧急援助防控蝗虫灾害。我国商务部援外司向农业部国际合作司发了《关于商请协助做好老挝蝗虫灾害紧急援助工作的函》，根据国际合作司和种植业管理司要求，全国农业技术推广服务中心（农业部蝗灾防治指挥部办公室）组织制订了《老挝蝗虫灾害防控援助方案》，提出了派专家考察、应急防控援助和可持续治理援助等方面的援助内容。

二是云南省援助老挝应急防控蝗虫。根据云南省政府对援助老挝防控蝗虫灾害的批办意见，云南省农业厅组织由技术专家和机防队员组成的工作组于 6 月 5～14 日赴老挝琅勃拉邦开展灭蝗技术援助工作，工作组携带机动喷器 80 台、施药防护装备 80 套、化学农药 0.3 吨（25 克/升溴氰菊酯乳油），工作组与老挝农业部举行了援助物资交接仪式，深入老挝丰团县、烟康县 16 个村，开展防控技术培训 19 场，培训农业技术人员 76 人次、机防手 600 多人次，培训内容包括蝗虫生物学特征、发生特点、产卵地识别、防控技术，喷雾器械的安装、使用和维护知识，科学安全合理使用农药技术等，并向老挝农业部植保中心提供了中英文版的培训材料。开展了防控技术示范，共在老挝开展防控示范 2 500 余亩，示范区平均防效达到 95％以上。例如，6 月 7 日上午，云南省援助工作组在丰团县港村 300 亩旱稻地进行了防治示范，示范地每平方米的蝗虫数量为 168 头，四、五龄若虫占 60％，羽化成虫占 40％，工作组现场指导配药，机防队员进行喷药示范，在防治策略上要求防治人员集中连片喷药，采取"堵、围、歼"的防治方式，通过实际配药、现场喷药示范，让丰团县的政府领导从对化学防治持怀疑到积极组织农民防治，而农民在看到有效的防治效果后，积极参与防治。

三是派蝗虫研究专家赴老挝进行实地考察。6 月 28 日至 7 月 6 日，中国农业大学蝗虫研究专家张龙教授会同 FAO 驻老挝代表史蒂芬，赴老挝琅勃拉邦省丰团县、烟康县进行实地考察。开展蝗虫采样、标本采集、种类鉴定及发生规律调查，对老挝农业部植保技术人员进行蝗虫发生规律和监测与防控技术培训，并指导老挝地方农业部门制定防控策略和计划。

四是邀请老挝植保专家来华参加技术研讨。我国农业部与哈萨克斯坦农业部拟于 2015 年 11 月 24～28 日在我国西安市召开中哈治蝗合作第七次联合工作组会议和第五次专家技术研讨会，根据老挝农业部的请求，由亚太区域植保组织秘书处资助，我国将邀请 2 名老挝农业部植保专家来华参加中哈治蝗合作第五次专家技术研讨会，并讨论和协助老挝制订未来的蝗虫监测与防控计划。

全国农作物病虫害防控工作总结会在福州召开

为总结 2015 年全国农作物病虫害防控工作经验，研究制订 2016 年重大病虫害及绿色防控工作计划，全国农技中心于 2015 年 12 月 17 日在福建省福州市召开了全国农作物病虫害防控工作总结会。农业部种植业管理司有关领导、来自全国 31 个省份植保（植检）站（局）（农技中心）、农业有害生物预警防控中心、新疆生产建设兵团农业技术推广总站的负责人及防治科科长参加了会议。全国农技中心钟天润副主任参加会议并做会议总结。

会议交流了 2015 年农作物重大病虫害防控和绿色防控工作取得的成绩和经验，研讨了 2016 年病虫害防治工作的任务和思路。

会议提出要充分认识病虫害防控工作面临的新要求。一是农药零增长行动要求我们更加重视病虫害绿色防控工作。二是加快建设现代植保要求我们更加重视提高防控装备水平。三是"互联网＋"思维要求我们更加重视提高防控信息化水平。

会议明确了 2016 年病虫防控工作的目标与任务。2016 年病虫防控工作要紧紧围绕"稳粮增收调结构、提质增效转方式"的工作主线，积极推动"到 2020 年农药使用量零增长行动"，首要目标是：确保"飞蝗不起飞成灾、境外迁入蝗虫不二次起飞、土蝗不扩散危害"，主要农作物重大病虫不大面积危害成灾；粮食作物因病虫危害造成的损失率控制在 5％以下。围绕重点地区、重点作物，针对重点靶标，大力开展绿色防控技术的集成和示范推广，力争在开发和完善主要农作物病虫害绿色防控技术体系的方面有显著进展，形成一批绿色防控技术模式和标准；在主要农作物上绿色防控技术应用面积力争达到 11 亿亩次以上，绿色防控技术到位率提高 2 个百分点。科学安全用药水平显著提升，推动农药使用量零增

图 1　2015 年全国农作物病虫害防控工作总结会在福州召开

长行动取得新进展。

　　会议提出 2016 年病虫防控要重点做好以下工作：一是扎实抓好重大病虫防控工作。二是不断加强绿色防控工作。三是大力推进绿色防控与专业化统防统治相融合工作。四是不断推动病虫防控技术进步。

2 绿色防控

全国农区蝗虫绿色防控工作会议在山东济南召开

5 月 27～29 日，全国农业技术推广服务中心（农业部蝗灾防治指挥部办公室）在山东省济南市召开了全国农区蝗虫绿色防控工作会议。农业部种植业管理司和全国农技中心的有关领导，20 个省份植保站有关负责人共 50 人参加了会议。会议由全国农技中心钟天润副主任主持，山东省农业厅王登启副厅长到会致辞。各省代表分析了今年蝗虫发生的形势，交流了防控工作准备情况和落实蝗虫可持续治理规划的工作措施，研讨了 2015 年贯彻落实《全国蝗虫灾害可持续治理规划（2014—2020 年）》（农办农〔2014〕46 号）的工作方案，听取了有关企业所做的关于微孢子虫、印楝素等蝗虫绿色防控技术和产品介绍以及新一代蝗区勘测和蝗虫调查设备介绍。

图 1　全国农区蝗虫绿色防控工作现场会在济南召开

全国农技中心陈生斗主任（农业部蝗灾防治指挥部部办公室主任）对贯彻落实蝗虫规划和今年的蝗虫防控工作进行了部署。

会议认为，近年来，"科学植保、公共植保、绿色植保"的理念不断深化，蝗灾治理防控体系不断完善，蝗虫灾害可持续治理取得了明显成效。一是政府主导的公共防控体系不断加强。我国将蝗灾等重大生物灾害纳入了国务院《国家突发公共事件总体应急预案》的管理范围，农业部和各省成立了蝗灾防控指挥部，中央和地方财政每年安排蝗虫防控资金等。二是蝗虫防控技术不断取得进步。飞机和大型施药器械等蝗虫防控装备水平得到明显改善，微孢子虫、印楝素、绿僵菌等蝗虫绿色防控技术应用比例不断提高，开发了蝗虫防控指挥信息系统和蝗区勘测与蝗虫调查设备，实现了蝗区信息、蝗情信息、防治信息等精准定位，防控信息化水平有了显著进步。三是治蝗国际合作不断拓展。中哈治蝗双边合作深入推进，与澳大利亚、美国以及国际应用生物学中心（CABI）多次进行蝗虫防控技术交流与项目合作，援助老挝政府开展蝗虫防控等。四是蝗虫危害得到持续控制。东亚飞蝗滋生面积得到大幅度压缩，近30 年来未出现大规模起飞危害，连续 9 年农牧交错区土蝗未大范围迁移进入农田危害，中哈边境地区连续 7 年未出现境外蝗虫迁飞进入我国危害的情况，为我国农牧业生产安全做出了积极贡献。

会议分析，我国蝗虫滋生区尚未完全根除，蝗虫分布范围广，常年发生面积近3亿亩次，农区尚有1亿亩左右，其中飞蝗有3 000多万亩。局部地区时常有高密度蝗情发生，周边国家哈萨克斯坦、俄罗斯、老挝等近年蝗虫发生较重，境外蝗虫迁飞进入我国的威胁依然存在。蝗虫治理工作还存在五个方面的突出问题：一是气候因素复杂多变，蝗虫发生有很大的不确定性，增加了监测防控难度；二是部分地区过度依赖化学农药防治的现象依然存在；三是自动化监测和大型施药器械仍然不足；四是智能化监控技术研究进展缓慢；五是治蝗人才队伍青黄不接现象严重，基层查蝗治蝗技术人员缺乏。

会议指出，农业部印发的《全国蝗虫灾害可持续治理规划（2014—2020年）》分析了我国蝗虫发生情况、治理成效、存在问题，阐述了蝗虫可持续治理的重大意义，明确了到2020年蝗虫治理的思路、基本原则和目标任务，提出了分区治理策略、重点措施和保障措施。各省要认真学习规划，明确目标任务，全面贯彻落实，确保规划的各项任务顺利完成。一要健全防控工作机制；二要稳定增加资金投入；三要构建监测防控体系；四要加强防控设施建设；五要提升预警与指挥信息化水平；六要组织开展防控技术攻关；七要加强国际合作与交流；八要推进防控机制创新。

会议提出，今年农区蝗虫防控具体目标是：全国实施蝗虫防控面积2 085万亩次左右，绿色防控比例达到60%，航化作业面积280万亩次。飞蝗虫口密度控制在每平方米1头以内，危害损失率控制在5%以内；农牧交错区土蝗虫口密度控制在每平方米5头以内，努力确保"飞蝗不起飞成灾，土蝗不扩散危害，入境蝗虫不二次起飞"。

会议要求，要充分认识到蝗灾治理的复杂性、长期性和艰巨性，进一步增强责任感和使命感，克服麻痹和松懈思想，树立蝗灾可持续治理的思想，认真做好今年的蝗虫防控工作，绝不能因为监测预警不到位和防控措施不到位造成蝗虫暴发成灾。一要加强组织领导。坚持属地责任和中央补助相结合的原则，完善治蝗指挥机构，提早制订防治预案和技术方案。二要做好监测预警和值班报告。全面监测、跟踪境内外蝗虫发生动态，及时准确发布预报，落实治蝗值班制度和蝗情报告制度，绝不能有任何疏漏，重要蝗情监测不到位要追究责任。三要落实治蝗资金和防控物资。提前做好有关飞机调度、防控药剂采购、机械维修、技术培训等工作，备足防控物资，提前为开展防控行动做好准备。四要大力推广绿色防控技术。在中低密度发生区、湖库及水源区、自然保护区和绿色农畜产品生产基地，大力推广微孢子虫、绿僵菌、印楝素、苦参碱等生物防治技术。要将中央补助资金的60%以上用于生物防治，加强绿色治蝗技术培训，推进统防统治与绿色防控的融合。五要提高防控信息化水平。加强推广应用蝗虫防控信息系统，建立蝗灾信息数据库，推广应用新一代蝗区勘测与蝗虫调查设备，开展蝗区数字化勘测，为推进蝗虫可持续治理积累科学数据。六要及时开展防控行动和督查指导。要根据蝗情，及时开展防控行动，加强治蝗督导和技术指导，确保突发蝗灾能够及时有效的防控，同时要做好安全培训和教育，防止人畜中毒和其他伤亡事故发生。七要做好治蝗国际合作与交流工作。做好中哈治蝗国际合作项目，开展对老挝的治蝗技术援助，防止境外蝗虫迁飞进入我国危害。参与中英牛顿合作基金蝗虫遥感技术研究工作，加强与俄罗斯、联合国粮食及农业组织以及澳大利亚、美国等治蝗合作与交流，学习引进先进治蝗技术。

玉米螟绿色防控技术现场观摩与培训在内蒙古通辽举行

为贯彻落实农业部《到2020年农药使用量零增长行动方案》，结合国家科技支撑项目，全国农技中心于7月5日在内蒙古通辽举办了玉米螟绿色防控技术现场观摩与培训活动。来自南京农业大学、浙江大学、中国农业科学院等10多家科研、教学单位和山西、内蒙古、辽宁、吉林、黑龙江、河南、四川等玉米主产区和玉米螟重发区的植保站代表参加了培训。

参加培训的专家和代表首先观摩了设在开鲁县的玉米螟绿色防控示范区，对大面积开展的白僵菌封垛、杀虫灯诱蛾、松毛虫赤眼蜂寄生灭卵技术组合的防控效果进行了考察，并重点就今年开展的多种赤眼蜂防治玉米螟对比试验、性诱剂与干式诱捕器诱杀防治试验、食诱剂诱杀玉米田多种害虫试验进行了观摩，专家们针对这几项技术的防治效果和前景进行了点评，提出了建议。

全国农技中心植保首席专家张跃进，玉米产业技术体系专家、中国农业科学院植物保护研究所研究

图1　全国农技中心张跃进首席等有关专家实地查看玉米螟防控情况

员王振营对参加培训的代表们进行了绿色防控技术培训。参加培训的各地代表们还交流了各地玉米螟绿色防控工作开展情况和项目进展，并对下一步工作进行了讨论，明确了工作目标。

2015 年全国农作物病虫害绿色防控现场会在江苏南京召开

　　2015 年 7 月 28 日，全国农技中心在江苏省南京市召开了全国农作物病虫害绿色防控现场会。农业部种植业管理司、全国农技中心有关领导、各省份植保站（农技中心）负责人、防治科科长参加了会议。全国农技中心钟天润副主任做了会议总结。

图1　2015 年全国农作物病虫害绿色防控现场会在南京召开

与会代表参观了江宁谷里现代农业示范区，观看了绿色防控技术及产品展示。江苏、北京、湖南、四川4个省份植保站做了典型发言，交流了绿色防控工作的经验和成效。有关单位介绍了绿色防控技术与产品示范推广工作，以及与基地对接的情况。

全国农技中心钟天润副主任在总结讲话中强调，今年的绿色防控工作要在技术系统集成方面下工夫，逐步系统集成不同生态区、不同作物的有效、实用、经济、易行的全程绿色防控技术模式，切实降低化学农药用量，形成一批环保、高效、可持续控制农作物病虫害的绿色防控技术地方规程，实现农药减量控害，推进农药使用量零增长行动。

钟天润副主任要求，2015年绿色防控工作重点做好四项工作：第一，认真落实绿色防控技术示范展示工作。一是合理选择示范区地点。二是规范建设示范区。三是示范基地做好三个对接。即做好示范企业的技术产品与示范基地的对接，示范企业与植保机构的对接，以及示范企业与种植大户、家庭农场和专业合作社等新型经营主体的对接。第二，积极争取政策与资金支持。各级植保机构要积极学习和借鉴好的经验，充分利用重大病虫统防统治专项转移支付、阳光培训工程、高产创建、园艺作物标准园、现代农业建设等项目推动绿色防控工作。第三，推进绿色防控技术集成创新。要率先在绿色防控示范基地推广、应用并完善已集成的84个农作物病虫害绿色防控技术模式。同时，组织防治新技术研发与试验，再集成一批绿色防控技术模式。第四，加强技术培训和宣传引导。加强技术培训，培育绿色防控技术骨干。加强宣传引导，营造良好舆论氛围，让各方面了解和支持绿色防控工作。

2015年蜜蜂授粉与绿色防控技术集成示范现场会
在内蒙古巴彦淖尔召开

2015年8月12日，全国农技中心在内蒙古自治区巴彦淖尔市召开了蜜蜂授粉与绿色防控技术集成示范现场会。农业部种植业管理司、全国农技中心有关领导、有关省份植保站（农技中心）蜜蜂授粉项目负责人、专家和示范县（市）植保站站长及内蒙古部分盟市植保站站长等50多人参加了会议。

图1　参会代表参观蜜蜂授粉示范现场

与会代表参观了巴彦淖尔市两个向日葵蜜蜂授粉与绿色防控技术集成示范基地，现场展示了成规模、整建制推进蜜蜂授粉与绿色防控技术集成的效果与推广应用实况。中国农业科学院植物保护研究所张礼生研究员和中国农业科学院蜜蜂研究所黄家兴博士分别报告了国内外蜜蜂授粉技术进展，内蒙古、北京等4个整建制省（市）和陕西、山西的3个县级项目承担单位交流了今年示范工作经验与进展。

全国农技中心钟天润副主任做了会议总结，充分肯定了内蒙古向日葵整建制推进示范工作，强调了蜜蜂授粉与绿色防控工作技术集成与应用推广的重要意义和主要成效。一是蜜蜂授粉可以促进农作物增产提质。二是蜜蜂授粉可以促进农业生产增效。三是蜜蜂授粉有利于生态环境的恢复和保护。

会议在分析总结当前蜜蜂授粉与绿色防控工作的基础上，明确了促进蜜蜂授粉业健康发展的目标。长期目标是：促进农业生产增产增效，改善和保护自然生态环境，基本形成蜜蜂授粉业雏形，逐步实现产业化、市场化，促进种植业和养蜂业的健康发展。具体目标是：结合农业部农药化肥减量行动，到2020年，蜜蜂授粉作物达到100个以上，蜜蜂授粉技术应用面积1 000万亩以上。"十三五"期间，每年增加试验示范作物5～10种，增加试验示范面积50万～100万亩，示范区增加农业收入10％以上。蜜蜂授粉与绿色防控技术集成试验示范区，绿色防控技术覆盖率50％以上，农药使用量减少30％以上，集成技术辐射推广面积为试验示范面积的5～10倍以上。

为进一步做好蜜蜂授粉与绿色防控的技术集成应用和示范工作，钟主任对今年及今后工作提出了六点要求：

第一，不断加强技术集成研究。加强蜜蜂授粉与绿色植保增产关键技术研究，明确不同作物适宜授粉蜂种、合理放蜂数量、最佳放蜂时间、蜂群摆放布局等相关技术指标，形成以保护利用蜜蜂授粉为主线、以生态区域为单元的物理防治、生物防治、生态调控、科学用药等全程绿色防控措施。

第二，不断加强示范区建设力度。在示范方案的制订、方案的实施等方面，要落到实处，切实按方案要求，在示范区地点落实、试验设计、面积确定、授粉蜂种、蜂群数量、绿色技术等具体内容上，尽可能做到统一标准，统一设计，并明确数量、来源等，以确保试验示范顺利实施。

第三，不断探索长效推广机制。建立蜜蜂"定地饲养"补偿机制，对蜂农、蜂业合作社在蜜蜂饲养、运蜂车、养蜂帐篷、养蜂机具等方面给予补贴，充分调动养蜂积极性。针对草莓、番茄、油菜、向日葵、苹果等增产效果好、农民易接受的作物，开展整建制推进试点，探索建立政府补贴与市场运作相结合的推广应用长效机制。

第四，不断加强多部门协作。加强财政、科技、环保、农业、畜牧等相关部门的合作，农业部门牵头与各部门共同促进生态农业的持续发展。

第五，不断加强宣传培训力度。各地要结合试验示范工作，通过与媒体合作，充分发挥示范基地作用，加强对养蜂者、种植业者应用蜜蜂授粉技能的培训，通过建立有偿授粉服务队伍等方式，大力宣传蜜蜂授粉与绿色防控增产、增收效果，普及应用技术。

第六，认真做好今年示范总结工作。各地针对今年的试验示范工作，认真总结成功经验，对示范区的技术应用进一步深化，对投入与产出要进行科学评估，对有效的技术模式要进一步加大推广机制研究。要按时保质做好工作总结，确保2015年各项工作的顺利完成。

全国茶叶病虫害绿色防控技术培训班在长沙举办

为提高我国茶叶病虫害绿色防控技术水平，促进茶叶品质与质量安全，全国农技中心于9月23～24日在湖南省长沙市举办了全国茶叶病虫害绿色防控技术培训班。来自全国16个产茶省份植保站、茶叶病虫害绿色防控技术示范区植保站的技术骨干以及30多个茶叶合作社和有关企业代表共100余人参加了培训。

培训班邀请了中国农业科学院茶叶研究所肖强研究员、湖南省农业科学院茶叶研究所副所长王沅江研究员等专家，就茶叶病虫害绿色防控技术与统防统治和茶叶农药残留与质量安全等内容做了专题培训。湖南安化、贵州凤岗、浙江松阳、江西婺源、湖北英山、福建武夷山、安徽霍山、云南凤庆、河南平桥区以及湖南桂东等10个茶叶病虫害绿色防控与统防统治融合示范区交流了茶叶病虫害绿色防控示范工作情况。

本次培训班内容丰富，针对性强，共有53名技术骨干获得了农业部"农作物病虫害绿色防控技术高级培训师"证书。

图1　2015年全国茶叶病虫害绿色防控公开技术培训班在长沙举办

南方绿色防控培训班在昆明举办

为贯彻"公共植保""绿色植保"理念和落实农业部2015年关于推进农作物病虫害绿色防控工作的整体安排，大力推进病虫害绿色防控工作，促进农产品质量和农业生态环境安全。全国农技中心联合中国植物保护学会科学普及工作委员会、中国植物病理学会病虫害综合防治专业委员会，于11月3～4日在云南省昆明市举办了南方绿色防控培训班。来自我国南方15个省份植保（植检）站（局）（农技中心）防治技术人员、2015年南方片区绿色防控示范县植保站负责人，以及部分省份绿色防控示范基地农民专业合作社技术负责人共120人参加了培训。云南省农业厅王平华副厅长出席开幕式并致辞，全国农技中心钟天润副主任对此次培训班的目标任务以及今后各地绿色防控工作的开展提出了具体要求。

图1　有关专家为参训学员颁发培训资格证书

培训班邀请了浙江大学陈学新教授、南京农业大学郭坚华教授、云南农业大学肖春教授、温州医科大学杜永均教授、福建省农业科学院张艳旋研究员、山东省农业科学院郑礼研究员等专家，重点从生态调控、生物防治、理化诱控、南方特色作物重大病虫绿色防控技术、绿色防控技术集成与应用等五大方面系统介绍了近年来的研究应用前沿领域以及新技术与新进展。培训班同时安排了江苏省植物保护站进行 2015 年绿色防控技术示范区经验交流，以及相关单位介绍绿色防控新技术与新产品。

通过此次培训，进一步提高了我国南方片区植保系统绿色防控技术的推广能力和示范基点的绿色防控技术水平，为农产品质量安全提供了有力保障。

北方绿色防控技术培训班在太原举办

2015 年 11 月 17～19 日，全国农技中心联合中国植物保护学会科学普及工作委员会和中国植物病理学会综合防治专业委员会在山西省太原市举办了 2015 年北方绿色防控技术培训班。北方 15 个省份植保（植检）站（局）（农技中心）负责绿色防控工作的人员、绿色防控示范县（市）植保站负责人以及绿色防控产品生产企业的有关代表 120 余人参加了培训。

图 1　2015 年北方绿色防控技术培训班在太原举办

培训内容涉及水稻、小麦、玉米、果树、蔬菜病虫害绿色防控技术进展介绍与集成应用，有关企业介绍了绿色防控技术和产品开发应用情况。来自中国农业科学院、西北农林科技大学、浙江大学、中国农业大学等科研院所的八位专家结合北方地区作物病虫发生特点、防控技术、天敌资源的开发应用，给培训学员们做了精彩的讲授。培训结束后给参训学员发放了"农作物病虫害绿色防控技术高级培训师"资格证书。

农作物病虫害绿色防控是当前及今后植保工作的重点和发展方向，对保障农产品质量安全、农业生态安全，推进"到 2020 年农药使用量零增长行动"都起到重要作用。培训班要求学员注重学以致用，掌握绿色防控技术集成应用的原则和方法，探索制定绿色防控技术应用的规范标准，将所学、所思、所得结合各地实际情况应用到工作中去，积极谋划 2016 年的绿色防控工作。

3 治蝗快报

第 2 期（总第 130 期）

农业部蝗灾防治指挥部办公室
2015 年 6 月 1 日

农业部蝗灾防治指挥部办公室研究部署
推进蝗虫灾害可持续治理工作

  5 月 27 日，全国农业技术推广服务中心（农业部蝗灾防治指挥部办公室）陈生斗主任主持召开指挥部办公室会议，会同农业部种植业管理司、畜牧业司和全国畜牧总站安排部署了农区、牧区贯彻落实《全国蝗虫灾害可持续治理规划》（农办农〔2014〕46 号）和 2015 年农区、草原蝗虫防控工作。5 月 28 日，全国农业技术推广服务中心在山东省济南市召开了农区蝗虫绿色防控工作现场会，交流分析了蝗虫发生形势，安排部署了推进蝗虫可持续治理工作。

  会议认为，近年来，"科学植保、公共植保、绿色植保"的理念不断深化，政府主导的公共防控体系不断加强，防控技术不断进步，国际合作不断拓展，蝗虫危害得到持续控制，为我国农牧业生产安全做出了积极贡献。但我国蝗虫滋生区尚未完全根除，蝗虫分布范围广，常年发生面积近 3 亿亩次，农区尚有 1 亿亩次左右，其中飞蝗有 3 000 多万亩，局部地区时常有高密度蝗情发生，哈萨克斯坦、俄罗斯、老挝等周边国家近年蝗虫发生较重，境外蝗虫迁飞进入我国的威胁依然存在。蝗虫治理工作还存在发生不确定性增加、监测防控难度加大、自动化监测和大型施药器械不足、治蝗人才队伍青黄不接等突出问题。

  会议指出，蝗虫可持续治理规划分析了我国蝗虫发生情况、治理成效、存在问题，阐述了蝗虫可持续治理的重大意义，明确了到 2020 年蝗虫治理的思路、基本原则和目标任务，提出了分区治理策略和重点措施以及保障措施。各省要认真学习规划，明确目标任务，全面贯彻落实，确保规划的各项任务顺利完成。一要健全防控工作机制；二要稳定增加资金投入；三要构建监测防控体系；四要加强防控设施建设；五要提升预警与指挥信息化水平；六要组织开展防控技术攻关；七要加强国际合作与交流；八要推进防控机制创新。

  会议提出，今年农区蝗虫防控具体目标是：实施蝗虫防控面积 2 085 万亩次左右，绿色防控比例达到 60%。其中，中央补助防控面积 1 000 万亩次，绿色防控面积 600 万亩次，航化作业面积 280 万亩次。飞蝗虫口密度控制在每平方米 1 头以内，危害损失率控制在 5% 以内；农牧交错区土蝗虫口密度控制在每平方米 5 头以内，努力实现"飞蝗不起飞成灾，土蝗不扩散危害，入境蝗虫不二次起飞"的治蝗目标。

  会议要求，各地要充分认识到蝗灾治理的复杂性、长期性和艰巨性，进一步增强责任感和使命感，克服麻痹和松懈思想，树立蝗灾可持续治理的思想，认真做好今年的蝗虫防控工作，绝不能因为监测预警不到位和防控措施不到位造成蝗虫暴发成灾。一要加强组织领导。坚持属地责任和中央补助相结合的原则，完善治蝗指挥机构，提早制订防治预案和技术方案。二要做好监测预警和值班报告。全面监测、跟踪境内外蝗虫发生动态，及时准确发布预报，落实治蝗值班制度和蝗情报告制度，绝不能有任何疏漏，重要蝗情监测不到位要追究责任。三要落实治蝗资金和防控物资。做好有关飞机调度、防控药剂采购、机械维修、技术培训等工作，备足防控物资，提前为开展防控行动做好准备。四要大力推广绿色防控技术。在中低密度发生区、湖库及水源区、自然保护区和绿色农畜产品生产基地，大力推广微孢子虫、绿僵菌、印楝素、苦参碱等生物防治技术，要将中央补助资金的 60% 以上用于生物防治，加强绿色治蝗技术培训，推进统防统治与绿色防控的融合。五要提高防控信息化水平。加强推广应用蝗虫防控信息系统，建立蝗灾信息数据库，推广应用新一代蝗区勘测与蝗虫调查设备，开展蝗区数字化勘测，为推进蝗虫可持续治理积累科学数据。六要及时开展防控行动和督查指导。要根据蝗情，及时开展防控行动，加强治蝗督导和技术指导，确保突发蝗灾能够及时有效的防控，同时要做好安全培训和教育，防止人畜中毒和其他伤亡事故发生。七要做好治蝗国际合作与交流。做好中哈治蝗国际合作项目，开展对老挝的治蝗技术援助，防止境外蝗虫迁飞进入我国危害。参与中英牛顿合作基金蝗虫遥感技术研究项目，加强与联合国粮食及农业组织以及俄罗斯、澳大利亚、美国等治蝗合作与交流，学习引进先进治蝗技术。

农业部蝗灾防治指挥部办公室

第 3 期（总第 131 期）

农业部蝗灾防治指挥部办公室
2015 年 7 月 29 日

内蒙古自治区高密度蝗情得到有效控制

7月中下旬，内蒙古自治区发生高密度草原蝗虫危害，内蒙古自治区治蝗指挥部及时组织应急防控，高密度蝗虫得到快速有效控制，初步实现了蝗虫不起飞、不扩散、不危害的防控目标。

一、内蒙古蝗虫发生概况

2015 年，受气温偏低、降水偏少等因素影响，内蒙古自治区蝗虫发生较常年有所推迟。截至 7 月 27 日，内蒙古全区蝗虫发生面积 4 348.7 万亩，属中等发生年份，呈点片状发生，总体发生面积和危害程度较上年同期略有下降，发生区域主要分布在通辽市、巴彦淖尔市、呼伦贝尔市、乌兰察布市、包头市和赤峰市等地的草原和农牧交错区草滩地。其中，草原蝗虫发生面积 3 572 万亩，严重发生面积 1 596.2 万亩，平均虫口密度为 19.8 头/米^2，最高密度为 70 头/米^2，危害种类主要是亚洲小车蝗、黄胫小车蝗、短星翅蝗等。通辽市等局部地区偏重发生，扎鲁特旗、科尔沁左翼中旗和开鲁县的 13 个苏木乡镇 610 多万亩草牧场蝗虫发生危害，其中严重危害面积达到 220 多万亩，科尔沁左翼中旗珠日河牧场 160 多万亩草牧场中有 120 多万亩发生了蝗虫危害，严重危害面积 60 多万亩，对当地农牧业生产安全构成威胁。农牧交错区蝗虫发生面积 776.7 万亩，比上年同期减少 31%，虫口密度一般为 3～20 头/米^2，最高密度为 40 头/米^2，由草滩地迁移农田面积 114 万亩，经组织防控，初步遏制了危害。蝗虫种类主要是毛足棒角蝗、宽翅曲背蝗、白边痂蝗、笨蝗和亚洲小车蝗等。

二、防控措施与成效

截至 7 月 27 日，内蒙古自治区共防控蝗虫面积 745 万亩，其中，草原蝗虫 613 万亩、农牧交错区土蝗 131.6 万亩，有效遏制了灾情的扩散和蔓延，减少了灾害损失。其中，通辽市防控面积 120 万亩，覆盖了蝗虫面积较大的科尔沁左翼中旗和扎鲁特旗，受灾牧民群众情绪稳定。一是加强组织领导。内蒙古自治区治蝗指挥部及时启动防控预案，落实属地防控责任，强化组织领导，制订实施方案，细化防治措施，及早下拨防控资金，确保应急防控工作及时开展。二是强化预测预报。内蒙古自治区农牧厅于 4 月 28 日、6 月 16 日和 6 月 24 日，分别在呼和浩特市、阿拉善盟和呼伦贝尔市举办了蝗虫调查技术培训班。充分调动自治区-盟市-旗县三级监测体系和农牧民测报员密切关注蝗情动态，6 月 1 日起启动了专人值班制度和周报制度，确保及时准确地掌握虫情发生与防治情况。三是科学开展防控行动。3 月中旬，农业部畜牧业司会同全国畜牧总站召开专题会议，研究部署草原蝗虫防治工作。针对危害情况，呼伦贝尔市紧急调用"运-五"飞机开展防控，通辽市组建专业化防治服务队开展统防统治，巴彦淖尔市、旗两级及时组建技术服务队，第一时间将储备药械投入到防治一线，确保了重发区灾情在短时间内得到有效控制。四是加大绿色治蝗力度。内蒙古自治区大力推广应用绿僵菌、苦参碱、印楝素、牧鸡、牧鸭等生物防控措施，切实减少化学农药用量，生物防治比例达到 66%，有效保护了草原生态环境安全。五是加强督查指导。6 月中旬和 7 月上旬，农业部畜牧业司和畜牧总站两次赴内蒙古呼伦贝尔、锡林郭勒等地督导防治工作，内蒙古自治区农牧厅、草原站也相继派出 10 余个工作组赴重点地区开展督查指导。针对中央电视台等多家媒体对内蒙古自治区草原蝗虫危害进行报道的情况，7 月 21～24 日，畜牧业司再次组织全国畜牧总站和中国农业科学院植物保护研究所组成工作组，深入通辽市科尔沁左翼中旗和扎鲁特旗防治一线，通过调查灾情、查看现场、听取汇报、走访牧民等方式了解蝗虫发生情况，督导蝗虫防控工作。

三、下一步工作安排

总体看，今年内蒙古自治区蝗虫发生与往年相比略有减轻，与年初预测的发生情况基本吻合，蝗情处在可控范围，但不排除受气象因素影响，后期存在局部加重可能。下一步，农业部治蝗指挥部办公室将会同畜牧业司和全国畜牧总站等单位，要求内蒙古自治区农牧部门继续加强调查监测，密切关注蝗情动态，全力做好防治工作，努力降低因灾损失，确保自治区农牧业生产安全和生态环境安全。

农业部蝗灾防治指挥部办公室

第四篇

2015 年重大病虫害防控技术方案及国内外合作项目总结

2015NIAN ZHONGDA BINGCHONGHAI
FANGKONG JISHU FANGAN JI GUONEIWAI
HEZUO XIANGMU ZONGJIE

全国农技中心关于印发 2015 年农作物重大病虫害防控技术方案的通知

各省、自治区、直辖市植保（植检、农技）站（局、中心），新疆生产建设兵团农业技术推广总站，黑龙江省农垦总局农业局：

为贯彻落实全国农业工作会议精神，切实做好 2015 年农作物重大病虫害防控工作，立足抗灾夺丰收，降低病虫害危害损失，我中心组织有关专家研究制订了 2015 年水稻、玉米、棉花重大病虫害以及蝗虫、草地螟、黏虫、番茄黄化曲叶病毒病、二点委夜蛾、马铃薯晚疫病和柑橘大实蝇防控技术方案。现将方案印发你们，请结合实际，因地制宜，切实落实各项防控技术措施，为确保今年我国农业生产安全做出积极贡献。

附件：2015 年水稻重大病虫害防控技术方案
　　　2015 年玉米重大病虫害防控技术方案
　　　2015 年棉花重大病虫害防控技术方案
　　　2015 年农区蝗虫防控技术方案
　　　2015 年草地螟防控技术方案
　　　2015 年黏虫防控技术方案
　　　2015 年番茄黄化曲叶病毒病防控技术方案
　　　2015 年玉米田二点委夜蛾防控技术方案
　　　2015 年马铃薯晚疫病防控技术方案
　　　2015 年柑橘大实蝇防控技术方案

全国农业技术推广服务中心
2015 年 1 月 27 日

附件：

2015 年水稻重大病虫害防控技术方案

根据全国农技中心组织专家会商分析预测，2015 年我国水稻病虫害将呈偏重发生态势，稻飞虱、稻纵卷叶螟、螟虫、稻瘟病等重大病虫预计发生面积 9.5 亿亩次。为做好 2015 年水稻重大病虫害防控工作，减轻病虫危害，特制订本方案。

一、防控目标

重大病虫防治处置率达到 90％以上，总体防治效果达到 85％以上，病虫危害损失率控制在 5％以内，绿色防控技术应用面积达到 18％，专业化防治面积达到 27％，全季化学农药使用次数下降 1～2 次。

二、防控策略

以稻田生态系统为中心，强化分区治理，主攻重大病虫和重发区域，抓住防控关键期，优先使用健身栽培、抗（耐）病虫品种、生物防治等绿色防控技术，充分发挥自然天敌的控害作用，安全合理用药，禁止使用高毒农药和含拟除虫菊酯类成分的农药品种，保障水稻产量、质量和稻田生态安全。

三、防控措施

（一）分区防控重点

1. 华南稻区　包括广东、广西、福建、海南双季稻种植区，重点防控稻飞虱、稻纵卷叶螟、稻瘟病、纹枯病、南方水稻黑条矮缩病和锯齿叶矮缩病，注意防控稻曲病、二化螟、三化螟和白叶枯病。

2. 长江中下游和江淮稻区　包括江西、湖南、湖北、安徽、江苏、浙江、上海、河南中南部单双季稻混栽区和单季稻种植区，重点预防稻瘟病、稻曲病、南方水稻黑条矮缩病、条纹叶枯病、黑条矮缩病，防控稻飞虱、二化螟、稻纵卷叶螟、纹枯病，局部防治三化螟、大螟、黏虫、稻蓟马和白叶枯病。

3. 西南稻区　包括云南、贵州、四川、重庆单季稻种植区，重点预防稻瘟病、稻曲病和南方水稻黑条矮缩病，防控稻飞虱、稻纵卷叶螟、二化螟和纹枯病，注意防治黏虫。

4. 北方稻区　包括黑龙江、吉林、辽宁、河北北部、天津、内蒙古东部单季稻种植区，重点预防稻瘟病、恶苗病、稻曲病，防控二化螟和纹枯病。

（二）主要技术措施

1. 稻飞虱　华南、江南、西南、长江中下游稻区重点防治褐飞虱和白背飞虱，优先选用抗（耐）虱品种；尽量减少前期用药，充分发挥自然天敌的控害作用。药剂防治重点在水稻生长中后期，防治指标为孕穗抽穗期百丛虫量 1 000 头以上、杂交稻穗期百丛虫量 1 500 头以上，优先选用对天敌相对安全的药剂品种，于低龄若虫高峰期对茎基部粗水喷雾施药，提倡使用高含量单剂，避免使用低含量复配剂。

2. 稻纵卷叶螟　充分发挥水稻生长前期的自身补偿能力和天敌控害作用，重点防治水稻中后期主害代。蛾始见期起设置性信息素，蛾高峰期人工释放稻螟赤眼蜂压低种群数量；卵孵化始盛期优先选用苏云金杆菌或球孢白僵菌等生物农药，或低龄幼虫高峰期选用对天敌安全的化学农药，细水喷雾施药，防治指标为百丛水稻有束叶尖 60 个。

3. **螟虫** 春季越冬代螟虫化蛹期翻耕灌水沤田，降低虫源基数，从越冬代开始，各代蛾期应用昆虫性信息素诱杀成虫，蛾高峰期释放稻螟赤眼蜂，卵孵始盛期应用苏云金杆菌防治。防治二化螟幼虫，分蘗期枯鞘丛率达到 8％～10％或枯鞘株率 3％时施药，穗期在卵孵化高峰期施药，重点防治上代残虫量大、当代螟卵盛孵期与水稻破口抽穗期相吻合的稻田。防治三化螟，在水稻破口抽穗初期施药，重点防治每亩卵块数达到 40 块的稻田。

4. **稻瘟病** 重点落实适期预防措施，在水稻分蘗期至破口期施药预防叶瘟和穗瘟。种植抗病品种，实行品种多样化种植，做好种子消毒，避免偏施和迟施氮肥。注意异常天气时稻瘟病发生动态。常发区秧苗带药移栽，分蘗期田间初见病斑时施药控制叶瘟，破口前 3～5 天施药预防穗瘟，气候适宜时 7 天后第二次施药。提倡使用高含量单剂，避免使用低含量复配剂。

5. **纹枯病** 加强肥水管理，搞好健身栽培，分蘗末期晒田。药剂防治重点在分蘗末期至孕穗抽穗期，当田间病丛率达到 20％时施药防治。

6. **稻曲病** 提倡种植抗（耐）病品种，合理施肥，提高水稻抗病性。重点在水稻孕穗末期即破口前 7～10 天施药预防，如遇多雨等适宜天气，7 天后第二次施药。

7. **南方水稻黑条矮缩病和锯齿叶矮缩病** 在单季稻和晚稻秧田期及本田初期预防，重点做好药剂拌种或浸种，集中育秧，防虫网或无纺布秧田全程覆盖育秧，秧苗带药移栽，秧田和本田初期带毒稻飞虱迁入时适时防治。稻飞虱终年繁殖区晚稻收割后立即翻耕，减少再生稻、落谷稻等冬季病毒寄主植物。

8. **条纹叶枯病和黑条矮缩病** 种植抗病品种，适当推迟播栽期，药剂拌种或浸种，防虫网或无纺布覆盖集中育秧，秧苗带药移栽。注意防治前作麦田、田边杂草、秧田和移栽初期灰飞虱。

9. **白叶枯病** 种植抗（耐）病品种，重点采取"种子消毒、培育无病壮秧、加强水肥管理、防淹、防窜灌、药剂控制发病中心"的综合防治措施。病害常发区，感病品种在台风、暴雨过后及时全面施药防治。

四、专业化统防统治主推技术

1. **选用抗（耐）性品种防病虫技术** 因地制宜选用抗（耐）稻瘟病、稻曲病、白叶枯病、条纹叶枯病、褐飞虱、白背飞虱的水稻品种，淘汰高感品种。

2. **深耕灌水灭蛹控螟技术** 利用螟虫化蛹期抗逆性弱的特点，在春季越冬代螟虫化蛹期统一翻耕冬闲田、绿肥田，灌深水浸没稻桩 7～10 天，降低虫源基数。

3. **种子处理、秧田阻隔和带药移栽预防病虫技术** 采用咪鲜胺和赤·吲乙·芸薹种子处理，预防恶苗病和稻瘟病，培育壮秧，单季稻和晚稻用吡虫啉种子处理剂拌种或浸种，或用 20 目防虫网或无纺布阻隔育秧，预防秧苗期稻飞虱、稻蓟马及南方水稻黑条矮缩病、锯齿叶矮缩病、条纹叶枯病和黑条矮缩病等病毒病。秧苗移栽前 3 天左右施药，带药移栽，早稻预防螟虫和稻瘟病，单季稻和晚稻预防稻瘟病、稻蓟马、螟虫和稻飞虱及其传播的病毒病。

4. **性信息素诱杀害虫技术** 二化螟越冬代和主害代、稻纵卷叶螟主害代蛾始见期，集中连片设置性信息素和干式飞蛾诱捕器，诱杀成虫，降低田间卵量和虫量。

5. **生物农药防治病虫技术**

（1）苏云金杆菌（Bt）和球孢白僵菌防治害虫技术。于二化螟、稻纵卷叶螟卵孵化始盛期施用 Bt，有良好的防治效果，尤其是在水稻生长前期使用 Bt，可有效保护稻田天敌，维持稻田生态平衡。Bt 对家蚕高毒，临近桑园的稻田慎用。防治稻纵卷叶螟还可在卵孵化始盛期施用球孢白僵菌。

（2）井冈·蜡芽菌、枯草芽孢杆菌、多抗霉素、春雷霉素、井冈霉素 A 等预防病害技术。在叶（苗）瘟发病初期和破口初期，均匀喷施井冈·蜡芽菌、枯草芽孢杆菌、多抗霉素或春雷霉素，齐穗时再喷 1 次，对稻瘟病有良好的预防效果。在水稻孕穗末期或破口前 7～10 天，施用井冈·蜡芽菌、井冈霉素 A，预防稻曲病，兼治纹枯病。当纹枯病病丛率达到 20％时，施用井冈霉素 A、井冈·蜡芽菌控制病害扩展。

6. 生态工程保护天敌和控制害虫技术 田埂保留禾本科杂草，为天敌提供过渡寄主；田埂种植芝麻、大豆等显花植物，保护和提高蜘蛛、寄生蜂、黑肩绿盲蝽等天敌的控害能力；人工释放稻螟赤眼蜂，增强天敌控害能力。田边种植香根草等诱集植物，丛距 3～5 米，减少二化螟和大螟的种群基数。

7. 人工释放赤眼蜂防治害虫技术 于二化螟蛾高峰期和稻纵卷叶螟迁入代蛾高峰期开始释放稻螟赤眼蜂，每次放蜂 10 000 头/亩，每代放蜂 2～3 次，间隔 3～5 天。

8. 稻鸭共育治虫防病控草技术 水稻移栽后 7～10 天，禾苗开始返青分蘖时，将 15 天左右的雏鸭放入稻田饲养，每亩稻田放鸭 10～20 只，破口抽穗前收鸭。通过鸭子的取食活动，可减轻纹枯病、稻飞虱和杂草等病虫草及福寿螺的发生为害。

9. 综合用药保穗技术 根据各稻区穗期主要靶标病虫种类，于水稻破口前 7～10 天至破口期，选用杀菌剂与长效杀虫剂混用，预防穗瘟和稻曲病，防治纹枯病、稻飞虱、稻纵卷叶螟和螟虫，兼治穗期其他病害。

10. 合理使用化学农药技术 防治稻飞虱，种子处理和带药移栽应用吡虫啉（不选用吡蚜酮，延缓其抗性发展）；田间喷雾选用醚菊酯、吡蚜酮、烯啶虫胺、呋虫胺等。防治螟虫和稻纵卷叶螟，选用氯虫苯甲酰胺、四氯虫酰胺、氰氟虫腙、丙溴磷等。防治稻瘟病，选用三环唑、氯啶菌酯、氯啶菌酯·戊唑醇、氟环唑等。防治纹枯病，选用申嗪霉素、井冈霉素 A、噻呋酰胺、氟环唑、肟菌·戊唑醇、烯肟菌胺·戊唑醇、烯肟菌酯·戊唑醇。防治稻曲病，选用氟环唑、氯啶菌酯、苯醚甲环唑·丙环唑、井冈霉素 A 等。预防病毒病，选用宁南霉素、毒氟磷等。

2015 年玉米重大病虫害防控技术方案

根据全国农技中心会同有关专家分析预测，2015 年全国玉米病虫害呈中等偏重发生态势，预计发生面积 9 亿亩次。为做好玉米重大病虫害防控工作，特制订本方案。

一、防控目标

玉米重大病虫害防治处置率 90％以上，病虫害总体防治效果 80％以上，危害损失率控制在 5％以下，专业化统防统治面积达到 20％以上。进一步扩大绿色防控示范与推广面积，有效减少化学农药使用量。

二、防控策略

针对不同生态区域的重点病虫害，以保障玉米生产安全为核心，实施以绿色防控技术为支撑，生物防治为主体，环境友好型的化学和物理防治为补充的综合防控策略。

三、防控措施

（一）不同区域防控重点

北方春播玉米区重点防控玉米螟、地下害虫、玉米矮化病、二代和三代黏虫、茎腐病和大斑病，兼顾双斑萤叶甲；黄淮海夏播玉米区重点防控玉米螟、棉铃虫、二代黏虫、二点委夜蛾、地下害虫、蓟马、茎腐病和褐斑病，山东、河南、江苏等省份兼顾玉米粗缩病；西南山地丘陵玉米区重点防控玉米螟、纹枯病、大斑病和灰斑病，兼顾二、三代黏虫；西北地区重点防控地下害虫、玉米蚜虫、叶螨、双斑萤叶甲，甘肃和宁夏兼顾茎腐病和大斑病，新疆重点防控玉米螟、三点斑叶蝉、双斑萤叶甲等。

（二）主要病虫防治技术措施

1. 地下害虫（地老虎、蛴螬、金针虫、耕葵粉蚧等）**和玉米矮化病** 利用噻虫嗪、吡虫啉等处理种子，或用含有上述成分的种衣剂包衣，可同时兼治苗期蓟马、蚜虫（矮花叶病传毒介体）及灰飞虱（粗缩病传毒介体）等。

2. 玉米螟　秋季秸秆还田，减少虫源基数；春玉米区于春季越冬代化蛹前 15 天进行白僵菌封垛，防控越冬代幼虫；越冬代成虫羽化初期使用性诱剂诱杀，羽化高峰期用杀虫灯结合性诱剂诱杀；成虫产卵初期释放赤眼蜂灭卵。在心叶末期喷洒 Bt 制剂或氯虫苯甲酰胺等药剂，可与甲氨基阿维菌素苯甲酸盐合理复配喷施，提高防治效果，兼治其他多种害虫。

3. 玉米茎腐病　种植抗病品种。利用咯菌腈·精甲霜悬浮种衣剂或苯醚甲环唑、戊唑醇等种衣剂处理种子，同时控制丝黑穗病、根腐病等。

4. 玉米叶斑类病害　选用抗病品种，合理密植。适时追肥，提高植株抗病力。药剂防治提倡适期早用药，一般在玉米心叶末期（褐斑病在玉米 8～10 叶期），叶面可喷施苯醚甲环唑、烯唑醇、吡唑醚菌酯等药剂，视发病情况隔 7～10 天喷 1～2 次。东北地区尽量选用持效期长的药剂。

5. 玉米纹枯病　选用抗（耐）病品种。发病初期可在茎基叶鞘上喷施井冈霉素、菌核净，或喷施烯唑醇、代森锰锌等，或剥掉基部发病叶鞘后结合喷药防治效果更佳。视发病情况隔 7～10 天喷 1～2 次。

6. 玉米蚜虫　点片发生和盛发初期喷施吡虫啉、噻虫嗪、啶虫脒、吡蚜酮等药剂。

7. 玉米叶螨　及时除草，消灭早期叶螨栖息场所。叶螨点片发生时，选用炔螨特、哒螨灵、噻螨酮、阿维菌素等喷雾或相互合理混配喷施，同时加入尿素水溶液、展着剂等，可起到恢复叶片、提高防效的作用。喷雾时重点防治玉米中下部叶片的背面。

8. 玉米粗缩病　选用抗病品种。避免小麦与夏玉米套播；夏玉米适期晚播，避开灰飞虱传毒盛期；玉米 2 叶 1 心至 4 叶 1 心期田间喷吡虫啉、噻虫嗪和吡蚜酮等药剂，消灭粗缩病传毒媒介灰飞虱，兼治蓟马和其他害虫。在使用除草剂烟嘧磺隆的地块，避免使用有机磷农药，以免发生药害。

四、专业化统防统治主推技术

1. 秸秆还田、深耕土地和播前灭茬技术　采取秸秆粉碎还田，深耕冬闲田和播前灭茬有助于提高地力，破坏病虫害适生场所、降低病虫源基数。

2. 种子处理技术　杀虫剂和杀菌剂等合理混配拌种，或实施种子统一包衣。采取技术统一、集中连片、整村推广药剂拌种或种子包衣技术，提高治虫防病效果。

3. 白僵菌封垛、诱杀成虫技术　北方春玉米区，在玉米螟化蛹前，采用白僵菌统一封垛；在玉米螟成虫羽化期，使用灯光诱杀各代成虫，对越冬代成虫可结合性诱剂诱杀。

4. 赤眼蜂防螟技术　在玉米螟产卵初期至产卵盛期，每亩地设置 3～6 个释放点，统一释放赤眼蜂 2～3 次，将蜂卡或放蜂器具安放在中部叶片背面。

5. 心叶末期施药技术　心叶末期，统一喷洒 Bt 或白僵菌等生物制剂，防治玉米螟幼虫；或混喷杀虫剂和杀菌剂（氯虫苯甲酰胺＋苯甲·嘧菌酯混合喷雾），有效控制后期叶斑病，兼治玉米螟、棉铃虫等害虫。大力推广使用高杆喷雾机，提升中后期作业能力。

2015 年棉花重大病虫害防控技术方案

2015 年我国棉花病虫害将呈偏重发生态势，预计发生面积约 2 亿亩次。为切实做好 2015 年棉花重大病虫害防治工作，提高棉花种植效益，减少化学农药使用，特制订本方案。

一、防控目标

重大病虫防治处置率达到 90％以上，绿色防控技术应用面积达到 15％以上，总体防治效果达到 85％以上，病虫危害损失率控制在 8％以内，化学农药用量减少 20％。

二、防控策略

针对不同生态区域、棉花各生育期的主攻靶标和兼治对象，以预防为主，实行分类指导，综合防治与应急处置相结合，突出抓好种子处理、苗期预防、生长期控害、铃期保铃保产、采收后压低基数等措施。注重隐蔽用药、精准用药，减少化学农药用量。

三、防控措施

（一）分区域防控重点

1. 黄河流域棉区 包括河北、山东、河南、天津、山西和陕西棉区。重点防控棉盲蝽、棉蚜、棉叶螨、棉铃虫，预防枯萎病、黄萎病、苗病和铃病、红叶茎枯病，局部做好地下害虫（蝼蛄、蛴螬、金针虫、地老虎）、棉蓟马、象鼻虫、细菌性角斑病的防治。

2. 长江流域棉区 包括江苏、安徽、湖北、江西和湖南棉区。重点做好棉盲蝽、棉蚜、棉叶螨、棉铃虫、斜纹夜蛾的防控，预防苗病和铃病、红叶茎枯病，注意防控红铃虫、棉蓟马、烟粉虱、枯萎病、黄萎病等。

3. 西北内陆棉区 包括新疆、甘肃棉区。重点做好棉蚜、棉叶螨、棉铃虫、烟粉虱、棉盲蝽、枯萎病、黄萎病、苗病的防控。

（二）主要技术措施

1. 播种期 预防对象为苗病、苗蚜、棉叶螨、枯萎病、黄萎病等。选用抗（耐）病虫品种，做好种子药剂处理或选用包衣棉种。选择避风向阳、地势较高、排水方便、土质肥沃、无枯萎病和黄萎病菌田作苗床。适时播种，大钵育苗，培育壮苗。清除棉田内和田埂、路边杂草，减少棉盲蝽、棉叶螨虫口基数。

2. 苗期 防治对象为苗病、棉盲蝽、苗蚜、棉叶螨、棉铃虫、棉蓟马、地下害虫等。小麦、油菜收获后推迟灭茬，秸秆在田间堆放 2～3 天，使天敌充分向棉株转移，以益控害。遇低温阴雨天气时，喷施枯草芽孢杆菌、多抗霉素、甲基硫菌灵、噁霉灵、咪鲜胺等药剂预防苗病。苗蚜发生时，当田间天敌数量可以控制蚜虫时，不需施药，发挥自然天敌的控害作用。长江流域棉区移栽棉苗蚜以自然天敌控害为主；黄河流域和西北内陆棉区直播棉 3 片真叶前，当卷叶株率达 5％～10％时，4 片真叶后卷叶株率 10％～20％时，用苦参碱、吡虫啉、啶虫脒、烯啶虫胺等对有蚜棉株喷雾。棉盲蝽百株虫量达到 3 头时，选用丙溴磷、氟啶虫胺腈或联苯菊酯等防治。棉叶螨有螨株率低于 15％时挑治中心株，超过 15％时普治。非抗虫棉种植区，应用棉铃虫性诱剂或害虫生物食诱剂防治二代棉铃虫。地老虎发生田，幼虫发生期用敌百虫晶体拌炒香的麦麸或砸碎炒香的棉籽饼上或铡碎的青鲜草上配制的毒饵，顺垄条施诱杀幼虫。

3. 蕾期 防治对象为棉盲蝽、枯萎病、黄萎病、棉铃虫、棉叶螨等。及时整枝，中耕除草；雨水多时，注意清沟沥水，降低土壤湿度，根据棉株长势适时喷施缩节胺控制旺长。早发、杂草多及与枣园、树林相邻的棉田，重点防治棉盲蝽，防治指标为百株虫量 5 头，施药时间应在上午 9 时前。非抗虫棉及早发棉田，棉铃虫发蛾期设置性诱剂或条施害虫生物食诱剂诱杀成虫；当棉铃虫百株低龄幼虫达到 10 头时，优先选用棉铃虫核型多角体病毒、甘蓝夜蛾核型多角体病毒或 Bt 制剂（转 Bt 基因棉田禁用）防治，化学药剂可选用氯虫苯甲酰胺、甲氨基阿维菌素苯甲酸盐等。棉叶螨点片发生期并有扩展态势时，用哒螨灵、克螨特等药剂防治，当二斑叶螨为主要种群时，可与阿维菌素适量混用，提高防效。枯萎病、黄萎病初见病株时，用乙蒜素、枯草芽孢杆菌、多抗霉素、咪鲜胺等喷雾防治，控制病情扩展。

4. 花铃期 防治对象为伏蚜、棉叶螨、棉铃虫、铃病（疫病、黑果病、红粉病、炭疽病、灰霉病等铃部病害），局部注意防控棉盲蝽、斜纹夜蛾、甜菜夜蛾、烟粉虱等。应根据天气变化情况，采取农艺措施预防铃病，后期密度过大时去空枝、打老叶，摘除烂铃和斜纹夜蛾卵块，清除田间枯枝落叶，改善通风透光条件，降低田间湿度和郁闭度。避免过多、过晚施用氮肥，防止贪青徒长。应用棉铃虫性诱剂（非抗虫棉区）、害虫生物食诱剂、斜纹夜蛾性诱剂、甜菜夜蛾性诱剂诱杀成虫，降低田间落卵量和幼虫量。当伏蚜、棉铃虫、棉叶螨、棉盲蝽、斜纹夜蛾等虫口密度达到防治指标时，要及时抓好防治，优先选用生物源、低毒、环境友好型药剂，并注意与雷期药剂轮换。药剂防治指标：伏蚜单株上、中、下 3 叶蚜量平均 200～300 头，全株均匀喷雾；棉铃虫抗虫棉百株二至三龄幼虫 10 头，非抗虫棉累计百株卵量 100 粒；斜纹夜蛾百株初孵幼虫 2 窝，在二龄幼虫分散前防治；棉叶螨点片发生时挑治，连片发生时全田防治；棉盲蝽百株虫量 10 头。药剂预防铃病，铃病常发区，发病前用多抗霉素、甲基硫菌灵、苯醚甲环唑·丙环唑等药剂喷雾预防，雨后及时补治，控制发病和蔓延。

（三）专业化统防统治主推技术

1. 清洁田园和秋耕技术 棉花收获后及时拔除棉秸并清洁田园，清除病虫残体。秋耕深翻，有条件的棉区秋冬灌水保墒，压低病虫越冬基数。

2. 选用抗（耐）病虫品种 因地制宜选用抗枯萎病、耐黄萎病品种，黄河流域和长江流域棉区选用抗虫棉优质高产品种。

3. 药剂种子处理技术 种子包衣应根据本地苗期主要病虫种类，选用 70％或 60％吡虫啉种子处理剂、46％噻虫嗪种子处理悬浮剂、赤·吲乙·芸薹、芸薹素内酯等药剂与苯醚甲环唑、萎锈·福美双、咯菌腈等杀菌剂混合处理种子。

4. 生物源农药和天敌保护利用技术

（1）生物源农药。棉铃虫卵孵化盛期喷施棉铃虫核型多角体病毒或甘蓝夜蛾核型多角体病毒或 Bt（转 Bt 基因棉限用），不仅具有良好的防治效果，还可有效保护天敌。采用 1 000 亿芽孢/克枯草芽孢杆菌可湿性粉剂或 0.3％多抗霉素水剂种子处理及苗期和花蕾期随水滴灌施药或叶面喷雾，可有效预防苗病、枯萎病、黄萎病。

（2）人工释放赤眼蜂。棉铃虫蛾始盛期人工释放卵寄生蜂、螟黄赤眼蜂或松毛虫赤眼蜂，放蜂量每次 10 000 头/亩，每代放蜂 2～3 次，间隔 3～5 天，降低棉铃虫幼虫量。

（3）天敌保护利用。棉花生长前期注意保护天敌，发挥天敌控害作用。小麦、油菜收获后，秸秆在田间放置 2～3 天，有利于瓢虫等天敌向棉田转移。苗蚜发生期，当棉田天敌单位（以 1 头七星瓢虫、2 头蜘蛛、2 头蚜狮、4 头食蚜蝇、120 个蚜茧蜂为 1 个天敌单位）与蚜虫种群量比黄河流域棉区低于 1∶120、长江流域棉区低于 1∶320 时，不施药防治，利用自然天敌控制蚜虫。长江流域棉区棉花苗期至蕾期一般年份不施用化学农药防治苗蚜。

（4）植物源杀虫剂和昆虫生长调节剂。应用植物源杀虫剂苦参碱防治棉蚜、棉盲蝽、棉蓟马、棉铃虫，藜芦碱、茚虫威防治棉蚜、棉叶螨、棉铃虫，应用灭幼脲、氟啶脲、氟虫脲、抑食肼等昆虫生长调节剂防治夜蛾科害虫。

5. 昆虫信息素诱杀害虫技术 非抗虫棉区，棉田一代棉铃虫蛾始见期至末代蛾末期，连片使用棉铃虫性诱剂，每亩设置 1 套干式飞蛾诱捕器和诱芯；长江流域棉区斜纹夜蛾常发区，连片使用斜纹夜蛾性诱剂，每亩设置 1 套夜蛾型诱捕器和诱芯，群集诱杀成虫，降低田间落卵量和幼虫量。连片施用害虫生物食诱剂，于夜蛾科害虫（棉铃虫、地老虎、三叶草夜蛾等）主害代羽化前 1～2 天，以条带方式滴洒，每隔 50～80 米于 1 行棉株顶部叶面均匀施药，可诱杀雌雄成虫。

6. 生态调控和生物多样性控害技术 西北内陆棉区棉田周边田埂和林带下种植苜蓿等作物，培育和涵养天敌，增强天敌对棉蚜、棉铃虫、棉叶螨的控制能力。棉铃虫常发区，棉田套种玉米、茼麻条带，诱集棉铃虫，集中杀灭。

7. 隐蔽和精准施药、化学农药减量技术 采用药剂种子处理技术可有效预防苗病、枯萎病、黄萎病和苗蚜，提高农药利用率，减少对非靶标生物的影响。棉叶螨、棉蚜发生初期，对中心株局部施药挑治，既有效控制害虫种群数量，提高农药利用率，又可避免全田施药，降低农药用量。

2015 年农区蝗虫防控技术方案

农区蝗虫主要包括农区飞蝗和土蝗，飞蝗是具有暴发性、迁飞性和毁灭性的重大生物灾害。根据全国农技中心组织专家会商预测，2015 年农区飞蝗总体中等发生，预计发生面积 2 250 万亩左右，局部地区可能出现高密度蝗蝻点片，不排除新疆边境地区境外蝗虫迁入为害的可能。为有效控制蝗虫灾害，落实《全国蝗虫灾害可持续治理规划（2014—2020 年）》，特制订本方案。

一、防控目标

农区飞蝗达标区处置率达 100%，专业化统防统治比例达到 90% 以上，生物防治占 70% 以上；土蝗达标区处置率达 70% 以上，专业化统防统治比例占 60% 以上，生物防治占 60% 以上；危害损失率控制在 5% 以内；重点蝗区数字化勘测任务完成 75% 以上。实现"飞蝗不起飞成灾、土蝗不扩散危害、边境迁入蝗虫不二次起飞"的目标。

二、防控策略

狠治夏蝗、抑制秋蝗，优先采用生物防治和生态控制等绿色治蝗技术，抓好突发高密度发生区应急防治，减少化学农药使用量，保护蝗区生态环境，促进蝗虫灾害的可持续治理。

三、防控措施

（一）防控重点区域

1. 东亚飞蝗 重点防治区域为环渤海湾蝗区、黄河中下游部分滩区、华南局部蝗区和华北、黄淮湖库区。

2. 亚洲飞蝗 重点防治区域为新疆阿勒泰、塔城、伊犁州和阿克苏等地农区，黑龙江、吉林苇塘湿地以及中哈边境地区。

3. 西藏飞蝗 重点防治区域为四川甘孜金沙江、雅砻江河谷地带农区，青海玉树金沙江河谷地带农区，西藏昌都、山南、拉萨、日喀则地区，金沙江、雅鲁藏布江、年楚河河谷地带农区。

4. 农区土蝗 重点防治区域为内蒙古、新疆天山北部和东部、河北北部、山西北部、吉林和辽宁西部、黑龙江中西部、湖南、广东北部等地区。

（二）防治指标与适期

飞蝗防治指标为 0.5 头/米²，土蝗防治指标为 5～10 头/米²，防治适期为蝗蝻三至四龄盛期。

（三）主要技术措施

1. 生物防治技术 主要在中低密度发生区（飞蝗密度在 5 头/米² 以下和土蝗密度在 20 头/米² 以下）、湖库及水源区、自然保护区，使用蝗虫微孢子虫、杀蝗绿僵菌等微生物农药或植物源农药防治，在新疆等农牧交错区，可采取牧鸡牧鸭、招引粉红椋鸟等进行防治。使用杀蝗绿僵菌防治时，可进行飞机超低容量喷雾或大型植保器械喷雾。使用蝗虫微孢子虫防治时，可单独使用或与昆虫蜕皮抑制剂混合进行防治。

2. 生态控制技术 沿海蝗区主要推广生物多样性控制技术，采取蓄水育苇和种植苜蓿、紫穗槐、冬枣等蝗虫非喜食植物，改造蝗虫滋生地，压缩发生面积；滨湖和内涝蝗区结合水位调节，造塘养鱼、养鸭，改造植被条件，抑制蝗虫发生；河泛蝗区主要在嫩滩和二滩区做好垦荒种植和精耕细作，减少蝗虫滋生环境，降低其暴发频率；川藏西藏飞蝗发生区可种植沙棘，改造蝗虫滋生环境。在土蝗常年重发区，可通过垦荒种植、减少撂荒地面积、春秋深耕细耙（耕深 10～20 厘米）等措施破坏土蝗产卵适生环境，压低虫源基数，减轻发生程度。

3. 化学药剂防治技术　主要在高密度发生区（飞蝗密度 5 头/米² 以上，土蝗密度 20 头/米² 以上）采取化学应急防治。可选用马拉硫磷或高氯·马等农药。在集中连片面积大于 500 公顷以上的区域，提倡进行飞机防治，推广 GPS 飞机导航精准施药技术，可采取隔带式防治。在集中连片面积低于 500 公顷的区域，可组织植保专业化防治组织使用大型施药器械开展防治。重点推广超低容量喷雾技术，在芦苇、甘蔗、玉米等高秆作物田以及发生环境复杂区，重点推广烟雾机防治，应选在清晨或傍晚进行。

2015 年草地螟防控技术方案

草地螟属间歇性暴发、迁飞性、杂食性害虫。根据全国农技中心组织专家会商预测，2015 年草地螟一代幼虫在新疆阿勒泰、内蒙古中西部偏轻至中等发生，西北、华北、东北大部轻发生，发生面积约 500 万亩。如果夏季境外虫源大量集中迁入，不排除二代幼虫在局部暴发的可能。为做好防控工作，特制订本方案。

一、防控目标

重发生区及时开展应急防治，控制幼虫大规模群集迁移危害，防控处置率达到 90％以上，防治效果达 85％以上，危害损失率控制在 5％以下；中低密度区处置率达到 70％以上，危害损失率控制在 3％以下。确保草地螟在常发区农田不成灾、偶发区农田不造成严重危害。

二、防控策略

阻击外来虫源，控制本地虫源。防治幼虫为主，诱杀成虫为辅。加强农田周边公共地带应急防治。

三、防控措施

（一）防控重点区域

1. 幼虫重点防控区域　新疆阿勒泰和和田、内蒙古东部和中西部、山西北部、河北北部、宁夏北部、陕西北部和黑龙江、吉林、辽宁等区域。

2. 越冬代成虫重点防控区域　内蒙古中西部、河北北部、山西北部、新疆阿勒泰、辽宁、吉林和黑龙江等北方部分农区及农牧交错区。

（二）主要技术措施

1. 生态调控技术　对越冬区，实行秋耕冬灌春耙，破坏越冬场所。种植荞麦、糜、黍等草地螟非喜食作物，实行生态控制。

2. 灯光诱杀成虫技术　在草地螟越冬代成虫重点发生区和外来虫源降落地，提前安装杀虫灯等物理诱杀工具，及时诱杀草地螟成虫，减少虫源基数。灯应安置在视线开阔、周围无遮挡物的地方；种植玉米、豆类、向日葵、苜蓿等蜜源植物较丰富的场所，安灯高度以灯底高出周围主要作物顶部 20 厘米为宜。

3. 挖沟阻隔和喷施药带阻止幼虫迁移技术　草地螟严重发生区域，防止幼虫从草原、荒地、林带等交界处以及退化草场向农田迁移，在未受害或田内幼虫量少的地块和某些幼虫龄期较大虫量集中危害的地块，实行挖沟、打药带、立膜阻隔的方法，防止扩散危害。

4. 中耕除草灭卵技术　对草地螟非喜食作物如禾本科作物和马铃薯等，于产卵前除净田间杂草。对于草地螟喜食性作物如麻类、豆类、向日葵等，于产卵盛期结合中耕除草灭卵，将除掉的杂草带出田外沤肥或集中处理。要注意清除藜科和蓼科等杂草，同时要注意清除田边地埂和夹荒地的杂草，以免幼虫迁入农田危害。在幼虫已孵化的田块，一定要先打药，后除草，避免幼虫集中向农作物转移为害。

5. 药剂防治技术　三龄幼虫前（卵始盛期后 10 天左右）选用苦参碱、高效氯氰菊酯等药剂喷雾防治。严重发生区采取药带隔离和应急防治集中歼灭，及时挑治幼虫分布不均匀的地块，注意对田边、地头、撂荒地幼虫的防治。

2015 年黏虫防控技术方案

根据全国农技中心组织专家会商分析预测，2015 年二、三代黏虫在东北、华北、黄淮和西南地区总体偏轻至中等发生，部分地区有高密度集中发生的可能，全国累计发生面积可达 7 000 万亩次。为做好防控工作，特制订本方案。

一、防控目标

黏虫防治处置率达到 95％以上，绿色防控技术应用面积达到 20％以上，专业化统防统治面积达到 25％以上，总体防治效果达到 85％以上，黏虫危害损失率控制在 5％以下。

二、防控策略

加强越冬区和一代黏虫常发区防控，降低其向二代主发区和三代主发区迁入危害；前期重点防治小麦上的一代黏虫，控制二、三代黏虫为害水稻和玉米的虫源基数；控制成虫发生，减少产卵量，抓住幼虫三龄暴食危害前的关键防治时期，集中连片普治重发生区，隔离防治局部高密度区。

三、防控措施

（一）重点防控区域

一代黏虫主要在春季 4、5 月为害小麦，在江淮麦区防控小麦上的一代黏虫。二、三代黏虫 6～8 月在东北、华北、黄淮的玉米，西南的玉米和水稻上为害，注意防控玉米、水稻上的黏虫。

（二）主要技术措施

1. 成虫诱杀技术
（1）性诱捕法。用配置黏虫性诱芯的干式诱捕器，每亩 1 个插杆挂在田间，诱杀成虫。
（2）杀虫灯法。在成虫发生期，于田间安置杀虫灯，灯间距 100 米，夜间开灯，诱杀成虫。

2. 幼虫防治技术　注意及时防除田杂草，幼虫三龄之前施药防治。
（1）生物农药。在黏虫卵孵化盛期喷施苏云金杆菌（Bt）制剂，注意临近桑园的田块不能使用，低龄幼虫可用灭幼脲。
（2）化学农药。当小麦或水稻田虫口密度达 20 头/米^2 以上、玉米田虫口密度二代达百株 10 头和三代百株 50 头以上时，可用甲氨基阿维菌素苯甲酸盐、氯虫苯甲酰胺等杀虫剂喷雾防治。

3. 封锁隔离技术　在黏虫幼虫迁移危害时，撒 30 厘米宽的药带进行封锁；或在小麦、玉米田撒施辛硫磷毒土，建立隔离带。

2015 年番茄黄化曲叶病毒病防控技术方案

烟粉虱传播的黄化曲叶病毒病是严重危害番茄生产的毁灭性病害，在山东、河北、河南、安徽、江苏、广西、广东、北京、新疆等省份大面积发生，严重威胁我国番茄产业持续发展。为有效控制其危害，保障番茄生产安全，特制订本方案。

一、防控目标

番茄黄化曲叶病毒病重发区域番茄危害损失率控制在 15％以内，中等以下发生区域番茄为害损失率控制在 8％以内。总体损失率控制在 10％以内。

二、防控策略

坚持"预防为主、防重于治"的"防虫治病"原则，采取以栽培抗病品种和培育健康无病无虫苗为基础，田间全程防控烟粉虱切断毒源传播，健身栽培和调整播期等措施为补充的综合防控策略。

三、防控措施

（一）分区防控对策

1. 设施蔬菜生产区　优先选用抗黄化曲叶病毒病的番茄品种，采用 50～60 目防虫网覆盖培育无病虫壮苗，定植前清洁田园，生长期全程应用黄板和防虫网，适时交替使用高效低毒农药杀灭传毒介体烟粉虱。

2. 露地蔬菜生产区　清除杂草、上茬作物等初侵染源以切断传播途径，化学防治传毒介体烟粉虱，栽培抗病品种及合理调整作物时空布局。

3. 番茄黄化曲叶病毒病未传入区　加强对调运蔬菜、花卉种苗的番茄黄化曲叶病毒检测，不从发病区向未发生区调运蔬菜、花卉种苗；发现病株应快速采取扑灭措施，防止扩散。

（二）关键技术

1. 选用抗病番茄品种　选用适合当地栽培的抗番茄黄化曲叶病毒病的品种是最有效的防控措施。目前抗黄化曲叶病毒病的番茄品种有：浙粉 701、浙粉 702、浙杂 502、浙樱粉 1 号、苏红 10、苏粉 12、苏粉 15、金陵甜玉（樱桃番茄）、佳红 8 号、红贝贝、申粉 V3、申粉 V4、名智 4201、佳丽、阿库拉、佳美、欧宫、迪芬尼、齐达利等，各地可根据市场需求选择适宜商品性状的品种，并注意在种植抗番茄黄化曲叶病毒病的品种时，加强灰叶斑病苗期和定植后的早期防治。

2. 培育无病无虫苗　育苗棚与生产棚分开，育苗前彻底清除苗床及周围病、虫、杂草，消灭中间寄主，育苗棚可用敌敌畏烟剂密闭熏蒸，减少虫源。高温季节可以利用覆盖薄膜、高温闷棚方法除掉残余虫源。

使用隔离网室育苗，苗床用 50～60 目防虫网覆盖，防止烟粉虱成虫迁入。每 10 米² 苗床悬挂 1～2 块黄色黏虫色板进行监测和诱杀成虫，如发现有烟粉虱成虫进入番茄苗床，及时用药进行灭杀防治。移栽前 2～3 天用噻虫嗪或吡虫啉，对苗床幼苗进行喷淋（使部分药液流渗到土壤中），以避免在操作过程中将烟粉虱带入定植生产棚内。

3. 生长期全程综合防控　一是切断病毒传播的中间寄主：不要在番茄田间或周边种植黄瓜、南瓜、甜瓜、茄子、辣椒、甜椒、菜豆、蚕豆等作物，以免成为烟粉虱及其传播病毒的中间寄主。二是定植前清洁田园：在移栽前 7～10 天，清理定植棚室内外的残枝落叶和杂草。三是全程应用黄板和防虫网：在通风口和门口安装 50～60 目防虫网，防止外界烟粉虱传入，安装防虫网后可采用敌敌畏烟剂密闭熏蒸，彻底杀灭棚内烟粉虱，然后再定植，以保证无虫定植；定植后在温室内每 50 米² 悬挂 1～2 块黄色黏虫色板进行监测和诱杀烟粉虱成虫。四是密切监测、早期防控烟粉虱：定植后严密监测虫情，根据黄板监测，发现有烟粉虱时及时进行药剂防治，可以选用的高效低毒药剂有：螺虫乙酯、矿物油、啶虫脒、烯啶虫胺、吡虫啉、噻虫嗪等，应做到轮换交替用药，降低烟粉虱抗药性发生。施药时宜在清晨或傍晚成虫多潜伏于叶背时喷药，应间隔 7 天左右连续喷 3 次药，施药时注意避开蜜蜂等有益昆虫，采收期用药应严格执行安全间隔期。及时清除田间发病植株，切断番茄黄化曲叶病毒毒源。

4. 加强调运种苗检测 对异地调运的种苗，特别是从发病区调运的种苗，务必进行抽样检测，防止带毒种苗传播病害。

5. 调整播期 已严重发生番茄黄化曲叶病毒病的区域，建议尽量避开烟粉虱大发生的 7～9 月育苗，降低种苗带毒带虫风险。

2015 年玉米田二点委夜蛾防控技术方案

根据全国农技中心会同有关专家分析预测，2015 年二点委夜蛾在黄淮海大部地区中等发生，河北中南部、山东东北部局部偏重发生，发生面积约 2 500 万亩。为做好玉米田二点委夜蛾防控工作，特制订本技术方案。

一、防控目标

玉米田二点委夜蛾防治处置率达到 90％以上，总体防治效果达到 85％以上，玉米危害损失率控制在 5％以下。

二、防控策略

大力推广以农业防治和物理防治为主，化学防治为辅的绿色防控技术，提倡科学用药、局部用药以降低农药使用量，确保玉米生产质量安全和田间环境安全。

三、防控措施

（一）防控重点

以麦茬夏玉米田为主，小麦收获后田间麦秸和麦糠覆盖厚的田块为重点。重点防控时期是在麦收后到夏玉米 6 叶期前。

（二）主要技术措施

1. 农业措施

（1）深耕冬闲田。对前茬为棉田、豆田等冬闲田且没有秋耕的地块进行深耕，破坏二点委夜蛾越冬幼虫栖息场所，减少虫源基数。

（2）播前灭茬或清茬。小麦收割时在收割机上挂旋耕灭茬装置，粉碎小麦秸秆；同时在麦田施用秸秆腐熟剂，有效减轻二点委夜蛾危害。也可结合当地秸秆能源化利用项目，将小麦秸秆清理到田外，集中回收再利用。

（3）清除玉米播种沟上的覆盖物。根据二点委夜蛾幼虫隐蔽怕光的特点，可在玉米播种机上加挂带秸秆清理的装置或人工借助钩、耙等农具，局部清理播种沟的麦秸和麦糠，露出播种沟，使玉米出苗后茎基部无覆盖物，消除二点委夜蛾幼虫隐蔽危害的适生环境。

2. 物理防治 麦收时开始到玉米 6 叶前利用诱虫灯对二点委夜蛾成虫进行大面积诱杀，按每 30～50 亩一盏灯布灯诱杀成虫，减少夏玉米田间落卵量，降低虫源基数，减轻为害。

3. 化学防治

（1）播后苗前喷雾。秸秆未做处理且有二点委夜蛾发生可能的地块，在夏玉米播后出苗前，要借助于高压喷雾器喷药防治打透覆盖的麦秸，杀灭在麦秸上产卵的成虫、卵及幼虫。使用药剂可选用甲氨基阿维菌素苯甲酸盐、毒死蜱、氯虫苯甲酰胺等，避免单独使用菊酯类农药。

（2）苗后喷雾。在玉米 6 叶期前，对大龄二点委夜蛾幼虫发生严重地块可局部喷药防治，顺垄喷撒药液，或用喷头直接喷淋根颈部，直接毒杀大龄幼虫。

（3）毒饵诱杀。用毒死蜱、甲氨基阿维菌素苯甲酸盐、氯虫苯甲酰胺或辛硫磷配置毒饵，于傍晚顺垄放置在经过清垄的玉米根部周围，不要撒到玉米上。

（4）撒毒土。用毒死蜱、氯虫苯甲酰胺等制成毒土均匀撒于清垄的玉米根部周围，围棵保苗，毒土要与玉米苗保持一定距离，以免产生药害。

四、专业化统防统治主推技术

1. 物理诱杀技术　在麦收时二点委夜蛾成虫羽化期，统一组织，利用诱虫灯、性诱剂等大面积诱杀二点委夜蛾成虫。

2. 播前灭茬技术　在小麦收获时在收割机上挂上旋耕灭茬装置，粉碎小麦秸秆于夏玉米播种前，破坏二点委夜蛾的产卵和栖息场所。

3. 清除玉米播种沟上的覆盖物　在玉米播种机上加挂带秸秆清理的装置，清除播种沟上的麦秸和麦糠，消除二点委夜蛾幼虫隐蔽危害的适生环境。

2015 年马铃薯晚疫病防控技术方案

根据全国农技中心组织专家会商分析预测，2015 年马铃薯晚疫病在西南、西北、华北和东北等主产区可能偏重流行，发生面积预计 3 500 万亩左右。为控制马铃薯晚疫病危害，特制订本方案。

一、防控目标

重发区防控处置率达 100％，常发区防控处置率 80％以上，其中专业化统防统治达 20％以上，总体防治效果达 80％以上，危害损失率控制在 5％以下。

二、防控策略

（一）总体防控策略

实施以推广抗病品种和脱毒种薯为基础，种薯处理、健身栽培和预测预报指导下的药剂防控相结合的综合防控措施，大力推进专业化统防统治，及时有效控制病害流行。

（二）分区防控重点

1. 高发区　包括贵州、云南、重庆、四川、甘肃、宁夏等省份及湖北西部、陕西北部。防控重点是合理布局抗病品种，发病前采取保护性药剂预防，发病后采取治疗性药剂和保护性药剂交替防治。

2. 常发区　主要包括内蒙古、山西、河北、黑龙江、吉林等省份。防控重点是合理布局抗病品种，发病初期如遇适宜传播气象条件，采用保护性药剂加治疗性药剂防治。

3. 偶发区　主要包括山东、青海、福建、湖南、广西、广东等省份。加强病情监测，密切关注气象条件，一旦出现发病中心，立即采用治疗性药剂予以控制。

三、防控技术措施

（一）播期防治

1. 推广抗病脱毒种薯　各地在加强田间马铃薯品种抗病性监测基础上，选择抗性好的品种生产脱毒种薯推广，大力推广应用一级脱毒种薯进行商品薯生产。

2. 种薯处理　播种前淘汰病烂薯，提倡小种薯播种，需切块时，切刀用酒精、高锰酸钾或福尔马林浸泡消毒；种块可选用噁霜·锰锌或霜脲·锰锌等药剂拌种，旱作区可用马铃薯专用浸种剂加上述两种药剂混合拌种，种薯拌药后避光晾干播种。

3. 健身栽培　重视推广高垄、大垄栽培，晚疫病重发区适当降低种植密度，控制氮肥，增施磷、钾肥，科学轮作等健身栽培措施。尤其在雨水多、墒情好的地方，可采取垄上播及平播后起垄等方式，降低薯块带菌率；避免与茄科类、十字花科类作物轮作或套种，禁止与番茄轮作。

（二）生长期防治

1. 加强监测预警　采取系统监测与田间实查相结合，定点调查与大田普查相结合，确定防治最佳时期。

2. 中心病株处理　当发现中心病株时，要连根及薯块全部挖出，带出田外深埋（深度 1 米以上）或销毁，对病株周围 50 米范围内喷施霜脲·锰锌或氟吡菌胺·霜霉威等药剂进行封锁控制，隔 7 天喷 1 次，连喷 3 次，阻止病害扩展。

3. 控制徒长　在现蕾期当株高 30～40 厘米，且有徒长迹象时，采用烯效唑或马铃薯专用植物生长调节剂均匀喷雾控制徒长。

4. 药剂控病　从现蕾期开始喷施 1～2 次保护性杀菌剂，如代森锰锌、氰霜唑、丙森锌、双炔酰菌胺等进行预防；田间见病后，重发区应立即组织开展专业化统防统治，选用治疗性杀菌剂，如烯酰吗啉、氟吡菌胺·霜霉威、噁唑菌酮·霜脲氰、霜脲·锰锌等药剂喷雾防治 2～4 次，常发和偶发区根据监测预报选用上述药剂防治 2～3 次或用申嗪霉素、枯草芽孢杆菌等生物制剂防治。均匀周到喷药，喷药后 4 小时遇雨应及时补喷。注重轮换用药，适当利用有机硅助剂提高药效。

5. 收获前预防块茎感病　马铃薯收获前一周进行杀秧，把茎、叶清理出田外集中处理。杀秧后地表喷施一次霜脲·锰锌或嘧菌酯预防块茎感病，选择晴天收获。

（三）储藏期管理

入窖前剔除病薯和有伤口薯块，在阴凉通风处堆放 3 天。储藏前用硫黄、腐霉利·百菌清或三氯异氰尿酸熏蒸消毒贮窖。储存量控制在贮窖容量的 2/3 以内。储藏期间加强通风，温度控制在 1～4℃，湿度不高于 75％。

2015 年柑橘大实蝇防控技术方案

为做好 2015 年柑橘大实蝇防控工作，有效控制柑橘大实蝇危害，切实保障柑橘产业安全，特制订本方案。

一、防控目标

防治处置率达到 80％以上，绿色防控技术应用面积达到 60％以上，总体防控效果 85％以上，危害损失率控制在 5％以内，确保柑橘大实蝇不大范围扩散蔓延。

二、防控策略

采取分区治理、分类防治、联防联控的防治策略，加强柑橘大实蝇发生历期监测，重点应用成虫诱杀、捡拾落果和无害化处理虫果等措施。

三、防控措施

（一）重点防控区域

以湖南、湖北、贵州、重庆、四川、陕西等省份的柑橘主产区及其他柑橘大实蝇重发地区为防控重点区域。

（二）主要技术措施

1. 成虫回园监测　采用挂瓶法、点喷法和目测法等方法监测成虫回园始期，准确确定防治时期，做好分类指导，为大面积防治提供依据。

2. 成虫诱杀　根据监测情况，在柑橘大实蝇羽化始盛期至盛末期，一般在 5 月中下旬至 7 月下旬期间诱杀成虫。

（1）挂瓶（诱捕器）诱杀。对于虫果率 3％以下的果园，可采用糖醋液或食物诱剂挂瓶（诱捕器）诱杀成虫，每 7 天换 1 次诱剂。

（2）点喷诱杀。对于虫果率 3％以上的果园，用糖醋液或 0.1％阿维菌素饵剂诱杀，每隔 7 天喷药诱杀 1 次，生育期早的蜜橘类一般要用 3～5 次，椪柑类和橙类一般用 4～6 次。

3. 捡拾与处理虫果　及时捡拾并处理虫果对控制翌年害虫基数作用较大。

（1）捡拾虫果。从 9 月中旬至 11 月下旬对橘园的落果及时捡拾，每 3 天 1 次。山坡果园在坡下挖浅沟拦截和收集虫果，打蜡加工厂、零散交易点及无人管理橘园虫果收集后统一处理。对于采果期橘树上未落的虫果及时进行摘除。

（2）处理虫果。利用虫果处理池杀死柑橘大实蝇幼虫或者用专用塑料虫果袋，扎紧口袋密封，就地闷杀。7～10 天后虫果内幼虫死亡，烂果作肥料使用，虫果处理袋可重复使用。

2015 年蜜蜂授粉与绿色防控
增产技术集成应用示范总结

保护利用蜜蜂授粉，推广病虫害绿色防控技术，对提高农作物产量，提升农产品质量安全水平，促进养蜂业和种植业持续健康发展，推进化肥农药减量使用，实现农业生产方式转变意义重大。在 2014 年试验示范的基础上，蜜蜂授粉与绿色防控增产技术集成应用项目的实施，不仅有效增加了农作物产量，提高了农产品品质和质量安全水平，还节约了劳动成本，减少了农药使用，保护了生态环境，增产提质增收效果十分显著。

一、示范工作开展情况

2015 年年初，农业部办公厅印发了《蜜蜂授粉与绿色防控增产技术集成应用示范方案》简称《方案》，在全国 15 个省（自治区、直辖市）的 13 种作物上，建立了 28 个试验示范基地（其中 4 个为蜜蜂授粉与病虫害绿色防控技术集成应用整建制推进示范区），全面开展蜜蜂授粉与绿色防控增产技术集成应用示范。全国农技中心及各相关省份积极配合，认真落实，制订并印发了示范区实施方案，明确了试验示范任务，落实了示范地点和示范区面积。据统计，2015 年 24 个试验示范区实际试验示范面积 24.87 万亩，4 个整建制推进示范基地实际示范推广面积 100 万亩，超额完成示范方案要求。为推进试验示范工作，3～10 月全国农技中心组织有关专家赴河北、山西、重庆、陕西等地进行了实地调研和技术指导和培训。8 月全国农技中心组织在内蒙古巴彦淖尔召开了蜜蜂授粉与绿色防控技术集成示范现场会，交流了示范区建设工作经验，总结了阶段性的工作成果，并对后续工作做了部署。12 月初，又在中国农业科学院蜜蜂研究所召开研讨会，总结全年工作。12 月底至 1 月配合种植业司完成了农业部农业技术试验示范专项现场调研。各地在试验示范过程中，加强组织领导，加大支持力度，开展技术攻关，创新推广机制，圆满完成了《方案》要求的各项试验示范任务，取得显著的成效。

二、示范取得的主要成效

（一）增产效果显著

蜜蜂授粉具有显著的增产作用。无论是典型的虫媒花作物，还是利用杂种优势的自花授粉作物，通过蜜蜂授粉均能增产。全国 28 个示范区的 12 种示范作物，增产情况按增幅排列如下：蜜柚 1 个示范区平均亩增产 443 千克，增幅 28%，向日葵 3 个示范区平均亩增产 48 千克，增幅 26%，油菜 3 个示范区平均亩增产 32 千克，增幅 19%，番茄 3 个示范区平均亩增产 830 千克，增幅 18%，草莓 2 个示范区平均亩增产 298 千克，增产幅度 17%，大豆 2 个示范区亩增产 27.5 千克，增幅 15%，梨树 2 个示范区平均亩增产 448 千克，增幅 13%，樱桃 2 个示范区平均亩增产 113 千克，增幅 12%，枣树 2 个示范区平均亩增产 94 千克，增幅 9%，苹果 2 个示范区平均亩增产 270 千克，增幅 8%，蜜柑 1 个示范区平均亩增产 154 千克，增幅 5%，哈密瓜 2 个示范区平均亩增产 47 千克，增幅 2%，水稻 2 个示范区亩增产 1 千克，增幅 0.19%。

各地试验示范结果表明，蜜蜂授粉对于多数作物如蜜柚、向日葵、油菜、番茄、草莓、大豆、梨树、樱桃、枣树、苹果等，增产效果非常明显，其中部分作物如果没有蜜蜂或其他授粉昆虫参与授粉，几乎没有产量。如山东蜜蜂授粉区苹果亩产量 3 689 千克，无蜂授粉区苹果亩产量仅 770 千克，相差 4.8 倍。但是也发现部分作物的两个示范区实验结果相反，如黑龙江牡丹江示范区水稻平均亩增产 32 千克，增幅 4%，而五常蜜蜂授粉示范区平均亩产低于对照区 30 千克，增幅为 −5%，新疆哈密瓜示范区平均亩增产 398 千克，增幅 15％，海南蜜蜂授粉示范区平均亩产低于对照区 5 千克，增幅为一 0.3％。对于水稻和哈密瓜这两种作物还需要做进一步的试验。

（二）提质效果显著

蜜蜂授粉较人工授粉具有授粉量大、授粉均匀、不损伤花朵等特点，经蜜蜂授粉的作物在品质上有以下几方面的提高。一是结实率（坐果率）高、果形周正、畸果率低，二是果实籽粒饱满、籽粒数多、千粒重高，三是水果类可溶性固形物、维生素 C 和可溶性糖等含量提高，油料作物等的出油率提高，四是农药使用量降低，农产品农残检测均未超标。各示范区的调查结果显示，草莓畸形果率蜜蜂授粉区为 26.2％，比自花对照区 67.3％低 38.9％。经检测，授粉区草莓的可滴定酸（以柠檬酸计，％）和维生素 C 也较非授粉对照区高。番茄熊蜂授粉每穗果平均增加 0.18 个，畸形果率平均不到 7％，而非熊蜂授粉区则平均高于 10％，授粉区果实周正、果皮光亮、转色均匀，果肉中隔规矩肥厚，滋养组织饱满，而非授粉区果实无光泽，转色不匀，果肉中隔散乱较薄，滋养组织散乱，授粉区单果种子数较非授粉区平均增多 97 粒，种子茸毛规整有光泽，千粒重增加 0.3 克。品质检测表明，可溶性固形物、维生素 C、可滴定酸、可溶性糖等指标熊蜂授粉区与激素蘸花区基本持平。苹果蜜蜂授粉花序坐果率高于人工授粉，可达到无蜜蜂授粉对照区的 14 倍，畸形果率授粉区仅 1％，而对照区高达 4.5％，授粉区果形明显较周正、颜色深正，授粉区果实种子数平均 7.8 粒，高于对照区的 6.3 粒。品质检测结果表明，授粉区苹果硬度、可溶性固形物、着色面等均明显优于对照区。油菜蜜蜂授粉区的单株角果数较非授粉区增加 44％，出油率提高 3％。梨树蜜蜂授粉区的平均单果重量比非授粉区高 35 克，坐果率提高 6％，畸形率平均低 65％，可溶性固形物提高 2％。枣树蜜蜂授粉区的平均单果重量比非授粉区提高 15％，坐果率提高 14.8％，畸形率蜜蜂授粉区为 2％，远低于常规区的 12％和对照区的 8％，果实硬度、糖度、可溶性固形物均高于常规授粉区和对照。向日葵蜜蜂授粉区的单盘成粒数高于自然对照区 120粒，单盘结实率较对照区增加 11％，百粒重较对照增加 0.1 克，单株子实重较对照区高 18 克。哈密瓜蜜蜂授粉区的坐果数、畸形果数与自然授粉区和空白对照区差别不大，但蜜蜂授粉区千粒重是对照区的 1.5 倍。品质检测结果表明，蜜蜂授粉区可溶性糖、还原糖、可溶性固形物、维生素 C 含量比自然授粉区分别高 6％、4％、8％、45.6％。

从示范区总体看，蜜蜂授粉作物表观品质性状和果实品质检测结果均表明，蜜蜂授粉有利于提高农产品品质，同时，蜜蜂授粉示范区为保护蜜蜂而集成使用绿色防控技术，降低了农药使用，减少了残留风险，提高了农产品的质量安全水平。

（三）增收效果显著

蜜蜂授粉与绿色防控增产技术集成，一方面增加了作物产量，另一方面提高了农产品品质。同时，蜜蜂有了稳定蜜源，蜂蜜产量提高，从而形成了促进农民和蜂农增收的重要来源。在农业投入方面，原来需人工授粉的作物，明显减少了人工费用，降低了授粉的劳动强度。由于采用了绿色防控技术，特别是诱控等技术，有效降低了农药投入，节约了开支。综合几方面，蜜蜂授粉与绿色防控技术集成应用产生了显著的增收节支效果。

草莓蜜蜂授粉区由于蜜蜂授粉和配套绿控技术的实施有效保障了示范区草莓质量，每千克销售价格比非示范区高 3 元左右，经济效益每亩增加 6 619 元。樱桃蜜蜂授粉区平均亩增产 113 千克，每千克平均售价 48 元，比常规区高 1.7 元，提质增效平均每亩增收 5 470 元，节约授粉成本 170 元，两项合计平均每亩增收 5 300 元。梨树蜜蜂授粉较人工授粉亩增产 448 千克，每千克售价 2.8 元，提质增效亩增收 3 409 元，人工授粉平均亩需人工费 400 元，花粉费用 450 元，平均亩授粉费用 850 元，采用蜜蜂授粉，1 箱蜜蜂需费用 100 元，3 亩地需 1 箱蜂，平均 1 亩地需费用 34 元，亩辅佐人工授粉人工费 200元、花粉费用 100 元，平均亩授粉费用 334 元，采用蜜蜂授粉亩节约费用 516 元，两项合计亩增收节支3 925 元。番茄蜜蜂授粉区平均亩增产 830 千克，三个示范区平均每亩增收 2 208 元，蜜蜂授粉产品售价高于激素授粉产品，提质亩增收 936 元，租用蜜蜂成本平均每亩 390 元，但减少人工投入平均每亩520 元，亩节支增收 130 元，三项合计亩增收 3 274 元。苹果示范区蜜蜂授粉较人工授粉亩均增产 270

千克，常规区价格每千克 4.7 元，示范区果品商品率高，果个大，色艳，口感好，农药残留低，每千克单价比常规管理区高 0.4 元，亩平均增收 874 元，人工授粉平均亩需人工费 150 元，花粉费用 50 元以上，亩共需费用 200 元；而采用蜜蜂授粉，1 箱蜜蜂需费用 50～60 元，5 亩地需 1 箱蜂，平均 1 亩地需费用 10～12 元，每亩可节省费用 190 元，通过采用绿色防控技术，每亩还可再节约 96 元，合计每亩增收 2 340 元。哈密瓜蜜蜂授粉较人工或自然授粉每千克售价可提高 1～2 元，平均每亩增收 2 685 元。油菜三个示范区蜜蜂授粉平均亩增产 32 千克，增收 168 元，蜂蜜亩产 7.5 千克，每千克 20 元，收入 150 元，合计增收 318 元。向日葵两个示范区蜜蜂授粉平均增产 48 千克，每亩提质增效平均增收 551 元。

（四）保护蜜蜂效果显著

蜜蜂授粉与绿色防控技术集成，可有效控制农作物病虫危害，减少农药使用，降低蜜蜂授粉安全风险。示范区通过采用"四诱"技术、天敌保护利用技术、生物农药、隐蔽用药和提早用药技术等绿色防控集成技术，确保作物花期不用药或用对蜜蜂安全的微生物菌剂等高效低毒农药，不仅有效地保护了蜜蜂，减少了对蜜蜂的伤害，而且其他自然授粉昆虫数量也明显增加，从而为蜜蜂和其他授粉昆虫创造了良好的农业生态环境。

（五）探索多种推广模式

按照《方案》要求，各示范基地根据不同作物特点，集成蜜蜂授粉与绿色防控技术，形成了多种适于大面积推广应用的技术模式，探索建立大面积推广应用机制。

在 2014 年的示范过程中根据作物特点已经初步建立 5 种作物推广模式，分别是：油菜、向日葵等大田蜜源作物技术模式；草莓、番茄等保护地作物推广模式；苹果、梨、柑橘等果树作物推广模式；大豆等杂种优势利用作物推广模式；哈密瓜等非传统蜜蜂授粉作物推广模式。2015 年重点开展整建制示范，进行了多种推广模式的探索。

1. 以核心示范区为中心，辐射带动整个示范片，整建制推进的绿色防控模式 针对油菜、向日葵、苹果等作物，充分依托核心示范区项目，统一种植耐病性强的品种，并通过科学田间管理，增强植株的抗逆性，做好农业防治。在防治期，加强病害监测和情报发布，明确防治时期、次数和药剂，统一采购药剂，由专业化防治组织统一集中施药，既保证了施药质量又减少了化学农药使用量及农药污染，提高了防治效益。通过核心示范区的示范带动，在整个示范片推广核心示范区的做法，积极宣传引导广大农户采用安全高效的药剂，抓住防治适期科学、绿色防控。

2. 植保社会化服务模式 山东招远市苹果示范区通过实施病虫害专业化防控，探索了五种植保社会化服务创新模式，实现了三个转变。五种创新模式：一是以现代化大型基地为服务对象的植保托管模式，二是以小流域为单元的整建制绿色防控模式，三是从耕种、管理、控害至收获的全程托管模式，四是化学防治前移化零为整模式，五是以中小型基地为服务对象的植保托管模式。三个转变：一是服务方式的转变，从我们向农民卖服务变农民向我们买服务；二是装备水平的转变，从单纯的人工背负式喷雾器到大型果林机、水旱两用机再到现在的无人遥控飞机转变，可以开展空中与地面相结合的立体防控；三是农民防病治虫观念的转变，从多打药多用药向少用药、科学用药、绿色植保转变。

3. "五位一体"技术推广模式 在海南示范区项目依托中国热带农业科学院环境与植物保护研究所，发挥科研院所科技创新作用，集成项目技术规范和标准，为项目实施提供技术支撑；依靠海南省蜂业学会，发挥社会团体组织社会服务体系优势，为项目提供试验示范基地和授粉蜂群；依据果品销售企业的订单，发挥企业市场带动作用，为项目技术提供市场需求；依赖村党支部和养蜂专业合作社，发挥其协调组织各方利益作用，为项目顺利实施提供保障；借助《海南日报》等主流媒体，发挥宣传作用，提高了项目的社会影响力。形成科研院所＋学会＋企业＋村委会（合作社）＋新闻媒体"五位一体"技术推广新模式。

三、主要做法与经验

全国 15 个省份 28 个示范区的农业行政和植保技术部门高度重视，积极组织，配套经费，开展工作。各示范区负责指导的蜜蜂专家认真指导培训，植保技术人员严格按《方案》要求开展试验示范，加强调查研究，集成配套绿色防控技术，取得了显著成效，主要作法和经验有以下方面。

（一）加强组织领导

根据《方案》要求，15 个省份农（牧）业厅（委）高度重视，28 个示范区都成立了以省植保站牵头、蜜蜂养殖站或养蜂专家、市县植保站负责人为成员的示范工作领导小组，部分示范区还成立了技术指导小组。领导组和技术组通过加强组织领导和分工协作，完成了组织蜂源、蜜蜂授粉、绿色防控技术集成及相关田间调查、技术培训和督查指导等工作，确保了示范的有序推进和顺利实施。

（二）科学制订方案

各示范区为细化实施方案，由省站组织实地考察，落实核心示范区。组织养蜂专家、市县植保站（农技中心）负责人和技术人员，对示范实施方案进行详细讨论，明确实施关键环节，细化示范评价指标和调查方法，制订具体实施方案，并以省（区、市）农业厅或省站印发文件。实施方案明确了蜜蜂授粉的具体技术要求，绿色防控技术集成原则、关键技术评价方法、推广机制和保障措施。

（三）加大物资支持

为了保证蜜蜂授粉与绿色防控技术集成应用示范项目的顺利进行，各示范区多方筹措资金，整合农村能源、农业综合开发、测土配方施肥等项目资金，加大资金、物资的支持力度，保证了示范区各项工作的正常进行。据统计，28 个示范区共投入资金 1 404 万元，试验示范物资蜜蜂 4 万多箱、杀虫灯 2 000 多台、性诱捕器 4 万多个、粘虫板 70 多万张、天敌卵卡等 12 多万张、对蜜蜂安全的生物农药超过 100 吨。通过资金的支持和物资的发放，大大提高了示范区农民和蜂农的积极性。

（四）强化培训指导

各示范区为做好示范工作，针对项目主要由植保技术人员实施的情况，聘请有关养蜂专家召开蜜蜂授粉技术现场培训会，在绿色防控技术的集成上，把保证蜜蜂安全放在首位，采取以"农业防治、物理防治、生物防治为主，化学防治为辅"的防治策略，病虫害防治尽量选用农业防治、物理防治和生物防治方法。28 个示范区广泛开展各种形式的技术培训，据统计，培训农民超过 1 万人次，编印、下发了各类技术资料 6 万多份。提高了农民对蜜蜂授粉和绿色防控技术的认识水平和应用能力。

四、存在问题与建议

（一）存在问题

2015 年试验示范工作尽管取得了显著成效，但也暴露了一些问题。主要有三个方面：

一是方案细化有待进一步加强。尽管我们在上年基础上统一了试验设计和评价方法，但从各地情况看，同一作物不同示范区间的结果可比性仍存在较大差异。这里有品种、地力、树龄等差异的因素，也有调查时间和方法等的不同。同时，蜜蜂授粉与绿色防控技术集成度还不够，标准化程度不高，技术模式的通用性不强。

二是项目组织有待进一步协调。2015 年的试验示范中，还存在蜜蜂授粉技术与绿色防控技术的集成度不高，作物种植与蜜蜂养殖之间协调配合不够的问题。在宣传引导方面，某些地区绿色防控技术对蜜蜂安全性的宣传不到位，蜂农对为某些作物授粉存在顾虑。绿色防控技术集成，特别是对蜜蜂安全农药的使用宣传培训不够，影响了部分项目效果的发挥。

三是项目经费严重不足。按照《方案》分配的示范面积，无论是项目补贴内容还是补贴标准都远低于实际所需。项目经费仅对蜂群、绿色防控进行补贴，未列支用工、燃油等补贴，影响参试人员的工作积极性。对于部分花期长，需要多种绿色防控技术集成的示范，每亩仅补贴 50 元，与正常的绿色防控费用相比，明显不足。

（二）建议

一是优化示范方案。2年的试验示范说明推广蜜蜂授粉与绿色防控技术具有显著的效益，因此，在不断总结经验的基础上，需进一步优化示范方案，扩大示范作物范围，完善技术体系，创新推广机制，全面推进除品种、植保技术外，最有潜力的蜜蜂授粉增产技术。

二是加大扶持力度。蜜蜂授粉和绿色防控增产技术集成示范所需资金和物资投入较大，建议加大扶持力度，对项目区内养蜂农户和种植农户给予适当的补贴，调动农民的积极性，确保蜜蜂授粉和绿色植保技术集成应用的各项措施落到实处。

三是加强协调配合。示范项目的完成需要多部门配合、形成合力。建议植保部门与其他科研部门、社会团体积极合作，共同推进养蜂技术、授粉技术、绿色防控技术和生物农药的生产研发，不断推进该项技术集成应用的创新和普及。

四是加大宣传力度。蜜蜂授粉与绿色防控增产技术集成应用示范是新技术、新项目。建议进一步加强宣传培训，使政府和农民认识到推广绿色防控技术对生物种群安全、食品安全、农业生态安全的必要性，认识到蜜蜂养殖与作物增产的互惠作用，共同推进项目进展。

（执笔人：周阳　赵中华）

2015 年实蝇绿色防控技术试验示范项目总结

按照农技推广与体系建设专项的要求，2015 年主要在柑橘大实蝇、橘小实蝇、瓜实蝇的主要发生区域开展技术培训、试验示范、技术集成和推广模式创新等方面的工作，圆满完成了项目任务，取得了较好的经济、生态和社会效益。现将工作总结如下：

一、主要防控对象

柑橘大实蝇、橘小实蝇、瓜实蝇、南亚实蝇等实蝇害虫近年来在南方水果和瓜类蔬菜上发生危害日趋严重，已成为有关果蔬产区的主要防控对象。柑橘大实蝇主要分布于湖南、湖北、重庆、四川、贵州、陕西等省份。2015 年柑橘大实蝇在部分省市扩散蔓延，重庆总发生面积从 37.96 万亩增加到 48.341 万亩，新增 1 个县、30 个乡镇；湖南发生面积从 140 万亩增加到 158 万亩；湖北发生面积 110 万亩，与去年持平；贵州发生面积 8.92 万亩。全国发生面积约为 350 万亩。橘小实蝇分布于长江以南的 14 个省份，为害多种热带、亚热带、温带水果、蔬菜和花卉；瓜实蝇主要分布于台湾、福建、海南、广东、广西、贵州、云南、四川、重庆、湖南、江西等地，以西南地区为主，主要为害葫芦科和茄科植物。2015 年瓜实蝇、南亚实蝇在湖北、湖南、广东、广西、海南等省份的瓜果蔬菜上发生严重。由于实蝇的卵和幼虫存在于果实内，隐蔽性强，成虫的飞翔能力很强，防治非常困难，常规的化学农药喷洒往往很难达到防治目的。2015 年全国农技中心将实蝇类害虫绿色防控列入农业技术试验示范专项。

二、防控情况

（一）加强技术队伍建设，开展高级技术人员培训

为提高实蝇类害虫绿色防控技术水平，2015 年 5 月 7 日在湖北省宜昌市举办了果蔬实蝇类害虫绿色防控技术培训班。来自福建、浙江、湖北、湖南、广东、广西、海南、重庆、四川、江西、贵州、云南、陕西等省份以及相关绿色防控示范基点的代表共计 90 余人参加了培训。云南农业大学肖春教授、福建农林科技大学季清娥教授以及华中农业大学牛长缨教授就果实蝇害虫的生物学特性、发生为害特点以及绿色防控技术等方面做了专题报告。参加培训的学员经考核合格后颁发了绿色防控高级师资资格证书。培训班上湖北等省份就 2014 年柑橘大实蝇发生和防控情况进行了汇报交流，承担 2014 年橘小实蝇防控和瓜实蝇防控的示范点交流了试验示范情况。培训班对 2015 年果实蝇的防控工作进行了研讨，要求 2015 年一是继续做好"实蝇绿色防控技术试验示范专项"的组织和实施。二是做好实蝇的监测工作。要加强与有关专家的联系和协作，做好实蝇种类的鉴定、识别和监测，及时掌握实蝇的发生动态。三是结合绿色防控项目做好实蝇防控的示范与培训。结合国家和省、县级绿色防控示范项目的实施，在继续做好柑橘大实蝇绿色防控技术示范区建设的同时，做好橘小实蝇、瓜实蝇等实蝇害虫的防控技术试验、示范工作，进一步集成橘小实蝇、瓜实蝇的绿色防控技术体系。四是关注社会热点，做好技术服务。在做好实蝇防控工作的宣传、组织、发动的同时，要关注社会上关于实蝇的热点，及时进行信息的传递和沟通，做好防控的技术支撑和服务。通过培训，使基层植保技术人员更加深入理解了实蝇防控的重要性和必要性，更加系统了解和掌握了实蝇的发生规律、为害特点以及有效的绿色防控技术手段，为有效控制实蝇害虫打下了基础。

（二）建立示范区，加强对柑橘大实蝇防控的整体推进并加强宣传

2015 年共建立 5 个柑橘大实蝇绿色防控示范区。湖南省桃源县示范面积 2 000 亩，辐射带动 8 万

亩；组织橘农培训班 5 余场次，培训近 300 人次。贵州省黔南州惠水县示范面积 1 200 亩，辐射带动 5.32 万亩；省级举办 1 期培训班；县级举办 1 期农民田间学校，培训学员 26 人，举办培训班 2 期，培训人员 220 人次，发放技术资料 1 000 余份。重庆市奉节县示范区 100% 覆盖全村柑橘园，防控面积 1 250 亩，组建 1 个柑橘大实蝇防控农民田间学校培训班，培训学员 30 人；巫山县示范面积为 1 000 亩，辐射带动 3 000 亩，组建 1 个柑橘大实蝇防控农民田间学校培训班，培训学员 41 人，举办 2 期柑橘大实蝇绿色防控技术培训班，培训专业化合作社社员、种植大户、果农 105 人次，发放技术资料 500 份。湖北枝江示范面积 4 000 亩，辐射带动 5 万亩，举办柑橘大实蝇农民田间学校培训 2 次，培训合作社技术员、机防手、农民 100 多人，发放技术资料 1 000 多份。

（三）创新推广模式

一是组建防控专业队，推进专业化防控与绿色防控相融合。重庆市巫山县在示范片区组建了一支以渝特果业专业合作社社员为主的柑橘大实蝇防控专业队，以项目经费及政府补贴做支撑，县植保植检站提供技术指导，统一开展绿色防控。湖南省因地制宜地推进柑橘大实蝇统防统治，每县培育 1~2 家统防统治服务组织。湖北省开展联防统治面积大幅增加。宜昌市共组建联防队 648 个（去年 501 个），联防队员 10 450 人（去年近 6 000 人），一次联防面积近 60 万亩（去年 55 万亩），占全市应防面积的 65%（去年近 60%），全年累计联防面积 207.5 万亩次。其中宜都、枝江等联防面积近 100%。二是政府部门积极引导、组织联防联治。湖南省麻阳县在这方面做了有益的尝试，对于没有统防统治组织或公司的地方，政府及农业部门引导、发动、组织当地橘农推行"三统一"的联防联治方式，即"统一技术、统一时间、统一施药"。

（四）集成橘小实蝇绿色防控技术体系

在福建省永泰县建立示范区，集成示范"性诱灭雄＋蛋白饵剂＋寄生蜂＋有色粘虫板＋橘小实蝇不育雄虫"的综合防控技术；示范区李果蛀害率平均为 20.40%，比对照区李果危害率 91.2% 减少 70.8%；7 月 20 日嵩口镇月洲村和大喜村李园调查，李果危害率分别为 30.4% 和 28.4%；比对照区嵩口镇溪口村李园果危害率 96.4% 分别减少 66% 和 68%。防治效果分别为 77.63%、68.47% 和 70.54%。示范区比对照区年使用化学农药平均减少 3 次。

（五）开展南亚实蝇的监测与防控试验研究

2014 年，南亚实蝇在湖北省云梦县隔蒲潭镇月日湖社区苦瓜、丝瓜、黄瓜等瓜类蔬菜上突发成灾，发生面积 300 亩。很多菜农不惜成本，以常规化学防治多次防治，但收效甚微，损失十分严重，部分田块绝收，农民对其危害心有余悸，致使 2015 年该社区很多农户大幅缩减了瓜类蔬菜种植面积，改种毛豆、豇豆等其他蔬菜。该虫的肆虐为害严重影响了云梦县蔬菜产业的可持续生产。2015 年委托湖北省植物保护站开展了瓜类南亚实蝇绿色防控技术试验与示范项目。示范区位于隔蒲潭镇日月湖村，示范区面积 100 亩，核心试验点 20 亩。开展的主要工作：一是调查瓜类南亚实蝇的发生规律：先后应用了性诱剂简易挂瓶、食诱简易挂瓶及害虫远程实时监测仪等诱捕器作为监测手段，建立田间调查档案。二是开展绿色防控技术研究：①诱杀技术：调查发现，性诱剂诱杀成虫效果较好，食诱挂瓶效果较差；对黄板、红板、荧光板诱杀效果调查发现，较好的是荧光板，且诱虫种类专一，其次是黄板，对红板没有趋性。②点喷实蝇诱杀剂：每亩选 10 个点，每点喷 2~3 米²，每隔 7 天左右喷施 1 次。连续施用一段时间，可以压低田间实蝇虫口数量。③清洁田园：及时捡拾落果，摘除虫果，并带出田外用厚塑料薄膜袋封口埋入地下，减少成虫羽化数量。三是开展绿色防控技术培训与指导：组织农民培训，印发技术资料 300 多份。在南亚实蝇为害高峰期，到试点区进行指导，督导各项技术措施的落实。示范结果表明绿色防控区较农民常规自行防治区防效提高 14%~34%，且作物长势明显丰旺，蛀果率明显降低。

三、防控工作成效

一是提高了柑橘大实蝇的防控效果。湖南桃源成虫产卵果率为 2.0%（橘农自防区 8.0%）；幼虫危害虫果率为 1.0%（橘农自防区 4.8%），防控效果达 95% 以上。贵州惠水示范区平均防效达 91.63%，虫果率由 2014 年的 5.2% 下降至 0.83%。同时，平均防控效果为 87.6%，平均虫果率由 7.62% 降低至 2.37%。重庆市奉节县示范后的平均蛆果率为 0.95%，较实施前（上年）的 1.57% 下降 0.62%。巫山县示范区平均蛆果率为 1.67%，比去年的 6.08% 低 4.41%。二是农药减量成效显著。宜都市示范区与非示范区比较，化学农药使用面积减少 35%，平均每亩减少施药次数 4 次。枝江市减少化学农药使用量 50% 以上，减少了对农田生态环境的污染，农田有益生物增加，其中瓢虫、草蛉比非示范区增加了 30% 以上。秭归县减少化学农药用量在 50% 以上。三是经济和社会效益显著。湖南桃源示范区柑橘病虫防效在 90% 以上，每亩减损增产 300 千克以上，带来经济效益亩平均在 300 元以上。湖北宜昌三个示范区，平均亩增收 491.6～900 元。

四、存在的问题

（一）防治工作开展不平衡，潜在风险大

一是柑橘主产区开展联防联控的地方防控工作做得好，如湖北宜昌市、十堰市的丹江口市，重庆、湖南等部分柑橘主产县，而其他非柑橘主产区以及山区零星产区，防控重视程度不够，虫源基数高。二是存在防控死角。由于近几年柑橘价格不好，部分橘园疏于管理或者干脆弃管，大实蝇发生重，影响周围橘园；一些庭院门前零散橘树弃管弃治。这些防控死角应想办法落实好防治措施或者干脆砍掉。三是由于柑橘品种、气候等种植条件的变化及物流等传播途径的多样化造成大实蝇的扩散和突然暴发的潜在风险进一步加大。

（二）对实蝇发生情况缺乏系统调查

目前只有柑橘大实蝇的发生情况掌握比较好；其他实蝇如橘小实蝇、瓜实蝇、南亚实蝇以及斑翅果蝇等缺乏系统调查，对其发生情况很难掌握，给防治工作带来困难。

（三）对实蝇防控的认识不够

由于实蝇类害虫 2009 年以前为农业检疫性害虫，解除检疫后，各地对实蝇的防控认识参差不齐，大多数地方还没有足够认识其危害的严重性，导致在工作的开展、技术的开发等方面都满足不了实蝇防控的实际需要。

（四）缺乏工作经费支持

实蝇类成虫飞翔能力较强，常规单家独户分散防治方式效果不好，若一户不防治或者一些庭院门前零散橘树没防治等都对整个实蝇的防治效果有较大影响，必须统防统治和联防联治。因此在防控工作的组织管理上需要经费支持。此外，橘小实蝇、南亚实蝇等实蝇的防控技术研究和集成方面以及加强对公众的宣传和引导，也是目前需要着手的工作。

（执笔人：李萍）

二点委夜蛾、玉米螟等玉米重大害虫监测防控技术研究与示范 2015 年度研究进展

全国农业技术推广服务中心参加了由中国农业科学院植物保护研究所主持承担的公益性行业（农业）科研专项经费项目"二点委夜蛾、玉米螟等玉米重大害虫监测防控技术研究与示范"（201303026-9）。现根据项目要求，总结 2015 年度全国农技中心研究工作进展情况。

一、项目的计划任务、考核目标及主要技术经济指标

（一）2015 年研究内容

1. 二点委夜蛾成虫诱测技术试验 在河南、江苏、安徽、北京和天津等 6 个省份各设置 2 个观测点，试验灯光诱测和性诱技术对二点委夜蛾成虫的诱测效果。

2. 玉米螟高效性诱捕器研制和试验 研制高效、简便、适合基层监测使用的玉米螟性诱捕器，并在内蒙古和辽宁等地确定 5 个观测点，进行系统监测。

3. 欧洲玉米螟和亚洲玉米螟种群研究 在新疆维吾尔自治区南疆和北疆各选择 2 个有代表性的站点试验性诱剂对欧洲玉米螟和亚洲玉米螟的诱测效果，并逐日记录诱蛾量，分析两种玉米螟在新疆地区的分布情况。

4. 二点委夜蛾防控示范区的建立 在河南建立二点委夜蛾防控示范区，配合项目科研单位开展试验、研究，探索二点委夜蛾应急防治技术。

5. 玉米螟防控示范区的建立 在内蒙古自治区通辽市建立玉米螟绿色防控示范区，对现有的单项防控技术进行分析研究对比。

（二）预期目标和考核指标

1. 建立系统观测点，收集系统调查资料，初步确定二点委夜蛾发生世代和主害代。
2. 研究明确不同耕作方式下化学农药对二点委夜蛾的防控效果；筛选玉米螟诱杀专用杀虫灯。
3. 印刷玉米二点委夜蛾、玉米螟危害及其防治的宣传资料，进行技术培训。
4. 发表论文 1 篇。

二、项目执行情况

（一）成虫诱测技术试验

2015 年继续开展害虫标准化性诱监测工具试验示范工作，3 月 9 日印发《全国农技中心关于开展害虫标准化和自动化性诱监测工具试验示范和推广应用工作的通知》，在河北省阜城县、天津市静海县、内蒙古通辽市科尔沁区、辽宁省黑山县、山东省章丘市和汶上县、河南省民权县和安阳市、湖南省安化县开展玉米螟性诱监测试验，在河北省辛集市、宁晋县，山西省万荣县、运城市盐湖区，山东省肥城市、汶上县，河南省郸城县，安徽省砀山县、萧县，江苏省丰县开展二点委夜蛾性诱监测试验。各省试验结果如下：

玉米螟成虫性诱监测试验，从山东汶上县 7 月性诱、灯诱对比结果可以看出两种诱蛾工具诱蛾量没有明显差异，两种诱捕器诱集玉米螟的蛾峰基本一致，因此，诱捕器对玉米螟均有良好的诱集作用，可用于玉米螟的监测（图 1）。

肥城市二点委夜蛾性诱监测试验，二点委夜蛾诱芯由中国科学院动物研究所提供，诱捕器由宁波纽康生物技术有限公司提供，河南佳多自动虫情测报灯作为对照。试验地点选在山东省肥城市仪阳镇百忍

村，为小麦、玉米连作田，面积 50 亩，三个重复，相距 50 米呈正三角形放置，每个诱捕器与田边距离不少于 5 米，安装时离地高度为 1 米。每 20 天更换 1 次诱芯。在整个监测期 3～9 月内，每日上午 10：00 调查记录诱虫数量，安置性诱自动计数系统的单个诱捕器也进行人工计数（图 2）。

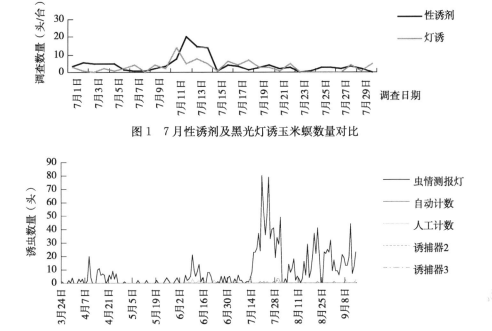

图 1　7 月性诱剂及黑光灯诱玉米螟数量对比

图 2　2015 年肥城市二点委夜蛾诱测数据

结果分析：自动计数诱捕器诱测始见期为 6 月 5 日，其中自动计数系统整个试验期间报送数据都为 0，人工计数整个试验期间共诱集二点委夜蛾成虫 17 头，峰值在 6 月 9 日，为 3 头。其他两台普通诱捕器诱测始见期为 7 月上中旬，整个试验期间共诱集二点委夜蛾成虫分别为 13 头和 15 头，峰值都为 7 月 13 日，分别为 5 头和 4 头。而虫情测报灯诱测始见期为 3 月 24 日，整个试验期间共诱集二点委夜蛾成虫 1 590 头，其中雌蛾 1 030 头，雄蛾 560 头，雌雄比接近 2：1。由诱虫曲线图可以看出，今年二点委夜蛾在肥城市有四个发生高峰期，越冬代成虫高峰期出现在 4 月上中旬，一代成虫高峰期出现在 6 月上中旬，二代成虫高峰期出现在 7 月中下旬，三代成虫高峰期出现在 8 月下旬，证明二点委夜蛾在当地 1 年发生 4 代，以二代成虫田间种群数量最多。两种二点委夜蛾诱测工具比较来看，测报灯更具优势。

（二）新疆欧洲玉米螟和亚洲玉米螟分布情况研究

2015 年在新疆地区开展玉米螟性诱试验，在南疆和北疆各选择 2 个有代表性的站点试验性诱剂对欧洲玉米螟和亚洲玉米螟的诱测效果，并逐日记录诱蛾量，分析两种玉米螟在新疆地区的分布情况。5 月中旬，在玉米螟羽化前，诱捕器放置在距田边 5～10 米的田埂处，每块田（10 亩左右）放置 4 个普通诱捕器，内置欧洲玉米螟和亚洲玉米螟诱芯的诱捕器各 2 个。另外设置一台进行性诱自动计数系统试验的诱捕器，将带性诱自动计数系统的诱捕器放在普通诱捕器中间。各诱捕器相距不少于 50 米。玉米株高 30～100 厘米时，诱捕器放置高度约 80 厘米；成株期后，低于植株冠层 20～30 厘米。自动计数诱捕器在玛纳斯县安装亚洲玉米螟诱芯，在伊宁县安装带欧洲玉米螟诱芯，在博州今年没有安装带自动计数功能的诱捕器。每个诱捕器诱芯每 20 天更换 1 次。

博乐市在青乡、小营镇、温泉县哈镇开展欧洲玉米螟和亚洲玉米螟性诱监测试验，从 7 月 12 日开始一直到 9 月 30 日止，博乐市青乡亚洲玉米螟 472 头，欧洲玉米螟 22 头，两者比例 21.5：1，小营镇累计诱亚洲玉米螟 478 头，欧洲玉米螟 47 头，两者比例 10.2：1，温泉县哈镇亚洲玉米螟 302 头，欧洲玉米螟 9 头，两者比例 33.5：1。试验结果说明在博州博乐市玉米螟主要以亚洲玉米螟为主，欧洲玉米螟数量较少，总体上两者比例约为 20：1。

玛纳斯县性诱试验从 5 月 10 日到 8 月 20 日共计 132 天的 132 次调查发现（表 1），诱捕器 1（亚洲玉米螟自动计数）总计诱蛾 199 头，诱捕器 1（亚洲玉米螟人工计数）人工计数总计诱蛾 202 头；诱捕器 2（亚洲玉米螟人工计数）总计诱蛾 309 头，诱捕器 3（亚洲玉米螟人工计数）总计诱蛾 369 头；诱捕器 4（欧洲玉米螟人工计数）总计诱蛾 0 头；诱捕器 5（亚洲玉米螟人工计数）总计诱蛾 0 头。试验结果表明，在新疆玛纳斯县未诱到欧洲玉米螟。截至目前，在新疆玛纳斯县发生的玉米螟种类为亚洲玉米螟。同时印证了宁波纽康生物技术有限公司生产的亚洲玉米螟诱芯、欧洲玉米螟诱芯有很强的专一性，自动计数诱捕器 2015 年总诱蛾量与人工计数相比，准确率达到 99％。在 132 次调查数据中，有 80 次数据相吻合，吻合率 60.6％，其余 42 次有极少量的偏差，总体来说性诱捕器自动计数系统准确可靠，玉米螟性诱剂在测报中具有使用简便、灵敏、准确率高、专一性好等特点，配备自动计数系统能大幅度降低测报人员工作强度，并且误差较小。性诱监测情况与田间危害情况相对应，能比较客观反映大田玉米螟发生程度。

表 1　玛纳斯县不同诱芯诱剂玉米螟统计

调查日期	玉米生育期	害虫代别	亚洲玉米螟（头/台）				欧洲玉米螟（头/台）	
			诱捕器 1		诱捕器 2	诱捕器 3	诱捕器 4	诱捕器 5
			自动计数	人工计数				
5 月 10 日至 8 月 20 日	苗期——乳熟期	越冬代、一代	199	202	309	369	0	0

（三）黄淮海地区二点委夜蛾、玉米螟越冬基数调查

2015 年 11 月 16～21 日，全国农技中心组织科教和推广部门专家赴河南、山东、河北 3 省 6 市（州）11 县（区），联合基层技术人员完成了二点委夜蛾、玉米等玉米重大病虫的越冬基数调查。据专家调查，山东菏泽、河北沧州等地前茬为玉米或甘薯的田块查到二点委夜蛾幼虫，每平方米平均密度在 0.2 头以下。调查的地区极易查到玉米螟和桃蛀螟幼虫，一般百秆活虫量为 18～40 头，山东菏泽和河北沧县严重地块达 150～170 头，河南长垣、濮阳和山东菏泽见大螟，危害区域明显北扩。根据连续多年的越冬基数调查，逐步掌握了黄淮海各地玉米螟、桃蛀螟和高粱条螟的种群动态，近年桃蛀螟种群比例明显上升，2015 年调查，魏县、保定市桃蛀螟百株活虫量大于玉米螟，迁安、廊坊均查到高粱条螟，其中，迁安百株活虫量达到 15.5 头，接近玉米螟百株活虫量。

黄淮海地区玉米秸秆粉碎还田比例增加明显，大部地区秸秆存储率低于 10％，可起到降低玉米螟越冬基数的作用，二点委夜蛾、玉米螟等玉米重大病虫越冬基数总体平稳，但局部区域虫量依然较高。

（四）示范区建设实施情况

2015 年在河南省周口市淮阳县以及新乡市的辉县建立二点委夜蛾综合防治示范区。

1. 辉县二点委夜蛾综合防治示范区　实验示范区位于冀屯镇，示范区面积 4 200 亩，其中核心示范区 1 800 亩，主栽品种"伟科 702"，播期 6 月 3～7 日。示范区内交通便利，土层深厚，排灌等农业基础设施较为完备，种植户对新技术、新产品、新信息等接受快，辐射带动能力强。示范区防治工作始终坚持"农业防治为先导、适量用药、综合防控"的技术要求。由于二点委夜蛾在辉县属于新发害虫，在防治方式选择、防治用药选择、防治时机选择上可供借鉴的不多，为了给将来的防治工作提供更多可供借鉴的经验，在示范区实施过程中使用较多的防治用药种类和较多的处理方式。采取的示范主要有：清理田园示范区，控制成虫示范区，撒毒土示范区，灌根示范区和农民自防示范区。

2015 年 7 月 5 日在示范区内开展了田间危害监测。调查方法为每个处理区随机选点 10 个，每点顺行连续调查 50 株，查看危害和倒伏情况，计算被害株率。各防治区防效如表 2。

表 2　各防治区防治效果

	处理 1	处理 2	处理 3	处理 4	处理 5	空白
调查株数	500	500	500	500	500	500
危害株数	0	0	0	0	0	0
被害株率	0	0	0	0	0	0

示范结果表明：今年二点委夜蛾在周口市发生轻微，田间虫量极少，基本不构成危害，没有倒伏情况发生，所以各示范处理间没有明显差异。同时表明各防治技术可行，可以达到保苗效果。

辉县二点委夜蛾轻发生原因分析：一是该虫在周口市可能有积累性和暴发性的特点，2011 年发生重，之后几年轻，2014 年发生重，今年发生轻。二是去年发生较重，防治用药量较大，防治次数较多，导致该虫越冬代密度较小。三是今年 5 月下旬，6 月上旬降雨较为频繁，可能导致越冬代成虫产卵率及卵孵化率下降。四是周口市套播玉米，现在普遍有小麦收麦后立即打杀虫剂的习惯，可能进一步压低了该虫成虫和幼虫的密度。

2015 年辉县植物保护站组织技术人员利用晚上的空闲时间深入示范区和常发区进行技术培训。共组织培训 4 次，培训人员 270 多人次，印发宣传资料 500 余份。

2. 淮阳县二点委夜蛾综合防控示范区　　今年淮阳县二点委夜蛾发生情况总体为偏轻发生，轻于去年。主要原因是，越冬代成虫量少，较近三年平均数 27.7 头降低了 60.3%；加之玉米播种前后降水偏少，温度偏高，对一代幼虫化蛹、羽化有不利影响，导致一代成虫发生量小，以为害夏玉米苗期为主的二代幼虫田间发生危害较轻。

二点委夜蛾综合防控示范区地点选择在齐老乡齐老行政村，二点委夜蛾发生相对较重区域。示范区地势平坦，排灌方便，土壤肥沃（两合土），规模化种植，集中连片，夏玉米种植品种为当地主推优质、高产、稳产、抗病品种郑单 958，种植密度为 4 500 株，6 月 15 日播种，9 月 25 日收获。示范区内设立核心综合防控示范区 3 000 亩，非防控区 2 亩。

根据示范区二点委夜蛾发生危害规律，在防治上综合应用农业、物理和化学防治方法，采取农业措施破坏其生存环境，一代成虫发生期及时采取杀虫灯等物理高效成虫灭杀技术，幼虫期治早、治小，大龄幼虫采用高效药剂应急防控等核心示范技术，有效地控制了二点委夜蛾的危害。具体措施如下：

（1）农业防治。小麦收获后随即清理田间麦秸及杂草等覆盖物，集中到田外，或用于秸秆回收再利用；或人工借助钩、耙等农具，局部清理播种沟的麦秸和麦糠，露出播种沟，使玉米出苗后茎基部无覆盖物，消除二点委夜蛾的适生环境。

（2）物理防治。从麦收前 7 天左右开始到玉米 6 叶前 30 多天的时间，利用杀虫灯诱杀二点委夜蛾一代成虫，减少田间落卵量，减轻危害。

（3）化学防治。①喷雾法：在玉米 3～4 叶期，幼虫三龄之前每亩用 4.2% 甲维盐·高氯 30 毫升，或 6% 阿维·氯虫苯甲酰胺 20～30 毫升等药剂，在傍晚进行全田均匀喷雾，注意加大喷水量，保证药液喷淋到玉米苗根颈部，同时兼治玉米黏虫、棉铃虫等。②毒饵、毒土法：对大龄二点委夜蛾幼虫发生较重地块采用毒土、毒饵法防治。每亩选用 90% 敌百虫晶体 250 克加适量水均匀拌入 5 千克炒香的麦麸中制成毒饵，用手攥麦麸可握成团，但不滴水即可，傍晚时分，撒于距离玉米苗茎基部约 5 厘米处，每株一小撮，重点撒施在有较多麦秸覆盖包围的玉米苗附近。或用 48% 毒死蜱乳油 500 毫升加适量水均匀拌入 25 千克细土中制成毒土，于傍晚顺垄撒在玉米苗茎基部周围。注意毒饵、毒土均不要撒到玉米植株上，要与玉米苗保持一定距离，以免产生药害。

示范区效益评估：9 月 21～22 日组织全站技术人员对示范区进行测产，示范区平均每亩穗数 4 552.3 个，每穗粒数 505.0 个，千粒重 312.8 克，平均亩产达 611.2 千克；非防控区平均每亩穗数 4 201.5 个，每穗粒数 486.0 个，千粒重 303.1 克，平均亩产 526.1 千克；二点委夜蛾综合防治示范区较非防控区增产 85.1 千克，增产率为 16.2%，增产效果显著。而且通过清洁田园等农业措施人为破坏二点委夜蛾的适生环境，物理诱杀成虫降低落卵量，减轻二点委夜蛾危害，使化学农药使用量减少 30% 以上，减少了环境污染，取得了明显的经济、生态、社会效益。

3. 内蒙古通辽玉米病虫绿色防控示范区　　2015 年在通辽市科尔沁区建立玉米病虫害绿色防控示范区，核心面积 1.0 万亩，辐射带动 5 万亩。选用并示范杀虫灯诱杀、白僵菌封垛、Bt 白僵菌灌心、人工释放赤眼蜂等绿色防控技术措施。2015 年项目示范区内实施"以农艺措施为主，以生物、物理防治措施为辅"的玉米螟绿色防控技术。为取得最佳防虫效果，实现玉米螟绿色防控目标，达到低投入、高防效，科尔沁区将白僵菌封垛、安装频振式杀虫灯、田间释放赤眼蜂等绿色防治措施优化集成为"白僵菌封垛+释放赤眼蜂""白僵菌封垛+频振式杀虫灯+释放赤眼蜂"两种综防措施在示范区内实施，在有效控制玉米螟发生危害的前提下，实现了全程控制的"绿色化"。同时，针对通辽地区以往较少防治二代玉米螟的情况，开展了赤眼蜂防治二代玉米螟技术试验，明确防治效果。2015年9月16日对赤眼蜂防治二代玉米螟示范试验区进行防治效果调查，在试验区随机选取4个地块，每个地块选取5点，每点20株，平均100株找到52头活虫，对照田100株共找到活虫178头，整体防治效果达到48％。在释放赤眼蜂期间正逢连续降雨，气候原因对赤眼蜂的防治效果产生了一定影响。但总体来说，赤眼蜂防治玉米螟仍是防治玉米螟的最佳生物防治方法，能将玉米螟消灭在卵期，即为害之前，既符合"预防为主、综合防治"的植保方针，而且成本低、防效好、方法简便、省工省力，并且对人畜无毒害、对天敌无杀伤、对环境无污染、产品无残毒，具有显著的生态效益、经济效益和社会效益。但是释放赤眼蜂防治玉米螟的方法对气候条件和释放时间的要求较高，掌握好准确时间达到理想的防治效果尚存在一定困难。

三、发表的文章

以公益性行业（农业）科研专项经费项目（201303026）作为基金支持发表的文章共有以下3篇：

（1）刘杰，姜玉英，曾娟，2015.2013年我国黏虫发生特点分析［J］.植物保护，41（3）：131-137.

（2）刘杰，李健民，谢友荣，等，2015.通辽市农作物病虫害监测预警体系建设思考［J］.中国植保导刊，35（6）：79-82.

（3）刘杰，姜玉英，赵友文，2015.昆虫标本的采集处理和微距摄影技术［J］.农业工程，5（4）：146-149.

第五篇

2015年全国农业技术推广服务中心病虫害防治处调研报告

2015NIAN QUANGUO NONGYE
JISHU TUIGUANG FUWU ZHONGXIN
BINGCHONGHAI FANGZHICHU DIAOYAN
BAOGAO

第五篇　2015 年全国农业技术推广服务中心病虫害防治处调研报告

DIWUPIAN 2015NIAN QUANGUO NONGYE JISHU TUIGUANG FUWU ZHONGXIN BINGCHONGHAI FANGZHICHU DIAOYAN BAOGAO

2015 年中哈边境蝗虫联合调查报告

中哈边境地区蝗虫联合调查是中哈合作治蝗的一项重要内容，2015 年 6 月 23～30 日，来自哈萨克斯坦农业部、阿拉木图州和东哈萨克斯坦州以及库尔齐木县的 7 名治蝗专家来我国新疆中哈边境地区开展了蝗虫联合调查，全国农业技术推广服务中心（农业部蝗灾防治指挥部办公室）有关人员，会同新疆维吾尔自治区畜牧厅、新疆维吾尔自治区治蝗灭鼠指挥部办公室有关人员陪同哈方专家开展了联合调查工作。10 月 9～16 日，我方派出 7 名技术人员赴哈方开展了边境蝗虫联合调查，现将有关情况报告如下。

一、基本情况

2015 年 10 月 9～16 日，来自农业部种植业管理司、畜牧业司和全国农技中心、全国畜牧总站以及新疆维吾尔自治区治蝗灭鼠指挥部办公室的 7 名成员，分 2 组调查了哈萨克斯坦共和国东哈萨克斯坦州和阿拉木图州与我国接壤地区蝗虫发生和防治情况。调查组参访了东哈萨克斯坦州和阿拉木图州蝗虫监测与防治机构，实地调查了东哈萨克斯坦州与中方毗邻的阿亚库孜、加尔玛县、孜然县、卡通卡拉盖县、斋桑县等 5 个县和阿拉木图州与中方毗邻的阿拉库勒县、热依姆别克县、伟古尔县、番菲洛夫县、纳尔恩霍勒区等 5 个县的蝗区，了解了蝗虫发生情况，实地调查了防治效果，交流了蝗虫监测与防治技术，并就 11 月拟在我国西安召开的中哈治蝗合作第七次联合工作组会议和第五次专家技术研讨会有关会议安排交换了意见。

二、哈萨克斯坦边境蝗虫发生防治概况

通过联合调查了解到，今年中哈边境地区气温与常年相同，亚洲飞蝗、意大利蝗和西伯利亚蝗出土正常，蝗虫发生普遍，局部密度较高，但没有造成灾害，哈方农业部农业监督委和东哈萨克斯坦州、阿拉木图州植保机构高度重视边境蝗虫防控工作，采取从中哈边境线向里的防控策略，对高密度发生区蝗虫进行了化学防控，没有出现蝗虫迁飞进入我国危害的情况，有效保护了边境地区农牧业生产安全。

经调查了解，哈萨克斯坦东哈萨克斯坦州边境地区蝗虫发生面积 421 万亩，其中，亚洲飞蝗发生 160.5 万亩，意大利蝗发生 129 万亩，西伯利亚蝗发生 131.5 万亩，防治面积 305.8 万亩，采用的防控措施主要是化学农药防治。阿拉木图州中哈边境地区蝗虫发生面积 672.9 万亩，其中亚洲飞蝗发生面积 50.6 万亩，意大利蝗发生面积 318.5 万亩，西伯利亚蝗发生面积 303.8 万亩，达到经济阈值进行化防的面积为 481.4 万亩。在蝗虫二至三龄期，采取了防控措施，防治方法主要是使用 48％戈尔库列斯悬浮剂、48％迪浮露尔乳油、4％阿迪诺斯乳油等环保型低毒农药。防治工作从哈方边境线向内进行。

经中哈双方联合调查确认，2015 年中哈边境蝗虫没有形成灾害，哈方边境蝗虫未发生迁入我国危害的现象。

三、中哈合作治蝗的主要成效

一是及时掌握了哈方边境蝗区的蝗情信息。通过蝗情信息交换和互派专家开展蝗虫联合调查，我们已基本掌握了哈方与我国接壤的阿拉木图州和东哈萨克斯坦州蝗虫发生的主要种类和蝗区情况，并掌握了每年蝗虫发生消长的动态和防治工作开展情况，为及时采取有效措施控制蝗虫入境危害提供了科学依据。二是促进哈方加强了边境蝗虫防控。督促哈方加强了边境地区的蝗虫防治工作，并且由边境线向内

开展防控，以确保蝗虫不迁入我国危害。经过多年防治，从 2009 年开始连续 7 年未发生哈方蝗虫迁飞进入我国危害的现象。三是保护了我国边境地区农牧业生产安全。近年来，中哈双方都加大了对边境地区蝗灾的防治力度，减少了蝗灾对边区畜牧业和农业生产的影响，同时，通过推广绿色治蝗技术，减少了化学农药的使用，保护了蝗区生态环境。据初步测算，每年为边境地区挽回的畜牧业损失为 20 多亿元。对确保边境地区农牧民生产发展、社会稳定发挥了积极的作用。四是促进了蝗虫监测与防控技术交流。我国在中哈边境地区累计建立蝗虫绿色防控示范区 5 万亩，开展牧鸡牧鸭、保护利用粉红椋鸟和生物防治等绿色治蝗技术试验示范，得到哈方的认可，推动我国绿僵菌、印楝素等生物治蝗在哈方登记和推广应用，捐赠了哈方蝗虫监测调查设备 8 台，开展边境蝗虫临时联合监测点建设，提高了哈方蝗虫监测与防控技术水平。

四、有关建议

近年来，虽然经过长期防控，中哈边境蝗虫发生程度有所减轻，但边境生态环境脆弱，蝗虫滋生环境依然存在，不排除气候适宜，再次暴发蝗虫灾害的可能。为长期有效控制边境地区蝗虫危害，防止发生蝗虫迁入我国危害的现象，保护边境地区农牧业生产长久安全和社会稳定，特提出以下建议：一是加大项目支持力度。加大项目经费投入，深化蝗虫监测与防治技术交流与合作，优化集成边境地区蝗虫综合防治技术体系，扩大中哈边境地区蝗虫监测范围，进一步提高蝗虫防治技术水平和防治效果。二是加强区域合作。在坚持双边防治蝗虫合作机制的基础上，加强与俄罗斯的合作。俄罗斯今年以观察员身份参加了联合工作组会和专家技术研讨会，利用一带一路发展机会，加强与俄罗斯的交流与合作，提高区域合作防治蝗虫的效果。三是扩大合作影响。加强与联合国粮食及农业组织沟通和交流中哈蝗虫防治合作的经验与模式，并希望联合国粮食及农业组织提供技术培训、防治设备等方面的支持，扩大合作的影响。四是拓展合作内容。继续利用治蝗合作机制，推动我国蝗虫防治生物农药、蝗虫野外调查设备等先进技术和产品出口到哈方，并探索其他跨境危害农作物的病虫害防治合作。

（团长：郭荣；团员：常雪艳　张金鹏　朱景全　王加亭
麦迪·库尔曼　沙依拉吾·郝西巴依）

山西、陕西 2015 年小麦重大病虫防控工作督导报告

按照农业部督导通知要求，结合两省实际情况，充分发挥省内督导专家作用，自 4 月下旬至 5 月底，山西、陕西（第六督导组）督导组，通过加强与两省植保站的日常联系，省内专家实地督查指导，每周报送病虫发生防治信息等形式，及时掌握两省小麦病虫发生情况及防控工作进展。两省领导以及省内巡回指导专家都十分重视此次督导工作，多次组织由省植保站、农技推广站和省内专家等参与的督导。现将两省防控工作开展情况汇报如下：

一、病虫发生概况

山西、陕西两省小麦种植分属多个麦区，由南到北分别为陕南长江流域麦区、关中、晋南黄河流域麦区和晋中北方麦区，其中山西多为旱地小麦。由于复杂的生态条件和有利病虫发生的气象条件，两省小麦病虫总体中等偏重发生，后期病虫呈加重发生态势。据省内督导专家反映，山西省 2015 年小麦病虫为中等发生，局部偏重，发生程度重于上年。病虫种类以麦蜘蛛、麦蚜、麦叶蜂、白粉病、锈病、纹枯病、赤霉病为主。陕西省小麦中后期主要病虫总体偏重发生，发生面积大，重发区域明显。发生特点是病害重于虫害，后期重于前期，南部重于中部。截至 5 月 30 日，山西全省小麦病虫累计发生 3 015.8 万亩次，较上年同期增加 189.2 万亩次。陕西省累计发生面积达 4 500 多万亩次，是近 10 年来发生较重的年份。

小麦条锈病在陕南汉中西部、安康沿汉江流域、商洛低热区偏重发生，关中西部多点出现普发田块，其余地方多以发病中心显病，全省发生面积 532 万亩；山西省主要在晋南麦区偏轻流行，流行面积 18 万亩，较上年增加 10 万亩。

蚜虫在陕西发生早，发生程度重，发生面积 1 050 万亩，在山西穗蚜中等发生，发生面积 618 万亩，较上年同期增加 20 万亩，重发区百株虫量为 700～1 000 头，最高百株有蚜万头以上。

受春季多雨影响，陕西赤霉病总体中等发生，关中东部局部偏重发生，发生面积 580 万亩，山西全省发生面积 65 万亩，较上年同期增加 36 万亩。

小麦白粉病在山西偏重发生，发生面积 392 万亩，较上年增加 80 万亩，陕西普遍发生，程度接近常年，发生面积 513 万亩。

麦蜘蛛在山西累计发生 510 万亩，较上年增加 5 万亩，总体偏轻，局部重发。吸浆虫在陕西总体轻发生，关中东部个别田块虫量较大，是近年来发生最轻的年份，发生面积 313.8 万亩。

此外，山西省小麦纹枯病在运城、临汾水地麦田中等流行，流行面积 120 万亩，较上年同期增加 12 万亩；小麦叶锈病中等发生，全省发生面积 149 万亩，较上年增加 24 万亩次。

二、主要做法与经验

针对小麦中后期病虫重发态势，为实现"虫口夺粮"，确保夏粮丰收，山西、陕西各级政府和农业部门高度重视病虫防控，努力将小麦病虫危害损失控制到最低。据不完全统计，截至 5 月 30 日，山西全省累计防治小麦病虫 3 419 万亩次，较上年同期增加 258.8 万亩次，其中专业化统防统治面积 1 203.5 万亩次，占麦田病虫防治面积的 35.2%，挽回小麦损失 22.34 万吨。陕西省实施"一喷三防"面积 1 980 万亩次，其中，专业化统防统治面积 550 万亩，防控处置率 98%。小麦病虫总体危害损失率控制在 3% 以下，保产粮食 66 万吨。两省抽样调查表明，防控适期准确，使用农药对路，防控效果显著。督导

专家通过和各地座谈交流，总结了主要做法与经验。

（一）领导重视，及早部署落实责任

两省从上自下各级领导都对病虫防控工作高度重视，省领导多次做出批示和指示，要求及早部署，确保工作安排及时到位。

山西各级领导将小麦病虫防控作为春季农业生产的重中之重，作为保夏粮丰收的重要抓手，狠抓落实。随小麦生长进入关键时期，4月15日郭迎光副省长赴临汾调研春耕生产，强调"全力做好病虫防控工作，确保小麦稳产增产"。4月中旬山西省农业厅派出督导组，由厅领导带队赴小麦主产市县开展督查，推动以病虫防控为主要内容的春季管理工作。山西省植保植检站于5月初组织小麦主产市、县植保站站长召开小麦穗期病虫防控工作会议，对小麦穗期病虫防控工作进行了安排部署，强调要切实增强穗期病虫防控的紧迫感和责任感，逐级落实病虫防控属地管理和责任追究制度。

陕西省在春节过后，由省政府召开了全省农业工作会议和春季农业工作电视电话会议，会上对小麦病虫防控工作进行了安排部署。4月3日，陕西省农业厅及时下发了《关于开展小麦防病治虫保丰收行动的通知》，4月23日，在渭南市富平县召开了全省小麦"一喷三防"现场会。对全省"一喷三防"工作进行了再动员再部署。陕西省植物保护总站及时下发2015年植保工作意见和工作要点，下发了陕西省2015年小麦重大病虫草害防控技术方案。

（二）监测预警到位，预报及时准确

随各地小麦病虫陆续进入发生高峰，预报准确及时使得小麦穗期病虫防控工作有一个良好保障，为及时有效防治和领导决策提供科学依据。

山西省植保部门切实加强对穗蚜、一代黏虫、条锈病、白粉病、赤霉病等病虫监测预警工作，各地在认真按照测报调查规范进行系统监测和大田普查的基础上，严格执行小麦病虫周报制度和特殊情况随时上报制，及时会商发布小麦病虫发生趋势预报。4月以来山西省植保植检站分别针对吸浆虫、条锈病、白粉病、穗蚜共组织4次全省性小麦病虫大范围普查，临汾市17个测报点的138个监测人员，节假日不休息，坚持"三天一次系统调查，五天一次病虫普查"，严密监视各种病虫发生动态。全省共通过有害生物监测预警数字化平台交流小麦病虫情报1 569余条，报送小麦病虫周报452期，制作播放小麦病虫电视预报285期。

陕西省根据小麦病虫发生实际特点，按照兼顾不同区域、突出重发县区的原则，全省植保部门共设置了80多个小麦病虫监测点，扩大了监测范围，增加了调查频次，重点监测小麦吸浆虫、条锈病、白粉病、赤霉病、红蜘蛛、蚜虫等重大病虫发生动态。结合气象信息，组织开展会商，准确发布病虫预报，科学指导防控。4月召开了小麦吸浆虫成虫防治时期和小麦中后期病虫发生趋势会商会，及时发布了小麦吸浆虫及"一喷三防"防治适期预报、小麦条锈病发生急报、小麦中后期主要病虫发生趋势预报。据统计，全省共发布病虫情报510多期，准确率达95%以上，为全省科学防控提供了依据。

（三）强化项目管理，保障防控物资到位

随着小麦病虫防治适期的到来，为保证病虫防控工作及时开展，山西、陕西各级植保部门积极筹备小麦病虫防控物资。陕西省财政于3月下拨小麦病虫防控专项资金800万元，中央财政下达小麦"一喷三防"及农作物重大病虫统防统治项目资金共8 800万元，各地严格按照农财两厅印发的指导意见，克服防治时间紧、任务重等困难，开展招标采购防治药剂，及时发放群众，确保资金项目发挥实效。

截至5月29日，山西省小麦病虫害统防统治补助专项任务落实物化补助、资金补助兑现、防控面积的进度分别为66.8%、83%和89.5%。另外，针对部分县区病虫防控药剂储备不足、农药药械未到位的实际，山西省植保植检站在采取植保部门间协调调配措施的同时，积极与农药企业沟通，按照"先供货后付款"的原则，赊药赊械，保证小麦穗期病虫应急防控工作开展。

（四）强化宣传指导，推进统防统治

为全面营造统防统治、群防群治的良好氛围，各级农业部门借助各种媒体力量，大力宣传防控技

术，指导群众适时防治。

陕西省植物保护站在陕西电视台制作专题节目 4 期，对防控工作和技术要点进行宣传报道，陕西省电视台等 5 家新闻媒体对小麦"一喷三防"现场会进行了宣传报道，营造防控氛围；同时，先后通过农业部种植业快报、厅农牧信息专报、陕西植保信息网等 20 多次报送全省小麦"一喷三防"工作动态。据不完全统计，全省各级共开展电视专题宣传 80 期（次），发布小麦病虫预报 200 多期，悬挂横幅、刷写墙体广告等 3 100 余条，出动宣传车 180 多次，召开各类现场会和技术培训会 200 场次，培训人员 8 万多人（次），印发技术资料、明白纸 100 多万张，有力推动了"一喷三防"工作顺利开展。在 4 个区域的 6 个县（区），选用固定翼飞机、植保动力伞、旋翼机、直升机等先进防治器械，开展航化作业示范 20 万亩。在 30 个县选择 30 多个专业化组织，采取作业补贴的形式，开展统防统治 60 万亩。据统计，全省今年小麦"一喷三防"实施专业化统防统治面积 550 万亩，防治比例达 34%。

山西省为"抢时间、争速度、提防效、保丰收"，农业部门依托现有专业防控组织，大力开展穗期病虫统防统治。通过前期的培训、机械检修、药剂采购等各项准备，进入 5 月以来，以飞机航化作业和地面大型植保机械喷施为重点的大面积穗期统防统治正在紧张有序开展。与此同时，各级农业植保技术人员的技术指导从室内走向田间地头，从借助媒体宣传，改为对专业防治队员、对农民的面对面指导交流。截至 5 月 29 日，在小麦病虫防治中，全省共出动植保专业化防治队 423 个，出动防治队员 6 235 人次，动用农用飞机、加农炮、自走式喷雾机、担架式喷雾机等大中型喷药器械 5 621 台次，以及电动、手动小型喷雾器 5 236 台次，开展小麦病虫统防统治 445.6 万亩次，占到全省小麦病虫防治面积的 32.55%。

（五）强化融合推进，确保农药减量到位

为确保小麦在高产的同时保证产品品质，在农业部开展专业化统防统治与绿色防控融合、农药减量使用行动精神的指导下，山西省积极探索融合工作推进的措施和途径。先后在闻喜、永济、万荣、临猗、盐湖等小麦主产县（区），通过建立融合试点，成功进行专业化统防统治与绿色防控融合 20 万亩次。融合区域，在当地植保技术人员指导下，针对小麦播期药剂拌种、麦田杂草冬前冬后防除，小麦穗期"一喷三防"等防治关键时期，由专业化合作社统一开展配方施肥、秸秆还田、选用抗病品种、播前统一药剂处理、冬前化学除草；在拌种、除草、"一喷三防"等药剂选择上，首选生物农药和低毒、安全化学农药，在防治药械上使用自走式旱田作物喷杆喷雾机、烟雾机、加农炮等新型先进植保机械。通过融合工作的有效开展，不仅提高了防效，且农药用量明显减少，病虫的危害得到有效控制。

三、存在问题与建议

据省内专家和各地植保机构在督导过程中了解的情况，2015 年小麦病虫防治虽然取得了显著成效，但也存在一些制约病虫防治工作有效开展的问题，主要有三个层面：

一是技术层面，由于我国长期以来的家庭承包生产方式，在规模化生产方面存在制约。尽管多年来一直在推进农机农艺融合，但受农民惜地思想和留农机作业道占用个别农户耕地等因素影响，小麦中后期防治，大型施药机械不能进地作业问题突出，严重影响了中后期小麦病虫防治的效率和效果。

同时，由于我国植保机械研发和应用技术研究落后于生产需求，一些新推出的现代化植保机械缺少科学的作业标准，部分航化作业效果受到影响。各地专业化植保组织采购的三角翼、多旋翼、滑翔翼飞机、加农炮及自走式喷杆喷雾机等现代植保器械，由于使用时间短，缺少防控作业标准，操作手对机械不够熟悉，对施药技术掌握不足，一定程度上影响了防控效果。

二是劳动力成本层面，我国农业用工费用近年来直线攀升，小麦生产亩用工成本成倍增加，影响了专业化统防统治率和防治效果的提高。督导中了解，目前农村青壮年劳动力严重短缺，小麦病虫防治每亩人工费用超过 12 元，加上亩防治药剂购置费，每亩统防统治成本为 20~25 元，与农户自己采购农药防治相比，成本增加一倍以上。

三是政策性补贴层面，一是今年"一喷三防"专项经费下达时间明显偏晚，下达资金量较上年减

少，给地方防治工作部署和具体操作造成了一定影响。二是政策性补助标准偏低，与当前生产实际投入相比，杯水车薪，不能有效调动农民积极性，影响了政策实施的促进效应。每亩5元的补助，与实际投入2～3次用药成本30～50元相比，没有很明显的作用。统防统治示范区每亩10元的补助与20～25元的实际投入相比，也不足一半。

针对上述问题，督导组认真分析讨论后，提出如下建议：

一是设立农机农艺融合专项示范区。通过与具有一定规模的生产经营户合作，加强种植模式与植保机械配套使用技术的研究和示范推广工作。同时，应加快现代植保机械的研发和航化作业机械使用技术标准的研究和制定。

二是大力扶持专业化防治组织。针对农村劳动力缺乏的实际情况，加大对专业化统防统治组织的扶持、技术培训和组织管理，充分发挥其作用，用效率换成本，解决生产成本不断上升的问题。

三是强化政策研究。形成稳定的支持与补助机制。一年一申请、年年有变化的支持政策，不利于基层实际操作，影响农民物资投入的积极性。建议有关部门，加强调研，形成长效机制，使支持常态化、预算化，以发挥政策支持的最大效能。

（山西、陕西督导组：赵中华　朱晓明　范仁俊　康振生）

甘肃、内蒙古 2015 年秋粮
作物病虫防控督导报告

按照农业部《防病治虫夺秋粮行动方案》中关于加强督查指导，落实分片包干联系督导制度的相关要求，8～9 月，甘肃、内蒙古（第二督导组）督导组，通过加强与两省植保站的日常联系，结合病虫防控关键时期现场督导的形式，及时掌握两省秋粮作物（玉米、马铃薯）病虫发生情况及防控工作进展。两省农牧厅、植保站的领导十分重视此次督导工作，全程派人参与督导。现将两省督导工作汇报如下：

一、病虫发生概况

甘肃、内蒙古两省是我国的玉米、马铃薯主产区，2015 年内蒙古全区种植玉米 6 600 万亩，马铃薯 1 000 万亩；甘肃秋粮种植面积 2 880 万亩（玉米 1 510 万亩，马铃薯 1 025 万亩）。

内蒙古自 7 月中旬以来全区普遍降雨偏少，气温偏高，玉米病虫面积大，分布不均，局部偏重，虫害重于病害，玉米红蜘蛛发生 365 万亩、玉米螟 1 948 万亩、双斑萤叶甲 1 268 万亩、三代黏虫 403 万亩、大斑病 442 万亩。马铃薯晚疫病、病毒病发生普遍，局部地块重发，由于降雨偏少，不利于晚疫病的流行扩散。

甘肃自 5 月以来全省大部降水比往年偏多 2～6 成，温度适宜，马铃薯晚疫病总体发病早，范围广，流行快，全省发病面积 284 万亩。玉米病虫总体中度偏轻发生，全省累计发生 1 518.5 万亩次，主要病虫发生情况是蚜虫 170.4 万亩、玉米螟 142.6 万亩、红蜘蛛 85.0 万亩、黏虫 25.1 万亩、地下害虫 492.7 万亩、锈病 100.35 万亩、顶腐病 63.6 万亩、瘤黑粉病 40.1 万亩，其他病虫害 401 万亩，发生面积及程度均轻于常年同期。

二、主要做法与经验

针对秋粮中后期病虫发生种类多，范围广，分布不均，局部重发的特点，甘肃、内蒙古各级政府和农业部门高度重视病虫防控工作，努力将病虫危害损失控制在最低。据不完全统计，内蒙古自治区防治玉米病虫 8 300 万亩，防治马铃薯晚疫病及病毒病共 551 万亩。甘肃省推广脱毒种薯全覆盖，实行药剂拌种，及早开展预防和多次防控，马铃薯病虫防治面积 484 万亩次，占发生面积的 170%。两省抽样调查表明，防控适期准确，使用药剂对路，防控效果明显。督导组通过和各地座谈及实地查看，总结了主要做法与经验。

（一）强化组织领导，落实防控责任

甘肃、内蒙古各级领导对秋粮病虫防控工作十分重视，省领导多次做出批示和指示，要求及早部署，狠抓落实，确保各项防控工作及时主动。

甘肃省委副书记在年初就做出重要批示："请省农牧厅加大对今年预计发生的各种病虫害的防治，做好预案工作"。3 月初，甘肃省农牧厅制订下发了《甘肃省 2015 年农作物重大病虫疫情防控方案》，6 月底甘肃省农牧厅下发《甘肃省 2015 年马铃薯晚疫病防控实施方案》（甘农牧财发〔2015〕56 号），要求各地要切实抓好晚疫病防控，遏制病害流行危害，力夺秋粮丰收。

内蒙古自治区政府及各级业务部门高度重视马铃薯晚疫病及玉米病虫防控工作，年初下发了《2015 年全区农作物重大病虫害防控方案》（内农牧种植发〔2015〕167 号），附有土蝗、马铃薯晚疫病、玉米

重大病虫害等 6 套防控方案。在防控关键时期下发了《关于印发〈内蒙古自治区防病治虫夺秋粮丰收行动方案〉的通知》（内农牧种植发〔2015〕241 号），将部门行为上升为政府行为，全面落实政府主导、属地责任、联防联控三大机制。

（二）加强监测预警，信息及时准确

在秋粮产量形成的关键时期，两省将监测预报作为病虫防控的重要保障，认真细致的开展工作。

甘肃省各级植保机构上下联动，资源共享，充分发挥晚疫病数字化预警系统作用，全方位加强病虫监测，同时深入田间地头，加强大田普查，跟踪作物生长进程，根据气候动态变化会商分析晚疫病等秋粮作物重大病虫发展趋势，准确把握病虫动态。自 6 月初开始执行周报制度，及时汇报马铃薯晚疫病等秋粮重大病虫害发生趋势及危害动态，指导各地确定重点防控区域和最佳防治时间，指导专业化防治组织、生产企业和农民适时开展防控，省、市、县共发布病虫情报 180 多期。

内蒙古自治区各级植保部门严格执行马铃薯晚疫病和玉米病虫害的监测调查规范，准确掌握病虫发生动态，及时发布长、中、短期预报及防治警报，严格执行信息周报制度和值班制度，固定专业技术人员负责虫情传递。充分利用电视、报纸、广播、网络、手机等大众传媒，发布传递虫情信息。如鄂尔多斯市，针对今年玉米红蜘蛛重发的问题，从 7 月下旬开始，连续发布了玉米红蜘蛛发生与防治动态 13 期，为领导、相关部门决策和及时组织开展防治提供了科学依据。

（三）争取各级财政支持，保障应急防控物资

甘肃、内蒙古各级农业和植保部门积极筹措防控机械和物资，保证防控工作及时开展。甘肃省从农业防灾减灾资金中安排 2 000 万元，专项支持马铃薯晚疫病防控工作。补助资金全部下达马铃薯主产县区，主要用于晚疫病常发区、重发区实施应急防治、统防统治、绿色防治所需农药购置及燃油、雇工补助。其中 90% 资金用于购买农药，10% 用于燃油、雇工补助，防控农药由市（州）农牧、财政部门统一组织招标采购，县区验收合格后，及时分发到乡镇，组织开展统防统治和群防群治。

内蒙古自治区财政厅、农牧业厅及时下拨国家专项资金，自治区本级财政共计 1 300 万元，用于马铃薯晚疫病、玉米病虫害等的应急防控、绿色防控和专业化统防统治。玉米红蜘蛛、三代黏虫等重大虫害在部分地区重发生后，自治区政府高度重视，大力支持，拨付农业重大技术补贴 2 000 万元用于 6 个虫灾重发盟市主要农作物重大病虫专业化统防统治与绿色防控融合推进示范。鄂尔多斯市和达拉特旗政府筹措资金 335 万元，购置烟雾机 225 台，农药 43 吨，调用大型药械 20 台，启用中小型药械 6 800 台套，用于玉米红蜘蛛的紧急防控。

（四）加强工作督导，提供技术支持

甘肃、内蒙古各级农业和植保部门在病虫害重发和防控关键节点，纷纷组织督导组深入一线开展督查指导工作。内蒙古自治区针对玉米红蜘蛛暴发为害的情况，成立了以农牧业厅贾跃峰副厅长、自治区植保植检站站长和专家组成的督查组，深入鄂尔多斯市、巴彦淖尔市和包头市重发区一线指导防控。鄂尔多斯市、巴彦淖尔市成立了以分管副市长为首的重大病虫防控指挥部，安排部署防虫工作。仅鄂尔多斯市出动防控人员 6 万人次、技术人员 3 000 多人次，通过发放宣传材料、开现场会等形式发动群众开展群防群治，红蜘蛛得到了有效控制。

甘肃省农牧厅专门印发了《关于切实做好当前农业防灾减灾工作的通知》，成立 5 个督查组，由领导带队，7 月下旬至 9 月中旬分四个片区对马铃薯主产县区的防控工作进行巡回督导，确保各项防控措施全面落实和物资尽快到位。各地农业、植保部门分工协作，责任到人，开展不同层面的技术指导和工作督导，及时发现并解决问题，确保各项防控措施落到实处。

（五）推进统防统治，提升防控能力

面对以玉米虫害、马铃薯晚疫病为主的秋粮重大病虫，各地切实加大防控的投入力度，建立了以政府投入为引导、农民自筹为主体的多渠道、多层次、多元化的农作物重大病虫防控投入机制，及时调运

农药、器械等物资，开展统防统治。

甘肃省充分调动各类专业化防治组织的积极性，发挥其快速处置、快速覆盖专业队伍作用。在技术服务上，各级植保部门及时将病害发生信息和防治技术发布给专业化防治组织；在防控形式上以专业化防治组织为主，走统防与群防相结合的道路，做到应急防控全覆盖；在防控区域上，打好早发区、中熟区和晚熟区三个防控战役。利用下达的资金、物资，集中连片开展马铃薯晚疫病专业化统防统治，防治效果提高15％以上。

内蒙古自治区开展"三级联创"玉米病虫草害统防统治工作。在全区十一个粮食主产盟市，通过项目融合、农企融合，充分发挥植保新技术在玉米病虫草害防控中的作用，鼓励和推进全程机械化统防统治，达到减灾增产、节本增效的目的。督导组在通辽市科尔沁左翼后旗双胜镇示范区实地调查了解到，针对一万亩的玉米病虫防控示范区，当地调配大中型植保机械7台，日作业面积7000多亩，依托本地振江种植专业合作社，成立植保专业化服务队，实现项目区管理统一。

三、存在问题与建议

通过与两省的农牧厅、植保站以及市县技术人员和行政领导的座谈交流了解到，农作物病虫防控仍存在一些制约因素和问题。

一是防控能力有限。主要表现在应急防控物资储备严重不足，特别是缺乏高效大型施药机械。其次是专业化防治组织实力有待加强。各地专业化植保组织采购的加农炮及自走式喷杆喷雾机等现代植保器械，由于缺少防控作业标准，操作手对机械不够熟悉，对施药技术掌握不足，一定程度上影响了防控效果。

二是防控资金缺口较大。据两省反映，地方财政财力不足，对马铃薯晚疫病、玉米病虫害等的防控补贴有限，农民经济困难，部分地区农民防治积极性不高，影响了病虫害的防控效果。以甘肃马铃薯晚疫病防控为例，每亩每次最低防治成本为15元（农药8元、雇工5元、燃油费2元），今年全省种植面积1025万亩，按防治400万亩计算，最少实施2次防控，需资金1.2亿元。

针对上述问题，督导组分析讨论后，提出如下建议：

一是大力扶持专业化防治组织。针对农村劳动缺乏的实际情况，加大对专业化统防统治组织的扶持、技术培训和组织管理，充分发挥其作用，用效率换成本，解决生产成本不断上升的问题。

二是强化政策研究。形成稳定的支持与补助机制。一年一申请、年年有变化的支持政策，不利于基层实际操作，影响农民物资投入的积极性。建议有关部门，加强调研，形成长效机制，使支持常态化、预算化，以发挥政策支持的最大效能。

（甘肃、内蒙古督导组：赵中华　朱晓明　何康来）

安徽水稻重大病虫防控督导报告

按照农业部种植业管理司《关于印发〈防病治虫夺秋粮丰收行动方案〉的通知》〔农农（植保）〔2015〕136 号〕要求，第六督导组于 2015 年 9 月 13～15 日赴安徽省开展了水稻重大病虫防控督导工作。督导组先后赴安徽省庐江县的同大镇、郭河镇、万山镇和巢湖市的槐林镇、中垾镇、烔炀镇，与基层干部、植保部门和农户进行了座谈，深入田间地头实地考察，了解水稻病虫害防治开展情况和地方政府、植保部门对水稻病虫害防治的措施并听取意见和建议。整体上看：2015 年，安徽省水稻种植面积 3 323 万亩，比上年减少 3 万亩，其中早稻 337 万亩，一季稻 2 700 万亩，双晚约 400 万亩。目前，早稻和早中熟中稻已收获，迟熟中稻处于蜡熟至黄熟期，单季晚稻处于抽穗至灌浆期，双季晚稻处于孕穗至破口期。水稻病虫总体为中等发生，程度略重于去年，为近年来发生较轻年份。当前全省累计发生 3 688 万亩次，比 2014 年同期减少 6％。具体情况汇报如下。

一、安徽省水稻病虫害发生为害总体情况

1. 稻瘟病 叶瘟发生早、普遍，程度中等，全省发生面积 54 万亩。单季稻叶瘟始见于 6 月上中旬，7 月下旬至 8 月初受高温抑制病情有所下降。8 月上旬发病田块病叶率一般为 1.4％～12.3％，感病品种为 11.3％～37.8％。感病品种主要有丰两优 5814、丰两优 4、Y 两优 302、两优 3905、两优 388、深两优 5814 等。8 月底至 9 月初，发病田块病叶率一般为 0.3％～7％，双晚病叶率平均为 4.4％，比去年低，但比近 3 年同期均值偏高。中稻穗颈瘟、稻曲病在沿江部分稻区发生，发生面积 270 万亩，平均病穗率在 0.3％～1.5％，皖南山区青阳、南陵发生较重，部分稻田病穗率在 20％～40％。

2. 纹枯病 单季稻全省偏重发生，发生面积 1 474 万亩。田间病情差异大，多数地区病情低于去年同期。6 月下旬至 7 月上旬气温偏低不利于病情扩展。7 月中旬至 8 月上旬气温升高，病害扩展迅速。8 月中旬全省平均病丛率为 20.5％，病株率 6.1％，接近常年。8 月底至 9 月上旬双晚稻田病丛率为 8％～37％、平均 25.7％，病株率为 5.1％～19.7％、平均 9.1％，发生较重。江淮和沿江部分重发田块病丛率、病株率分别高达 80％和 40％以上。

3. 稻飞虱 全省中等发生，其中皖南、沿江稻区和江淮部分稻区偏重发生。全省累计发生面积 1 222 万亩，比 2014 年增加 26％。虫口数量低于常年，但高于去年。①迁入量总体偏低，但高于去年，区域差异较大。截至 7 月中旬，沿江、皖南和皖西南部分稻区迁入量较高，单灯累计诱虫量 500～3 000 头。全省大部分稻区单灯累计诱虫量 200～400 头，总体偏低，但高于偏轻发生的去年。②田间虫量总体中等，田块间差异较大。8 月上旬，防治后单季稻田稻飞虱百丛虫量大多为 300～600 头，部分田块百丛虫量在 300～8 000 头。田间种群前期以白背飞虱低龄若虫为主，占比 10％～20％。8 月底至 9 月上旬百丛虫量一般为 200～700 头，中稻田高于双晚田，部分田块百丛虫量达 2 000 头以上。后期褐飞虱占比上升，全省平均 51.7％。近期早熟单季稻收割后稻飞虱就地迁移，部分田块存在较高数量的褐飞虱短翅型雌成虫和卵，气象等诸多因素有利于秋季稻飞虱的增殖为害。

4. 稻纵卷叶螟 全省偏轻发生，累计发生面积 782 万亩，比 2014 年增加 55％。①发生量总体偏低，但高于去年，区域差异较大。6 月下旬田间出现蛾峰，亩蛾量在 100 头以下。但沿江、皖南和皖西南部分稻区迁入量较高，亩蛾量 300～600 头。7 月下旬和 8 月上旬，全省大部分稻区出现蛾峰，亩蛾量 200～500 头，部分高达 1 200～2 400 头。8 月 24 日～30 日多地田间再次出现蛾峰，沿淮和沿江等部分地区较高。如庐江亩蛾量最高 5 500 头，平均 467 头，比去年同期高 472.9％。②田间幼虫量较低。防治后，百丛幼虫量大多低于 20 头，为害较轻。8 月底多数稻区百丛幼虫量为 5～25 头。双晚田平均

幼虫量百丛 3 头，最高 25 头。

5. 二化螟 二代全省偏轻发生，累计发生面积 851 万亩（包括一代），比 2014 年同期增加 13%。二代为害枯鞘率（枯心率）一般为 0.5%～6.7%，平均 0.8%。二代亩残留虫量大部分地区接近或低于近年，每亩一般为 80～320 头。三代为害枯鞘率（枯心率）一般为 0.3%～8%，平均 1.1%。三代亩幼虫量大部分地区接近或低于近年，当前亩幼虫量 300～900 头，目前以低龄幼虫为主。

二、病虫害发生为害趋势分析

安徽省目前各季水稻发育已经接近尾声，预计稻瘟病、稻曲病和纹枯病发生面积分别为 300 万亩、400 万亩、2 200 万亩。预计六（4）代稻飞虱、稻纵卷叶螟、二代二化螟全省发生面积分别为 1 350 万亩、700 万亩和 900 万亩。预计水稻后期穗颈瘟单季稻感病品种偏重发生，稻曲病单季稻偏重发生，单季稻纹枯病全省偏重发生。预计六（4）代稻飞虱全省中等发生，六（4）代稻纵卷叶螟全省中等发生，三代二化螟全省中等发生。

三、采取的防控措施

安徽省为切实抓好水稻病虫害防控工作，今年各地积极行动，超前谋划，提前部署，采取得力措施，强化指导服务，防控工作取得了阶段性成效。截至 9 月 12 日，安徽省水稻主要病虫害防治面积 2 150亩次。主要工作有：

（一）强化防控工作部署

早在 2 月，安徽省农委制订了水稻重大病虫害防控预案，扎实开展各项准备工作。7 月 23～24 日召开全省水稻病虫害防治及绿色防控现场会，全面部署水稻病虫害防控工作。7 月中旬、8 月上旬分别下发了《关于加强夏秋季农作物重大病虫害防控工作的通知》《关于印发安徽省防病治虫夺秋粮丰收行动方案的通知》，部署水稻重大病虫害防控工作。8 月 31 日，下发了《关于切实做好稻飞虱查治工作的通知》，要求各地分类型田、分不同品种、分不同种植大户有针对性地开展稻飞虱查治工作。各市及多个水稻主产县（市、区）也召开了水稻病虫害防治现场会，层层部署防控。

（二）强化病虫监测预警

今年安徽省继续强化粮食作物病虫监测预警工作，重点开展水稻主要病虫情系统调查与大田普查，全面掌握病虫发生消长动态。确定了 4 个监测点开展稻纵卷叶螟、二化螟等害虫性信息素诱集自动计数试验，创新害虫测报新手段。开展灰飞虱带毒率测定，明确水稻条纹叶枯病防控区域。6 月 1 日起，安徽省实行水稻主要病虫发生与防治信息周报制度，各监测点通过"农作物重大病虫害数字化监测预警系统""安徽省农作物病虫监测预警信息系统"上报信息。7 月上旬和 8 月下旬，省站两次召开全省水稻主要病虫发生趋势会商会，发布病虫发生趋势，制订防治措施。目前，共发布了水稻重大病虫发生趋势和防治技术意见 10 期，指导各地开展水稻病虫害防治工作。

（三）强化宣传指导服务

积极利用各种形式开展宣传，千方百计将水稻病虫害发生信息与防治技术传递到农户手中。水稻主产县市区积极结合利用新型农民培训、阳光工程培训等现场解决农民在防治中碰到的难题。关键时期，各地组织农业专家和技术人员，分片包干，进村入户，深入田头，在一线指导农民开展防治。8 月中旬、9 月上旬分别下派 5 个和 2 个水稻病虫害防治工作指查组，赴水稻产区开展防治工作指导和督查工作，督促抓好各项防控措施落实。截至目前，安徽全省制作播放水稻病虫电视预报 200 多期，召开 80 多次防治现场会，举办 200 多期培训班，发送手机短信 500 多万条，印发明白纸 400 多万份，组织技术人员深入田间地头指导农民防治病虫害近万人次。

（四）强化病虫绿色防控

为响应农业部、省政府粮食绿色增产模式攻关行动和到 2020 年农药使用量零增长的总体部署，3 月 16～17 日安徽省召开农作物病虫害专业化统防统治与绿色防控融合推进会。3 月 24 日印发了《2015 年全省农作物病虫害绿色防控技术示范方案》，建立了 85 个水稻绿色防控示范县。3 月 26 日，安徽省植物保护站下发《关于紧急做好水稻病虫害绿色防控示范区二化螟性诱示范工作的通知》，大力推动二化螟越冬代性诱工作。截至 6 月底，全省共购买二化螟诱捕器 42 030 个，诱芯 67 650 个，示范面积 40 750 亩。4 月 27 日，安徽省农委印发了《安徽省粮食作物病虫害绿色防控及节药行动实施方案》；7 月 7 日，印发了《关于实施农药半量控害增产助剂"激健"示范项目工作的通知》，在水稻等粮食作物病虫草害防治上实施农药减量试验示范 10 万亩。7 月下旬在无为县召开全省水稻病虫害绿色防控现场会，进一步推动全省水稻病虫害绿色防控深入开展。

四、面临的问题及对策

督导考察过程中，发现水稻病虫害防控中尚存在以下几个方面的主要问题。

（一）水稻病虫害发生态势不容乐观、防控任务仍然艰巨

9 月上中旬以来，安徽省气候条件可能有利于中晚稻病虫发生，尤其是水稻"两迁"害虫和稻瘟病、稻曲病。建议加强病虫监测力度，全面掌握病虫发生动态，做好病虫害防治技术宣传、防治督导工作，确定重点防控对象、防控区域和关键防控时期，及时进行预防和防控指导。

（二）水稻熟制多样混杂，病虫害发生监测和防控难度大

双季稻和单季稻田插花种植，即使是中稻种植区播期相差也很大，导致田间同期存在多相水稻生育期，有利于病虫害发生，增大了区域内病虫害监测和防控的难度。建议在一定区域内统一水稻播期和熟制。

（三）水稻病虫害防控专业化合作组织的运作有待于进一步加强

目前，农村青壮劳力少，从事水稻耕作的大多数是老农，开展水稻病虫害防控专业化合作组织有利于建立社会化服务，有较好的发展前景。但是在督导考察中发现存在几个主要问题，一是投入大，走访的几个合作社均投入了近百万元，收益回收慢而长，植保器械未纳入农机补贴范围；二是专业合作组织的专业化服务技能还有待提高，比如在组织中缺少病虫害测报农民技术员或农技员；三是大型植保药械对水稻病虫害的防治效果需要进一步研究和提高，比如飞控防治可能造成药害，对稻丛基部发生的病虫害防效不佳等；四是专业化服务组织服务的相关法律和仲裁机制不健全，缺乏仲裁主体，没有专门条例做出规定。

（四）绿色防控技术及其实施力度有待于加强

在督导考察的部分乡镇，当地开展了水稻病虫害绿色防控试验示范，初步建立了适合当地的绿色防控技术体系。但是，实施的成效还需要在更大面积上开展示范和推广，绿色防控技术的综合配套效果需要进一步加强试验示范。建议对大规模释放天敌、生物农药、诱杀技术和农艺控害技术加大支持力度，进一步融合绿色防控技术与统防统治，加强绿色防控技术的宣传和培训，以切实降低化学农药使用量，在保障粮食安全的同时保障食品安全和生态环境安全。

（第六督导组：朱景全　侯茂林）

湖北水稻重大病虫防控督导报告

按照农业部种植业管理司《关于印发〈防病治虫夺秋粮丰收行动方案〉的通知》［农农（植保）〔2015〕136 号］要求，第六督导组于 2015 年 8 月 26～28 日赴湖北省开展了水稻重大病虫防控督导工作。督导组先后赴湖北省潜江市熊口镇、后湖管理区和荆州区马山镇、八岭山镇、弥市镇，深入田间地头实地考察，访问了荆州市福满大地飞防植保服务专业合作社、荆州市荆州区八岭山镇宝均家庭农场、荆州市李开宝家庭农场、荆州市天河国富家庭农场，与基层干部、植保部门相关工作人员和农户进行了座谈，了解水稻病虫害防治开展情况和地方政府、植保部门对水稻病虫害防治的措施并听取意见和建议。整体上看，目前湖北省中稻处于灌浆-黄熟期，晚稻处于分蘖-孕穗期，稻飞虱、二化螟、纹枯病等病虫处于为害关键期，中稻穗颈瘟、稻曲病等病害田间开始显症。从考察情况来看，由于前期防控工作积极主动，成效明显，目前各种病虫害的发生为害总体上较轻。具体情况如下。

一、湖北省水稻病虫害发生为害总体情况

1. 稻飞虱　全省累计发生 1 320.73 万亩。8 月 15 日全省 23 个系统测报点普查，经防治后平均百蔸虫量 443.9 头。总体发生鄂东稻区重于鄂北稻区，鄂东稻区百蔸虫量 800 头左右，鄂北稻区 300～600 头。

2. 稻纵卷叶螟　全省累计发生 1 166.08 万亩，比去年同期增加 20.9%。鄂东虫量较高，黄石、黄冈、咸宁平均亩蛾量分别为 1 365.5 头、529.4 头、764 头；鄂州、黄冈、咸宁平均亩幼虫量分别为 4 000 头、1 824.4 头、725.5 头。

3. 二化螟　全省累计发生面积 1 791.74 万亩。三代二化螟在南部稻区开始为害中稻，但程度不重。全省大部地区中稻白穗率控制在 1% 以内。

4. 稻瘟病　穗颈瘟全省累计发生面积 54.07 万亩，发病田块平均病穗率 0.5%。

5. 纹枯病　全省累计发生面积 1 686.31 万亩，平均病株率 18.8%，平均病蔸率 29.8%。

二、水稻病虫害发生为害趋势分析

湖北省在 8 月 24～27 日将经历冷空气及降水过程，有利于迟熟中稻稻曲病和晚稻病害发生。随着中稻黄熟，稻飞虱会向迟熟中稻和晚稻田迁移，可能出现局部集中为害的情况。

三、采取的防控措施及成效

农作物病虫防控工作"七分行政、三分技术"。今年，湖北省水稻"三虫三病"前期同时重发，各级政府对病虫防控工作高度重视，密切关注病虫发生发展态势，及时采取了有效措施。

一是加强组织领导，及时发动防控。湖北省各级领导高度重视秋粮病虫防控工作，并及时组织开展水稻重大病虫防控工作。7 月 21 日，副省长任振鹤带领农业厅相关负责人到黄冈、黄石两市开展水稻病虫发生情况调研。7 月 22 日，湖北省人民政府召开了全省农作物重大病虫害防控工作视频会议，任振鹤在会上对秋粮病虫防控工作作了全面部署。同日，湖北省政府办公厅也下发了《关于加强当前农作物病虫害防控工作的通知》。会后，各地按照省政府的要求，立即抓紧落实视频会议和通知精神。

二是制订防控技术行动方案，明确防控目标。根据农业部和湖北省政府的要求，结合湖北省当前现

代农业发展形势，湖北省农业厅迅速制订下发了《湖北省防病治虫夺秋粮保丰收行动方案》和《2015年湖北省农企合作共建示范基地深入推进到2020年农药使用量零增长行动实施方案》，要求各地按照方案要求，理清防控思路，细化防控措施，强化防控效果。各地农业部门均制订了具体的《防病治虫夺秋粮保丰收行动方案》，全面打响水稻病虫防控战役。如孝感市和咸宁市对农作物病虫防控实行目标管理，与各县、市、区层层签订责任状，明确技术指导责任和防控目标任务，确保责任落实到人。

三是加强防控技术宣传，营造防控氛围。各地创新思路，采取"四＋"方式宣传防控技术，即传统＋现代、无声＋有声、白天＋晚上、室内＋田间等进行无死角宣传发动；做到"六有"，即电视有图像、广播有声音、手机有短信、报纸有文字、网络有图文、村村有情报。截至目前，全省共播放电视节目280余期，出动宣传车1万余台次，发送手机短信300余万条，印发病虫情报及各种技术宣传资料300余万份，张贴标语5万余条，举办培训班600余期，培训人员5万余人次。强有力的宣传和培训活动极大提高了防控技术的普及范围和应用效果。

四是强化统防统治，确保防控效果。各地加强对统防统治组织的服务管理，加大统防统治与绿色防控融合力度，力争服务规模上层次、服务管理上档次。如孝感市投入900多万元补贴资金支持专业统防统治组织购机购药，另投入210万元专项资金资助购置农用植保"无人机"30余台，大大提升了统防统治的专业化水平，统防统治覆盖率达60％以上，提高了统防统治的防治效果。咸宁市与企业合作开展绿色防控，推进了统防统治与绿色防控融合，水稻绿色防控技术应用面积达到100万亩次。截至目前，全省统防统治专业化服务组织2 800个，水稻防治面积约6 500万亩，其中统防统治面积2 509万亩，占38.6％。

五是强化防控督导，确保措施到位。7月24日，省病虫防控指挥部组织15个督导组，由湖北省农业厅及湖北省农业科学院领导带队，分片包干进行病虫防控督导，重点督导病虫害发生、防控措施的落实、经费使用、统防统治建设等。

六是推广绿色防控，确保食品安全。湖北省采取"三级联创"方式，建立水稻等粮食作物病虫害绿色防控示范区。今年建立水稻绿色防控示范区20个，示范区每县示范面积不少于0.5万亩，辐射面积不少于10万亩；建立统防统治与绿色防控融合示范区10个，覆盖面积5万亩以上。同时，今年通过农企合作推广绿色防控技术，建立22个示范基地，每个基地面积1万亩以上，辐射带动5万亩。通过推进病虫绿色防控，保障粮食安全、食品安全及农业生态环境安全，实现到2020年农药使用零增长目标。

四、问题及建议

督导考察过程中，发现水稻病虫害防控中尚存在以下几个方面的主要问题。

一是水稻病虫害发生态势不容乐观、防控任务仍然艰巨。8月中旬以后，湖北省气候条件有利于中晚稻病虫发生，尤其是水稻"两迁"害虫和稻瘟病、稻曲病。建议加强病虫监测力度，全面掌握病虫发生动态，确定防控对象、防控区域和防控的关键时期，及时进行预防和防控指导。

二是水稻熟制多样混杂，病虫害发生监测和防控难度大。双季稻和单季稻田插花种植，即使是中稻种植区播期相差也很大，导致田间同期存在多相水稻生育期，有利于病虫害发生，增大了区域内病虫害监测和防控的难度。建议在一定区域内统一水稻播期和熟制。

三是水稻规模化种植和专业化合作组织有待于进一步加强。督导组了解到目前的土地流转费用较高，荆州区的稻田流转费为700元/亩左右，水稻种植大户通过流转稻田获得的收益有限。专业合作社在经营上面临一些问题，如招工难，青壮劳力少，大多数是五十岁左右的老农；投入大，走访的几个合作社均投入了近百万元，收益回收慢而长；专业合作组织服务的相关法律和仲裁机制不健全，服务中时常发生农业纠纷问题，但缺乏仲裁主体，没有专门条例做出规定。建议地方农业行政主管部门评估当地的土地流转费用，以此作为土地流转费的参考标准；增加涉农信贷支持力度，促进现代农业发展；制订农业合作社和专业化合作组织的相关条例，促进涉农纠纷的解决。

四是绿色防控技术及其实施力度有待于加强。在督导考察的潜江和荆州，均开展了水稻病虫害绿色防控示范，已经建立了适合当地的绿色防控技术体系，并积累了一些成功的实施经验。但是，实施的成效还需要在更大面积上开展示范和推广，切合当地情况的绿色防控技术也需要进一步加强试验示范。建议对人规模释放天敌、生物农药、诱杀技术和农艺控害技术加大支持力度，进一步融合绿色防控技术与统防统治，加强绿色防控技术的宣传和培训，以切实降低化学农药使用量，在保障粮食安全的同时保障食品安全和生态环境安全。

（第六督导组：杨普云　侯茂林）

山东章丘大葱绿色防控调研报告

　　为加快转变农业发展方式，促进农业可持续发展，今年农业部启动实施了到 2020 年农药使用量零增长行动，全国农技中心为落实农药零增长行动也制订了相应的技术措施和实施计划，将"推广绿色防控技术，减少化学农药用量"作为主要的技术措施进行推动落实。2015 年着力在探索和集成示范病虫害综合防治技术模式、加速绿色防控产品、高效低毒农药和现代植保机械推广、促进农药减量控害方面开展工作，为实现到 2020 年农药使用量零增长做贡献。

　　章丘大葱绿色防控示范区是农业部农作物病虫专业化统防统治与绿色防控融合推进示范基地之一。常年大葱种植面积 15 万亩，年产鲜葱 5 亿千克。受气候条件及区域因素影响，病虫害发生种类多、发生程度重、发生频繁。病虫害种类达 1 000 余种，年发生面积 400 余万亩次，病虫害的发生在全省乃至全国都具有代表性。本次调研活动目的在于通过对章丘大葱生产、技术应用尤其是绿色防控技术应用、技术推广方式创新以及产业发展模式等情况的调研，了解基层农民群众实际情况，分析绿色防控等技术在大葱生产安全和质量安全中发挥的作用，以此推动大葱产业的提质增效，促进农民增收。调研地点为章丘市枣园街道办事处万新村，调研对象包括当地农业技术推广部门、专业化组织以及其所在村种植大户、村民，以邻近村或村民的调查作为对照。

一、调研地点的基本情况

　　章丘市枣园街道办事处万新村位于 15 万亩章丘大葱生产区的中心位置。全村共有五个村民小组，208 户，总人口 703 人，耕地面积 1 450 亩。大葱是万新村农业种植中的主导产业，82% 的土地用于大葱种植，95.6% 的农户从事大葱种植产业，是一个标准的大葱种植专业村。基地生态环境优良，附近没有厂矿企业等污染源，空气清新，水质纯净，土壤未受过污染，经农业部环境质量检测中心认证，2001 年 12 月被认定为章丘市第一个绿色食品大葱生产基地。大葱产业的发展具有以下特点：

　　一是主导产业突出。大葱种植产业的收入达到 1 078 万元，占全村农业经济总收入的 72%，从事大葱种植产业生产经营活动的农户有 199 户，占全村农户总数的 95.6%。

　　二是农民增收效果显著。本村农民从事大葱种植产业收入占家庭经营收入的比重达到 85%，农民人均纯收入达到 20 289 元，高于枣园街道办事处农民人均纯收入 20%，高于章丘市农民人均纯收入 32.6%。

　　三是标准化规模化程度高。万新村大葱产业发展严格遵循山东省、济南市发展特色产业和生态循环农业实施意见，按照济南市农业"十有标准"一体化建设标准，发挥"六统一"配套技术服务作用，打造生态家园，建设生态基地，大力推行大葱绿色防控技术进行病虫害统防统治。全村标准化生产规模 1 200 亩，达到主导产业规模的 100%。

　　四是万新村具有产业、技术、品牌、市场、人才等方面的优势。万新村大葱产业已进入了产、储、销一条龙良性发展态势。依托章丘市万新富硒大葱专业合作社，大力实施土地流转，实行"六统一"的标准化管理，编写制定了《绿色食品大葱栽培技术操作规程》，并以此对社员进行培训，从而完成了"良种选育、育苗、移栽生长、收获、包装、销售"整个大葱生产产前、产中、产后的全程质量控制。

二、大葱绿色防控关键技术的集成与应用

（一）采用的关键绿色防控技术

1. 农业防治　冬季大葱收获后于 11 月下旬土地深翻 50 厘米左右，来年 4 月对土地进行整平，利

用冬天低温杀死大部分越冬的幼虫及虫卵,降低葱田基础虫口密度,防效达 82.44%～88.29%。此外,采用葱苗晒根预防大葱腐烂病,葱苗晒根 2～3 天后移栽,大葱田葱苗返苗快,早期长相好,对大葱腐烂病的防效为 99.4%,而且葱苗晒根不需要增加任何成本投入,无污染、无残留,是一项值得大力推广的实用技术。

2. 物理防治

(1)杀虫灯诱杀技术。①连续使用诱杀效果好:杀虫灯利用害虫的趋光、趋波、趋色、趋味的特性诱杀害虫,具有杀虫谱广、杀虫量可观、害虫不会产生抗性等优点。在大葱田中诱杀害虫以金龟子、甜菜夜蛾、斜纹夜蛾、棉铃虫、玉米螟等为主。2011—2015 年同期试验区 5 盏灯 30 天内的诱虫数量分别为 9 713 头、8 782 头、7 778 头、6 127 头、3 891 头,诱虫数量呈逐年减少趋势。该数据表明了杀虫灯连年的应用可减少田间幼虫量,虫害发生率在逐年降低。②连续使用可明显减少农药使用次数:使用频振式杀虫灯可以减少防治次数。2011 年药防次数有所降低,但降低幅度不大,灯区比非灯区每亩地平均防治次数减少 1.2 次,防治费用减少 5.1 元,平均每亩地净产量增加 1.96%,效果不明显。从 2012 年开始药防次数开始明显减少,产量也明显增加,到 2015 年灯区比非灯区每亩地平均防治次数减少 5.6 次,防治费用减少 53.5 元,平均每亩地净产量增加 6.57%。而且使用频振式杀虫灯的投资费用很低,平均每亩地每年仅负担 8.13 元,投入产出效益显著。

(2)色板诱杀技术。色板诱杀利用了害虫特殊的趋光性,黄板主要粘捕斑潜蝇、蚜虫等,蓝板主要粘捕各种蓟马。2011—2015 年连续使用色板诱杀,结果表明,色板诱杀可以逐渐减少大葱虫害防治次数,虽然杀虫费用和工本费提高,但是大葱产量增加,产品品质上升,价格得到提高,2011—2015 年平均亩每年均增值达 117.9 元。

3. 生物防治 2011—2015 年连续 5 年进行甜菜夜蛾性诱剂对大葱甜菜夜蛾的控制作用研究与应用。随着性诱剂的连年使用,田间诱蛾量逐年减少。2011 年同期月诱虫总量达到 4 439.3 头,2012 年、2013 年、2014 年、2015 年同期月诱虫总量逐年减少,到 2015 年只有 1 623.9 头,是 2011 年同期的 36.6%,说明性诱剂的连年使用对田间虫量起到了较好的控制作用。

(二)绿色防控技术体系的集成

近几年,章丘大力开展大葱病虫害绿色防控配套技术试验示范工作,逐步摸索出一套以农业防治为基础,以物理、生物防治为重点,以化学防治为辅助的大葱病虫害绿色防控配套技术,并采取多项措施,进行推广应用,取得了一定的成效。

一是系统调查大葱病虫害的发生情况,摸清其发生发展规律,采取相应的防治措施。章丘大葱病害主要有紫斑病、腐烂病、灰霉病、霜霉病、菌核病等;虫害主要有甜菜夜蛾、蛴螬、葱地种蝇、潜叶蝇、蓟马等。为了摸清大葱常发病虫害的发生发展规律,采取系统调查与大田普查、试验调查与随机调查相结合的方法,初步摸清了章丘大葱病虫害的发生发展规律。根据调查结果,制订章丘大葱病虫害发生时间一览表,为适时开展防治提供可靠的依据。

二是开展绿色防控技术应用试验研究,制订绿色防控技术模式。根据大葱病虫害的发生发展规律以及所做绿色防控技术应用的试验结果,形成一套以农业防治为基础,以物理、生物防治为重点,以化学防治为辅助的大葱病虫害绿色防控配套技术。技术模式为:农业防治(冬季深耕、施用干净的粪肥、清洁田园、晒葱根等)＋土壤处理(棉隆、石灰氮、绿僵菌、枯草芽孢杆菌、联苯·噻虫胺等)＋杀虫灯＋性诱剂＋色板诱杀＋专业化统防统治(NPV、溴氰虫酰胺、枯草芽孢杆菌、氨基寡糖素)。

三是制订关键技术路线。按照大葱不同生育期,制订了苗期、大田期所采取的关键技术措施,推荐主要的绿色防控投入品,做到技物结合,提高技术的时效性、有效性。

三、所采取的有效推广措施

(1)通过举办现场会和新闻媒介等活动,加大绿色防控技术的推广和应用。大力宣传绿色防控项目建设内容及目的意义,动员广大群众积极参与进来,为项目的顺利实施和圆满完成营造良好的社会氛围。

（2）在示范区对葱农开展技术培训和指导。2012年以来，充分发挥在万新村建成的"济南市大葱科技示范培训中心"的作用，积极开展新型农民科技培训，先后承担了"山东省新型农民科技培训工程农民辅导员培训"，"山东省农业植保机械使用技术培训"，"章丘大葱优质安全生产技术培训"，加大对广大葱农的培训力度，培训人员达到1 500人以上，不仅为本村培育了科技人才，而且为章丘大葱主产区4个乡镇，40余个村培育了科技人才，受益农户达4 000余户。

（3）把统防统治的组织方式与绿色防控的技术措施集成融合为综合配套的技术服务模式。示范区内大葱病虫害由专业化防治队伍统一安装维护绿色防控设施，使用生物农药、高效低毒农药，实施统防统治，杜绝乱用农药现象，实现科学用药，章丘大葱全程绿色防控技术模式总体防治效果达到90％以上。

（4）产品宣传推介。为加大绿色防控技术与效果的宣传，对绿色防控示范区生产的大葱印制了精美的包装，并将所采取的绿控措施印制了手册，随产品一起销往全国各地，宣传绿色防控技术及取得的效果。

（5）大葱状元评比。结合章丘一年一度的大葱状元评比活动，将大葱品质作为一项重要指标来评比，其中绿色防控措施的应用情况也是重要指标，进一步将绿色防控技术推而广之。

四、推广应用取得的成效

（一）大葱病虫害得到有效控制

章丘大葱全程绿色防控技术模式总体防治效果达到90％以上，亩防治成本平均降低10％，危害损失率控制在10％以内，生产的大葱达到绿色食品标准。

（二）显著提高了大葱的产量和质量

通过绿色防控技术的推广和应用，万新示范区大葱病虫害防治水平得到明显提高，大葱的产量和质量逐年得到提升。示范区大葱平均亩产量由3年前的4 244.7千克提高到当前的4 592.8千克，提高8.2％；示范区大葱平均亩产量和非示范区比较增产9.1％。示范区实施绿色防控技术，大大减少了化学农药的使用量，大葱品质明显提高，达到国家绿色食品标准，并且示范区大葱长势好、口感好，达到特级标准的比例比非示范区增加10％左右。

（三）减少农药用量50％以上

万新大葱示范区，自应用绿色防控技术以来，大葱病虫害从源头得到有效控制，病虫源基数逐年降低，化学农药的使用量逐年减少，由3年前化学农药减少3次使用逐步提高到目前的减少7次使用，示范区比非示范区减少使用5～7次。示范区减少农药使用量50％以上。

（四）经济效益得到提高

实施大葱病虫害绿色防控技术研究利用与推广，显著提高示范区内农民大葱病虫害防治水平，大葱产量和质量得到明显提高，大葱销售价格大幅提升，示范区大葱亩销售收入比3年前增加946.6元，比非示范区增加1 416.6元，取得了显著的经济效益。

（五）社会效益明显

通过开展试验示范、举办现场会、开展各类技术培训等多种形式加大对大葱绿色防控技术的推广应用力度，农民绿色控害意识明显增强，经过短短几年的发展，已由原来的村级1 200亩规模带动章丘大葱主产区4个乡镇，涉及60多个村庄5万余亩的绿色防控大规模应用。实施大葱病虫害绿色防控技术，实现农业生产标准化、优质化、产业化、无公害化，化学农药使用量大幅减少，提高了大葱质量安全水平，实现了优质优价。由于推行病虫害生物、物理防治等绿色植保技术，避免造成环境污染，保护了农业生态环境。由此推动章丘大葱与中国全聚德（集团）股份有限公司签订农餐对接战略合作协议，章丘大葱直供全聚德；并且章丘大葱和烤鸭一起走上了 2014 年 11 月 10 日晚举办的 APEC 欢迎晚宴的餐桌，取得了显著的社会效益。

五、问题与建议

多年来，章丘大葱绿色防控示范推广工作的实践表明，大力推广绿色防控技术，不仅能够有效控制病虫危害，明显减少农药的使用，节省人工和农药投入成本，节本增效效益明显；同时，通过品牌带动，经济效益和社会效益均不同程度地得到提高。但是，目前的绿色防控技术推广中还存在一定的问题：一是绿色防控投入品的使用存在不规范、不合理现象；二是绿色防控技术集成还不完善，对于生物农药试验研究不够；三是万新大葱质量水平不够高、品牌影响力不够大。针对这些存在的问题，提出以下建议。

（1）加强管理，规范使用绿色防控投入品，严格按照各类产品技术要求使用，无论是安装高度、使用数量、使用时间都要做到规范性、合理性，这样才能对病虫害起到有效的控制作用。

（2）继续加大绿色防控技术试验研究，不断丰富绿控技术范围。加大天敌利用、生物农药的试验探索，以更好地完善绿色防控配套技术。

（3）围绕"万新"牌章丘大葱主导产业发展，实行大葱统一种植技术管理和大葱病虫害统防统治等产前、产中、产后各环节的农业社会化服务，提升万新大葱质量水平。设计印制"万新"牌章丘大葱公用精美包装，建立品牌宣传、营销专业信息网站，安装电子信息广告大屏幕，开展品牌策划营销、电子商务营销，提高品牌影响力。

（执笔人：钟天润　杨普云　李萍）

山东、河南农药使用量零增长行动
实施情况调研报告

按照农业部种植业管理司专题调研通知的相关要求，第二督导组先后于 2015 年 12 月下旬、2016 年 1 月上旬分赴山东、河南两省四市（县），通过现场考察、座谈交流、查看资料等形式，了解两省推进农药使用量零增长行动进展所取得的成效及好的经验做法，同时对存在的主要困难问题也进行了探讨研究。现将调研有关情况报告如下。

一、总体进展情况

山东省在出台《山东省到 2020 年农药使用量零增长行动方案》的基础上，按照《山东省农企合作共建示范基地推进"到 2020 年农药使用量零增长行动"总体方案》，推进农企合作，加强农作物病虫专业化统防统治与绿色防控融合。在全省小麦等 6 种作物上建立 16 个示范基地，示范面积 8.9 万亩，辐射带动面积 89 万亩；通过合作共建示范基地，推进技术集成、产品直供、增强服务、统防统治等措施，探索基地病虫防控技术推广新机制，集成创新了 60 余种绿色防控技术模式。全省小麦统防统治面积 3 900 万亩次、覆盖率达 37%，玉米统防统治面积 2 618 万亩次、覆盖率达 24.5%，全省绿色防控覆盖率达到 26%。全省农药使用总量（折百）为 2.56 万吨，比上年减少 3.98%。

河南省委、省政府高度重视，省领导在多次会议上强调，农业部门要采取切实有力的措施，加快推进农药使用量零增长行动。河南省农业厅成立了由分管厅长任组长、相关处站一把手为成员的到 2020 年农药使用量零增长行动领导组，以及由全省"三农"植保、药检、农技和经作专家组成的专家指导组，分别负责河南省农药零增长行动的统筹协调、督促检查和技术支持、培训指导。2015 年全省主要农作物统防统治面积 7 484 万亩，小麦、玉米、水稻三大粮食作物病虫草统防统治覆盖率达 22.5%，在农业大学和科研单位的大力支持下，各级植保部门总结集成 172 个（比去年增加 88 个）小麦、玉米、水稻、花生、油菜、棉花、蔬菜、果树等主要农作物全程病虫草鼠可持续治理技术模式，并在各地推广应用。全省各种农作物病虫害绿色防控面积 886.44 万亩次，较上年增加 383.94 万亩次。绿色防控面积占主要作物病虫防治总面积（不含小麦）的比例达到 5%，绿色防控面积占农作物种植面积（不含小麦）的比例上升到 11.53%，比去年提高了 5.1%。全省农药使用量（折百）1.77 万吨，比上年减少 256 吨。

二、主要措施与经验

两省的农药零增长行动进展顺利，取得了良好成效，总结归纳山东、河南两省的工作措施与经验，主要有以下几个方面。

（一）大力发展农作物病虫害绿色防控

河南省充分利用农药使用量零增长领导组和专家指导组平台，组织"三农"专家，开展协同研究，集成优化主要农作物全生育期病虫草鼠可持续治理技术体系，制订完善了全程绿色植保技术模式。整合 61 个小麦综合防治示范区、31 个农作物病虫绿色防控示范区、10 个农作物病虫专业化统防统治示范区等，加上 12 个农业部统防统治与绿色防控融合示范区，全力推行专业化统防统治与绿色防控，示范全程绿色植保技术模式，不断改进优化、完善熟化。

山东省在实施专业化防治和绿色防控融合区域，以作物主要病虫为突破口，制定以作物为主线的绿色防控技术规程，以专业化防治模式全面推进专业化防治。以邹城市花生病虫防控为例：按照整体布局、科学规划、积极推进的原则，确定花生集中种植区域的 7 个镇为重点推广区域，重点推广以杀虫灯为主推技术的绿色防控技术，着力打造邹东 2 万公顷花生病虫绿色防控全覆盖。7 年间，通过连续实施万灯杀虫工程项目，共投入项目扶持资金 400 万元，以每盏灯补贴 300 元的形式，补贴杀虫灯 1.2 万盏。通过农产品质量示范县、生态农业、标准良田建设等项目辐射带动，全市共使用杀虫灯 1.65 万盏、昆虫性诱剂 3 万套。

（二）扎实推进专业化统防统治

随着工业化、城镇化的快速推进，大批农民外出务工或融入城市，农村劳动力结构性短缺问题凸显，"谁来种田"、"谁来治虫"已成为制约农业生产稳定发展的重大难题。

山东省连续 6 年实施"山东省农业病虫害专业化统防统治能力建设示范项目"，投入项目资金 1.3 亿元，全省现有各种形式专业防治队伍 2 900 多个，与上年基本持平；其中注册登记且在农业部门备案的有 1 459 个，比上年增加 283 个。专、兼职从业人员达 6.34 万人，比上年增加 8 586 人；其中持证上岗人数 1.78 万人，拥有各种机动植保机械 7 万台，其中大中型施药器械 8 254 台，比上年增加 1 367 台。全省日作业能力超过 380 万亩，已经成为山东省农作物病虫害防治的一支重要力量。

河南省财政补助 10 个试点县开展统防统治示范工作，一是开展连片万亩统防统治作业，并建立不小于 2 000 亩农作物病虫害专业化统防统治示范样板田，从播种到收获的全程病虫害防治采用专业化服务、机械化施药。二是各级政府和农业部门整合各项支农资金 5 000 万元，招标采购病虫防治社会化服务，在高产创建示范区、高标准粮田项目区等实施全程承包防治，在暴发性病虫害发生区开展应急防控，引导病虫害专业化统防统治持续健康发展。三是市、县植保站在主要粮油作物播种期和病虫草防治关键时期，组织召开种植大户、乡村干部和植保服务组织参加的防治服务洽谈会，发布病虫信息，促成服务订单签订。据初步统计，各级共举办统防统治业务洽谈会 173 次，现场签订防治服务 3 600 多万亩次。

（三）全力做好农企共建示范基地示范

为加快新型农药产品、施药机械和监控工具的推广应用，确保农药使用量零增长行动取得实效，两省认真落实农农（植保）〔2015〕61 号文件精神，采取有力措施，推动农企对接和农企合作共建示范基地工作。一是在主要作物、农业标准化生产基地广泛建立示范区，示范区设立统一的标示牌，以此辐射带动标准化、规模化发展。二是通过绿色防控、统防统治示范县项目建设，规范服务组织行为，建立健全生产经营档案，做到记录完整、规范，保证绿色防控、统防统治全程可追溯。三是充分发挥市镇村三级植保网络作用，及时为服务组织、种田大户提供技术信息。四是在病虫防控的关键时期，及时召开现场会、观摩会，对基层农技人员、合作社社员进行技能培训，提高他们对绿色防控、统防统治的认识和操作能力。五是在病虫害绿色防控的最佳时期，及时邀请新闻媒体进行宣传报道，制作绿色防控、统防统治专题片，对普及新技术、应用新成果起到了重要的示范带动作用。

调研组在河南安阳参观全丰航空植保科技有限公司（农飞客公司）了解到，公司利用 3 年时间培养了无人机操控人员 100 名，2015 年在全国的飞防作业面积 67 万亩次，企业目标是从"你的地，我来防治"到"你的地，我来种"的逐步发展过程。国务院副总理汪洋曾先后三次观摩考察全丰农用无人机作业演示。

（四）积极开展新药剂、新药械试验示范及农药减量控害技术宣传培训

为增强广大农户的科学安全用药意识和水平，提高农药的利用率，提升农作物病虫害防控水平，山东、河南两省积极采取各项措施推进科学安全用药。

河南省 2015 年开展新农药示范试验 16 项，筛选出了适合省内小麦、玉米、蔬菜等作物病虫草害防治的 14 个农药品种，探索研究了 7 套综合用药技术，并建立了不同类型的安全用药示范区。积极联合中国农业大学、中国农业科学院植物保护研究所在安阳市、兰考县开展大型喷杆喷雾机、农用植保无人

机喷洒农药利用率测定试验研究，为新型药械推广应用提供技术支撑。市、县两级组织农业植保技术培训班1 800多次；通过广播、电视、报纸、网站、手机短信等媒介宣传8 300多次，召开现场观摩会 420多场，植保技术宣传培训投入和规模都属历年最高。

山东省利用示范区召开了小麦、蔬菜、果树统防统治与应急演练示范现场会 7 次，展示了新型植保机械在病虫害防治上的应用效果。积极召开了不同作物的统防统治与绿色防控融合点现场观摩，如全国蓝莓特色作物示范基地、农业部平度市蔬菜绿色防控示范区和茶叶绿色防控示范区。崂山云泉春茶场举办了全国茶叶绿色防控示范现场观摩。在全省 17 市 50 多个县累计举办科学安全用药等培训近 200 场，培训农民、种植大户、专业化防治组织机防手和农药经销人员等 1.5 万余人次，培训植保员 1 000 余人次。

（五）融合推进示范成效显著

河南省各级农业植保部门 2015 年建立不同层次和规模的统防统治与绿色防控融合推进示范基地 66个，其中，农业部融合示范区 12 个，包括小麦 5 个，玉米 2 个，花生 1 个，蔬菜 2 个，苹果 1 个，茶叶 1 个，示范基地核心区面积 33.5 万亩，辐射带动 244.54 万亩，取得节本、提质、增效、环保的优良效果。例如，淮阳县小麦核心示范区投资收益比 1∶7.6，与农民自防区相比，综合防效提高 12.6％。平均少用药 1 次，农药使用量（折百）降低 57.1％，亩防控成本降低 12.8％，亩增纯收益 146.4 元。安阳县玉米融合示范区比常规化防区综合防治效果提高 30％，亩增产 72 千克，亩增纯收益 133 元。

山东省绿色防控与统防统治有机融合，实现了"三管三化"：管监测，根据作物布局、病虫发生特点，以合作社为基本单位，设立病虫测报点，安装自动虫情测报灯，有效监控病虫发生趋势，确保防治的准确性、时效性。管维护，对植保机械、绿色防控物资均由合作社统一采购、统一安装、统一管护，保证了绿色防控技术的推广深度和防控效果。管诱控，合作社对杀虫灯、性诱剂、粘虫板的防控效果负责。通过植保专业化服务组织管监测、管维护、管诱控，实现了绿色防控的专业化、统一化、科学化。

三、存在问题

目前，专业化统防统治发展势头迅猛，绿色防控推广速度较快，企业、合作社接受能力较强，形势良好，前景广阔。但在发展中遇到的一些问题，困扰和制约了专业化统防统治和绿色防控的发展，必须采取有力措施加以解决，以促进专业化统防统治和绿色防控持续、稳定、健康有机融合发展。

一是缺乏持续资金支持，示范辐射比例还不大。支持力度不大表现在四个方面：一是政府未建立对病虫绿色防控技术应用的补贴政策，未出台像支持节能灯、先进农机具推广一样的补贴优惠政策；二是未建立针对绿色防控技术生产和合作组织的相关扶持优惠政策；三是只有统防统治专项经费，没有绿色防控专项经费，近几年病虫绿色防控研究、示范与推广经费都是农业植保部门从其他经费中挤出来的，资金量非常有限，应用面积难以扩大。

二是绿色防控、统防统治实施与有机融合还需要具体的实施办法和评价标准体系。目前，统防统治服务组织普遍存在专业技术能力不足的问题，对绿色防控与统防统治有机融合的重要性认识不到位，在具体操作过程中办法不多，盈利不多。农户对开展病虫害专业化统防统治认识不一致，在防治效果上会产生分歧，缺乏对植保专业化统防统治效果进行鉴定评估的方法与标准。

三是专业化服务组织自我发展能力差、服务队伍不稳定。农作物病虫专业化统防统治是一项季节性工作，较难聘请到相对固定、素质较高、身体好的专业技术人员。服务组织专业管理人才缺乏、统防统治风险大收益低，防治队伍的稳定以及队员工作能力的提高仍是发展过程中的一个重要问题。一般推广的绿色防控新技术是根据当地作物病虫害防治的需求，大部分绿色防控设备均需大量的人力来安装使用，但由于资金和人力不足，在安装设备的时间、速度上都是问题。受农村土地联产承包土地政策制约较大，在农村土地经营方面一家一户的管理方式加大了统一防治的难度和成本。

四、对策建议

统防统治与绿色防控有机融合是病虫害防控新方向，是农药减量的有效措施，现阶段的发展离不开政府部门强有力地支持与引导，在这个基本前提下，推进农作物病虫绿色防控快速发展需找准具体解决对策：

一是处理好市场与政府的关系。首先要在政府引导下，多部门协作和全社会参与，将部门行为逐步上升为政府和社会行为。政府及其领导下的相关部门明确自己的职责，做好宣传、引导、支持、服务、监督工作，政府要从事关食品安全和环境安全的高度，出台农作物病虫害专业化统防统治和绿色防控扶持政策，主要推行实物扶持与经费补贴。要把专业化合作组织和生产者作为实施绿色防控的主体，通过在生产的过程中应用绿色防控技术，所生产出的产品入市销售，取得合理盈利。专业化服务组织要落实政府要求，在政府的支持、引导、扶持下，实施市场运作，把绿色防控与市场有效对接起来，在落实病虫绿色防控的同时，实现追求利润的目标。

二是计划好当前与长远的关系。统防统治和绿色防控要兼顾当前，谋划长远，科学制订短期目标与中长期目标，理清当前亟须完成的任务与长远任务。当前要加大宣传，储备技术，做好示范，加大对适用技术，尤其是绿色防控技术的推广力度。长远要制定政策，加大绿色防控技术和产品的开发研究，做好技术集成，不断提高统防统治水平和能力，并不断扩大病虫绿色防控的面积、规模，让更多专业化服务组织和生产者积极应用病虫绿色防控技术。

三是做好示范与推广之间的结合。绿色防控发展初期阶段，专业化服务组织要处理好面上推广与点上示范与展示的结合。面上推广的主要措施目前还是集中在科学合理用药上，少用药、用好药是精髓。与此同时，由农业部门与相关企业、合作社共建示范样板（区），通过示范、展示、宣传，引导社会参与、支持统防统治和绿色防控，进而形成政策支持、部门推动、企业和生产者积极响应参与的发展局面。

四是做好创新应用推广模式。按照"有一定规模的统防统治服务组织、有集中连片的作物种植区"两个基本条件，有目的的选择实施统防统治与绿色防控融合推进。首先要选择种植连片，规模较大，能影响带动周边农民的地区；其次要选择有一定组织能力，自身实力较强的专业化服务组织，引导周边农民一起实施该项目。

（第二调研组：杨普云　袁会珠　朱晓明）

图书在版编目（CIP）数据

农作物重大病虫害防控工作年报.2015/全国农业
技术推广服务中心主编.—北京：中国农业出版社，
2016.7
ISBN 978-7-109-21814-7

Ⅰ.①农… Ⅱ.①全… Ⅲ.①作物－病虫害防治－中
国－2015－年报 Ⅳ.①S435-54

中国版本图书馆 CIP 数据核字（2016）第 145203 号

中国农业出版社出版
（北京市朝阳区麦子店街 18 号楼）
（邮政编码 100125）
策划编辑 阎莎莎 张洪光

中国农业出版社印刷厂印刷 新华书店北京发行所发行
2016 年 7 月第 1 版 2016 年 7 月北京第 1 次印刷

开本：880mm×1230mm 1/16 印张：23.75
字数：745 千字
定价：90.00 元
（凡本版图书出现印刷、装订错误，请向出版社发行部调换）